高等学校工程管理类本科指导性专业规范配套教材

高等学校土建类专业"十三五"规划教材

建设工程造价管理

王建波　张贵华　主　编

化学工业出版社

·北京·

全书共分为九章，主要内容包括工程造价管理概论、工程造价的构成、工程造价计价模式、建设工程项目投资决策阶段工程造价管理、建设工程项目设计阶段工程造价管理、建设工程项目招投标阶段工程造价管理、建设工程项目施工阶段工程造价管理、建设工程项目竣工验收及后评估阶段工程造价管理、建设工程造价信息化管理技术等。

本书可以作为高等院校工程造价专业、工程管理专业、房地产经营与管理专业及土木工程类相关专业的教材，也可以作为工程造价人员的岗位培训教材，为报考造价工程师的从业人员提供复习参考，还可以供工程建设单位、施工单位及设计单位、监理单位的工程造价管理人员参考使用。

图书在版编目（CIP）数据

建设工程造价管理/王建波，张贵华主编. —北京：
化学工业出版社，2016.8（2025.1重印）
高等学校工程管理类本科指导性专业规范配套教材
ISBN 978-7-122-27294-2

Ⅰ.①建…　Ⅱ.①王…②张…　Ⅲ.①建筑造价管理-
高等学校-教材　Ⅳ.①TU723.3

中国版本图书馆 CIP 数据核字（2016）第 126512 号

责任编辑：陶艳玲　　　　　　　　　　文字编辑：荣世芳
责任校对：王素芹　　　　　　　　　　装帧设计：史利平

出版发行：化学工业出版社（北京市东城区青年湖南街 13 号　邮政编码 100011）
印　　刷：北京云浩印刷有限责任公司
装　　订：三河市振勇印装有限公司
787mm×1092mm　1/16　印张 30½　字数 752 千字　2025 年 1 月北京第 1 版第 10 次印刷

购书咨询：010-64518888　　　　　　售后服务：010-64518899
网　　址：http://www.cip.com.cn
凡购买本书，如有缺损质量问题，本社销售中心负责调换。

定　　价：58.00 元　　　　　　　　　　　　　　　　版权所有　违者必究

本书编写人员名单

主　　编　王建波　张贵华

副 主 编　王京鹏　郭晓霞　陈红玉　孙　伟

参　　编　韩立红　姜吉坤　赵桂平　宋美佳

　　　　　夏　蓉　彭龙镖　张　帅

我国建筑行业经历了自改革开放以来20多年的粗放型快速发展阶段，近期正面临较大调整，建筑业目前正处于大周期下滑、小周期筑底的嵌套重叠阶段，在"十三五"期间都将保持在盘整阶段，我国建筑企业处于转型改革的关键时期。

另一方面，建筑行业在"十三五"期间也面临更多的发展机遇。国家基础建设固定资产投资持续增加，"一带一路"战略提出以来，中西部的战略地位显著提升，对于中西部地区的投资上升；同时，"一带一路"国家战略打开国际市场，中国建筑业的海外竞争力再度提升；国家推动建筑产业现代化，"中国制造2025"的实施及"互联网＋"行动计划促进工业化和信息化深度融合，借助最新的科学技术，工业化、信息化、自动化、智能化成为建筑行业转型发展方式的主要方向，BIM应用的台风口来临。面对复杂的新形式和诸多的新机遇，对高校工程管理人才的培养也提出了更高的要求。

为配合教育部关于推进国家教育标准体系建设的要求，规范全国高等学校工程管理和工程造价专业本科教学与人才培养工作，形成具有指导性的专业质量标准，教育部与住建部委托高等学校工程管理和工程造价学科专业指导委员会编制了《高等学校工程管理本科指导性专业规范》和《高等学校工程造价本科指导性专业规范》（简称"规范"）。规范是经委员会与全国数十所高校的共同努力，通过对国内高校的广泛调研、采纳新的国内外教改成果，在征求企业、行业协会、主管部门的意见的基础上，结合国内高校办学实际情况，编制完成。规范提出工程管理专业本科学生应学习的基本理论、应掌握的基本技能和方法、应具备的基本能力，以进一步对国内院校工程管理专业和工程造价专业的建设与发展提供指引。

规范的编制更是为了促使各高校跟踪学科和行业发展的前沿，不断将新的理论、新的技能、新的方法充实到教学内容中，确保教学内容的先进性和可持续性；并促使学生将所学知识运用于工程管理实际，使学生具有职业可持续发展能力和不断创新的能力。

由化学工业出版社组织编写和出版的"高等学校工程管理类本科指导性专业规范配套教材"，邀请了国内30多所知名高校，对教学规范进行了深入学习和研讨，教材编写工作对教学规范进行了较好地贯彻。该系列教材具有强调厚基础、重应用的特色，使学生掌握本专业必备的基础理论知识，具有本专业相关领域工作第一线的岗位能力和专业技能。目的是培养综合素质高，具有国际化视野，实践动手能力强，善于把BIM、"互联网＋"等新知识转化成新技术、新方法、新服务，具有创新及创业能力的高级技术应用型专门人才。

同时，为配合做好"十三五"期间教育信息化工作，加快全国教育信息化进程，系列教材还尝试配套数字资源的开发与服务，探索从服务课堂学习拓展为支撑网络化的泛在学习，为更多的学生提供更全面的教学服务。

　　相信本套教材的出版，能够为工程管理类高素质专业性人才的培养提供重要的教学支持。

高等学校工程管理和工程造价学科专业指导委员会 主任

任宏

2016 年 1 月

　　我国建筑业的迅速发展壮大和大量投资于工业与民用建筑和基础设施项目建设，大大促进了工程造价学科的大发展，合理确定和有效控制工程造价成为当下热点话题，培养出更加优秀的工程造价管理人才迫在眉睫。为满足高校培养更优秀工程造价人才的要求，参照最新《全国造价工程师资格考试大纲》（2015年版），结合高校相关课程教学大纲的实际及工程造价、工程管理等专业培养目标及要求，依据最新的《建设工程工程量清单计价规范》（GB 50500—2013）及配套的《建设工程施工合同（示范文本）》（GF-2013-0201）、《建筑安装工程费用项目组成》（建标〔2013〕44号）、《建筑工程施工发包与承包计价管理办法》（住建部令第16号）、《住房城乡建设部办公厅关于做好建筑业营改增建设工程计价依据调整准备工作的通知》（建办标[2016]4号）等有关工程造价管理方面的最新规定编写了本教材。

　　本教材编写以应用型定位为出发点，具体特点如下：一是基础性与前瞻性相结合。以最新颁布的国家和行业法规及规范为依据，博采众长，充分吸收最新学科理论研究成果和教改成果，反映造价管理体制改革的新精神及本学科新动态，内容全面、新颖实用。二是教学与执业考试紧密结合。本教材体现学历教育与未来执业教育的有机结合，吸收注册造价工程师、注册建造师等执业资格考试的理论、案例与习题，典型历年真题，与执业资格考试、认证接轨。三是教学案例典型丰富。坚持理论联系实践的原则，突出工程建设案例教学特点，将案例教学引入课程教学，重点章节附有工程案例分析，使教材紧密结合实际，注重应用，可操作性强。四是教材框架便于教学。教材中每章附有学习目标、关键术语、案例分析、本章小结、复习思考题，利于教师教学及学生自学，有助于学生尽快领悟教材知识结构体系，强化学以致用，便于提高学生分析、解决问题的能力及实际应用能力。

　　本书以工程造价全过程管理为主线，全面系统地介绍了建设工程造价构成、计价原理、计价依据、计价模式和建设工程造价管理各个阶段的内容和方法，体现了工程造价体制改革的最新精神。全书共分为九章，主要内容包括工程造价管理概论、工程造价的构成、工程造价计价模式、建设工程项目投资决策阶段工程造价管理、建设工程项目设计阶段工程造价管理、建设工程项目招投标阶段工程造价管理、建设工程项目施工阶段工程造价管理、建设工程项目竣工验收及后评估阶段工程造价管理、建设工程造价信息化管理技术等。

　　本书由王建波、张贵华担任主编，王京鹏、郭晓霞、陈红玉、孙伟担任副主编。具体编写分工如下：王建波、孙伟、郭晓霞、宋美佳编写第一章、第四章、第五章；张贵华、姜吉坤、赵桂平、夏蓉编写第六章至第八章；王京鹏、陈红玉、韩立红编写第二章、第三章、第九章；王建波、张贵华、郭晓霞负责全书的校对工作，王建波负责大纲的制定，王建波、张贵华进行了全书的统稿。 硕士研究生彭龙镖、张帅参与了本教材编写过程中资料的整理工作。 本书可以作为高等院校工程造价专业、工程管理专业、房地产经营与管理专业及土木工程类相关专业的教材，也可以作为工程造价人员的岗位培训教材，为报考造价工程师的从业人员提供复习参考，还可以供工程建设单位、施工单位、设计单位、监理单位的工程造价管理人员参考使用。

教学支持说明：为建设立体化的精品系列教材，向采用本书作为教材的教师免费提供教学课件和复习思考题参考答案。

在本书编写过程中，参阅和引用了部分专家、学者的文献和资料，在此表示衷心的感谢！

鉴于作者学识和时间有限，书中难免有疏漏之处，真诚希望广大读者批评指正。

编　者
2016 年 4 月于青岛

目录
Contents

第六章　建设工程项目招投标阶段工程造价管理　233

▶ 第七章 建设工程项目施工阶段工程造价管理 **303**

▶ 第九章　建设工程造价信息化管理技术　435

▶ 参考文献　469

第一章

工程造价管理概论

学习目标 ▶▶

1. 熟悉工程造价的基本内容；掌握工程造价、总投资、固定资产投资、静态投资、动态投资、建设项目投资估算、设计概算、施工图预算、建设工程承包、工程结算、竣工决算等的含义。

2. 掌握工程造价计价原理、特征、基本方法与模式。

3. 掌握我国工程造价管理体制和基本内容；熟悉工程造价管理的概念；了解国外工程造价管理方法。

4. 熟悉国内外造价工程师执业资格制度。

5. 熟悉工程造价咨询管理制度。

关键术语 ▶▶

工程造价；工程造价计价；工程造价管理；造价工程师；工程造价咨询

第一节　工程造价及其相关概念

一、建设工程项目总投资

（一）投资的含义

投资是现代经济生活中最重要的内容之一，无论是政府、企业、金融组织或个人，作为经济主体，都在不同程度上以不同的方式直接或间接参与投资活动。

所谓投资就是指投资主体为了特定的目的，将资源投放到某项目以达到预期效果的一系列经济行为。其资源可以是人力、技术等，既可以是有形资产的投放，也可以是无形资产的投放。狭义的投资是指投资主体在经济活动中为实现某种预定的生产、经营目标而预先垫付资金的经济行为。

投资可以从不同角度作不同的分类，如图 1-1 所示。

（二）建设工程项目总投资的概念

建设工程项目总投资是指投资主体为获取预期收益，在选定的建设工程项目上投入的所

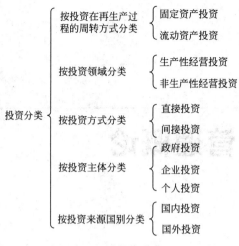

图 1-1　投资分类

需全部资金。建设工程项目投资领域可分为生产性项目和非生产性项目。生产性建设工程项目总投资包括固定资产投资和包含铺底流动资金在内的流动资产投资两部分。非生产性建设工程项目总投资只有固定资产投资，不含流动资产投资。建设工程项目总造价是项目总投资中的固定资产投资总额。

二、固定资产投资与工程造价

（一）固定资产投资

固定资产是指在社会再生产过程中可供长时间反复使用，单位价值在规定限额以上，并在其使用过程中不改变其实物形态的物质资料，如建筑物、机械设备等。在我国会计实务中，固定资产的具体划分标准是：企业使用年限超过一年的建筑物、构筑物、机械设备、运输工具和其他与生产经营有关的工具、器具等资产均应视作固定资产。

（二）工程造价的含义

工程造价指工程项目在建设期预计或实际支出的建设费用，从不同的角度具有有不同的含义。

从投资者——业主的角度定义，工程造价是指建设一项工程预期开支或实际开支的全部固定资产投资费用，包括建筑安装工程费、设备及工器具购置费、工程建设其他费用、预备费、建设期贷款利息与固定资产方向调节税。投资者在投资活动中所支付的全部费用最终形成了工程建成以后交付使用的固定资产、无形资产和递延资产价值，所有这些开支就构成了工程造价。从这一意义上来说，工程造价就是建设工程项目的固定资产投资费用。

从市场的角度来定义，工程造价是指工程的建造价格。即为建成一项工程，预计或实际在土地市场、设备市场、技术劳务市场以及承包市场等交易活动中所形成的建筑安装工程的价格和建设工程总价格。显然，工程造价的第二种含义是将工程项目作为特殊的商品形式，通过招投标、承发包和其他交易方式，在多次预估的基础上，最终由市场形成价格。通常把工程造价的第二种含义只认定为工程承发包价格。

工程造价的两种含义是从不同角度把握同一事物的本质。从建设工程的投资者来说，工程造价就是项目投资，是"购买"项目要付出的价格，同时也是投资者在市场"出售"项目时定价的基础；对于承包商来说，工程造价是他们出售商品和劳务的价格总和，或是特指范围的工程造价，如建筑安装工程造价。工程造价的两种含义是对客观存在的概括。它们既是一个统一体，又是相互区别的。最主要的区别在于需求主体和供给主体在市场追求的经济利益不同，因而管理的性质和管理的目标不同。从管理性质来看，前者属于投资管理范畴，后者属于价格管理范畴；从管理目标看，作为项目投资或投资费用，投资者在进行项目决策和项目实施过程中，首先追求的是决策的正确性。项目决策中投资数额的大小、功能和价格比是投资决策的重要依据。其次，在项目实施过程中完善项目功能，提高工程质量，降低投资费用，按期或提前交付使用是投资者始终关注的问题。因此，降低工程造价是投资者追求的目标。而作为工程价格，承包商所关注的是利润甚至是高额利润，为此，他们所追求的是较高的工程造价。可见，不同的管理目标，反映了不同主体的不同的经济利益。

区别工程造价的两种含义的理论意义在于，为投资者及以承包商为代表的供应商在工程建设领域的市场行为提供理论依据。当政府提出要降低工程造价时，是站在投资者的角度充当着市场需求的角色；当承包商提出要提高工程造价、获得更多利润时，是要实现一个市场供给主体的管理目标。这是市场运行机制的必然，不同的利益主体不能混为一谈。区别工程造价的两种含义的现实意义在于，为实现不同的管理目标，不断充实工程造价的管理内容，完善管理方法，更好地为实现各自的目标服务，从而有利于推动全面的经济增长。

（三）工程造价相关概念

1. 静态投资与动态投资

静态投资是以某一基准年、月的建设要素的价格为依据所计算出的建设项目投资的瞬时值，但它包含因工程量误差而引起的工程造价的增减。静态投资包括：建筑安装工程费，设备和工、器具购置费，工程建设其他费用，基本预备费等。

动态投资是指为完成一个工程项目的建设，预计投资需要量的总和。它除了包括静态投资所含内容之外，还包括建设期贷款利息、投资方向调节税、涨价预备费等。动态投资适应了市场价格运行机制的要求，使投资的计划、估算、控制更加符合实际。

静态投资和动态投资的内容虽然有所区别，但二者有密切联系。动态投资包含静态投资，静态投资是动态投资最主要的组成部分，也是动态投资的计算基础。

2. 经营性项目铺底流动资金

经营性项目铺底流动资金是指生产经营性项目为保证生产和经营正常进行，按其所需流动资金的30%作为铺底流动资金计入建设工程项目总投资，竣工投产后计入生产流动资金。

3. 建筑安装工程造价

建筑安装工程造价亦称建筑安装产品价格。从投资的角度看，它是建设项目投资中的建筑安装工程投资，也是项目造价的组成部分。从市场交易的角度看，建筑安装工程实际造价是投资者和承包商双方共同认可的、由市场形成的价格。

三、工程造价分类

（一）按研究对象不同分类

按研究对象不同，工程造价可分为以下3类。

（1）建设工程造价　它是指完成一个建设项目所花费的费用总和，即该建设项目从建设前期到竣工投产全过程所花费的费用总和，包括建筑安装工程费、设备工器具购置费、工程建设其他费等。

（2）单项工程造价　它是指完成一个单项工程所花费的费用总和，是建设工程造价的组成部分，主要包括建筑安装工程费、设备工器具购置费。如属于独立的单项工程，还包括工程建设其他费用。

（3）单位工程造价　它是指完成一项单位工程所花费的总费用，是单项工程造价的组成部分，主要包括土建工程费、电器照明工程费、管道工程费、机械设备安装工程费、通风空调工程费等。

（二）根据工程项目建设阶段不同分类

根据工程项目建设阶段不同，工程造价分为以下两个方面。

（1）预期（或预算）造价　它是指在正式施工之前，在项目建设的不同阶段对工程造价的预计和核定，包括投资估算造价、设计概算造价、施工图预算造价等。

（2）实际造价　它是指完成一项工程实际所花费的费用，即竣工结算或竣工决算所显示的费用。

（三）根据建设工程的内容及单位工程的专业不同分类

根据建设工程的内容及单位工程的专业不同，工程造价分为建筑工程造价、装饰工程造价、安装工程造价、市政工程造价和园林绿化工程造价等。

四、工程造价的特点

由工程建设的特点所决定，工程造价有以下特点。

（一）大额性

能够发挥投资效用的任一项工程，不仅实物形体庞大，而且造价高昂，动辄数百万元、数千万元、数亿元、十几亿元，特大型工程项目的造价可达百亿元、千亿元人民币。工程造价的大额性使其关系到有关各方面的重大经济利益，同时也会对宏观经济产生重大影响。这就决定了工程造价的特殊地位，也说明了造价管理的重要意义。

（二）个别性和差异性

任何一项工程都有特定的用途、功能、规模。因此，对每一项工程的结构、造型、空间分割、设备配置和内外装饰都有具体的要求，从而使工程内容和实物形态都具有个别性和差异性。产品的个别性决定了工程造价的个别性和差异性。同时，每项工程所处地区、地段都不相同，其技术经济条件的不同，使得工程造价的个别性更加突出。

（三）动态性

任何一项工程从决策到竣工交付使用，都有一个较长的建设期间，而且由于不可控因素的影响，在预计工期内，许多影响工程造价的动态因素，如工程变更、设备材料价格、工资标准以及费率、利率、汇率会发生变化，这种变化必然会影响到造价的变动。所以，工程造价在整个建设期中处于不确定状态，直至竣工决算后才能最终确定工程的实际造价。

（四）层次性

工程造价的层次性取决于工程的层次性。一个建设项目往往含有多个能够独立发挥设计效益的单项工程（车间、写字楼、住宅楼等）。一个单项工程又是由能够各自发挥专业效能的多个单位工程（土建工程、电气安装工程等）组成。与此相适应，工程造价有 3 个层次：建设项目总造价、单项工程造价和单位工程造价。如果专业分工更细，单位工程（如土建工程）的组成部分——分部分项工程也可以成为交换对象，如大型土方工程、基础工程、装饰工程等，这样工程造价的层次就增加了分部工程和分项工程而成为 5 个层次。即使从造价的计算和工程管理的角度看，工程造价的层次性也是非常突出的。

（五）兼容性

工程造价的兼容性特点是由其内涵的丰富性决定的。首先表现在它具有两种含义，其次表现在工程造价构成因素的广泛性和复杂性。工程造价既可以指建设工程项目的固定资产投资，也可以指建筑安装工程造价；既可以指招标的标底，也可以指投标报价。同时工程造价的构成因素非常广泛、复杂，包括成本因素、建设用地支出费用、项目可行性研究和设计费用等。

五、工程造价的职能

工程造价除具有一般商品的价格职能外，还具有其特殊的职能。

（一）预测职能

由于工程造价具有大额性和动态性的特点，无论是投资者还是承包商都要对拟建工程造价进行预先测算。投资者预先测算工程造价，不仅作为项目决策依据，同时也是筹集资金、控制造价的需要。承包商对工程造价的测算，既为投标决策提供依据，也为投标报价和成本管理提供依据。

（二）控制职能

工程造价一方面可以对投资进行控制，即在投资的各个阶段，根据对造价的多次性预估，对造价的全过程进行多层次的控制；另一方面可以对以承包商为代表的商品和劳务供应企业的成本进行控制，在承包价格确定的条件下，企业的成本开支决定其盈利水平，企业利用工程造价提供的信息资料来作为控制工程成本的依据。

（三）评价职能

工程造价是评价投资合理性和投资效益的主要依据；工程造价是评价土地价格、建筑安装工程产品和设备价格的合理性的依据；工程造价是评价建设项目偿还贷款能力、获利能力和宏观效益的重要依据；工程造价是评价承包商管理水平和经营成果的依据。

（四）调控职能

由于工程建设直接关系到经济增长、资源分配和资金流向，对国计民生会产生重大影响，所以政府依据发展状况，在不同时期要对建设规模、结构进行不同的宏观调控，这些调控可用工程造价作为经济杠杆，对工程建设中的物质消耗水平、建设规模、投资方向等进行调控和管理。

六、工程造价的作用

工程造价涉及国民经济各部门、各行业，涉及社会再生产中的各个环节，也直接关系到人民群众的生活和城镇居民的居住条件，所以它的作用范围和影响程度都很大。其作用主要有以下 5 点。

（一）工程造价是项目决策的依据

建设工程投资大、生产和使用周期长等特点决定了项目决策的重要性。工程造价决定着项目的一次投资费用，是否值得投资、是否有足够的财务能力支付这笔费用是项目决策中要考虑的主要问题。财务能力是一个独立的投资主体必须首先解决的问题。如果建设工程的价格超过投资者的支付能力，就会迫使他放弃拟建的项目；如果项目投资的效果达不到预期目标，他也会自动放弃拟建的工程。因此，在项目决策阶段，建设工程造价就成为项目财务分析和经济评价的重要依据。

（二）工程造价是制定投资计划和控制投资的依据

投资计划是按照建设工期、工程进度和建设工程价格等逐年分月加以制定的。正确的投资计划有助于合理和有效地使用资金。

工程造价在控制投资方面的作用非常明显。工程造价是通过多次性预估，最终通过竣工决算确定下来的。每一次预估的过程就是对造价的控制过程：因为每一次估算都不能超过前一次估算的一定幅度。这种控制是在投资者财务能力的限度内为取得既定的投资效益所必需的。投资者利用制定各类定额、标准和参数等控制建设工程造价的计算依据，也是控制建设工程投资的表现。

（三）工程造价是筹集建设资金的依据

投资体制的改革和市场经济的建立，要求项目的投资者必须有很强的筹贷能力，以保证工程建设有充足的资金供应。工程造价基本决定了建设资金的需要量，从而为筹集资金提供了比较准确的依据。当建设资金来源于金融机构的贷款时，金融机构在对项目的偿贷能力进行评估的基础上，也需要依据工程造价来确定给予投资者的贷款数额。

（四）工程造价是评价投资效果的重要指标

工程造价是一个包含着多层次工程造价的体系，就一个工程项目来说，它既是建设项目的总造价，又包含单项工程的造价和单位工程的造价，同时也包含单位生产能力的造价，或一个平方米建筑面积的造价等。所有这些，使工程造价自身形成了一个指标体系。它能够为评价投资效果提供出多种评价指标，并能够形成新的价格信息，为今后类似项目的投资提供参照系。

（五）工程造价是合理利益分配和调节产业结构的手段

工程造价的高低，涉及国民经济各部门和企业间的利益分配。在市场经济体制中，工程造价会受供求状况的影响，并在围绕价值的波动中实现对建设规模、产业结构和利益分配的调节。加上政府正确的宏观调控和价格政策导向，工程造价在这方面的作用会充分发挥出来。

第二节　工程造价计价概述

一、工程造价计价及其原理

(一) 工程计价的概念

工程造价计价就是计算和确定建设工程项目的工程造价，简称工程计价，也称工程估价。具体是指工程造价人员在项目实施的各个阶段，根据各个阶段的不同要求，遵循计价原则和程序，采用科学的计价方法，对投资项目最可能实现的合理价格做出科学的计算，从而确定投资项目的工程造价，编制工程造价的经济文件。

由于工程造价具有大额性、个别性、差异性、动态性、层次性及兼容性等特点，所以工程计价的内容、方法及表现形式也就各不相同。业主或其委托的咨询单位编制的工程项目投资估算、设计概算、咨询单位编制的标底、承包商及分包商提出的报价，都是工程计价的不同表现形式。

(二) 工程计价的基本原理

工程计价的基本原理就在于工程项目的分解与组合。

工程项目是单件性与多样性组成的集合体。每一个工程项目的建设都需要按业主的特定需要进行单独设计、单独施工，不能批量生产和按整个工程项目确定价格，只能采用特殊的计价程序和计价方法，即将整个项目进行分解，划分为可以按有关技术经济参数测算价格的基本单元子项或称分部、分项工程。这是既能够用较为简单的施工过程生产出来，又可以用适当的计量单位计算并便于测定或计算的工程的基本构造要素。工程造价计价的主要特点就是按工程分解结构进行分解，将该工程分解至基本子项即基本构造要素，就很容易地计算出基本子项的费用。一般来说，分解结构层次越多，基本子项也越细，计算也更精确。

任何一个建设工程项目都可以分解为一个或几个单项工程；任何一个单项工程都是由一个或几个单位工程所组成，作为单位工程的各类建筑工程和安装工程仍然是一个比较复杂的综合实体，还需要进一步分解。就建筑工程来说，又可以按照施工顺序细分为土石方工程、砖石砌筑工程、混凝土及钢筋混凝土工程、木结构工程、楼地面工程等分部工程；分解成分部工程后，虽然每一部分都包括不同的结构和装修内容，但是从工程估价的角度来看，还需要把分部工程按照不同的施工方法、不同的构造及不同的规格，进行更为细致地分解，划分为更为简单细小的部分。经过这样逐步分解到分项工程后，就可以得到基本构造要素了。找到了适当的计量单位及当时当地的单价，就可以采取一定的计价方法，进行分项分部组合汇总，计算出某工程的工程总造价。

工程计价分解与组合的基本原理如图1-2所示。

二、工程计价的特征

工程造价的特点，决定了工程造价具有以下计价特征。

(一) 计价的单件性

产品的个体差别性决定了每项工程都必须单独计算造价。各项建设工程具有其独自的特

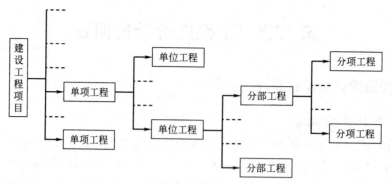

图 1-2　工程计价分解与组合的基本原理示意图

点、功能与用途，导致其结构不同，加上工程所在地的气象、地质、水文等自然条件不同，建设的地点、社会经济等都会影响到工程造价，因此每项建设工程必须单独计价。

（二）计价的多次性

建设工程周期长、规模大、造价高。因此，按建设程序要分阶段进行，相应地也要在不同阶段多次计价，以保证工程造价计算的准确性和控制的有效性。多次计价是个逐步深化、逐步细化和逐步接近实际造价的过程。大型建设项目的计价过程如图 1-3 所示。

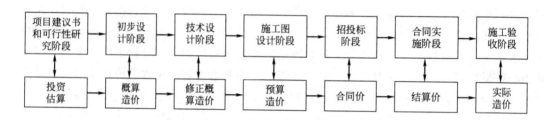

图 1-3　多次性计价过程图

注：竖向的双向箭头表示对应关系，横向的单向箭头表示多次计价流程及逐步深化过程

（1）投资估算　在编制项目建议书和可行性研究阶段，对投资需要量进行估算是一项不可缺少的组成内容。投资估算是指在项目建议书和可行性研究阶段对拟建项目所需投资，通过编制估算文件预先测算和确定的过程。也可表示估算出的建设项目的投资额，或称估算造价。就一个工程项目来说，如果项目建议书和可行性研究分为不同阶段，例如规划阶段、项目建议书阶段、可行性研究阶段、评审阶段，相应的投资估算也分为 4 个阶段。投资估算是决策、筹资和控制造价的主要依据。

（2）概算造价　即设计总概算，概算造价是指在初步设计阶段，根据设计意图，通过编制工程概算文件预先测算和限定的工程造价。概算造价较投资估算造价准确性有所提高，但它受估算造价的控制。概算造价的层次性十分明显，分为建设项目概算总造价、各个单项工程概算综合造价、各单位工程概算造价。

（3）修正概算造价　即修正概算，是指在采用三阶段设计的技术设计阶段，根据技术设计的要求，通过编制修正概算文件预先测算和限定的工程造价。它对初步设计概算进行修正调整，比概算造价准确，但受概算造价控制。

（4）预算造价　即施工图预算，是指在施工图设计阶段，根据施工图纸通过编制预算文件，预先测算和限定的工程造价。它比概算造价或修正概算造价更为详尽和准确，但同样要受前一阶段所限定的工程造价的控制。

（5）合同价　是指在工程招投标阶段，通过签订总承包合同、建筑安装工程承包合同、设备材料采购合同以及技术和咨询服务合同确定的价格。合同价属于市场价格的性质，它是由承发包双方，也即商品和劳务买卖双方根据市场行情共同议定和认可的成交价格，但它并不等同于最终决算的实际工程造价。按计价方法不同，建设工程合同有许多类型，不同类型合同的合同价内涵也有所不同。

（6）结算价　是指在合同实施阶段，在工程结算时按合同调价范围和调价方法，对实际发生的工期增减、设备和材料价差等进行调整后计算和确定的价格。结算价格就是该工程的实际价格。

（7）实际造价　即竣工决算价，是指竣工决算阶段，通过为建设项目编制竣工决算，最终确定的实际工程造价。

（三）计价的组合性

工程造价的计算是逐步组合而成，这一特征和建设项目的组合性有关。一个建设项目是一个工程综合体，这个综合体可以分解为许多有内在联系的独立和不能独立的工程。如图 1-4 所示，从计价和工程管理的角度，分部分项工程还可以再分解。由此可以看出，建设项目的这种组合性决定了计价过程是一个逐步组合的过程。这一特征在计算概算造价和预算造价时尤为明显，同时也反映到合同价和结算价中。其计算过程和计算顺序是：分部分项工程造价→单位工程造价→单项工程造价→建设项目总造价。

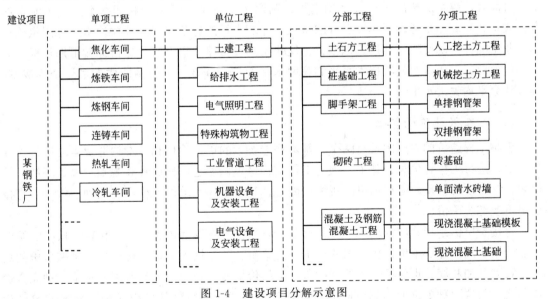

图 1-4　建设项目分解示意图

（四）计价方法的多样性

工程造价多次性计价有各不相同的计价依据，对造价的精确度要求也不相同，这就决定了计价方法有多样性特征。例如，计算投资估算多采用生产能力指数法、设备系数法等；预算造价的方法有单价法和实物法等。不同的方法利弊不同，适应条件也不同，计价时要根据具体情况加以选择。

（五）计价依据的复杂性

由于影响造价的因素多，计价依据复杂、种类繁多，主要可分为以下 7 类。

① 计算设备和工程量的依据。包括项目建议书、可行性研究报告、设计文件等。

② 计算人工、材料、机械等实物消耗量的依据。包括投资估算指标、概算定额、预算定额等。

③ 计算工程单价的价格依据。包括人工单价、材料价格、材料运杂费、机械台班费等。

④ 计算设备单价的依据。包括设备原价、设备运杂费、进口设备关税等。

⑤ 计算其他直接费、现场经费、间接费和工程建设其他费用的依据，主要是相关的费用定额和指标。

⑥ 政府规定的税、费。

⑦ 调整工程造价的依据包括物价指数和工程造价指数等。

工程造价依据的复杂性不仅使计算过程复杂，而且要求计价人员熟悉各类依据，并加以正确应用。

三、工程计价的基本方法与模式

（一）工程计价的基本方法

工程计价的形式和方法有多种，各不相同，但工程计价的基本过程和原理是相同的。工程计价的基本方法是成本加利润。但对于不同的计价主体，成本和利润的内涵是不同的。对于政府而言，成本反映的是社会平均水平，利润水平也是社会平均利润水平。对于业主而言，成本和利润则是考虑了建设工程的特点、建筑市场的竞争状况以及物价水平等因素确定的。业主的计价既反映了其投资期望，也反映了其在拟建项目上的质量目标和工期目标。对于承包商而言，成本则是其技术水平和管理水平的综合体现，承包商的成本属于个别成本，具有社会平均先进水平。

（二）工程计价的模式

影响工程造价的主要因素有两个，基本构造要素的单位价格和基本构造要素的实物工程数量。在进行工程计价时，基本子项的工程实物量可以通过工程量计算规则和设计图纸计算得到，它可以直接反映工程项目的规模和内容；基本子项的单位价格则有两种形式——直接费单价及综合单价。

直接费单价是指分部分项工程单位价格，它是一种仅仅考虑了人工、材料、机械资源要素的价格形式；综合单价是指分部分项工程的单价，既包括人工费、材料费、机械台班使用费、管理费和利润，也包括合同约定的所有工料价格变化等一切风险费用，它是一种完全价格形式。与这两种单价形式相对应的有两种计价模式，即定额计价模式和工程量清单计价模式。

1. 定额计价模式

建设工程定额计价是我国长期以来在工程价格形成中采用的计价模式，是国家通过颁布统一的估价指标、概算定额、预算定额和相应的费用定额，对建筑产品价格有计划管理的一种方式。在计价中以定额为依据，按定额规定的分部分项子目，逐项计算工程量，套用定额单价（或单位估价表），确定直接费，然后按规定取费标准确定构成工程价格的其他费用和利税，获得建筑安装工程造价。建设工程概预算书就是根据不同设计阶段设计图纸和国家规定的定额、指标及各项费用取费标准等资料，预先计算的新建、扩建、改建工程的投资额的技术经济文件。由建设工程概预算书所确定的每一个建设工程项目、单项工程或单位工程的建设费用，实质上就是相应工程的计划价格。

长期以来，我国发承包计价以工程概预算定额为主要依据。因为工程概预算定额是我国几十年来计价实践的总结，具有一定的科学性和实践性，所以用这种方法计算和确定工程造价过程简单、快速、准确，也有利于工程造价管理部门的管理。但预算定额是按照计划经济的要求制定、发布、贯彻执行的，定额中工、料、机的消耗量是根据"社会平均水平"综合测定的，费用标准是根据不同地区平均测算的，因此企业采用这种模式报价时就会表现为平均主义，企业不能结合项目具体情况、自身技术优势、管理水平和材料采购渠道价格进行自主报价，不能充分调动企业加强管理的积极性，也不能充分体现市场公平竞争的基本原则。

2. 工程量清单计价模式

工程量清单计价模式，是建设工程招投标过程中，按照国家统一的工程量清单计价规范，招标人或其委托的有资质的咨询机构编制反映工程实体消耗和措施消耗的工程量清单，并作为招标文件的一部分提供给投标人，由投标人依据工程量清单，根据各种渠道所获得的工程造价信息和经验数据，结合企业定额自主报价的计价方式。

采用工程量清单计价，能够反映出承建企业的工程个别成本，有利于企业自主报价和公平竞争；同时，实行工程量清单计价，工程量清单作为招标文件和合同文件的重要组成部分，对于规范招标人的计价行为，在技术上避免招标中弄虚作假和暗箱操作及保证工程款的支付结算都会起到重要作用。

由于工程量清单计价模式需要比较完善的企业定额体系以及较高的市场化环境，短期内难以全面铺开。因此，目前我国建设工程造价实行"双轨制"计价管理办法，即定额计价法和工程量清单计价法同时实行。

第三节　工程造价管理及其内容

一、工程造价管理的概念

工程造价管理是指在建设工程项目的建设中，全过程、全方位、多层次地运用技术、经济及法律等手段，通过对建设工程项目工程造价的预测、优化、控制、分析、监督等，以获得资源的最优配置和建设工程项目最大的投资效益。

（一）工程造价管理的两种含义

一是建设工程投资费用管理，二是工程价格管理。工程造价确定依据的管理和工程造价专业队伍建设的管理则是为这两种管理服务的。

1. 建设工程的投资费用管理

建设工程投资费用管理，是指为了实现投资的预期目标，在拟定的规划、设计方案的条件下，预测、计算、确定和监控工程造价及其变动的系统活动。建设工程投资费用管理属于投资管理范畴，这一含义既涵盖了微观层次的项目投资费用的管理，也涵盖了宏观层次的投资费用的管理。

2. 建设工程价格管理

建设工程价格管理属于价格管理范畴。在社会主义市场经济条件下，价格管理分两个层次。在微观层次上，是生产企业在掌握市场价格信息的基础上，为实现管理目标而进行的成本控制、计价、定价和竞价的系统活动。它反映了微观主体按支配价格运动的经济规律，对商品价格进行能动的计划、预测、监控和调整，并接受价格对生产的调节。在宏观层次上，是政府根据社会经济发展的要求，利用法律手段、经济手段和行政手段对价格进行管理和调控，以及通过市场管理规范市场主体价格行为的系统活动。

工程建设关系国计民生，同时，政府投资公共、公益性项目在今后仍然会有相当大的份额。因此，国家对工程造价的管理，不仅承担一般商品价格的调控职能，而且在政府投资项目上也承担着微观主体的管理职能。这种双重角色的双重管理职能，是工程造价管理的一大特色。区分两种管理职能，进而制定不同的管理目标，采用不同的管理方法是必然的发展趋势。

（二）全面造价管理

按照国际造价管理促进会给出的定义，全面造价管理就是有效地使用专业知识和专门技术计划和控制资源、造价、盈利和风险。建设工程全面造价管理包括全寿命期造价管理、全过程造价管理、全要素造价管理、全方位造价管理和全风险造价管理，如图 1-5 所示。

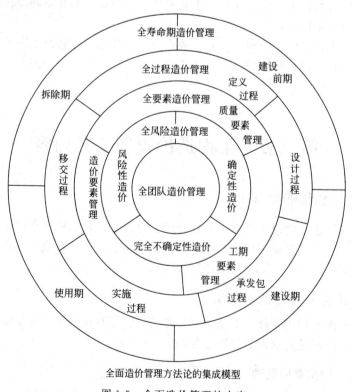

全面造价管理方法论的集成模型

图 1-5　全面造价管理的内容

1. 全寿命期造价管理

建设工程全寿命期造价是指建设工程初始建造成本和建成后的日常使用成本之和，它包括建设前期、建设期、使用期及拆除期各个阶段的成本。由于在工程建设及使用的不同阶段，工程造价存在诸多不确定性，使得工程造价管理者管理建设工程全寿命期造价比较困难，因此，全寿命期造价管理至今只能作为一种实现建设工程全寿命期造价最小化的指导思想，指导建设工程的投资决策及设计方案的选择。

2. 全过程造价管理

建设工程全过程是指建设工程前期决策、设计、招投标、施工、竣工验收等各个阶段，工程造价管理覆盖建设工程前期决策及实施的各个阶段，包括前期决策阶段的项目策划、投资估算、项目经济评价、项目融资方案分析；设计阶段的限额设计、方案比选、概预算编制；招投标阶段的标段划分、承发包模式及合同形式的选择、标底编制；施工阶段的工程计量与结算、工程变更控制、索赔管理；竣工验收阶段的竣工结算与决算等。

3. 全要素造价管理

建设工程造价管理不能单就工程造价本身谈造价管理，因为除工程本身造价之外，工期、质量、安全及环境等因素均会对工程造价产生影响。为此，控制建设工程造价不仅仅是控制建设工程本身的成本，还应同时考虑工期成本、质量成本、安全与环境成本的控制，从而实现工程造价、工期、质量、安全、环境的集成管理。

4. 全方位造价管理

建设工程造价管理不仅仅是业主或承包单位的任务，而应该是政府建设行政主管部门、行业协会、业主方、设计方、承包方以及有关咨询机构的共同任务。尽管各方的地位、利益、角度等有所不同，但必须建立完善的协同工作机制，才能实现建设工程造价的有效控制。

5. 全风险造价管理

项目的实现过程是在一个存在许多风险和不确定性因素的外部环境和条件下进行的，这些不确定性因素的存在会直接导致项目造价的不确定性。因此，项目的全过程造价管理还必须综合管理项目的风险性因素及风险性造价。

项目造价的不确定性主要表现在三个方面：其一是项目活动本身存在的不确定性；其二是项目活动规模及其所消耗和占用资源数量方面的不确定性；其三是项目所消耗和占用资源价格的不确定性。

二、工程造价管理的产生与发展

（一）工程造价管理的产生

工程造价管理是随着社会生产力的发展、商品经济的发展和现代管理科学的发展而产生发展的。

我国古代在组织规模宏大的生产活动（例如土木建筑工程）时就运用了科学管理方法。据《辑古篹经》等书记载，我国唐代就有夯筑城台的用工定额——功。公元 1103 年，北宋土木建筑家李诫编修了《营造法式》，该书共 36 卷，3555 条，包括释名、工作制度、功限、料例、图样五个部分。其中"功限"就是现在的劳动定额，"料例"就是材料消耗定额。第一、第二卷主要是对土木建筑名词术语的考证，即"释名"；第三至第十五卷是石作、木作等各工作制度，说明工作的施工技术和方法，即"工作制度"；第十六卷至第二十五卷是工作工量的规定，即"功限"；第二十六卷至第二十八卷是各工程用料的规定，即"料例"；第二十九卷至第三十六卷是图样。《营造法式》汇集了北宋以前的技术精华，对控制工料消耗、加强施工管理起了很大的作用，并一直沿用到明清。明代管辖官府建筑的工部所编著的《工程做法》一直流传至今。由此可以看出，北宋时已有了造价管理的雏形。

现代工程造价管理是随着资本主义社会化大生产而产生的，最早出现在 16 世纪至 18 世纪的英国。社会化大生产促使兴建大批厂房，农民从农村向城市集中，需要大量住房，从而使建筑业逐渐得到发展。随着设计与施工分离形成独立的专业后，出现了工料测量师对已完工程量进行测量、计算工料、进行估价，并以工匠小组名义与工程委托人和建筑师洽商，估算工程价款，工程造价管理由此产生。

（二）工程造价管理的发展

从十九世纪初期开始，资本主义国家在工程建设中开始推行招标承包制，要求工料测量师在工程设计以后和开工以前就进行测量和估价，根据图纸算出实物工程量并汇编成工程量清单，为招标者确定标底或为投标者做出报价。从此，工程造价管理逐渐形成了独立的专业。1881 年英国皇家测量师学会成立。至此，工程委托人能够在工程开工前预先了解需要支付的投资额，但还不能在设计阶段就对工程项目所需投资进行准确预计，并对设计进行有效的监督、控制。因此，往往在招标时或招标后才发现，根据完成的设计，工程费用过高，投资不足，不得不中途停工或修改设计。业主为了使资源得到最有效利用，迫切要求在设计早期阶段甚至在作投资决策时就进行投资估算，并对设计进行控制。由于工程造价规划技术和分析方法的应用，工料测量师也有可能在设计过程中相当准确地作出概预算，并可根据工程委托人的要求使工程造价控制在限额以内。至此，从 20 世纪 40 年代开始，在英国等经济发达国家产生了"投资计划和控制制度"，工程造价管理进入了一个崭新阶段。

从工程造价管理的发展历程中不难看出，工程造价管理是随着工程建设的发展和社会经济的发展而产生并日臻完善的。主要表现为：

① 从事后算账发展到事前算账。最初只是消极地反映已完工程的价格，逐步发展到开工前进行工程量的计算和估价，为业主进行投资决策提供依据。

② 从被动反映设计和施工发展到能动地影响设计和施工。最初只是根据设计图纸进行施工监督，结算工程价款，逐步发展到在设计阶段对造价进行预测，并对设计进行控制。

③ 从依附于建筑师发展成一个独立的专业。当今在大多数国家包括我国都有专业学会组织规范从业操守；高等院校也开设了工程造价、工程管理专业，培养专门人才。

三、我国工程造价管理体制

（一）工程造价管理体制的建立

工程造价管理体制随着新中国的成立而建立。在 20 世纪 50 年代，我国引进了前苏联的概预算定额管理制度，设立了概预算管理部门，并通过颁布一系列文件，建立了概预算工作制度，同时对概预算编制的原则、内容、方法、审批、修正办法、程序等作出了明确规定。

从 20 世纪 50 年代后期开始直到 20 世纪 70 年代，概预算定额管理工作遭到严重破坏。概预算和定额管理机构被撤销，大量基础资料被销毁。

从 1977 年起，国家恢复建设工程造价管理机构，1983 年国家计委成立了基本建设标准定额研究所、基本建设标准定额局，加强对这项工作的组织领导，各有关部门、各地区陆续成立了相应的管理机构，这项管理工作 1988 年划归建设部，成立标准定额司。经过 20 多年的不断深化改革，国务院建设行政主管部门及其他各有关部门、各地区对建立健全建设工程造价管理制度、改进建设工程造价计价依据做了大量工作。

（二）工程造价管理体制的改革

随着社会主义市场经济体制的逐步确立，我国工程建设中传统的概预算定额管理模式已无法适应优化资源配置的需求，将传统的概预算定额管理模式转变为工程造价管理模式已成为必然趋势。主要表现在以下几个方面。

① 重视和加强项目决策阶段的投资估算工作，努力提高可行性研究报告中投资估算的准确度，切实发挥其控制建设项目总造价的作用。

② 进一步强化概预算工作的重要作用。概预算不仅计算工程造价，更要能动地影响设计、优化设计，并发挥控制工程造价、促进合理使用建设资金的作用。工程经济人员与设计人员要密切配合，做好多方案的技术经济比较，通过优化设计来保证设计的技术经济合理性。

③ 推行工程量清单计价模式，以适应我国建筑市场发展的要求和国际市场竞争的需要，逐步与国际惯例接轨。

④ 引入竞争机制，通过招标方式择优选择工程承包公司和设备材料供应单位，以促使这些单位改善经营管理，提高应变能力和竞争能力，降低工程造价。

⑤ 提出用"动态"方法研究和管理工程造价。研究如何体现项目投资额的时间价值，要求各地区、各部门工程造价管理机构要定期公布各种设备、材料、工资、机械台班的价格指数以及各类工程造价指数，尽快建立地区、部门以至全国的工程造价管理信息系统。

⑥ 提出要对工程造价的估算、概算、预算、承包合同价、结算价、竣工决算实行"一体化"管理，并研究如何建立一体化的管理制度，改变过去分段管理的状况。

⑦ 发展壮大工程造价咨询机构，建立健全造价工程师执业资格制度。

我国工程造价管理体制改革的最终目标是：建立市场形成价格的机制，实现工程造价管理市场化，形成社会化的工程造价咨询服务业，与国际惯例接轨。改革的具体内容包括：

① 改革现行的工程定额管理方式，实行量、价分离，逐步建立起由工程定额作为指导、通过市场竞争形成工程造价的机制。建设行政主管部门统一制定符合国家有关标准、规范并反映一定时期施工水平的人工、材料、机械等消耗量标准，实现国家对消耗量标准的宏观管理，并且制定统一的工程项目划分、工程量计算规则，为逐步实行工程量清单报价创造条件。对人工、材料、机械单价等，由工程造价管理机构依据市场价格的变化发布工程造价相关信息和指数。

② 实行工程量清单计价模式。工程量清单是国际上常用的一种预算文件格式。在工程招标采用估计工程量总价合同或单价合同方式时，由招标方（或委托具有编制工程量清单能力的咨询机构）编制工程量清单，作为招标文件的一部分，其主要功能是全面地列出所有可能影响工程施工造价的项目，并对每个项目的性质给予描述和说明，以便所有承包单位在统

一的工程数量基础上作出各自的报价。经承包单位填列单价并为业主所接纳后的工程量清单，即为合同文件的一部分，用来作为支付工程进度款、计算工程变更增减及办理竣工结算的依据，同时它也是业主对各承包单位的报价进行评估的依据。

工程量清单计价模式是一种与市场经济相适应、允许承包单位自主报价、通过市场竞争确定价格、与国际惯例接轨的计价模式。因此，推行工程量清单计价是我国工程造价管理体制的一项重要改革措施，必将引起我国工程造价管理体制的重大变革。

③ 加强工程造价信息的收集、处理和发布工作。工程造价管理机构应做好工程造价资料积累工作，建立相应可靠的、完备的和灵敏的信息网络系统，及时发布各类信息，以适应建设市场各需求主体和供给主体的需要。

④ 对政府投资工程和非政府投资工程，实行不同的定价方式。按照世界大多数国家对政府投资工程造价管理的做法，我国要在大力推行建设工程竞争定价的同时，对政府投资工程和非政府投资工程区别对待，并实行不同的计价定价办法。在统一的计算规则和消耗标准的前提下，对政府投资工程实行指导性价格，即按生产要素市场价格编制标底，并以此为基础，实行在合理幅度内确定中标价的定价方法。对非政府投资工程实行市场价格，定期发布市场价格信息，为市场主体服务。这样，既可参照政府投资工程的做法，采取以合理低价中标的定价方式，也可由发承包双方依照合同约定的其他方式定价。

⑤ 加强对工程造价的监督管理，逐步建立工程造价的监督检查制度，规范工程建设的定价行为，确保工程质量和工程项目建设的顺利进行。

四、我国工程造价管理的基本内容

（一）工程造价管理的目标和任务

1. 工程造价管理的目标

工程造价管理的目标是按照经济规律的要求，根据社会主义市场经济的发展形势，利用科学管理方法和管理手段，合理地确定造价和有效地控制造价，以提高投资效益和建筑安装企业经营效果。

2. 工程造价管理的任务

工程造价管理的任务是：加强工程造价的全过程动态管理，强化工程造价的约束机制，维护有关各方的经济利益，规范价格行为，促进微观效益和宏观效益的统一。

（二）工程造价管理的基本内容

工程造价管理的基本内容就是合理确定和有效地控制工程造价。

1. 工程造价的合理确定

工程造价的合理确定就是在建设程序的各个阶段，合理确定投资估算、概算造价、预算造价、承包合同价、结算价、竣工决算价。

① 在项目建议书阶段，按照有关规定，应编制初步投资估算。经有关部门批准，作为拟建项目列入国家中长期计划和开展前期工作的控制造价。

② 在项目可行性研究阶段，按照有关规定编制的投资估算，经有关部门批准，即为该项目控制造价。

③ 在初步设计阶段，按照有关规定编制的初步设计总概算，经有关部门批准，即作为拟建项目工程造价的最高限额。

④ 在施工图设计阶段，按规定编制施工图预算，用以核实施工图阶段预算造价是否超过批准的初步设计概算。

⑤ 对施工图预算为基础招标投标的工程，承包合同价也是以经济合同形式确定的建筑安装工程造价。

⑥ 在工程实施阶段要按照承包方实际完成的工程量，以合同价为基础，同时考虑因物价上涨所引起的造价提高，考虑到设计中难以预计的而在实施阶段实际发生的工程量和费用，合理确定结算价。

⑦ 在竣工验收阶段，全面汇集在工程建设过程中实际花费的全部费用，编制竣工决算，如实体现该建设工程的实际造价。

建设程序和各阶段工程造价确定如图 1-6 所示。

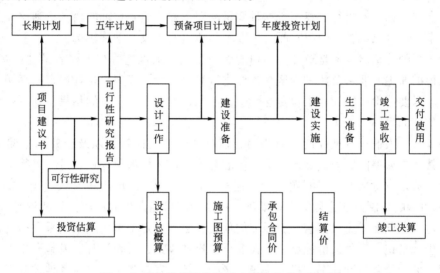

图 1-6　建设程序和各阶段工程造价确定示意图

2. 工程造价的有效控制

所谓工程造价的有效控制，就是在优化建设方案、设计方案的基础上，在建设程序的各个阶段，采用一定的方法和措施把工程造价的发生控制在合理的范围和核定的造价限额以内。具体说，要用投资估算价控制设计方案的选择和初步设计概算造价；用概算造价控制技术设计和修正概算造价；用概算造价或修正概算造价控制施工图设计和预算造价，以求合理使用人力、物力和财力，取得较好的投资效益。

有效控制工程造价应体现以下三项原则。

(1) 以设计阶段为重点的建设全过程造价控制　工程造价控制贯穿于项目建设全过程，应注重工程设计阶段的造价控制。工程造价控制的关键在于前期决策和设计阶段，而在项目作出投资决策后，控制工程造价的关键就在于设计。建设工程全寿命费用包括工程造价和工程交付使用后的经常开支费用（含经营费用、日常维护修理费用、使用期内大修理和局部更新费用），以及该项目使用期满后的报废拆除费用等。据西方一些国家分析，设计费一般只相当于建设工程全寿命费用的 1% 以下，但正是这少于 1% 的费用对工程造价的影响度占

75％以上。由此可见，设计质量对整个工程建设的效益是至关重要的。

长期以来，我国普遍忽视工程建设项目前期工作阶段的造价控制，而往往把控制工程造价的主要精力放在施工阶段——审核施工图预算、结算建安工程价款，算细账。这样做尽管也有效果，但毕竟是"亡羊补牢"，事倍功半。要有效地控制建设工程造价，就要把控制重点转到建设前期阶段。

（2）主动控制，以取得令人满意的结果　传统决策理论把人看作具有绝对理性的"经济人"，认为人在决策时，会本能地遵循最优化原则（即取影响目标的各种因素的最有利的值）来选择实施方案。而美国经济学家西蒙认为，现代决策理论的核心则是"令人满意"准则。由于人的头脑能够思考和解答问题的容量同问题本身规模相比是渺小的，因此在现实世界里，要采取客观合理的举动是非常困难的。因此，对决策人来说，最优化决策几乎是不可能的。西蒙提出用"令人满意"来代替最优化。他认为决策人在决策时，可先对各种客观因素、执行人据以采取的可能行动以及这些行动的可能后果加以综合研究，并确定一套切合实际的衡量准则。如某一可行方案符合这种衡量准则，并能达到预期的目标，则这一方案便是满意的方案，可以采纳；否则应对原衡量准则作适当的修改，继续挑选。

造价工程师的基本任务是对建设项目的建设工期、工程造价和工程质量进行有效控制，为此，应根据业主的要求及建设的客观条件进行综合研究，实事求是地确定一套切合实际的衡量准则。只要造价控制的方案符合这套衡量准则，取得令人满意的结果，则可以说造价控制达到了预期的目标。

长期以来，人们一直把控制理解为目标值与实际值的比较，以及当实际值偏离目标值时，分析其产生偏差的原因，并确定下一步的对策。在工程项目建设全过程进行这样的工程造价控制当然是有意义的。但问题在于，这种立足于调查-分析-决策基础之上的偏离-纠偏-再偏离-再纠偏的控制方法，只能发现偏离，不能预防可能发生的偏离，只能说是被动控制。为尽可能地减少以至避免目标值与实际值的偏离，必须立足于事先主动地采取措施，实施主动控制。也就是说，工程造价控制，不仅要反映投资决策，反映设计、发包和施工，被动地控制工程造价，更要能动地影响投资决策，影响设计、发包和施工，主动地控制工程造价。

（3）技术与经济相结合是控制工程造价最有效的手段　要有效地控制工程造价，应从组织、技术、经济等多方面采取措施。从组织上采取的措施，包括明确项目组织结构，明确造价控制者及其任务，明确管理职能分工；从技术上采取措施，包括重视设计多方案选择，严格审查监督初步设计、技术设计、施工图设计、施工组织设计，深入技术领域研究节约投资的可能；从经济上采取措施，包括动态地比较造价的计划值和实际值，严格审核各项费用支出，采取对节约投资的有力奖励措施等。

3. 工程造价管理的工作要素

工程造价管理围绕合理确定和有效控制工程造价两个方面，采取全过程、全方位管理，其具体的工作要素大致归纳为以下几点。

① 可行性研究阶段对建设方案认真优选，编好、定好投资估算，考虑风险，打足投资。

② 择优选定工程承建单位、咨询（监理）单位、设计单位，搞好相应的招标工作。

③ 合理选定工程的建设标准、设计标准，贯彻国家的建设方针。

④ 积极、合理地采用新技术、新工艺、新材料，优化设计方案，编好、定好概算，打足投资。

⑤ 择优采购设备、建筑材料，抓好相应的招标工作。

⑥ 择优选定建筑安装施工单位、调试单位，抓好相应的招标工作。

⑦ 认真控制施工图设计，推行"限额设计"。

⑧ 协调好与各有关方面的关系，合理处理配套工作（包括征地、拆迁等）中的经济关系。

⑨ 严格按概算对造价实行控制。

⑩ 用好、管好建设资金，保证资金合理、有效地使用，减少资金利息支出和损失。

⑪ 严格合同管理，做好工程索赔价款结算。

⑫ 强化项目法人责任制，落实项目法人对工程造价管理的主体地位，在法人组织内建立与造价紧密结合的经济责任制。

⑬ 专业化、社会化咨询（监理）机构要为项目法人积极开展工程造价管理提供全过程、全方位的咨询服务，遵守职业道德，确保服务质量。

⑭ 造价管理部门要强化服务意识，强化基础工作（定额、指标、价格、工程量、造价等信息资料），为建设工程造价的合理确定提供动态的可靠依据。

⑮ 各单位、各部门要组织造价工程师的选拔、培养、培训工作，促进人员素质和工作水平的提高。

（三）工程造价管理的组织

工程造价管理的组织，是指为了实现工程造价管理目标而进行的有效组织活动，以及与造价管理功能相关的有机群体。它是工程造价动态的组织活动过程和相对静态的造价管理部门的统一。具体来说，主要是指国家、地方、部门和企业之间管理权限和职责范围的划分。

工程造价管理组织有以下三个系统。

1. 政府行政管理系统

政府在工程造价管理中既是宏观管理主体，也是政府投资项目的微观管理主体。从宏观管理的角度，政府对工程造价管理有一个严密的组织系统，设置了多层管理机构，规定了管理权限和职责范围。国家建设行政主管部门的造价管理机构在全国范围内行使职能，它在工程造价管理工作方面承担的主要职责是：

① 组织制定工程造价管理有关法规、制度并组织贯彻实施。

② 组织制定全国统一经济定额和制订、修订本部门的经济定额。

③ 监督指导全国统一经济定额和本部门经济定额的实施。

④ 制定工程造价咨询单位的资质标准并监督执行，提出工程造价专业技术人员执业资格标准。

⑤ 负责全国工程造价咨询单位资质管理工作，负责全国甲级工程造价咨询单位的资质。

省（自治区、直辖市）和行业主管部门的造价管理机构，是在其管辖范围内行使相应的管理职能；省辖市和地区的造价管理部门在所辖地区内行使相应的管理职能。

2. 企、事业单位管理系统

企、事业单位对工程造价的管理，是微观管理的范畴。设计机构和工程造价咨询机构，按照业主或委托方的意图，在可行性研究和规划设计阶段合理确定和有效控制建设项目的工程造价，通过限额设计等手段实现设定的造价管理目标；在招投标工作中编制招投标文件、标底，参加评标、议标等工作；在项目实施阶段，通过对设计变更、工期、索赔和结算等项管理进行造价控制。设计单位和造价咨询企业通过在全过程造价管理中的业绩，赢得自己的信誉，提高市场竞争力。

工程承包企业的工程造价管理是企业管理中的重要内容，工程承包企业设有专门的职能机构参与企业的投标决策，并通过对市场的调查研究，利用过去积累的经验，研究报价策略，提出报价；在施工过程中，进行工程造价的动态管理，注意各种调价因素的发生和工程价款的结算，避免收益的流失，以促进企业盈利目标的实现。当然，承包企业在加强工程造价管理的同时，还要加强企业内部的各项管理，特别要加强成本控制，才能切实保证企业有较高的利润水平。

3. 行业协会管理系统

在全国各省（自治区、直辖市）及一些大中城市，先后成立了工程造价管理协会，对工程造价咨询工作和造价工程师实行行业管理。

成立于1990年7月的中国建设工程造价管理协会是我国建设工程造价管理的行业协会，其前身是1985年成立的"中国工程建设概预算委员会"。

协会的业务范围包括：

① 研究工程造价管理体制改革，行业发展、行业政策、市场准入制度及行为规范等理论与实践问题。

② 探讨如何提高政府和业主项目的投资效益，科学预测和控制工程造价，促进现代化管理技术在工程造价咨询行业的运用，向国务院行政主管部门提供建议。

③ 接受国家行政主管部门委托，承担工程造价咨询行业和造价工程师执业资格考试、注册及继续教育具体工作，研究提出与工程造价有关的规章制度及工程造价咨询行业的资质标准、合同范本、职业道德规范等行业标准，并推动实施。

④ 对外代表我国造价工程师组织和工程造价咨询行业与国际组织及各国同行组织建立联系与交往，签订有关协议，为会员开展国际交流与合作等对外业务服务。

⑤ 建立工程造价信息服务系统，编辑、出版有关工程造价方面的刊物和参考资料，组织交流和推广先进工程造价咨询经验，举办有关职业培训和国际工程造价咨询业务研讨活动。

⑥ 在国内外工程造价咨询活动中，维护和增进会员的合法权益，协调解决会员和行业间的有关问题，受理关于工程造价咨询执业违规的投诉，配合行政主管部门进行处理，并向政府部门和有关方面反映会员单位和工程造价咨询人员的建议和意见。

⑦ 指导各专业委员会和地方造价协会的业务工作。

⑧ 组织完成政府有关部门和社会各界委托的其他业务。

五、国外工程造价管理简介

分析国外的工程造价管理，其特点主要体现在以下几个方面。

（一）政府的间接调控

发达国家一般按投资来源不同，将项目可划分为政府投资项目和私人投资项目。政府对不同类别的投资项目实施不同力度和深度的管理，重点控制政府投资项目。如英国对政府投资工程采取集中管理的办法，按政府的有关面积标准、造价指标，在核定的投资范围内进行方案设计、施工设计，实行目标控制，不得突破。如遇非正常因素非突破不可时，宁可在保证使用功能的前提下降低标准，也要将投资控制在额度范围内。美国对政府的投资项目则采用两种方式：一是由政府设专门机构对工程进行直接管理。美国各地方政府、州政府、联邦政府都设有相应的管理机构，如纽约市政府的综合开发部（DGS）、华盛顿政府的综合开发局（GSA）等都是代表各级政府专门负责管理建设工程的机构。二是通过公开招标委托承包商进行管理。美国的法律规定，所有的政府投资项目都要采用公开招标，特定情况下（涉及国防、军事机密等）可邀请招标和议标。但对项目的审批权限、技术标准（规范）、价格、指数都作出特定规定，确保项目资金不突破审批的金额。

发达国家对私人投资项目，只进行政策引导和信息指导，而不干预具体实施过程，体现政府对造价的宏观管理和间接调控。美国政府有一套完整的项目或产品目录，明确规定私人投资者的投资领域，并采用经济杠杆，如价格、税收、利率、信息指导、城市规划等来引导和约束私人投资方向和区域分布。政府通过定期发布信息资料，使私人投资者了解市场状况，尽可能使投资项目符合经济发展的需要。

（二）有章可循的计价依据

美国的政府部门没有组织制定统一的工程造价计价依据和标准。有关工程造价的定额、指标、费用标准等，一般是由各个大型的工程咨询公司制订。各地的咨询机构，根据本地区的具体特点，制订单位建筑面积的消耗量和基价，作为所管辖项目的造价估算的标准。此外，美国联邦政府和地方政府也根据各自积累的工程造价资料，并参考各工程咨询公司有关造价的资料，对各自管辖的政府工程项目制订相应的计价标准，作为项目费用估算的依据。

英国工程量计算规则是参与工程建设各方共同遵守的计量、计价的基本规则，现行《建筑工程工程量计算规则》（SMM）是皇家测量师学会组织制订并为各方共同认可的，在英国使用最为广泛。此外，还有《土木工程工程量计算规则》等。英国政府投资的工程从确定投资和控制工程项目规模及计价的需要出发，各部门均制订了经财政部门认可的各种建设标准和造价指标，这些标准和指标均作为各部门向国家申报投资、控制规划设计、确定工程项目规模和投资的基础，也是审批立项、确定规模和造价限额的依据。英国十分重视已完工数据资料的积累和数据库的建设。每个皇家测量师学会会员都有责任和义务将自己经办的已完工程的数据资料按照规定的格式认真填报，收入学会数据库，同时取得利用数据库资料的权利。计算机实行全国联网，所有会员资料共享。这些不仅为测算各类工程的造价指数提供基础，同时也为工程在没有设计图纸及资料的情况下，提供类似工程的造价资料和信息参考。在英国，对工程造价的调整及价格指数的测定、发布等有一整套比较科学、严密的办法，政府部门发布《工程调整规定》和《价格指数说明》等文件。

（三）多渠道的工程造价信息

及时、准确地捕捉建筑市场价格信息是业主和承包商保持竞争优势和取得盈利的关键。造价信息是建筑产品估价和结算的重要依据，是建筑市场价格变化的指示灯。在美国，建筑造价指数一般由一些咨询机构和新闻媒介来编制，在多种造价信息来源中，工程信息报告ENR（Engineering News Record）造价指标是比较重要的一种。编制 ENR 造价指数的目的是为了准确地预测建筑价格，确定工程造价。它是一个加权总指数，由构件钢材、波特兰水泥、木材和普通劳动力四种个体指数组成。ENR 共编制两种造价指数：一是建筑造价指数，二是房屋造价指数。这两个指数在计算方法上基本相同，区别仅体现在计算总指数中的劳动力要素不同。ENR 指数资料来源于 20 个美国城市和 2 个加拿大城市，ENR 在这些城市中派有信息员，专门负责收集价格资料和信息。ENR 总部则将这些信息员收集到的价格信息和数据汇总，并在每周的星期四计算并发布最近的造价指数。

（四）造价工程师的动态估价

在英国，业主对工程的估价一般要委托工料测量师行来完成。测量师估价大体上是按比较法和系数法进行，经过长期的估价实践，他们都拥有极为丰富的工程造价实例资料，甚至建立了工程造价数据库，对于标书中所列出的每一项目价格的确定都有自己的标准。在估价时，工料测量师行将不同设计阶段提供的拟建工程项目资料与以往同类工程项目对比，结合当前建筑市场行情，确定项目单价，未能计算的项目（或没有对比对象的项目），则以其他建筑物的造价分析得来的资料补充。承包商在投标时的估价一般要凭自己的经验来完成，往往把投标工程划分为各分部工程，根据本企业定额计算出所需人工、材料、机械等的耗用量，而人工单价主要根据各劳务分包商的报价，材料单价主要根据各材料供应商的报价加以比较确定，承包商根据建筑市场供求情况随行就市，自行确定管理费率，最后作出体现当时当地实际价格的工程报价。总之，工程任何一方的估价，都是以市场状况为重要依据，是完全意义的动态估价。

在美国，工程造价的估算主要由设计部门或专业估价公司来承担，造价估算师在具体编制工程造价估算时，除了考虑工程项目本身的特征因素（如项目拟采用的独特工艺和新技术、项目管理方式、现有场地条件以及资源获得的难易程度等）外，一般还对项目进行较为详细的风险分析，以确定适度的预备费。但确定工程预备费的比例并不固定，因项目风险程度大小而不同，对于风险较大的项目，预备费的比例较高，否则较小。造价估算师通过掌握不同的预备费率来调节造价估算的总体水平。

美国工程造价估算中的人工费由基本工资和工资附加两部分组成。其中，工资附加项目包括管理费、保险金、劳动保护金、退休金、税金等。估算中的人工费是基本工资加工资附加的总额。材料费和机械使用费均以现行的市场行情或市场租赁价作为造价估算的基础，并在人工费、材料费和机械使用费总额的基础上按照一定的比例（一般为 10％左右）计提管理费和利润。

考虑到工程造价管理的动态性，美国造价估算也允许有一定的误差范围。目前在造价估算中允许的误差幅度一般为：

可行性研究阶段估算　＋30％～－20％；

初步设计阶段估算　＋15％～－10％；

施工图设计阶段估算　＋10％～－5％。

对造价估算规定一定的误差范围，有利于有效控制工程造价。

（五）通用的合同文本

合同在国外工程造价管理中有着重要的地位，发达国家都把严格按合同规定办事作为一项通用的准则来执行，并且有的国家还实行通用的合同文本。在英国，其建筑合同制度已有几百年的历史，有着丰富的内容和庞大的体系。澳大利亚、新加坡和中国香港的建筑合同制度都始于英国，著名的国际咨询工程师联合会 FIDIC 合同文件，也以英国的一种文件作为母本。英国有着一套完整的标准建筑合同体系，包括 JCT （Joint Contract Tribunal） 合同系列、ACA（咨询顾问建筑师协会）合同系列、ICE（土木工程师学会）合同系列、皇家政府合同系列。JCT 是英国的主要合同体系，主要通用于房屋建筑工程。JCT 合同系列本身又是一个系统的合同文件体系，它针对房屋建筑中不同的工程规模、性质、建造条件，提供各种不同的文本，供建设人员在发包、采购时选择。其内容由三部分组成，即协议书条款、合同条件和附录。

（六）重视实施过程中的造价控制

国外对工程造价的管理是以市场为中心的动态控制。造价工程师能对造价计划执行中所出现的问题及时分析研究，及时采取纠正措施，这种强调项目实施过程中的造价管理的做法，体现了造价控制的动态性，并且重视造价管理所具有的随环境、工作的进行以及价格等变化而调整造价控制标准和控制方法的动态特征。以美国为例，造价工程师十分重视工程项目具体实施过程中的控制和管理，对工作预算执行情况的检查和分析工作做得非常细致，对于建设工程的各分部分项工程都有详细的成本计划，美国的建筑承包商是以各分部分项工程的成本详细计划为依据来检查工程造价计划的执行情况。对于工程实施阶段实际成本与计划目标出现偏差的工程项目，首先按照一定标准筛选成本差异，然后进行重要成本差异分析，并填写成本差异分析报告表，由此反映出造成此项差异的原因、此项成本差异对项目其他成本项目的影响、拟采取的纠正措施以及实施这些措施的时间、负责人及所需条件等。对于采取措施的成本项目，每月还应跟踪检查采取措施后费用的变化情况。如若采取的措施不能消除成本差异，则需重新进行此项成本差异的分析，再提出新的纠正措施，如果仍不奏效，造价控制项目经理则有必要重新审定项目的竣工结算。

美国一些大型工程公司，重视工程变更的管理工作，建立了较为详细的工程变更制度，可随时根据各种变化了的情况及时提出变更，修改造价估算。美国工程造价的动态控制还体现在造价信息的反馈系统。各微观造价管理单位（工程公司）十分注意收集在造价管理各个阶段的造价资料，并把向有关行业提出造价信息资料视为一种应尽的义务，不仅注意收集造价资料，也派出调查员实地调查，以事实为依据。这种造价控制反馈系统使动态控制以事实为依据，保证了造价管理的科学性。

第四节　造价工程师执业资格制度

一、造价工程师

注册造价工程师，是指通过全国造价工程师执业资格统一考试或者资格认定、资格互认，取得中华人民共和国造价工程师执业资格（以下简称执业资格），并按照《注册造价工程师管理办法》注册，取得中华人民共和国造价工程师注册执业证书和执业印章，从事工程造价活动的专业人员。未取得注册证书和执业印章的人员，不得以注册造价工程师的名义从事工程造价活动。

（一）素质要求

造价工程师的工作关系到国家和社会公众利益，技术性很强，因此，对造价工程师的专业素质、身体素质、思想品德等有如下特殊要求。

1. 思想品德

许多工程建设项目的工程造价高达数千万元、数亿元，甚至数百亿元、上千亿元。造价确定得是否准确，造价控制得是否合理，不仅关系到国民经济发展的速度和规模，而且关系到多方面的经济利益关系。这就要求造价工程师具有良好的思想修养和职业道德，既能维护国家利益，又能以公正的态度维护有关各方合理的经济利益，绝不能以权谋私。

2. 专业素质

集中表现在以专业知识和技能为基础的工程造价管理方面的实际工作能力。造价工程师应掌握和了解的专业知识主要包括：

① 相关的经济理论。
② 项目投资管理和融资。
③ 建筑经济与企业管理。
④ 财政税收与金融实务。
⑤ 市场与价格。
⑥ 招投标与合同管理。
⑦ 工程造价管理。
⑧ 工作方法与动作研究。
⑨ 综合工业技术与建筑技术。
⑩ 建筑制图与识图。
⑪ 施工技术与施工组织。
⑫ 相关法律、法规和政策。
⑬ 计算机应用和信息管理。
⑭ 现行各类计价依据（定额）。

3. 身体素质

造价工程师要有健康的身体，以适应紧张而繁忙的工作。同时，应具有肯于钻研和积极进取的精神。

以上各项素质，只是造价工程师工作能力的基础。造价工程师在实际岗位上应能独立完成建设方案、设计方案的经济比较工作，项目可行性研究的投资估算、设计的概算和施工图预算、招标的标底和投标的报价、补充定额和造价指数等的编制与管理工作，应能进行合同价结算和竣工决算的管理，以及对造价变动规律和趋势应具有分析和预测能力。

4. 技能结构

造价工程师是建设领域工程造价的管理者，其执业范围和担负的重要任务，要求造价工程师必须具备现代管理人员的技能结构，即三种技能——技术技能、人文技能和观念技能。技术技能是指能使用由经验、教育及训练方面的知识、方法、技能及设备，来达到特定任务的能力。人文技能是指与人共事的能力和判断力。观念技能是指了解整个组织及自己在组织中的地位的能力，使自己不仅能按本身所属的群体目标行事，而且能按整个组织的目标行事。不同层次的管理人员所需具备的三种技能的结构有所不同，造价工程师应同时具备这三种技能，特别是观念技能和技术技能，但也不能忽视人文技能，忽视与人共事能力的培养，忽视激励的作用。

（二）执业道德准则

为了规范造价工程师的职业道德行为，提高行业声誉，造价工程师在执业中应信守以下职业道德行为准则：

① 遵守国家法律、法规和政策，执行行业自律性规定，珍惜职业声誉，自觉维护国家和社会公共利益。

② 遵守"诚信、公正、精业、进取"的原则，以高质量的服务和优秀的业绩，赢得社会和客户对造价工程师职业的尊重。

③ 勤奋工作，独立、客观、公正、正确地出具工程造价成果文件，使客户满意。

④ 诚实守信，尽职尽责，不得有欺诈、伪造、作假等行为。

⑤ 尊重同行，公平竞争，搞好同行之间的关系，不得采取不正当的手段损害、侵犯同行的权益。

⑥ 廉洁自律，不得索取、收受委托合同约定以外的礼金和其他财物，不得利用职务之便谋取其他不正当的利益。

⑦ 造价工程师与委托方有利害关系的应当回避，委托方有权要求其回避。

⑧ 知悉客户的技术和商务秘密，负有保密义务。

⑨ 接受国家和行业自律性组织对其职业道德行为的监督检查。

二、我国造价工程师执业资格制度

（一）我国造价工程师执业资格制度概述

我国每年固定资产投资达几万亿元人民币，从事工程造价专业的人员有几百万人，这一队伍在专业和技术方面对管好用好固定资产投资发挥了重要的作用。为了加强建设工程造价专业技术人员的执业准入管理，确保建设工程造价管理工作质量，维护国家和社会公共利益，1996 年 8 月，国家人事部、建设部联合发布了《造价工程师执业资格制度暂行规定》，明确国家在工程造价领域实施造价工程师执业资格制度。凡从事工程建设活动的建设、设计、施工、工程造价咨询、工程造价管理等单位和部门，必须在计价、评估、审查、控制及管理等岗位配备具有造价工程师执业资格的专业技术人员。

在全国统一考试前，国家人事部、建设部联合对已从事工程造价管理工作并具有高级专业技术职务的人员，分别于 1997 年和 1998 年分两批考核认定了 1853 名工程造价管理专业人员具有造价工程师执业资格。同时，于 1997 年组织了九省（自治区、直辖市）试点考试。从 1998 年开始，除了 1999 年外，2000 年及其以后各年均举行了造价工程师执业资格全国统一考试。截止 2015 年年底，全国注册造价工程师人数已达 13 万 9 千多人。

为了加强对注册造价工程师的管理，规范注册造价工程师的执业行为，建设部于 2006 年颁布了《注册造价工程师管理办法》，中国建设工程造价管理协会制订了《造价工程师继续教育实施办法》和《造价工程师职业道德行为准则》，造价工程师执业资格制度逐步完善，如图 1-7 所示。

（二）造价工程师的考试和注册

1. 执业资格考试

造价工程师执业资格考试实行全国统一大纲、统一命题、统一组织的办法。原则上每年

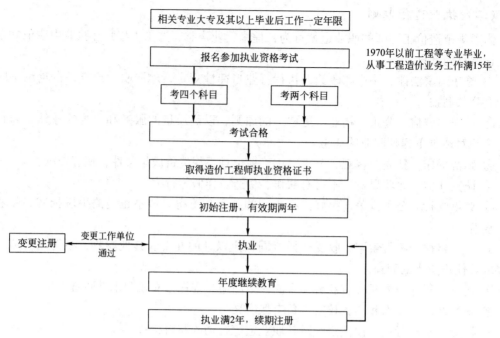

图 1-7   造价工程师执业资格制度简图

举行一次。

（1）报考条件   凡中华人民共和国公民，遵纪守法并具备以下条件之一者，均可申请参加造价工程师执业资格考试。

① 工程造价专业大专毕业后，从事工程造价业务工作满五年；工程或工程经济类大专毕业后，从事工程造价业务工作满 6 年。

② 工程造价专业本科毕业后，从事工程造价业务工作满四年；工程或工程经济类本科毕业后，从事工程造价业务工作满 5 年。

③ 获上述专业第二学士学位或研究生班毕业和获硕士学位后，从事工程造价业务工作满 3 年。

④ 获上述专业博士学位后，从事工程造价业务工作满 2 年。

（2）考试科目   造价工程师执业资格考试分为四个科目："建设工程造价管理"、"建设工程计价"、"建设工程技术与计量"（土木建筑工程或安装工程）和"建设工程造价案例分析"。

造价工程师四个科目分别单独考试、单独计分。参加全部科目考试的人员，需在连续的两个考试年度通过；参加免试部分考试科目的人员，需在一个考试年度内通过应试科目。

（3）证书取得   通过造价工程师执业资格考试合格者，由省（自治区、直辖市）人事（职改）部门颁发国家统一印制、国家人事部和建设部统一用印的造价工程师执业资格证书，该证书全国范围内有效，并作为造价工程师注册的凭证。

2. 注册

（1）注册管理部门   国务院建设行政主管部门负责全国造价工程师注册管理工作，造价工程师的具体工作委托中国建设工程造价管理协会办理。省（自治区、直辖市）人民政府建设行政主管部门作为省级注册机构，负责本行政区域内的造价工程师注册管理工作。国务院有关部门作为部门注册机构，经国务院建设主管部门认可，负责本行业内造价工程师注册管理工作。

（2）注册条件

① 取得执业资格。

② 受聘于一个工程造价咨询企业或者工程建设领域的建设、勘察设计、施工、招标代理、工程监理、工程造价管理等单位。

有下列情形之一的，不予初始注册：

① 丧失民事行为能力的；

② 受过刑事处罚，且自刑事处罚执行完毕之日起至申请注册之日不满 5 年的；

③ 在工程造价业务中有重大过失，受过行政处罚或者撤职以上行政处分，且处罚、处分自决定之日起至申请注册之日不满 2 年的；

④ 在申请注册过程中有弄虚作假行为的。

（3）初始注册　取得资格证书的人员，可自资格证书签发之日起 1 年内申请初始注册。逾期未申请者，须符合继续教育的要求后方可申请初始注册。初始注册的有效期为 4 年。

申请初始注册的，应当提交下列材料：

① 初始注册申请表；

② 执业资格证件和身份证件复印件；

③ 与聘用单位签订的劳动合同复印件；

④ 工程造价岗位工作证明；

⑤ 取得资格证书的人员，自资格证书签发之日起 1 年后申请初始注册的，应当提供继续教育合格证明；

⑥ 受聘于具有工程造价咨询资质的中介机构的，应当提供聘用单位为其交纳的社会基本养老保险凭证、人事代理合同复印件，或者劳动、人事部门颁发的离退休证复印件；

⑦ 外国人、我国港澳台人员应当提供外国人就业许可证书、我国港澳台人员就业证书复印件。

（4）延续注册　注册造价工程师注册有效期满需继续执业的，应当在注册有效期满 30 日前，按照规定的程序申请延续注册。延续注册的有效期为 4 年。

申请延续注册的，应当提交下列材料：

① 延续注册申请表；

② 注册证书；

③ 与聘用单位签订的劳动合同复印件；

④ 前一个注册期内的工作业绩证明；

⑤ 继续教育合格证明。

（5）变更注册　在注册有效期内，注册造价工程师变更执业单位的，应当与原聘用单位解除劳动合同，并按照规定的程序办理变更注册手续。变更注册后延续原注册有效期。

申请变更注册的，应当提交下列材料：

① 变更注册申请表；

② 注册证书；

③ 与新聘用单位签订的劳动合同复印件；

④ 与原聘用单位解除劳动合同的证明文件；

⑤ 受聘于具有工程造价咨询资质的中介机构的，应当提供聘用单位为其交纳的社会基本养老保险凭证、人事代理合同复印件，或者劳动、人事部门颁发的离退休证复印件；

⑥ 外国人、我国港澳台人员应当提供外国人就业许可证书、我国港澳台人员就业证书复印件。

（6）不予注册　有下列情形之一的，不予注册：

① 不具有完全民事行为能力的；

② 申请在两个或者两个以上单位注册的；

③ 未达到造价工程师继续教育合格标准的；

④ 前一个注册期内工作业绩达不到规定标准或未办理暂停执业手续而脱离工程造价业务岗位的；

⑤ 受刑事处罚，刑事处罚尚未执行完毕的；

⑥ 因工程造价业务活动受刑事处罚，自刑事处罚执行完毕之日起至申请注册之日止不满 5 年的；

⑦ 因前项规定以外原因受刑事处罚，自处罚决定之日起至申请注册之日止不满 3 年的；

⑧ 被吊销注册证书，自被处罚决定之日起至申请注册之日止不满 3 年的；

⑨ 以欺骗、贿赂等不正当手段获准的注册被撤销，自被撤销注册之日起至申请注册之日止不满 3 年的；

⑩ 法律、法规规定不予注册的其他情形。

（三）执业

造价工程师只能在一个单位执业。

1. 执业范围

造价工程师执业范围如下。

① 建设项目建议书、可行性研究投资估算的编制和审核，项目经济评价，工程概算、预算、结算、竣工结（决）算的编制和审核。

② 工程量清单、标底（或者控制价）、投标报价的编制和审核，工程合同价款的签订及变更、调整，工程款支付与工程索赔费用的计算。

③ 建设项目管理过程中设计方案优化、限额设计等工程造价分析与控制，工程保险理赔的核查。

④ 工程经济纠纷的鉴定。

注册造价工程师应当在本人承担的工程造价成果文件上签字并盖章；修改经注册造价工程师签字盖章的工程造价成果文件，应当由签字盖章的注册造价工程师本人进行；注册造价工程师本人因特殊情况不能进行修改的，应当由其他注册造价工程师修改，并签字盖章；修改工程造价成果文件的注册造价工程师对修改部分承担相应的法律责任。

2. 权利与义务

注册造价工程师享有下列权利：

① 使用注册造价工程师名称；

② 依法独立执行工程造价业务；

③ 在本人执业活动中形成的工程造价成果文件上签字并加盖执业印章；

④ 发起设立工程造价咨询企业；

⑤ 保管和使用本人的注册证书和执业印章；

⑥ 参加继续教育。

注册造价工程师应当履行下列义务：

① 遵守法律、法规、有关管理规定，恪守职业道德；

② 保证执业活动成果的质量；

③ 接受继续教育，提高执业水平；

④ 执行工程造价计价标准和计价方法；

⑤ 与当事人有利害关系的，应当主动回避；

⑥ 保守在执业中知悉的国家秘密和他人的商业、技术秘密。

（四）继续教育

造价工程师在每一注册期内应当达到注册机关规定的继续教育要求。注册造价工程师继续教育分为必修课和选修课，每一注册有效期各为 60 学时。经继续教育达到合格标准的，颁发继续教育合格证明。造价工程师继续教育由中国建设工程造价管理协会负责组织。

（五）违规处罚

申请造价工程师注册的人员，在申请初始注册、续期注册、变更注册过程中，隐瞒其实情况、弄虚作假的，由国务院建设行政主管部门注销造价工程师注册证，并收回执业专用章。

未经注册以造价工程师名义从事工程造价活动的，由省级注册机构责令其停止违法活动，并可处以 5000 元以上 3 万元以下的罚款；造成损失的应当承担赔偿责任。

造价工程师同时在两个以上单位执业的，由国务院建设行政主管部门注销造价工程师注册证，并收回执业专用章。

造价工程师允许他人以本人名义执业的，由国务院建设行政主管部门注销造价工程师注册证，并收回执业专用章。

三、国外造价工程师执业资格制度简介

以英国为例。在英国，造价工程师称为工料测量师，特许工料测量师的称号是由英国测量师学会（RICS）经过严格程序授予该会的专业会员（MRICS）和资深会员（FRICS）的。整个程序如图 1-8 所示。

工料测量专业本科毕业生可直接取得申请工料测量师专业工作能力培养和考核的资格。而对一般具有高中毕业水平的人，或学习其他专业的大学毕业生可申请技术员资格培养和考核的资格。

对工料测量专业本科毕业生（硕士生、博士生）以及经过专业知识考试合格的人员，还要通过皇家测量师学会组织的专业工作能力的考核，即通过 2 年以上的工作实践，在学会规定的各项专业能力考核科目范围内，获得某几项较丰富的工作经验，经考核合格后，即由皇家测量师学会发给合格证书并吸收为学会会员（MRICS），也就是有了特许工料测量师资格。

在取得特许工料测量师（工料估价师）资格以后，就可签署有关估算、概算、预算、结

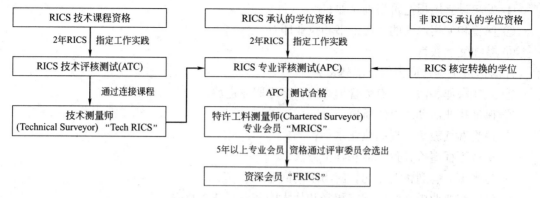

图 1-8 英国工料测量师授予程序图

注：RICS—The Royal Institution of Chartered Surveyor；APC—Assessment of Professional
Competence；ATC—Assessment of Technical Competence

算、决算文件，也可独立开业，承揽有关业务，再从事 12 年本专业工作，或者在预算公司
等单位中承担重要职务（如董事）5 年以上者，经学会的资深会员评审会员会批准，即可被
吸收为资深会员（FRICS）。

英国的工料测量师被认为是工程建设经济师。在工程建设全过程中，按照既定工程项目
确定投资，在实施的各阶段、各项活动中控制造价，使最终造价不超过规定投资额。不论受
雇于政府还是企事业单位的测量师都是如此，社会地位很高。

第五节 工程造价咨询及其管理制度

一、工程造价咨询业

（一）咨询及工程造价咨询

咨询是利用科学技术和管理人才已有的专门知识技能和经验，根据政府、企业以至个人
的委托要求，提供解决有关决策、技术和管理等方面问题的优化方案的智力服务活动过程。
咨询以智力劳动为特点，以特定问题为目标，以委托人为服务对象，按合同规定条件进行有
偿的经营活动。咨询是商品经济进一步发展和社会分工更加细密的产物，也是技术和知识商
品化的具体形式。

工程造价咨询系指面向社会接受委托，承担建设项目的可行性研究投资估算，项目经济
评价，工程概算、预算、工程结算、竣工决算、工程招标标底、投标报价的编制和审核，对
工程造价进行监控以及提供有关工程造价信息资料等业务工作。

（二）咨询业的形成

咨询业作为一个产业部门的形成，是技术进步和社会经济发展的结果。咨询业属于第三
产业中的服务业，它是在工业化和后工业化时期完成并得到迅速发展的。这是因为经济发展
程度越高，在社会经济生活和个人生活中对各种专业知识和技能、经验的需要越广泛。而要
使一个企业或个人掌握和精通经济活动和社会活动所需要的各种专业知识、技能和经验，几

乎是不可能的。为适应这种形势，能够提供不同专业咨询服务的咨询公司应运而生。最为普遍的是房地产和物业咨询服务公司、工程咨询公司、土地价格评估公司、资产评估公司、房地产评估公司、工程监理公司以及工程造价咨询和评估公司等。大型咨询公司的出现，是咨询业形成的标志。

在国民经济产业分类中，咨询业与商业、金融保险业、房地产业、文教卫生、旅游业等一样，同属于第三产业。技术进步和社会经济发展使产业结构发生巨大变化，第三产业的比重迅速增加，这一点在美国、日本、英国等发达国家尤为明显。从我国的经济发展和技术进步速度看，第三产业的进一步发展具有很大空间。美国、日本等国的第三产业结构中，生产和传递无形产品的知识产业发展最快，以至近年有些学者把它列为第四产业部门。这一部门包括咨询业、设计业、软件业、文教卫生业、工程承包业、科技研究业、信息情报业、科学管理业、会计事业、法律事务业等。这里，把咨询业列为首位是有道理的。

(三) 咨询业的社会功能

1. 服务功能

咨询业的首要功能就是服务，即为经济发展服务、为社会发展服务和为居民生活服务。在生产领域和流通领域的技术咨询、信息咨询、管理咨询，可以起到加速企业技术进步、提高生产效率和投资效益、提高企业素质和管理水平的作用。在社会发展领域，在环境、人口、文教卫生、婚姻家庭、社会福利与保险等方面的咨询服务，可以促使社会进步与社会稳定，促进社会环境和生态环境的改善，提高人口素质和社会文明程度。对居民生活的咨询服务，主要是在居民的置业、购物、旅游、投资理财、财产分割、婚姻家庭、医疗保健、升学就业等方面提供服务，协助他们作出正确选择，以保护居民正当的合法权益。

2. 引导功能

咨询业是知识密集的智能型产业，它拥有大批专业人才，有能力也有义务为服务对象提供最权威的指导，引导服务对象按照法律法规、政府政策和发展规划、市场信息等，抓住机遇，规避风险，使社会行为和市场行为既符合企业和个人的利益，也符合宏观社会经济发展的要求，以引导他们去规范自己的行为，促使微观效益和宏观效益的统一。

3. 联系功能

咨询业的社会功能，在一定意义上也可以说是架起了一座联系的桥梁。它通过咨询活动把生产、流通和消费更密切地联系起来，同时也促进了市场需求主体和供给主体的联系，促进了地方、居民和政府的联系，从而有利于国民经济以至整个社会健康协调地发展。

(四) 中国香港工程造价咨询业

伴随着建筑工程规模的日趋扩大和建筑生产的高度专业化，香港各类社会服务机构迅速发展起来。这些机构承担着经济活动的微观管理和服务工作，是政府摆脱对微观经济活动直接控制和参与的保证，是承发包双方的顾问和代言人。

在这些社会咨询服务机构中，工料测量师行是直接参与工程造价管理的咨询部门。从20世纪60年代开始，预算师（工料测量师）已从以往的编制工程概算、预算，按施工完成的实物工程量编制期中结算和竣工决算，发展到对工程建设全过程进行成本控制；预算师从以往的服务于建筑师、工程师的被动地位，发展到与建筑师和工程师并列，并相互制约、相互影响的主动地位，在工程建设的过程中发挥出积极作用。香港在 1997 年以前，工料师行除承担本地各项业务外，还把业务扩展到世界各地，如仲量行、利比测量事务所、威格斯产业顾问公司、威宁谢集团公司、刘绍钧产业测量师行等，在世界各地都有良好的声誉。我国南京的金陵饭店、北京的长城饭店等的招标工作，就是由香港有关测量师行提供服务的。

开办测量师行的人，在香港等地称为合伙人。他们是公司的所有者，在法律上代表公司，在经济上自负盈亏，既是管理者，又是生产者，相当于公司的董事。政府对这些合伙人有严格要求，要求注册测量师行的合伙人必须具有较高的专业知识，获得测量师学会颁发的注册测量师证书，否则领不到营业执照，无法开业经营。如果一个人只拥有资金而没有预算师的职称，是不能成为工料测量师行的合伙人的。

工料测量师行在工程建设中的主要任务和作用如下。

1. 立约前阶段

① 在工程建设开始阶段提出建设任务和要求，如建设规模、技术条件和可筹集到的资金等。这时工料测量师要和建筑师、工程师共同提出"初步投资建议"，对拟建项目作出初步的经济评价，和业主讨论在工程建设过程中工料测量师行的服务内容、收费标准，并着手一般准备工作和计划今后行动。

② 在可行性研究阶段，工料测量师根据建筑师和工程师提供的建设项目的规模、厂址、技术协作条件，对各种拟建方案制订初步估算，有的还要为业主估算竣工后的经营费和维护保养费，从而向业主提交估价和建议，以便业主决定项目执行方案，确保方案在功能上、技术上和财务上的可行性。

③ 在方案建议（有的称为总体建议）阶段，工料测量师按照不同的设计方案编制估算书，除反映总投资额外，还要提供分部工程的投资额，以便业主确定拟建项目的布局、设计和施工方案。工料测量师还应为拟建项目获得当局批准而向业主提供必要的报告。

④ 在初步设计阶段，根据建筑师、工程师草拟的图纸，制订建设投资分项初步概算。根据概算及工程程序，制订资金支出初步估算表，以保证投资得到最有效的运用，并可制定项目投资限额。

⑤ 在详细设计阶段，根据近似的工料数量及当时的价格，制订更详细的分项概算，并将它们与项目投资限额相比较。

⑥ 对不同的设计及材料进行成本研究，并向建筑师、工程师或设计人员提出成本建议，协助他们在投资限额范围内进行设计。

⑦ 就工程的招标程序、合同安排、合同内容方面提供建议。

⑧ 制订招标文件、工料清单、合同条款、工料说明书及投标书，供业主招标或供业主与选定的承包人议价。

⑨ 研究并分析收回的标书，包括进行详尽的技术及数据审核，并向业主提交对各项投标的分析报告。

⑩ 为总承包单位及指定供货单位或分包单位制订正式的合同文件。

2. 立约后阶段

① 工程开工后，对工程进度进行测量，并向业主提出中期付款额的建议。

② 工程进行期间，定期制订最终成本估计报告书，反映施工中存在的问题及投资的支付情况。

③ 制订工程变更清单,并与承包人达成费用上增减的协议。

④ 就工程变更的大约费用,向建筑师提供建议。

⑤ 审核及评估承包人提出的索赔,并进行协商。

⑥ 与工程项目的建筑师、工程师等紧密合作,在施工阶段密切控制成本。

⑦ 办理工程竣工决算。

⑧ 回顾分析项目管理和执行情况。

工料测量师行受雇于业主,针对工程规模大小、难易程度,按总投资的 0.5%～3% 收费,同时对项目造价控制负有重大责任。如果项目建设成本最后在缺乏充足正当理由的情况下超支较多,业主付不起,则将要求工料测量师行对建设成本超支额及应付银行贷款利息进行赔偿。所以测量师行在接受项目造价控制委托,特别是接受工期较长、难度较大的项目造价控制委托时,都要购买专业保险,以防估价失误时因对业主进行赔偿而破产。由于工料测量师在工程建设中的主要任务就是对项目造价进行全面系统的控制,因而他们被誉为"工程建设经济专家"和"工程建设中管理财务的经理"。

在众多的测量师行之间,测量师学会是其相互联系的纽带。这种学会在保护行业利益和推行政府决策方面起着重要作用。学会内部互相监督、互相协调、互通情报,强调职业道德和经营作风。学会对工程造价起了指导和间接管理的作用,甚至也充当工程造价纠纷仲裁机构,当承发包双方不能相互协调或对测量师行的计价有异议时,可以向测量师学会提出仲裁申请,由测量师学会会长指派专业测量师充当仲裁员。仲裁结果一般都能为双方所接受。测量师学会与政府之间也保持着密切联系,政府部门的很多专业人员都是学会的会员。学会除了保护行业利益之外,还体现了政府与行业之间的对话、控制与反控制的关系。测量师行均为民办、私营,测量师以自己的实力、专业知识、服务质量在社会上赢得声誉,以公正、中立的身份从事各种服务。

(五) 我国内地工程造价咨询业概述

我国内地工程造价咨询业是随着社会主义市场经济体制建立逐步发展起来的。在计划经济时期,国家以指令的方式进行工程造价的管理,并且培养和造就了一大批工程概预算人员。进入 20 世纪 90 年代中期以后,随着投资体制的多元化以及招标投标法的颁布,工程造价更多的是通过招标投标竞争定价。市场环境的变化,客观上要求有专门从事工程造价咨询的机构提供工程造价咨询服务。为了规范工程造价中介组织的行为,保障其依法进行经营活动,维护建设市场的秩序,建设部先后发布《工程造价咨询单位资质管理办法(试行)》、《工程造价咨询单位管理办法》等一系列文件。近 10 年来,工程造价咨询单位的发展已具备一定规模,到 2015 年年底,全国已有甲级工程造价咨询企业近 3000 余家。

二、工程造价咨询企业

工程造价咨询企业是指接受委托,对建设项目的投资、工程造价的确定与控制提供专业咨询服务的企业。

工程造价咨询企业从事工程造价咨询活动,应遵循独立、客观、公正、诚实守信的原则,不得损害社会公共利益和他人的合法权益。

(一) 我国工程造价咨询企业的资质等级和标准

我国工程造价咨询企业资质等级分为甲级、乙级。

1. 甲级资质标准

① 已取得乙级工程造价咨询企业资质证书满 3 年；

② 企业出资人中，注册造价工程师人数不低于出资人总人数的 60%，且其出资额不低于企业注册资本总额的 60%；

③ 技术负责人已取得造价工程师注册证书，并具有工程或工程经济类高级专业技术职称，从事工作 15 年以上；

④ 专职从事工程造价专业工作的专职人员不少于 20 人，其中具有工程或工程经济类中级以上专业技术职称的专业人员不少于 16 人，取得造价工程师注册证书的专业人员不少于 10 人，其他人员具有从事工程造价专业工作的经历；

⑤ 企业与专职人员签订劳动合同，且专职专业人员符合国家规定的执业年龄（出资人除外）；

⑥ 专职专业人员人事档案关系由国家认可的人事代理机构代为管理；

⑦ 注册资金不少于 100 万元；

⑧ 企业近 3 年工程造价咨询营业收入累计不低于人民币 500 万元；

⑨ 具有固定的办公场所，人均办公建筑面积不少于 10m²；

⑩ 技术经济档案管理制度、质量控制制度、财务管理制度齐全；

⑪ 企业为本单位专职专业人员办理的社会基本养老保险手续齐全；

⑫ 在申请核定资质等级之日前 3 年内无违规行为。

2. 乙级标准

① 企业出资人中，注册造价工程师人数不低于出资人总人数的 60%，且其出资额不低于企业注册资本总额的 60%；

② 技术负责人已取得造价工程师注册证书，并具有工程或工程经济类高级专业技术职称，从事工作 10 年以上；

③ 专职从事工程造价专业工作的专职人员不少于 12 人，其中具有工程或工程经济类中级以上专业技术职称的专业人员不少于 8 人，取得造价工程师注册证书的专业人员不少于 6 人，其他人员具有从事工程造价专业工作的经历；

④ 企业与专职人员签订劳动合同，且专职专业人员符合国家规定的执业年龄（出资人除外）；

⑤ 专职专业人员人事档案关系由国家认可的人事代理机构代为管理；

⑥ 注册资金不少于 50 万元；

⑦ 具有固定的办公场所，人均办公建筑面积不少于 10m²；

⑧ 技术经济档案管理制度、质量控制制度、财务管理制度齐全；

⑨ 企业为本单位专职专业人员办理的社会基本养老保险手续齐全；

⑩ 暂定期内工程造价咨询营业收入累计不低于人民币 50 万元；

⑪ 在申请核定资质等级之日前 3 年内无违规行为。

（二）我国工程造价咨询企业的业务承接

工程造价咨询企业应当依法取得工程造价咨询企业资质，并在资质等级许可的范围内从事工程造价咨询活动。工程造价咨询企业依法从事工程造价咨询活动，不受行政区域限制。

甲级工程造价咨询企业可以从事各类建设项目的工程造价咨询业务；乙级工程造价咨询企业可以从事工程造价 5000 万元以下的各类建设项目的工程造价咨询业务。

1. 业务范围

工程造价咨询业务范围包括：

① 建设项目建议书及可行性研究投资估算、项目经济评价报告的编制和审核。

② 建设项目概预算的编制与审核，并配合设计方案比选、优化设计、限额设计等工作进行工程造价分析与控制。

③ 建设项目合同价款的确定（包括招标工程工程量清单和标底、投标报价的编制和审核）；合同价款的签订与调整（包括工程变更、工程洽商和索赔费用的计算）及工程款支付，工程结算及竣工结（决）算报告的编制与审核等。

④ 工程造价经济纠纷的鉴定和仲裁的咨询。

⑤ 提供工程造价信息服务等。

工程造价咨询企业可以对建设项目的组织实施进行全过程或者若干阶段的管理和服务。

2. 咨询合同及其履行

工程造价咨询企业在承接各类建设项目的工程造价咨询业务时，可以参照《建设工程造价咨询合同》（示范文本）与委托人签订书面工程造价咨询合同。建设工程造价咨询合同一般包括下列主要内容：

① 当事人的名称、地址；

② 咨询项目的名称、委托内容、要求、标准；

③ 履行期限；

④ 咨询费、支付方式和时间；

⑤ 违约责任和纠纷解决方式；

⑥ 当事人约定的其他内容。

工程造价咨询企业从事工程造价咨询业务，应当按照有关规定的要求出具工程造价成果文件，工程造价成果文件应当由工程造价咨询企业加盖有企业名称、资质等级及证书编号的执业印章，并由执行咨询业务的注册造价工程师签字、加盖执业印章。

3. 企业分支机构

工程造价咨询企业设立分支机构的，应当自领取分支机构营业执照之日起 30 日内，持下列材料到分支机构工商注册所在地省（自治区、直辖市）人民政府建设主管部门备案：

① 分支机构营业执照复印件；

② 工程造价咨询企业资质证书复印件；

③ 拟在分支机构执业的不少于 3 名注册造价工程师的注册证书复印件；

④ 分支机构固定办公场所的租赁合同或产权证明。

省（自治区、直辖市）人民政府建设主管部门应当在接受备案之日起 20 日内，报国务院建设主管部门备案。

分支机构从事工程造价咨询业务，应当由设立该分支机构的工程造价咨询企业负责承接工程造价咨询业务、订立工程造价咨询合同、出具工程造价成果文件。

分支机构不得以自己的名义承接工程造价咨询业务、订立工程造价咨询合同、出具工程造价成果文件。

4. 跨省区承接业务

工程造价咨询企业跨省（自治区、直辖市）承接工程造价咨询业务的，应当自承接业务之日起 30 日内到建设工程所在地省（自治区、直辖市）人民政府建设主管部门备案。

（三）我国工程造价咨询企业执业行为准则

① 执行国家的宏观经济政策和产业政策，遵守国家和地方的法律、法规及有关规定，维护国家和人民的利益。

② 接受工程造价咨询行业自律组织业务指导，自觉遵守本行业的规定和各项制度，积极参加本行业组织的业务活动。

③ 按照工程造价咨询单位资质证书规定的资质等级和服务范围开展业务，只承担能够胜任的工作。

④ 具有独立执业的能力和工作条件，竭诚为客户服务，以高质量的咨询成果和优良服务，获得客户的信任和好评。

⑤ 按照公平、公正和诚信的原则开展业务，认真履行合同，依法独立自主地开展经营活动，努力提高经济效益。

⑥ 靠质量、靠信誉参加市场竞争，杜绝无序和恶性竞争；不得利用与行政机关、社会团体以及其他经济组织的特殊关系搞业务垄断。

⑦ 以人为本，鼓励员工更新知识，掌握先进的技术手段和业务知识，采取有效措施组织、督促员工接受继续教育。

⑧ 不得在解决经济纠纷的咨询业务中分别接受双方当事人的委托。

⑨ 不得阻挠委托人委托其他工程造价咨询单位参与咨询服务；共同提供服务的工程造价咨询单位之间应分工明确，密切协作，不得损害其他单位的利益和名誉。

⑩ 保守客户的技术和商务秘密，客户事先允许和国家另有规定的除外。

三、我国工程造价咨询企业的管理制度

（一）管理部门

国务院建设行政主管部门负责全国工程造价咨询企业的统一监督管理工作。省（自治区、直辖市）人民政府建设行政主管部门负责本行政区域内工程造价咨询企业的监督管理工作。有关专业部门对本专业工程造价咨询企业实行监督管理。

（二）资质申请与审批

1. 资质许可程序

（1）甲级许可程序　申请甲级工程造价咨询企业资质的，应当向申请人工商注册所在地省（自治区、直辖市）人民政府建设主管部门或者国务院有关专业部门提出申请。

省（自治区、直辖市）人民政府建设主管部门或者国务院有关专业部门应当自受理申请材料之日起 20 日内审查完毕，并将初审意见和全部申请材料报国务院建设主管部门，国务院建设主管部门应当自受理之日起 20 日内作出决定。

（2）乙级许可程序　申请乙级工程造价咨询企业资质的，由省（自治区、直辖市）人民

政府建设主管部门审查决定。其中，申请有关专业乙级工程造价咨询企业资质的，由省（自治区、直辖市）人民政府建设主管部门商同有关专业部门审查决定。

乙级工程造价咨询企业资质许可的实施程序由省（自治区、直辖市）人民政府建设主管部门依法确定。省（自治区、直辖市）人民政府建设主管部门应当自作出决定之日起30日内，将准予资质许可的决定报国务院建设主管部门备案。

2. 申报材料

申请工程造价咨询企业资质，应当提交下列材料并同时在网上申报：

① 工程造价咨询企业资质等级申请书；

② 专职专业人员（含技术负责人）的造价工程师注册证书、造价员资格证书、专业技术职称证书和身份证；

③ 专职专业人员（含技术负责人）的人事代理合同和企业为其交纳的本年度社会基本养老保险费用的凭证；

④ 企业章程、股东出资协议并附工商部门出具的股东出资情况证明；

⑤ 企业缴纳营业收入的营业税发票或税务部门出具的缴纳工程造价咨询营业收入的营业税完税证明；企业营业收入含其他业务收入的，还需出具工程造价咨询营业收入的财务审计报告；

⑥ 工程造价咨询企业资质证书；

⑦ 企业营业执照；

⑧ 固定办公场所的租赁合同或产权证明；

⑨ 有关企业技术档案管理、质量控制、财务管理等制度的文件；

⑩ 法律、法规规定的其他材料。

新申请工程造价咨询企业资质的，不需要提交第⑤、⑥项所列材料。

3. 新设立企业

新申请工程造价咨询企业资质的企业，其资质等级按照乙级资质标准中的前9项核定为乙级，设暂定期1年。

暂定期届满需继续从事工程造价咨询活动的，应当在暂定期届满30日前，向资质许可机关申请换发资质证书。符合乙级资质条件的，由资质许可机关换发资质证书。

（三）资质证书管理

准予资质许可的，资质许可机关应当向申请人颁发工程造价咨询企业资质证书。工程造价咨询企业资质证书由国务院建设主管部门统一印制，分为正本和副本。正本和副本具有同等法律效力。

工程造价咨询企业遗失资质证书的，应当在公众媒体上声明作废后，向资质许可机关申请补办。

工程造价咨询企业资质有效期为3年。资质有效期届满，需要继续从事工程造价咨询活动的，应当在资质有效期届满30日前向资质许可机关提出资质延续申请。资质许可机关应当根据申请作出是否准予延续的决定。准予延续的，资质有效期延续3年。

（四）资质证书变更

工程造价咨询企业的名称、住所、组织形式、法定代表人、技术负责人、注册资本等事项发生变更的，应当自变更确立之日起 30 日内，到资质许可机关办理资质证书变更手续。

工程造价咨询企业合并的，合并后存续或者新设立的工程造价咨询企业可以承继合并前各方中较高的资质等级，但应当符合相应的资质等级条件。

工程造价咨询企业分立的，只能由分立后的一方承继原工程造价咨询企业资质，但应当符合原工程造价咨询企业资质等级条件。

（五）撤销和注销资质

1. 撤销资质

有下列情形之一的，资质许可机关或者其上级机关，根据利害关系人的请求或者依据职权，可以撤销工程造价咨询企业资质：

① 资质许可机关工作人员滥用职权、玩忽职守作出准予工程造价咨询企业资质许可的；

② 超越法定职权作出准予工程造价咨询企业资质许可的；

③ 违反法定程序作出准予工程造价咨询企业资质许可的；

④ 对不具备行政许可条件的申请人作出准予工程造价咨询企业资质许可的；

⑤ 依法可以撤销工程造价咨询企业资质的其他情形。

工程造价咨询企业以欺骗、贿赂等不正当手段取得工程造价咨询企业资质的，应当予以撤销。

2. 撤回资质

工程造价咨询企业取得工程造价咨询企业资质后，不再符合相应资质条件的，资质许可机关根据利害关系人的请求或者依据职权，可以责令其限期改正；逾期不改的，可以撤回其资质。

3. 注销资质

有下列情形之一的，资质许可机关应当依法注销工程造价咨询企业资质：

① 工程造价咨询企业资质有效期满，未申请延续的；

② 工程造价咨询企业资质被撤销、撤回的；

③ 工程造价咨询企业依法终止的；

④ 法律、法规规定的应当注销工程造价咨询企业资质的其他情形。

（六）信用制度

工程造价咨询企业应当按照有关规定，向资质许可机关提供真实、准确、完整的工程造价咨询企业信用档案信息。工程造价咨询企业信用档案应当包括工程造价咨询企业的基本情况、业绩、良好行为、不良行为等内容。违法行为、被投诉举报处理、行政处罚等情况应当作为工程造价咨询企业的不良记录记入其信用档案。任何单位和个人均有权查阅信用档案。

（七）法律责任

1. 资质申请或取得的违规责任

申请人隐瞒有关情况或者提供虚假材料申请工程造价咨询企业资质的，不予受理或者不予资质许可，并给予警告，申请人在 1 年内不得再次申请工程造价咨询企业资质。

以欺骗、贿赂等不正当手段取得工程造价咨询企业资质的，由县级以上地方人民政府建设主管部门或者有关专业部门给予警告，并处 1 万元以上 3 万元以下的罚款，申请人 3 年内不得再次申请工程造价咨询企业资质。

2. 经营违规的责任

未取得工程造价咨询企业资质从事工程造价咨询活动或者超越资质等级承接工程造价咨询业务的，出具的工程造价成果文件无效，由县级以上地方人民政府建设主管部门或者有关专业部门给予警告，责令限期改正，并处以 1 万元以上 3 万元以下的罚款。

工程造价咨询企业不及时办理资质证书变更手续的，由资质许可机关责令限期办理；逾期不办理的，可处以 1 万元以下的罚款。

有下列行为之一的，由县级以上地方人民政府建设主管部门或者有关专业部门给予警告，责令限期改正；逾期末改正的，可处以 5000 元以上 2 万元以下的罚款：

① 新设立的分支机构不备案的；
② 跨省（自治区、直辖市）承接业务不备案的。

3. 其他违规责任

工程造价咨询企业有下列行为之一的，由县级以上地方人民政府建设主管部门或者有关专业部门给予警告，责令限期改正，并处以 1 万元以上 3 万元以下的罚款。

① 涂改、倒卖、出租、出借资质证书，或者以其他形式非法转让资质证书；
② 超越资质等级业务范围承接工程造价咨询业务；
③ 同时接受招标人和投标人或两个以上投标人对同一工程项目的工程造价咨询业务；
④ 以给予回扣、恶意压低收费等方式进行不正当竞争；
⑤ 转包承接的工程造价咨询业务；
⑥ 法律、法规禁止的其他行为。

■ 本章小结 ▶▶

建设工程项目总投资是一个项目从筹建到最后竣工验收所投入的全部资金，而建设工程造价则是建设工程项目总投资中的固定资产投资部分。建设工程造价的计价具有单件性、多次性、组合性的特征，工程计价的内容、方法及表现形式也多种多样。目前我国适用的工程计价模式有定额计价模式和工程量清单计价模式。工程造价管理的主要内容是合理确定与有效控制工程造价，它强调全过程、全方位、全要素、全寿命周期的造价管理。造价工程师执业资格制度对造价工程师提出了素质、技能及执业要求；对执业资格考试、注册及继续教育的要求进行了详尽说明。工程造价咨询及其管理制度对工程造价咨询企业资质等级标准、业务承接、资质申请、审批与管理进行了详尽陈述。

■ 复习思考题 ▶▶

一、单项选择题

1. 从投资者或业主角度定义，工程造价是指（　　）。

A. 建设项目总投资；　　　　　　B. 建设项目固定资产投资；

C. 建设工程投资；　　　　　　　D. 建筑安装工程投资

2. 下列费用中，属于建设工程静态投资的是（　　）。

A. 基本预备费；　　　　　　　　　B. 涨价预备费；

C. 建设期贷款利息；　　　　　　　D. 建设工程有关税费

3. 生产性建设项目总投资由（　　）两部分组成。

A. 建筑工程投资和安装工程投资；　B. 建安工程投资和设备工器具投资；

C. 固定资产投资和流动资产投资；　D. 建安工程投资和工程建设其他投资

4. 工程项目之间千差万别，在用途、结构、造型、坐落位置等方面都有很大的不同，这体现了工程造价（　　）的特点。

A. 动态性；　　　B. 个别性和差异性；　　C. 层次性；　　　　D. 兼容性

5. 在项目建设全过程的各个阶段都要进行相应的计价，分别形成投资估算、设计概算、修正概算、施工图预算、合同价、结算价及决算价等。这体现了工程造价（　　）的计价特征。

A. 复杂性；　　　　B. 多次性；　　　　C. 组合性；　　　　D. 方法多样性

6. 建设工程全要素造价管理是指要实现（　　）的集成管理。

A. 人工费、材料费、施工机具使用费；

B. 直接成本、间接成本、规费、利润；

C. 工程成本、工期、质量、安全、环境；

D. 建筑安装工程费用、设备工器具费用、工程建设其他费用

7. 从工程费用计算角度分析，工程造价计价的顺序是（　　）。

A. 分部分项工程单价-单位工程造价-单项工程造价-建设项目总造价；

B. 分部分项工程单价-单项工程造价-单位工程造价-建设项目总造价；

C. 单项工程造价-分部分项工程单价-单位工程造价-建设项目总造价；

D. 建设项目总造价-单项工程造价-单位工程造价-分部分项工程单价

8. 根据《注册造价工程师管理办法》，注册造价工程师在每一注册有效期内应接受必修课（　　）学时的继续教育。

A. 48；　　　　　B. 60；　　　　　C. 96；　　　　　D. 120

9. 根据《注册造价工程师管理办法》，注册造价工程师执业刚满1年时变更注册单位，则该注册造价工程师在新单位的注册有效期为（　　）年。

A. 1；　　　　　B. 2；　　　　　C. 3；　　　　　D. 4

10. 根据《工程造价咨询企业管理办法》，申请甲级工程造价咨询企业资质，须取得乙级工程造价咨询企业资质证书满（　　）年。

A. 3；　　　　　B. 4；　　　　　C. 5；　　　　　D. 6

11. 下列不属于甲级工程造价咨询企业资质标准的是（　　）。

A. 已取得乙级工程造价咨询企业资质证书满4年；

B. 取得造价工程师注册证书的人员不少于10人；

C. 企业出资人中注册造价工程师人数不低于出资人总数的60%；

D. 企业注册资本不少于人民币100万元

12. 工程项目建设程序是工程建设过程客观规律的反映，各个建设阶段（　　）。

A. 次序可以颠倒，但不能交叉；

B. 次序不能颠倒，但可以进行合理的交叉；

C. 次序不能颠倒，也不能进行交叉；

D. 次序可以颠倒，同时可以进行合理的交叉

13. 建设工程项目组成中的最小单位是(　　)。

A. 分部工程；　　　　B. 分项工程；　　　　C. 单项工程；　　　　D. 单位工程

14. 根据《注册造价师工程管理办法》，取得造价工程师执业资格证书的人员，自资格证书签发之日起1年后申请初始注册的，应当提供(　　)证明。

A. 工程造价咨询业绩；　　　　　　B. 社会基本养老保险；

C. 医疗保险；　　　　　　　　　　D. 继续教育合格

15. 根据《注册造价工程师管理办法》，提供虚假材料申请造价工程师注册的，在(　　)年内不得再次申请造价工程师注册。

A. 1；　　　　　　B. 2；　　　　　　C. 3；　　　　　　D. 4

16. 根据《注册造价师工程管理办法》，甲级工程造价咨询企业技术负责人是注册造价工程师，并具有工程或工程经济类高级专业技术职称，且从事工程造价专业工作(　　)年以上。

A. 8；　　　　　　B. 10；　　　　　　C. 12；　　　　　　D. 15

二、多项选择题

1. 工程价格是指建设一项工程预计或实际在土地市场、设备和技术劳务市场、承包市场等交易活动中形成的(　　)。

A. 综合价格；　　　　　　　　　　B. 商品和劳务价格；

C. 建筑安装工程价格；　　　　　　D. 流通领域商品价格；

E. 建设工程总价格

2. 工程造价具有多次性计价特征，其中各阶段与造价对应关系正确的是(　　)。

A. 招投标阶段→合同价；　　　　　B. 施工阶段→合同价；

C. 竣工验收阶段→实际造价；　　　D. 竣工验收阶段→结算价；

E. 可行性研究阶段→概算造价

3. 根据《注册造价工程师管理办法》，注册造价工程师的职业范围有(　　)。

A. 工程概算的审核和批准；　　　　B. 工程量清单的编制和审核；

C. 工程合同价款的变更和调整；　　D. 工程索赔费用的分析和计算；

E. 工程经济纠纷的调解和裁定

4. 根据《注册造价工程师管理办法》，注册造价工程师的义务有(　　)。

A. 执行工程计价标准；　　　　　　B. 接受继续教育；

C. 依法独立执行工程造价义务；　　D. 发起设立工程造价咨询企业；

E. 保守执业中知悉的技术秘密

5. 根据《注册造价工程师管理办法》，属于注册造价工程师权利的有(　　)。

A. 执行工程计价标准和计价方法；

B. 使用注册造价工程师名称；

C. 保证工程造价执业活动成果的质量；

D. 发起设立工程造价咨询企业；

E. 依法独立执行过程造价业务

6. 根据《工程造价咨询企业管理办法》，工程造价咨询企业设立的分支机构不得以自己名字进行的工作有(　　)。

A. 承接工程造价咨询业务；　　　　B. 订立工程造价咨询合同；

C. 委托工程造价咨询项目负责人；　D. 组件工程造价咨询项目管理机构；

E. 出具工程造价成果文件

7. 工程造价咨询企业应当办理资质证书变更手续的情形有（　　）。

A. 企业跨行政区域承接业务；　　　B. 企业名称发生变更；

C. 企业新增注册造价工程师；　　　D. 企业技术负责人发生变更；

E. 企业组织形式发生变更

8. 根据《工程造价咨询企业管理办法》，关于乙级工程造价咨询企业资质标准的说法，正确的有（　　）。

A. 企业出资人中注册造价工程师人数不低于出资人总数的60%；

B. 企业技术负责人应当从事工程造价专业工作12年以上；

C. 企业近3年工程造价咨询营业收入累计不低于500万元；

D. 企业专职从事工程造价专业工作的人员中注册造价工程师不少于6人；

E. 企业注册资本不少于100万元

9. 工程造价的特点有（　　）。

A. 大额性；　　　　　　　B. 个别性和差异性；　　　C. 静态性；

D. 层次性；　　　　　　　E. 兼容性

10. 工程造价计价的特征有（　　）。

A. 单件性；　　　　　　　B. 批量性；　　　　　　　C. 多次性；

D. 一次性；　　　　　　　E. 组合性

三、名词解释

建设项目；工程计价；建设工程项目总投资；工程造价管理；工程造价咨询

四、简答题

1. 建设程序一般分哪些阶段？

2. 简述工程计价的基本原理。

3. 简述工程造价计价的特征。

4. 全面工程造价管理包括哪些内容？

5. 工程造价管理的任务是什么？

6. 工程造价管理的基本内容是什么？

第二章

工程造价的构成

学习目标 ▶▶

1. 熟悉建设工程造价的构成。
2. 掌握设备及工器具购置费、建筑安装工程费和工程建设其他费的构成与计算。
3. 掌握预备费、建设期贷款利息的计算。
4. 了解世界银行建设项目费用构成和国外建筑安装工程费的构成。

关键术语 ▶▶

工程造价构成；设备及工器具购置费；建筑安装工程费；工程建设其他费；预备费；建设期贷款利息；投资方向调节税

第一节 概 述

一、我国现行建设项目投资构成和工程造价构成

建设项目总投资是为完成工程项目建设并达到使用要求或生产条件，在建设期内预计或实际投入的全部费用总和。生产性建设项目总投资包括建设投资、建设期利息和流动资金三部分；非生产性建设项目总投资包括建设投资和建设期利息两部分。其中建设投资和建设期利息之和对应于固定资产投资，固定资产投资与建设项目的工程造价在量上相等。工程造价基本构成包括用于购买工程项目所含各种设备的费用，用于建筑施工和安装施工所需支出的费用，用于委托工程勘察设计应支付的费用，用于购置土地所需要的费用，也包括用于建设单位自身进行项目筹建和项目管理所花费的费用等。总之，工程造价是按照确定的建设内容、建设规模、建设标准、功能要求和使用要求等将工程项目全部建成，在建设期预计或实际支出的建设费用。

工程造价中的主要构成部分是建设投资，建设投资是为完成工程项目建设，在建设期内投入且形成现金流出的全部费用。根据国家发改委和建设部发布的《建设项目经济评价方法与参数（第三版）》（发改投资〔2006〕1325号）的规定，建设投资包括工程费用、工程建设其他费用和预备费三部分。工程费用是指建设期内直接用于工程建造、设备购置及其安装

的建设投资，可以分为建筑安装工程费和设备及工器具购置费；工程建设其他费用是指建设期发生的与土地使用权取得、整个工程项目建设以及未来生产经营有关的构成建设投资但不包含在工程费用中的费用；预备费是在建设期内为各种不可预见因素的变化而预留的可能增加的费用，包括基本预备费和价差预备费。建设项目总投资的具体构成内容如图 2-1 所示。

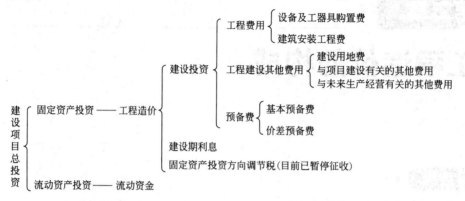

图 2-1　我国现行建设工程项目投资及工程造价的构成

二、国外建设工程造价构成

国外各个国家的建设工程造价构成虽然有所不同，但具有代表性的是世界银行、国际咨询工程师联合会（FIDIC）对建设工程造价构成的规定。这些国际组织对工程项目的总建设成本（相当于我国的工程造价）作了统一的规定，工程项目总建设成本包括直接建设成本、间接建设成本、应急费和建设成本上升费等，各部分详细内容如下。

（一）项目直接建设成本

项目直接建设成本包括以下内容：

① 土地征购费。

② 场外设施费用。如道路、码头、桥梁、机场、输电线路等设施费用。

③ 场地费用。指用于场地准备、厂区道路、铁路、围栏、场内设施等的建设费用。

④ 工艺设备费。指主要设备、辅助设备及零配件的购置费用。包括海运费用、交货港离岸价，但不包括税金。

⑤ 设备安装费。指设备供应商的监理费用，本国劳务及工资费用，辅助材料、施工设备、消耗品和工具费用以及安装承包商的管理费和利润等。

⑥ 管道系统费用。指与系统的材料及劳务相关的全部费用。

⑦ 电气设备费。其内容与第④项相似。

⑧ 电气安装费。指设备供应商的监理费用，本国劳务与工资费用，辅助材料、电缆、管道和工具费用，以及安装承包商的管理费和利润。

⑨ 仪器仪表费。指所有自动仪表、控制板、配线和辅助材料的费用以及供应商的监理费，外国或本国劳务及工资费用，承包商的管理费和利润。

⑩ 机械的绝缘和油漆费。指与机械及管道的绝缘和油漆相关的全部费用。

⑪ 工艺建筑费。指原材料、劳务费以及与基础、建筑结构、屋顶、内外装修、公共设施有关的全部费用。

⑫ 服务性建筑费用。其内容与第⑪项相似。

⑬ 工厂普通公共设施费。包括材料和劳务费以及与供水、燃料供应、通风、蒸汽发生及分配、下水道、污物处理等公共设施有关的费用。

⑭ 车辆费。指工艺操作必需的机动设备零件费用，包括海运包装费用以及交货港的离岸价，但不包括税金。

⑮ 其他当地费用。指不能归类于以上任何一个项目，不能计入建设工程项目的间接成本，但在建设期间又是必不可少的费用。如临时设备、临时公共设施及场地的维持费，营地设施及其管理，建筑保险和债券，杂项开支等费用。

（二）项目间接建设成本

建设工程项目间接建设成本指虽不直接用于该项目建设，但与项目相关的各种费用。

① 项目管理费。项目管理费包括：

a. 总部人员的薪金和福利费，以及用于初步和详细工程设计、采购、时间和成本控制、行政和其他一般管理人员的费用。

b. 施工管理现场人员的薪金、福利费和用于施工现场监督、质量保证、现场采购、时间及成本控制、行政及其他施工管理机构的费用。

c. 零星杂项费用，如返工、旅行、生活津贴、业务支出等。

d. 各种酬金。

② 开工试车费。指工厂投料试车必需的劳务和材料费用（项目直接成本包括项目完工后的试车和空运转费用）。

③ 业主的行政性费用。指业主的项目管理人员支出的费用。

④ 生产前准备费。指前期研究、勘测、建矿、采矿等费用。

⑤ 运费和保险费。指海运、国内运输、许可证及佣金、海洋保险、综合保险等费用。

⑥ 地方税。指地方关税、地方税及对特殊项目征收的税金。

（三）应急费

应急费指在项目建设中，为了应付建设初期无法明确的子项目或建设过程中可能出现的事先无法预见事件而准备的费用。应急费包括以下内容。

（1）未明确项目的准备金 此项准备金用于在估算时不可能明确的潜在项目，包括那些在做成本估算时因为缺乏完整、准确和详细的资料而不能够完全预见和不能注明的项目，而且这些项目是必须完成的，或其费用是必定要发生的。在每一个组成部分中均单独以一定的百分比确定，并作为估算的一个项目单独列出。此项准备金不是为了支付工作范围以外可能增加的项目，不是用以应付天灾、非正常经济情况及罢工情况，也不是用来补偿估算的任何误差，而是用来支付那些几乎可以肯定要发生的费用。因此，它是估算不可少缺的一个组成部分。

（2）不可预见准备金 此项准备金（在未明确项目准备金之外）用于在估算达到了一定的完整性并符合技术标准的基础上，由于社会和经济的变化，导致估算增加的情况。此种情况可能发生，也可能不发生。因此不可预见准备金只是一种储备，可能动用，也可能不动用。

（四）建设成本上升费用

通常，估算中使用的构成工资率、材料和设备价格基础的截止日期就是"估算日期"。

必须对该日期或已知成本基础进行调整，以补偿直至工程结束时的未知价格增长。

工程的各个主要组成部分（国内劳务和相关成本、本国材料、外国材料、本国设备、外国设备、项目管理机构）的细目划分决定以后，便可确定每一个主要组成部分的增长率。这个增长率是一项判断因素。它以已发表的国内和国际成本指数、公司记录等为依据，并与实际供应商进行核对，然后根据确定的增长率和从工程进度表中获得的各主要组成部分的中点值，计算出每项主要组成部分的成本上升值。

第二节　设备及工、器具购置费的构成和计算

设备及工、器具购置费用是由设备购置费和工具、器具及生产家具购置费组成的，它是固定资产投资中的积极部分。在生产性工程建设中，设备及工、器具购置费用占工程造价比重的增大，意味着生产技术的进步和资本有机构成的提高。

一、设备购置费的构成及计算

设备购置费是指为建设项目购置或自制的达到固定资产标准的各种国产或进口设备、工具、器具的购置费用。它由设备原价和设备运杂费构成。

$$设备购置费＝设备原价＋设备运杂费 \tag{2-1}$$

上式中，设备原价指国产设备或进口设备的原价；设备运杂费指除设备原价之外的关于设备采购、运输、途中包装及仓库保管等方面支出费用的总和。

（一）国产设备原价的构成及计算

国产设备原价一般指的是设备制造厂的交货价，或订货合同价。它一般根据生产厂或供应商的询价、报价、合同价确定，或采用一定的方法计算确定。国产设备原价分为国产标准设备原价和国产非标准设备原价。

1. 国产标准设备原价

国产标准设备是指按照主管部门颁布的标准图纸和技术要求，由我国设备生产厂批量生产的，符合国家质量检测标准的设备。国产标准设备原价有两种，即带有备件的原价和不带有备件的原价。在计算时，一般采用带有备件的原价。国产标准设备一般有完善的设备交易市场，因此可通过查询相关交易市场价格或向设备生产厂家询价得到国产标准设备原价。

2. 国产非标准设备原价

国产非标准设备是指国家尚无定型标准，各设备生产厂不可能在工艺过程中采用批量生产，只能按订货要求并根据具体的设计图纸制造的设备。非标准设备由于单件生产、无定型标准，所以无法获取市场交易价格，只能按其成本构成或相关技术参数估算其价格。非标准设备原价有多种不同的计算方法，如成本计算估价法、系列设备插入估价法、分部组合估价法、定额估价法等。但无论采用哪种方法都应该使非标准设备计价接近实际出厂价，并且计算方法要求简便。成本计算估价法是一种比较常用的估算非标准设备原价的方法。按成本计算估价法，非标准设备的原价由以下各项组成。

（1）材料费　其计算公式如下：

$$材料费＝材料净重×(1＋加工损耗系数)×每吨材料综合价 \qquad (2-2)$$

（2）加工费 包括生产工人工资和工资附加费、燃料动力费、设备折旧费、车间经费等。其计算公式如下：

$$加工费＝设备总质量(吨)×每吨设备加工费 \qquad (2-3)$$

（3）辅助材料费（简称辅材费） 包括焊条、焊丝、氧气、氩气、氮气、油漆、电石等的费用。其计算公式如下：

$$辅助材料费＝设备总质量×辅助材料费指标 \qquad (2-4)$$

（4）专用工具费 按（1）～（3）项之和乘以一定百分比计算。

（5）废品损失费 按（1）～（4）项之和乘以一定百分比计算。

（6）外购配套件费 按设备设计图纸所列的外购配套件的名称、型号、规格、数量、质量，根据相应的价格加运杂费计算。

（7）包装费 按以上（1）～（6）项之和乘以一定百分比计算。

（8）利润 可按（1）～（5）项加第（7）项之和乘以一定的利润率计算。

（9）税金 主要指增值税。计算公式为：

$$增值税＝当期销售税额－进项税额 \qquad (2-5)$$
$$当期销售税额＝销售额×适用增值税率 \qquad (2-6)$$

其中，销售额为（1）～（8）项之和。

（10）非标准设备设计费 按国家规定的设计费收费标准计算。

综上所述，单台非标准设备原价可用下面的公式表达：

单台非标准设备原价＝{[(材料费＋加工费＋辅助材料费)×(1＋专用工具费率)×(1＋废品损失费率)＋外购配套件费]×(1＋包装费率)－外购配套件费}×(1＋利润率)＋销售税金＋非标准设备设计费＋外购配套件费 \qquad (2-7)

【例 2-1】 某工厂采购一台国产非标准设备，制造厂生产该台设备所用材料费为 20 万元，加工费为 2 万元，辅助材料费为 4000 元，专用工具费率为 1.5%，废品损失费率为 10%，外购配套件费为 5 万元，包装费率 1%，利润率 7%，增值税率 17%，非标准设备设计费 2 万元，求该国产非标准设备的原价。

【解】 专用工具费＝(20＋2＋0.4)×1.5%＝0.336(万元)

废品损失费＝(20＋2＋0.4＋0.336)×10%＝2.274(万元)

包装费＝(20＋2＋0.4＋0.336＋2.274＋5)×1%＝0.300(万元)

利润＝(20＋2＋0.4＋0.336＋2.274＋0.300)×7%＝1.772(万元)

销售税金＝(20＋2＋0.4＋0.336＋2.274＋5＋0.300＋1.772)×17%＝5.454(万元)

该国产非标准设备的原价＝22.4＋0.336＋2.274＋0.300＋1.772＋5.454＋2＋5
＝39.536(万元)

（二）进口设备原价的构成及计算

进口设备的原价是指进口设备的抵岸价，即抵达买方边境、港口或车站，交纳完各种手续费、税费后形成的价格。抵岸价通常是由进口设备到岸价（CIF）和进口从属费构成。进口设备的到岸价，即抵达买房边境港口或边境车站的价格。在国际贸易中，交易双方所使用的交货类别不同，则交易价格的构成内容也有所差异。进口从属费用包括银行财务费、外贸手续费、进口关税、消费税、进口环节增值税等，进口车辆的还需缴纳车辆购置税。

1. 进口设备的交易价格

在国际贸易中，较为广泛使用的交易价格术语有 FOB、CFR 和 CIF。

（1）FOB（free on board） 意为装运港船上交货，亦称为离岸价格。FOB 是指当货物在指定的装运港越过船舷，卖方即完成交货义务。风险转移，以在指定的装运港货物越过船舷时为分界点。费用划分与风险转移的分界点相一致。

在 FOB 交货方式下，卖方的基本义务有：办理出口清关手续，自负风险和费用，领取出口许可证及其他官方文件；在约定的日期或期限内，在合同规定的装运港，按港口惯常的方式，把货物装上买方指定的船只，并及时通知买方；承担货物在装运港穿过船舷之前的一切费用和风险；向买方提供商业发票和证明货物已交至船上的装运单据或具有同等效力的电子单证。买方的基本义务有：负责租船订舱，按时派船到合同约定的装运港接运货物，支付运费，并将船期、船名及装船地点及时通知卖方；负担货物在装运港越过船舷后的各种费用以及货物灭失或损坏的一切风险；负责获取进口许可证或其他官方文件，以及办理货物入境手续；受领卖方提供的各种单证，按合同规定支付货款。

（2）CFR（cost and freight） 意为成本加运费，或称之为运费在内价。CFR 是指在装运港货物越过船舷卖方即完成交货，卖方必须支付将货物运至指定的目的港所需的运费和费用，但交货后货物灭失或损坏的风险，以及由于各种事件造成的任何额外费用，即由卖方转移到买方。与 FOB 价格相比，CFR 的费用划分与风险转移的分界点是不一致的。

在 CFR 交货方式下，卖方的基本任务有：提供合同规定的货物，负责订立运输合同并租船订舱，在合同规定的装运港和规定的期限内，将货物装上船并及时通知买方，支付运至目的港的运费，负责办理出口清关手续，提供出口许可证或其他官方批准的文件；承担货物在装运港越过船舷之前的一切费用和风险；按合同规定提供正式有效的运输单据、发票或具有同等效力的电子单证。买方的基本义务有：承担货物在装运港越过船舷以后的一切风险及运输途中因遭遇风险所引起的额外费用；在合同规定的目的港受领货物，办理进口清关手续，交纳进口税；受领卖方提供的各种约定的单证并按合同规定支付货款。

（3）CIF 意为成本加保险费、运费，习惯称到岸价格。在 CIF 术语中，卖方除负有与 CFR 相同的义务外，还应办理货物在运输途中最低险别的海运保险，并应支付保险费。如买方需要更高的保险险别，则需要与卖方明确地达成协议，或者自行作出额外的保险安排。除保险这项义务之外，买方的义务与 CFR 相同。

2. 进口设备到岸价的构成及计算

进口设备到岸价的计算公式如下：

$$进口设备到岸价(CIF)＝离岸价格(FOB)＋国际运费＋运输保险费$$
$$＝运费在内价（CFR）＋运输保险费 \qquad (2\text{-}8)$$

（1）货价 一般指装运港船上交货价（FOB）。设备货价分为原币货价和人民币货价，原币货价一律折算为美元表示，人民币货价按原币货价乘以外汇市场美元兑换人民币中间价确定。进口设备货价按有关生产厂商询价、报价、订货合同价计算。

（2）国际运费 即从装运港（站）到达我国抵达港（站）的运费。我国进口设备大部分采用海洋运输，小部分采用铁路运输，个别采用航空运输。进口设备国际运费计算公式为：

$$国际运费(海、陆、空)=原币货价(FOB)×运费率 \quad (2-9)$$
$$国际运费(海、陆、空)=运量×单位运价 \quad (2-10)$$

其中，运费率或单位运价参照有关部门或进出口公司的规定执行。

（3）运输保险费 对外贸易货物运输保险是由保险人（保险公司）与被保险人（出口人或进口人）订立保险契约，在被保险人交付议定的保险费后，保险人根据保险契约的规定对货物在运输过程中发生的承保责任范围内的损失给予经济上的补偿。这是一种财产保险。计算公式为：

$$运输保险费=\frac{原币货价(FOB)+国外运输}{1-保险费率}×保险费率 \quad (2-11)$$

其中，保险费率按保险公司规定的进口货物保险费率计算。

3. 进口从属费的构成及计算

进口从属费的计算公式如下：

进口从属费＝银行财务费＋外贸手续费＋关税＋消费税＋进口环节增值税＋车辆购置税

$$(2-12)$$

（1）银行财务费 一般是指在国际贸易结算中，中国银行为进出口商提供金融结算服务所收取的费用，可按下式简化计算：

$$银行财务费=人民币货价(FOB)×人民币外汇汇率×银行财务费率 \quad (2-13)$$

（2）外贸手续费 指按规定的外贸手续费率计取的费用，外贸手续费率一般取 1.5%，计算公式为：

$$外贸手续费=到岸价格(CIF)×人民币外汇汇率×外贸手续费率 \quad (2-14)$$

（3）关税 由海关对进出国境或关境的货物和物品征收的一种税，计算公式为：

$$关税=到岸价格(CIF)×人民币外汇汇率×进口关税税率 \quad (2-15)$$

到岸价格作为关税的计征基数时，通常又可称为关税完税价格。进口关税税率分为优惠和普通两种。优惠税率适用于与我国签订关税互惠条款的贸易条约或协定的国家的进口设备；普通税率适用于与我国未签订关税互惠条款的贸易条约或协定的国家的进口设备。进口关税税率按我国海关总署发布的进口关税税率计算。

（4）消费税 仅对部分进口设备（如轿车、摩托车等）征收，一般计算公式为：

$$应纳消费税税额=\frac{到岸价格(CIF)×人民币外汇汇率+关税}{1-消费税税率}×消费税税率 \quad (2-16)$$

其中，消费税税率根据规定的税率计算。

（5）进口环节增值税 是对从事进口贸易的单位和个人，在进口商品报关进口后征收的税种。我国增值税条例规定，进口应税产品均按组成计税价格和增值税税率直接计算应纳税额。即：

$$进口产品增值税额=组成计税价格×增值税税率 \quad (2-17)$$
$$组成计税价格=关税完税价格+关税+消费税 \quad (2-18)$$

增值税税率根据规定的税率计算。

（6）车辆购置税 进口车辆需缴进口车辆购置附加费。其公式如下：

进口车辆购置附加费＝(关税完税价格＋关税＋消费税)×进口车辆购置附加费率

$$(2-19)$$

【例 2-2】 从某国进口设备，质量 1000 吨，装运港船上交货价为 400 万美元，工程建设项目位于国内某省会城市。如果国际运费标准为 300 美元/t，海上运输保险费率为 3‰，银行财务费率为 5‰，外贸手续费率为 1.5%，关税税率为 22%，增值税的税率为 17%，消费税税率为 10%，银行外汇牌价为 1 美元＝6.3 元人民币，对该设备的原价进行估算。

【解】 进口设备 FOB＝400×6.3＝2520（万元）

国际运费＝300×1000×6.3＝189(万元)

$$海运保险费＝\frac{2520＋189}{1－0.3‰}×0.3‰＝8.15(万元)$$

CIF＝2520＋189＋8.15＝2717.15(万元)

银行财务费＝2520×5‰＝12.6(万元)

外贸手续费＝2717.15×1.5%＝40.76(万元)

关税＝2717.15×22%＝597.77(万元)

$$消费税＝\frac{2717.15＋597.77}{1－10\%}×10\%＝368.32(万元)$$

增值税＝(2717.15＋597.77＋368.32)×17%＝626.15(万元)

进口从属费＝12.6＋40.76＋597.77＋368.32＋626.15＝1645.6(万元)

进口设备原价＝2717.15＋1645.6＝4362.75(万元)

(三) 设备运杂费的构成及计算

1. 设备运杂费的构成

设备运杂费是指国内采购设备自来源地、国外采购设备自到岸港运至工地仓库或指定堆放地点发生的采购、运输、运输保险、保管、装卸等费用。通常由下列各项构成。

(1) 运费和装卸费 国产设备由设备制造厂交货地点起至工地仓库 (或施工组织设计指定的需要安装设备的堆放地点) 止所发生的运费和装卸费；进口设备则由我国到岸港口或边境车站起至工地仓库 (或施工组织设计指定的需要安装设备的堆放地点) 止所发生的运费和装卸费。

(2) 包装费 在设备原价中没有包含的，为运输而进行的包装支出的各种费用。

(3) 设备供销部门的手续费 按有关部门规定的统一费率计算。

(4) 采购与仓库保管费 指采购、验收、保管和收发设备所发生的各种费用，包括设备采购人员、保管人员和管理人员的工资，工资附加费，办公费，差旅交通费，设备供应部门办公和仓库所占固定资产使用费，工具用具使用费，劳动保护费，检验试验费等。这些费用可按主管部门规定的采购与保管费费率计算。

2. 设备运杂费的计算

设备运杂费按下式计算：

$$设备运杂费＝设备原价×设备运杂费率 \tag{2-20}$$

其中，设备运杂费率按各部门及省、市等的规定计取。

二、工具、器具及生产家具购置费的构成及计算

工具、器具及生产家具购置费，是指新建或扩建项目初步设计规定的，保证初期正常生产必须购置的没有达到固定资产标准的设备、仪器、工卡模具、器具、生产家具和备品备件

等的购置费用。一般以设备购置费为计算基数，按照部门或行业规定的工具、器具及生产家具费率计算。计算公式为：

$$工具、器具及生产家具购置费＝设备购置费×定额费率 \qquad (2\text{-}21)$$

第三节　建筑安装工程费用构成

一、建筑安装工程费用内容及构成概述

（一）建筑安装工程费用内容

1. 建筑工程费用内容

① 各类房屋建筑工程和列入房屋建筑工程预算的供水、供暖、卫生、通风、煤气等设备费用及其装设、油饰工程的费用，列入建筑工程预算的各种管道、电力、电信和电缆导线敷设工程的费用。

② 设备基础、支柱、工作台、烟囱、水塔、水池、水塔等建筑工程以及各种炉窑的砌筑工程和金属结构工程的费用。

③ 为施工而进行的场地平整，工程和水文地质勘察，原有建筑物和障碍物的拆除以及施工临时用水、电、气、路和完工后的场地清理，环境绿化、美化等工作的费用。

④ 矿井开凿、井巷延伸、露天矿剥离，石油、天然气钻井，修建铁路、公路、桥梁、水库、堤坝、灌渠及防洪等工程的费用。

2. 安装工程费用内容

① 生产、动力、起重、运输、传动和医疗、实验等各种需要安装的机械设备的装配费用，与设备相连的工作台、梯子、栏杆等设施的工程费用，附属于被安装设备的管线敷设工程费用，以及被安装设备的绝缘、防腐、保温、油漆等工作的材料费和安装费。

② 为测定安装工程质量，对单台设备进行单机试运转、对系统设备进行系统联动无负荷试运转工作的调试费。

（二）我国现行建筑安装工程费用项目构成

根据住房城乡建设部、财政部颁发的"关于印发《建筑安装工程费用项目组成》的通知"（建标〔2013〕44号），我国现行建筑安装工程费用项目按两种不同的方式划分，即按费用构成要素划分和按造价形成划分，其具体构成如图2-2所示。

图 2-2　建筑安装工程费用项目构成

二、按费用构成要素划分建筑安装工程费用项目构成和计算

按照费用构成要素划分，建筑安装工程费用包括人工费、材料费（包含工程设备，下同）、施工机具使用费、企业管理费、利润、规费和税金。

（一）人工费

建筑安装工程费中的人工费，是指按照工资总额构成规定，支付给直接从事建筑安装工程施工的生产工人和附属生产单位工人的各项费用。计算人工费的基本要素有两个，即人工工日消耗量和人工日工资单价。

（1）人工工日消耗量　是指正常施工生产条件下，生产单位假定建筑安装产品（分部分项工程或结构构件）必须消耗的某种技术等级的人工工日数量。它由分项工程所综合的各项工序施工劳动定额包括的基本用工、其他用工两部分组成。

（2）人工日工资单价　是指施工企业平均技术熟练程度的生产工人在每工作日（国家法定工作时间内）按规定从事施工作业应得的日工资总额。

人工费的基本计算公式为：

$$人工费 = \sum(工日消耗量 \times 日工资单价) \tag{2-22}$$

（二）材料费

建筑安装工程费中的材料费，是指施工过程中消费的各种原材料、辅助材料、构配件、零件、半成品或成品、工程设备的费用。计算材料费的基本要素是材料消耗量和材料单价。

（1）材料消耗量　材料消耗量是指在合理和节约使用材料的条件下，生产建筑安装产品（分部分项工程或结构构件）必须消耗的一定品种、规格的原材料、辅助材料、构配件、零件、半成品或成品等的数量。它包括材料净用量和材料不可避免的损耗量。

（2）材料单价　材料单价是指建筑材料从其来源地运到施工工地仓库直至出库形成的综合平均单价，其内容包括材料原价（或供应价格）、材料运杂费、运输损耗费、采购及保管费等。

材料费的计算公式为：

$$材料费 = \sum(材料消耗量 \times 材料单价) \tag{2-23}$$

（3）工程设备　是指构成或计划构成永久工程一部分的机电设备、金属结构设备、仪器装置及其他类似的设备和装置。

（三）施工机具使用费

建筑安装工程费中的施工机具使用费，是指施工作业所发生的施工机械、仪器仪表使用费或其租赁费。

（1）施工机械使用费　是指施工机械作业发生的使用费或租赁费。构成施工机械使用费的基本要素是施工机械台班消耗量和机械台班单价。施工机械使用费的基本计算公式为：

$$施工机械使用费 = \sum(施工机械台班消耗量 \times 机械台班单价) \tag{2-24}$$

施工机械台班单价通常由折旧费、大修理费、经常修理费、安拆费及场外运输费、人工费、燃料动力费和税费组成。

（2）仪器仪表使用费　是指工程施工所需使用的仪器仪表的摊销及维修费用。仪器仪表使用费的基本计算公式为：

$$仪器仪表使用费＝工程使用的仪器仪表摊销费＋维修费 \qquad (2\text{-}25)$$

（四）企业管理费

1. 企业管理费的内容

企业管理费是指建筑安装企业组织施工生产和经营管理所需的费用。内容包括：

① 管理人员工资。是指按规定支付给管理人员的计时工资、奖金、津贴补贴、加班加点工资及特殊情况下支付的工资等。

② 办公费。是指企业管理办公用的文具、纸张、账表、印刷、邮电、书报、办公软件、现场监控、会议、水电、烧水和集体取暖降温（包括现场临时宿舍取暖降温）等费用。

③ 差旅交通费。是指职工因公出差、调动工作的差旅费、住勤补助费，市内交通费和误餐补助费，职工探亲路费，劳动力招募费，职工退休、退职一次性路费，工伤人员就医路费，工地转移费以及管理部门使用的交通工具的油料、燃料等费用。

④ 固定资产使用费。是指管理和试验部门及附属生产单位使用的属于固定资产的房屋、设备、仪器等的折旧、大修、维修或租赁费。

⑤ 工具用具使用费。是指企业施工生产和管理使用的不属于固定资产的工具、器具、家具、交通工具和检验、试验、测绘、消防用具等的购置、维修和摊销费。

⑥ 劳动保险和职工福利费。是指由企业支付的职工退职金、按规定支付给离休干部的经费，集体福利费、夏季防暑降温费、冬季取暖补贴、上下班交通补贴等。

⑦ 劳动保护费。是企业按规定发放的劳动保护用品的支出，如工作服、手套、防暑降温饮料以及在有碍身体健康的环境中施工的保健费用等。

⑧ 检验试验费。是指施工企业按照有关标准规定，对建筑以及材料、构件和建筑安装物进行一般的鉴定、检查所发生的费用，包括自设试验室进行试验所耗用的材料等费用。不包括新结构、新材料的试验费，对构件做破坏性试验及其他特殊要求检验试验的费用和建设单位委托检测机构进行检测的费用，对此类检测发生的费用，由建设单位在工程建设其他费用中列支。但对施工企业提供的具有合格证明的材料进行检测不合格的，该检测费用由施工企业支付。

⑨ 工会经费。是指企业按《工会法》规定的全部职工工资总额比例计提的工会经费。

⑩ 职工教育经费。是指按职工工资总额的规定比例计提，企业为职工进行专业技术和职业技能培训，专业技术人员继续教育、职工职业技能鉴定、职业资格认定以及根据需要对职工进行各类文化教育所发生的费用。

⑪ 财产保险费。是指施工管理用财产、车辆等的保险费用。

⑫ 财务费。是指企业为施工生产筹集资金或提供预付款担保、履约担保、职工工资支付担保等所发生的各种费用。

⑬ 税金。是指企业按规定缴纳的房产税、车船使用税、土地使用税、印花税等。

⑭ 其他。包括技术转让费、技术开发费、投标费、业务招待费、绿化费、广告费、公证费、法律顾问费、审计费、咨询费、保险费等。

2. 企业管理费的计算方法

企业管理费一般采用取费基数乘以费率的方法计算，取费基数有三种，分别是以分部分项工程费为计算基础、以人工费和机械费合计为计算基础及以人工费为计算基础。企业管理费费率计算方法如下。

① 以分部分项工程费为计算基础。

$$企业管理费费率(\%)=\frac{生产工人年平均管理费}{年有效施工天数\times人工单价}\times人工费占分部分项工程费的比例(\%)$$

(2-26)

② 以人工费和机械费合计为计算基础。

$$企业管理费费率(\%)=\frac{生产工人年平均管理费}{年有效施工天数\times(人工单价＋每一工日机械使用费)}\times100\%$$

(2-27)

③ 以人工费为计算基础。

$$企业管理费费率(\%)=\frac{生产工人年平均管理费}{年有效施工天数\times人工单价}\times100\%$$

(2-28)

工程造价管理机构在确定计价定额中的企业管理费时，应以定额人工费或定额人工费与机械费之和作为计算基数，其费率根据历年积累的工程造价资料，辅以调查数据确定，计入分部分项工程和措施项目费中。

(五) 利润

利润是指施工企业完成所承包工程获得的盈利，由施工企业根据企业自身需求并结合建筑市场实际自主确定。工程造价管理机构在确定计价定额中利润时，应以定额人工费或定额人工费与机械费之和作为计算基数，其费率根据历年积累的工程造价资料，并结合建筑市场实际确定，以单位（单项）工程测算，利润在税前建筑安装工程费的比重可按不低于5%且不高于7%的费率计算。利润应列入分部分项工程和措施项目费中。

(六) 规费

1. 规费的内容

规费是指按国家法律、法规规定，由省级政府和省级有关权力部门规定必须缴纳或计取的费用。主要包括社会保险费、住房公积金和工程排污费。

(1) 社会保险费　包括以下几项。

① 养老保险费：企业按规定标准为职工缴纳的基本养老保险费。

② 失业保险费：企业按照国家规定标准为职工缴纳的失业保险费。

③ 医疗保险费：企业按照规定标准为职工缴纳的基本医疗保险费。

④ 生育保险费：企业按照国家规定为职工缴纳的生育保险费。

⑤ 工伤保险费：企业按照国务院制定的行业费率为职工缴纳的工伤保险费。

(2) 住房公积金　企业按规定标准为职工缴纳的住房公积金。

(3) 工程排污费　企业按规定缴纳的施工现场工程排污费。

2. 规费的计算

(1) 社会保险费和住房公积金　社会保险费和住房公积金应以定额人工费为计算基础，根据工程所在地省（自治区、直辖市）或行业建设主管部门规定的费率计算。

社会保险费和住房公积金＝工程定额人工费×社会保险费和住房公积金费率　(2-29)

社会保险费和住房公积金率可以每万元发承包价的生产工人人工费和管理人员工资含

量与工程所在地规定的缴纳标准综合分析取定。

（2）工程排污费 工程排污费应按工程所在地环境保护等部门规定的标准缴纳，按实计取列入。

其他应列而未列入的规费，按实际发生计取列入。

（七）税金

建筑安装工程税金是指国家税法规定的应计入建筑安装工程费用的税费。

根据《住房城乡建设部办公厅关于做好建筑业营改增建设工程计价依据调整准备工作的通知》（建办标〔2016〕4号），将建筑安装工程费用当中的营业税、城市维护建设税、教育费附加和地方教育费附加合并为增值税，为保证营改增后工程计价依据的顺利调整，各地区、各部门应重新确定税金的计算方法，做好工程计价定额、价格信息等计价依据调整的准备工作。按照前期研究和测试的成果，工程造价可按以下公式计算：工程造价＝税前工程造价×（1＋11％）。其中，11％为建筑业拟征增值税税率，税前工程造价为人工费、材料费、施工机具使用费、企业管理费、利润和规费之和，各费用项目均以不包含增值税可抵扣进项税额的价格计算，相应计价依据按上述方法调整。计算公式为：

$$应纳增值税＝税前工程造价×11\% \tag{2-30}$$

有关地区和部门可根据计价依据管理的实际情况，采取满足增值税下工程计价要求的其他调整方法。

三、按造价形成划分建筑安装工程费用项目构成和计算

建筑安装工程费按照工程造价形成由分部分项工程费、措施项目费、其他项目费、规费和税金组成。

（一）分部分项工程费

分部分项工程费是指各专业工程的分部分项工程应予列支的各项费用。各类专业工程的分部分项工程划分应遵循现行国家或行业计量规范的规定。分部分项工程费通常用分部分项工程量乘以综合单价进行计算。

$$分部分项工程费＝\sum（分部分项工程量×综合单价） \tag{2-31}$$

综合单价包括人工费、材料费、施工机具使用费、企业管理费和利润，以及一定范围的风险费用。

（二）措施项目费

1. 措施项目费的构成

措施项目费是指为完成建设工程施工，发生于该工程施工前和施工过程中的技术、生活、安全、环境保护等方面的费用。措施项目及其包含的内容应遵循各类专业工程的现行国家或行业计量规范。以《房屋建筑与装饰工程工程量计算规范》GB 50854—2013中的规定为例，措施项目费可以归纳为以下几项。

（1）安全文明施工费 是指工程施工期间按照国家现行的环境保护、建筑施工安全、施工现场环境与卫生标准和有关规定，购置和更新施工安全防护用具及设施、改善安全生产条件和作业环境所需要的费用。通常由环境保护费、文明施工费、安全施工费、临时设施费

组成。

① 环境保护费。是指施工现场为达到环保部要求所需要的各项费用。

② 文明施工费。是指施工现场文明施工所需要的各项费用。

③ 安全施工费。是指施工现场安全施工所需要的各项费用。

④ 临时设施费。是指施工企业为进行建设工程施工所必须搭设的生活和生产用的临时建筑物、构筑物和其他临时设施费用。包括临时设施的搭设、维修、拆除、清理费或摊销费等。

安全文明施工措施费的主要内容见表 2-1。

表 2-1 安全文明施工措施费的主要内容

项目名称	工作费用及包含范围
环境保护	现场施工机械设备降低噪声、防扰民措施费用
	水泥和其他易飞扬细颗粒建筑材料密闭存放或采取覆盖措施等费用
	工程防扬尘洒水费用
	土石方、建渣外运车辆防护措施费用
	现场污染源的控制、生活垃圾清理外运、场地排水排污措施费用
	其他环境保护措施费用
文明施工	"五牌一图"费用
	现场围挡的墙面美化(包括内外粉刷、刷白、标语等)、压顶装饰费用
	现场厕所便槽刷白、贴面砖,水泥砂浆地面或地砖费用,建筑物内临时便溺设施费用
	其他施工现场临时设施的装饰装修、美化措施费用
	现场生活卫生设施费用
	符合卫生要求的饮水设备、淋浴、消毒等设施费用
	生活用洁净燃料费用
	防煤气中毒、防蚊虫叮咬等措施费用
	施工现场操作场地的硬化费用
	现场绿化费用、治安综合治理费用
	现场配备医药保健器材、物品费用和急救人员培训费用
	现场工人的防暑降温、电风扇、空调等设备及用电费用
	其他文明施工措施费用
安全施工	安全资料、特殊作业专项方案的编制,安全施工标志的购置及安全宣传费用
	"三宝"(安全帽、安全带、安全网)、"四口"(楼梯口、电梯井口、通道口、预留洞口)、"五临边"(阳台围边、楼板围边、屋面围边、槽坑围边、卸料平台两侧),水平防护架、垂直防护架、外架封闭等防护费用
	施工安全用电的费用,包括配电箱三级配电、两级保护装置要求、外电防护措施费用
	起重机、塔吊等起重设备(含井架、门架),外用电梯的安全防护措施(含警示标志)及卸料平台的临边防护、层间安全门、防护棚等设施费用
	建筑工地起重机械的检验检测费用
	施工机具防护棚及其围栏的安全保护设施费用
	施工安全防护通道费用
	工人的安全防护用品、用具购置费用
	消防设施与消防器材的配置费用

项目名称	工作费用及包含范围
实全施工	电气保护、安全照明设施费
	其他安全防护措施费用
临时设施	施工现场采用彩色、定型钢板、砖、混凝土砌块等围挡的安砌、维修、拆除费用
	施工现场临时建筑物、构筑物的搭设、维修、拆除,如临时宿舍、办公室、食堂、厨房、厕所、诊疗所、临时文化福利用房、临时仓库、加工场、搅拌台、临时简易水塔、水池等费用
	施工现场临时设施的搭设、维修、拆除,如临时供水管道、临时供电管线、小型临时设施等费用
	施工现场规定范围内临时简易道路铺设,临时排水沟、排水设施安砌、维修、拆除费用
	其他临时设施费搭设、维修、拆除费用

(2) 夜间施工增加费　是指因夜间施工所发生的夜班补助费、夜间施工降效、夜间施工照明设备摊销及照明用电等费用。内容由以下各项组成。

① 夜间固定照明灯具和临时可移动照明灯具的设置、拆除费用。

② 夜间施工时,施工现场交通标志、安全标牌、警示灯的设置、移动、拆除费用。

③ 夜间照明设备摊销及照明用电、施工人员夜班补助、夜间施工劳动效率降低等费用。

(3) 非夜间施工照明费　是指为保证工程施工正常进行,在地下室等特殊施工部位施工时所采用的照明设备的安拆、维护及照明用电等费用。

(4) 二次搬运费　是指由于施工场地条件限制而发生的材料、成品、半成品等一次运输不能达到堆放地点,必须进行二次或多次搬运的费用。

(5) 冬雨季施工增加费　是指在冬季或雨季施工需增加的临时设施、防滑、排除雨雪,人工及施工机械效率降低等费用。内容由以下各项组成:

① 冬雨 (风) 季施工时增加的临时设施 (防寒保温、防雨、防风设施) 的搭设、拆除费用。

② 冬雨 (风) 季施工时,对砌体、混凝土等采用的特殊加温、保温和养护措施费用。

③ 冬雨 (风) 季施工时,施工现场的防滑处理、对影响施工的雨雪的清除费用。

④ 冬雨 (风) 季施工时增加的临时设施、施工人员的劳动保护用品、冬雨 (风) 季施工劳动效率降低等费用。

(6) 地上、地下设施、建筑物的临时保护设施费　是指在工程施工过程中,对已建成的地上、地下设施和建筑物进行的遮盖、封闭、隔离等必要保护措施所发生的费用。

(7) 已完工程及设备保护费　是指竣工验收前,对已完工程及设备采取的覆盖、包裹、封闭、隔离等必要保护措施所发生的费用。

(8) 脚手架费　是指施工需要的各种脚手架搭、拆、运输费用以及脚手架购置费的摊销(或租赁) 费用。通常包括以下内容:

① 施工时可能发生的场内、场外材料搬运费用。

② 搭、拆脚手架、斜道、上料平台费用。

③ 安全网的铺设费用。

④ 拆除脚手架后材料的堆放费用。

(9) 混凝土模板及支架(撑) 费　是指混凝土施工过程中需要的各种钢模板、木模板、支架等的支拆、运输费用及模板、支架的摊销 (或租赁) 费用。内容由以下各项组成:

① 混凝土施工过程中需要的各种模板制作费用。

② 模板安装、拆除、整理堆放及场内外运输费用。

③ 清理模板黏结物及模内杂物、刷隔离剂等费用。

（10）垂直运输费　是指现场所用材料、机具从地面运至相应高度以及职工人员上下工作面等所发生的运输费用。内容由以下各项组成：

① 垂直运输机械的固定装置、基础制作、安装费。

② 行走式垂直运输机械轨道的铺设、拆除、摊销费。

（11）超高施工增加费　当单层建筑物檐口高度超过 20m，多层建筑物超过 6 层时，可计算超高施工增加费，内容由以下各项组成：

① 建筑物超高引起的人工工效降低以及由于人工工效降低引起的机械降效费。

② 高层施工用水加压水泵的安装、拆除及工作台班费。

③ 通信联络设备的使用及摊销费。

（12）大型机械设备进出场及安拆费　是指机械整体或分体自停放场地运至施工现场或由一个施工地点运至另一个施工地点，所发生的机械进出场运输及转移费用及机械在施工现场进行安装、拆卸所需的人工费、材料费、机械费、试运转费和安装所需的辅助设施的费用。大型机械设备进出场及安拆费由安拆费和进出场费组成。

① 安拆费包括施工机械、设备在现场进行安装拆卸所需人工、材料、机械和试运转费用以及机械辅助设施的折旧、搭设、拆除等费用。

② 进出场费包括施工机械、设备整体或分体自停放地点运至施工现场或由一施工地点运至另一施工地点所发生的运输、装卸、辅助材料等费用。

（13）施工排水、降水费　是指将施工期间有碍施工作业和影响工程质量的水排到施工场地以外，以及防止在地下水位较高的地区开挖深基坑出现基坑浸水，地基承载力下降，在动水压力作用下还可能引起流沙、管涌和边坡失稳等现象而必须采取有效降水和排水措施的费用。该项费用由成井和排水、降水两个独立的费用项目组成：

① 成井。成井的费用主要包括：a. 准备钻孔机械、埋设护筒、钻机就位，泥浆制作、固壁，成孔、出渣、清孔等费用；b. 对接上、下井管（滤管），焊接，安防，下滤料，洗井，连接试抽等费用。

② 排水、降水。排水、降水的费用主要包括：a. 管道安装、拆除，场内搬运等费用；b. 抽水、值班、降水设备维修等费用。

（14）其他　根据项目的专业特点或所在地区不同，可能会出现其他的措施项目。如工程定位复测费和特殊地区施工增加费等。

2. 措施项目费的计算

按照有关专业计量规范规定，措施项目分为应予计量的措施项目和不宜计量的措施项目两类。

（1）应予计量的措施项目　基本与分部分项工程费的计算方法相同，公式为

$$措施项目费＝\Sigma(措施项目工程量×综合单价) \tag{2-32}$$

不同的措施项目其工程量的计算单位是不同的，分列如下：

① 脚手架费通常按建筑面积或垂直投影面积以平方米为单位计算。

② 混凝土模板及支架（撑）费通常是按照模板与现浇混凝土构件的接触面积以平方米为单位计算。

③ 垂直运输费可根据需要用两种方法进行计算：a. 按照建筑面积以平方米为单位计算；b. 按照施工工期日历天数以天为单位计算。

④ 超高施工增加费通常按照建筑物超高部分的建筑面积以平方米为单位计算。

⑤ 大型机械设备进出场及安拆费通常按照机械设备的使用数量以台次为单位计算。

⑥ 施工排水、降水费分两个不同的独立部分计算：a. 成井费用通常按照设计图示尺寸以钻孔深度计算，单位为米；b. 排水、降水费用通常按照排、降水日历天数按昼夜计算。

（2）不宜计量的措施项目　对于不宜计量的措施项目，通常用计算基数乘以费率的方法予以计算。

① 安全文明施工费。计算公式为：

$$安全文明施工费 = 计算基数 \times 安全文明施工费费率(\%) \tag{2-33}$$

计算基数应为定额基价（定额分部分项工程费＋定额中可以计量的措施项目费）、定额人工费或定额人工费与机械费之和，其费率由工程造价管理机构根据各专业工程的特点综合确定。

② 其余不宜计量的措施项目。包括夜间施工增加费，非夜间施工照明费，二次搬运费，冬雨季施工增加费，地上、地下设施、建筑物的临时保护设施费，已完工程及设备保护费等。计算公式为：

$$措施项目费 = 计算基数 \times 措施项目费费率(\%) \tag{2-34}$$

公式（2-34）中的计算基数应为定额人工费或定额人工费与定额机械费之和，其费率由工程造价管理机构根据各专业工程特点和调查资料综合分析后确定。

（三）其他项目费

1. 暂列金额

暂列金额是指建设单位在工程量清单中暂定并包括在工程合同价款中的一笔款项。用于施工合同签订时尚未确定或者不可预见的所需材料、工程设备、服务的采购，施工中可能发生的工程变更、合同约定调整因素出现时的工程价款调整以及发生的索赔、现场签证确认等的费用。

暂列金额由建设单位根据工程特点，按有关计价规定估算，施工过程中由建设单位掌握使用，扣除合同价款调整后如有余额，归建设单位。

2. 计日工

计日工是指在施工过程中，施工企业完成建设单位提出的施工图纸以外的零星项目或工作所需的费用。

计日工由建设单位和施工企业按施工过程中的签证计价。

3. 总承包服务费

总承包服务费是指总承包人为配合、协调建设单位进行的专业工程发包，对建设单位自行采购的材料、工程设备等进行保管以及施工现场管理、竣工资料汇总整理等服务所需的费用。

总承包服务费由建设单位在招标控制价中根据总包服务范围和有关计价规定编制，施工企业投标时自主报价，施工过程中按签约合同价执行。

（四）规费和税金

规费和税金的构成和计算与按费用构成要素划分建筑安装工程费用项目组成部分是相同的。

四、国外建筑安装工程费用的构成

（一）费用构成

国外建筑安装工程费用的构成与我国的情况大致相同，尤其是直接费的计算基本一致。但是由于历史的原因，国外基本上是市场经济条件下的计算习惯，并以西方经济学为依据，为竞争的目的而估价；而我国却是在计划经济下，按固定价格进行预算而进行的计价习惯，故在构成上还是有差异的。国外建筑安装工程费用的构成可用图2-3表示。

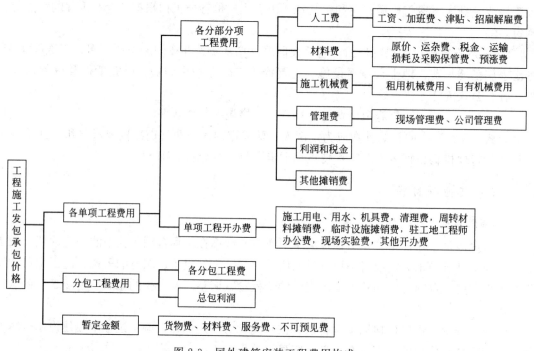

图 2-3　国外建筑安装工程费用构成

1. 直接工程费的构成

（1）人工费　国外一般工程施工的工人按技术要求划分为高级技工、熟练工、半熟练工和壮工。当工程价格采用平均工资计算时，要按各类工人总数的比例进行加权计算。人工费应该包括工资、加班费、津贴、招雇解雇费用等。

（2）材料费　主要包括以下内容。

① 材料原价。在当地材料市场中采购的材料则为采购价，包括材料出厂价和采购供销手续费等。进口材料一般是指到达当地海港的交货价。

② 运杂费。在当地采购的材料是指从采购地点至工程施工现场的短途运输费、装卸费。进口材料则为从当地海港运至工程施工现场的运输费、装卸费。

③ 税金。在当地采购的材料，采购价格中已经包括税金；进口材料则为工程所在国的

进口关税和手续费等。

④ 运输损耗及采购保管费。

⑤ 预涨费。根据当地材料价格年平均上涨率和施工年数，按材料原价、运杂费、税金之和的一定比例计算。

（3）施工机械费　大型自有机械台时单价，一般由每台时应摊折旧费、应摊维修费、台时消耗的能源和动力费、台时应摊的驾驶工人工资以及工程机械设备险投保费、第三者责任险投保费等组成。如使用租赁施工机械时，其费用则包括租赁费、租赁机械的进出场费等。

2. 管理费

管理费包括工程现场管理费（占整个管理费的 20%～30%）和公司管理费（占整个管理费的 70%～80%）。管理费除了包括与我国施工管理费构成相似的工作人员工资、工作人员辅助工资、办公费、差旅交通费、固定资产使用费、生活设施使用费、工具用具使用费、劳动保护费、检验试验费以外，还含有业务经费。业务经费包括以下内容。

① 广告宣传费。

② 交际费。如日常接待饮料、宴请及礼品费等。

③ 业务资料费。如购买投标文件、文件及资料复印费等。

④ 业务所需手续费。施工企业参加投标时，必须由银行开具投标保函；在中标后必须由银行开具履约保函；在收到业主的工程预付款以前，必须由银行开具预付款保函；在工程竣工后，必须由银行开具质量或维修保函。在开具以上保函时，银行要收取一定的担保费。

⑤ 代理人费用和佣金。施工企业为争取中标或为加强收取工程款，在工程所在地（所在国）寻找代理人或签订代理合同，因而付出的佣金和费用。

⑥ 保险费。包括建筑安装工程一切险投保费、第三者责任险投保费等。

⑦ 税金。包括印花税、转手税、公司所得税、个人所得税、营业税、社会安定税等。

⑧ 向银行贷款利息。

在许多国家，施工企业的业务经费往往是管理费中所占比例最大的一项，占整个管理费的 30%～38%。

3. 利润

国际市场上，施工企业的利润一般占成本的 10%～15%，也有的管理费和利润合取，为直接费的 30%左右。具体工程的利润率要根据具体情况，如工程难易、现场条件、工期长短、竞争对手的情况等随行就市确定。

4. 开办费

在许多国家，开办费一般是在各分部分项工程造价的前面按单项工程分别单独列出。单项工程建筑安装工程量越大，开办费在工程价格中所占比例就越小；反之开办费所占比例就越大。一般开办费占工程价格的 10%～20%。开办费包括的内容因国家和工程的不同而异，大致包括以下内容。

① 施工用水、用电费。施工用水费，按实际打井、抽水、送水发生的费用估算，也可以按占直接费的比率估计。施工用电费，按实际需要的电费或自行发电费估算，也可按照占直接费的比率估算。

② 工地清理费及完工后清理费，建筑物烘干费，临时围墙、安全信号、防护用品的费

用以及恶劣气候条件下的工程防护费、污染费、噪声费，其他法定的防护费用。

③ 周转材料费。如脚手架、模板的摊销费等。

④ 临时设施费。包括生活用房、生产用房、临时通信、室外工程（包括道路车场、围墙、给排水管道、输电线路等）的费用，可按实际需要计算。

⑤ 驻工地工程师的现场办公室及所需设备的费用，现场材料试验及所需设备的费用。一般在招标文件的技术规范中有明确的面积、质量标准及设备清单等要求。如要求配备一定的服务人员或实验助理人员，则其工资费用也需计入。

⑥ 其他。包括工人现场福利费及安全费、职工交通费、日常气候报表费、现场道路及进出场道路修筑及维护费、恶劣天气下的工程保护措施费、现场保卫设施费等。

5. 暂定金额

是指包括在合同中，供工程任何部分施工或提供货物、材料、设备或服务、不可预料事件所使用的一项金额，这项金额只有工程师批准后才能动用。

6. 分包工程费用

（1）分包工程费　包括分包工程的直接费、管理费和利润。

（2）总包利润和管理费　指分包单位向总包单位交纳的总包管理费、其他服务费和利润。

（二）费用的组成形式和分摊比例

1. 组成形式

上述组成造价的各项费用体现在承包商投标报价中有三种形式：组成分部分项工程单价、单独列项、分摊进单价。

（1）组成分部分项工程单价　人工费、机械费和材料费直接消耗在分部分项工程上，在费用和分部分项工程之间存在着直观的对应关系，所以人工费、材料费和机械费组成分部分项工程单价，单价与工程量相乘得分部分项工程价格。

（2）单独列项　开办费中的项目有临时设施、为业主提供的办公和生活设施、脚手架等费用，经常在工程量清单的开办费部分单独分项报价。这种方式适用于不直接消耗在某个分部分项工程上，无法与分部分项工程直接对应，然而却是对完成工程建设必不可少的费用。

（3）分摊进单价　承包商总部管理费、利润和税金，以及开办费中的项目经常以一定的比例分摊进单价。

需要注意的是，开办费项目在单独列项和分摊进单价这两种方式中采用哪一种，要根据招标文件和计算规则的要求而定。有的计算规则包括的开办费项目比较齐全，有的计算规则包括的开办费项目比较少。例如英国的 SMM7 计算规则开办费项目就比较齐全，而同样比较有影响的《建筑工程量计算原则（国际通用）》就没有专门的开办费用部分，要求把开办费都分摊进分部分项工程单价中。

2. 分摊比例

（1）固定比例　税金和政府收取的各项管理费的比例是工程所在地政府规定的费率，承包商不能随意变动。

（2）浮动比率　总部管理费和利润的比例由承包商自行确定。承包商根据自身经营状况、工程具体情况等投标策略确定。一般来讲，这个比例在一定范围内是浮动变化的，不同的工程项目、不同的时间和地点，承包商对总部管理费和利润的预期值都不会相同。

（3）测算比例　开办费的比例需要详细测算，首先计算出需要分摊的项目金额，然后计算分摊金额与分部分项工程价格的比例。

（4）公式法　可参考下列公式分摊：

$$A = a(1+K_1)(1+K_2)(1+K_3) \tag{2-35}$$

式中　A——分摊后的分部分项工程单价；

a——分摊前的分部分项工程单价；

K_1——开办费项目的分摊比例；

K_2——总部管理费和利润的分摊比例；

K_3——税率。

第四节　工程建设其他费用的构成和计算

工程建设其他费用，是指从工程筹建起到工程竣工验收交付使用止的整个建设期间，除建筑安装工程费用和设备及工器具购置费用以外的，为保证工程建设顺利完成和交付使用后能够正常发挥效用而发生的各项费用。

一、建设用地费

任何一个建设项目都固定于一定地点与地面相连接，必须占用一定量的土地，也就必然要发生为获得建设用地而支付的费用，这就是建设用地费。它是指为获得工程项目建设土地的使用权而在建设期内发生的各项费用，包括通过划拨方式取得土地使用权而支付的土地征用及迁移补偿费，或者通过土地使用权出让方式取得土地使用权而支付的土地使用权出让金。

（一）建设用地取得的基本方式

建设用地的取得，实质是依法获取国有土地的使用权。根据我国《房地产管理法》规定，获取国有土地使用权的基本方式有两种：一是出让方式；二是划拨方式。建设土地取得的其他方式还包括租赁和转让方式。

1. 通过出让方式获取国有土地使用权

国有土地使用权出让，是指国家将国有土地使用权在一定年限内出让给土地使用者，由土地使用者向国家支付土地使用权出让金的行为。土地使用权出让最高年限按下列用途确定：

① 居住用地 70 年。

② 工业用地 50 年。

③ 教育、科技、文化、卫生、体育用地 50 年。

④ 商业、旅游、娱乐用地 40 年。

⑤ 综合或者其他用地 50 年。

通过出让方式获取国有土地使用权又可以分成两种具体方式：一是通过招标、拍卖、挂牌等竞争出让方式获取国有土地使用权；二是通过协议出让方式获取国有土地使用权。

（1）通过竞争出让方式获取国有土地使用权　具体的竞争方式又包括三种：招标、拍卖和挂牌。按照国家相关规定，工业（包括仓储用地，但不包括采矿用地）、商业、旅游、娱乐和商品住宅等各类经营性用地，必须以招标、拍卖或者挂牌方式出让；上述规定以外用途的土地的供地计划公布后，同一宗地有两个以上意向用地者的，也应当采用招标、拍卖或者挂牌方式出让。

（2）通过协议出让方式获取国有土地使用权　按照国家相关规定，出让国有土地使用权，除依照法律、法规和规章的规定应当采用招标、拍卖或者挂牌方式外，还可采取协议方式。以协议方式出让国有土地使用权的出让金不得低于按国家规定所确定的最低价。协议出让底价不得低于拟出让地块所在区域的协议出让最低价。

2. 通过划拨方式获取国有土地使用权

国有土地使用权划拨，是指县级以上人民政府依法批准，在土地使用者缴纳补偿、安置等费用后将该幅土地交付其使用，或者将土地使用权无偿交付给土地使用者使用的行为。

国家对划拨用地有着严格的规定，下列建设用地，经县级以上人民政府依法批准，可以以划拨方式取得：

① 国家机关用地和军事用地。

② 城市基础设施用地和公益事业用地。

③ 国家重点扶持的能源、交通、水利等基础设施用地。

④ 法律、行政法规规定的其他用地。

依法以划拨方式取得土地使用权的，除法律、行政法规另有规定外，没有使用期限的限制。因企业改制、土地使用权转让或者改变土地用途等不再符合本目录的，应当实行有偿使用。

（二）建设用地取得的费用

建设用地如通过行政划拨方式取得，则须承担征地补偿费用或对原用地单位或个人的拆迁补偿费用；若通过市场机制取得，则不但承担以上费用，还须向土地所有者支付有偿使用费，即土地出让金。

1. 征地补偿费用

征地补偿费用由以下几个部分构成。

（1）土地补偿费　土地补偿费是对农村集体经济组织因土地被征用而造成的经济损失的一种补偿。征用耕地的补偿费，为该耕地被征前三年平均年产值的6～10倍。征用其他土地的补偿费标准，由省（自治区、直辖市）参照征用耕地的补偿费标准规定。土地补偿费归农村集体经济组织所有。

（2）青苗补偿费和地上附着物补偿费　青苗补偿费是因征地时对其正在生长的农作物受到损害而作出的一种赔偿。在农村实行承包责任制后，农民自行承包土地的青苗补偿费应付给本人，属于集体种植的青苗补偿费可纳入当年集体收益。凡在协商征地方案后抢种的农作物、树木等，一律不予补偿。地上附着物是指房屋、水井、树木、涵洞、桥梁、公路、水利设施、林木等地面建筑物、构筑物、附着物等。视协商征地方案前地上附着物价值与折旧情况确定，应根据"拆什么，补什么；拆多少，补多少，不低于原来水平"的原则确定。如附着物产权属个人，则该项补助费付给个人。地上附着物的补偿标准，由省（自治区、直辖市）规定。

（3）安置补助费　安置补助费应支付给被征地单位和安置劳动力的单位，作为劳动力安置与培训的支出，以及作为不能就业人员的生活补助。征收耕地的安置补助费，按照需要的农业人口计算。需要安置的农业人口数，按照被征收的耕地数量除以征地前被征收单位平均每人占有耕地的数量计算。每一个需要安置的农业人口的安置补助费标准，为该耕地被征收前三年平均年产值的 4～6 倍。但是，每公顷被征收耕地的安置补助费，最高不得超过被征收前三年平均年产值的 15 倍。土地补偿费和安置补助费，尚不能使需要安置的农民保持原有生活水平的，经省（自治区、直辖市）人民政府批准，可以增加安置补助费。但是，土地补偿费和安置补助费的总和不得超过土地被征收前三年平均年产值的 30 倍。

（4）新菜地开发建设基金　新菜地开发建设基金指征用城市郊区商品菜地时支付的费用。这项费用交给地方财政，作为开发建设新菜地的投资。菜地是指城市郊区为供应城市居民蔬菜，连续 3 年以上常年种菜或者养殖鱼、虾等商品菜地和精养鱼塘。一年只种一茬或因调整茬口安排种植蔬菜的，均不作为需要收取开发建设基金的菜地。征用尚未开发的规划菜地，不缴纳新菜地开发建设基金。在蔬菜产销放开后，能够满足供应，不再需要开发新菜地城市，不收取新菜地开发基金。

（5）耕地占用税　耕地占用税是对占用耕地建房或者从事其他非农业建设的单位和个人征收的一种税收，目的是合理利用土地资源、节约用地，保护农用耕地。耕地占用税征收范围，不仅包括占用耕地，还包括占用鱼塘、园地、菜地及其他农业用地建房或者从事其他非农业建设，均按实际占用的面积和规定的税额一次性征收。其中，耕地是指用于种植农作物的土地。占用前三年曾用于种植农作物的土地也视为耕地。

（6）土地管理费　土地管理费主要指征地工作中所发生的办公、会议、培训、宣传、差旅、借用人员工资等必要的费用。土地管理费的收费标准，一般是在土地补偿费、青苗补偿费、地面附着物补偿费、安置补助费四项费用之和的基础上提取 2%～4%。如果是征地包干，还应在四项费用之和后再加上粮食价差、副食补贴、不可预见费等费用，在此基础上提取 2%～4%作为土地管理费。

2. 拆迁补偿费用

在城市规划区内国有土地上实施房屋拆迁，拆迁人应当对被拆迁人给予补偿、安置。

（1）拆迁补偿　拆迁补偿的方式可以实行货币补偿，也可以实行房屋产权调换。

货币补偿的金额，根据被拆迁房屋的区位、用途、建筑面积等因素，以房地产市场评估价格确定。具体办法由省（自治区、直辖市）人民政府制定。

实行房屋产权调换的，拆迁人与被拆迁人按照计算得到的被拆迁房屋的补偿金额和所调换的价格，结清产权调换的差价。

（2）搬迁、安置补助费　拆迁人应当对被拆迁人或者房屋承租人支付搬迁补助费。对于在规定的搬迁期限届满前搬迁的，拆迁人可以付给提前搬家奖励费；在过渡期限内，被拆迁人或者房屋承租人自行安排住处的，拆迁人应当支付临时安置补助费；被拆迁人或者房屋承租人使用拆迁人提供的周转房的，拆迁人不支付临时安置补助费。

搬迁补助费和临时安置补助费的标准，由省（自治区、直辖市）人民政府规定。有些地区规定，拆除非住宅房屋，造成停产、停业引起经济损失的，拆迁人可以根据被拆除房屋的区位和使用性质，按照一定标准给予一次性停产停业综合补助费。

3. 出让金、 土地转让金

土地使用权出让金为用地单位向国家支付的土地所有权收益，出让金标准一般参考城市基准地价并结合其他因素制定。基准地价由市土地管理局会同市物价局、市国有资产管理局、市房地产管理局等部门综合平衡后报市级人民政府审定通过，它以城市土地综合定级为基础，用某一地价或地价幅度表示某一类别用地在某一土地级别范围的地价，以此作为土地使用权出让价格的基础。

在有偿出让和转让土地时，政府对地价不做统一规定，但坚持以下原则：即地价对目前投资环境不产生大的影响；地价与当地的社会经济承受能力相适应；地价要考虑已投入的土地开发费用、土地市场供求关系、土地用途、所在区类、容积率和使用年限等。有偿出让和转让使用权，要向土地受让者征收契税；转让土地如有增值，要向转让者征收土地增值税；土地使用者每年应按规定的标准缴纳土地使用费。土地使用权出让或转让，应先由地价评估机构进行价格评估后，再签订土地使用权出让和转让合同。

二、与项目建设有关的其他费用

（一）建设管理费

建设管理费是指建设单位为组织完成工程项目建设，在建设期内发生的各项管理性费用。

1. 建设管理费的内容

（1）建设单位管理费　是指建设单位发生的管理性质的开支，包括工作人员工资、工资性补贴、施工现场津贴、职工福利费、住房基金、基本养老保险费、基本医疗保险费、失业保险费、工伤保险费、办公费、差旅交通费、劳动保护费、工具用具使用费、固定资产使用费、必要的办公及生活用品购置费、必要的通信设备及交通工具购置费、零星固定资产购置费、招募生产工人费、技术图书资料费、业务招待费、设计审查费、工程招标费、合同契约公证费、法律顾问费、咨询费、完工清理费、竣工验收费、印花税和其他管理性质的开支。

（2）工程监理费　是指建设单位委托工程监理单位实施工程监理的费用。此项费用应按国家发改委与建设部联合发布的《建设工程监理与相关服务收费管理规定》（发改价格〔2007〕670号）计算。依法必须实行监理的建设工程施工阶段的监理收费实行政府指导价；其他建设工程施工阶段的监理收费和其他阶段的监理与相关服务收费实行市场调节价。

2. 建设单位管理费的计算

建设单位管理费按照工程费用之和（包括设备工器具购置费和建筑安装工程费用）乘以建设单位管理费率计算。

$$建设单位管理费＝工程费用之和×建设单位管理费费率 \qquad (2\text{-}36)$$

建设单位管理费费率按照建设项目的不同性质、不同规模确定。有的建设项目按照建设工期和规定的金额计算建设单位管理费。如采用监理，建设单位部分管理工作量转移至监理单位。监理费应根据委托的监理工作范围和监理深度在监理合同中商定或按当地或所属行业部门有关规定计算；如建设单位采用工程总承包方式，其总包管理费由建设单位与总包单位根据总包工作范围在合同中商定，从建设管理费中支出。

（二）可行性研究费

可行性研究费是指在工程项目投资决策阶段，依据调研报告对有关建设方案、技术方案或生产经营方案进行的技术经济论证，以及编制、评审可行性研究报告所需的费用。此项费用应依据前期研究委托合同计列，或参照《国家计委关于印发〈建设项目前期工作咨询收费暂行规定〉的通知》（计投资〔1999〕1283号）规定计算。

（三）研究试验费

研究试验费是指为建设项目提供或验证设计数据、资料等进行必要的研究试验及按照相关规定在建设过程中必须进行试验、验证所需的费用。包括自行或委托其他部门研究试验所需人工费、材料费、试验设备及仪器使用费等。这项费用按照设计单位根据本工程项目的需要提出的研究试验内容和要求计算。在计算时要注意不包括以下项目：

① 应由科技三项费用（即新产品试制费、中间试验费和重要科学研究补助费）开支的项目。

② 应在建筑安装费用中列支的施工企业对建筑材料、构件和建筑物进行一般鉴定、检查所发生的费用以及技术革新的研究试验费。

③ 应从勘察设计费或工程费用中开支的项目。

（四）勘察设计费

勘察设计费是指对工程项目进行工程水文地质勘查、工程设计所发生的费用。包括：工程勘察费、初步设计费（基础设计费）、施工图设计费（详细设计费）、设计模型制作费。此项费用应按《关于发布〈工程勘察设计收费管理规定〉的通知》（计价格〔2002〕10号）的规定计算。

（五）环境影响评价费

环境影响评价费是指按照《中华人民共和国环境保护法》、《中华人民共和国环境影响评价法》等规定，在工程项目投资决策过程中，对其进行环境污染或影响评价所需的费用。包括编制环境影响报告书（含大纲）、环境影响报告表以及对环境影响报告书（含大纲）、环境影响报告表进行评估等所需的费用。此项费用可参照《关于规范环境影响咨询收费有关问题的通知》（计价格〔2002〕125号）规定计算。

（六）劳动安全卫生评价费

劳动安全卫生评价费是指按照劳动部《建设项目（工程）劳动安全卫生监察规定》和《建设项目（工程）劳动安全卫生预评价管理办法》的规定，在工程项目投资决策过程中，为编制劳动安全卫生评价报告所需的费用。包括编制建设项目劳动安全卫生预评价大纲和劳动安全卫生预评价报告书以及为编制上述文件所进行的工程分析和环境现状调查等所需费用。必须进行劳动安全卫生预评价的项目包括：

① 属于《国家计划委员会、国家基本建设委员会、财政部关于基本建设项目和大中型划分标准的规定》中规定的大中型建设项目。

② 属于《建筑设计防火规范》（GB 50016）中规定的火灾危险性生产类别为甲类的建筑

项目。

③ 属于劳动部颁布的《爆炸危险场所安全规定》中规定的爆炸危险场所等级为特别危险场所和高度危险场所的建设项目。

④ 大量生产或使用《职业性接触毒物危害程度分级》（GBZ 230）规定的Ⅰ级、Ⅱ级危害程度的职业性接触毒物的建设项目。

⑤ 大量生产或使用石棉粉料或含有10％以上的游离二氧化硅粉料的建设项目。

⑥ 其他由劳动行政部门确认的危险、危害因素大的建设项目。

（七）场地准备及临时设施费

1. 场地准备及临时设施费的内容

① 建设项目场地准备费是指为使工程项目的建设场地达到开工条件，由建设单位组织进行的场地平整等准备工作而发生的费用。

② 建设单位临时设施费是指建设单位为满足工程项目建设、生活、办公的需要，用于临时设施建设、维修、租赁、使用所发生或摊销的费用。

2. 场地准备及临时设施费的计算

① 场地准备及临时设施费应尽量与永久性工程统一考虑。建设场地的大型土石方工程应进入工程费用中的总图运输费用中。

② 新建项目的场地准备和临时设施费应根据实际工程量估算，或按工程费用的比例计算。改扩建项目一般只计拆除清理费。

$$场地准备和临时设施费＝工程费用×费率＋拆除清理费 \qquad (2\text{-}37)$$

③ 发生拆除清理费时可按新建同类工程造价或主材费、设备费的比例计算。凡可回收材料的拆除工程采用以料抵工方式冲抵拆除清理费。

④ 此项费用不包括已列入建筑安装工程费用中的施工单位临时设施费用。

（八）引进技术和引进设备其他费

引进技术和引进设备其他费是指引进技术和设备发生的但未计入设备购置费中的费用。

① 引进项目图纸资料翻译复制费、备品备件测绘费。可根据引进项目的具体情况计列或按引进货价（FOB）的比例估列；引进项目发生备品备件测绘费时按具体情况估列。

② 出国人员费用。包括买方人员出国设计联络、出国考察、联合设计、监造、培训等所发生的差旅费、生活费等。依据合同或协议规定的出国人次、期限以及相应的费用标准计算。生活费按照财政部、外交部规定的现行标准计算，差旅费按中国民航公布的票价计算。

③ 来华人员费用。包括卖方来华工程技术人员的现场办公费用、往返现场交通费用、接待费用等。依据引进合同或协议有关条款及来华技术人员派遣计划进行计算。来华人员接待费用可按每人次费用指标计算。引进合同价款中已包括的费用内容不得重复计算。

④ 银行担保及承诺费。指引进项目由国内外金融机构出面承担风险和责任担保所发生的费用，以及支付贷款机构的承诺费用。应按担保或承诺协议计取，投资估算和概算编制时可以担保金额或承诺金额为基数乘以费率计算。

（九）工程保险费

工程保险费是指为转移工程项目建设的意外风险，在建设期内对建筑工程、安装工程、机械设备和人身安全进行投保而发生的费用。包括建筑安装工程一切险、引进设备财产保险和人身意外伤害保险等。

根据不同的工程类别，分别以其建筑、安装工程费乘以建筑、安装工程保险费率计算。民用建筑（住宅楼、综合性大楼、商场、旅馆、医院、学校）占建筑工程费的 2‰～4‰；其他建筑（工业厂房、仓库、道路、码头、水坝、隧道、桥梁、管道等）占建筑工程费的 3‰～6‰；安装工程（农业、工业、机械、电子、电器、纺织、矿山、石油、化学及钢铁工业、钢结构桥梁）占建筑工程费的 3‰～6‰。

（十）特殊设备安全监督检验费

特殊设备安全监督检验费是指安全监察部门对施工现场组装的锅炉及压力容器、压力管道、消防设备、燃气设备、电梯等特殊设备和设施实施安全检验收取的费用。此项费用按照建设项目所在省（自治区、直辖市）安全监察部门的规定标准计算。无具体规定的，在编制投资估算和概算时可按受检设备现场安装费的比例估算。

（十一）市政公用设施费

市政公用设施费是指使用市政公用设施的工程项目，按照项目所在地省级人民政府有关规定缴纳的市政公用设施建设配套费用，以及绿化工程补偿费用。此项费用按工程所在地人民政府规定的标准计列。

三、与未来企业生产经营有关的其他费用

（一）联合试运转费

联合试运转费是指新建或新增生产能力的工程项目，在交付生产前按照设计文件规定的工程质量标准和技术要求，对整个生产线或装置进行负荷联合试运转所发生的费用净支出（试运转支出大于收入的差额部分费用）。试运转支出包括试运转所需原材料、燃料及动力消耗、低值易耗品、其他物料消耗、工具用具使用费、机械使用费、保险金、施工单位参加试运转人员工资以及专家指导费等；试运转收入包括试运转期间的产品销售收入和其他收入。联合试运转费不包括应由设备安装工程费用开支的调试及试车费用，以及在试运转中暴露出来的因施工原因或设备缺陷等发生的处理费用。

（二）专利及专有技术使用费

1. 专利及专有技术使用费的主要内容

① 国外设计及技术资料费，引进有效专利、专有技术使用费，技术保密费。
② 国内有效专利、专有技术使用费。
③ 商标权、商誉和特许经营权费等。

2. 专利及专有技术使用费的计算

在专利及专有技术使用费计算时应注意以下问题：
① 按专利使用许可协议和专有技术使用合同的规定计列。
② 专有技术的界定应以省、部级鉴定批准为依据。
③ 项目投资中只计算需在建设期支付的专利及专有技术使用费。协议或合同规定在生

产期支付的使用费应在生产成本中核算。

④ 一次性支付的商标权、商誉及特许经营权费按协议或合同规定计列。协议或合同规定在生产期支付的商标权或特许经营权费应在生产成本中核算。

⑤ 为项目配套的专用设施投资，包括专用铁路线、专用公路、专用通信设施、送变电站、地下管道、专用码头等，如由项目建设单位负责投资但产权不归属本单位的，应作无形资产处理。

（三）生产准备及开办费

1. 生产准备及开办费的内容

在建设期内，建设单位为保证项目正常生产而发生的人员培训费、提前进厂费以及投产使用必备的办公、生活家具、用具及工器具等的购置费用。包括：

① 人员培训费及提前进厂费。包括自行组织培训或委托其他单位培训人员的工资、工资性补贴、职工福利费、差旅交通费、劳动保护费、学习资料费等。

② 为保证初期正常生产（或营业、使用）所必需的生产办公、生活家具用具购置费。

③ 为保证初期正常生产（或营业、使用）所必需的第一套不够固定资产标准的生产工具、器具、用具购置费，不包括备品备件费。

2. 生产准备及开办费的计算

① 新建项目以设计定员为基数计算，改扩建项目以新增设计定员为基数计算：

$$生产准备费＝设计定员×生产准备费指标(元/人) \tag{2-38}$$

② 可采用综合的生产准备费指标进行计算，也可以按费用内容的分类指标计算。

第五节　预备费和建设期利息的计算

一、预备费

按我国现行规定，预备费包括基本预备费和价差预备费。

（一）基本预备费

1. 基本预备费的内容

基本预备费是指针对项目实施过程中可能发生难以预料的支出而事先预留的费用，又称工程建设不可预见费，主要指设计变更及施工过程中可能增加工程量的费用，基本预备费一般由以下四部分构成。

① 在批准的初步设计范围内，技术设计、施工图设计及施工过程中所增加的工程费用；设计变更、工程变更、材料代用、局部地基处理等增加的费用。

② 一般自然灾害造成的损失和预防自然灾害所采取的措施费用。实行工程保险的工程项目，费用应适当降低。

③ 竣工验收时为鉴定工程质量对隐蔽工程进行必要的挖掘和修复费用。

④ 超规超限设备运输增加的费用。

2. 基本预备费的计算

基本预备费是以工程费用和工程建设其他费用二者之和为计取基础，乘以基本预备费费率进行计算。

$$基本预备费＝(工程费用＋工程建设其他费用)×基本预备费费率 \qquad (2\text{-}39)$$

基本预备费费率的取值应执行国家及部门的有关规定。

(二) 价差预备费

1. 价差预备费的内容

价差预备费是指为在建设期内利率、汇率或价格等因素的变化而预留的可能增加的费用，亦称为价格变动不可预见费。价差预备费的内容包括：人工、设备、材料、施工机械的价差费，建筑安装工程费及工程建设其他费用调整，利率、汇率调整等增加的费用。

2. 价差预备费的测算方法

价差预备费一般根据国家规定的投资综合价格指数，以估算年份价格水平的投资额为基数，采用复利方法计算。计算公式为：

$$PF = \sum_{t=1}^{n} I_t \left[(1+f)^m (1+f)^{0.5}(1+f)^{t-1} - 1 \right] \qquad (2\text{-}40)$$

式中　PF——价差预备费；

　　n——建设期年份数；

　　I_t——建设期中第 t 年的投资计划额，包括工程费用、工程建设其他费用及基本预备费，即第 t 年的静态投资计划额；

　　f——年涨价率；

　　m——建设前期年限（从编制估算到开工建设），年。

年涨价率，政府部门有规定的按规定执行，没有规定的由可行性研究人员预测。

【例 2-3】　某建设工程项目建安工程费为 5000 万元，设备购置费为 3000 万元，工程建设其他费用为 2000 万元，已知基本预备费率 5%，项目建设前期年限为 1 年，建设期为 3 年，各年投资计划额为：第一年完成投资 20%，第二年 60%，第三年 20%，年均投资价格上涨率为 6%，求建设项目建设期间的价差预备费。

【解】　基本预备费＝(5000＋3000＋2000)×5%＝500(万元)

静态投资＝5000＋3000＋2000＋500＝10500(万元)

建设期第一年完成投资＝10500×20%＝2100(万元)

第一年价差预备费为：$PF_1 = I_1 × [(1+f)×(1+f)^{0.5} - 1] = 191.8$(万元)

第二年完成投资＝10500×60%＝6300(万元)

第二年价差预备费为：$PF_2 = I_2 × [(1+f)×(1+f)^{0.5}×(1+f) - 1] = 987.9$(万元)

第三年完成投资＝10500×20%＝2100(万元)

第三年价差预备费为：$PF_3 = I_3 × [(1+f)×(1+f)^{0.5}×(1+f)^2 - 1] = 475.1$(万元)

所以，建设期价差预备费为：

$$PF＝191.8＋987.9＋475.1＝1654.8(万元)$$

二、建设期利息

建设期利息主要是指在建设期内发生的为工程项目筹措资金的融资费用及债务资金

利息。

当总贷款是分年均衡发放时，建设期利息的计算可按当年借款在年中支用考虑，即当年贷款按半年计息，上年贷款按年计息。计算公式为：

$$q_j = \left(P_{j-1} + \frac{1}{2}A_j\right) \times i \qquad (2\text{-}41)$$

式中　q_j——建设期第 j 年应计利息；

　　P_{j-1}——建设期第 $j-1$ 年末累计贷款本金与利息之和；

　　A_j——建设期第 j 年贷款金额；

　　i——年利率。

国外贷款利息的计算中，还应包括国外贷款银行根据贷款协议向贷款方以年利率的方式收取的手续费、管理费、承诺费，以及国内代理机构经国家主管部门批准的以年利率的方式向贷款单位收取的转贷费、担保费、管理费等。

【例 2-4】 某新建项目，建设期为 3 年，分年均衡进行贷款，第一年贷款 300 万元，第二年 600 万元，第三年 400 万元，年利率为 12%，建设期内利息只计息不支付，试计算建设期贷款利息。

【解】 在建设期内，各年利息计算如下：

$$q_1 = \frac{1}{2}A_1 i = \frac{1}{2} \times 300 \times 12\% = 18(万元)$$

$$q_2 = \left(P_1 + \frac{1}{2}A_2\right)i = \left(300 + 18 + \frac{1}{2} \times 600\right) \times 12\% = 74.16(万元)$$

$$q_3 = \left(P_2 + \frac{1}{2}A_3\right)i = \left(318 + 600 + 74.16 + \frac{1}{2} \times 400\right) \times 12\% = 143.06(万元)$$

所以，建设期利息 $= q_1 + q_2 + q_3 = 18 + 74.16 + 143.06 = 235.22$（万元）

本章小结 ▶▶

我国现行建设工程造价主要由设备及工器具购置费、建筑安装工程费用、工程建设其他费用、预备费、建设期贷款利息、固定资产投资方向调节税构成。

设备购置费是指为建设工程项目购置或自制的达到固定资产投资标准的各种国产或进口设备的费用，它由设备原价和设备运杂费构成。工器具及生产家具购置费是指新建或扩建项目初步设计规定的，保证初期正常生产必须购置的没有达到固定资产标准的设备、仪器、工卡模具、器具、生产家具和备品备件的购置费用。

我国现行建筑安装工程费用项目按两种不同的方式划分，按照费用构成要素划分，建筑安装工程费用包括人工费、材料费（包含工程设备，下同）、施工机具使用费、企业管理费、利润、规费和税金，按照工程造价形成划分，建筑安装工程费用由分部分项工程费、措施项目费、其他项目费、规费和税金组成。

工程建设其他费用是指建设单位从工程筹建起到工程竣工验收交付使用止的整个建设期间，除建筑安装工程费用和设备及工、器具购置费以外的，为保证工程建设顺利完成和交付使用后能够正常发挥效益而发生的各种费用的总和。它包括土地使用费、与项目建设有关的其他费用和与未来生产经营有关的其他费用。

预备费包括基本预备费和涨价预备费。基本预备费是指在初步设计文件及概算内难以事先预料，而在工程建设期间可能发生的工程费用；涨价预备费是指工程项目在建设期间内由于价格等变化引起工程造价变化的预测预留费用。建设期贷款利息是指项目建设期间向国内外金融机构贷款及发行的债券所产生的利息，贷款方式不同，利息计算方法不同。

复习思考题 ▶▶

一、单项选择题

1. 项目建设期间用于项目的工程费用、工程建设其他费用和预备费的总和是（　　）。

A. 建设投资；　　　　B. 建设期利息；　　　　C. 流动资产投资；　　　　D. 固定资产投资

2. 某建设项目投资构成中，设备购置费为 1000 万元，工、器具及生产家具购置费为 200 万元，建筑工程费为 800 万元，安装工程费为 500 万元，工程建设其他费用为 400 万元，基本预备费为 150 万元，涨价预备费为 350 万元，建设期贷款 2000 万元，应计利息 120 万元，流动资金 400 万元，则该建设项目的工程造价为（　　）万元。

A. 3520；　　　　B. 3920；　　　　C. 5520；　　　　D. 5920

3. 某项目中建筑安装工程费用 560 万元，设备工、器具购置费用为 330 万元，工程建设其他费用为 133 万元，基本预备费为 102 万元，涨价预备费为 55 万元，建设期贷款利息为 59 万元（没有固定资产投资方向调节税），则静态投资为（　　）万元。

A. 1023；　　　　B. 1125；　　　　C. 1180；　　　　D. 1239

4. 根据《建筑安装工程费用项目组成》（建标〔2013〕44 号）规定，建筑安装工程费用按费用构成要素组成可以划分为（　　）。

A. 分部分项工程费、措施项目费、其他项目费、规费和税金；

B. 直接费、间接费、利润和税金；

C. 人工费、材料费、施工机具使用费、企业管理费、利润、规费和税金；

D. 人工费、材料费、施工机具使用费、企业管理费、利润和一定范围的风险费用

5. 根据《建筑安装工程费用项目组成》（建标〔2013〕44 号）规定，建筑安装工程费用按工程造价形成顺序可以划分为（　　）。

A. 分部分项工程费、措施项目费、其他项目费、规费和税金；

B. 直接费、间接费、利润和税金；

C. 人工费、材料费、施工机具使用费、企业管理费、利润、规费和税金；

D. 人工费、材料费、施工机具使用费、企业管理费、利润和一定范围的风险费用

6. 根据《建筑安装工程费用项目组成》（建标〔2013〕44 号）规定，按工资总额构成规定，支付给从事建筑安装工程施工的生产工人和附属生产单位工人的各项费用是（　　）。

A. 人工费；　　　　　　　　　　　　B. 材料费；

C. 施工机具使用费；　　　　　　　　D. 企业管理费

7. 根据《建筑安装工程费用项目组成》（建标〔2013〕44 号）规定，下列不属于人工费的是（　　）。

A. 按当时工资标准和工作时间或对已做工作按计价单位支付给个人的劳动报酬；

B. 对超额劳动和增收节支支付给个人的劳动报酬，如节约奖、劳动竞赛奖等；

C. 为了补偿职工特殊或额外的劳动消耗和因其他特殊原因支付给个人的津贴，以及为了保证职工工资水平不受物价影响支付给个人的物价补贴，如流动施工津贴、特殊地区施工

津贴、高温（寒）作业临时津贴、高空津贴等；

　　D. 企业按规定发放的劳动保护用品的支出，如工作服、手套、防暑降温饮料以及在有碍身体健康的环境中施工的保健费用等

　　8. 根据《建筑安装工程费用项目组成》（建标［2013］44 号）规定，构成或计划构成永久工程一部分的机电设备、金属结构设备、仪器装置及其他类似的设备和装置属于（　　　）。

　　A. 仪器仪表使用费；　　　　　　　　B. 材料费；

　　C. 施工机具使用费；　　　　　　　　D. 检验试验费

　　9. 根据《建筑安装工程费用项目组成》（建标［2013］44 号）规定，下列不属于施工机械使用费的是（　　　）。

　　A. 折旧费；　　　　　　　　　　　　B. 大修理费；

　　C. 机械辅助设施的折旧搭设；　　　　D. 仪器仪表使用费

　　10. 根据《建筑安装工程费用项目组成》（建标［2013］44 号）规定，下列不属于施工企业建筑安装工程费中规费的是（　　　）。

　　A. 社会保险费；　　　　　　　　　　B. 住房公积金；

　　C. 工程排污费；　　　　　　　　　　D. 人身意外伤害保险费

　　11. 根据《建筑安装工程费用项目组成》（建标［2013］44 号）规定，为完成建设工程施工，发生于该工程施工前和施工过程中的技术、生活、安全、环境保护等方面的费用是（　　　）。

　　A. 分部分项工程费；　　　　　　　　B. 措施项目费；

　　C. 其他项目费；　　　　　　　　　　D. 规费

　　12. 根据《建筑安装工程费用项目组成》（建标［2013］44 号）规定，安全文明施工费是一项不可竞争性费用，它主要包括环境保护费、文明施工费、安全施工费和（　　　）。

　　A. 已完工程及设备保护费；　　　　　B. 临时设施费；

　　C. 脚手架费；　　　　　　　　　　　D. 夜间施工降效费

　　13. 根据现行《建筑安装工程费用项目组成》（建标［2013］44 号）规定，关于规费的计算，下列说法正确的是（　　　）。

　　A. 规费虽具有强制性，但根据其组成又可以细分为可竞争性的费用和不可竞争性的费用；

　　B. 规费由社会保险和工程排污费组成；

　　C. 社会保险费由养老保险费、失业保险费、医疗保险费、生育保险费、工伤保险费组成；

　　D. 规费由意外伤害保险费、住房公积金、工程排污费组成

　　14. 根据现行《建筑安装工程费用项目组成》（建标［2013］44 号）规定，下列费用中，应计入分部分项工程费的是（　　　）。

　　A. 安全文明施工费；　　　　　　　　B. 二次搬运费；

　　C. 施工机械使用费；　　　　　　　　D. 大型机械设备进出场及安拆费

　　15. 根据现行《建筑安装工程费用项目组成》（建标［2013］44 号）规定，分部分项工程是指按现行国家计量规范对各专业工程划分的项目，如（　　　）。

　　A. 城市轨道交通工程；　　　　　　　B. 土石方工程；

　　C. 矿山工程；　　　　　　　　　　　D. 构筑物工程

16. 根据现行《建筑安装工程费用项目组成》（建标〔2013〕44 号）规定，建筑安装工程费用按（   ）划分为人工费、材料费、施工机具使用费、企业管理费、利润、规费和税金。

A. 费用构成要素组成；   B. 工程造价组价要求；

C. 工程造价特点；   D. 工程造价形成顺序

17. 根据现行《建筑安装工程费用项目组成》（建标〔2013〕44 号）规定，下列属于施工企业企业管理费的是（   ）。

A. 因病、工伤原因按计时计件工资标准比例支付给生产工人的费用；

B. 因产假、计划生育假、婚丧假原因按计时计件工资标准比例支付给生产工人的费用；

C. 因事假、探亲假、定期休假原因按计时计件工资标准比例支付给生产工人的费用；

D. 施工企业投标费用

18. 下列有关其他项目费说法错误的是（   ）。

A. 暂列金额是建设单位在工程量清单中暂定并包括在工程合同价款中的一笔款项，施工过程中由建设单位掌握使用，扣除合同价款调整后如有余额，归建设单位所有；

B. 其他项目费包括暂列金额、暂估价、计日工、总承包服务费；

C. 计日工指在施工过程中，施工企业完成建设单位提出的施工图纸以外的零星项目或工作所需的费用；

D. 总承包服务费由建设单位在招标控制价中根据总包服务范围和有关计价规定编制

19. 关于进口设备原价的构成及其计算，下列说法中正确的是（   ）。

A. 进口设备原价是指进口设备的抵岸价；

B. 进口设备到岸价由离岸价和进口从属费构成；

C. 关税完税价格由离岸价、国际运费、国际运输保险费组成；

D. 关税不作为进口环节增值税计税价格的组成部分

20. 某国产非标准设备原价采用成本计算估价法计算，已知材料费为 17 万元，加工费为 2 万元，辅助材料费为 1 万元，外购配套件费为 5 万元，专用工具费费率为 2%，废品损失费费率为 5%，包装费为 0.1 万元，利润率为 10%。则该设备原价中应计利润为（   ）万元。

A. 2.15；   B. 2.152；   C. 2.685；   D. 2.688

21. 某工厂采购一台国产非标准设备，制造厂生产该台设备所用材料费为 20 万元，加工费 2 万元，辅助材料费 4000 元，专用工具费 3000 元，废品损失费费率 10%，外购配套件费 5 万元，包装费 2000 元，利润率为 7%，税金 4.5 万元，非标准设备设计费 2 万元，运杂费费率 5%，该设备购置费为（   ）。

A. 40.35 万元；   B. 40.72 万元；   C. 39.95 万元；   D. 41.38 万元

22. 下列关于工、器具及生产家具购置费的表述中正确的是（   ）。

A. 该项费用属于设备费；

B. 该项费用属于工程建设其他费用；

C. 该项费用是为了保证项目生产运营的需要而支付的相关购置费用；

D. 该项费用一般以需要安装的设备购置费为基数乘以一定费率计算

23. 已知国内制造厂生产某非标准设备所用材料费、加工费、辅助材料费、专用工具费、废品损失费共 20 万元，外购配套件费 3 万元，非标准设备设计费 1 万元，包装费率

1%，利润率8%，若其他费用不考虑，则该设备的原价为（　　）。

A. 25.82万元；　　　　　　　　　　B. 25.85万元；

C. 26.09万元；　　　　　　　　　　D. 29.09万元

24. 设备购置费的组成为（　　）。

A. 设备原价＋采购与保管费；　　　　B. 设备原价＋运费＋装卸费；

C. 设备原价＋运费＋采购与保管费；　D. 设备原价＋运杂费

25. 某项目购买一台国产设备，其购置费为1325万元，运杂费率为10.6%，则该设备原价为（　　）万元。

A. 1198；　　　　B. 1160；　　　　C. 1506；　　　　D. 1484

26. 国产设备原价等于（　　）。

A. 设备制造厂的交货价，即出厂价；

B. 设备出厂价＋运费；

C. 设备出厂价＋运费＋设备供销部门手续费；

D. 设备出厂价＋采购与保管费

27. 进口设备离岸价格是（　　），它是我国进口设备采用最多的一种货价。

A. CIF；　　　　B. CFR；　　　　C. FOB；　　　　D. FBI

28. 在进口设备交货类别中，对买方不利而对卖方有利的交货方式是（　　）。

A. 在出口国装运港口交货；　　　　B. 在出口国内陆指定地点交货；

C. 在进口国目的地港码头交货；　　D. 在进口国目的港船边交货

29. 进口设备采用装运港船上交货价（FOB）时，卖方需承担的责任是（　　）。

A. 租船舱，支付运费；　　　　　　B. 办理出口手续并将货物装上船；

C. 装船后的一切风险和运费；　　　D. 办理海外运输保险并支付保险费

30. 土地征用及迁移补偿费是指建设项目通过（　　）支付的费用。

A. 划拨方式取得有限期土地使用权；

B. 划拨方式取得无限期土地使用权；

C. 土地使用权出让方式取得无限期土地使用权；

D. 土地使用权出让方式取得有限期土地使用权

31. 关于联合试运转费的说法，正确的是（　　）。

A. 联合试运转费包括单机的调试费；

B. 联合试运转费包括单机安装后试运转中因施工质量原因发生的处理费用；

C. 联合试运转费应为联合试运转所发生费用净支出；

D. 联合试运转支出主要是材料费，不包括人工费

32. 下列不属于勘察设计费的是（　　）。

A. 工程勘察费；　　　　　　　　　B. 基础设计费；

C. 详细设计费；　　　　　　　　　D. 场地准备费

33. 下列不属于建设用地费用的是（　　）。

A. 土地征用及补偿费；

B. 征用耕地一次性缴纳的耕地占用税；

C. 租用建设项目土地使用权在建设期支付的租地费用；

D. 城市维护建设税

二、多项选择题

1. 在下列各项费用中，不属于静态投资但属于动态投资的费用有（　　）。

A. 建筑安装工程费用；　　　　B. 设备和工、器具购置费；　　　C. 涨价预备费；

D. 基本预备费用；　　　　　　E. 建设期贷款利息

2. 按照我国现行规定，预备费包括（　　）。

A. 应急费；　　　　　　　　　B. 基本预备费；　　　　　　　C. 不可预见费；

D. 变更预备费；　　　　　　　E. 涨价预备费

3. 外贸手续费的计费基础是（　　）费用之和。

A. 装运港船上交货价；　　　　B. 国际运费；　　　　　　　　C. 银行财务费；

D. 关税；　　　　　　　　　　E. 运输保险费

4. 下列费用中可计入国产非标准设备原价的是（　　）。

A. 材料费（包括辅助材料费）；B. 非标准设备设计费；　　　　C. 设备运杂费；

D. 废品损失费；　　　　　　　E. 利润、税金

5. 土地征用及迁移补偿费包括（　　）。

A. 拆迁补偿费；　　　　　　　B. 搬迁、安置补助费；　　　　C. 土地补偿费；

D. 出让金、土地转让金；　　　E. 土地增值税

6. 下列各项中属于建设项目基本预备费组成内容的是（　　）。

A. 竣工验收时为鉴定工程质量，对隐蔽工程进行必要的挖掘和修复的费用；

B. 一般自然灾害造成的损失费用；

C. 利率、汇率调整所增加的费用；

D. 预防自然灾害所采用的措施费用；

E. 设计变更、局部地基处理等增加的费用

7. 根据现行《建筑安装工程费用项目组成》规定，下列属于社会保险费的是（　　）。

A. 住房公积金；　　　　　　　B. 养老保险费；　　　　　　　C. 失业保险费；

D. 医疗保险费；　　　　　　　E. 危险作业意外伤害保险费

8. 根据现行《建筑安装工程费用项目组成》规定，属于企业管理费的是（　　）。

A. 住房公积金；　　　　　　　B. 夏季防暑降温费；　　　　　C. 防暑降温饮料费；

D. 财务费；　　　　　　　　　E. 工会经费

9. 根据现行《建筑安装工程费用项目组成》（建标〔2013〕44号）规定，人工费包括（　　）。

A. 计时计件工资；　　　　　　B. 奖金；　　　　　　　　　　C. 津贴、补贴；

D. 加班加点工资；　　　　　　E. 施工企业现场临时宿舍取暖降温费

10. 根据现行《建筑安装工程费用项目组成》（建标〔2013〕44号）规定，材料费包括（　　）。

A. 材料原价；　　　　　　　　B. 运杂费；　　　　　　　　　C. 运输损耗费；

D. 施工企业现场办公软件费；　　　　　　　　　　　　　　　E. 采购及保管费

11. 根据现行《建筑安装工程费用项目组成》（建标〔2013〕44号）规定，施工机具使用费包括（　　）。

A. 施工机械使用费；　　　　　B. 仪器仪表使用费；　　　　　C. 工程设备费；

D. 职工因工出差费；　　　　　E. 职工调动工作的差旅费

12. 根据现行《建筑安装工程费用项目组成》（建标〔2013〕44 号）规定，下列属于企业管理费的有(　　)。

A. 生产工人高温作业临时津贴；

B. 管理部门使用的交通工具的油料、燃料费；

C. 夏季防暑降温费；

D. 上下班交通补贴；

E. 在有碍身体健康的环境中施工的保健费用

13. 根据现行《建筑安装工程费用项目组成》（建标〔2013〕44 号）规定，下列属于其他项目费的有(　　)。

A. 合同实施前的暂列金额；

B. 合同实施后的索赔签证；

C. 总承包人为配合、协调甲方单位进行的专业工程发包、对建设单位自行采购的材料进行保管；

D. 施工机械按规定的大修理间隔台班进行必要的大修理，以恢复其正常功能所需要的费用；

E. 施工机械整体或分体自停放地点运至施工现场的运输、装卸、辅材及架线等费用

14. 根据现行《建筑安装工程费用项目组成》（建标〔2013〕44 号）规定，下列不属于单价措施项目的有(　　)。

A. 脚手架；   B. 模板；   C. 安全文明施工；

D. 非夜间施工照明；   E. 大型机械设备进出场及安拆

15. 下列工程建设其他费用中，属于建设单位管理费的有(　　)。

A. 工程招标费；   B. 可行性研究费；   C. 工程监理费；

D. 竣工验收费；   E. 零星固定资产购置费

三、名词解释

建设单位管理费；联合试运转费；基本预备费；价差预备费

四、简答题

1. 简述建设项目总投资的组成。

2. 简述设备购置费及其构成。

3. 简述建设工程项目其他费用的构成。

4. 简述国产非标准设备原价的组成。

5. 简述按费用构成要素划分建筑安装工程费用构成。

6. 按造价形成划分建筑安装工程费用项目有哪些构成？

7. 与项目建设有关的其他费用有哪些？

五、案例分析与计算

1. 某单位拟建一条化工原料生产线，厂房的建筑面积为 5000m²，同行业已建类似的建筑工程费用为 3000 元/m²，类似项目建筑工程费用所含的人工费、材料费、机械费和综合税费占建筑工程造价的比例分别为 18.26%、57.63%、9.98%、14.13%。因建设时间、地点、标准等不同，相应的综合调整系数分别为 1.25、1.32、1.15、1.20。

设备全部从国外引进，经询价，设备的货价（离岸价）为 800 万美元，海洋运输公司的现行海运费率为 6%，海运保险费率为 3.5‰，外贸手续费率、银行手续费率、关税税率和

增值税率分别按 1.5%、5‰、17%、17%计取。国内供销手续费为 0.4%，运输、装卸和包装费率为 0.1%，采购保管费率为 1%。美元兑换人民币的汇率均按 1 美元＝6.60 元人民币计算，设备的安装费率为设备原价的 10%。

求解：①计算该项目的建筑工程费用。②估算进口设备的购置费和安装工程费（计算结果保留两位小数）。

2. 某建设工程项目初期静态投资为 21600 万元，建设期为 3 年，各年投资计划额如下：第一年 7200 万元，第二年 10800 万元，第三年 3600 万元，年均投资价格上涨率为 6%，求项目建设期间的涨价预备费。

3. 某新建项目，建设期为三年，在建设期第一年贷款 200 万元，第二年贷款 400 万元，第三年贷款 300 万元，年利率为 10%，分年均衡发放贷款，用复利法计算建设期贷款利息。

第三章

工程造价计价模式

学习目标 ▶▶

1. 掌握工程造价定额计价模式基本原理与程序。

2. 掌握工程造价工程量清单计价模式基本原理与程序。

3. 熟悉工程量清单和工程量清单计价的相关概念；掌握工程量清单的编制方法。

4. 重点掌握工程量清单计价方法——综合单价法；熟悉《建设工程工程量清单计价规范》；了解清单计价法特点。

5. 能对工程造价清单计价与定额计价模式进行深入、全面地分析比较。

关键术语 ▶▶

工程造价定额计价模式；工程造价清单计价模式；工程量清单计价规范

第一节　工程造价定额计价模式

一、工程造价定额计价的基本原理和特点

我国长期以来在工程造价形成过程中采用定额计价模式，这是一种与计划经济相适应的工程造价管理模式。定额计价模式实际上是国家通过颁布统一的估算指标、概算指标，以及概算、预算和有关费用定额，对建筑产品价格进行有计划管理的计价方法。国家以假定的建筑安装产品为对象，制定统一的预算和概算定额，计算出每一单元子项的费用后，再综合形成整个工程的造价。定额计价模式的基本原理如图 3-1 所示。

从上述工程造价定额计价模式的原理示意图可以看出，编制建设工程项目造价最基本的过程有两个：工程量计算和工程计价。即首先按照预算定额规定的分部分项子目工程量计算规则和施工图逐项计算工程量；然后套用预算定额单价（或单位估价表），确定直接工程费；再按照一定的计费程序和取费标准确定措施费、企业管理费（间接费）、利润和税金；最后计算出工程预算造价（或投标报价）。

工程造价定额计价方法的特点就是"量、价、费"合一。概预算的单位价格形成过程，是依据概预算定额所确定的消耗量乘以定额单价或市场价，经过不同层次的计算达到"量、

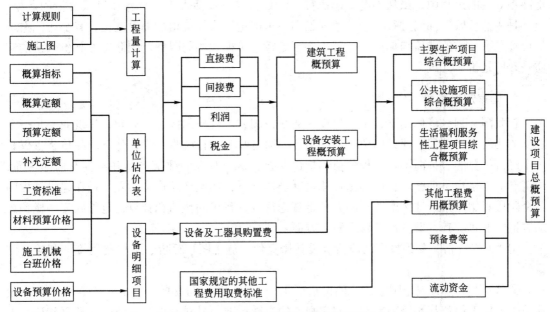

图 3-1　工程造价定额计价原理示意图

价、费"结合的过程。

用公式进一步表明按建设工程项目造价定额计价的基本方法和程序如下。

每一计量单位假定建筑产品的直接工程费单价为：

直接工程费单价＝人工费＋材料费＋机械使用费 (3-1)

人工费＝Σ(单位人工工日消耗量×人工工日单价) (3-2)

材料费＝Σ(单位材料消耗量×材料预算价格) (3-3)

机械使用费＝Σ(单位机械台班消耗量×机械台班单价) (3-4)

单位工程直接费＝Σ(假定建筑产品工程量×直接工程费单价)＋措施费 (3-5)

单位工程概预算造价＝单位工程直接费＋间接费＋利润＋税金 (3-6)

单项工程概预算造价＝Σ单位工程概预算造价＋设备、工器具购置费 (3-7)

建设工程项目总概预算造价＝Σ单项工程概预算造价＋工程建设其他费用＋预备费＋建设期贷款利息＋固定资产投资方向调节税(暂停征收) (3-8)

二、工程造价定额计价模式的性质与演变

(一) 定额计价方法的性质

在不同经济发展时期，建筑产品有不同的价格形式、不同的定价主体及不同的价格形成机制，而一定的建筑产品价格形式产生、存在于一定的建设工程项目造价管理体制和一定的建筑产品交换方式之中。我国建筑产品价格市场化经历了"国家定价→国家指导价→国家调控价"三个阶段。

工程造价定额计价是以各种概预算定额、费用定额为基础，按照规定的计算程序确定和计算工程造价的特殊计价方法。因在完全的定额计价模式下，建筑安装工程的生产要素(人工、材料、机械)的消耗量、价格、有关费用标准都由政府主管部门(即造价管理部门)制定发布，双方只是执行价格规定，不存在自主定价、价格竞争的过程。在预算定额从指令性

走向指导性的过程中，虽然不是全部执行，但其调整（包括人工、材料和机械价格的调整）也都是由造价管理部门进行，造价管理部门不可能把握市场价格的随时变化，其公布的造价与市场总有一定的滞后与偏离，这就决定了定额计价模式的局限性。因此定额计价方法的实质是政府定价。

1. 国家定价阶段

在我国计划经济体制下，工程建设任务是由国家主管部门按计划分配，建筑业不是一个独立的物质生产部门，建设单位、施工单位的财务收支实行统收统支，建筑产品价格仅仅是一个经济核算的工具而不是工程价值的货币反映，这一时期的建筑产品并不具有商品性质，建筑产品价格也不存在。在这种工程建设管理体制下，建筑产品价格实际上是在建设过程的各个阶段利用国家或地区所颁布的各种定额进行投资费用的预估和计算，也可以说是概预算加签证的形式。其主要特征有以下两个方面：

① "工程价格"分为投资估算价、设计概算价、施工图预算价、工程费用签证和竣工结算价。

② "工程价格"属于国家定价的价格形式，国家是这一价格的决定主体。建设单位、设计单位、施工单位都按照国家有关部门规定的定额标准、材料价格和取费标准计算和确定工程价格，工程价格水平由国家规定。

2. 国家指导价阶段

在市场经济建立初期，新的建筑产品价格形式逐渐取代了传统的建筑产品价格形式，主要是国家指导定价，国家指导定价形式主要有预算包干价格和工程招标投标价格两种形式。预算包干价格形式是按照国家有关部门规定的包干系数、包干标准和计算方法来计算包干额，再以此形成包干价格。由于预算包干价格对工程施工过程中费用的变动采用了一次包死的形式，对提高工程价格管理水平有一定作用，但这种价格形式与概预算加签证形式相比，两者都属于国家计划价格形式，企业只能按照国家有关的规定计算和确定工程价格，企业仍然无自主定价权；工程招标投标价格是在建筑产品招标投标交易过程中形成的工程价格，表现为标底价、投标报价、中标价、合同价、结算价等形式，这一阶段的工程招标投标价格属于国家指导价，是在最高限价范围内国家指导下的竞争价格。在这种价格形成过程中，国家和企业是价格的双重决定主体。其价格形成的特征有以下三个方面。

① 计划控制性。标底价格作为评标的主要依据，要按照国家或地方工程造价管理部门制定的定额和有关取费标准编制。标底价格的最高数额受控于上级部门批准的工程概算价。

② 国家指导性。国家工程招标管理部门对标底价格进行审查，管理部门组成的监督小组直接监督和指导大中型工程招标、投标、评标和决标过程。

③ 竞争性。投标单位可以根据本企业的条件和经营状况确定投标报价，并以该投标价格作为竞争承包工程的手段。招标单位可以在标底价格的基础上，择优确定中标单位及工程中标价格。

3. 国家调控价阶段

国家调控的招标投标价格形式，是一种以市场形成价格为主的价格机制。它是在国家有关部门的调控下，由工程承、发包双方根据建筑市场中建筑工程产品供求关系变化来自主确定工程价格。其价格的形式可以不受国家工程造价管理部门的直接干预，而是根据市场的具体情况，由承、发包双方协商确定形成。国家调控招标投标价格形成，与前两者相比，有以下三个方面的特征：

① 自发形成。由工程承、发包双方根据工程自身的物质劳动消耗、供求状况等协商议定，不受国家计划调控。

② 自发波动。随着建筑市场供求关系的不断变化，工程价格处于上升或者下降的波动之中，由市场决定价格。

③ 自发调节。通过价格的波动，自发调节建筑产品的品种和数量，以保持工程投资与工程生产能力的平衡。

（二）工程造价定额计价模式的演变与发展

我国的经济体制从计划经济到社会主义市场经济，其中价格体制的变化是主要表现，但在整个改革过程中，建筑工程造价体制一直没有和市场经济合拍，总是滞后。以预算定额为依据的定额计价模式虽然也在努力适应市场要求，但由于其政府定价的本质特性，在其固有的框架内是很难有突破的。在向市场经济体制转变的进程中，定额计价制度一直在不断地改革之中，其改革进程可以从三次"全国标准定额工作会议"精神中体现出来。

1. 1992 年全国标准定额工作会议

为适应建立社会主义市场经济体制的要求，1992 年全国标准定额工作会议提出了一个"控制量，指导价，竞争费"的计价指导原则。这一原则对我国一直沿用的定额预结算制度是一个突破，但仍是政府定价的思路。它将工程造价的确定分为三个层次，生产要素的消耗量要"控制"，而控制的标准是定额，生产要素的价格由造价管理部门公布作为主要参考，竞争费的主要含义（按当时的理解）是按工程类别取费以体现出计价的平等性。所以这个思路有着很大的局限性。在当时，它未能与其他行业价格改革同步。

2. 1997 年全国标准定额工作会议

根据"价格法"和市场经济体制要求，1997 年全国标准定额工作会议提出了"市场形成造价"的指导原则，但由于缺少法律依据和具体的实施办法，这一原则显得有些空洞。市场形成造价的原则是正确的，但在当时主要以预算定额及其体系为依据的条件下，怎样由市场形成造价，没有一个明确的思路。这以后在一段时间内工程造价的管理仍然是在定额计价框架内的调整和完善，没有突破。

3. 2003 年全国标准定额工作会议

这次会议的主要成果是"工程量清单"计价形式的提出，会后不久，建设部与国家质量监督检验检疫总局联合推出国家标准《建设工程工程量清单计价规范》（GB 50500—2003）（以后简称《计价规范》），要求国有投资及国有投资为主的大中型建设工程项目执行工程量清单计价规范。从工程造价体制改革的进程看，这次会议具有里程碑式的意义，因为它突破了新中国成立五十多年一直沿用的定额计价模式，以新的模式来取代旧有计价方式，是工程造价领域的一次"革命"。我国工程定额计价制度从"量、价、费"合一到"量、价、费"分离，再到政府推行工程量清单计价制度，基本反映了政府定价、政府指导定价、政府宏观调控价的发展进程。工程量清单计价方法适应市场定价的改革目标，由招标者给出工程量清单，投标者报价，单价完全依据企业技术、管理水平的整体实力而定，能充分发挥工程建设市场主体的主动性和能动性，是一种与市场经济相适应的工程计价方式。

在我国建设市场逐步放开的改革过程当中，虽然已经制定并推广了工程量清单计价制度，但是由于各地实际情况的差异，我国目前的工程造价计价方式又不可避免地出现了双轨并行的局面。即在保留了传统定额计价方式的基础上，又参照国际惯例引入了市场自主定价的工程量清单计价方式。目前，我国的建设工程定额还是工程造价管理的重要手段。随着我国工程造价管理体制改革的不断深入和对国际管理的进一步深入了解，市场自主定价模式将逐渐占主导地位。

三、定额计价模式下施工图预算价的编制程序

定额计价模式下施工图预算价的编制程序如图 3-2 所示。

图 3-2　工程造价定额计价施工图预算价编制程序

(一) 收集资料，准备各种编制依据资料

要收集的资料，包括施工图纸、已经批准的初步设计概算书、现行预算定额及单位估价表、取费标准、统一的工程量计算规则、预算工作手册和工程所在地的人工、材料和机械台班预算价格、施工组织设计方案、招标文件、工程预算软件等相关资料。

(二) 熟悉施工图纸、定额和施工组织设计及现场情况

看图计量是编制预算的基本工作，编制施工图预算前，应熟悉并检查施工图纸是否齐全，尺寸是否清楚，了解设计意图，掌握工程全貌。同时，针对要编制预算的工程内容搜集有关资料，包括熟悉并掌握预算定额的使用范围、工程内容及工程量计算规则等。

另外，还应了解施工组织设计中影响工程造价的有关因素及施工现场的实际情况。例如，各分部分项工程的施工方法，土方工程中的土壤类别，余土外运使用的工具、运距，建筑材料、构件等堆放点到施工操作地点的距离，设备构件的吊装方法，现场有无障碍需要拆除和清理等，以便能正确计算工程量和正确套用或确定某些分项工程的基价。这对于正确计算工程造价、提高施工图预算质量有重要意义。

(三) 计算工程量

计算工程量是一项工作量很大而又十分细致的工作。工程量是预算编制的基本数据，计算的准确程度直接影响到工程造价，而且影响到与之关联的一系列数据，如计划、统计、劳动力、材料等。因此，工程量计算不仅仅是单纯的技术工作，它对整个企业的经营管理都有重要意义。在计算工程量时，要注意以下两点。

① 正确划分预算分项子目，按照定额顺序从下到上、先框架后细部的顺序排列工程预

算分项子目。这样可避免工程量计算中出现盲目、零乱的状况，使工程量计算工作能够有条不紊地进行，也可避免漏项和重项。

② 准确计算各分部分项工程量，计算时一般可以按照下列步骤进行：

a. 根据施工图示的工程内容和计算规则，列出计算工程量的分部分项工程。

b. 根据一定的计算顺序和计算规则，列出计算式。

c. 根据施工图示尺寸及有关数据，代入计算式进行数学计算。

d. 按照定额中的分部分项工程的计量单位，对相应计算结果的计量单位进行调整，使之与预算定额相一致。

（四）汇总工程量、套用预算定额基价（预算单价）

各分项工程量计算完毕，并经复核无误后，按预算定额手册规定的分部分项工程顺序逐项汇总；然后将汇总后的工程量抄入工程预算表内，并把计算项目的相应定额编号、计量单位、预算定额基价，以及其中的人工费、材料费、机械台班使用费填入工程预算表内，便可求出单位工程的直接工程费。套用单价时要注意以下几点。

① 分项工程量的名称、规格、计量单位，必须与预算定额或单位估价表所列内容完全一致。重套、错套、漏套都会引起定额直接费的偏差，进而导致施工图预算造价的偏差。

② 定额换算。当施工图纸的某些设计要求与定额单价的特征不完全符合时，必须根据定额使用说明，对定额单价进行调整。

③ 补充定额编制。当施工图纸的某些设计要求与定额单价特征相差甚远，既不能直接套用又不能换算和调整时，必须编制补充单位估价表或补充定额。

（五）进行工料分析，编制工料分析表

根据各分部分项工程的实物工程量和相应定额中所列的用工工日、材料及机械台班消耗数量，计算出各分部分项工程所需的人工、材料及机械台班数量。相加汇总便可得出该单位工程所需要的各类人工、材料和机械台班的数量。它是工程预、决算中人工、材料和机械费用调差及计算其他各种费用的基础，又是企业进行经济核算、加强企业管理的重要依据。

这一步骤通常与套定额单价同时进行，以避免二次翻阅定额。

（六）计算其他各项工程费用，汇总造价

在分部分项子目工程量、单价经复查无误后，即可按照建筑安装工程造价构成中费用项目的费率和计费基础，分别计算出措施费、间接费、利润和税金，并汇总得出单位工程造价，同时计算出如单方造价等相关技术经济指标。

（七）复核

单位建筑工程预算编制完成后，有关人员应对单位工程预算进行复核，以便及时发现差错，提高预算编制质量。复核时应对工程量计算公式和结果、套用定额单价、各项费用的取费费率、计算基础和计算结果、材料和人工预算价格及其价格调整等方面是否正确进行全面复核。

(八) 编制说明

编制说明用于编制者向审核者交代编制方面的有关情况。编制说明一般包括以下几项内容：

① 工程概况。包括工程性质、内容范围、施工地点等。

② 编制依据。包括编制预算时所采用的施工图纸名称、工程编号、标准图集以及设计变更情况、图纸会审纪要资料、招标文件等。

③ 所用预算定额编制年份、有关部门发布的动态调价文件号、套用单价或补充单位估价表方面的情况。

④ 其他有关说明。通常是指在施工图预算中无法表示而需要用文字补充说明的，例如，分项工程定额中需要的材料无货，用其他材料代替，其材料代换价格待结算时另行调整等。

(九) 填写封面、装订成册、签字盖章

施工图预算书封面通常需填写的内容有：工程编号及名称、建筑结构形式、建筑面积、层数、工程造价、技术经济指标、编制单位、编制人、审核人及编制日期等。最后，按封面、编制说明、预算费用汇总表、费用计算表、工程预算表、工料分析表和工程量计算表等顺序编排并装订成册。编制人员签字盖章，请有关单位审阅、签字并加盖单位公章后，一般建筑工程施工图预算计价便完成了编制工作。

第二节　工程造价清单计价模式

一、工程量清单计价模式概述

(一) 工程量清单、工程量清单计价以及工程量清单计价模式的概念

工程量清单是指载明建设工程分部分项工程项目、措施项目、其他项目的名称和相应数量以及规费、税金项目等内容的明细清单。

它是招标人按照招标文件要求和施工设计图纸要求规定将拟建招标工程的全部项目和内容，依据《建设工程工程量清单计价规范》和各专业《＊＊工程工程量计量规范》中统一的项目编码、项目名称、计量单位和工程量计算规则进行编制，包括分部分项工程量清单、措施项目清单、其他项目清单。

工程量清单计价是指投标人完成由招标人提供的工程量清单所需的全部费用，包括分部分项工程费、措施项目费、其他项目费、规费和税金。

工程量清单计价模式是在建设工程项目招标投标中，招标人按照国家统一的工程量计算规则提供工程数量，由投标人依据工程量清单自主报价，并按照评审低价中标的工程造价计价模式。

(二) 工程量清单计价模式的作用

工程量清单计价的根本作用，在于改变原来定额计价模式的政府定价的性质，让工程造价通过招投标在市场竞争中形成。

1. 有利于实现从政府定价到市场定价，从消极自我保护向积极公平竞争的转变

工程量清单计价有利于实现从政府定价到市场定价，从消极自我保护向积极公平竞争的转变，对计价依据改革具有推动作用。特别是对施工企业，通过采用工程量清单计价，有利于施工企业编制自己的企业定额，从而改变了过去企业过分依赖国家发布定额的状况，通过市场竞争自主报价。

2. 有利于公平竞争，避免暗箱操作

工程量清单计价，由招标人提供工程量，所有的投标人在同一工程量基础上自主报价，充分体现了公平竞争的原则。工程量清单作为招标文件的一部分，从原来的事后算账转为事前算账，可以有效改变目前建设单位在招标中盲目压价和结算无依据的状况，同时可以避免工程招标中的弄虚作假、暗箱操作等不规范的招标行为。

3. 有利于实现风险合理分担

工程量清单计价，将改变以往企业不承担经济风险的状况，以推动工程担保和工程保险为核心的工程风险管理制度的发展。投标单位只对自己所报的成本、单价的合理性等负责，而对工程量的变更或计算错误等不负责任；相应的这一部分风险则应由招标单位承担，这种格局符合风险合理分担与责权利关系对等的一般原则，同时也必将促进各方面的管理水平提高。

4. 有利于工程款拨付和工程造价的最终确定

工程招投标中标后，建设单位与中标的施工企业签订合同，工程量清单报价基础上的中标价就成为合同价的基础。投标清单上的单价是拨付工程款的依据，建设单位根据施工企业完成的工程量可以确定进度款的拨付额。工程竣工后，依据设计变更、工程量的增减和相应的单价，确定工程的最终造价。

5. 有利于标底的管理和控制

在传统的招标投标方法中，标底一直是个关键因素，标底的正确与否、保密程度如何一直是人们关注的焦点。而采用工程量清单计价方法，工程量是公开的，是招标文件内容的一部分，标底只起到一定的控制作用（即控制报价不能突破工程概算的约束），仅仅是工程招标的参考价格，不是评标的关键因素，且与评标过程无关，标底的作用将逐步弱化。这就从根本上消除了标底准确性和标底泄漏所带来的负面影响。

6. 有利于提高施工企业的技术和管理水平

中标企业可以根据中标价及投标文件中的承诺，通过对单位工程成本、利润进行分析，统筹考虑、精心选择施工方案，合理确定人工、材料、施工机械要素的投入与配置，优化组合，合理控制现场费用和施工技术措施费用等，以便更好地履行承诺，保证工程质量和工期，促进技术进步，提高经营管理水平和劳动生产率。

7. 有利于工程索赔的控制与合同价的管理

采用工程量清单计价进行招标，由于清单项目的综合单价不因施工数量变化、施工难易程度、施工技术措施差异、取费等变化而调整，从而减少了施工单位在施工过程中因现场签证、技术措施费用和价格变化等因素引起的不合理索赔；同时也便于业主随时掌握设计变

更、工程量增减引起的工程造价变化，进而便于根据投资情况决定是否变更或对方案进行比较，能够有效地降低工程造价。

8. 有利于建设单位合理控制投资，提高资金使用效益

投标单位不必在工程量计算上煞费苦心，可以减少投标标底的偶然性技术误差，让投标企业有足够的余地选择合理标价的下浮幅度；同时，也增加了综合实力强、社会信誉好的企业的中标机会，更能体现招标投标的宗旨。此外，通过竞争，按照工程量招标确定的中标价格，在不提高设计标准的情况下与最终结算价是基本一致的，这样可为建设单位的工程成本控制提供准确、可靠的依据，科学合理地控制投资，提高资金使用效益。

9. 有利于节省招标投标时间，避免重复劳动

以往投标报价，各个投标人需计算工程量，计算工程量占投标报价工作量的 70%～80%。采用工程量清单计价则可以简化投标报价计算过程，有了招标人提供的工程量清单，投标人只需填报单价和计算合价，缩短投标单位投标报价时间，更有利于招标投标工作的公开公平、科学合理；同时，避免了所有的投标人按照同一图纸计算工程数量的重复劳动，节省大量的社会财富和时间。

10. 有利于工程造价计价人员素质的提高

推行工程量清单计价后，要求工程造价计价人员不仅能看懂施工图、会计算工程量和套定额子目，而且要既懂经济又精通技术、熟悉政策法规，向全面发展的复合型人才转变。

二、工程量清单计价规范简介

为了规范建设工程工程量清单计价行为，统一建设工程量清单的编制和计价方法，按照工程造价管理改革的要求，住建部和国家质检总局于 2012 年 12 月 25 日联合发布了新的国家标准《建设工程工程量清单计价规范》（GB 50500—2013）和《房屋建筑与装饰工程工程量计算规范》（GB 50854—2013）等九部专业计量规范，自 2013 年 7 月 1 日起实施。原《建设工程工程量清单计价规范》（GB 50500—2008）同时作废。

2013 版国标清单规范包括计价规范和计量规范两大部分，共十册，两者具有同等效力。

新规范共包括：《建设工程工程量清单计价规范》（GB 50500—2013）（简称"13 规范"）和《房屋建筑与装饰工程工程量计算规范》（GB 50854—2013）、《仿古建筑工程工程量计算规范》（GB 50855—2013）、《通用安装工程工程量计算规范》（GB 50856—2013）、《市政工程工程量计算规范》（GB 50857—2013）、《园林绿化工程工程量计算规范》（GB 50858—2013）、《矿山工程工程量计算规范》（GB 50859—2013）、《构筑物工程工程量计算规范》（GB 50860—2013）、《城市轨道交通工程工程量计算规范》（GB 50861—2013）、《爆破工程工程量计算规范》（GB 50862—2013）等计量规范（简称"13 计量规范"）。

以上每一个专业计量规范中包括了对应专业工程的清单项目名称、项目编码、项目特征、计量单位、工程量计算规则和工程内容。其中项目编码、项目名称、计量单位、工程量计算规则作为四个统一的内容，要求招标人在编制工程量清单时必须执行。

计量规范是编制工程量清单的依据，主要体现在工程量清单的 12 位编码中，前 9 位应按附录中的编码确定。工程量清单中的项目名称、计量单位、工程数量应依据附录中相应的

项目名称和项目特征、计量单位、计算规则来设置和确定。

表3-1为《房屋建筑与装饰工程工程量计算规范》附录A土石方工程中第一节土方工程清单项目的基本格式，其他附录中的形式与其类似。

表3-1　表A.1　土方工程（编号：010101）

项目编码	项目名称	项目特征	计量单位	工程量计算规则	工作内容
010101001	平整场地	1. 土壤类别 2. 弃土运距 3. 取土运距	m²	按设计图示尺寸以建筑物首层建筑面积计算	1. 土方挖填 2. 场地找平 3. 运输
010101002	挖一般土方	1. 土壤类别 2. 挖土深度 3. 弃土运距		按设计图示尺寸以体积计算	1. 排地表水 2. 土方开挖 3. 围护（挡土板）及拆除 4. 基底钎探 5. 运输
010101003	挖沟槽土方			按设计图示尺寸以基础垫层底面积乘以挖土深度计算	
010101004	挖基坑土方				
010101005	冻土开挖	1. 冻土厚度 2. 弃土运距	m³	按设计图示尺寸以开挖面积乘以厚度计算	1. 爆破 2. 开挖 3. 清理 4. 运输
010101006	挖淤泥、流沙	1. 挖掘深度 2. 弃淤泥、流沙距离		按设计图示位置、界限以体积计算	1. 开挖 2. 运输

工程量清单计价模式的基本操作过程为：招标人在统一的工程量清单计算规则的基础上，按照统一的工程量清单标准格式、统一的工程量清单项目设置规则，根据具体工程的施工图纸计算各个清单项目的工程量，编制出工程量清单，此清单作为招标文件的组成部分。招标人如设标底，标底编制应根据招标文件中的工程量清单和有关要求，结合施工现场实际情况、合理的施工方法，以及按照省（自治区、直辖市）建设行政主管部门制定的有关工程造价计价办法，参照社会平均消耗量定额进行编制；投标人根据招标文件中的工程量清单和有关要求、施工现场实际情况，及拟定的施工方案或施工组织设计，依据企业定额和各种渠道获得的工程造价信息及经验数据编制投标报价。所以，工程量清单计价模式的操作过程分为两个阶段：工程量清单编制和工程量清单计价编制。

三、工程量清单编制

（一）工程量清单的特点

1. 强制性

强制性主要表现在，一是"清单计价规范"由建设主管部门按照强制性国家标准的要求批准颁布，规定全部使用国有资金或国有资金投资为主的大中型建设项目工程应按工程量清单计价的规定执行；二是明确工程量清单是招标文件的组成部分，并规定了招标人在编制工程量清单时必须遵守"四个统一"。

2. 实用性

工程量清单项目及计算规则的项目名称表现的是工程实体项目，项目名称明确清晰，工程量计算规则简洁明了；特别是还列有项目特征和工程内容，易于编制工程量清单时确定项目名称和投标报价。

3. 竞争性

一是使用工程量清单计价时，规定的措施项目中，投标人具体采用什么措施，如模板、脚手架、临时设施、施工排水等详细内容由投标人根据企业的施工组织设计等确定，给企业留下了竞争空间，是企业的竞争项目，从中可体现各企业的竞争力。二是工、料、机没有具体消耗量，这就将工程量定额中的工、料、机价格、利润和管理费全面开放，投标单位可以依据企业定额和市场价格信息，体现各企业在价格上的竞争力。

4. 通用性

采用工程量清单计价将与国际惯例接轨，符合工程量计算方法标准化、工程量计算规则统一化、工程造价确定市场化的要求。

（二）工程量清单的基本作用

工程量清单最基本的功能是作为信息的载体，以便投标人能对工程有全面充分的了解。除此以外，还具有以下作用：

① 工程量清单为投标者提供了一个公开、公平、公正的竞争环境。工程量清单由招标人统一提供，统一的工程量避免了由于计算不准确、项目不一致等人为因素造成的不公正影响，使投标者站在同一起跑线上，有了一个公平的竞争环境。

② 工程量清单是计价和询标、评标的基础。工程量清单由招标人提供，无论是标底的编制还是企业投标报价，都必须在工程量清单的基础上进行，同时为今后的询标、评标奠定了基础。当然，如果工程量清单有计算错误或漏项，也可按招标文件或《计量规范》的有关规定在中标后进行修正。

③ 工程量清单是施工过程中支付工程进度款的依据。

④ 工程量清单是办理工程结算、竣工结算及工程索赔的重要依据。

⑤ 工程量清单是编制招标标底和投标报价的依据。

（三）工程量清单的编制依据

工程量清单的编制依据主要包括：

①《计价规范》和相关工程的国家计量规范。

② 国家或省级、行业建设主管部门颁发的计价定额和办法。

③ 建设工程设计文件及相关资料。

④ 与建设工程有关的标准、规范、技术资料。

⑤ 拟定的招标文件。

⑥ 施工现场情况、地勘水文资料、工程特点及常规施工方案。

⑦ 其他相关资料。

（四）工程量清单的编制

工程量清单包括分部分项工程清单、措施项目清单、其他项目清单。它是由招标方提供的一种技术文件，是招标文件的组成部分，一经中标签订合同，即成为合同的组成部分。工程量清单的描述对象是拟建工程，体现招标人需要投标人完成的工程项目及其相应的工程数量，是投标人进行报价的依据，是招标文件不可缺少的组成部分，以表格为主要表现形式。

1. 分部分项工程量清单

编制分部分项工程量清单，关键是列出工程量清单项目，在清单项目中明确需要体现的项目特征和项目包含的工程内容；然后确定工程量清单项目的项目编码、计量单位和工程数量，并且按《计量规范》要求做到"四个统一"，即项目编码统一、项目名称统一、计量单位统一和工程量计算规则统一。

分部分项工程量清单是以分部分项工程和单价措施项目清单与计价表的形式表现的，其表格形式见表 3-2。

表 3-2　分部分项工程和单价措施项目清单与计价表

序号	项目编码	项目名称	项目特征描述	计量单位	工程量	金额	
						综合单价	合价
1	010101001001	平整场地	1. 土壤类别：三类土 2. 弃土运距：5m 3. 取土运距：5m	m²	500		
2	011701001001	综合脚手架	1. 建筑结构形式：框剪 2. 檐口高度：60m	m²	18000		

（1）项目编码　项目编码以五级编码设置，用十二位阿拉伯数字表示，一至九位应按《计量规范》附录的规定设置，全国统一编码，不得变动。其中第一、第二位为专业工程代码，第三、第四位为《计量规范》附录分类顺序码，第五、第六位为分部工程顺序码，第七、第八、第九位为分项工程项目名称顺序码，第十至第十二位为清单项目名称顺序码。第十至第十二位应根据拟建工程的工程量清单名称和项目特征设置，由编制人根据设置的清单项目编制。以房屋建筑与装饰工程为例，项目编码结构如图 3-3 所示。

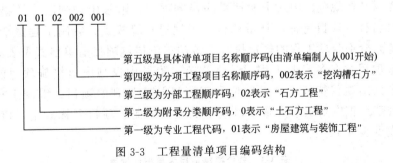

图 3-3　工程量清单项目编码结构

（2）项目名称　项目名称原则上以工程实体命名。项目名称如有缺项，招标人可按相应的原则进行补充，并报当地工程造价部门备案。

分部分项工程项目清单的项目名称应按《计量规范》附录的项目名称结合拟建工程的实际确定。

（3）项目特征描述　分部分项工程项目清单项目特征应按《计量规范》附录中规定的项

目特征，结合拟建工程项目的实际予以描述。

项目特征是对项目的准确描述，是影响价格的因素和设置具体清单项目的基础和依据。项目特征按不同的工程部位、施工工艺或材料品种、规格等分别列项。凡项目特征中未描述到的独有特征，由清单编制人视项目具体情况确定，以准确描述清单项目为准。

由于清单项目原则上是按工程实体设置的，而实体是由多个项目综合而成的，所以清单项目的表现形式，是由主体项目和辅助项目（或称组合项目）构成（主体项目即《计量规范》中的项目名称，辅助项目即《计量规范》中的工程内容）。《计量规范》对各清单项目可能发生的辅助项目均作了提示，列在"工程内容"一栏内。

工程内容是为完成该清单项目可能发生的具体的辅助项目工程，可为招标人确定清单项目和投标人投标报价提供参考。凡《计价规范》工程内容中未列全的其他具体内容，由投标人按招标文件或图纸要求编制，以完成清单项目为准，综合考虑到报价中。

（4）计量单位　分部分项工程项目清单的计量单位应按《计量规范》附录中规定的计量单位确定。《计量规范》附录中有两个或两个以上计量单位的，应结合拟建工程项目的实际情况，确定其中一个为计量单位。同一工程项目的计量单位应一致。如樘/m² 只能选择一个。在《计量规范》中，计量单位均为基本计量单位，不得使用扩大单位（如10m、100kg等），这一点与传统的定额计价有很大的区别。

（5）工程数量　工程数量的计算应严格按照各专业《计量规范》中相应的工程量计算规则进行。《计量规范》的工程量计算规则与消耗量定额的工程量计算规则有着原则上的区别：《计量规范》的计量原则是以实体安装就位的净尺寸计算，这与国际通用做法（FIDIC）一致；而消耗量定额的工程量计算是在净值的基础上，加上施工操作（或定额）规定的预留量，这个量随施工方法、措施的不同而变化。因此，工程量清单的工程量计算规则与消耗量定额或地方性定额的计算规则不同，应加以区分。

2. 措施项目清单

措施项目指完成工程施工，发生于该工程施工前和施工过程中技术、生活、安全等方面的非工程实体项目。措施项目清单必须根据相关工程现行国家计量规范的规定编制。在各专业工程《计量规范》中对于能计量的措施项目，附录中均列出了该措施项目的项目编码、项目名称、项目特征、计量单位、工程量计算规则，编制工程量清单时，应按照《计量规范》分部分项工程的规定执行。该类单价措施项目清单格式见表3-2。对于不能计量的措施项目，在各专业工程《计量规范》附录中仅列出该措施项目的项目编码、项目名称，未列出项目特征、计量单位和工程量计算规则的项目，编制工程量清单时，应按《计量规范》相应附录中措施项目规定的项目编码、项目名称确定。该类总价措施项目清单格式见表3-3。

表 3-3　总价措施项目清单与计价表

序号	项目编码	项目名称	计算基础	费率/%	金额/元	调整费率/%	调整后金额	备注
1	011707001001	安全文明施工	定额基价					
2	011707002001	夜间施工	定额人工费					

若出现《计量规范》未列的项目，可根据工程实际情况补充。单价项目补充的工程量清单中，需附有补充项目编码、项目名称、项目特征、计量单位、工程量计算规则、工程内容。不能计量的总价措施项目以"项"计价，需附有补充项目编码、项目名称、工作内容及包含范围。

3. 其他项目清单

其他项目清单应根据拟建工程的具体情况，区别招标人和投标人的内容列项。《计价规范》提供了两部分四项内容作为列项参考，不足部分可补充。

(1) 暂列金额　暂列金额是招标人在工程量清单中暂定并包括在合同价款中的一笔款项。用于施工合同签订时尚未确定或者不可预见的所需材料、设备、服务的采购，施工中可能发生的工程变更、合同约定调整因素出现时的工程价款调整以及发生的索赔、现场签证确认等费用。暂列金额应根据工程特点、工期长短，按有关计价规定估算，一般为分部分项工程费的10%～15%。

(2) 暂估价　暂估价是指招标人在工程量清单中提供的用于支付必然发生但暂时不能确定价格的材料、工程设备的单价以及专业工程的金额。

编制暂估价时，其中的材料、工程设备暂估价应根据工程造价信息或参照市场价格估算，列出明细表；专业工程暂估价应分不同专业，按有关计价规定估算，列出明细表。为了方便合同管理，需要纳入分部分项工程量清单综合单价中的暂估价应只是材料、工程设备费；专业工程的暂估价应是综合单价，包括除规费和税金以外的管理费、利润等。

(3) 计日工　计日工是指在施工过程中，承包人完成发包人提出的工程合同范围以外的零星项目或工作，按合同中约定的单价计价的一种方式。招标人在编制该部分时应列出项目名称、计量单位和暂估数量。

(4) 总承包服务费　总承包服务费是指总承包人为配合协调发包人进行的专业工程分包，对发包人自行采购的设备、材料等进行保管，以及施工现场管理、竣工资料汇总整理等服务所需的费用。招标人在编制该部分时应列出服务项目及其内容等。

项目建设标准的高低、工程的复杂程度、工期长短等直接影响其他项目清单中的具体内容。工程中若出现《计价规范》未列的项目时招标人应根据工程实际情况进行补充。

(五) 工程量清单的基本格式

工程量清单按照单位工程的不同，可分为房屋建筑与装饰工程工程量清单、通用安装工程工程量清单、市政工程工程量清单等。在《建设工程工程量清单计价规范》(GB 50500—2013) 中的附录 B 至附录 L 详细列出了工程量清单计价所需的表格形式。

根据《计价规范》的规定，工程量清单编制使用的表格包括：封-1、扉-1、表-01、表-08、表-11、表-12 (不含表-12-6～表-12-8)、表-13、表-20、表-21 或表-22。

1. 封面 (见图 3-4)

2. 扉页 (见图 3-5)

扉页应按规定的内容填写、签字、盖章，由造价员编制的工程量清单应由有负责审核的造价工程师签字、盖章。受委托编制的工程量清单，应有造价工程师签字、盖章以及工程造价咨询人盖章。

```
┌─────────────────────────────────────────────────────────────┐
│                   _____工程                    │
│                     招标工程量清单                             │
│        招 标 人：_____                  │
│                        （单位盖章）                           │
│        造价咨询人：_____                │
│                        （单位盖章）                           │
│                    年　月　日                                 │
│                                                  （封-1）      │
└─────────────────────────────────────────────────────────────┘
```

图 3-4　封面

```
┌─────────────────────────────────────────────────────────────┐
│            _____工程                           │
│              招标工程量清单                                    │
│   招标人：_____        造价咨询人：_____   │
│        （单位盖章）                    （单位资质专用章）       │
│                                                               │
│   法定代表人或其授权人：_____   法定代表人或其授权人：___  │
│            （签字或盖章）                    （签字或盖章）     │
│                                                               │
│   编制人：_____                复核人：_____   │
│    （造价人员签字盖专用章）            （造价工程师签字盖告用章）│
│   编制时间：　年　月　日            复核时间：　年　月　日      │
│                                                  （扉-1）      │
└─────────────────────────────────────────────────────────────┘
```

图 3-5　扉页

3. 总说明（见图 3-6）

总说明应按下列内容填写。

① 工程概况：建设规模、工程特征、计划工期、施工现场实际情况、自然地理条件、环境保护要求等。

② 工程招标和专业工程发包范围。

③ 工程量清单编制依据。

④ 工程质量、材料、施工等的特殊要求。

⑤ 其他需要说明的问题。

总说明

工程名称：　　　　　　　　　　　　　　　　　　　　　　第　页　共　页

```
┌─────────────────────────────────────────────────────────────┐
│  1．工程概况：建筑面积 5000m²，8 层，毛石基础，砖混结构。施工工期 10 个月。施工现场临│
│近公路，交通运输方便，施工现场有少量积水，现场南 300m 处有医院一座，施工要防噪声。│
│  2．招标范围：全部建筑工程。                                    │
│  3．清单编制依据：《建设工程工程量清单计价规范》、《房屋建筑与装饰工程工程量计算规范》、│
│施工设计图纸、施工组织设计等。                                  │
│  4．工程质量应达到合格标准。1 号宿舍楼的建筑工程竣工后，再进行 2 号宿舍楼的施工。│
│  5．考虑施工中可能发生的设计变更或清单有误，暂列金额 10 万元。   │
└─────────────────────────────────────────────────────────────┘
```

（表-01）

图 3-6　总说明

4. 分部分项工程量清单（见表3-4）

5. 措施项目清单（见表3-5）

6. 其他项目清单（见表3-6）

表 3-4　分部分项工程和单价措施项目清单与计价表

工程名称：1#宿舍楼房屋建筑工程 　　　　　　　　　　　　　第 1 页　共 1 页

序号	项目编码	项目名称	项目特征描述	计量单位	工程量	金额	
						综合单价	合价
			分部分项工程项目				
			土（石）方工程				
1	010101003001	挖基础沟槽土方	1. 土壤类别：三类土 2. 挖土深度：2.0m 3. 弃土运距：150m	m³	800		
2	010103001001	土方回填	密实度要求：符合规范要求 填方运距：50m	m³	300		
3	（略）	（略）					
			砌筑工程				
4	010401003001	石基础	石料种类、规格：毛石 基础类型：带形 砂浆强度等级：M2.5 水泥砂浆	m³	480		
5	（略）	（略）					
			混凝土及钢筋混凝土工程				
6	010502002001	构造柱	混凝土种类：清水混凝土 混凝土强度等级：C25	m³	280		
7	（略）	（略）					
			措施项目				
8	011701001001	外脚手架	1. 建筑结构形式：砖混结构 2. 檐口高度：24m	m²	2880		
9	（其他略）	（其他略）					

表 3-5　总价措施项目清单

工程名称：1#宿舍楼房屋建筑工程 　　　　　　　　　　　　　第 1 页　共 1 页

序号	项目名称
1	安全文明施工
2	二次搬运
3	雨季施工
4	（其他略）

表 3-6 其他项目清单

工程名称：1#宿舍楼房屋建筑工程   第 1 页 共 1 页

序号	项目名称	金额/元	结算金额/元	备注
1	暂列金额	100000		
2	暂估价	—		
3	计日工	—		
4	总承包服务费	—		
	合计	100000		

四、工程量清单计价

（一）工程量清单计价的基本原理

工程量清单计价采用综合单价计价。综合单价是指完成一个规定清单项目所需的人工费、材料和工程设备费、施工机具使用费和企业管理费、利润以及一定范围内的风险费用。

工程量清单计价方法是在建设工程项目招标投标中，招标人按照国家统一的工程量计算规则提供工程数量，由投标人依据工程量清单自主报价，并按照评审低价中标的工程造价计价方式。

以招标人提供的工程量清单为平台，投标人根据自身的技术、财务、管理能力进行投标报价，招标人根据具体的评标细则进行优选，这种计价方式是市场定价体系的具体表现形式。

1. 工程量清单计价的基本方法与程序

工程量清单计价的基本过程可以描述为：在统一的工程量计算规则的基础上，设置工程量清单项目名称，根据具体工程的施工图纸计算出各个清单项目的工程量，再根据各种渠道所获得的工程造价信息和经验数据进行计算得到工程造价。计价过程如图 3-7 所示。

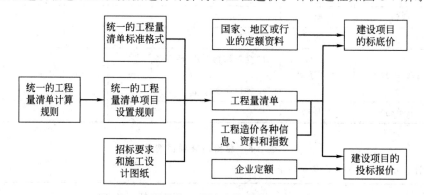

图 3-7 工程造价工程量清单计价过程示意图

从工程量清单计价过程的示意图中可以看出，其编制过程可以分为两个阶段：工程量清单的编制阶段和利用工程量清单投标的报价阶段。投标报价是在业主提供的工程量清单的基础上，根据企业自身所掌握的各种信息、资料，结合企业定额进行报价。

① 分部分项工程费用＝Σ分部分项工程量清单数量×分部分项工程综合单价。   （3-9）

其中，分部分项工程综合单价由人工费、材料费、机械费、管理费、利润等组成，并考虑风险费用。

② 措施项目费＝Σ措施项目工程量×措施项目综合单价。 (3-10)

③ 其他项目费。按招标文件规定计算。 (3-11)

④ 单位工程造价＝分部分项工程费＋措施项目费＋其他项目费＋规费＋税金。 (3-12)

⑤ 单项工程造价＝Σ单位工程费。 (3-13)

⑥ 工程项目总造价＝Σ单项工程费。 (3-14)

2. 工程量清单计价的操作过程

目前，工程量清单计价作为一种市场价格的形成机制，其使用主要在工程招标投标阶段。因此，工程量清单计价的操作过程可以从招标、投标、评标三个阶段来阐述。

(1) 工程招标阶段　招标单位在工程方案设计、初步设计或部分施工图设计完成后，即可委托标底编制单位（或招标代理单位）按照统一的工程量计算规则，以单位工程为对象，计算并列出各分部分项工程的工程量清单（应附有关的施工内容说明），作为招标文件的组成部分发放给各投标单位。其工程量清单的粗细程度、准确程度取决于工程的设计深度及编制人员的技术水平和经验。在分部分项工程量清单中，项目编码、项目名称、计量单位和工程数量等项由招标单位根据全国统一的工程量清单项目设置和计量规则填写。综合单价和合价由投标人根据自己的施工组织设计（如工程量的大小、施工方案的选择、施工机械和劳动力的配备及材料供应等）以及招标单位对工程的质量要求等因素综合评定后填写。

(2) 投标单位制作标书阶段　投标单位在对招标文件中所列的工程量清单进行审核时，要视招标单位是否允许对工程量清单内所列的工程量误差进行调整而决定审核办法。如果允许调整，就要详细审核工程量清单内所列的各工程项目的工程量，对有较大误差的，通过招标单位答疑会提出调整意见，取得招标单位同意后进行调整；如果不允许调整工程量，则不需要对工程量进行详细的审核，只对主要项目或工程量大的项目进行审核，发现这些项目有较大误差时，可以利用调整这些项目单价的方法解决。工程量单价的套用有两种方法，即工料单价法和综合单价法。工料单价法即工程量清单的单价按照现行预算定额的工、料、机消耗标准及预算价格确定。措施费、间接费、利润、有关文件规定的调价、风险金、税金等费用，计入其他相应标价计算表中。综合单价法即工程量清单的单价，是综合了人工费、材料费、机械台班费、管理费、利润等，并考虑风险费用的综合单价。工料单价法虽然价格的构成比较清楚，但缺点也是明显的，它反映不出工程实际的质量要求和投标企业的真实技术水平，容易使企业再次陷入定额计价的老路。综合单价法的优点是当工程量发生变更时易于查对，能够反映本企业的技术能力、工程管理能力。根据我国现行的工程量清单计价办法，采用的是综合单价。

(3) 评标阶段　在评标时可以对投标单位的最终总报价以及分部分项工程项目和措施项目的综合单价的合理性进行评判。由于采用了工程量清单计价方法，所有投标单位都站在同一起跑线上，因而竞争更为公平合理，有利于实现优胜劣汰，而且在评标时应坚持倾向于合理低价中标的原则。当然，在评标时仍然可以采用综合计分的方法，即不仅考虑报价因素，而且还对投标单位的施工组织设计、企业业绩和信誉等按一定的权重分值分别进行计分，按总评分的高低确定中标单位；或者采用两阶段评标的办法，即先对投标单位的技术方案进行评判，在技术方案可行的前提下，再以投标单位的报价作为评标定标的唯一因素，这样既可以保证工程建设质量，又有利于业主选择一个合理的、报价较低的单位中标。

（二）工程量清单计价步骤

1. 熟悉工程量清单

工程量清单是计算工程造价最重要的依据，在计价时必须全面了解每一个清单项目的特征，熟悉其所包括的工程内容，以便在计价时不漏项，不重复计算。

2. 研究招标文件

工程招标文件的有关条款、要求和合同条件，是工程量清单计价的重要依据。在招标文件中对有关承、发包工程范围、内容、期限、工程材料、设备采购及供应方法等都有具体规定，只有在计价时按规定进行，才能保证计价的有效性。因此，投标单位拿到招标文件后，根据招标文件的要求，要对照图纸，对招标文件提供的工程量清单进行复查或复核，其内容主要有：

① 分专业对施工图进行工程量的数量审查。招标文件上要求投标人审核工程量清单，如果投标人不审核，则不能发现清单编制中存在的问题，也就不能充分利用招标人给予投标人澄清问题的机会，则由此产生的后果由投标人自行负责。如投标人发现由招标人提供的工程量有误，招标人可按合同约定进行处理。

② 根据图纸说明和各种选用规范对工程量清单项目进行审查。这主要是指根据规范和技术要求，审查清单项目是否漏项。

③ 根据技术要求和招标文件的具体要求，对工程需要增加的内容进行审查。认真研究招标文件是投标人争取中标的第一要素。表面上看，各招标文件基本相同，但每个项目都有自己的特殊要求，这些要求一定会在招标文件中反映出来，这需要投标人仔细研究。有的工程量清单要求增加的内容、技术要求，如与招标文件不一致，只有通过审查和澄清才能统一起来。

3. 熟悉施工图纸

全面、系统地阅读图纸，是准确计算工程造价的重要基础。阅读图纸时应注意以下几点：

① 按设计要求，收集图纸选用的标准图、大样图。

② 认真阅读设计说明，掌握安装构件的部位和尺寸、安装施工要求及特点。

③ 了解本专业施工与其他专业施工工序之间的关系。

④ 对图纸中的错、漏以及表示不清楚的地方予以记录，以便在招标答疑会上询问解决。

4. 熟悉工程量计算规则

当采用消耗量定额分析分部分项工程的综合单价时，对消耗量定额的工程量计算规则的熟悉和掌握，是快速、准确地分析综合单价的重要保证。

5. 了解施工组织设计

施工组织设计或施工方案是施工单位的技术部门针对具体工程编制的施工作业的指导性文件，其中对施工技术措施、安全措施、施工机械配置、是否增加辅助项目等，都应在工程计价的过程中予以注意。施工组织设计所涉及的费用主要属于措施项目费。

6. 熟悉加工订货的有关情况

明确建设、施工单位双方在加工订货方面的分工。对需要进行委托加工订货的设备、材料、零件等，提出委托加工计划，并落实加工单位及加工产品的价格。

7. 明确主材和设备的来源情况

主材和设备的型号、规格、数量、材质、品牌等对工程计价影响很大，因此应对主材和设备的采购范围及有关内容请招标人予以明确，必要时注明产地和厂家。

8. 计算工程量

清单计价的工程量主要有两部分内容：一是核算工程量清单所提供清单项目工程量是否准确；二是计算每一个清单主体项目所组合的辅助项目工程量，以便分析综合单价。

在计算工程量时，应注意清单计价和定额计价计算方法的不同。清单计价时，是辅助项目随主体项目计算，将不同工程内容发生的辅助项目组合在一起，计算出该主体项目的分部分项工程费。

9. 确定措施项目清单内容

措施项目清单是完成项目施工必须采取的措施所需的工作内容，该内容必须结合项目的施工方案或施工组织设计的具体情况填写，因此，在确定措施项目清单内容时，一定要根据自己的施工方案或施工组织设计加以修改。

10. 计算综合单价

将工程量清单主体项目及其组合的辅助项目汇总，填入分部分项综合单价计算表。如采用消耗量定额分析综合单价的，则应按照定额的计量单位，选套相应定额，计算出各项的管理费和利润，汇总为清单项目费合价，分析出综合单价。综合单价是报价和调价的主要依据。

投标人可以用企业定额，也可以用建设行政主管部门的消耗量定额，甚至可以根据本企业的技术水平调整消耗量定额的消耗量来计价。

11. 计算措施项目费、 其他项目费、 规费、 税金等

12. 汇总计算单位工程造价

将分部分项工程项目费、措施项目费、其他项目费和规费、税金，汇总计算出单位工程造价，将各个单位工程造价汇总计算出单项工程造价。

【例 3-1】 某基础工程，土质为三类土，基础为 C25 混凝土带形基础，垫层为 C15 混凝土垫层，垫层底宽度为 1.4m，挖土深度为 1.8m，基础总长为 220m，地表无积水，挖土就地堆放，无需基底钎探。计算挖沟槽土方的分部分项工程项目综合单价。

已知人工挖土方（三类土，挖深 2m 以内）消耗量定额中该项单位人工消耗量为 0.5351 工日/m³，材料和机械消耗量为 0，当地人工单价为 80 元/工日。管理费费率为 5.1%，利润率为 3.2%。

【解】 工程量清单计价采用综合单价模式，即综合了工料机费、管理费和利润，并考虑风险因素。

（1）清单工程量的计算 根据施工图按照《房屋建筑与装饰工程工程量计算规范》中的工程量计算规则计算。

《房屋建筑装饰工程工程量计算规范》中挖沟槽土方的工程量计算规则是：按设计图示

尺寸以基础垫层底面积乘以挖土深度计算，即：基础土方挖方总量＝1.4×1.8×220＝554m³

（2）综合单价的计算　按照计算规范中挖沟槽土方的工程内容，找到与挖沟槽土方主体项目对应的计价项目，本例题中计价的项目包括人工挖土方。结合施工图纸，依据施工方案，按照消耗量定额中的工程量计算规则计算计价项目的工程量。

人工挖土方（三类土，挖深2m以内）工程量计算如下。根据施工组织设计要求，需在垫层底面增加操作工作面，其宽度每边0.25m，并需从垫层底面放坡，坡度系数为0.3。

挖沟槽土方计价工程量＝(1.4＋2×0.25＋0.3×1.8)×1.8×220＝966(m³)

人工费：0.5351×80×966＝41352.53(元)

材料和机械费为0。

小计：41352.53(元)。

工料机费合计：41352.53(元)

管理费：（人工费＋材料费＋机械费）×5.1％＝41352.53×5.1％＝2108.98(元)

利润：（人工费＋材料费＋机械费＋管理费）×3.2％＝(41352.53＋2108.98)×3.2％＝1390.77(元)

清单合价：人工费＋材料费＋机械费＋管理费＋利润＝41352.53＋2108.98＋1390.77＝44852.28(元)

综合单价：44852.28/554＝80.96(元/m³)

第三节　工程造价清单计价与定额计价模式的比较

一、工程量清单计价方法与定额计价方法的分析比较

自《计价规范》颁布后，我国建设工程项目计价逐渐转向以工程量清单计价为主、定额计价为辅的模式。由于我国地域辽阔，各地的经济发展状况不一致，市场经济的程度存在差异，将定额计价立即转变为清单计价还存在一定困难，定额计价模式在一定时期内还有其发挥作用的市场。清单计价在我国需要有一个适应和完善的过程。清单计价和定额计价两种计价模式的分析比较见表3-7。

表3-7　两种计价模式的分析比较

内容	定额计价	清单计价
项目设置	《综合定额》的项目一般是按施工工序、工艺进行设置的，定额项目包括的工程内容一般是单一的	工程量清单项目的设置是以一个"综合实体"考虑的，"综合项目"一般包括多个子目工程内容
定价原则	按工程造价管理机构发布的有关规定及定额中的基价计价	按清单的要求，企业自主报价，市场决定价格
单价构成	定额计价采用定额子目基价，定额子目基价只包括定额编制时期的人工费、材料费、机械费，并不包括管理费、利润和各种风险因素带来的影响	工程量清单采用综合单价。综合单价包括人工费、材料费、机械费、管理费和利润，且各项费用均由投标人根据企业自身情况并考虑各种风险因素自行编制
价差调整	按工程承、发包双方约定的价格与定额价对比，调整价差	按工程承、发包双方约定的价格直接计算，除招标文件规定外，不存在价差调整的问题

内容	定额计价	清单计价
计价过程	招标方只负责编写招标文件，不设置工程项目内容，也不计算工程量。工程计价的子目和相应的工程量由投标方根据设计文件确定。项目设置、工程量计算、工程计价等工作在一个阶段内完成	招标方必须设置清单项目并计算清单工程量，同时对清单项目的特征和包括的工程内容必须在清单中清晰、完整地告诉投标人，以便投标人报价，故清单计价模式由两个阶段组成：一是由招标方编制工程量清单；二是投标方拿到工程量清单后根据清单报价
人工、材料、机械消耗量	定额计价的人工、材料、机械消耗量按《综合定额》标准计算，《综合定额》标准是按社会平均水平编制的	工程量清单计价的人工、材料、机械消耗量由投标人根据企业的自身情况或《企业定额》自定，它真正反映企业的自身水平
工程量计算规则	按定额工程量计算规则	按清单工程量计算规则
计价方法	根据施工工序计价，即将相同施工工序的工程量相加汇总，选套定额，计算出一个子项的定额分部分项工程费，每一个项目独立计价	按一个综合实体计价，即子项目随主体项目计价，由于主体项目与组合项目是不同的施工工序，所以往往要计算多个子项才能完成一个清单项目的分部分项综合单价、每一个项目组合计价
价格表现形式	只表示工程造价，分部分项工程费不具有单独存在的意义	主要为分部分项工程综合单价，是投标、评标、结算的依据，单价一般不调整
适用范围	编审标底，设计概算和预算	全部使用国有资金投资或国有资金投资为主的大中型建设工程和需招标的小型工程
工程风险	工程量由投标人计算和确定，价差一般可调整，故投标人一般只承担工程量计算风险，不承担材料价格风险	招标人编制工程量清单，计算工程量，数量不准会被投标人发现并利用，招标人要承担着量的风险。投标人报价应考虑多种因素，由于单价通常不调整，故投标人要承担组成价格的全部因素风险

二、工程量清单计价法的特点

工程造价的计价具有多次性特点，在项目建设的各个阶段都要进行造价的预测与计算。在投资决策、初步设计、扩大初步设计和施工图设计阶段，业主委托有关的工程造价中介咨询机构根据某一阶段所具备的信息进行确定和控制，这一阶段的工程造价还并不完全具备价格属性，因为此时交易的另一方主体还没有真正出现，此时的造价确定过程可以理解为是业主的单方面行为，属于业主对投资费用管理的范畴。

工程价格形成的主要阶段是招投标阶段，但由于我国的投资费用管理和工程价格管理模式并没有严格区分，所以长期以来在招投标阶段实行"按预算定额规定的分部分项子目，逐项计算工程量，套用预算定额单价（或单位估价表）确定直接费，然后按规定的取费标准确定其他直接费、现场经费、间接费、计划利润和税金，加上材料调差系数和适当的不可预见费，经汇总后即为工程预算或标底，而标底则作为评标定标的主要依据"这一模式，这种模式在工程价格的形成过程中存在比较明显的缺陷。

在工程量清单计价方法的招标方式下，由业主或招标单位根据统一的工程量清单项目设置规则和工程量清单计量规则编制工程量清单，鼓励企业自主报价，业主根据其报价，结合质量、工期等因素综合评定，选择最佳的投标企业中标。在这种模式下，标底不再成为评标的主要依据，甚至可以不编标底。从而在工程价格的形成过程中摆脱了长期以来的计划管理色彩，而由市场的参与双方主体自主定价，符合价格形成的基本原理。

工程量清单计价真实反映了工程实际，为把定价自主权交给市场参与方提供了可能。在工程招标投标过程中，投标企业在投标报价时必须考虑工程本身的内容、范围、技术特点要求以及招标文件的有关规定、工程现场情况等因素；同时还必须充分考虑到许多其他方面的因素，如投标单位自己制定的工程总进度计划、施工方案、分包计划、资源安排计划等。这些因素对投标报价有着直接而重大的影响，而且对每一项招标工程来讲都具有其特殊性的一面，所以应该允许投标单位针对这些方面灵活机动地调整报价，以使报价能够比较准确地与工程实际相吻合。而只有这样才能把投标定价自主权真正交给招标和投标单位，投标单位才会对自己的报价承担相应的风险与责任，从而建立起真正的风险制约和竞争机制，避免合同实施过程中的推诿和扯皮现象的发生，为工程管理提供方便。

本章小结 ▶▶

　　我国目前建筑安装工程造价计价模式处于从定额计价模式向工程量清单计价模式转变的时期，总的趋势是工程量清单计价模式的全面推广。虽然由于我国地域、经济发展水平等原因不可能一下实现，但工程量清单计价模式全面推广的趋势是不可逆转的。

　　定额计价和工程量清单计价在单位工程造价表现形式、分部分项工程综合单价表现形式、工程项目划分、计价依据、计价价款构成、计价过程、计价方法、工程量计算规则、工程风险等方面有着较大区别，但二者也不是互不相容的。从现行工程造价管理体制看，两种形式相互渗透，表现为采用定额计价时也可以采用综合单价形式，清单计价也可以参考定额和费用标准等。而且，不论哪种计价形式，工程造价构成的内容是一致的。

　　工程量清单计价根据《建设工程工程量清单计价规范》（GB 50500—2013）和《房屋建筑与装饰工程工程量计算规范》（GB 50854—2013）的规定和要求进行计价。工程量清单包括分部分项工程清单、措施项目清单、其他项目清单。工程量清单计价是在统一的工程量计算规则的基础上，设置工程量清单项目名称，根据具体工程的施工图纸计算出各个清单项目的工程量，再根据各种渠道所获得的工程造价信息和经验数据进行计算得到工程造价。

复习思考题 ▶▶

一、单项选择题

1. 在下列各种定额中，不属于工程造价计价定额的是（　　）。
A. 预算定额；　　　　B. 施工定额；　　　　C. 概算定额；　　　　D. 费用定额
2. 下列定额属于是按定额反映的生产要素消耗内容进行分类的是（　　）。
A. 施工定额；　　　　B. 劳动定额；　　　　C. 概算定额；　　　　D. 概算指标
3. 工程建设定额按其反映的生产要素内容分类，可分为（　　）。
A. 施工定额、预算定额、概算定额；
B. 建筑工程定额、设备安装工程定额、建筑安装工程费用定额；
C. 劳动消耗定额、机械消耗定额、材料消耗定额；
D. 概算指标、投资估算指标、概算定额
4. 概算定额与预算定额的主要不同之处在于（　　）。
A. 贯彻的水平原则不同；　　　　　　　B. 表达的主要内容不同；
C. 表达的方式不同；　　　　　　　　　D. 项目划分和综合扩大程度不同
5. 下列属于工程量清单计价法编制施工图预算的内容并排序正确的是（　　）。
①费用计算；②编制工料分析表；③计算工程量；④熟悉图纸和现场；⑤收集资料；

⑥套定额单价；⑦工程量清单项目组价；⑧分析综合单价。

    A. ④⑤⑦⑧①②；   B. ②①③⑧⑦⑥；   C. ⑤⑧①③②⑥；   D. ⑤④③⑦⑧①

6. 定额计价的工程量计算规则与工程量清单计价规范的工程量计算规则的本质区别是（　　）。

    A. 每个分项工程项目所含内容多少不一样；

    B. 单价与报价组成不一样；

    C. 定额计价未区分施工实体性损耗和施工措施性损耗；

    D. 清单计价一般以实体的净尺寸计算，没有包括工程量合理损耗

7. 采用工程量清单计价模式时，分部分项工程量清单综合单价包括的内容有（　　）。

    A. 人工费、材料和工程设备费、施工机具使用费；

    B. 人工费、材料和工程设备费、施工机具使用费、管理费、利润并考虑风险费的分摊；

    C. 人工费、材料和工程设备费、施工机具使用费、管理费、利润；

    D. 人工费、材料和工程设备费、施工机具使用费、管理费、利润、规费

8. 除另有说明外，分部分项工程量清单表中的工程量应等于（　　）。

    A. 实体工程量；   B. 实体工程量＋施工损耗；

    C. 实体工程量＋施工需要增加的工程量；   D. 实体工程量＋措施工程量

9. 采用工程量清单计价时，规费和税金是在求出单位工程分部分项工程费、措施项目费和其他项目费后再统一计取，最后汇总得出（　　）造价。

    A. 单位工程；   B. 分部工程；   C. 分项工程；   D. 建设项目

10. 根据《建设工程工程量清单计价规范》（GB 50500—2013）规定，工程量清单应该采用（　　）计价。

    A. 工料单价；   B. 人工、材料、施工机械台班单价；

    C. 综合单价；   D. 全费用综合单价

11. 在采用定额计价法编制施工图预算时，主要包括以下几项工作：①费用计算；②编制工料分析表；③计算工程量；④熟悉图纸和现场；⑤收集资料；⑥套定额单价。按其先后顺序排列正确的是（　　）。

    A. ④⑤③⑥①②；   B. ②①③⑤④⑥；   C. ⑤④①③②⑥；   D. ⑤④③⑥②①

12. 工程定额计价方法与工程量清单计价方法的相同之处在于（　　）的一致性。

    A. 工程量计算规则；   B. 项目划分单元；

    C. 单价与报价构成；   D. 从下而上分部组合计价方法

13. 用单价法编制施工图预算，当某些设计要求与定额单价特征完全不同，存在有许多缺陷和不完全符合图纸的地方，此时应（　　）。

    A. 直接套用；   B. 按定额说明对定额基价进行调整；

    C. 按定额说明对定额基价进行换算；   D. 编制补充定额

14. 从工程费用计算角度分析，工程计价顺序是（　　）。

    A. 分部分项工程造价→单项工程造价→单位工程造价→建设项目总造价；

    B. 单位工程造价→分部分项工程造价→建设项目总造价→单项工程造价；

    C. 建设项目总造价→分部分项工程造价→单项工程造价→单位工程造价；

    D. 分部分项工程造价→单位工程造价→单项工程造价→建设项目总造价

15. 在市场经济体制下，资源要素的价格是影响工程造价的关键因素，因此，工程计价

时采用的资源要素价格应该是(　　)。

    A. 投标人内部价格;   B. 招标人内部价格;

    C. 市场价格;   D. 政府发布的参考价

16. 综合单价主要适用于工程量清单计价,根据《建设工程工程量清单计价规范》(GB 50500—2013)规定,我国的工程量清单计价的综合单价为(　　)。

    A. 港式报价综合单价;   B. 全费用综合单价;

    C. 非完全综合单价;   D. 完全综合单价

二、多项选择题

1. 下列属于工程量清单计价作用的是(　　)。

    A. 有利于实现风险合理分担;

    B. 有利于公平竞争,避免暗箱操作;

    C. 有利于提高工程计价效率,能实现高价报价;

    D. 有利于工程款拨付和工程造价的最终确定;

    E. 有利于建设单位合理控制投资,提高资金使用效益

2. 根据《建设工程工程量清单计价规范》(GB 50500—2013)规定,分部分项工程量清单的组成部分包括(　　)。

    A. 项目编码;   B. 工程内容;   C. 项目名称;

    D. 项目特征;   E. 工程量计算规则

3. 下列关于计量的单位的说法正确的是(　　)。

    A. 当计量单位有两个或以上时,根据项目特征要求选择最适宜的一个单位;

    B. 一个建设项目中有多个单位工程的相同项目计量单位无须一致;

    C. 以吨为单位,应保留小数点后两位,第三位四舍五入;

    D. 以平方米、米、千克为单位,应保留小数点后两位,第三位四舍五入;

    E. 以个、件、组、系统等为单位,应取整数

4. 下列关于工程量清单项目编码的表述正确的是(　　)。

    A. 第一级编码表示专业工程代码;

    B. 第三级编码表示分项工程项目名称顺序码;

    C. 第三级编码表示分部工程顺序码(节顺序码);

    D. 第四级是分项工程项目名称顺序码;

    E. 第五级编码为全国统一

5. 以下属于定额类计价依据的是(　　)。

    A. 全国统一施工机械台班费用编制规则(建标[2001]196号);

    B. 建设工程价款结算暂行办法(财政[2004]369号);

    C. 建筑工程施工分包与承包计价管理办法(住建部令第16号);

    D. 建设工程施工合同(示范文本)(GF 2013—0201);

    E. 全国统一建筑安装工程工期定额(建标[2000]38号)

6. 属于计算分部分项工程人工、材料、机械台班消耗量及费用的依据有(　　)。

    A. 人工单价;   B. 预算定额;   C. 概算指标;

    D. 劳动消耗定额;   E. 工程造价信息

7. 采用工程量清单报价,下列计算公式正确的是(　　)。

A. 分部分项工程费＝∑分部分项工程量×分部分项工程单价；

B. 措施项目费＝∑措施项目工程量×措施项目综合单价；

C. 单价措施项目费＝∑措施项目工程量×措施项目综合单价；

D. 总价措施项目费＝∑措施项目×费率；

E. 单位工程造价＝分部分项工程费＋其他项目费＋规费＋税金

8. 根据《建设工程工程量清单计价规范》（GB 50500—2013）的规定，综合单价是完成工程量清单中一个规定计量单位项目所需的（　　），以及一定高度范围的风险费用。

A. 人工费、材料费、施工机具使用费；

B. 管理费；　　　　　C. 规费；　　　　　D. 利润；　　　　　E. 税金

三、名词解释

定额；工程量清单；工程量清单计价；项目编码

四、简答题

1. 简述工程造价定额计价模式的基本原理。

2. 工程量清单有哪些作用？

3. 简述工程量清单计价模式的基本原理。

4. 简述工程量清单计价步骤。

第四章

建设工程项目投资决策阶段工程造价管理

学习目标 ▶▶

1. 了解投资决策阶段影响工程造价的主要因素及造价管理的主要内容。
2. 熟悉建设项目可行性研究报告的内容、编制方法和审批程序。
3. 掌握建设工程项目投资估算的编制与审查方法。
4. 了解建设项目经济评价的内容。
5. 掌握建设项目财务分析报表的编制。
6. 熟悉建设项目财务评价方法。

关键术语 ▶▶

投资决策；可行性研究；投资估算；财务评价

第一节　概　　述

一、建设工程项目投资决策的含义

项目投资决策是选择和决定投资行动方案的过程，是对拟建项目的必要性和可行性进行技术经济论证，对不同建设方案进行技术经济比较及做出判断和决定的过程。正确的项目投资行动来源于正确的项目投资决策。项目决策正确与否，直接关系到项目建设的成败，关系到工程造价的高低及投资效果的好坏。正确决策是合理确定与控制工程造价的前提。

二、建设工程项目投资决策与工程造价的关系

（一）项目决策的正确性是工程造价合理性的前提

项目决策正确，意味着对项目建设做出科学的决断，优选出最佳投资行动方案，达到资源的合理配置。这样才能合理地估计和计算工程造价，并且在实施最优投资方案过程中，有效地控制工程造价。项目决策失误，主要体现在对不该建设的项目进行投资建设，项目建设地点的选择错误，或者投资方案的确定不合理等。诸如此类的决策失误，会直接带来不必要

的资金投入和人力、物力及财力的浪费，甚至造成不可弥补的损失。在这种情况下，合理地进行工程造价的计价与控制已经毫无意义了。因此，要达到工程造价的合理性，事先就要保证项目决策的正确性，避免决策失误。

（二）项目决策的内容是决定工程造价的基础

工程造价的计价与控制贯穿于项目建设全过程，但决策阶段的各项技术经济决策，对该项目的工程造价有重大影响，特别是建设标准的确定、建设地点的选择、工艺的评选、设备选用等，直接关系到工程造价的高低。据有关资料统计，在项目建设各阶段，投资决策阶段影响工程造价的程度最高，达到70%～90%。因此，决策阶段是决定工程造价的基础阶段，直接影响着决策阶段之后的各个建设阶段工程造价的计价与控制是否科学、合理的问题。

（三）造价高低、投资多少也影响项目决策

决策阶段的投资估算是进行投资方案选择的重要依据之一，同时也是决定项目是否可行及主管部门进行项目审批的参考依据。

（四）项目决策的深度影响投资估算的精确度，也影响工程造价的控制效果

投资决策过程，是一个由浅入深、不断深化的过程，依次分为若干工作阶段，不同阶段决策的深度不同，投资估算的精确度也不同。如投资机会及项目建议书阶段，是初步决策的阶段，投资估算的误差率在±30%左右；而详细可行性研究阶段，是最终决策阶段，投资估算误差率在±10%以内。另外，由于在项目决策阶段、初步设计阶段、技术设计阶段、施工图设计阶段、工程招投标及承发包阶段、施工阶段以及竣工验收阶段，通过工程造价的确定与控制，相应形成投资估算、设计概算、修正概算、施工图预算、承包合同价、结算价及竣工决算，这些造价形式之间存在着前者控制后者，后者补充前者这样的相互作用关系。按照"前者控制后者"的制约关系，意味着投资估算对其后面的各种形式的造价起着制约作用，作为限额目标。由此可见，只有加强项目决策的深度，采用科学的估算方法和可靠的数据资料，合理地计算投资估算，保证投资估算打足，才能保证其他阶段的造价被控制在合理范围，使投资控制目标能够实现，避免"三超"现象的发生。

三、建设工程项目投资决策阶段影响工程造价的主要因素

项目工程造价的多少主要取决于项目的建设标准。建设标准的主要包括建设规模、占地面积、工艺设备、建筑标准、配套工程、劳动定员等方面的标准或指标。建设标准是编制、评估、审批项目可行性研究的重要依据，是衡量工程造价是否合理及监督检查项目建设的客观尺度。

建设标准能否起到控制工程造价、指导建设投资的作用，关键在于标准水平定得合理与否，标准定得过高，会脱离我国的实际情况和财力、物力的承受能力，增加造价；标准水平定得过低，将会妨碍技术进步，影响国民经济的发展和人民生活的改善。因此，建设标准水平应从我国目前的经济发展水平出发，区别不同地区、不同规模、不同等级、不同功能，合理确定。大多数工业交通项目应采用中等适用的标准，对少数引进国外先进技术和设备的项目或少数有特殊要求的项目，标准可适当高些。在建筑方面，应坚持经济、适用、安全、朴实的原则。建设项目标准中的各项规定，能定量的应尽量给出指标，不能定量的要有定性的原则要求。

（一）项目建设规模

项目建设规模也称项目生产规模，指项目设定的正常生产运营年份可能达到的生产能力或者使用效益，解决"生产多少"的问题。项目规模的合理选择关系到建设项目的成败，决定着工程造价合理与否。

其制约因素有市场因素、技术因素、环境因素。

1. 市场因素

市场因素是项目规模确定中需考虑的首要因素。首先，项目产品的市场需求状况是确定项目生产规模的前提。一般情况下，项目的生产规模应以市场预测的需求量为限，并根据项目产品市场的长期发展趋势作相应调整。其次，原材料市场、资金市场、劳动力市场等，它们也对项目规模的选择起着不同程度的制约作用。如项目规模过大可能导致材料供应紧张和价格上涨、项目所需投资资金的筹集困难和资金成本上升等。

2. 技术因素

先进实用的生产技术及技术装备是项目规模效益赖以存在的基础，而相应的管理技术水平则是实现规模效益的保证。若与经济规模生产相适应的先进技术及其装备的来源没有保障，或获取技术的成本过高，或管理水平跟不上，则不仅预期的规模效益难以实现，还会给项目的生存和发展带来危机，导致项目投资效益低下，工程支出浪费严重。

3. 环境因素

项目的建设、生产和经营都是在特定的社会经济环境中进行的，项目规模确定中需考虑的主要环境因素有政策因素、燃料动力供应、协作及土地条件、运输及通信条件。其中，政策因素包括产业政策、投资政策、技术经济政策，以及国家、地区及行业经济发展规划等。特别是为了取得较好的规模效益，国家对部分行业的新建项目规模作了下限规定，选择项目规模时应予以遵照执行。

不同行业、不同类型项目确定建设规模还应分别考虑以下因素。

① 对于煤炭、金属与非金属矿山、石油、天然气等矿产资源开发项目，应根据资源合理开发利用要求和资源可采储量、赋存条件等确定建设规模。

② 对于水利水电项目，应根据水的资源量、可开发利用量、地质条件、建设条件、库区生态影响、占地面积，以及移民安置等确定建设规模。

③ 对于铁路、公路项目，应根据建设项目影响区域内一定时期运输量的需求预测，以及该项目在综合运输系统和本系统中的作用确定线路等级、线路长度和运输能力。

④ 对于技术改造项目，应充分研究建设项目生产规模与企业现有生产规模的关系，新建生产规模属于外延型还是外延内涵复合型，以及利用现有场地、公用工程和辅助设施的可能性等因素，确定项目建设规模。

4. 建设规模方案比选

在对以上三方面进行充分考核的基础上，应确定相应的产品方案、产品组合方案和项目建设规模。可行性研究报告应根据经济合理性、市场容量、环境容量以及资金、原材料和主要外部协作条件等方面的研究，对项目建设规模进行充分论证，必要时进行多方案技术经济比较。大型、复杂项目的建设规模论证应研究合理、优化的工程分期，明确初期规模和远景规模。不同行业、不同类型项目在研究确定其建设规模时还应充分考虑其自身特点。

（二）建设地区及建设地点（厂址）

一般情况下，确定某个建设项目的具体地址（或厂址），需要经过建设地区选择和建设地点选择（厂址选择）这样两个不同层次、相互联系又相互区别的工作阶段。这两个阶段是一种递进关系。其中，建设地区选择是指在几个不同地区之间对拟建项目适宜配置在哪个区域范围的选择；建设地点选择是指对项目具体坐落位置的选择。

1. 建设地区的选择

建设地区选择得合理与否，在很大程度上决定着拟建项目的命运，影响着工程造价的高低、建设工期的长短、建设质量的好坏，还影响到项目建成后的经营状况。因此，建设地区的选择要充分考虑各种因素的制约，具体要考虑以下因素。

① 要符合国民经济发展战略规划、国家工业布局总体规划和地区经济发展规划的要求。

② 要根据项目的特点和需要，充分考虑原材料条件、能源条件、水源条件、各地区对项目产品需求及运输条件等。

③ 要综合考虑气象、地质、水文等建厂的自然条件。

④ 要充分考虑劳动力来源、生活环境、协作、施工力量、风俗文化等社会环境因素的影响。

因此，在综合考虑上述因素的基础上，建设地区的选择要遵循以下两个基本原则：

① 靠近原料、燃料提供地和产品消费地的原则。

② 工业项目适当聚集的原则。

2. 建设地点（厂址）的选择

建设地点的选择是一项极为复杂的、技术经济综合性很强的系统工程，它不仅涉及项目建设条件、产品生产要素、生态环境和未来产品销售等重要问题，受社会、政治、经济、国防等多因素的制约；而且还直接影响到项目建设投资、建设速度和施工条件，以及未来企业的经营管理及所在地点的城乡建设规划与发展。因此，必须从国民经济和社会发展的全局出发，运用系统观点和方法分析决策。

（1）选择建设地点的要求　①节约土地。②减少拆迁移民。③应尽量选在工程地质、水文地质条件较好的地段。④要有利于厂区合理布置和安全运行。⑤应尽量靠近交通运输条件和水电等供应条件好的地方。⑥应尽量减少对环境的污染。这些条件能否满足，不仅关系到建设工程造价的高低和建设期限，对项目投产后的运营状况也有很大影响。因此，在确定厂址时，应进行方案的技术经济分析、比较，选择最佳厂址。

（2）厂址选择时的费用分析　在进行厂址多方案技术经济分析时，除比较上述条件外，还应具有全寿命周期的理念，从以下两方面进行分析：①项目投资费用。②项目投产后生产经营费用比较。

（三）技术方案

生产技术方案指产品生产所采用的工艺流程和生产方法。技术方案不仅影响项目的建设成本，也影响项目建成后的运营成本。因此，技术方案直接影响项目的工程造价，必须认真选择和确定。

1. 技术方案选择的基本原则

（1）先进适用 这是评定技术方案最基本的标准。先进与适用，是对立的统一。保证工艺技术的先进性是首先要满足的，它能够带来产品质量、生产成本的优势。但是不能单独强调先进而忽视适用，还要考察工艺技术是否符合我国国情和国力，是否符合我国的技术发展政策。

（2）安全可靠 项目所采用的技术或工艺，必须经过多次试验和实践证明是成熟的，技术过关，质量可靠，有详尽的技术分析数据和可靠性记录，并且生产工艺的危害程度控制在国家规定的标准之内，才能确保生产运行安全，发挥项目的经济效益。

（3）经济合理 项目所用的技术或工艺应能以尽可能小的消耗获得最大的经济效果，要求综合考虑所用技术或工艺所能产生的经济效益和业主的经济承受能力。

2. 技术方案选择的内容

（1）选择生产方法 生产方法直接影响生产工艺流程的选择。

（2）选择工艺流程方案 工艺流程是指投入物（原料或半成品）经过有次序的生产加工，成为产出物（产品或加工品）的过程。

（四）设备方案

在生产工艺流程和生产技术确定后，就要根据工厂生产规模和工艺过程的要求，选择设备的型号和数量。设备的选择与技术密切相关，二者必须匹配。没有先进的技术，再好的设备也没用，没有先进的设备，技术的先进性则无法体现。对于主要设备方案选择，应符合以下要求：

① 主要设备方案应与确定的建设规模、产品方案和技术方案相适应，并满足项目投产后生产或使用的要求。

② 主要设备之间、主要设备与辅助设备之间，能力要相互匹配。

③ 设备质量可靠、性能成熟，保证生产和产品质量稳定。

④ 在保证设备性能的前提下，力求经济合理。

⑤ 选择的设备应符合政府部门或专门机构发布的技术标准要求。

（五）工程方案

工程方案构成项目的实体。工程方案选择是在已选定项目建设规模、技术方案和设备方案的基础上，研究论证主要建筑物、构筑物的建造方案，包括对于建筑标准的确定。一般工业项目的厂房、工业窑炉、生产装置等建筑物、构筑物的工程方案，主要研究其建筑特征（面积、层数、高度、跨度），建筑物、构筑物的结构形式，以及特殊建筑要求（防火、防爆、防腐蚀、隔声、隔热等），基础工程方案，抗震设防等。工程方案应在满足使用功能、确保质量的前提下，力求降低造价、节约资金。

（六）环境保护措施

建设项目一般会引起项目所在地自然环境、社会环境和生态环境的变化，对环境状况、环境质量产生不同程度的影响。因此，需要在确定厂址方案和技术方案时，调查环境条件，识别和分析拟建项目影响环境的因素，研究提出治理和保护环境的措施，比选和优化环境保护方案。在研究环境保护措施时，应从环境效益、经济效益相统一的角度进行分析论证，力求环境保护治理方案技术可行和经济合理。

四、建设工程项目投资决策阶段工程造价管理的主要内容

项目投资决策阶段工程造价管理，主要从整体上把握项目的投资，分析确定建设工程项目工程造价的主要影响因素，编制建设工程项目的投资估算，对建设工程项目进行经济财务分析，考察建设工程项目的国民经济评价与社会效益评价，结合建设工程项目决策阶段的不确定性因素对建设工程项目进行风险管理等，具体内容如下所述。

（一）分析确定影响建设工程项目投资决策的主要因素

（1）确定建设工程项目的资金来源　目前，我国建设工程项目的资金来源有多种渠道，一般从国内资金和国外资金两大渠道来筹集。国内资金来源一般包括国内贷款、国内证券市场筹集、国内外汇资金和其他投资等。国外资金来源一般包括国外直接投资、国外贷款、融资性贸易、国外证券市场筹集等。不同的资金来源其筹集资金的成本不同，应根据建设工程项目的实际情况和所处环境选择恰当的资金来源。

（2）选择资金筹集方法　从全社会来看，筹资方法主要有利用财政预算投资、利用自筹资金安排的投资、利用银行贷款安排的投资、利用外资、利用债券和股票等资金筹集方法。各种筹资方法的筹资成本不尽相同，对建设工程项目工程造价均有影响，应选择适当的几种筹资方法进行组合，使得建设工程项目的资金筹集不仅可行，而且经济。

（3）合理处理影响建设工程项目工程造价的主要因素　在建设工程项目投资决策阶段，应合理地确定项目的建设规模、建设地区和厂址，科学地选定项目的建设标准并适当地选择项目生产工艺和设备，这些都直接地关系到项目的工程造价和全寿命成本。

（二）建设工程项目决策阶段的投资估算

投资估算是一个项目决策阶段的主要造价文件，它是项目可行性研究报告和项目建议书的组成部分，投资估算对于项目的决策及投资的成败十分重要。编制工程项目的投资估算时，应根据项目的具体内容及国家有关规定和估算指标等，以估算编制时的价格进行编制，并应按照有关规定，合理地预测估算编制后至竣工期间的价格、利率、汇率等动态因素的变化对投资的影响，打足建设投资，确保投资估算的编制质量。

提高投资估算的准确性，可以从以下几点做起：认真收集整理各种建设工程项目的竣工决算的实际造价资料；不能生搬硬套工程造价数据，要结合时间、物价及现场条件和装备水平等因素做出充分的调查研究；提高造价专业人员和设计人员的技术水平；提高计算机的应用水平；合理估算工程预备费；对引进设备和技术项目要考虑每年的价格浮动和外汇的折算变化等。

（三）建设工程项目决策阶段的经济分析

建设工程项目的经济分析是指以建设工程项目和技术方案为对象的经济方面的研究。它是可行性研究的核心内容，是建设工程项目决策的主要依据。其主要内容是对建设工程项目的经济效果和投资效益进行分析。进行项目经济评价就是在项目决策的可行性研究和评价过程中，采用现代化经济分析方法，对拟建项目计算期（包括建设期和生产期）内的投入产出等诸多经济因素进行调查、预测、研究、计算和论证，作出全面的经济评价，提出投资决策

的经济依据，确定最佳投资方案。

1. 现阶段建设工程项目经济评价的基本要求

① 动态分析与静态分析相结合，以动态分析为主。

② 定量分析与定性分析相结合，以定量分析为主。

③ 全过程经济效益分析与阶段性经济效益分析相结合，以全过程分析为主。

④ 宏观效益分析与微观效益分析相结合，以宏观效益分析为主。

⑤ 价值量分析与实物量分析相结合，以价值量分析为主。

⑥ 预测分析与统计分析相结合，以预测分析为主。

2. 财务评价

财务评价是项目可行性研究中经济评价的重要组成部分，它是根据国家现行财税制度和价格体系，分析、计算项目直接发生的财务效益和费用，编制财务报表，计算评价指标，考察项目的盈利能力、清偿能力以及外汇平衡等财务状况，据以判别项目的财务可行性。其评价结果是决定项目取舍的重要决策依据。

（1）财务盈利能力分析 财务评价的盈利能力分析主要是考察项目投资的盈利水平，主要指标有：

① 财务内部收益率（FIRR），这是考察项目盈利能力的主要动态评价指标。

② 投资回收期（Pt），这是考察项目在财务上投资回收能力的主要静态评价指标。

③ 财务净现值（FNPV），这是考察项目在计算期内盈利能力的动态评价指标。

④ 投资利润率，这是考察项目单位投资盈利能力的静态指标。

⑤ 投资利税率，这是判别单位投资对国家积累的贡献水平高低的指标。

⑥ 资本金利润率，这是反映投入项目的资本金盈利能力的指标。

（2）项目清偿能力分析 项目清偿能力分析主要是考察计算期内各年的财务状况及偿债能力，主要指标有：

① 固定资产投资国内借款偿还期。

② 利息备付率，表示使用项目利润偿付利息的保证倍率。

③ 偿债备付率，表示可用于还本付息的资金偿还借款本息的保证倍率。

（3）财务外汇效果分析 建设工程项目涉及产品出口创汇及替代进口节汇时，应进行项目的外汇效果分析。在分析时，计算财务外汇净现值、财务换汇成本、财务节汇成本等指标。

3. 国民经济评价

国民经济评价是按照资源合理配置的原则，从国家整体角度考虑项目的效益和费用，用货物影子价格、影子工资、影子汇率和社会折现率等经济参数分析、计算项目对国民经济的净贡献，评价项目的经济合理性。

（1）国民经济评价指标 国民经济评价的主要指标是经济内部收益率。另外，根据建设工程项目的特点和实际需要，可计算经济净现值和经济净现值率指标。初选建设工程项目时，可计算静态指标投资净效益率。其中经济内部收益率（EIRR）是反映建设工程项目对国民经济贡献程度的相对指标；经济净现值（ENPV）反映建设工程项目对国民经济所作贡献，是绝对指标；经济净现值率（ENPVR）是反映建设工程项目单位投资为国民经济所作净贡献的相对指标；投资净效益率是反映建设工程项目投产后单位投资对国民经济所作年净贡献的静态指标。

（2）国民经济评价外汇分析　涉及产品出口创汇及替代进口节汇的建设工程项目，应进行外汇分析，计算经济外汇净现值、经济换汇成本、经济节汇成本等指标。

4. 社会效益评价

目前，我国现行的建设工程项目经济评价指标体系中，还没有规定出社会效益评价指标。社会效益评价以定性分析为主，主要分析项目建成投产后，对环境保护和生态平衡的影响，对提高地区和部门科学技术水平的影响，对提供就业机会的影响，对产品用户的影响，对提高人民物质文化生活及社会福利生活的影响，对城市整体改造的影响，对提高资源利用率的影响等。

（四）建设工程项目决策阶段的风险管理

风险，通常是指产生不良后果的可能性。在工程项目的整个建设过程中，决策阶段是进行造价控制的重点阶段，也是风险最大的阶段，因而风险管理的重点也在建设工程项目投资决策阶段。所以在该阶段，要及时通过风险辨识和风险分析，提出建设投资决策阶段的风险防范措施，提高建设工程项目的抗风险能力。

第二节　建设工程项目可行性研究

对建设项目进行合理选择，是对国家经济资源进行优化配置的最直接、最重要的手段。可行性研究是在建设项目的投资前期，对拟建项目进行全面、系统的技术经济分析和论证，从而对建设项目进行合理选择的一种重要方法。

一、可行性研究的概念与作用

（一）可行性研究的概念

建设项目的可行性研究是在投资决策前，对与拟建项目有关的社会、经济、技术等各方面进行深入细致的调查研究，对各种可能拟定的技术方案和建设方案进行认真的技术经济分析和比较论证，对项目建成后的经济效益、社会效益、环境效益等进行科学的预测和评价。在此基础上，对拟建项目的技术先进性和适用性、经济合理性和有效性以及建设的必要性和可行性进行全面分析、系统论证、多方案比较和综合评价，由此得出该项目是否应该投资和如何投资等结论性意见，为项目投资决策提供可靠的科学依据。

一项好的可行性研究，应该向投资者推荐技术经济最优的方案，使投资者明确项目具有多大的财务获利能力，投资风险有多大，是否值得投资建设；可使主管部门领导明确，从国家角度看该项目是否值得支持和批准；使银行和其他资金供给者明确，该项目能否按期或者提前偿还他们提供的资金。

（二）可行性研究的作用

在建设项目的整个寿命周期中，前期工作具有决定性意义，起着极端重要的作用。可行性研究作为建设项目投资前期工作的核心和重点，发挥着极其重要的作用。具体体现在以下几个方面。

①　作为建设项目投资决策的依据。可行性研究作为一种投资决策方法，从市场、技术、工程建设、经济及社会等多方面对建设项目进行全面综合的分析和论证，依其结论进行投资决策可大大提高投资决策的科学性。

②　作为编制设计文件的依据。可行性研究报告一经审批通过，意味着该项目正式批准立项，可以进行初步设计。在可行性研究工作中，对项目选址、建设规模、主要生产流程、设备选型等方面都进行了比较详细的论证和研究，设计文件的编制应以可行性研究报告为依据。

③　作为向银行贷款的依据。在可行性研究工作中，详细预测了项目的财务效益、经济效益及贷款偿还能力。世界银行等国际金融组织，均把可行性研究报告作为申请工程项目贷款的先决条件。我国的金融机构在审批建设项目贷款时，也都以可行性研究报告为依据，对建设项目进行全面、细致地分析评估，确认项目的偿还能力及风险水平后，才作出是否贷款的决策。

④　作为建设项目与各协作单位签订合同和有关协议的依据。在可行性研究工作中，对建设规模、主要生产流程及设备选型等都进行了充分的论证。建设单位在与有关协作单位签订原材料、燃料、动力、工程建筑、设备采购等方面的协议时，应以批准的可行性研究报告为基础，保证预定建设目标的实现。

⑤　作为环保部门、地方政府和规划部门审批项目的依据。建设项目开工前，需地方政府批拨土地，规划部门审查项目建设是否符合城市规划，环保部门审查项目对环境的影响。这些审查都以可行性研究报告中总图布置、环境及生态保护方案等方面的论证为依据。因此，可行性研究报告为建设项目申请建设执照提供了依据。

⑥　作为施工组织、工程进度安排及竣工验收的依据。可行性研究报告对以上工作都有明确的要求，所以可行性研究又是检验施工进度及工程质量的依据。

⑦　作为项目后评估的依据。建设项目后评估是在项目建成运营一段时间后，评价项目实际运营效果是否达到预期目标。建设项目的预期目标是在可行性研究报告中确定的，因此，后评估应以可行性研究报告为依据，评价项目目标的实现程度。

二、可行性研究报告的内容和编制

(一) 可行性研究报告的内容

项目可行性研究是在对建设项目进行深入细致的技术经济论证的基础上做多方案的比较和优选，提出结论性意见和重大措施建议，为决策部门最终决策提供科学依据。因此，它的内容应能满足作为项目投资决策的基础和重要依据的要求。可行性研究的基本内容和研究深度应符合国家规定。一般工业建设项目的可行性研究报告应包含以下内容。

1. 总论

总论部分包括项目背景、项目概况和问题与建议三部分。

(1) 项目背景　包括项目名称、承办单位情况、可行性研究报告编制依据、项目提出的理由与过程等。

(2) 项目概况　包括项目拟建地点、拟建规模与目标、主要建设条件、项目投入总资金及效益情况和主要技术经济指标等。

（3）问题与建议　主要指存在的可能对拟建项目造成影响的问题及相关解决建议。

2. 市场预测

市场预测是对项目的产出品和所需的主要投入品的市场容量、价格、竞争力和市场风险进行分析预测，为确定项目建设规模与产品方案提供依据。包括产品市场供应预测、产品市场需求预测、产品目标市场分析、价格现状与预测、市场竞争力分析、市场风险。

3. 资源条件评价

只有资源开发项目的可行性研究报告才包含此项。资源条件评价的内容包括资源可利用量、资源品质情况、资源赋存条件和资源开发价值。

4. 建设规模与产品方案

在市场预测和资源条件评价的基础上，论证拟建项目的建设规模和产品方案，为项目技术方案、设备方案、工程方案、原材料燃料供应方案及投资估算提供依据。

（1）建设规模　包括建设规模方案比选及其结果——推荐方案及理由。

（2）产品方案　包括产品方案构成、产品方案比选及其结果——推荐方案及理由。

5. 厂址选择

可行性研究阶段的厂址选择是在初步可行性研究（或项目建议书）规划的基础上，进行具体坐落位置选择，包括厂址所在位置现状、建设条件及厂址条件比选三方面内容。

（1）厂址所在位置现状　包括地点与地理位置、厂址土地权属及占地面积、土地利用现状，技术改造项目还包括现有场地利用情况。

（2）厂址建设条件　包括地形、地貌、地震情况，工程地质与水文地质、气候条件、城镇规划及社会环境条件、交通运输条件、公用设施社会依托条件，防洪、防潮、排涝设施条件、环境保护条件、法律支持条件，征地、拆迁、移民安置条件和施工条件。

（3）厂址条件比选　主要包括建设条件比选、建设投资比选、运营费用比选，并推荐厂址方案，给出厂址地理位置图。

6. 技术方案、设备方案和工程方案

技术方案、设备方案和工程方案构成项目的主体，体现了项目的技术和工艺水平，是项目经济合理性的重要基础。

（1）技术方案　包括生产方法、工艺流程、工艺技术来源及推荐方案的主要工艺。

（2）设备方案　包括主要设备选型、来源和推荐的设备清单。

（3）工程方案　主要包括建筑物、构筑物的建筑特征、结构及面积方案，特殊基础工程方案、建筑安装工程量及"三材"用量估算和主要建筑物、构筑物工程一览表。

7. 主要原材料、燃料供应

原材料、燃料直接影响项目运营成本，为确保项目建成后正常运营，需对原材料、辅助材料和燃料的品种、规格、成分、数量、价格、来源及供应方式进行研究论证。

8. 总图布置、场内外运输与公用辅助工程

总图、运输与公用辅助工程是在选定的厂址范围内，研究生产系统、公用工程、辅助工

程及运输设施的平面和竖向布置以及工程方案。

（1）总图布置　包括平面布置、竖向布置、总平面布置及指标表。技术改造项目包含原有建筑物、构筑物的利用情况。

（2）场内外运输　包括场内外运输量和运输方式，场内运输设备及设施。

（3）公用辅助工程　包括给排水、供电、通信、供热、通风、维修、仓储等工程设施。

9. 能源和资源节约措施

在研究技术方案、设备方案和工程方案时，能源和资源消耗大的项目应提出能源和资源节约措施，并进行能源和资源消耗指标分析。

10. 环境影响评价

建设项目一般会对所在地的自然环境、社会环境和生态环境产生不同程度的影响。因此，在确定厂址和技术方案时，需进行环境影响评价，研究环境条件，识别和分析拟建项目影响环境的因素，提出治理和保护环境的措施，比选和优化环境保护方案。环境影响评价主要包括厂址环境条件、项目建设和生产对环境的影响、环境保护措施方案及投资等方面的评价。

11. 劳动安全卫生与消防

在技术方案和工程方案确定的基础上，分析论证在建设和生产过程中存在的对劳动者和财产可能产生的不安全因素，并提出相应的防范措施，就是劳动安全卫生与消防研究。

12. 组织机构与人力资源配置

项目组织机构和人力资源配置是项目建设和生产运营顺利进行的重要条件，合理、科学的配置有利于提高劳动生产率。

（1）组织机构　主要包括项目法人组建方案、管理机构组织方案、体系图及机构适应性分析。

（2）人力资源配置　包括生产作业班次、劳动定员数量及技能素质要求、职工工资福利、劳动生产力水平分析、员工来源及招聘计划、员工培训计划等。

13. 项目实施进度

项目工程建设方案确定后，需确定项目实施进度，包括建设工期、项目实施进度计划（横线图的进度表），科学组织施工和安排资金计划，保证项目按期完工。

14. 投资估算

投资估算是在项目建设规模、技术方案、设备方案、工程方案及项目进度计划基本确定的基础上，估算项目投入的总资金，包括投资估算依据、建设投资估算（建筑工程费、设备及工器具购置费、安装工程费、工程建设其他费用、基本预备费、涨价预备费、建设期贷款利息等）、流动资金估算和投资估算表等方面的内容。

15. 融资方案

融资方案是在投资估算的基础上，研究拟建项目的资金渠道、融资形式、融资机构、融资成本和融资风险，包括资本金（新设项目法人资本金或既有项目法人资本金）筹措、债务资金筹措和融资方案分析等方面的内容。

16. 项目的经济评价

项目的经济评价包括财务评价和国民经济评价，并通过有关指标的计算，进行项目盈利能力、偿还能力等分析，得出经济评价结论。

17. 社会评价

社会评价是分析拟建项目对当地社会的影响和当地社会条件对项目的适应性和可接受程度，评价项目的社会可行性。评价的内容包括项目的社会影响分析、项目与所在地区的互适性分析和社会风险分析、并得出评价结论。

18. 风险分析

项目风险分析贯穿于项目建设和生产运营的全过程。首先，识别风险，揭示风险来源。识别拟建项目在建设和运营中的主要风险因素（比如市场风险、资源风险、技术风险、工程风险、政策风险、社会风险等）；其次，进行风险评价，判别风险程度；再者，提出规避风险的对策，降低风险损失。

19. 研究结论与建议

在前面各项研究论证的基础上，从技术、经济、社会、财务等各个方面综合论述项目的可行性，推荐一个或几个方案供决策参考，指出项目存在的问题以及结论性意见和改进建议。

可以看出，建设项目可行性研究报告的内容可概括为三大部分。首先是市场研究，包括产品的市场调查和预测研究，这是项目可行性研究的前提和基础，其主要任务是要解决项目的"必要性"问题；第二是技术研究，即技术方案和建设条件研究，这是项目可行性研究的技术基础，它要解决项目在技术上的"可行性"问题；第三是效益研究，即经济效益的分析和评价，这是项目可行性研究的核心部分，主要解决项目在经济上的"合理性"问题。市场研究、技术研究和效益研究是构成项目可行性研究的三大支柱。

（二）可行性研究报告的编制

1. 编制程序

根据我国现行的工程项目建设程序和国家颁布的《关于建设项目进行可行性研究试行管理办法》，可行性研究报告的编制程序如下。

（1）建设单位提出项目建议书和初步可行性研究报告　各投资单位根据国家经济发展的长远规划、经济建设的方针任务和技术经济政策，结合资源情况、建设布局等条件，在广泛调查研究、收集资料、踏勘建设地点、初步分析投资效果的基础上，提出需要进行可行性研究的项目建议书和初步可行性研究报告。

（2）项目业主、承办单位委托有资格的单位进行可行性研究　当项目建议书经国家计划部门、贷款部门审定批准后，该项目即可立项。项目业主或承办单位就可以签订合同的方式委托有资格的工程咨询公司（或设计单位）着手编制拟建项目可行性研究报告。

（3）咨询或设计单位进行可行性研究工作，编制完整的可行性研究报告　咨询或设计单位与委托单位签订合同后，即可开展可行性研究工作。一般按以下步骤开展工作：

① 了解有关部门与委托单位对建设项目的意图，并组建工作小组，制定工作计划。

② 调查研究与收集资料。调查研究主要从市场调查和资源调查两方面着手，通过分析论证，研究项目建设的必要性。

③ 方案设计和优选。建立几种可供选择的技术方案和建设方案，结合实际条件进行方案论证和比较，从中选出最优方案，研究论证项目在技术上的可行性。

④ 经济分析和评价。项目经济分析人员根据调查资料和领导机关有关规定，选定与本项目有关的经济评价基础数据和定额指标参数，对选定的最佳建设总体方案进行详细的财务预测、财务效益分析、国民经济评价和社会效益评价。

⑤ 编写可行性研究报告。项目可行性研究各专业方案，经过技术经济论证和优化后，由各专业组分工编写，经项目负责人衔接协调，综合汇总，提出《可行性研究报告》初稿。

⑥ 与委托单位交换意见。

2. 编制依据

① 项目建议书（初步可行性研究报告）及其批复文件。
② 国家和地方的经济和社会发展规划，行业部门发展规划。
③ 国家有关法律、法规、政策。
④ 对于大中型骨干项目，必须具有国家批准的资源报告、国土开发整治规划、区域规划、江河流域规划、工业基地规划等有关文件。
⑤ 有关机构发布的工程建设方面的标准、规范、定额。
⑥ 合资、合作项目各方签订的协议书或意向书。
⑦ 委托单位的委托合同。
⑧ 经国家统一颁布的有关项目评价的基本参数和指标。
⑨ 有关的基础数据。

3. 编制要求

(1) 编制单位必须具备承担可行性研究的条件　编制单位必须具有经国家有关部门审批登记的资质等级证明。研究人员应具有所从事专业的中级以上专业职称，并具有相关的知识、技能和工作经历。

(2) 确保可行性研究报告的真实性和科学性　为保证可行性研究报告的质量，应切实做好编制前的准备工作，应有大量的、准确的、可用的信息资料，进行科学的分析比选论证。报告编制单位和人员应坚持独立、客观、公正、科学、可靠的原则，实事求是，对提供的可行性研究报告质量负完全责任。

(3) 可行性研究的深度要规范化和标准化　"报告"选用主要设备的规格、参数应能满足预订货的要求；重大技术、经济方案应有两个以上方案的比选；主要的工程技术数据应能满足项目初步设计的要求。"报告"应附有评估、决策（审批）所必需的合同、协议、政府批件等。

(4) 可行性研究报告必须经签证　可行性研究报告编制完成后，应由编制单位的行政、技术、经济方面的负责人签字，并对研究报告质量负责。

三、可行性研究报告的审批

(一) 预审

咨询或设计单位编制和上报的可行性研究报告及有关文件，按项目大小应在预审前1～3

个月提交预审主持单位。预审单位认为有必要时，可委托有关方面提出咨询意见，报告提出单位应向咨询单位提供必要的资料并积极配合。预审主持单位组织有关设计、科研机构、企业和有关方面的专家参加，广泛听取意见，对可行性研究报告提出预审意见。当发现可行性研究报告有原则性错误或报告的基础依据与社会环境条件有重大变化时，应对可行性研究报告进行修改和复审。可行性研究报告的修改和复审工作仍由原编制单位和预审主持单位按照规定进行。

（二）审批、核准或备案

根据 2004 年发布的《国务院关于投资体制改革的决定》，政府对于投资项目的管理分为审批、核准和备案三种方式。

① 对于政府投资项目，继续实行审批制。其中采用直接投资和资本金注入方式的，审批程序上与传统的投资项目审批制度基本一致，继续审批项目建议书、可行性研究报告等，采用投资补助、转贷和贷款贴息方式的，不再审批项目建议书和可行性研究报告，只审批资金申请报告。

② 对于企业不使用政府性资金投资建设的项目，一律不再实行审批制，区别不同情况实行核准制和备案制。按照"谁投资、谁决策、谁受益、谁承担风险"的基本原则，落实企业投资自主权，彻底改变以往不分投资主体、不分资金来源、不分项目性质，一律按投资规模大小分别由各级政府及有关部门审批的投资管理办法。其中，政府仅对重大项目和限制类项目从维护社会公共利益角度进行核准，其他项目无论规模大小，均改为备案制。《政府核准的投资项目目录》对于实行核准制的范围进行了明确界定。

企业投资建设实行核准制的项目，仅需向政府提交项目申请报告，不再经过批准项目建议书、可行性研究报告和开工报告的程序。政府对企业提交的项目申请报告，主要从维护经济安全、合理开发利用资源、保护生态环境、优化重大布局、保障公共利益、防止出现垄断等方面进行核准。对于外商投资项目，政府还要从市场准入、资本项目管理等方面进行核准。

对于《政府核准的投资项目目录》以外的企业投资项目，实行备案制，除国家另有规定外，由企业按照属地原则向地方政府投资主管部门备案。

第三节　建设工程项目投资估算

一、建设项目投资估算概述

（一）建设项目投资估算的含义

投资估算是指在项目投资决策过程中，依据现有的资料和特定的方法，对建设项目的投资数额进行的估计。它是项目建设前期编制项目建议书和可行性研究报告的重要组成部分，是项目决策的重要依据之一。投资估算的准确与否不仅影响到可行性研究工作的质量和经济评价结果，而且也直接关系到下一阶段设计概算和施工图预算的编制，对建设项目资金筹措方案也有直接的影响。因此，全面准确地估算建设项目的工程造价，是可行性研究乃至整个决策阶段造价管理的重要任务。

（二）建设项目投资估算的阶段划分

项目投资估算是在做初步设计之前各工作阶段均需进行的一项工作。在做工程初步设计之前，根据需要可邀请设计单位参加编制项目规划和项目建议书，并可委托设计单位承担项目的初步可行性研究、可行性研究及设计任务书的编制工作，同时应根据项目已明确的技术经济条件，编制和估算出精确度不同的投资估算额。我国建设项目的投资估算分为以下几个阶段（表 4-1）。

表 4-1　投资估算的阶段划分表

投资估算的阶段划分	精度要求	概念
项目规划阶段的投资估算	允许误差大于±30%	根据国民经济发展规划、地区发展规划和行业发展规划的要求，编制项目的建设规划，按项目规划的要求和内容，粗略地估算建设项目所需要的投资额
项目建议书阶段的投资估算	误差控制在±30%以内	按项目建议书中的产品方案、项目建设规模、产品主要生产工艺、企业车间组成、初选建厂地点等，估算建设项目所需要的投资额，据此判断一个项目是否需要进行下一阶段的工作
初步可行性研究阶段的投资估算	误差控制在±20%以内	在掌握了更详细、更深入的资料的条件下，估算建设项目所需的投资额，据以确定是否进行详细可行性研究
详细可行性研究阶段的投资估算	误差控制在±10%以内	投资估算经审查批准后，便是工程设计任务书中规定的项目投资限额，并可据此列入项目年度基本建设计划

1. 项目规划阶段的投资估算

建设项目规划阶段是指有关部门根据国民经济发展规划、地区发展规划和行业发展规划的要求，编制一个建设项目的建设规划。此阶段是按项目规划的要求和内容，粗略地估算建设项目所需要的投资额。其对投资估算精度的要求为允许误差大于±30%。

2. 项目建议书阶段的投资估算

在项目建议书阶段，按项目建议书中的产品方案、项目建设规模、产品主要生产工艺、企业车间组成、初选建厂地点等，估算建设项目所需要的投资额。其对投资估算精度的要求为误差控制在±30%以内。此阶段项目投资估算的意义是可据此判断一个项目是否需要进行下一阶段的工作。

3. 初步可行性研究阶段的投资估算

初步可行性研究阶段，是在掌握了更详细、更深入的资料的条件下，估算建设项目所需的投资额。其对投资估算精度的要求为误差控制在±20%以内。此阶段项目投资估算的意义是据以确定是否进行详细可行性研究。

4. 详细可行性研究阶段的投资估算

详细可行性研究阶段的投资估算至关重要，因为这个阶段的投资估算经审查批准后，便是工程设计任务书中规定的项目投资限额，并可据此列入项目年度基本建设计划。其对投资估算精度的要求为误差控制在±10%以内。

（三）建设项目投资估算的作用

投资估算应参考相应工程造价管理部门发布的投资估算指标，依据工程所在地市场价格水平合理确定，应委托有相应工程造价咨询资质的单位编制。其在项目开发建设过程中的作用有以下几点：

① 项目建议书阶段的投资估算，是项目主管部门审批项目建议书的依据之一，并对项目规划、规模起参考作用。

② 项目可行性研究阶段的投资估算，是项目投资决策的重要依据，也是研究、分析、计算项目投资经济效果的重要条件。当可行性研究报告被批准之后，其投资估算额就作为设计任务书中下达的投资限额，即作为建设项目投资的最高限额，不得随意突破。

③ 项目投资估算对工程设计概算起控制作用，设计概算不得突破批准的投资估算额，并应控制在投资估算额以内。

④ 项目投资估算可作为项目资金筹措及制定建设贷款计划的依据，建设单位可根据批准的项目投资估算额，进行资金筹措和向银行申请贷款。

⑤ 项目投资估算是核算建设项目固定资产投资需要额和编制固定资产投资计划的重要依据。

二、投资估算的内容

根据国家规定，从满足建设项目投资计划和投资规模的角度，建设项目投资的估算包括固定资产投资估算和铺底流动资金估算。但从满足建设项目经济评价的角度，其总投资估算包括固定资产投资估算和流动资金估算。不管从满足哪一个角度进行的投资估算，都需要进行固定资产投资估算和流动资金估算。

建设工程项目投资的估算包括固定资产投资估算和流动资金估算两部分。

固定资产投资估算的内容按照费用的性质划分，包括建筑安装工程费、设备及工器具购置费、工程建设其他费用、基本预备费、涨价预备费、建设期贷款利息、固定资产投资方向调节税等。其中，建筑安装工程费、设备及工器具购置费形成固定资产；工程建设其他费用可分别形成固定资产、无形资产及其他资产。基本预备费、涨价预备费、建设期贷款利息在可行性研究阶段为简化计算，一并计入固定资产。固定资产投资方向调节税现已暂停征收。

固定资产投资可分为静态部分和动态部分。涨价预备费、建设期贷款利息和固定资产投资方向调节税构成动态投资部分；其余部分为静态投资部分。

流动资金是指生产经营性项目投产后，用于购买原材料、燃料、支付工资及其他经营费用等所需的周转资金。它是伴随着固定资产投资而发生的长期占用的流动资产投资，流动资金＝流动资产－流动负债。其中，流动资产主要考虑现金、应收账款和存货；流动负债主要考虑应付账款。因此，流动资金的概念，实际上就是财务中的营运资金。建设工程项目投资估算的构成如图4-1所示。

三、投资估算的编制依据、要求及步骤

（一）编制依据

① 国家、行业和地方政府的有关规定。

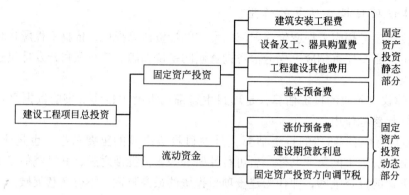

图 4-1　建设工程项目总投资估算构成图

② 拟建项目建设方案确定的各单项工程建设内容。

③ 工程勘察与设计文件，图示计量或有关专业提供的主要工程量和主要设备清单。

④ 行业部门、项目所在地工程造价管理机构或行业协会等编制的投资估算指标、概算指标（定额）、工程建设其他费用定额（规定）、综合单价、价格指数和有关造价文件等建设标准和技术、设备、工程方案。

⑤ 类似工程的各种技术经济指标和参数。

⑥ 工程所在地同期的工料机市场价格，建筑、工艺及附属设备的市场价格和有关费用。

⑦ 政府有关部门、金融机构等部门发布的价格指数、利率、汇率、税率等有关参数。

⑧ 与项目建设有关的工程地质资料、设计文件、图纸等。

⑨ 其他技术经济资料。

（二）投资估算要求

① 工程内容和费用构成齐全，计算合理，不重复计算，不提高或者降低估算标准，不漏项、不少算。

② 选用指标与具体工程之间存在标准或者条件差异时，应进行必要的换算或调整。

③ 投资估算精度应能满足控制初步设计概算要求。

（三）投资估算的步骤

① 分别估算各单项工程所需的建筑工程费、设备及工器具购置费、安装工程费。

② 在汇总各单项工程费用的基础上，估算工程建设其他费用和基本预备费，完成工程项目静态投资部分的估算。

③ 在静态投资部分估算的基础上，估算涨价预备费和建设期贷款利息，完成工程项目动态投资部分的估算。

④ 估算流动资金。

⑤ 汇总完成建设项目总投资估算。

四、投资估算的编制方法和文件组成

（一）固定资产投资静态投资部分的估算

固定资产投资静态部分的投资估算，要按某一确定的时间来进行，一般以开工的前一年为基准年，以这一年的价格为依据估算，否则就失去基准作用。

不同阶段的投资估算，其方法和允许误差都是不同的。项目规划和项目建议书阶段，投资估算的精度低，可采取简单的匡算法，如生产能力指数法、单位生产能力法、比例法、系数法等。在初步可行性研究阶段尤其是详细可行性研究阶段，投资估算精度要求高，需采用相对详细的投资估算方法，即指标估算法。

1. 单位生产能力估算法

依据调查的统计资料，利用相近规模的单位生产能力投资乘以建设规模，即得拟建项目投资。其计算公式为：

$$C_2 = \left(\frac{C_1}{Q_1}\right)Q_2 f \tag{4-1}$$

式中　C_1——已建类似项目的静态投资额；

　　　C_2——拟建项目静态投资额；

　　　Q_1——已建类似项目的生产能力；

　　　Q_2——拟建项目的生产能力；

　　　f——不同时期、不同地点的定额、单价、费用变更等的综合调整系数。

这种方法把项目的建设投资与其生产能力的关系视为简单的线性关系，估算结果精确度较差。使用这种方法时要注意拟建项目的生产能力和类似项目的可比性，否则误差很大。由于在实际工作中不易找到与拟建项目完全类似的项目，通常是把项目按其下属的车间、设施和装置进行分解，分别套用类似车间、设施和装置的单位生产能力投资指标计算，然后相加汇总求得项目总投资。或根据拟建项目的规模和建设条件，将投资进行适当调整后估算项目的投资额。这种方法主要用于新建项目或装置的估算，十分简便迅速，但要求估价人员掌握足够的典型工程的历史数据，这些数据均应与单位生产能力的造价有关，方可应用，而且要求新建装置与所选取装置的历史资料相类似，仅存在规模大小和时间上的差异。

【例 4-1】　假定某地拟建一座 200 套客房的豪华宾馆，另有一座豪华宾馆最近在该地竣工，且掌握了以下资料：有 250 套客房，有门厅、餐厅、会议室、游泳池、夜总会、网球场等设施，总造价为 1025 万美元。试估算新建项目的总投资。

【解】　根据以上资料，可首先推算出折算为每套客房的造价：

$$\frac{总造价}{客房总套数} = \frac{1025}{250} = 4.1(万美元/套)$$

据此，即可很迅速地计算出在同一个地方且各方面有可比性的具有 200 套客房的豪华旅馆造价估算值为：

$$4.1 万美元 \times 200 = 820 万美元$$

单位生产能力估算法估算误差较大，可达到 ±30%。此法只能是粗略地快速估算，由于误差大，应用该估算法时需要小心，应注意以下几点：

（1）地方性。建设地点不同，地方性差异主要表现为：两地经济情况不同；土壤、地质、水文情况不同；气候、自然条件的差异；材料、设备的来源、运输状况不同等。

（2）配套性。一个工程项目或装置，均有许多配套装置和设施，也可能产生差异，如：公用工程、辅助工程、厂外工程和生活福利工程等，这些工程随地方差异和工程规模的变化均各不相同，它们并不与主体工程的变化成线性关系。

（3）时间性。工程建设项目的兴建，不一定是在同一时间建设，时间差异或多或少存在，在这段时间内可能在技术、标准、价格等方面发生变化。

2. 生产能力指数法

又称指数估算法，它是根据已建成的类似项目生产能力和投资额来粗略估算拟建项目投资额的方法，是对单位生产能力估算法的改进。其计算公式为：

$$C_2 = C_1 \left(\frac{Q_2}{Q_1}\right)^{\chi} f \tag{4-2}$$

式中　χ——生产能力指数；

其他符号含义同前。

上式表明造价与规模（或容量）呈非线性关系，且单位造价随工程规模（或容量）的增大而减小。在正常情况下，$0 < \chi < 1$。不同生产率水平的国家和不同性质的项目中，χ 的取值是不相同的。比如化工项目美国取 $\chi = 0.6$，英国取 $\chi = 0.66$，日本取 $\chi = 0.7$。

若已建类似项目的生产规模与拟建项目生产规模相差不大，Q_1 与 Q_2 的比值在 0.5～2 之间，则指数 χ 的取值近似为 1。

若已建类似项目的生产规模与拟建项目生产规模相差不大于 50 倍，且拟建项目生产规模的扩大仅靠增大设备规模来达到时，则 χ 的取值在 0.6～0.7 之间；若是靠增加相同规格设备的数量达到时，χ 的取值在 0.8～0.9 之间。常见的化工和炼油装置的 χ 值见表4-2。

表 4-2　某些化工和炼油装置的 χ 值

装置名称	χ 值	装置名称	χ 值	装置名称	χ 值
常压蒸馏（汽化65%）	0.90	溶剂抽提	0.67	制氢装置	0.72
减压蒸馏（汽化65%）	0.70	硅铁法制镁	0.62	硫黄回收	0.64
流化催化裂化	0.70	乙烯（以炼厂气为原料）	0.83	合成甲醇（天然气蒸汽转化法）	0.60
加氢脱硫	0.65	乙烯（以油为原料）	0.72	甲醛	0.80
催化重整	0.60	苯乙烯	0.53	尿素	0.70
硫酸法烷基化	0.60	乙醛	0.70	聚乙烯（低压）	0.68
叠合	0.58	丁二烯	0.66	聚乙烯（高压）	0.81
热裂化	0.70	由乙烯制取丁二烯	1.02	苯	0.61
延迟焦化	0.38	聚丁二烯	0.67	苯酐	0.62
芳烃抽提	0.70	合成氨	0.81	三硝基甲苯	1.01
溶剂脱蜡	0.76	合成氨（蒸汽转化法）	0.53	铝锭	0.90

生产能力指数法主要应用于拟建装置或项目与用来参考的已知装置或项目的规模不同的场合。

【例 4-2】 1972 年在某地兴建一座 30 万吨合成氨的化肥厂，总投资为 28000 万元，假如 1994 年在该地开工兴建 45 万吨合成氨的工厂，合成氨的生产能力指数为 0.81，则所需静态投资为多少（假定从 1972 年至 1994 年每年平均工程造价指数即综合调整系数为 1.10）？

【解】 $C_2 = C_1 \left(\frac{Q_2}{Q_1}\right)^{\chi} f = 28000 \times \left(\frac{45}{30}\right)^{0.81} \times (1.10)^{22} = 316541.77(万元)$

【例 4-3】 若将设计中的化工生产系统的生产能力提高一倍，投资额大约增加多少（生产能力指数 $\chi=0.6$，综合调整系数 $f=1$）？

【解】 $\dfrac{C_2}{C_1}=\left(\dfrac{Q_2}{Q_1}\right)^{\chi}=\left(\dfrac{2}{1}\right)^{\chi}=1.5$

计算结果表明，生产能力提高一倍，投资额增加 50%。

生产能力指数法与单位生产能力估算法相比精确度略高，其误差可控制在 ±20% 以内，尽管估价误差仍较大，但有它独特的好处：即这种估价方法不需要详细的工程设计资料，只知道工艺流程及规模就可以，在总承包工程报价时，承包商大都采用这种方法估价。

3. 系数估算法

系数估算法也称为因子估算法，它是以拟建项目的主体工程费或主要设备费为基数，以其他工程费与主体工程费或主要设备费的百分比为系数估算项目总投资的方法。这种方法简单易行，但是精度较低，一般用于项目建议书阶段。系数估算法的种类很多，在我国国内常用的方法有设备系数法和主体专业系数法，朗格系数法是世行项目投资估算常用的方法。

（1）设备系数法 以拟建项目的设备费为基数，根据已建成的同类项目的建筑、安装和其他工程费等与设备价值的百分比，求出拟建项目建筑、安装工程费和其他工程费，进而求出建设项目总投资。其计算公式如下：

$$C=E(1+f_1P_1+f_2P_2+f_3P_3+\cdots)+I \tag{4-3}$$

式中　　　　C——拟建项目投资额；

　　　　　　E——拟建项目设备费；

　P_1，P_2，$P_3\cdots$——已建项目中建筑、安装费及其他工程费等与设备费的比例；

　f_1，f_2，$f_3\cdots$——由于时间因素引起的定额、价格、费用标准等变化的综合调整系数；

　　　　　　I——拟建项目的其他费用。

（2）主体专业系数法 以拟建项目中投资比重较大，并与生产能力直接相关的工艺设备投资为基数，根据已建同类项目的有关统计资料，计算出拟建项目各专业工程（总图、土建、采暖、给排水、管道、电气、自控等）与工艺设备投资的百分比，据以求出拟建项目各专业投资，然后加总即为项目总投资。其计算公式为：

$$C=E(1+f_1P_1'+f_2P_2'+f_3P_3'+\cdots)+I \tag{4-4}$$

式中　P_1'、P_2'、P_3'——已建项目中各专业工程费用与设备投资的比重；

其他符号同前。

（3）朗格系数法 这种方法是以设备费为基数，乘以适当系数来推算项目的建设费用。这种方法在国内不常见，是世行项目投资估算常采用的方法。该方法的基本原理是将总成本费用中的直接成本和间接成本分别计算，再合为项目建设的总成本费用。其计算公式为：

$$C=E(1+\sum K_i)K_c \tag{4-5}$$

式中　C——总建设费用（静态投资）；

　　　E——主要设备费；

　　　K_i——管线、仪表、建筑物等项费用的估算系数；

　　　K_c——管理费、合同费、应急费等项费用的估算系数。

总建设费用与设备费用之比为朗格系数 K_L，即：

$$K_L=(1+\sum K_i)K_c \tag{4-6}$$

朗格系数包含的内容见表 4-3。

表 4-3 朗格系数包含的内容

项目		固体流程	固流流程	流体流程
朗格系数 K_L		3.1	3.63	4.74
内容	(a)包括基础、设备、绝热、油漆及设备安装费	$E×1.43$		
	(b)包括上述在内和配管工程费	(a)×1.1	(a)×1.25	(a)×1.6
	(c)装置直接费	(b)×1.5		
	(d)包括上述在内和间接费,总费用	(c)×1.31	(c)×1.35	(c)×1.38

【例 4-4】 在北非某地建设一座年产 30 万套汽车轮胎的工厂,已知该工厂的设备到达工地的费用为 2204 万美元。试估算各阶段费用及该工厂的静态投资。

【解】 轮胎工厂的生产流程基本上属于固体流程,因此在采用朗格系数法时,全部数据应采用固体流程的数据。现计算如下:

① 设备到达现场的费用为 2204 万美元。

② 根据表 4-3 计算费用 (a)

(a)$=E×1.43=2204×1.43=3151.72$(万美元)

则设备基础、绝热、刷油及安装费用为:$3151.72-2204=947.72$(万美元)

③ 计算费用 (b)

(b)$=E×1.43×1.1=2204×1.43×1.1=3466.89$(万美元)

则其中配管 (管道工程) 费用为:$3466.89-3151.72=315.17$(万美元)

④ 计算费用 (c),即装置直接费

(c)$=E×1.43×1.1×1.5=5200.34$(万美元)

则电气、仪表、建筑等工程费用为:$5200.34-3466.89=1733.45$(万美元)

⑤ 计算投资 C

$C=E×1.43×1.1×1.5×1.31=6812.45$(万美元)

则间接费用为:$6812.45-5200.34=1612.11$(万美元)

由此估算出该工厂的总投资为 6812.45 万美元,其中间接费用为 1612.11 万美元。

应用朗格系数法进行工程项目或装置估价的精度仍不是很高,其原因如下:

① 装置规模大小发生变化的影响。

② 不同地区自然地理条件的影响。

③ 不同地区经济地理条件的影响。

④ 不同地区气候条件的影响。

⑤ 主要设备材质发生变化时,设备费用变化较大而安装费变化不大所产生的影响。

尽管如此,由于朗格系数法是以设备费为计算基础,而设备费用在一项工程中所占的比重对于石油、石化、化工工程而言占 45%～55%,几乎占一半左右,同时一项工程中每台设备所含有的管道、电气、自控仪表、绝热、油漆、建筑等,都有一定的规律。所以,只要对各种不同类型工程的朗格系数掌握得准确,估算精度仍可较高。朗格系数法估算误差在 10%～15%。

4.比例估算法

根据统计资料,先求出已有同类企业主要设备投资占全厂建设投资的比例,然后再估算出拟建项目的主要设备投资，即可按比例求出拟建项目的建设投资，其表达式为：

$$I = \frac{1}{K} \sum_{i=1}^{n} Q_i P_i \tag{4-7}$$

式中　I——拟建项目的建设投资；

　　K——已建项目主要设备投资占已建项目投资的比例；

　　n——设备种类数；

　　Q_i——第 i 种设备的数量；

　　P_i——第 i 种设备的单价（到厂价格）。

5. 资金周转率法

这是一种利用资金周转率来推测投资额的简便方法，其公式为：

资金周转率＝年销售总额/总投资＝(产品年产量×产品单价)/总投资×100% 　(4-8)

总投资＝(产品年产量×产品单价)/资金周转率　　　　(4-9)

如国外化学工业的资金周转率近似为 1.0，生产合成甘油的化工装置的资金周转率为 1.41。

拟建项目的资金周转率可以根据已建相似项目的有关数据进行估计，然后再根据拟建项目的预计产品的年产量及单价，估算拟建项目的投资额。这种方法比较简单，计算速度快，但精度较低，可用于投资机会研究及项目建议书阶段的投资估算。

6. 指标估算法

这种方法是把建设项目划分为建筑工程、设备安装工程、设备及工器具购置费及其他基本建设费等费用项目或单位工程，再根据各种具体的投资估算指标，进行各项费用项目或单位工程投资的估算，在此基础上，可汇总成每一单项工程的投资。另外再估算工程建设其他费用及预备费，即求得建设项目总投资。

(1) 建筑工程费用估算　建筑工程费用是指为建造永久性建筑物和构筑物所需要的费用，一般采用单位建筑工程投资估算法、单位实物工程量投资估算法、概算指标投资估算法等进行估算。

① 单位建筑工程投资估算法，以单位建筑工程量投资乘以建筑工程总量计算。一般工业与民用建筑以单位建筑面积（m²）的投资，工业窑炉砌筑以单位容积（m³）的投资，水库以水坝单位长度（m）的投资，铁路路基以单位长度（km）的投资，矿山掘进以单位长度（m）的投资，乘以相应的建筑工程量计算建筑工程费。

② 单位实物工程量投资估算法，以单位实物工程量的投资乘以实物工程总量计算。土石方工程按每立方米投资，矿井巷道衬砌工程按每延米投资，路面铺设工程按每平方米投资，乘以相应的实物工程总量计算建筑工程费。

③ 概算指标投资估算法。对于没有上述估算指标且建筑工程费占总投资比例较大的项目，可采用概算指标估算法。采用此种方法，应占有较为详细的工程资料、建筑材料价格和工程费用指标，投入的时间和工作量大。

(2) 设备及工器具购置费估算　设备购置费根据项目主要设备表及价格、费用资料编制，工器具购置费按设备费的一定比例计取。对于价值高的设备应按单台（套）估算购置费，价值较小的设备可按类估算，国内设备和进口设备应分别估算。具体估算方法见本书第二章第二节。

（3）安装工程费估算　安装工程费通常按行业或专门机构发布的安装工程定额、取费标准和指标估算投资。具体可按安装费率、每吨设备安装费或单位安装实物工程量的费用估算，即：

$$安装工程费 = 设备原价 \times 安装费率 \tag{4-10}$$

$$安装工程费 = 设备吨位 \times 每吨安装费 \tag{4-11}$$

$$安装工程费 = 安装工程实物量 \times 安装费用指标 \tag{4-12}$$

（4）工程建设其他费用估算　工程建设其他费用按各项费用科目的费率或者取费标准估算。

（5）基本预备费估算　基本预备费在工程费用和工程建设其他费用基础之上乘以基本预备费率。

基本预备费率的取值应执行国家及部门的有关规定。在项目建议书阶段和可行性研究阶段，基本预备费率一般取 $10\% \sim 15\%$；在初步设计阶段，基本预备费率一般取 $7\% \sim 10\%$。

使用指标估算法，应注意以下事项：

① 使用指标估算法应根据不同地区、年代而进行调整。因为地区、年代不同，设备与材料的价格均有差异，调整方法可以按主要材料消耗量或"工程量"为计算依据；也可以按不同工程项目的"万元工料消耗定额"而定不同的系数。在有关部门颁布有定额或材料价差系数（物价指数）时，可以据其调整。

② 使用指标估算法进行投资估算决不能生搬硬套，必须对工艺流程、定额、价格及费用标准进行分析，经过实事求是的调整与换算后，才能提高其精确度。

需要指出的是静态投资的估算，要按某一确定的时间进行，一般按开工的前一年为基准年，以这一年的价格为依据计算，否则就会失去基准作用，影响投资估算的准确性。

（二）固定资产投资动态投资部分的估算

建设工程项目的动态投资主要包括价格变动可能增加的投资额、建设期利息等，如果是涉外项目，还应计算汇率的影响。在实际估算时，主要考虑涨价预备费、建设期贷款利息、投资方向调节税、汇率变化四个方面。动态部分的估算应以基准年静态投资的资金使用计划为基础来计算，而不是以编制的年静态投资为基础计算。其中涨价预备费和建设期贷款利息的计算可详见第二章第五节，这里主要介绍一下汇率变化对涉外项目的影响。

汇率是两种不同货币之间的兑换比率，或者说是以一种货币表示的另一种货币的价格。汇率的变化意味着一种货币相对于另一种货币的升值或贬值。在我国，人民币与外币之间的汇率采取以人民币表示外币价格的形式给出，如 1 美元＝6.456 元人民币。由于涉外项目的投资中包含人民币以外的币种，需要按照相应的汇率把外币投资额换算为人民币投资额，所以汇率变化就会对涉外项目的投资额产生影响。

① 外币对人民币升值。项目从国外市场购买设备材料所支付的外币金额不变，但换算成人民币的金额增加；从国外借款，本息所支付的外币金额不变，但换算成人民币的金额增加。

② 外币对人民币贬值。项目从国外市场购买设备材料所支付的外币金额不变，但换算成人民币的金额减少；从国外借款，本息所支付的外币金额不变，但换算成人民币的金额减少。

估计汇率变化对建设项目投资的影响，是通过预测汇率在项目建设期内的变动程度，以估算年份的投资额为基数，计算求得。

（三）流动资金估算方法

流动资金是指生产经营性项目投产后，为进行正常生产运营，用于购买原材料、燃料、支付工资及其他经营费用等所需的周转资金。流动资金估算一般采用分项详细估算法，个别情况或者小型项目可采用扩大指标法。

在工业项目决策阶段，为了保证项目投产后能正常生产经营，往往需要有一笔最基本的周转资金，这笔最基本的周转资金被称为铺底流动资金。铺底流动资金一般为流动资金总额的 30%，其在项目正式建设前就应该落实。

1. 分项详细估算法

流动资金的显著特点是在生产过程中不断周转，其周转额的大小与生产规模及周转速度直接相关。分项详细估算法是根据周转额与周转速度之间的关系，对构成流动资金的各项流动资产和流动负债分别进行估算。在可行性研究中，为简化计算，仅对存货、现金、应收账款和应付账款四项内容进行估算，计算公式为：

$$流动资金＝流动资产－流动负债 \tag{4-13}$$

$$流动资产＝应收及预付账款＋存货＋现金 \tag{4-14}$$

$$流动负债＝应付账款＋预收账款 \tag{4-15}$$

$$流动资金本年增加额＝本年流动资金－上年流动资金 \tag{4-16}$$

估算的具体步骤，首先计算各类流动资产和流动负债的年周转次数，然后再分项估算占用资金额。

（1）周转次数计算　周转次数是指流动资金的各个构成项目在一年内完成多少个生产过程。周转次数可用一年天数（通常按 360 天计算）除以流动资金的最低周转天数计算，则各项流动资金年平均占用额度为流动资金的年周转额度除以流动资金的年周转次数。

$$周转次数＝360/流动资金最低周转天数 \tag{4-17}$$

存货、现金、应收账款和应付账款的最低周转天数，可参照同类企业的平均周转天数并结合项目特点确定。因为周转次数又可以表示为流动资金的年周转额除以各项流动资金年平均占用额度，所以：

$$各项流动资金年平均占用额＝流动资金年周转额/周转次数 \tag{4-18}$$

（2）应收账款估算　应收账款是指企业对外赊销商品、劳务而占用的资金。应收账款的年周转额应为全年赊销收入净额。在可行性研究时，用销售收入代替赊销收入。计算公式为：

$$应收账款＝年销售收入/应收账款周转次数 \tag{4-19}$$

（3）存货估算　存货是企业为销售或者生产耗用而储备的各种物资，主要有原材料、辅助材料、燃料、低值易耗品、维修备件、包装物、在产品、自制半成品和产成品等。为简化计算，仅考虑外购原材料、外购燃料、在产品和产成品，并分项进行计算。计算公式：

$$存货＝外购原材料＋外购燃料＋在产品＋产成品 \tag{4-20}$$

$$外购原材料＝年外购原材料总成本/按种类分项周转次数 \tag{4-21}$$

$$外购燃料＝年外购燃料总成本/按种类分项周转次数 \tag{4-22}$$

在产品＝(年外购原材料、燃料＋年工资及福利费＋年修理费＋年其他制造费)/在产品周转次数

$$(4-23)$$

产成品＝年经营成本/产成品周转次数 $$\qquad(4-24)$$

（4）现金需要量估算　项目流动资金中的现金是指货币资金，即企业生产运营活动中停留于货币形态的那部分资金，包括企业库存现金和银行存款。计算公式为：

现金需要量＝(年工资及福利费＋年其他费用)/现金周转次数 $$\qquad(4-25)$$

年其他费用＝制造费用＋管理费用＋销售费用－(以上三项费用中所含的工资及福利费、折旧费、维简费、摊销费、修理费) $$\qquad(4-26)$$

（5）流动负债估算　流动负债是指在一年或者超过一年的一个营业周期内，需要偿还的各种债务。在可行性研究中，流动负债的估算只考虑应付账款一项，计算公式为：

应付账款＝(年外购原材料＋年外购燃料)/应付账款周转次数 $$\qquad(4-27)$$

2. 扩大指标估算法

扩大指标估算法是根据现有同类企业的实际资料，求得各种流动资金率指标，也可依据行业或部门给定的参考值或经验确定比率，将各类流动资金率乘以相对应的费用基数来估算流动资金。一般常用的基数有销售收入、经营成本、总成本费用和固定资产投资等，究竟采用何种基数依行业习惯而定。扩大指标估算法简便易行，但准确度不高，适用于项目建议书阶段的估算。扩大指标估算法计算流动资金的公式为：

年流动资金额＝年费用基数×各类流动资金率 $$\qquad(4-28)$$

年流动资金额＝年产量×单位产品产量占用流动资金额 $$\qquad(4-29)$$

3. 估算流动资金应注意的问题

① 在采用分项详细估算法时，应根据项目实际情况分别确定现金、应收账款、存货和应付账款的最低周转天数，并考虑一定的保险系数。因为最低周转天数减少，将增加周转次数，从而减少流动资金需用量，因此，必须切合实际地选用最低周转天数。对于存货中的外购原材料和燃料，要分品种和来源，考虑运输方式和运输距离以及占用流动资金的比重大小等因素确定。

② 在不同生产负荷下的流动资金，应按不同生产负荷所需的各项费用金额，分别按照上述的计算公式进行估算，而不能直接按照100％生产负荷下的流动资金乘以生产负荷百分比求得。

③ 流动资金属于长期性（永久性）流动资产，流动资金的筹措可通过长期负债和资本金（一般要求占30％）的方式解决。流动资金一般要求在投产前一年开始筹措，为简化计算，可规定在投产的第一年开始按生产负荷安排流动资金需用量。其借款部分按全年计算利息，流动资金利息应计入生产期间财务费用，项目计算期末收回全部流动资金。

（四）投资估算的文件内容

投资估算文件一般由封面、签署页、编制说明、投资估算分析、总投资估算表、单项工程估算表、主要技术经济指标等内容组成。

1. 编制说明

投资估算编制说明一般阐述以下内容。

① 工程概况；

② 编制范围；

③ 编制方法；

④ 编制依据；

⑤ 主要技术经济指标；

⑥ 有关参数、率值选定的说明；

⑦ 特殊问题的说明，包括采用新技术、新材料、新设备、新工艺时，必须说明其价格的确定；进口材料、设备、技术费用的投产与计算参数；采用巨型结构、异型结构的费用估算方法；环保（不限于）投资占总投资的比重，未包括项目或费用的必要说明等；

⑧ 采用限额设计的工程还应对投资限额和投资分解作进一步说明；

⑨ 采用方案比选的工程还应对方案比选的估算和经济指标作进一步说明。

2. 投资估算分析

投资估算分析应包括以下内容。

① 工程投资比例分析。一般建筑工程要分析土建、装饰、给排水、电气、暖通、空调、动力等主体工程和道路、广场、围墙、大门、室外管线、绿化等室外附属工程占总投资的比例，一般工业项目要分析主要生产项目（列出各生产装置）、辅助生产项目、公用工程项目(给排水、供电和通信、供气、总图运输及外管)、服务性工程、生活福利设施、厂外工程占建设总投资的比例。

② 分析设备购置费、建筑工程费、安装工程费、工程建设其他费用、预备费占建设总投资的比例，分析引进设备费用占全部设备费用的比例等。

③ 分析影响投资的主要因素。

④ 与国内类似工程项目的比较，分析说明投资高低原因。

3. 总投资估算表

总投资估算表的编制包括汇总单项工程估算、工程建设其他费用、估算基本预备费、涨价预备费、计算建设期利息等。投资估算汇总表见表4-4。

表4-4 投资估算汇总表

工程名称：

序号	工程和费用名称	估算价值/万元					技术经济指标			
		建筑工程费	设备购置费	设备安装费	其他费用	合计	单位	数量	单位价值	%
一	工程费用									
（一）	主要生产系统									
1										
2										
（二）	辅助生产系统									
1										
2										

续表

工程名称：

序号	工程和费用名称	估算价值/万元					技术经济指标			
		建筑工程费	设备购置费	设备安装费	其他费用	合计	单位	数量	单位价值	%
（三）	公用设施									
1										
2										
（四）	外部工程									
1										
2										
二	工程建设其他费用									
1										
2										
3										
三	预备费									
1	基本预备费									
2	涨价预备费									
四	建设期利息									
五	流动资金									
	投资估算合计									
	%									
编制人		审核人				审定人				

4. 单项工程估算表

单项工程投资估算应按建设项目划分的各个单项工程分别计算组成工程费用的建筑工程费、设备购置费、安装工程费。单项工程投资估算汇总表见表 4-5。

表 4-5　单项工程投资估算汇总表

工程名称：

序号	工程和费用名称	估算价值/万元					技术经济指标			
		建筑工程费	设备购置费	设备安装费	其他费用	合计	单位	数量	单位价值	%
一	工程费用									
（一）	主要生产系统									
1	＊＊车间									
	土建工程									
	建筑安装									
	工艺工程									

工程名称：

序号	工程和费用名称	估算价值/万元					技术经济指标			
		建筑工程费	设备购置费	设备安装费	其他费用	合计	单位	数量	单位价值	%
	非标准件									
	工艺管道									
	筑炉工程									
	保温工程									
	电气工程									
	自动化工程									
	给排水工程									
	暖通空调									
	动力工程									
	小计									
2										
3										
编制人		审核人			审定人					

5. 主要技术经济指标

估算人员应根据项目特点计算并分析整个建设项目、各单项工程和主要单位工程的主要技术经济指标。

五、投资估算的审查

为了保证项目投资估算的准确性，以便确保其应有的作用，必须加强对项目投资估算的审查工作。项目投资估算的审查部门和单位，在审查项目投资估算时，应注意到可信性、一致性和符合性，并据此进行审查。

（一）审查投资估算编制依据的可信性

① 审查投资估算方法的科学性和适用性。因为投资估算方法很多，而每种投资估算方法都各有其适用条件和范围，并具有不同的精确度，如果使用的投资估算方法与项目的客观条件和情况不相适应，或者超出了该方法的适用范围，那就不能保证投资估算的质量。

② 审查投资估算数据资料的时效性和准确性。估算项目投资所需的数据资料很多，如已运行同类型项目的投资，设备和材料价格，运杂费率，有关的定额、指标、标准以及有关规定等都与时间有密切关系，都可能随时间的推移而发生变化。因此，必须注意其时效性和

准确性。

（二）审查投资估算的编制内容与规定、规划要求的一致性

① 项目投资估算有否漏项。审查项目投资估算包括的工程内容与规定要求是否一致，是否漏掉了某些辅助工程、室外工程等的建设费用。

② 项目投资估算是否符合规划要求。审查项目产品生产装置的先进水平与自动化程度等，与规划要求的先进程度是否相符合。

③ 项目投资估算是否按环境等因素的差异进行调整。审查是否对拟建项目与已运行项目在工程成本、工艺水平、规模大小、环境因素等方面的差异作了适当的调整。

（三）审查投资估算费用项目的符合性

① 审查"三废"处理情况。审查"三废"处理所需投资是否进行了估算，其估算数额是否符合实际。

② 审查物价波动变化幅度是否合适。审查是否考虑了物价上涨和汇率变动对投资额的影响，以及物价波动变化幅度是否合适。

③ 审查是否采用"三新"技术。审查是否考虑了采用新技术、新材料以及新工艺，采用现行新标准和规范比已运行项目的要求提高所需增加的投资额，所增加的额度是否合适。

【例 4-5】 某拟建项目生产规模为年产某产品 500 万吨。根据统计资料，生产规模为年产 400 万吨，同类产品的投资额为 3000 万元，设备投资的综合调整系数为 1.08，生产能力指数为 0.7。该项目年销售收入估算为 14000 万元，存货资金占用估算为 4700 万元，全部职工人数为 1000 人，每人每年工资及福利费估算为 9600 元，年其他费用估算为 3500 万元，年外购原材料、燃料及动力费为 15000 万元。各项资金的周转天数：应收账款为 30 天，应收现金为 15 天，应付账款为 30 天。估算该拟建项目的投资额、流动资金额及铺底流动资金。

【解】 （1）拟建项目投资额的估算 采用生产能力指数法计算该拟建项目的投资额：

$$C_2=C_1\left(\frac{Q_2}{Q_1}\right)^x f=3000\times\left(\frac{500}{400}\right)^{0.7}\times1.08=3787.76(万元)$$

（2）流动资金额的估算 采用分项详细估算法计算流动资金额：

流动资金＝流动资产－流动负债

流动资产＝应收及预付账款＋存货＋现金

$$应收账款=\frac{销售收入}{周转次数}=\frac{14000}{360\div30}=1166.67(万元)$$

存货＝4700(万元)

$$现金=\frac{年工资及福利费＋年其他费用}{现金周转次数}=\frac{9600\times1000\div10000＋3500}{360\div15}=\frac{4460}{24}$$
$$=185.83(万元)$$

流动资产＝1166.67＋4700＋185.83＝6052.50(万元)

$$流动负债=应付账款=\frac{年外购原材料＋年外购燃料}{应付账款周转次数}=\frac{15000}{360\div30}=1250(万元)$$

流动资金＝6052.50－1250＝4802.50(万元)

铺底流动资金＝流动资金×30％＝1440.75(万元)

第四节　建设工程项目财务评价

一、财务评价概述

（一）财务评价的概念及作用

1. 财务评价的概念

财务评价是根据国家现行财税制度和价格体系，分析、计算项目直接发生的财务效益和费用，编制财务报表，计算评价指标，考察项目盈利能力、清偿能力以及外汇平衡等财务状况，据以判别项目的财务可行性。财务评价是建设项目经济评价中的微观层次，主要从微观投资主体的角度分析项目可以给投资主体带来的效益以及投资风险。作为市场经济微观主体的企业进行投资时，一般都进行项目财务评价。建设工程项目经济评价中的另一个层次是国民经济评价，它是一种宏观层次的评价，一般只对某些在国民经济中有重要影响和作用的大中型重点建设以及特殊行业和交通运输、水利等基础性、公益性建设工程项目展开国民经济评价。

2. 财务评价的作用

① 考察项目的财务盈利能力。
② 用于制定适宜的资金规划。
③ 为协调企业利益与国家利益提供依据。

（二）财务评价的程序

财务评价是在项目市场研究、生产条件及技术研究的基础上进行的，主要通过有关的基础数据编制财务报表，计算分析相关经济评价指标，作出评价结论。其程序大致包括如下几个步骤：

① 选取财务评价基础数据与参数。
② 估算各期现金流量。
③ 编制基本财务报表。
④ 计算财务评价指标，进行盈利能力和偿债能力分析。
⑤ 进行不确定性分析。
⑥ 得出评价结论。

（三）财务评价的内容与评价指标

财务评价的内容与评价指标见表4-6。

① 财务盈利能力评价主要考察投资项目的盈利水平。为此目的，需编制全部投资现金流量表、自有资金现金流量表和损益表三个基本财务报表。计算财务内部收益率、财务净现值、投资回收期、投资收益率等指标。

② 项目的偿债能力分析。投资项目的资金构成一般可分为借入资金和自有资金。自有资金可长期使用，而借入资金必须按期偿还。项目的投资者自然要关心项目偿债能力，借入资金的所有者——债权人也非常关心贷出资金能否按期收回本息。项目偿债能力分析可在编制贷款偿还表的基础上进行。为了表明项目的偿债能力，可按尽早还款的方法计算。

表 4-6 财务评价的内容与评价指标

评价内容	基本报表	评价指标	
		静态指标	动态指标
盈利能力分析	全部投资现金流量表	全部投资回收期	财务内部收益率 财务净现值
	自有资金现金流量表		财务内部收益率 财务净现值
	损益表	投资利润率 投资利税率 资本金利润率	
偿债能力分析	资金来源与资金运用表	借款偿还期	
	资产负债表	资产负债率 流动比率 速动比率	
外汇平衡分析	财务外汇平衡表		
不确定性分析	盈亏平衡分析	盈亏平衡产量 盈亏平衡生产能力利用率	
	敏感性分析	灵敏度 不确定因素的临界值	
风险分析	概率分析	NPV≥0 的累计概率	
		定性分析	

③ 外汇平衡分析主要是考察涉及外汇收支的项目在计算期内各年的外汇余缺程度，在编制外汇平衡表的基础上，了解各年外汇余缺状况，对外汇不能平衡的年份根据外汇短缺程度提出切实可行的解决方案。

④ 不确定性分析是指在信息不足，无法用概率描述因素变动规律的情况下，估计可变因素变动对项目可行性的影响程度及项目承受风险能力的一种分析方法。不确定性分析包括盈亏平衡分析和敏感性分析。

⑤ 风险分析是指在可变因素的概率分布已知的情况下，分析可变因素在各种可能状态下项目经济评价指标的取值，从而了解项目的风险状况。

二、基础财务报表的编制

为了进行投资项目的经济效果分析，需编制的财务报表主要有：财务现金流量表、损益表、资金来源与运用表和资产负债表。对于大量使用外汇的项目，还要编制外汇平衡表。

（一）现金流量表的编制

1. 现金流量表的概念

建设项目的现金流量系统将项目计算期内各年的现金流入与现金流出按照各自发生的时点顺序排列，表达为具有确定时间概念的现金流量系统。现金流量表是反映企业现金流入和流出的报表，是对建设项目现金流量系统的表格式反映，用以计算各项静态和动态评价指标，进行项目财务盈利能力分析。

现金流量表的编制基础是会计上的收付实现制原则。收付实现制又称现金制或现金基础。它是以现金是否收到或付出作为该时期收入和费用是否发生的依据。只有收到现金的收入才能记作收入，同样，只有付出现金的费用才记作费用，因此，现金流量表中的成本是经营成本。按投资计算基础的不同，现金流量表分为全部投资的现金流量表和自有资金现金流量表。

2. 全部投资现金流量表的编制

全部投资现金流量表是站在项目全部投资的角度，或者说不分投资资金来源，是在设定项目全部投资均为自有资金条件下的项目现金流量系统的表格式反映。报表格式如表 4-7 所示。表中计算期的年序为 $1,2,\cdots,n$，建设开始年作为计算期的第一年，年序为 1。当项目建设期以前所发生的费用占总费用的比例不大时，为简化计算，这部分费用可列入年序 1。若需单独列出，可在年序 1 以前另加一栏"建设起点"，年序填 0，将建设期以前发生的现金流出填入该栏。

表 4-7 现金流量表（全部投资）　　　　　　　　　单位：万元

序号	项目	建设期		投产期		达产期			
		1	2	3	4	5	6	…	n
	生产负荷/%								
1	现金流入								
1.1	产品销售收入								
1.2	回收固定资产余值								
1.3	回收流动资金								
1.4	其他收入								
2	现金流出								
2.1	固定资产投资								
2.2	流动资金								
2.3	经营成本								
2.4	销售税金及附加								
2.5	所得税								
3	净现金流量[(1)－(2)]								
4	累计净现金流量								
5	所得税前净现金流量[(3)＋(2.5)]								
6	所得税前累计净现金流量								

计算指标：

所得税前	所得税后
财务内部收益率 FIRR＝	财务内部收益率 FIRR＝
财务净现值 $FNPV(i_c=\quad\%)=$	财务净现值 $FNPV(i_c=\quad\%)=$
投资回收期 $P_t=$	投资回收期 $P_t=$

① 现金流入为产品销售（营业）收入、回收固定资产余值、回收流动资金三项之和。其中，产品销售（营业）收入是项目建成投产后对外销售产品或提供劳务所取得的收入，是项目生产经营成果的货币表现。销售价格一般采用出厂价格，也可根据需要采用送达用户的价格或离岸价格。产品销售（营业）收入的各年数据取自产品销售（营业）收入和销售税金

及附加估算表。另外，固定资产余值和流动资金的回收均在计算期最后一年。固定资产余值回收额为固定资产折旧费估算表中最后一年的固定资产期末净值，流动资金回收额为项目正常生产年份流动资金的占用额。

② 现金流出包含固定资产投资、流动资金、经营成本及税金。固定资产投资和流动资金的数额分别取自固定资产投资估算表及流动资金估算表。固定资产投资中包含固定资产投资方向调节税，但是不包含建设期利息。流动资金投资为各年流动资金增加额。经营成本取自总成本费用估算表。销售税金及附加包含营业税、消费税、资源税、城市维护建设税和教育费附加，它们取自产品销售（营业）收入和销售税金及附加估算表；所得税的数据来源于损益表。

③ 项目计算期各年的净现金流量为各年现金流入量减去对应年份的现金流出量，各年累计净现金流量为本年及以前各年净现金流量之和。

④ 所得税前净现金流量为上述净现金流量加所得税之和，也即在现金流出中不计入所得税时的净现金流量。所得税前累计净现金流量的计算方法与上述累计净现金流量的计算方法相同。

3. 自有资金现金流量表的编制

自有资金现金流量表是站在项目投资主体角度考察项目的现金流入流出情况，其报表格式见表 4-8 所示。从项目投资主体的角度看，建设项目投资借款是现金流入，但又同时将借款用于项目投资则构成同一时点、相同数额的现金流出，二者相抵，对净现金流量的计算无影响。因此表中投资只计自有资金。另一方面，现金流入又是因项目全部投资所获得，故应将借款本金的偿还及利息支付计入现金流出。

表 4-8　财务现金流量表（自有资金）　　　　　　单位：万元

序号	项目	合计	建设期		投产期		达产期			
			1	2	3	4	5	6	···	n
	生产负荷/%									
1	现金流入									
1.1	产品销售收入									
1.2	回收固定资产余值									
1.3	回收流动资金									
1.4	其他收入									
2	现金流出									
2.1	自有资金									
2.2	借款本金偿还									
2.3	借款利息支出									
2.4	经营成本									
2.5	销售税金及附加									
2.6	所得税									
3	净现金流量[(1)−(2)]									

计算指标：
　　财务内部收益率 FIRR＝
　　财务净现值 $FNPV(i_c=\quad\%)=$

① 现金流入各项的数据来源与全部投资现金流量表相同。

② 现金流出项目包括自有资金、借款本金偿还、借款利息支出、经营成本及税金。其中，自有资金数额取自投资计划与资金筹措表中资金筹措项下的自有资金分项。借款本金偿还由两部分组成：一部分为借款还本付息计算表中的本年还本额，一部分为流动资金借款本金偿还，一般发生在计算期最后一年。借款利息支出数额来自总成本费用估算表中的利息支出项。现金流出中其他各项与全部投资现金流量表中相同。

③ 项目计算期各年的净现金流量为各年现金流入量减去对应年份的现金流出量。

（二）损益表的编制

损益表是反映项目计算期内各年的销售（营业）收入、总成本费用、利润总额、所得税及税后利润的分配情况的重要财务报表。此表的编制基础是会计上的权责发生制原则。权责发生制又称为应计制或应计基础，是指收入、费用的确认，应当以收入和费用的实际发生作为确认计量的标准，凡是当期已经实现的收入和已经发生或应当负担的费用，不论款项是否收付，都应当作为当期的收入和费用处理；凡是不属于当期的收入和费用，即使款项已经在当期收付，都不应作为当期的收入和费用处理。因此，损益表中使用的是总成本费用。损益表综合反映了项目每年的盈利水平，在项目财务评价中用以计算投资收益率的各项指标，同时通过利润分配可计算出用于偿还贷款的利润额度。损益表的编制以利润总额的计算过程为基础。

在用于项目财务评价编制的损益表中，通常在测算项目利润时，将投资净收益和营业外收支净额省略。因为，投资净收益一般属于项目建成投产后的对外再投资收益，这类活动在项目评价时难以估算，因此可以暂不计入；营业外收支净额，除非已有明确的来源和开支项目需单独列出，否则也暂不计入。因此，项目进行财务评价时，利润总额为：

$$利润总额＝产品销售（营业）收入－销售税金及附加－总成本费用 \qquad (4-30)$$

损益表的格式见表 4-9。

表 4-9 损益表 单位：万元

序号	项目	投产期		达产期				合计
		3	4	5	6	⋯	n	
	生产负荷/%							
1	销售（营业）收入							
2	销售税金及附加							
3	总成本费用							
4	利润总额[(1)－(2)－(3)]							
5	所得税(25%)							
6	税后利润[(4)－(5)]							
7	弥补损失							
8	法定盈余公积金							
9	公益金							
10	应付利润							
11	本分配利润[(6)－(7)－(8)－(9)－(10)]							
12	累计未分配利润							

① 产品销售（营业）收入、销售税金及附加、总成本费用的各年度数据分别取自相应的辅助报表。

② 利润总额等于产品销售（营业）收入减去销售税金及附加再减去总成本费用。

③ 所得税＝应纳税所得额×所得税税率。应纳税所得额为利润总额根据国家有关规定进行调整后的数额。在建设项目财务评价中，主要是按减免所得税及用税前利润弥补上年度亏损的有关规定进行的调整。按现行《工业企业财务制度》规定，企业发生的年度亏损，可以用下一年度的税前利润等弥补，下一年度利润不足弥补的，可以在 5 年内延续弥补，5 年内不足弥补的，用税后利润弥补。

④ 税后利润＝利润总额－所得税。

⑤ 弥补损失主要是指支付被没收的财物损失，支付各项税收的滞纳金及罚款，弥补以前年度亏损。

⑥ 税后利润按法定盈余公积金、公益金、应付利润及未分配利润等项进行分配。

a. 表中法定盈余公积金按照税后利润扣除用于弥补损失的金额后的 10％提取，该项达到注册资金 50％时可以不再提取。公益金的计提比例一般为 5％～10％，主要用于企业的职工集体福利设施支出。

b. 应付利润为向投资者分配的利润。

c. 未分配利润主要指向投资者分配完利润后剩余的利润，可用于偿还固定资产投资借款及弥补以前年度亏损。

（三）资金来源与运用表的编制

资金来源与运用表能全面反映项目资金活动全貌。编制该表时，首先要计算项目计算期内各年的资金来源与资金运用，然后通过资金来源与资金运用的差额反映项目各年的资金盈余或短缺情况。项目资金来源包括利润、折旧、摊销、长期借款、短期借款、自有资金、其他资金、回收固定资产余值、回收流动资金等；项目资金运用包括固定资产投资、建设期利息、流动资金、所得税、应付利润、长期借款还本、短期借款还本等。项目的资金筹措方案和借款及偿还计划应能使表中各年度的累计盈余资金额始终大于或等于零，否则，项目将因资金短缺而不能按计划顺利运行。

资金来源与运用表反映项目计算期内各年的资金盈余或短缺情况，用于选择资金筹措方案，制定适宜的借款及偿还计划，并为编制资产负债表提供依据，报表格式见表 4-10。

① 利润总额、折旧费、摊销费数据分别取自损益表、固定资产折旧费估算表、无形资产摊销估算表。

② 长期借款、流动资金借款、其他流动负债、自有资金及"其他"项的数据均取自投资计划与资金筹措表。其中，在建设期，长期借款当年应计利息若未用自有资金支付，应计入同年长期借款额，否则项目资金不能平衡。其他流动负债主要指为解决项目暂时的年度资金短缺而使用的短期借款，其利息计入财务费用，本金在下一年度偿还。

③ 回收固定资产余值及回收流动资金见全部投资现金流量表编制中的有关说明。

④ 固定资产投资、建设期利息及流动资金数据取自投资计划与资金筹措表。

⑤ 所得税及应付利润数据取自损益表。

⑥ 长期借款本金偿还额为借款还本付息计算表中本年还本数；流动资金借款本金一般在项目计算期末一次偿还；其他流动负债本金偿还额为上年度其他流动负债额。

表 4-10　资金来源与运用表　　　　　　　　　　单位：万元

序号	项目	建设期		投产期		达产期			
		1	2	3	4	5	6	⋯	n
	生产负荷/%								
1	资金来源								
1.1	利润总额								
1.2	折旧费								
1.3	摊销费								
1.4	长期借款								
1.5	流动资金借款								
1.6	短期借款								
1.7	资本金								
1.8	其他								
1.9	回收固定资产余值								
1.10	回收流动资金								
2	资金运用								
2.1	固定资产投资								
2.2	建设期贷款利息								
2.3	流动资金								
2.4	所得税								
2.5	应付利润								
2.6	长期借款还本								
2.7	流动资金借款还本								
2.8	其他流动负债还本								
3(1−2)	盈余资金								
4	累计盈余资金								

⑦ 盈余资金等于资金来源减去资金运用。

⑧ 累计盈余资金各年数额为当年及以前各年盈余资金之和。

（四）资产负债表的编制

资产负债表综合反映项目计算期内各年末资产、负债和所有者权益的增减变化及对应关系，用以考察项目资产、负债、所有者权益的结构是否合理，进行清偿能力分析。资产负债表的编制依据是"资产＝负债＋所有者权益"。报表格式见表 4-11 所示。

（1）资产由流动资产、在建工程、固定资产净值、无形资产净值四项组成。其中：

① 流动资产总额为应收账款、存货、现金、累计盈余资金之和。前三项数据来自流动资金估算表；累计盈余资金数额则取自资金来源与运用表，但应扣除其中包含的回收固定资产余值及自有流动资金。

② 在建工程是指投资计划与资金筹措表中的年固定资产投资额，其中包括固定资产投资方向调节税和建设期利息。

表 4-11　资金负债表　　　　　　　　　　　　单位：万元

序号	项目	建设期		投产期		达产期			
		1	2	3	4	5	6	…	n
1	资产								
1.1	流动资产								
1.1.1	应收账款								
1.1.2	存货								
1.1.3	现金								
1.1.4	累计盈余资金								
1.1.5	其他流动资产								
1.2	在建工程								
1.3	固定资产								
1.3.1	原值								
1.3.2	累计折旧								
1.3.3	净值								
1.4	无形资产净值								
2	负债及所有者权益								
2.1	流动负债总额								
2.1.1	应付账款								
2.1.2	流动资金借款								
2.1.3	其他流动负债								
2.2	中长期借款								
	负债小计								
2.3	所有者权益								
2.3.1	资本金								
2.3.2	累计盈余资金								
2.3.3	累计盈余公积金								
2.3.4	累计未分配利润								

清偿能力分析：
1. 资产负债率
2. 流动比率
3. 速动比率

③ 固定资产净值和无形资产净值分别从固定资产折旧费估算表和无形资产摊销估算表取得。

（2）负债包括流动负债和长期负债　流动负债中的应付账款数据可由流动资金估算表直接取得。流动资金借款和其他流动负债两项流动负债及长期借款均指借款余额，需根据资金来源与运用表中的对应项及相应的本金偿还项进行计算。

① 长期借款及其他流动负债余额的计算按下式进行：

$$第\,T\,年借款余额 = \sum_{t=1}^{T}(借款-本金偿还)_t \tag{4-31}$$

其中，(借款—本金偿还)$_t$ 为资金来源与运用表中第 t 年借款与同一年度本金偿还之差。

② 按照流动资金借款本金在项目计算期末用回收流动资金一次性偿还的一般假设，流动资金借款余额的计算按下式进行：

$$第\,T\,年借款余额 = \sum_{t=1}^{T}(借款)_t \tag{4-32}$$

其中，(借款)$_t$ 为资金来源与运用表中第 t 年流动资金借款额。若为其他情况，可参照长期借款的计算方法计算。

(3) 所有者权益包括资本金、资本公积金、累计盈余公积金及累计未分配利润。其中，累计未分配利润可直接得自损益表；累计盈余公积金也可由损益表中盈余公积金项计算各年份的累计值，但应据有无用盈余公积金弥补亏损或转增资本金的情况进行相应调整。资本金为项目投资中的累计自有资金（扣除资本溢价），当存在由资本公积金或盈余公积金转增资本金的情况时应进行相应调整。资本公积金为累计资本溢价及赠款，转增资本金时相应调整资产负债表。

三、财务评价指标体系与方法

建设项目财务评价方法是与财务评价的目的和内容相联系的。财务评价的主要内容包括盈利能力评价和清偿能力评价。财务评价的方法有以现金流量表和损益表为基础的动态获利性评价和静态获利性评价、以资产负债表为基础的财务比率分析、以资金来源和运用表为基础的偿债能力分析和考虑项目风险的不确定性分析等。

（一）建设项目财务评价指标体系

建设项目财务评价指标体系根据不同的标准，可作不同的分类形式。

1. 根据是否考虑时间价值分类

可分为静态经济评价指标和动态经济评价指标，见图 4-2。

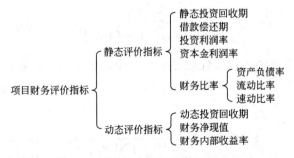

图 4-2　财务评价指标体系分类之一

2. 根据指标的性质分类

可以分为时间性指标、价值性指标和比率性指标，见图 4-3。

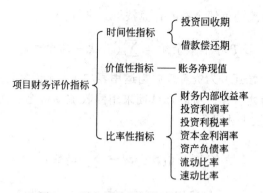

图 4-3   财务评价指标体系分类之二

（二）建设项目财务评价方法

1. 财务盈利能力评价

财务盈利能力评价主要考察投资项目投资的盈利水平。为此目的，需编制全部投资现金流量表、自有资金现金流量表和损益表三个基本财务报表。计算财务内部收益率、财务净现值、投资回收期、投资收益率等指标。

（1）财务净现值（FNPV）   财务净现值是指把项目计算期内各年的财务净现金流量，按照一个给定的标准折现率（基准收益率）折算到建设期初（项目计算期第一年年初）的现值之和。财务净现值是考察项目在其计算期内盈利能力的主要动态评价指标。其表达式为：

$$\text{FNPV} = \sum_{t=0}^{n} (\text{CI} - \text{CO})_t (1 + i_c)^{-t} \tag{4-33}$$

式中   FNPV——净现值；

n——项目计算期；

i_c——标准折现率。

财务净现值表示建设项目的收益水平超过基准收益的额外收益。该指标在用于投资方案的经济评价时，财务净现值大于等于零，项目可行。

（2）财务内部收益率（FIRR）   财务内部收益率是指项目在整个计算期内各年财务净现金流量的现值之和等于零时的折现率，也就是使项目的财务净现值等于零时的折现率，其表达式为：

$$\sum_{t=0}^{n} (\text{CI} - \text{CO})_t (1 + \text{FIRR})^{-t} = 0 \tag{4-34}$$

财务内部收益率是反映项目实际收益率的一个动态指标，读指标越大越好。一般情况下，财务内部收益率大于等于基准收益率时，项目可行。财务内部收益率一般用试算插值法计算，公式为：

$$\text{FIRR} = i_1 + \frac{\text{NPV}_1}{\text{NPV}_1 + |\text{NPV}_2|} (i_2 - i_1) \tag{4-35}$$

（3）投资回收期   投资回收期按照是否考虑资金时间价值可以分为静态投资回收期和动态投资回收期。

① 静态投资回收期。静态投资回收期是指以项目每年的净收益回收项目全部投资所需要的时间，是考察项目财务上投资回收能力的重要指标。这里所说的全部投资既包括固定资

产投资，又包括流动资金投资。项目每年的净收益是指税后利润加折旧。静态投资回收期的表达式如下：

$$\sum_{t=0}^{P_t} (CI - CO)_t = 0 \qquad (4\text{-}36)$$

如果项目建成投产后各年的净收益不相同，则静态投资回收期可根据累计净现金流量用插值法求得。其计算公式为：

$$P_t = 累计净现金流量开始出现正值的年份 - 1 + \frac{上一年累计现金流量的绝对值}{当年净现金流量} \qquad (4\text{-}37)$$

当静态投资回收期小于等于基准投资回收期时，项目可行。

② 动态投资回收期。动态投资回收期是指在考虑了资金时间价值的情况下，以项目每年的净收益回收项目全部投资所需要的时间。这个指标主要是为了克服静态投资回收期指标没有考虑资金时间价值的缺点而提出的。动态投资回收期的表达式如下：

$$\sum_{t=0}^{P_t'} (CI - CO)_t (1 + i_c)^{-t} = 0 \qquad (4\text{-}38)$$

式中　P_t'——动态投资回收期；

其他符号含义同前。

与 P_t 相似，P_t' 也可以用插值法求出，公式为：

$$P_t' = 累计净现金流量现值开始出现正值的年份 - 1 + \frac{上一年累计现金流量现值的绝对值}{当年净现金流量现值}$$

$$(4\text{-}39)$$

动态投资回收期是在考虑了项目合理收益的基础上收回投资的时间，只要在项目寿命期结束之前能够收回投资，就表示项目已经获得了合理的收益。因此，只要动态投资回收期不大于项目寿命期，项目就可行。

（4）投资收益率　投资收益率是指在项目达到设计能力后，其每年的净收益与项目全部投资的比率，是考察项目单位投资盈利能力的静态指标，其表达式为：

$$投资收益率 = (年净收益 / 项目全部投资) \times 100\% \qquad (4\text{-}40)$$

当项目在正常生产年份内各年的收益情况变化幅度较大时，可用年平均净收益替代净收益，计算投资收益率。在采用投资收益率对项目进行经济评价时，投资收益率不小于行业平均的投资收益率（或投资者要求的最低收益率），项目即可行。投资收益率指标由于计算口径不同，又可分为投资利润率、投资利税率、资本金利润率等指标。

$$投资利润率 = \frac{年利润总额(年平均利润总额)}{项目总投资} \times 100\% \qquad (4\text{-}41)$$

$$投资利税率 = \frac{年利税总额(年平均利税总额)}{项目总投资} \times 100\% \qquad (4\text{-}42)$$

$$年利税总额 = 年利润总额 + 销售税金及附加 = 年销售收入 - 年总成本费用 \qquad (4\text{-}43)$$

$$资本金利润率 = \frac{年税后利润总额}{资本金总额} \times 100\% \qquad (4\text{-}44)$$

2. 清偿能力评价

投资项目的资金构成一般可分为借入资金和自有资金。自有资金可长期使用，而借入资金必须按期偿还。项目的投资者自然要关心项目偿债能力；借入资金的所有者——债权人也非常关心贷出资金能否按期收回本息。因此，偿债分析是财务分析中的一项重要内容。

（1）借款偿还期分析　项目偿债能力分析可在编制资金来源与运用表的基础上进行。为了表明项目的偿债能力，可按尽早还款的方法计算。假设在建设期借入资金，生产期逐期归还，则借款偿还期的计算公式与投资回收期公式相似，公式为：

$$借款偿还期＝偿清债务年份数-1+\frac{偿清债务当年应付的本息}{当年可用于偿债的资金总额} \tag{4-45}$$

借款偿还期小于等于借款合同规定的期限时，项目可行。

（2）资产负债率　资产负债率反映项目总体偿债能力。这一比率越低，则偿债能力越强。但是资产负债率的高低还反映了项目利用负债资金的程度，因此该指标水平应适当。

$$资产负债率＝负债总额/资产总额 \tag{4-46}$$

（3）流动比率　该指标反映企业偿还短期债务的能力。该比率越高，单位流动负债将有更多的流动资产作保障，短期偿债能力就越强。但是可能会导致流动资产利用效率低下，影响项目效益。因此流动比率一般为2∶1较好。

$$流动比率＝流动资产总额/流动负债总额 \tag{4-47}$$

（4）速动比率　该指标反映了企业在很短时间内偿还短期债务的能力。速动资产＝流动资产-存货，是流动资产中变现最快的部分，速动比率越高，短期偿债能力越强。同样，速动比率过高也会影响资产利用效率，进而影响企业经济效益。因此，速动比率一般为1左右较好。

$$速动比率＝速动资产总额/流动负债总额 \tag{4-48}$$

案例分析 ▶▶

案例一　　　　　　　　　　**投资估算案例**

某企业预投资某一石化项目，设计生产能力45万吨，已知生产能力为30万吨的同类项目投入设备费用为30000万元，设备综合调整系数为1.1，该类项目生产能力指数估计为0.8。该类项目的建筑工程费是设备费的10%，安装工程费是设备费的20%，其他工程费用是设备费的10%，这三项的综合调整系数为1.0，其他投资费用估算为1000万元。项目建设期为3年，投资进度计划为：第一年30%，第二年50%，第三年20%，建设前期的年数假设为0。

基本预备费率为10%，建设期内生产资料价差预备费率为5%。该项目的自有资金为50000万元，其余通过银行贷款获得，年利率为8%，按季计息，贷款发放进度与项目投资进度一致。

该项目达到设计生产能力以后，全厂定员1100人，工资与福利费按照每人每年12000元估算，每年的其他费用为860万元（其中其他制造费用为300万元）。年外购商品或服务费用900万元，年外购原材料、燃料及动力费为6200万元，年修理费为500万元，年经营成本为4500万元，年营业费用忽略不计，年预收营业收入为1200万元。各项流动资金的最低周转天数：应收账款30天，预付账款20天，现金45天，存货中各构成项的周转天数均为40天，应付账款30天，预收账款35天。

[问题]：

1. 估算建设期借款利息。

2．用分项详细估算法估算拟建项目的流动资金，编制流动资金估算表。

3．估建设项目的总投资额（计算结果保留两位小数）。

[分析]：

问题1：

（1）用生产能力指数法估算设备费＝30000×(45/30)$^{0.8}$×1.1＝45644.34。

（2）有系数估算法估算静态投资

＝45644.34×(1＋10%×1.0＋20%×1.0＋10%×1.0)＋1000＝64902.08(万元)

基本预备费＝64902.08×10%＝6490.21(万元)

包含基本预备费的静态投资＝64902.08＋6490.21＝71392.29(万元)

（3）计算价差预备费

$$价差预备费＝71392.29×30%×[(1＋5%)^{0.5}×(1＋5%)^{1-1}-1]＋71392.29×$$
$$50%×[(1＋5%)^{0.5}×(1＋5%)^{2-1}-1]＋71392.29×20%×$$
$$[(1＋5%)^{0.5}×(1＋5%)^{3-1}-1]$$
$$＝528.91＋2710.40＋1852.29＝5091.60(万元)$$

（4）计算建设期借款利息

实际年利率＝(1＋8%/4)^4-1＝8.24%。

第1年借款额＝第1年的投资计划额-第1年自有资金投资额
＝(71392.29＋5091.60-50000)×30%＝7945.17(万元)。

第1年利息＝7945.17/2×8.24%＝327.34(万元)。

第2年借款额＝(71392.29＋5091.60-50000)×50%＝13241.95(万元)。

第2年利息＝(7945.17＋327.34＋13241.95/2)×8.24%＝1227.22(万元)。

第3年借款额＝(71392.29＋5091.60-5000)×20%＝5296.78(万元)。

第3年利息＝(7945.17＋327.34＋13241.95＋1227.22＋5296.78/2)×8.24%
＝2092.14(万元)。

建设期借款利息＝327.34＋1227.22＋2092.14＝3646.70(万元)。

问题2：

（1）估算流动资产

应收账款＝年经营成本/应收账款年周转次数＝4500/(360/30)＝375(万元)。

预付账款＝外购商品或服务年费用金额/预付账款年周转次数＝900/(360/20)
＝50(万元)

现金＝(年工资及福利费＋年其他费用)/现金年周转次数＝(1.2×1100＋860)/(360/45)＝272.50(万元)。

外购原材料、燃料费用＝年外购原材料、燃料费用/存货年周转次数＝6200/(360/40)＝688.89(万元)。

在产品价值＝(年工资及福利费＋年其他制造费＋年外购原材料、燃料动力费＋年修理费)/存货年周转次数＝(1.2×1100＋300＋6200＋500)/(360/40)＝924.44(万元)。

产成品价值＝(年经营成本-年其他营业费用)/存货年周转次数＝4500/(360/40)＝500(万元)。

存货价值＝外购原材料、燃料费用＋在产品价值＋产成品价值＝688.89＋924.44＋500
＝2113.33(万元)。

流动资产＝应收账款＋预付账款＋存货＋现金＝375＋50＋2113.33＋272.50
　　　　＝2810.83(万元)。

（2）估算流动负债

应付账款＝外购原材料、燃料动力及其他材料年费用/应付账款年周转次数
　　　　＝6200/(360/30)＝516.67(万元)。

预收账款＝预收的营业收入年金额/预收账款年周转次数＝1200/(360/35)
　　　　＝116.67(万元)。

流动负债＝应付账款＋预收账款＝516.67＋116.67＝633.34(万元)。

流动资金＝流动资产－流动负债＝2810.83－633.34＝2177.49(万元)。

编制的流动资金估算表见表4-12。

表4-12　流动资金估算表

序号	项目	最低周转天数/天	周转次数	金额/万元
1	流动资产	—	—	2810.83
1.1	应收账款	30	12	375
1.2	预付账款	20	18	50
1.3	存货	40	9	2113.33
1.3.1	外购原材料、燃料	40	9	688.89
1.3.2	在产品	40	9	924.44
1.3.3	产成品	40	9	500
1.4	现金	45	8	272.50
2	流动负债			633.34
2.1	应付账款	30	12	516.67
2.2	预收账款	35	10.3	116.67
3	流动资金＝流动资产－流动负债	—	—	2177.49

3. 建设项目总投资估算额＝固定资产投资估算总额＋流动资金估算总额
　　　　　　　　　　　　＝71392.29＋5091.60＋3646.70＋2177.49
　　　　　　　　　　　　＝82308.08(万元)。

案例二　　　　　　　　　　　财务评价案例

以某工业项目为例，说明财务报表的编制以及财务评价指标的计算方法。

（一）基础数据

新建一化工厂，预计项目建设期为3年，第4年投产，第5年开始达到设计生产能力，项目从建设期开始寿命期为15年。

① 固定资产投资8000万元，其中自有资金投资4000万元。第一年初投资2500万元，其中自有资金1500万元；第二年初投资3500万元，其中自有资金1500万元；第三年初投资2000万元，其中自有资金1000万元，不足部分为银行贷款。银行贷款年利率为10%，建设期间只计息不还款，第四年投产后开始还贷，每年付清利息并分10年等额偿还建设期利息资本化后的全部借款本金。

② 流动资金投资约需2490万元，全部用银行贷款，年利率10%。

③ 销售收入、销售税金及附加和经营成本的预测值如表4-13所示，其他支出忽略不计。

表 4-13 销售收入、销售税金及附加和经营成本预测值 单位：万元

项目 \ 年末	4	5	6	……	15
销售收入	5600	8000	8000	……	8000
销售税金及附加	336	480	480	……	480
经营成本	3500	5000	5000	……	5000

（二）分析与说明

（1）计算建设期贷款利息

$$建设期年利息＝（年初借款累计＋本年借款/2）×年利率 \qquad (4-49)$$

由已知条件可知，建设期第一年需贷款 1000 万元，第二年需贷款 2000 万元，第三年需贷款 1000 万元，则根据式（4-49），可得出建设期贷款利息。

建设期第一年：$1000×10\%/2＝50$（万元）

建设期第二年：$1050×10\%＋2000×10\%/2＝205$（万元）

建设期第三年：$(1050＋2000＋205)×10\%＋1000×10\%/2＝375$（万元）

则建设期贷款总共为：$50＋205＋375＝630$（万元）

（2）计算固定资产年折旧额及回收固定资产余值 假设固定资产平均折旧年限为 15 年，残值率为 5%，则根据直线折旧法，年折旧额＝固定资产原值（1－残值率）/折旧年限，可得：

年折旧额＝$(8000＋630)×(1－5\%)/15＝547$（万元）

期末回收固定资产余值＝固定资产原值－固定资产折旧

$$＝(8000＋630)－547×(15－3)＝2066（万元）$$

需注意的是，在进行年折旧额计算时，公式中的固定资产原值包括建设期贷款在内。

（3）计算本金偿还及利息支付 根据已知条件"建设期间只计息不还款，第四年投产后开始还贷，每年付清利息并分 10 年等额偿还建设期利息资本化后的全部借款本金"，还本付息从第四年开始，每年的本金偿还额度为：$(4000＋630)/10＝463$（万元）

第 4 年支付的利息为：$4630×10\%＝463$（万元）

第 5 年支付的利息为：$(4630－463)×10\%＝417$（万元）

第 6 年支付的利息为：$(4630－463×2)×10\%＝370$（万元）

第 7 年支付的利息为：$(4630－463×3)×10\%＝324$（万元）

第 8 年支付的利息为：$(4630－463×4)×10\%＝278$（万元）

第 9 年支付的利息为：$(4630－463×5)×10\%＝232$（万元）

第 10 年支付的利息为：$(4630－463×6)×10\%＝185$（万元）

第 11 年支付的利息为：$(4630－463×7)×10\%＝139$（万元）

第 12 年支付的利息为：$(4630－463×8)×10\%＝93$（万元）

第 13 年支付的利息为：$(4630－463×9)×10\%＝46$（万元）

以上计算的是固定资产投资的还贷计划及各年利息，流动资金贷款年利息为：

$2490×10\%＝249$（万元）

（4）编制损益表如表 4-14 所示，计算各年的所得税 设正常生产年份的销售收入为 8000 万元，经营成本为 5000 万元，第四年投产期的生产负荷为 70%。

表 4-14　损益表　　　　　　　　　　　　　　　单位：万元

序号	内容＼年初	4	5	6	7	8	9	10	11	12	13	14	15
1	销售收入	5600	8000	8000	8000	8000	8000	8000	8000	8000	8000	8000	8000
2	销售税金及附加（1×6%）	336	480	480	480	480	480	480	480	480	480	480	480
3	经营成本	3500	5000	5000	5000	5000	5000	5000	5000	5000	5000	5000	5000
4	折旧	547	547	547	547	547	547	547	547	547	547	547	547
5	建设投资借款利息	463	417	370	324	278	232	185	139	93	46	0	0
6	流动资金借款利息	249	249	249	249	249	249	249	249	249	249	249	249
7	利润总额（1−2−3−4−5−6）	505	1307	1354	1400	1446	1492	1539	1585	1631	1678	1724	1724
8	所得税（7×33%）	167	431	447	462	477	492	508	523	538	554	569	569
9	税后利润（7−8）	338	876	907	938	969	1000	1031	1062	1093	1124	1155	1155
10	盈余公积金（9×10%）	34	88	91	94	97	100	103	106	109	112	116	116
11	公益金（9×5%）	17	44	45	47	48	50	52	53	55	56	58	58
12	应付利润	287	744	771	797	824	850	876	903	929	956	981	981
13	未分配利润	0	0	0	0	0	0	0	0	0	0	0	0

（5）编制全部投资现金流量表（见表 4-15）

表 4-15　全部投资现金流量表　　　　　　　　　　　　单位：万元

内容＼年末	建设期				投产期						达产期				
	0	1	2	3	4	5	6	7	8	9	10	11	12	13	14	15
（一）现金流入															
1. 销售收入					5600	8000	8000	8000	8000	8000	8000	8000	8000	8000	8000	8000
2. 回收固定资产余值																2066
3. 回收流动资金																2490
（二）现金流出															
1. 固定资产投资	2500	3500	2000												
2. 流动资金				2490											
3. 经营成本					3500	5000	5000	5000	5000	5000	5000	5000	5000	5000	5000	5000
4. 销售税金及附加					336	480	480	480	480	480	480	480	480	480	480	480
5. 所得税					167	431	447	462	477	492	508	523	538	554	569	569
（三）净现金流量	−2500	−3500	−2000	−2490	1597	2089	2073	2058	2043	2028	2012	1997	1982	1966	1951	6507

（6）编制自有资金现金流量表（表 4-16）

表 4-16　自有资金现金流量表　　　　　　　　　　　　单位：万元

内容＼年末	建设期				投产期						达产期				
	0	1	2	3	4	5	6	7	8	9	10	11	12	13	14	15
（一）现金流入															
1. 销售收入					5600	8000	8000	8000	8000	8000	8000	8000	8000	8000	8000	8000

内容＼年末	建设期					投产期						达产期				
	0	1	2	3	4	5	6	7	8	9	10	11	12	13	14	15
2. 回收固定资产余值																2066
3. 回收流动资金																2490
(二)现金流出																
1. 自有固定投资	1500	1500	1000													
2. 自有流动资金																
3. 经营成本					3500	5000	5000	5000	5000	5000	5000	5000	5000	5000	5000	5000
4. 销售税金及附加					336	480	480	480	480	480	480	480	480	480	480	480
5. 所得税					167	431	447	462	477	492	508	523	538	554	569	569
6. 固定投资还本					463	463	463	463	463	463	463	463	463	463	0	0
7. 固定投资付息					463	417	370	324	278	232	185	139	93	46	0	0
8. 流动资金还本																2490
9. 流动资金付息					249	249	249	249	249	249	249	249	249	249	249	249
(三)净现金流量	−1500	−1500	−1500		422	960	991	1022	1053	1084	1115	1146	1177	1208	1702	3768

(7) 编制资金来源与运用表（表4-17）

表4-17　资金来源与运用表　　　　　　　　单位：万元

内容＼年末	建设期				生产经营期												期末余值
	0	1	2	3	4	5	6	7	8	9	10	11	12	13	14	15	
(一)资金来源	2500	3500	2000	2490	1052	1854	1901	1947	1993	2039	2086	2132	2178	2225	2271	2271	4556
1. 利润总额					505	1307	1354	1400	1446	1492	1539	1585	1631	1678	1724	1724	
2. 折旧与摊销					547	547	547	547	547	547	547	547	547	547	547	547	
3. 长期借款	1000	2000	1000														
4. 短期借款				2490													
5. 自有资金	1500	1500	1000														
6. 回收固定资产余值																	2066
7. 回收流动资金																	2490
(二)资金运用	2500	3500	2000	2490	917	1638	1681	1722	1764	1805	1847	1889	1930	1973	1500	1500	2490
1. 固定资产投资	2500	3500	2000														
2. 建设期贷款利息		50	205	375													
3. 流动资金				2490													
4. 所得税					167	431	447	462	477	492	508	523	538	554	569	569	
5. 应付利润					287	744	771	797	824	850	876	903	929	956	981	981	
6. 长期借款还本					463	463	463	463	463	463	463	463	463	463	463	463	
7. 短期借款还本																2490	
(三)盈余资金	0	0	0	0	135	216	220	225	229	234	239	243	248	252	721	721	2066
(四)累计盈余资金	0	0	0	0	135	351	571	796	1025	1259	1498	1741	1989	2241	2962	3683	5751

(8) 编制资产负债表（表4-18）

表4-18　资产负债表　　　　　　　　　　　　单位：万元

内容＼年末	建设期			生产经营期											
	1	2	3	4	5	6	7	8	9	10	11	12	13	14	15
（一）资产	2550	6255	11120	10708	10377	10050	9728	9410	9097	8789	8485	8186	7891	8065	8239
1. 流动资产总额			2490	2625	2841	3061	3286	3515	3749	3988	4231	4479	4731	5452	6173
流动资产			2490	2490	2490	2490	2490	2490	2490	2490	2490	2490	2490	2490	2490
累计盈余资金				135	351	571	796	1025	1259	1498	1741	1989	2241	2962	3683
2. 在建工程	2550	6255	8630												
3. 固定资产净值				8083	7536	6989	6442	5895	5348	4801	4254	3707	3160	2613	2066
（二）负债与所有者权益	2550	6255	11120	10708	10377	10050	9728	9410	9097	8789	8485	8186	7891	8065	8239
1. 流动负债总额			2490	2490	2490	2490	2490	2490	2490	2490	2490	2490	2490	2490	2490
短期借款			2490	2490	2490	2490	2490	2490	2490	2490	2490	2490	2490	2490	2490
2. 长期负债	1050	3255	4630	4167	3704	3241	2778	2315	1852	1389	926	463	0	0	0
负债合计	1050	3255	7120	6657	6194	5731	5268	4805	4342	3879	3416	2953	2490	2490	2490
3. 所有者权益	1500	3000	4000	4051	4183	4319	4461	4605	4755	4910	5015	5233	5401	5575	5749
资本金	1500	3000	4000	4000	4000	4000	4000	4000	4000	4000	4000	4000	4000	4000	4000
累计盈余公积金	0	0	0	34	122	213	307	404	504	607	713	822	934	1050	1166
累计公益金	0	0	0	17	61	106	153	201	251	303	356	411	467	525	583
资产负债率	0.41	0.52	0.64	0.62	0.60	0.57	0.54	0.51	0.48	0.44	0.40	0.36	0.32	0.31	0.30
流动比率	—	—	1.0	1.1	1.1	1.2	1.3	1.4	1.5	1.6	1.7	1.8	1.9	2.2	2.5

（9）结果分析　在全部投资现金流量表（表4-15）中，列出了税后的净现金流量，由此可计算所得税后的各项经济指标分别是：静态投资回收期8.31年；财务内部收益率12.94%；财务净现值522.12万元。根据自有资金现金流量表（表4-16）中有关数据可以计算出：静态投资回收期7.56年；财务内部收益率16.27%，财务净现值1267.97万元。结果显示方案的经济效果好。

由资金来源与运用表（表4-17）可以看出，用项目筹措的资金和项目的净收益足可支付各项支出，不需用短期借款即可保证资金收支相抵有余。由资产负债表（表4-18）的资产负债率、流动比率两项指标来看，项目的负债比率除了个别年份外，均在60%以下，随着生产经营的继续，两项指标更为好转。从整体来看，该项目偿债能力较强。

本章小结 ▶▶

建设项目投资决策阶段是项目建设过程中造价控制非常重要的一个阶段，该阶段的主要工作是进行可行性研究，主要是进行市场、技术、经济效益三方面的研究，是构成项目可行性研究的三大支柱。建设项目投资决策阶段影响工程造价的因素主要有项目建设规模、建设标准、建设地区及地点、生产技术工艺方案和设备方案五个方面。

建设项目投资决策阶段工程造价管理，主要从整体上把握项目的投资，分析确定影响建设项目工程造价的主要因素，编制项目投资估算，对项目进行微观的经济财务分析，对关系到国计民生的大、中型建设项目进行宏观的国民经济评价和社会效益评价，结合建设项目决策阶段的不确定因素对建设项目进行风险管理，提高其抗风险能力。

固定资产（静态部分）投资估算方法主要有生产能力指数法、系数估算法、指标估算法、资金周转率法等；流动资金投资估算一般采用分项详细估算法。建设工程项目财务评价是根据国家现行财税制度和价格体系，编制财务报表，计算相关评价指标，考察项目的盈利能力、清偿能力及外汇平衡能力等财务状况，同时采用相关不确定性分析方法，分析其抗风险能力，据以判断项目的财务可行性，是项目可行性研究的核心内容。

复习思考题 ▶▶▶

一、单项选择题

1. 关于项目决策和工程造价的关系，下列说法正确的是（   ）。

A. 工程造价的正确性是项目决策合理性的前提；

B. 项目决策的内容是决定工程造价的基础；

C. 投资估算的深度影响项目决策的精确度；

D. 投资决策阶段对工程造价的影响程度不大

2. 在项目建设各阶段中，投资决策阶段影响工程造价的程度最高，达到（   ）。

A. 50%～70%；   B. 70%～90%；   C. 70%；   D. 80%～90%

3. 可行性研究分为（   ）几个阶段。

A. 机会研究、初步可行性研究、详细可行性研究和评价与决策；

B. 初步可行性研究、最终可行性研究和项目评估；

C. 项目评估、机会研究、初步可行性研究和最终可行性研究；

D. 机会研究、详细可行性研究和评价与决策

4. 投资估算的编制方法中，以拟建项目的主体工程费为基数，以其他工程费与主体工程费的百分比为系数，估算拟建项目静态投资的方法是（   ）。

A. 单位生产能力估算法；   B. 生产能力指数法；

C. 系数估算法；   D. 比例估算法

5. 某地 2012 年拟建年产 30 万吨化工产品项目。依据调查，某生产相同产品的已建成项目，年产量为 10 万吨，建设投资为 12000 万元。若生产能力指数为 0.9，综合调整系数为 1.15，则该拟建项目的建设投资是（   ）万元。

A. 28047；   B. 36578；   C. 37093；   D. 37260

6. 2006 年已建成年产 20 万吨的某化工厂，2010 年拟建年产 100 万吨生产相同产品的新项目，并采用增加相同规格设备数量的技术，增加同规格设备的数量达到生产规模的系数为（   ）。

A. 0.4～0.5；   B. 0.6～0.7；   C. 0.8～0.9；   D. 1

7. 预计某年度应收账款 1800 万元，应付账款 1300 万元，预收账款 700 万元，预付财款 500 万元，存货 1000 万元，现金 400 万元。则该年度流动资金估算额为（   ）万元。

A. 700；   B. 1100；   C. 1700；   D. 2100

8. 根据《国务院关于投资体制改革的决定》，对于采用贷款贴息方式的政府投资项目，政府需要审批（   ）。

A. 项目建议书；　　　　　　　　B. 可行性研究报告；

C. 工程概算；　　　　　　　　　D. 资金申请报告

9. 投资决策阶段，建设工程项目投资方案选择的重要依据之一是（　　　）。

A. 工程预算；　　B. 投资估算；　　C. 设计概算；　　D. 工程投标报价

10. 现编制某化工项目的投资估算需要进行：①估算流动资金；②估算其他费用；③估算建筑工程费用；④估算设备工器具费用及安装工程费用；⑤汇总出总投资。正确的编制步骤应该是（　　　）。

A. ④③①②⑤；　　B. ①③④②⑤；　　C. ③④②①⑤；　　D. ①③②④⑤

11. 某市拟建一个3000个床位的综合医院，在初步可行性研究阶段编制该医院的投资估算，已知相邻城市相同等级并拥有4000个床位的医院去年竣工，总投资为2亿元。

（1）该医院的投资费用从费用构成来讲，应包括（　　　）。

A. 从筹建到竣工使用的全部费用；　　B. 从筹建到施工的全部费用；

C. 从设计到竣工使用的全部费用；　　D. 从设计到施工的全部费用

（2）根据上述资料，采用的估算方法是（　　　）。

A. 生产能力指数法；　　　　　　　B. 指标估算法；

C. 资金周转率法；　　　　　　　　D. 比例估算法

（3）按照相关规定，此估算允许的误差范围（　　　）。

A. 不超过±30%；　　　　　　　　B. 不超过±20%；

C. 不超过±10%；　　　　　　　　D. 不超过±50%

12. 详细可行性研究阶段是最终决策阶段，投资估算精度的要求为误差控制在（　　　）以内。

A. ±10%；　　B. ±15%；　　C. ±20%；　　D. ±30%

13. 采用分项详细估算法估算项目流动资金时，流动资产的正确构成是（　　　）。

A. 应付账款＋预付账款＋存货＋年其他费用；

B. 应付账款＋应收账款－存货＋现金；

C. 应付账款＋存货＋预收账款＋现金；

D. 预付账款＋现金＋应收账款＋存货

14. 项目可行性研究中，投资估算除了包括建设投资估算内容、建设投资估算方法、流动资金估算和项目投入总资金外，还包括（　　　）。

A. 资金来源选择；　　　　　　　　B. 项目投入分年投入计划；

C. 资本金筹措；　　　　　　　　　D. 债务资金筹措

15. 项目可行性研究中，不属于经济效果评价的是（　　　）。

A. 效益与费用识别；　　　　　　　B. 影子价格的选取与计算；

C. 经济效果评价报表编制；　　　　D. 既有项目法人项目财务分析

16. 下列内容哪一项不属于可行性研究报告的作用？（　　　）

A. 投资决策的依据；

B. 环保部门审查项目对环境影响的依据；

C. 编制施工图预算的依据；

D. 筹集资金和向银行申请贷款的依据

17. 投资机会及项目建议书阶段是初步决策的阶段，投资估算的误差率在（　　　）

左右。

A. ±10%；   B. ±20%；   C. ±30%；   D. ±40%

18. 以拟建项目的主体工程费或主要设备为基数，以其他工程费与主体工程费或主要设备费的百分比为系数估计项目总投资的方法叫（   ）。

A. 类似项目对比法；   B. 系数估算法；

C. 生产能力指数法；   D. 比例估算法

19. 适用于可行性研究阶段的投资估算编制方法是（   ）。

A. 成本计算估价法；   B. 扩大指标估算法；

C. 分项详细估算法；   D. 定价估价法

20. 下列有关安装工程估算的说法错误的是（   ）。

A. 安装工程费＝设备原价×安装费率；

B. 安装工程费＝设备吨重×每吨安装费；

C. 安装工程费＝安装工程量×安装费率；

D. 工艺管道、自控仪等安装工程估算均以单项工程为单元

21. 下列流动资金分项详细估算的计算式中，正确的是（   ）。

A. 应收账款＝年营业收入/应收账款周转次数；

B. 预收账款＝年营业收入/预收账款周转次数；

C. 产成品＝（年经营成本－年其他营业费用）/产成品周转次数；

D. 预付账款＝存贷/预付账款周转次数

22. 企业的流动资产包括库存、库存现金、应收账款和（   ）等。

A. 短期投资   B. 预收账款   C. 应付账款；   D. 预付账款

23. 某建设项目工程费用为 7200 万元，工程建设其他费用为 1800 万元，基本预备费为 400 万元，项目前期年限 1 年，建设期 2 年，各年度完成静态投资额的比例分别为 60% 和 40%，年均投资价格上涨率为 6%，则该项目建设期第 2 年价差预备费为（   ）万元。

A. 444.96；   B. 464.74；   C. 564.54；   D. 589.63

二、多项选择题

1. 在建设工程项目决策阶段，技术方案影响着工程造价，因此选择技术方案应坚持的基本原则有（   ）。

A. 先进适用；   B. 安全可靠；   C. 经济合理；

D. 平均先进；   E. 简明适用

2. 在选择建设地点（厂址）时，应尽量满足下列哪几项要求。（   ）

A. 节约土地，尽量少占耕地，降低土地补偿费用；

B. 建设地点的地下水位应与地下建筑物的基准面持平；

C. 尽量选择人口相对稀疏的地区，减少拆迁移民数量；

D. 尽量选择在工程地质、水文地质较好的地段；

E. 厂区地形力求平坦，避免山地

3. 项目规模的合理选择关系着建设项目的成败，决定着工程造价合理与否，其制约因素有（   ）。

A. 市场因素；   B. 技术因素；   C. 环境因素；

D. 风险因素；   E. 经济因素

4. 项目规模确定中需考虑的主要环境因素包括（　　　）。

A. 产业政策；　　　B. 协助及土地条件；　　C. 劳动力市场情况；

D. 运输通信条件；　　E. 竞争对手状况

5. 按照指标估算法，建筑工程费用估算一般采用（　　　）。

A. 单位实物工程量投资估算法；　　　　　B. 工料单价投资估算法；

C. 单位建筑工程投资估算法；　　　　　　D. 概算指标投资估算法；

E. 工程量估算法

6. 投资估算的审核主要有以下哪些方面？（　　　）

A. 审核选用的投资估算方法的科学性与适用性；

B. 审核投资估算的费用项目、费用数额的真实性；

C. 审核投资估算的编制内容与拟建项目规划要求的一致性；

D. 审核投资估算的费用是否超过设计概算限额；

E. 审核和分析投资估算编制依据的时效性、有效性

7. 可行性研究与工程造价的确定和控制有着密不可分的联系，下面说法正确的是（　　　）。

A. 可行性研究结论的正确性是工程造价合理性的前提；

B. 可行性研究的内容是决定工程造价的基础；

C. 决策阶段是决定工程造价的基础阶段；

D. 工程造价高低、投资多少不影响可行性研究结论；

E. 可行性研究的深度影响投资估算的精确度，也影响工程造价的控制效果

8. 根据《投资项目可行性研究指南》规定，项目可行性研究报告的基本内容有（　　　）。

A. 市场分析与预测；　　　　　　　　　B. 资源条件评价；

C. 厂址选择；　　　　　　　　　　　　D. 施工图设计方案评价；

E. 财务分析

9. 流动资金估算时一般采用分项详细估算法，其正确的计算公式为流动资金＝（　　　）。

A. 流动资产＋流动负债；　　　　　　　B. 流动资产－流动负债；

C. 应收账款＋存货－现金；　　　　　　D. 应付账款＋存货＋现金－应收账款；

E. 应收账款＋存货＋现金－应付账款

10. 财务评价指标中的盈利能力分析的静态指标有（　　　）。

A. 净现值率；　　　B. 投资利润率；　　C. 资产负债率；

D. 内部收益率；　　E. 资本金利润率

11. 财务评价是根据国家现行财税制度和价格体系，分析计算项目直接发生的财务效益和费用，编制财务报表，计算评价指标，考察（　　　）等财务状况。

A. 盈利能力；　　　B. 适应市场能力；　　C. 交纳税收能力；

D. 清偿能力；　　　E. 项目平衡能力

三、名词解释

可行性研究；投资估算；比例估算法；系数估算法；财务评价

四、简答题

1. 项目决策阶段影响工程造价的因素有哪些？

2. 可行性研究报告的基本内容有哪些?

3. 可行性研究的作用有哪些?

4. 投资估算包括哪些内容?

5. 投资估算有哪些方法?

6. 财务评价的主要内容有哪些?

7. 简述投资估算的步骤。

五、案例分析与计算

[**背景**]: 某企业欲投资建设某一石化项目,具体基础数据如下。

① 设计生产能力 45 万吨,已知生产能力为 30 万吨的同类项目投入设备费用为 30000 万元,设备综合调整系数为 1.1,该项目生产能力指数估计为 0.8。

② 该类项目的建筑工程费是设备费的 10%,安装工程费是设备费的 20%,其他工程费用是设备费的 10%,这三项的综合调整系数为 1.0,其他投资费用估算为 1000 万元。

③ 项目建设期为 3 年,投资进度计划为:第 1 年 30%,第 2 年 50%,第 3 年 20%。

④ 基本预备费率为 10%,年均投资价格上涨率为 5%。

⑤ 该项目自有资金为 50000 万元,其余通过银行贷款获得,年利率为 8%,按季计息。贷款发放进度与项目投资进度一致。

[**问题**]: ① 估算设备购置费和静态投资;

② 估算价差预备费;

③ 估算建设期贷款利息;

④ 假设该项目铺底流动资金为 2100 万元,试估算建设项目的总投资额。

第五章

建设工程项目设计阶段工程造价管理

学习目标 ▶▶

1. 了解建设项目（工业建筑项目、民用建筑项目）设计阶段影响工程造价的主要因素。
2. 熟悉设计方案的评价与比较方法；掌握设计评价指标的概念。
3. 掌握价值工程、限额设计等设计方案优化方法与应用。
4. 掌握建设项目设计概算的编制与审查，重点掌握单位工程概算编制方法。
5. 掌握建设项目施工图预算的编制与审查，重点掌握施工图预算的编制方法及应用。

关键术语 ▶▶

设计方案评价与优化；价值工程；限额设计；设计概算；施工图预算

第一节　概　　述

一、工程设计、设计阶段及设计程序

（一）工程设计的含义

工程设计是指在工程开始施工之前，设计者根据已批准的设计任务书，为具体实现拟建项目的技术、经济要求，拟定建筑、安装及设备制造等所需的规划、图纸、数据等技术文件的工作。设计是建设项目由计划变为现实具有决定意义的工作阶段。设计文件是建筑安装施工的依据。拟建工程在建设过程中能否保证进度、保证质量和节约投资，在很大程度上取决于设计质量的优劣。工程建成后，能否获得满意的经济效果，除了项目决策之外，设计工作起着决定性的作用。设计工作的重要原则之一是保证设计的整体性，为此设计工作必须按一定的程序分阶段进行。

（二）工程设计阶段划分及深度要求

1. 工业项目设计

根据国家有关文件的规定，一般工业项目设计可按初步设计和施工图设计两个阶段进行，称为"两阶段设计"；对于技术上复杂、在设计时有一定难度的工程，根据项目主管部门的意见和要求，可以按初步设计、技术设计和施工图设计三个阶段进行，称之为"三阶段设计"。小型工程建设项目，技术上较简单的，经项目主管部门同意可以简化为施工图设计一阶段进行。

对于有些牵涉面较广的大型建设项目，如大型矿区、油田、大型联合企业的工程除按上述规定分阶段进行设计外，还应进行总体规划设计或总体设计。总体设计是对一个大型项目中的每个单项工程根据生产运行上的内在联系，在相互配合、衔接等方面进行统一规划、部署和安排，使整个工程在布置上紧凑、流程上顺畅、技术上先进可靠、生产上方便、经济上合理。但是，总体设计本身并不代表一个单独的设计阶段。

2. 民用项目设计

根据建设部建质［2003］84号文件《建筑工程设计文件编制深度规定》的有关要求，民用建筑工程一般应分为方案设计、初步设计和施工图设计三个阶段；对于技术要求简单的民用建筑工程，经有关主管部门同意，并且合同中有不做初步设计的约定，可在方案设计审批后直接进入施工图设计。

(三) 设计程序及深度要求

1. 工业项目设计程序

(1) 设计准备　设计者在动手设计之前，首先要了解并掌握各种有关的外部条件和客观情况，包括地形、气候、地质、自然环境等自然条件；城市规划对建筑物的要求，交通、水、电、气、通信等基础设施状况；业主对工程的要求，特别是工程应具备的各项使用功能要求；对工程经济估算的依据和所能提供的资金、材料、施工技术和装备等以及可能影响工程的其他客观因素。

(2) 总体设计　在第一阶段搜集资料的基础上，设计者对工程主要内容（包括功能与形式）的安排有个大概的布局设想，然后要考虑工程与周围环境之间的关系。在这一阶段设计者可以同使用者和规划部门充分交换意见，最后使自己的设计符合规划的要求、取得规划部门的同意，与周围环境有机融为一体。对于不太复杂的工程，这一阶段可以省略，把有关的工作并入初步设计阶段。

(3) 初步设计　这是设计过程中的一个关键性阶段，也是整个设计构思基本形成的阶段。通过初步设计可以进一步明确拟建工程在指定地点和规定期限内进行建设的技术可行性和经济合理性；并规定主要技术方案、工程总造价和主要技术经济指标，以利于在项目建设和使用过程中最有效地利用人力、物力和财力。工业项目初步设计包括总平面设计、工艺设计和建筑设计三部分。在初步设计阶段应编制设计总概算。

(4) 技术设计　技术设计是初步设计的具体化，也是各种技术问题的定案阶段。技术设计所应研究和决定的问题，与初步设计大致相同，但需要根据更详细的勘察资料和技术经济计算加以补充修正。技术设计的详细程度应能满足确定设计方案中重大技术问题和有关实验、设备选制等方面的要求。应能保证根据它编制施工图和提出设备订货明细表。技术设计的着眼点，除体现初步设计的整体意图外，还要考虑施工的方便易行，如果对初步设计中所确定的方案有所更改，应对更改部分编制修正概算书。对于不太复杂的工程，技术设计阶段可以省略，把这个阶段的一部分工作纳入初步设计（承担技术设计部分任务的初步设计称为扩大初步设计），另一部分留待施工图设计阶段进行。

（5）施工图设计　这一阶段主要是通过图纸，把设计者的意图和全部设计结果表达出来，作为施工制作的依据。它是设计工作和施工工作的桥梁，具体包括建设项目各分部工程的详图和零部件、结构件明细表，以及验收标准、方法等。施工图设计的深度应能满足设备、材料的选择与确定、非标准设备的设计与加工制作、施工图预算的编制、建筑工程施工和安装的要求。

（6）设计交底和配合施工　施工图发出后，设计单位应派人与建设、施工或其他有关单位共同会审施工图，进行技术交底，介绍设计意图和技术要求，修改不符合实际和有错误的图纸，参加试运转和竣工验收，解决试运转过程中的各种技术问题，并检验设计的正确和完善程度。

2. 民用项目设计程序

在民用项目设计各阶段工作内容的描述中，设计准备工作和设计交底及配合施工工作与工业项目设计大致相同。其他阶段，民用项目设计内容较为简单。

（1）方案设计　在《建筑工程设计文件编制深度规定》中，增加了方案设计的深度要求。方案设计的内容包括：

① 设计说明书，包括各专业设计说明以及投资估算等内容。

② 总平面图以及建筑设计图纸。

③ 设计委托或设计合同中规定的透视图、鸟瞰图、模型等。

方案设计文件，应满足编制初步设计文件的需要。

（2）初步设计　初步设计的内容与工业项目设计大致相同，包括各专业设计文件、专业设计图纸和工程概算，同时，初步设计文件应包括主要设备或材料表。初步设计文件应满足编制施工图设计文件的需要。对于技术要求简单的民用建筑工程该阶段可以省略。

（3）施工图设计　该阶段应形成所有专业的设计图纸（含图纸目录、说明和必要的设备、材料表），并按照要求编制工程预算书。对于方案设计后直接进入施工图设计的项目，施工图设计文件还应包括工程概算书。施工图设计文件，应满足设备材料采购、非标准设备制作和施工的需要。

二、工程设计的基本原则

工程设计是科学技术应用于工程建设的纽带，也是体现工程建设价值的一面镜子。一项工程建设项目对资源利用是否经济合理，技术、工艺、流程是否科学，在很大程度上取决于设计的水平和质量。工程设计不仅直接影响到建设项目的经济效果，也是贯彻国家方针政策的基本途径。在我国，建筑设计一般要求贯彻"适用、经济，在可能的条件下注意美观"的方针，工业建筑设计中要求贯彻"坚固适用、技术先进、经济合理"的方针。具体而言，在设计中应该坚持以下原则：

① 严格执行国家现行的设计规范和国家批准的建设标准。

② 尽量采用标准化设计，积极推广应用"可靠性设计方法"、"结构优化设计方法"等现代设计方法。

③ 注意因地制宜，就地取材，节省建设资金。在切实满足建筑物功能要求的同时，千方百计地节约投资、节约各种资源，缩短建设工期。

④ 积极采用技术上更加先进、经济上更加合理的新结构、新材料。

三、设计阶段工程造价管理的重要意义

在拟建项目经过投资决策阶段后，设计阶段就成为项目工程造价控制的关键环节。它对建设工程项目的建设工期、工程造价、工程质量及建成后能否发挥较好的经济效益，起着决定性的作用。

① 在设计阶段进行工程造价的计价与控制可以使造价构成更合理，提高资金利用效率。设计阶段工程造价的计价形式是编制设计概预算，通过设计概预算可以了解工程造价的构成，分析资金分配的合理性，并可以利用价值工程理论分析项目各个组成部分功能与成本的匹配程度，调整项目功能与成本使其更趋于合理。

② 在设计阶段进行工程造价的计价与控制可以提高投资控制效率。编制设计概算并进行分析，可以了解工程各组成部分的投资比例。对于投资比例比较大的部分应作为投资控制的重点，这样可以提高投资控制效率。

③ 在设计阶段控制工程造价会使控制工作更主动。长期以来，人们把控制理解为目标值与实际值的比较，以及当实际值偏离目标值时分析产生差异的原因，确定下一步对策。这对于批量性生产的制造业而言，是一种有效的管理方法。但是对于建筑业而言，由于建筑产品具有单件性的特点，这种管理方法只能发现差异，不能消除差异，也不能预防差异的发生，而且差异一旦发生，损失往往很大，因此是一种被动的控制方法。而如果在设计阶段控制工程造价，可以先按一定的标准，开列新建建筑物每一部分或分项的计划支出费用的报表，即造价计划。然后当详细设计制定出来以后，对工程的每一部分或分项估算造价，对照造价计划中所列的指标进行审核，预先发现差异，主动采取一些控制方法消除差异，使设计更经济。

④ 在设计阶段控制工程造价便于技术与经济相结合。由于体制和传统习惯的原因，我国的工程设计工作往往是由建筑师等专业技术人员来完成的。他们在设计过程中往往更关注工程的使用功能，力求采用比较先进的技术方法实现项目所需功能，而对经济因素考虑较少。如果在设计阶段吸收造价工程师参与全过程设计，使设计从一开始就建立在健全的经济基础之上，在作出重要决定时就能充分认识其经济后果。另外投资限额一旦确定以后，设计只能在确定的限额内进行，有利于建筑师发挥个人创造力，选择一种最经济的方式实现技术目标，从而确保设计方案能较好地体现技术与经济的结合。

⑤ 在设计阶段控制工程造价效果最显著。工程造价控制贯穿于项目建设全过程，而设计阶段的工程造价控制是整个工程造价控制的龙头。图 5-1 反映了各阶段影响工程项目投资的一般规律。

从图中可以看出，初步设计阶段对投资的影响为 75%～95%，技术设计阶段对投资的影响约为 40%，施工图设计准备阶段对投资的影响约为 25%。很显然，控制工程造价的关键是在设计阶段。在设计一开始就将控制投资的思想植根于设计人员的头脑中，可保证选择恰当的设计标准和合理的功能水平。

四、设计阶段工程造价控制的主要措施与方法

设计阶段控制工程造价的方法有：对设计方案进行优选或优化设计，推广限额设计和标准化设计，加强对设计概算、施工图预算的编制管理和审查。

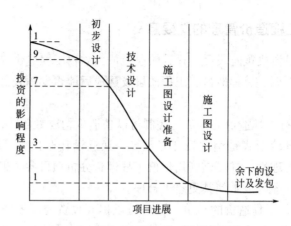

图 5-1　建设过程各阶段对投资的影响

（一）方案的造价估算、设计概算和施工图预算的编制与审查

设计阶段加强对设计方案估算、初步设计概算、施工图预算编制的管理和审查是至关重要的。实际工作中经常发现有的方案估算不够完整，有的限额设计的目标值缺乏合理性，有的概算不够正确，有的施工图预算不够准确，影响到设计过程中各个阶段造价控制目标的制定，最终不能达到以造价目标控制设计工作的目的。

方案估算要建立在分析测算的基础上，能比较全面、真实地反映各个方案所需的造价。在方案的投资估算过程中，要多考虑一些影响造价的因素，如施工的工艺和方法的不同、施工现场的不同情况等，因为它们都会使按照经验估算的造价发生变化，只有这样才能使估算更加完善。对于设计单位来说，当务之急是要对各类设计资料进行分析测算，以掌握大量的第一手资料数据，为方案的造价估算积累有效的数据。

设计概算不准、与施工图预算差距很大的现象常有发生，其原因主要包括初步设计图纸深度不够，概算编制人员缺乏责任心，概算与设计和施工脱节，概算编制中错误太多等。要提高概算的质量，首先，必须加强设计人员与概算编制人员的联系与沟通；其次，要提高概算编制人员的素质，加强责任心，多深入实际，丰富现场工作经验；再次，加强对初步设计概算的审查。概算审查可以避免重大错误的发生，避免不必要的经济损失，设计单位要建立健全三审制度（自审、审核、审定），大的设计单位还应建立概算抽查制度。概算审查不仅仅局限于设计单位、建设单位和概算审批部门，也应加强对初步设计概算的审查，严格概算的审批，也可以有效控制工程造价。

施工图预算是签订施工承包合同、确定合同价、进行工程结算的重要依据，其质量的高低直接影响到施工阶段的造价控制。提高施工图预算的质量可以从加强对编制施工图预算的单位和人员的资质审查以及加强对他们的管理的方式实现。

（二）设计方案的优化和比选

为了提高工程建设投资效果，从选择建设场地和工程总平面布置开始，直到最后结构构件的设计，都应进行多方案比选，从中选取技术先进、经济合理的最佳设计方案，或者对现有的设计方案进行优化，使其能够更加经济合理。在设计过程中，可以利用价值工程的思路和方法对设计方案进行比较，对不合理的设计提出改进意见，从而达到控制造价、节约投资的目的。设计方案优选还可以通过设计招标投标和设计方案竞选的办法，选择最优的设计方案，或将各方案的可取之处重新组合，提出最佳方案。

（三）限额设计和标准设计的推广

限额设计是设计阶段控制工程造价的重要手段，它能有效地克服和控制"三超"现象，使设计单位加强技术与经济的对立统一管理，能克服设计概、预算本身的失控对工程造价带来的负面影响。另外，推广成熟的、行之有效的标准设计不但能够提高设计质量，而且能够提高效率、节约成本；同时因为标准设计大量使用标准构、配件，压缩现场工作量，最终有利于工程造价的控制。

（四）推行设计索赔及设计监理等制度，加强设计变更管理

设计索赔及设计监理等制度的推行，能够真正提高人们对设计工作的重视程度，从而使设计阶段的造价控制得以有效开展，同时也可以促进设计单位建立完善的管理制度，提高设计人员的质量意识和造价意识。设计索赔制度的推行和加大索赔力度是切实保障设计质量和控制造价的必要手段。另外，设计图纸变更得越早，造成的经济损失越小；反之则损失越大。工程设计人员应建立设计施工轮训或继续教育制度，尽可能地避免设计与施工相脱节的现象发生，由此可减少设计变更的发生。对非发生不可的变更，应尽量控制在设计阶段，切记要用先算账、后变更、层层审批的方法，以便投资得到有效控制。

设计阶段对工程造价的控制十分必要，也是十分有效的。设计阶段造价控制的重要性可以说是人所共知，但我国目前在这一阶段的造价控制最为薄弱。加强这一阶段的造价控制对降低整个工程造价起到决定性的作用。当然，还要结合其他阶段以做到整个工程造价链条的控制，尤其要注意加强与建设工程项目生产与运营维护阶段的相关联系分析，真正做到全寿命造价的控制。

第二节 设计方案的评价和比较

一、设计方案评价原则

建筑工程设计方案评价就是对设计方案进行技术与经济的分析、计算、比较和评价，从而选出技术上先进、结构上坚固耐用、功能上适用、造型上美观、环境上自然协调和经济合理的最优设计方案，为决策提供科学的依据。

为了提高工程建设投资效果，从选择场地和工程总平面布置开始，直到最后结构零件的设计，都应进行多方案比选，从中选取技术先进、经济合理的最佳方案。设计方案优选应遵循以下原则。

（一）设计方案经济合理性与技术先进性相统一的原则

经济合理性要求工程造价尽可能低，如果一味地追求经济效果，可能会导致项目的功能水平偏低，无法满足使用者的要求；技术先进性追求技术的尽善尽美，项目功能水平先进，但可能会导致工程造价偏高。因此，技术先进性与经济合理性是一对矛盾体，设计者应妥善处理好二者的关系，一般情况下，要在满足使用者要求的前提下，尽可能降低工程造价。但是，如果资金有限制，也可以在资金限制范围内，尽可能提高项目功能水平。

（二）项目全寿命费用最低的原则

工程在建设过程中，控制造价是一个非常重要的目标。但是造价水平的变化，又会影响到项目将来的使用成本。如果单纯降低造价，建造质量得不到保障，就会导致使用过程中的维修费用很高，甚至有可能发生重大事故，给社会财产和人民生命安全带来严重损害。一般情况下，项目功能水平与工程造价及使用成本之间的关系如图5-2所示。在设计过程中应兼顾建设过程和使用过程，力求项目全寿命费用最低，即做到成本低、维护少、使用费用省。

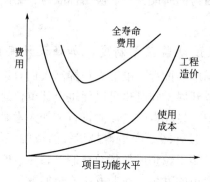

图 5-2　工程造价、使用成本和项目功能水平之间的关系

（三）设计方案经济评价的动态性原则

设计方案经济评价的动态性是指在经济评价时考虑资金的时间价值，即资金在不同时点存在实际价值的差异。这一原则不仅对有着经营性的工业建筑适用，也适用于使用费用呈增加趋势的民用建筑。资金的时间价值反映了资金在不同时间的分配及其相关的成本，对于经营性项目，影响到投资回收期的时间长短；对于民用建设工程项目，则影响到项目在使用过程中各种费用在远期与近期的分配。动态性原则是工程经济中的一个基本原则。

（四）设计必须兼顾近期投入与远期发展相统一的原则

一项工程建成后，往往会在很长的时间内发挥作用。如果按照目前的要求设计工程，在不远的将来，可能会出现由于项目功能水平无法满足需要而重新建造的情况。但是，如果按照未来的需要设计工程，又会出现由于功能水平高而资源闲置浪费的现象。所以，设计者要兼顾近期和远期的要求，选择项目合理的功能水平。同时，也要根据远景发展需要，适当留有发展余地。

（五）设计方案应符合可持续发展的原则

可持续发展原则反映在工程设计方面，即设计应符合"科学发展观"，"坚持以人为本，树立全面、协调、可持续的发展观，促进经济社会和人的全面发展"。科学发展观体现在投资控制领域，要求从单纯、粗放的原始扩大投资和简单建设转向提高科技含量、减少环境污染、绿色、节能、环保等可持续发展型投资。目前国家大力推广和提倡的建筑"四节"（节能、节水、节材、节地）、环保型建筑、绿色建筑等都是科学发展观的具体体现。绿色建筑遵循可持续发展原则，以高新技术为主导，针对建设工程项目全寿命的各个环节，通过科学的整体设计，全方位体现节约能源、节省资源、保护环境、"以人为本"的基本理念，创造高效低耗、无废无污、健康舒适、生态平衡的建筑环境，提高建筑的功能、效率与舒适性水平。这将成为我国将来一个时期内建筑业发展的方向。这一点首先要在设计中体现出来。

由于工程项目的使用领域不同，功能水平的要求也不同，因此对其设计方案进行评价所考虑的因素也不一样。下面分别介绍工业建设项目设计评价和民用建筑设计评价。

二、工业项目设计评价

工业项目设计由总平面设计、工艺设计及建筑设计三部分组成，它们之间是相互关联和制约的。各部分设计方案侧重点不同，评价内容也略有差异。因此分别对各部分设计方案进行技术经济分析与评价，是保证总设计方案经济合理的前提。

（一）总平面设计评价

总平面设计是指总图运输设计和总平面布置。主要包括的内容有：厂址方案、占地面积和土地利用情况；总图运输、主要建筑物和构筑物及公用设施的配置；外部运输、水、电、气及其他外部协作条件等。

1. 总平面设计中影响工程造价的因素

总平面设计是在按照批准的设计任务书选定厂址后进行的，它是对厂区内的建筑物、构筑物、露天堆场、运输线路、管线、绿化及美化设施等作全面合理的配置，以便使整个项目形成布置紧凑、流程顺畅、经济合理、方便使用的格局。总平面设计是工业项目设计的一个重要组成部分，它的经济合理性将对整个工业企业设计方案的合理性有极大的影响。在总平面设计中影响工程造价的因素如下。

（1）现场条件　现场条件是制约设计方案的重要因素之一，对工程造价的影响主要体现在：地质、水文、气象条件等影响基础形式的选择、基础的埋深（持力层、冻土线）；地形地貌影响平面及室外标高的确定；场地大小、邻近建筑物地上附着物等影响平面布置、建筑层数、基础形式及埋深。

（2）占地面积　占地面积的大小一方面会影响征地费用的高低，另一方面也会影响管线布置成本及项目建成运营的运输成本。

（3）功能分区　合理的功能分区既可以使建筑物的各项功能充分发挥，又可以使总平面布置紧凑、安全，避免深挖深填，减少土石方量和节约用地，降低工程造价。同时，合理的功能分区还可以使生产工艺流程顺畅，运输简便，降低项目建成后的运营成本。

（4）运输方式的选择　运输方式决定运输效率及成本，不同运输方式的运输效率及成本不同。有轨运输运量大，运输安全，但需要一次性投入大量资金；无轨运输无需一次性大规模投资，但是运量小，运输安全性较差。因此，要综合考虑建设项目生产工艺流程和功能区的要求以及建设场地等具体情况，选择经济合理的运输方式。

2. 总平面设计的基本要求

针对以上总平面设计中影响造价的因素，总平面设计应满足以下基本要求。

① 总平面设计要注意节约用地，不占或少占农田。要合理确定拟建项目的生产规模，妥善处理建设项目长远规划与近期建设的关系，近期建设项目的布置应集中紧凑，并适当留有发展余地。在符合防火、卫生和安全距离并满足使用功能的条件下，应尽量减少建筑物、生产区之间的距离，尽量考虑多层厂房或联合厂房等合并建筑，尽可能设计外形规整的建筑，以增加场地的有效使用面积。

② 总平面设计必须满足生产工艺过程的要求。生产总工艺流程走向是企业生产的主动

脉。因此生产工艺过程也是工业项目总平面设计中一个最根本的设计依据。总平面设计首先应进行功能分区，根据生产性质、工艺流程、生产管理的要求，将一个项目内所包含的各类车间和设备，按照生产上、卫生上和使用上的特征分组合并于一个特定区域内，使各区功能明确、运输管理方便、生产协调、互不干扰；同时又可节约用地，缩短设备管线和运输线路长度。然后，在每个生产区内，依据生产使用要求布置建筑物和构筑物，保证生产过程的连续性，主要生产作业无交叉、无逆流现象，使生产线最短、最直接。

③ 总平面设计要合理组织厂内外运输，选择方便经济的运输设施和合理的运输线路。运输设计应根据生产工艺和各功能区的要求以及建设地点的具体自然条件，合理布置运输线路，力求运距短、无交叉、无反复运输现象，并尽可能避免人流与物流交叉。厂区内道路布置应满足人流、物流和消防的要求，使建筑物、构筑物之间的联系最便捷。在运输工具的选择上，尽可能不选择有轨运输，以减少占地，节约投资。

④ 总平面布置应适应建设地点的气候、地形、工程水文地质等自然条件。总平面布置应该按照地形、地质条件，因地制宜地进行布置，为生产和运输创造有利条件。力求减少土方工程量，避免深开深挖，填方与挖土应尽可能平衡。建筑物布置应避开滑坡、断层、危岩等不良地段，以及采空区、软土层区等，力求以最少的建筑费用获得良好的生产条件。

⑤ 总平面设计必须符合城市规划的要求。工业建筑总平面布置的空间处理，应在满足生产功能的前提下，力求使厂区建筑物、构筑物组合设计整齐、简洁、美观，并与同一工业区内相邻厂房在造型、色彩等方面相互协调。在城镇的厂房应与城镇建设规划统一协调，使厂区建筑成为城镇总体建设面貌的一个良好组成部分。

3. 工业项目总平面设计的评价指标

(1) 有关面积的指标 包括厂区占地面积、建筑物和构筑物占地面积、永久性堆场占地面积、建筑占地面积（建筑物和构筑物占地面积＋永久性堆场占地面积）、厂区道路占地面积、工程管网占地面积、绿化面积。

(2) 比率指标 包括反映土地利用率和绿化率的指标。

① 建筑系数（建筑密度）。是指厂区内（一般指厂区围墙内）建筑物、构筑物和各种露天仓库及堆场、操作场地等的占地面积与整个厂区建设用地面积之比。它是反映总平面设计用地是否经济合理的指标，建筑系数大，表明布置紧凑，节约用地，又可缩短管线距离，降低工程造价。建筑系数可用下式计算：

$$建筑系数 = \frac{建筑占地面积}{厂区占地面积} \qquad (5-1)$$

② 土地利用系数。是指厂区内建筑物、构筑物、露天仓库及堆场、操作场地、铁路、道路、广场、排水设施及地上地下管线等所占面积与整个厂区建设用地面积之比，它综合反映出总平面布置的经济合理性和土地利用效率。土地利用系数可用下式计算：

$$土地利用系数 = \frac{建筑占地面积 + 厂区道路占地面积 + 工程管网占地面积}{厂区占地面积} \qquad (5-2)$$

③ 绿化系数。是指厂区内绿化面积与厂区占地面积之比，它综合反映了厂区的环境质量水平。

(3) 工程量指标 包括场地平整土石方量、地上及地下管线工程量、防洪设施工程量等。这些指标综合反映了总平面设计中功能分区的合理性及设计方案对地势地形的适应性。

(4) 功能指标 包括生产流程短捷、流畅、连续程度；场内运输便捷程度；安全生产满足程度等。

（5）经济指标　包括每吨货物运输费用、经营费用等。

4. 总平面设计评价方法

总平面设计方案的评价方法很多，有价值工程理论、模糊数学理论、层次分析理论等不同的方法，操作比较复杂。常用的方法是多指标对比法。该方法将在下文详细介绍。

（二）工艺设计评价

工艺设计部分要确定企业的技术水平。主要包括建设规模、标准和产品方案；工艺流程和主要设备的选型；主要原材料、燃料供应；"三废"治理及环保措施，此外还包括生产组织及生产过程中的劳动定员情况等。

1. 工艺设计阶段影响工程造价的因素

工艺设计是工程设计的核心，是根据工业企业生产的特点、生产性质和功能来确定的。工艺设计一般包括生产设备的选择、工艺流程设计、工艺定额的制定和生产方法的确定。工艺设计标准高低，不仅直接影响工程建设投资的大小和建设进度，而且还决定着未来企业的产品质量、数量和经营费用。在工艺设计过程中影响工程造价的因素主要包括以下几个方面。

（1）选择合适的生产方法

① 生产方法是否合适首先表现在是否先进适用。落后的生产方法不但会影响产品质量，而且在生产过程中也会造成生产维持费用较高，同时还需要追加投资改进生产方法；但是非常先进的生产方法往往需要较高的技术获取费，如果不能与企业的生产要求及生产环境相配套，将会带来不必要的浪费。

② 生产方法的合理性还表现在是否符合所采用的原料路线。不同的工艺路线往往要求不同的原料路线。选择生产方法时，要考虑工艺路线对原料规格、型号、品质的要求，原料供应是否稳定可靠。

③ 所选择的生产方法应该符合清洁生产的要求。近年来，随着人们环保意识的增强，国家也加大了环境保护执法监督力度，如果所选生产方法不符合清洁生产要求，项目主管部门往往要求投资者追加环保设施，带来工程造价的提高。

（2）合理布置工艺流程　工艺流程设计是工艺设计的核心。合理的工艺流程应既能保证主要工序生产的稳定性，又能根据市场需要的变化，在产品生产的品种规格上保持一定的灵活性。工艺流程设计与厂内运输、工程管线布置联系密切。

① 工艺流程的合理布置首先在于保证主要生产工艺流程无交叉和逆行现象，并使生产线路尽可能短，从而节约占地，减少技术管线的工程量，节约造价。

② 工艺流程是否合理主要表现在运输路线的组织是否合理。

（3）合理的设备选型　在工业建筑中，设备及安装工程投资占有很大的比例，设备的选型不仅影响着工程造价，而且对生产方法及产品质量也有着决定作用。

2. 工艺技术选择的原则

针对工艺设计过程中影响工程造价的因素，工艺技术选择应遵循以下原则。

（1）先进性　项目应尽可能采用先进技术和高新技术。衡量技术先进性的指标有产品质量性能、产品使用寿命、单位产品物耗能耗、劳动生产率、装备现代化水平等。

（2）适用性　项目所采用的工艺技术应该与国内的资源条件、经济发展水平和管理水平相适应。具体体现在：

① 采用的工艺路线要与可能得到的原材料、燃料、主要辅助材料或半成品相适应。

② 采用的技术与可能得到的设备相适应，包括国内和国外设备、主机和辅机。

③ 采用的技术、设备与当地劳动力素质和管理水平相适应。

④ 采用的技术与环境保护要求相适应，应尽可能采用环保型生产技术。

（3）可靠性　项目所采用的技术和设备质量应该可靠，并且经过生产实践检验，证明是成熟的技术。在引进国外先进技术时，要特别注意技术的可靠性、成熟性和相关条件的配合。

（4）安全性　项目所采用的技术在正常使用过程中应能保证生产安全运行。

（5）经济合理性　在注重所采用的技术设备先进适用、安全可靠的同时，应着重分析所采用的技术是否经济合理，是否有利于降低投资和产品成本，提高综合经济效益。技术的采用不应为追求先进而先进，要综合考虑技术系统的整体效益，对于影响产品性能质量的关键部分，工艺过程必须严格要求。关键工艺部分，如果专业设备和控制系统国内不能保证供应，则成套引进先进技术和关键设备就是必要的。

3. 设备选型与设计

在工艺设计中确定了生产工艺流程后，就要根据工厂生产规模和工艺过程的要求，选择设备型号和数量，并对一些标准和非标准设备进行设计。设备和工艺的选择是相互依存、紧密相连的。设备选择的重点因设计形式的不同而不同，应该选择能满足生产工艺要求、能达到生产能力的最适用的设备。

（1）设备选型的基本要求　对主要设备方案选择时应满足以下基本要求：

① 主要设备方案应与拟选的建设规模和生产工艺相适应，满足投产后生产（或使用）的要求。

② 主要设备之间、主要设备与辅助设备之间的能力相互配套。

③ 设备质量、性能成熟，以保证生产的稳定和产品质量。

④ 设备选择应在保证质量性能的前提下，力求经济合理。

⑤ 选用设备时，应符合国家和有关部门颁布的相关技术标准要求。

（2）设备选型时应考虑的主要因素　设备选型的依据是企业生产产品的工艺要求。设备选型要重点考虑设备的使用性能、经济性、可靠性和可维修性等。

① 设备的使用性能。包括：设备要满足产品生产工艺的技术要求，设备的生产率，与其他系统的配套性、灵活性，其对环境的污染情况等。

② 经济性。选择设备时，既要使设备的购置费用不高，又要使设备的维修费较为节省。任何设备都要消耗能源，但应使能源消耗较少，并能节省劳动力消耗。设备要有一定的自然寿命，即耐用性。

③ 设备的维修性。设备维修的难易程度用维修性表示。一般说来，设计合理，结构比较简单，零部件组装合理，维修时零部件易拆易装，检查容易，零件的通用性、标准性及互换性好，那么维修性就好。

④ 设备的可靠性。是指机器设备的精度、准确度的保持性，机器零件的耐用性、执行

功能的可靠程度，操作是否安全等。

（3）设备选型方案评价　合理地选择设备，可以使有限的投资发挥最大的技术经济效益。设备选型应该遵循生产上适用、技术上先进、经济上合理的原则，考虑生产率、工艺性、可靠性、维修性、经济性、安全性、环境保护性等因素进行。设备选择方案评价的方法有工程经济相关理论、全寿命周期成本评价法（LCC）、本量利分析法等。

4. 工艺技术方案的评价

对工艺技术方案进行比选的内容主要有：技术的先进程度、可靠程度，技术对产品质量性能的保证程度，技术对原料的适应程度，工艺流程的合理性，技术获得的难易程度，对环境的影响程度，技术转让费或专利费等技术经济指标。

对工艺技术方案进行比选的方法很多，主要有多指标评价法和投资效益评价法。

（三）建筑设计评价

建筑设计部分，要在考虑施工过程的合理组织和施工条件的基础上，决定工程的立体平面设计和结构方案的工艺要求，建筑物和构筑物及公用辅助设施的设计标准，提出工艺方案、暖气通风、给排水等问题的简要说明。

1. 建筑设计阶段影响工程造价的因素

（1）平面形状　一般地说，建筑物平面形状越简单，其单位面积造价就越低。当一座建筑物的平面又长又窄，或外形做得复杂而不规则时，其周长与建筑面积的比率必将增加，伴随而来的是较高的单位造价。因为不规则的建筑物将导致室外工程、排水工程、砌砖工程及屋面工程等复杂化，从而增加工程费用。平面形状的选择除考虑造价因素外，还应注意到美观、采光和使用要求方面的影响。

（2）流通空间　建筑物平面布置的主要目标之一是在满足建筑物使用要求的前提下，将流通空间减少到最小。这样可以相应地降低造价，但是造价不是检验设计是否合理的唯一标准，其他如美观和功能质量的要求也是非常重要的。

（3）层高　在建筑面积不变的情况下，建筑层高增加会引起各项费用的增加：墙与隔墙及其有关粉刷、装饰费用提高；供暖空间体积增加，导致热源及管道费增加；卫生设备、上下水管道长度增加；楼梯间造价和电梯设备费用增加；施工垂直运输量增加；如果由于层高增加而导致建筑物总高度增加很多，则还可能需要增加结构和基础造价。

据有关资料分析，单层厂房层高每增加 1m，单位面积造价增加 1.8%～3.6%，年度采暖费用增加约 3%；多层厂房的层高每增加 0.6m，单位面积造价提高 8.3%左右。由此可见，随着层高的增加，单位建筑面积造价也在不断增加。多层厂房造价增加幅度比单层厂房大，是因为其墙柱承重部分占总造价比重较大。

单层厂房的高度主要取决于车间内的运输方式。选择正确的车间内部运输方式，对于降低厂房高度，降低造价具有重要意义。在可能的条件下，特别是当起重量较小时，应考虑采用悬挂式运输设备来代替桥式吊车。多层厂房的层高应综合考虑生产工艺、采光、通风及建筑经济的因素来进行选择，多层厂房的建筑层高还取决于能否容纳车间内的最大生产设备和满足运输的要求。

（4）建筑物层数　毫无疑问，建筑工程总造价是随着建筑物的层数增加而提高的。但是当建筑物层数增加时，单位建筑面积所分摊的土地费用及外部流通空间费用将有所降低，从而使建筑物单位面积造价发生变化。建筑物层数对造价的影响，因建筑类型、形式和结构不同而不同。如果增加一个楼层不影响建筑物的结构形式，单位建筑面积的造价可能会降低。但是当建筑物超过一定层数时，结构形式就要改变，单位建筑面积造价通常会增加。建筑物越高，电梯及楼梯的造价将有提高趋势，建筑物的维修费用也将增加，但是采暖费用有可能下降。

工业厂房层数的选择应该重点考虑生产性质和生产工艺的要求。对于需要跨度大和层高大，拥有重型生产设备和起重设备，生产时有较大振动及大量热和气散发的重型工业，采用单层厂房是经济合理的；而对于工艺过程紧凑，设备和产品重量不大，并要求恒温条件的各种轻型车间，可采用多层厂房，以充分利用土地，节约基础工程量，缩短交通线路、工程管线和围墙的长度，降低单方造价。同时还可以减少传热面，节约热能。

确定多层厂房的经济层数主要有两个因素：一是厂房展开面积的大小，展开面积越大，层数越可提高；二是厂房宽度和长度，宽度和长度越大，则经济层数越能增高，造价也随之相应降低。比如，当厂房宽为 30m，长为 120m 时，经济层数为 3～4 层；当厂房宽为 37.5m，长为 150m 时，经济层数为 4～5 层；后者比前者造价降低 4%～6%。

（5）柱网布置　柱网布置是确定柱子的行距（跨度）和间距（每行柱子中相邻两个柱子间的距离）的依据。柱网布置是否合理，对工程造价和厂房面积的利用效率都有较大的影响。由于科学技术的飞跃发展，生产设备和生产工艺都在不断地变化。为适应这种变化，厂房柱距和跨度应适当扩大以保证厂房有更大的灵活性，避免生产设备和工艺的改变受到柱网布置的限制。

柱网的选择与厂房中有无吊车、吊车的类型及吨位、屋顶的承重结构以及厂房的高度等因素有关。对于单跨厂房，当柱间距不变时，跨度越大单位面积造价越低。因为除屋架外，其他结构件分摊在单位面积上的平均造价随跨度的增大而减小；对于多跨厂房，当跨度不变时，中跨数目越多越经济。这是因为柱子和基础分摊在单位面积上的造价减少。

（6）建筑物的体积与面积　通常情况下，随着建筑物体积和面积的增加，工程总造价会提高，因此应尽量减少建筑物的体积与总面积。为此，对于工业建筑，在不影响生产能力的条件下，厂房、设备布置力求紧凑合理；要采用先进工艺和高效能的设备，节省厂房面积；要采用大跨度、大柱距的大厂房平面设计形式，提高平面利用系数，降低单位面积造价。

（7）建筑材料与结构　建筑结构是指建筑工程中由基础、梁、板、柱、墙、屋架等构件所组成的起骨架作用的、能承受直接和间接"作用"的体系。建筑结构按所用材料可分为砌体结构、钢筋混凝土结构、钢结构和木结构等。根据全寿命周期成本理论，大跨工业厂房采用钢结构、中跨采用钢筋混凝土结构、小跨采用砖木结构经济上是合理的。

建筑材料和建筑结构选择得是否合理，不仅直接影响到工程质量、使用寿命、耐火抗震性能，而且对施工费用、工程造价有很大的影响。尤其是建筑材料，一般占直接工程费的70%，降低材料费用，不仅可以降低直接工程费，而且也会导致措施费和间接费的降低。采用各种先进的结构形式和轻质高强度建筑材料，能减轻建筑物自重，简化基础工程，减少建筑材料和构配件的费用及运费，并能提高劳动生产率和缩短建设工期，经济效果十分明显。

2. 建筑设计的要求

针对上述在建筑设计中影响工程造价的因素，在建筑设计中应遵循以下原则：

① 在建筑平面布置和立面形式选择上，应该满足生产工艺要求。在进行建筑设计时，

应该熟悉生产工艺资料，掌握生产工艺特性及其对建筑的影响。根据生产工艺资料确定车间的高度、跨度及面积，根据不同的生产工艺过程决定车间平面组合方式。

② 根据设备种类、规格、数量、重量和震动情况，以及设备的外形及基础尺寸，决定建筑物的大小、布置和基础类型，以及建筑结构的选择。

③ 根据生产组织管理、生产工艺技术、生产状况提出劳动卫生和建筑结构的要求。因此，建筑设计必须采用各种切合实际的先进技术，从建筑形式、材料和结构的选择、结构布置和环境保护等方面采取措施以满足生产工艺对建筑设计的要求。

3. 建筑设计评价指标

（1）厂房空间平面设计方案评价的技术经济指标

① 单位面积造价。建筑物平面形状、层数、层高、柱网布置、建筑结构及建筑材料等因素都会影响单位面积造价。因此单位面积造价是一个综合性很强的指标。

② 建筑物周长与建筑面积比。主要使用单位建筑面积所占的外墙长度指标 $K_{周}$，$K_{周}$ 越低，设计越经济，$K_{周}$ 按圆形、正方形、矩形、T 形、L 形的次序依次增大。该指标主要用于评价建筑物平面形状是否合理，指标越低，平面形状越合理。

③ 厂房展开面积。主要用于确定多层厂房的经济层数，展开面积越大，经济层数越可提高。

④ 厂房有效面积与建筑面积比。该指标主要用于评价柱网布置是否合理，合理的柱网布置可以提高厂房有效使用面积。

⑤ 工程全寿命成本。工程全寿命成本包括工程造价及工程建成后的使用成本，这是一个评价建筑物功能水平是否合理的综合性指标。一般来讲，功能水平低，工程造价低，但是使用成本高；功能水平高，工程造价高，但是使用成本低。工程全寿命成本最低时，功能水平最合理。

（2）工业厂房建筑结构体系方案评价指标　包括建设工期、劳动消耗、材料消耗、混凝土折算厚度、建筑物自重及建筑造价等。

4. 工业建筑设计评价方法

工业建筑设计评价的主要方法有多指标评价法、投资效益评价法和价值系数法，这些方法将在下文详细介绍。

三、民用建筑设计评价

民用建筑项目设计是根据建筑物的使用功能要求，确定建筑标准、结构形式、建筑物空间与平面布置以及建筑群体的配置等。民用建筑设计包括住宅设计、公共建筑设计以及住宅小区设计。住宅建筑是民用建筑中最大量、最主要的建筑形式。因此，本书主要介绍住宅建筑设计方案评价。

（一）住宅小区建设规划

我国城市居民点的总体规划一般分为居住区、小区和住宅组三级布置，即由几个住宅组组成小区，又由几个小区组成居住区。住宅小区是人们日常生活相对完整、独立的居住单元，是城市建设的组成部分，所以小区布置是否合理，直接关系到居民生活质量和城市建设发展等重大问题。在进行住宅小区建设规划时，要根据小区的基本功能和要求，确定各构成部分的合理层次与关系，据此安排住宅建筑、公共建筑、管网、道路及绿地的布局，确定合理的人口与建筑密度、房屋间距和建筑层数，布置公共设施项目、规模及服务半径，以及水、电、热、煤气的供应等，并划分包括土地开发在内的上述各部分的投资比例。小区规划设计的核心问题是提高土地利用率。

1. 住宅小区规划中影响工程造价的主要因素

（1）占地面积　居住小区的占地面积不仅直接决定着征地费的高低，而且影响着小区内道路、工程管线长度和公共设备的多少，而这些费用约占小区建设投资的1/5。因而，用地面积指标在很大程度上影响小区建设的总造价。

（2）建筑群体的布置形式　建筑群体的布置形式对用地的影响不容忽视，通过采取高低搭配、点条结合、前后错列以及局部东西向布置、斜向布置或拐角单元等手法节省用地。在保证小区居住功能的前提下，适当集中公共设施，合理布置道路，充分利用小区内的边角用地，有利于提高密度，降低小区的总造价。

2. 在住宅小区规划设计中节约用地的主要措施

（1）压缩建筑的间距　住宅建筑的间距主要有日照间距、防火间距和使用间距，取最大间距作为设计依据。北京地区住宅建筑的间距从1.8倍压缩到1.6倍，对于四单元六层住宅间的用地可节约230m²左右，每建10万平方米的住宅小区可少占地0.7公顷左右。

（2）提高住宅层数或高低层搭配　提高住宅层数和采用多层、高层搭配都是节约用地、增加建筑面积的有效措施。据国外计算资料，建筑层数由五层增加到九层，可使小区总居住面积密度提高35％。但是高层住宅造价较高，居住不方便，因此确定住宅的合理层数对节约用地有很大的影响。

（3）适当增加房屋长度　房屋长度的增加可以取消山墙间的间隔距离，提高建筑密度。

（4）提高公共建筑的层数　公共建筑分散建设占地多，如能将有关的公共设施集中建在一栋楼内，不仅方便群众，而且还节约用地。有的公共设施还可放在住宅底层或者半地下室。

（5）合理布置道路。

3. 居住小区设计方案评价指标

居住小区设计方案评价指标见式（5-3）～式（5-9）。

$$建筑毛密度=\frac{居住和公共建筑基底面积}{居住小区占地总面积}\times100\% \tag{5-3}$$

$$居住建筑净密度=\frac{居住建筑基底面积}{居住建筑占地面积}\times100\% \tag{5-4}$$

$$居住面积密度(m^2/公顷)=\frac{居住面积}{居住建筑占地面积} \tag{5-5}$$

$$居住建筑面积密度(m^2/公顷)=\frac{居住建筑面积}{居住建筑占地面积} \tag{5-6}$$

$$人口毛密度(人/公顷)=\frac{居住人数}{居住小区占地总面积} \tag{5-7}$$

$$人口净密度(人/公顷)=\frac{居住人数}{居住建筑占地面积} \tag{5-8}$$

$$绿化比率＝\frac{居住小区绿化面积}{居住小区占地总面积}\times100\% \tag{5-9}$$

其中需要注意区别的是居住建筑净密度和居住面积密度。

① 居住建筑净密度是衡量用地经济性和保证居住区必要卫生条件的主要技术经济指标。其数值的大小与建筑层数、房屋间距、层高、房屋排列方式等因素有关。适当提高建筑密度，可节省用地，但应保证日照、通风、防火、交通安全的基本需要。

② 居住面积密度是反映建筑布置、平面设计与用地之间关系的重要指标。影响居住面积密度的主要因素是房屋的层数，增加层数其数值就增大，有利于节约土地和管线费用。

（二）民用住宅建筑设计评价

1. 民用住宅建筑设计影响工程造价的因素

（1）建筑物平面形状和周长系数　与工业项目建筑设计类似，使用指标$K_周$，虽然圆形建筑$K_周$最小，但由于施工复杂，施工费用较矩形建筑增加20%～30%，故其墙体工程量的减少不能使建筑工程造价降低，而且使用面积有效利用率不高，用户使用不便。因此，一般都建造矩形和正方形住宅，既有利于施工，又能降低造价和使用方便。在矩形住宅建筑中，又以长∶宽＝2∶1为佳。一般住宅以3～4个住宅单元、房屋长度60～80m较为经济。房屋长度增加到一定程度，就需要设置带有二层隔墙的变温收缩，增加造价。

在满足住宅功能和质量的前提下，适当加大住宅宽度（进深），这是由于宽度加大，墙体面积系数相应减少，有利于降低造价。

（2）住宅的层高和净高　住宅的层高和净高直接影响工程造价。根据不同性质的工程综合测算，住宅层高每降低10cm，可降低造价1.2%～1.5%。层高降低还可提高住宅区的建筑密度，节约征地费、拆迁费及市政设施费。但是，层高设计中还需考虑采光与通风问题，层高过低不利于采光及通风，因此，民用住宅的层高一般在2.5～2.8m之间。适当降低层高，增加面积，因为住宅标准的高低取决于面积和设备水平。

（3）住宅的层数　民用建筑按层数划分为低层住宅（1～3层）、多层住宅（4～6层）、中层住宅（7～9层）和高层住宅（10层以上）。在民用建筑中，多层住宅具有降低造价和使用费用以及节约用地的优点。表5-1分析了砖混结构的多层住宅单方造价与层数之间的关系。

表 5-1　砖混结构多层住宅层数与造价的关系

住宅层数	一	二	三	四	五	六
单方造价系数/%	138.05	116.95	108.38	103.51	101.68	100
边际造价系数/%	—	−21.1	−8.57	−4.87	−1.83	−1.68

由表5-1可知，随着住宅层数的增加，单方造价系数在逐渐降低，即层数越多越经济。但是边际造价系数也在逐渐减小，说明随着层数的增加，单方造价系数下降幅度减缓，当住宅超过7层，就要增加电梯费用，需要较多的交通面积（过道、走廊要加宽）和补充设备（供水设备和供电设备等）。特别是高层住宅，要经受较强的风力载荷，需要提高结构强度，改变结构形式，使工程造价大幅度上升。因此，中小城市以建造多层住宅较为经济，大城市可沿主要街道建设一部分高层住宅，以合理利用空间，美化市容。对于地皮特别昂贵的地区，为了降低土地费用，中、高层住宅是比较经济的选择。

（4）住宅单元组成、户型和住户面积　据统计，三居室住宅的设计比两居室的设计降低1.5％左右的工程造价，四居室的设计又比三居室的设计降低3.5％的工程造价。

衡量单元组成、户型设计的指标是结构面积系数（住宅结构面积与建筑面积之比），这个系数越小则设计方案越经济。因为，结构面积小，有效面积就增加。结构面积系数除了与房屋结构有关外，还与房屋外形及其长度和宽度有关，同时也与房屋平均面积大小和户型组成有关。房屋平均面积越大，内墙、隔墙在建筑面积中所占比重就越小。

（5）住宅建筑结构的选择　对同一建筑物来说，不同的结构类型其造价是不同的。一般来讲，砖混结构比框架结构造价低。随着我国工业化水平的提高，住宅工业化建筑体系的结构形式多种多样，考虑工程造价时应根据实际情况，因地制宜、就地取材，采用适合本地区经济合理的结构形式。

2. 民用建筑设计的评价指标

民用建筑设计要坚持"适用、经济、美观"的原则。

① 平面布置合理，长度和宽度比例适当。

② 合理确定户型和住户面积。

③ 合理确定层数与层高。

④ 合理选择结构方案。

3. 民用建筑设计的评价指标

（1）平面指标用来衡量平面布置的紧凑性、合理性。

$$平面系数 K = \frac{居住面积}{建筑面积} \times 100\% \tag{5-10}$$

$$平面系数 K_1 = \frac{居住面积}{有效面积} \times 100\% \tag{5-11}$$

$$平面系数 K_2 = \frac{辅助面积}{有效面积} \times 100\% \tag{5-12}$$

$$平面系数 K_3 = \frac{结构面积}{建筑面积} \times 100\% \tag{5-13}$$

其中，有效面积是指建筑平面中可供使用的面积；结构面积指建筑平面中结构所占的面积；辅助面积指住宅建筑中的楼梯、走道、卫生间、厨房、阳台、储藏室等面积；居住面积（使用面积）指住宅建筑中的居室净面积；建筑面积＝有效面积＋结构面积；有效面积＝居住面积（使用面积）＋辅助面积；对于民用建筑，应尽量减少结构面积所占比例，增加有效面积。

（2）建筑周长指标　这个指标是墙长与建筑面积之比。居住建筑进深加大，则单元周长缩小，可节约用地，减少墙体积，降低造价。

$$单元周长指标(m/m^2) = \frac{单元周长}{单元建筑面积} \tag{5-14}$$

$$建筑周长指标(m/m^2) = \frac{建筑周长}{建筑占地面积} \tag{5-15}$$

（3）建筑体积指标　该指标是建筑体积与建筑面积之比，是衡量层高的指标。

$$建筑体积指标(m^3/m^2) = \frac{建筑体积}{建筑面积} \tag{5-16}$$

（4）面积定额指标　用于控制设计面积。

$$户均建筑面积(m^2/户) = \frac{建筑总面积}{总户数} \tag{5-17}$$

$$户均使用面积(m^2/户) = \frac{使用总面积}{总户数} \tag{5-18}$$

$$户均面宽指标 = \frac{建筑物总长度}{总户数} \tag{5-19}$$

（5）户型比　指不同居室数的户数占总户数的比例，是评价户型结构是否合理的指标。

四、设计方案技术经济评价方法

（一）设计方案技术经济评价注意事项

对设计方案进行技术经济分析评价时需注意以下几点。

1. 工期的比较

工程施工工期的长短涉及管理水平、投入劳动力的多少和施工机械的配备情况，故应在相似的施工资源条件下进行工期比较，并应考虑施工的季节性。由于工期缩短而工程提前竣工交付使用所带来的经济效益，应纳入分析评价范围。

2. 采用新技术的分析

设计方案采用某项新技术，往往在项目的早期经济效益较差，因为生产率的提高和生产成本的降低需要有一段时间来掌握和熟悉新技术后方可实现。因此进行设计方案技术经济分析评价时应预测其预期的经济效果，不能仅由于当前的经济效益指标较差而限制新技术的采用和发展。

3. 产品功能的可比性

对产品功能的分析评价，是技术经济评价内容中不能缺少而又常常被忽视的一个指标。必须明确评比对象应在相同功能条件下才有可比性。当参与对比的设计方案功能项目和水平不同时，应对之进行可比性换算，使之满足以下几个方面的可比条件：①需要可比；②费用消耗可比；③价格可比；④时间可比。

（二）多指标评价法

通过对反映建筑产品功能和耗费特点的若干技术经济指标的计算、分析、比较，评价设计方案的经济效果。又可分为多指标对比法和多指标综合评分法。

1. 多指标对比法

这是目前采用比较多的一种方法。其基本特点是使用一组适用的指标体系，将对比方案的指标值列出，然后一一进行对比分析，根据指标值的高低分析判断方案优劣。

利用这种方法首先需要将指标体系中的各个指标按其在评价中的重要性，分为主要指标和辅助指标。主要指标是能够比较充分地反映工程的技术经济特点的指标，是确定工程项目经济效果的主要依据。辅助指标在技术经济分析中处于次要地位，是主要指标的补充，当主要指标不足以说明方案的技术经济效果优劣时，辅助指标就成为进一步进行技术经济分析的依据。

这种方法的优点是，指标全面、分析确切，可通过各种技术经济指标定性或定量直接反映方案技术经济性能的主要方面。其缺点是：容易出现不同指标的评价结果相悖的情况，这样就使分析工作复杂化。有时，也会因方案的可比性而产生客观标准不统一的现象。因此在进行综合分析时，要特别注意检查对比方案在使用功能和工程质量方面的差异，并分析这些差异对各指标的影响，避免导致错误的结论。

通过综合分析，最后应给出如下结论：

① 分析对象的主要技术经济特点及适用条件。

② 现阶段实际达到的经济效果水平。

③ 找出提高经济效果的潜力和途径以及相应采取的主要技术措施。

④ 预期经济效果。

【例 5-1】 以内浇外砌建筑体系为对比标准，用多指标对比法评价内外墙全现浇大模板建筑体系。评价结果见表 5-2。

表 5-2 内浇外砌与全现浇对比表

项目名称		单位	对比标准	评价对象	比较	备注
建筑特征	设计型号		内浇外砌	全现浇大模板建筑		
	建筑面积	m²	8500	8500	0	
	有效面积	m²	7140	7215	+75	
	层数	层	6	6		
	外墙厚度	cm	36	30	−6	浮石混凝土外墙
	外墙装修		勾缝，一层水刷石	干粘石，一层水刷石		
技术经济指标	±0.00 以上土建造价	元/m²建筑面积	80	90	+10	
	±0.00 以下土建造价	元/m²有效面积	95.2	106	+10.8	
	主要材料消耗量 水泥	kg/m²	130	150	+20	
	钢材	kg/m²	9.17	20	+10.83	
	施工周期	天	220	210	−10	
	±0.00 以上用工	工日/m²	2.78	2.23	−0.55	
	建筑自重	kg/m²	1294	1070	−224	
	房屋服务年限	年	100	100		

由表 5-2 两类建筑体系的建筑特征对比分析可知，它们具有可比性，然后比较其技术经济特征可以看出，与内浇外砌建筑体系比较，全现浇建筑体系的优点是：有效面积大，用工省、自重轻、施工周期短。其缺点是：造价高、主要材料消耗量多等。

2. 多指标综合评分法

这种方法首先对需要进行分析评价的设计方案设定若干个评价指标，并按其重要程度确定各指标的权重，然后确定评分标准，并就各设计方案对各指标的满足程度打分，最后计算各方案的加权得分，以加权得分高者为最优设计方案。其计算公式为：

$$S = \sum_{i=1}^{n} W_i S_i \qquad (5\text{-}20)$$

式中 S——设计方案总得分；

S_i——某方案在评价指标 i 上的得分；

W_i——评价指标 i 的权重；

n——评价指标数。

这种方法非常类似于价值工程中的加权评分法，区别就在于：价值工程中的加权评分法中不将成本作为一个评价指标，而将其单独拿出来计算成本系数；多指标综合评分法则不将成本单独剔除，如果需要，成本也是一个评价指标。

【例 5-2】 某建筑工程有四个设计方案，选定评价指标为实用性、平面布置、经济性、美观性四项，各指标的权重及各方案的得分为 10 分制，试选择最优设计方案。计算结果见表 5-3。

表 5-3　多指标综合评分法计算表

评价指标	权重	方案 A		方案 B		方案 C		方案 D	
		得分	加权得分	得分	加权得分	得分	加权得分	得分	加权得分
实用性	0.4	9	3.6	8	3.2	7	2.8	6	2.4
平面布置	0.2	8	1.6	7	1.4	8	1.6	9	1.8
经济性	0.3	9	2.7	7	2.1	9	2.7	8	2.4
美观性	0.1	7	0.7	9	0.9	8	0.8	9	0.9
合计			8.6		7.6		7.9		7.5

由表 5-3 可知：方案 A 的加权得分最高，因此方案 A 最优。

这种方法的优点在于避免了多指标对比法指标间可能发生相互矛盾的现象，评价结果是唯一的。但是在确定权重及评分过程中存在主观臆断成分。同时，由于分值是相对的，因而不能直接判断各方案的各项功能实际水平。

（三）静态投资效益评价法

1. 投资回收期法

设计方案的比选往往是比选各方案的功能水平及成本。功能水平先进的设计方案一般所需的投资较多，方案实施过程中的效益一般也比较好。

用方案实施过程中的效益回收投资，即投资回收期反映初始投资补偿速度，衡量设计方案优劣也是非常必要的。投资回收期越短的设计方案越好。

不同设计方案的比选实际上是互斥方案的比选，首先要考虑到方案可比性问题。当相互比较的各设计方案能满足相同的需要时，就只需比较它们的投资和经营成本的大小，用差额投资回收期比较。差额投资回收期是指在不考虑时间价值的情况下，用投资大的方案比投资小的方案所节约的经营成本，回收差额投资所需要的时间。其计算公式为：

$$\Delta P_t = \frac{K_2 - K_1}{C_1 - C_2} \qquad (5\text{-}21)$$

式中 ΔP_t——差额投资回收期；

K_2——方案 2 的投资额，且 $K_2 > K_1$；

K_1——方案 1 的投资额；

C_2——方案 2 的年经营成本；

C_1——方案 1 的年经营成本，且 $C_1 > C_2$。

当 $\Delta P_t \leqslant P_c$（基准投资回收期）时，投资大的方案优；反之，投资小的方案优。

如果两个比较方案的年业务量不同，则需将投资和经营成本转化为单位业务量的投资和成本，然后再计算差额投资回收期，进行方案比选。此时差额投资回收期的计算公式为：

$$\Delta P_t = \frac{\dfrac{K_2}{Q_2} - \dfrac{K_1}{Q_1}}{\dfrac{C_1}{Q_1} - \dfrac{C_2}{Q_2}} \tag{5-22}$$

式中　Q_1，Q_2——分别为各设计方案的年业务量；

其他符号含义同前。

【例 5-3】　某新建企业有两个设计方案，方案甲总投资 1500 万元，年经营成本 400 万元，年产量为 1000 件；方案乙总投资 1000 万元，年经营成本 360 万元，年产量为 800 件。基准投资回收期 $P_c = 6$ 年，试选出最优设计方案。

【解】　首先计算各方案单位产量的费用：

$K_甲 / Q_甲 = 1500$ 万元/1000 件 $= 1.5$ 万元/件

$K_乙 / Q_乙 = 1000$ 万元/800 件 $= 1.25$ 万元/件

$C_甲 / Q_甲 = 400$ 万元/1000 件 $= 0.4$ 万元/件

$C_乙 / Q_乙 = 360$ 万元/800 件 $= 0.45$ 万元/件

$$\Delta P_t = \frac{1.5 - 1.25}{0.45 - 0.4} = 5(\text{年})$$

$\Delta P_t < 6$ 年，所以应该选择单位产量投资额较大的方案甲较优。

2. 计算费用法

房屋建筑物和构筑物的全寿命是指从勘察、设计、施工、建成后使用直至报废拆除所经历的时间。全寿命费用应包括初始建设费、使用维护费和拆除费。评价设计方案的优劣应考虑工程的全寿命费用。但是初始投资和使用维护费是两类不同性质的费用，二者不能直接相加。计算费用法用一种合乎逻辑的方法将一次性投资与经常性的经营成本统一为一种性质的费用，可直接用来评价设计方案的优劣。

（1）总计算费用法　总计算费用 $TC = K + P_c C$，其中 K 表示项目总投资；C 表示年经营成本，P_c 表示基准投资回收期。总计算费用最小的方案最优。

（2）年计算费用法　年计算费用 $AC = C + R_c K$，R_c 表示基准投资效果系数，年计算费用越小的方案越优。

实际上计算费用法是由投资回收期法变形后得到的。

【例 5-4】　某企业为扩大生产规模，有三个设计方案：方案一是改建现有工厂，一次性投资 2545 万元，年经营成本 760 万元；方案二是建新厂，一次性投资 3340 万元，年经营成本 670 万元；方案三是扩建现有工厂，一次性投资 4360 万元，年经营成本 650 万元。三个方案的寿命期相同，所在行业的标准投资效果系数为 10%，用计算费用法选择最优方案。

【解】　由公式 $AC = C + R_c K$ 计算可知：

$AC_1 = 760 + 0.1 \times 2545 = 1014.5$（万元）

$AC_2 = 670 + 0.1 \times 3340 = 1004(万元)$

$AC_3 = 650 + 0.1 \times 4360 = 1086(万元)$

因为 AC_2 最小，故方案二最优。

静态经济评价指标简单直观，易于接受。但是它没有考虑时间价值以及各方案寿命差异。

（四）动态投资效益评价

动态经济评价指标是考虑时间价值的指标。对于寿命期相同的设计方案比选，可以采用净现值法、净年值法、差额内部收益率法等。寿命期不同的设计方案比选，可以采用净年值法。公式为：

$$PC = \sum_{t=0}^{n} CO_t (P/F, i_c, t) \tag{5-23}$$

$$AC = PC(A/P, i_c, n) = \sum_{t=0}^{n} CO_t (P/F, i_c, t)(A/P, i_c, n) \tag{5-24}$$

式中　PC——费用现值；

　　　CO_t——第 t 年现金流量；

　　　i_c——基准折现率；

　　　AC——费用年值。

第三节　设计方案的优化

上节从工程设计组成的角度分别介绍了工程设计优化的具体措施。但是工程设计的整体性原则要求我们：不仅要追求工程设计各个部分的优化，而且要注意各个部分的协调配套。因此，还必须从整体上优化设计方案。

一、通过优化设计进行造价控制

（一）把握不同设计内容的造价控制重点

1. 建筑方案设计

在满足建设项目主题鲜明、形象美观，充分展示设计师设计理念的前提下，要充分考虑功能完善、简洁耐用、运行可靠、经济合理等房屋使用和经济要求。在建筑设计阶段重点是把握好平面布置、柱网、长宽比的合理性；合理确定建筑物的层数和层高；按功能要求确定不同的建筑层高；按销售要求，合理分布户型，确定内墙分割，减少隔墙和装饰面；尽可能地避免建筑形式的异型化和色彩、材料的特殊化。

2. 结构工程设计

应在建筑方案设计的基础上，在满足结构安全的前提下，充分优化结构设计，必要时应委托专业的设计公司进行结构设计和结构的优化设计，降低建筑物的自身荷载，减少主要材料的消耗。通过工程概算及其主要技术经济指标分析结构设计的优化程度。

3．设备选型

在满足建筑环境和使用功能的前提下，以经济实用、运行可靠、维护管理方便为原则进行主要设备选型。通过主要技术经济指标对设备选型进行限额控制，通过设备询价对主要设备提出可靠的价格信息，详细制定大型设备选型、招标、采购控制办法，尽可能采用性价比较优的设备。在建筑设备造价控制方面重点是控制好通风空调设备、电气设备、电梯设备、水处理设备、建筑智能设备等。

4．装饰工程

装饰工程以满足销售目标、形象要求和主题宣传为前提进行设计。外墙装饰工程应尽可能采用成熟可靠、经济实用、形象美观的设计方案，并进行必要的深化设计。如采用幕墙方案时，一方面严格控制幕墙的深化设计，节省结构和装饰材料，避免设计与材料规格脱节而导致的饰面材料消耗系数增大；另一方面严格控制饰面材料的档次和标准。室内精装修工程应以销售对象需求为前提，做到简洁、美观，重点是做好公共部位的装饰工程，并要保证适当的建设标准和档次要求，根据部位的形象要求适当区分不同档次；门窗工程做到与整体风格协调一致，按部位要求区分不同的材料选用档次。对于可以预留目标客户的室内装饰工程（包括照明和弱电工程）尽量由客户进行装饰设计和投资，降低开发费用，防止投资沉没。

5．特殊专业工程

对于特殊的火灾自动报警及消防联动系统、综合布线系统、有线电视及卫星电视系统、车辆管理系统、无线网络覆盖系统等专业工程宜进行深化设计，以满足销售为前提，对于建筑智能和网络工程等尽可能地预留接口由目标客户自行投资建设。该类工程在造价控制上尽可能地采用限额设计。

6．室外附属工程

与主体工程配套的室外道路工程、园林绿化工程、雨污水工程等在保证道路应用、绿化指标的前提下，尽可能减少高标准道路面积，使道路工程、停车场与绿化工程相结合，在营造园林小景、绿化、美化的同时，充分考虑形象与维护、保养费用。

（二）优化设计的步骤

1．优化设计的提出

优化设计应贯穿整个建设项目的全过程，优化设计带来的直接效益包括造价的降低、质量的提高、工期的缩短以及安全隐患的降低等。建设项目的参与各方，均有义务提出工程优化设计建议，建设项目的业主和造价咨询单位、招标代理机构等在各类施工合同、咨询服务合同的拟订过程中，要明确优化设计提出并实施的激励措施，调动提出和实施优化设计的积极性。

2．优化设计的审查和实施

因为优化设计不仅仅是以单一地降低工程造价为目的，在实施过程中必须进行全面的、综合的技术经济分析。造价咨询一方面针对单项工程、单位工程、部分分部分项工程中的某项技术经济指标过高的情况，及时反馈到业主和设计、监理单位，提出优化设计的建议，协助建设单位、设计单位进行设计方案的优化；另一方面对建设项目参与各方提出的优化设计建议，应充分运用价值工程的理论，以降低工程建设投资、提高工程质量为主要目的，进行全面的技术经济分析，提出是否实施的建议。

优化设计步骤如图 5-3 所示。

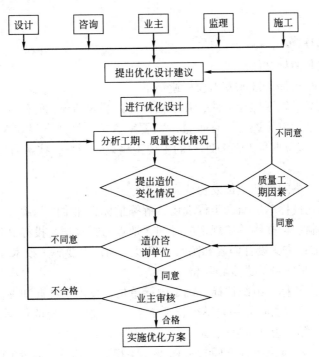

图 5-3　优化设计程序图

二、通过设计招投标和设计方案竞选优化设计方案

（一）工程设计招投标

1. 工程设计招投标

工程设计招投标是指招标单位就拟建工程的设计任务发布招标公告，以吸引设计单位参加竞争，经招标单位审查符合投标资格的设计单位按照招标文件要求，在规定的时间内向招标单位填报投标文件，招标单位从而择优确定中标设计单位来完成工程设计任务的活动。工程设计招标投标的目的是：鼓励竞争、促使设计单位改进管理，采用先进技术，降低工程造价，缩短工期，提高投资效益。工程设计招标和投标是双方法人之间的经济活动，受国家法律的保护和监督。

2. 实行设计招标的建设项目应具备以下条件

① 具有经过审批机关批准的可行性研究报告。

② 具有开展设计必需的可靠设计资料。

③ 依法成立了专门的招标机构并具有编制招标文件和组织评标能力，或委托依法设立的招标代理机构。

3. 设计招标的方式

（1）公开招标　由招标单位通过国家指定的报刊、信息网络或其他媒介发布招标公告的方式邀请不特定的法人或其他组织投标的招标。

（2）邀请招标　由招标单位向有承担能力、资信良好的设计单位直接发出投标邀请书的招标，但邀请招标必须在 3 个以上单位进行，有条件的项目，应邀请不同地区、不同部门的设计单位参加。

4. 设计招标的程序

① 招标单位编制招标文件。

② 招标单位发布招标公告或发出投标邀请书。

③ 投标单位购买或领取招标文件，并按招标文件要求和规定时间报送投标文件。

④ 招标单位对投标单位进行资格审查。主要审查单位性质和隶属关系，工程设计证书等级和证书号，单位成立时间和近期承担的主要工程设计情况，技术力量和装备水平以及社会信誉等。

⑤ 招标单位向合格的设计单位发售或发送招标文件。

⑥ 招标单位组织投标单位踏勘工程现场，解答招标文件中的问题。

⑦ 投标单位编制投标文件并按规定的时间、地点密封报送。投标文件内容一般应包括：方案设计综合说明书；方案设计内容和图纸；建设工期；主要施工技术和施工组织方案；工程投资估算和经济分析；设计进度和收费。

⑧ 招标单位当众开标，组织评标，确定中标单位，发出中标通知书。按我国规定："开标、评标至确定中标单位的时间一般不得超过 1 个月"。确定中标的依据是：设计方案优劣；投入产出经济效益好坏；设计进度快慢、设计资历和社会信誉等。

⑨ 招标单位与中标单位签订合同。招标投标法规定，招标单位和中标单位应当自中标通知书发出之日起 30 日内签订书面设计合同。

5. 设计招投标的优点

① 有利于设计多方案的选择和竞争，从而择优确定最佳设计方案，达到优化设计方案的目的。

② 有利于控制建设工程造价，中标单位一般作出的投资估算都接近招标文件所确定的投资范围。

③ 有利于加快设计进度、提高设计质量、降低设计费用。

（二）设计方案竞选

1. 设计方案竞选

设计方案竞选是指由组织竞选活动的单位通过报刊、信息网络或其他媒介发布竞选公告，吸引设计单位参加方案竞选，参加竞选的设计单位按照竞选文件和国家关于《城市建筑方案设计文件编制深度规定》，做好方案设计和编制有关文件，经具有相应资格的注册建筑师签字，并加盖单位法定代表人或法定代表人委托的代理人的印鉴，在规定的日期内，密封送达组织竞选单位。组织竞选单位邀请有关专家组成评定小组，采用科学方法，按照适用、经济、美观的原则，以及技术先进、结构合理，满足建筑节能、环境等要求，综合评定设计方案优劣，择优确定中选方案，最后双方签订合同等一系列活动。

2. 实行设计方案竞选的建设项目应具备的条件

① 有经过审批机关批复的项目建议书或可行性研究报告。

② 有规划管理部门确定的项目建设地点、规划控制条件、设计要点和用地红线图。

③ 有符合要求的地形图。包括建设场地的工程地质、水文地质初勘资料或者有参考价值的场地附近工程地质、水文地质详勘资料。水、电、燃气、供热、环保、通信、市政道路和交通等方面的基础资料。

④ 有设计要求说明书。

3. 设计方案竞选的方式

① 公开竞选。由组织竞选活动的单位通过报刊、信息网络或其他媒介发布竞选公告。

② 邀请竞选。由组织竞选活动的单位直接向有承担该项目工程设计能力、资信良好的 3 个以上（含 3 个）设计单位发出方案竞选邀请书。

4. 组织方案竞选单位的条件

组织方案竞选的建设单位或受建设单位委托的中介机构应当具备以下条件：

① 具有法人或依法成立的董事会机构。

② 有相应的工程技术和经济管理人员，有组织编制方案竞选文件的能力。

③ 有组织方案竞选和评定的能力。

5. 设计方案竞选文件编制的内容

① 工程综合说明，包括工程名称、地址、竞选项目、占地范围、建筑面积、竞选方式等。

② 经批准的项目建议书或可行性研究报告及其他文件的复印件。

③ 项目说明书。

④ 合同的主要条件和要求。

⑤ 提供设计基础资料的内容、方式和期限。

⑥ 踏勘现场、竞选文件答疑的时间、地点。

⑦ 截止日期和评定时间。

⑧ 文件编制要求及评定原则。

⑨ 其他需要说明的事项。

竞选文件一经发出，组织竞选活动的单位不得擅自变更其内容或附加条件。确需变更和补充的应在竞选截止日期 7 天前通知所有参加竞选的单位。自发出竞选文件至竞选截止的时间，大、中型项目不少于 30 天，小型项目不少于 15 天。

6. 参加竞选单位的条件

参加设计方案竞选的单位应向组织方案竞选单位提供以下材料：

① 单位名称、法人代表、地址、单位所有制性质、隶属关系。

② 设计证书复印件及证书副件、设计收费证书及营业执照的复印件。

③ 单位简历、技术力量及主要装备情况。

④ 方案签字者的一级注册建筑师资格证书，没有一级注册建筑师的单位，可以与有一级注册建筑师的设计单位联合参加竞选。

7. 设计方案竞选的评定

评定小组由组织竞选单位和有关专家 7～11 人组成，其中技术专家人数应占 2/3 以上。

参加竞选单位和方案设计者不得参加评定小组。评定小组在公证机关公证下当众宣布评定办法，启封各参加单位的文件和补充函件，公布其主要内容。

评定小组按照技术先进、功能全面、结构合理、安全适用、满足建筑节能及环境要求、经济实用、美观的原则，并同时考虑设计进度快慢以及设计单位和注册建筑师的资历信誉等因素综合评定设计方案优劣，择优确定中选方案。

从评定会议后至确定中选单位的期限一般不超过 15 天，确定中选单位后，组织竞选单位应于 7 天内发出中选通知书。同时抄送各未中选单位，未中选单位应在接到通知后 7 天内取回有关资料。中选通知书发出 30 天内，建设单位（业主）与中选单位依据有关规定签订工程设计承发包书面合同。

对未中选单位方案设计补偿费的处理方法如下。采用公开竞选方式的，是否付给补偿费，由组织竞选活动者决定；采用邀请竞选方式的，应付给未中选单位补偿费，如方案设计达到《城市建筑方案设计文件编制深度规定》要求，一般补偿费金额不低于该项目方案设计费的 40%。补偿费在工程设计费中列支。中选单位使用未中选单位的方案成果时，须征得该单位的同意，并实行有偿转让，转让费由中选单位承担。

中选单位完成方案设计后，如建设单位另择设计单位承担初步设计和施工图设计，则应付给中选单位方案设计费，金额不低于该项目标准设计费的 30%。

8. 设计方案竞选的优点

① 有利于多种设计方案的选择和竞争，从中选择最佳方案。

② 有利于控制项目投资。因为中选的设计方案所作出的投资估算一般控制在竞选文件规定的投资范围内。

③ 能集思广益，吸取多种设计方案的优点。因为设计方案竞选与设计招标是有区别的，它可以吸取未中选方案的优点，这样以中选方案作为设计方案的基础，并把其他方案的优点加以吸收和综合，取长补短，使设计更完美。但应根据劳动量大小，对于吸收未中选方案的优点部分给予必要的补偿。

三、运用价值工程优化设计方案

（一）价值工程的概念

价值工程是一门科学的技术经济分析方法，是现代科学管理的组成部分，是运用集体的智慧和通过有组织的活动，着重对产品功能进行分析，用最少的成本支出实现产品必要的功能，从而提高产品价值的一门科学。价值工程中的"价值"是功能与成本的综合反映，其表达式为：

$$价值 = \frac{功能（效用）}{成本（费用）} \quad 或 \quad V = \frac{F}{C} \tag{5-25}$$

一般来说，提高产品的价值，有以下 5 种途径：

① 提高功能，降低成本。这是最理想的途径。

② 保持功能不变，降低成本。

③ 保持成本不变，提高功能水平。

④ 成本稍有增加，但功能水平大幅度提高。

⑤ 功能水平稍有下降，但成本大幅度下降。

必须指出，价值分析并不是单纯追求降低成本，也不是片面追求提高功能，而是力求处理好功能与成本的对立统一关系，提高它们之间的比值，研究产品功能和成本的最佳配置。

（二）价值工程工作程序

价值工程工作可以分为四个阶段：准备阶段、分析阶段、创新阶段和实施阶段。大致可以分为八项工作内容：价值工程对象选择、收集资料、功能分析、功能评价、提出改进方案、方案的评价与选择、试验证明和决定实施方案。

价值工程主要回答和解决下列问题：

① 价值工程的对象是什么？

② 它是干什么用的？

③ 其成本是多少？

④ 其价值是多少？

⑤ 有无其他方案实现同样的功能？

⑥ 新方案成本是多少？

⑦ 新方案是否能满足要求？

围绕这 7 个问题，价值工程的一般工作程序如表 5-4 所示。

表 5-4　价值工程的一般工作程序

阶段	步骤	说明
准备阶段	1. 对象选择	应明确目标、限制条件及分析范围
	2. 组成价值工程领导小组	一般由项目负责人、专业技术人员、熟悉价值工程的人员组成
	3. 制定工作计划	包括具体执行人、执行日期、执行目标等
分析阶段	4. 收集整理信息资料	此项工作应贯穿于价值工程的全过程
	5. 功能分析	明确功能特性要求，并绘制功能系统图
	6. 功能评价	确定功能目标成本，确定功能改进区域
创新阶段	7. 方案创新	提出各种不同的实现功能的方案
	8. 方案评价	从技术、经济和社会等方面综合评价各方案达到预定目标的可行性
	9. 提案编写	将选出的方案及有关资料编写成册
实施阶段	10. 审批	由主管部门组织进行
	11. 实施与检查	制定实施计划、组织实施，并跟踪检查
	12. 成果鉴定	对实施后取得的技术经济效果进行鉴定

（三）设计阶段实施价值工程的意义

工程设计决定建筑产品的目标成本，目标成本是否合理，直接影响产品的效益。在施工图确定以前，确定目标成本可以指导施工成本控制，降低建筑工程的实际成本，提高经济效益。建筑工程在设计阶段实施价值工程的意义如下。

（1）可以使建筑产品的功能更合理　工程设计实质上就是对建筑产品的功能进行设计，

而价值工程的核心就是功能分析。通过实施价值工程，可以使设计人员更准确地了解用户所需，以及建筑产品各项功能所占的比重，同时还可以考虑设计专家、建筑材料和设备制造专家、施工单位及其他专家的建议，从而使设计更加合理。

(2) 可以有效地控制工程造价　价值工程需要对研究对象的功能与成本之间的关系进行系统分析。设计人员参与价值工程，就可以避免在设计过程中只重视功能而忽视成本的倾向，在明确功能的前提下，发挥设计人员的创造精神，提出各种实现功能的方案，从中选取最合理的方案。这样既保证了用户所需功能的实现，又有效地控制了工程造价。

(3) 可以节约社会资源　价值工程着眼于寿命周期成本，即研究对象在其寿命期内发生的全部费用。对于建设工程项目而言，寿命周期成本包括工程造价和工程使用成本。价值工程的目的是以研究对象的最低寿命周期成本可靠地实现使用者所需功能。实施价值工程，既可以避免一味地降低工程造价而导致研究对象功能水平偏低的现象，也可以避免一味地提高使用成本而导致功能水平偏高的现象，使工程造价、使用成本及建筑产品功能合理匹配，节约社会资源消耗。

(四) 价值工程方法在项目设计方案评价优选中的应用案例

【例 5-5】　现以某设计院在建筑设计中用价值工程方法进行住宅设计方案优选为例，说明价值工程在设计方案评价优选中的应用。

一般来说，同一个工程项目，可以有不同的设计方案，不同的设计方案会产生功能和成本上的差别，这时可以用价值工程的方法选择优秀设计方案。在设计阶段实施价值工程的步骤如下。

1. 功能分析

建筑功能是指建筑产品满足社会需要的各种性能的总和。不同的建筑产品有不同的使用功能，它们通过一系列建筑因素体现出来，反映建筑物的使用要求。例如，住宅工程一般有下列十个方面的功能：

① 平面布置。

② 采光通风。

③ 层高与层数。

④ 牢固耐久性。

⑤ "三防" 设施 (防火、防震、防空)。

⑥ 建筑造型。

⑦ 内外装饰 (美观、实用、舒适)。

⑧ 环境设计 (日照、绿化、景观)。

⑨ 技术参数 (使用面积系数、每户平均用地指标)。

⑩ 便于设计和施工。

2. 功能评价

功能评价主要是比较各项功能的重要程度，计算各项功能的功能评价系数，作为该功能的重要度权数。例如，上述住宅功能采用用户、设计人员、施工人员按各自的权重共同评分的方法计算。如果确定用户意见的权重是 55%、设计人员的意见占 30%、施工人员的意见占 15%，具体分值计算如表 5-5 所示。

表 5-5　住宅工程功能权重系数计算表

功能		用户评分		设计人员评分		施工人员评分		功能权重系数 $K=$ $(F_{ai}\times55\%+F_{bi}\times30\%$ $+F_{ci}\times15\%)/100$
		得分 F_{ai}	$F_{ai}\times55\%$	得分 F_{bi}	$F_{bi}\times30\%$	得分 F_{ci}	$F_{ci}\times15\%$	
适用	平面布置 F_1	40	22.0	30	9.0	35	5.25	0.3625
	采光通风 F_2	16	8.8	14	4.2	15	2.25	0.1525
	层高与层数 F_3	2	1.1	4	1.2	3	0.45	0.0275
	技术参数 F_4	6	3.3	3	0.9	2	0.30	0.0450
安全	牢固耐用 F_5	22	12.1	15	4.5	20	3.00	0.1960
	三防设施 F_6	4	2.2	5	1.5	3	0.45	0.0415
美观	建筑造型 F_7	2	1.1	10	3.0	2	0.30	0.0440
	内外装饰 F_8	3	1.65	8	2.4	1	0.15	0.0420
	环境设计 F_9	4	2.2	6	1.8	6	0.90	0.0490
其他	便于施工 F_{10}	1	0.55	5	1.5	13	1.95	0.0400
小计		100	55	100	30	100	15	1.0

3. 计算成本系数

成本系数计算公式：

$$成本系数=\frac{某方案每平方米造价}{所有评选方案每平方米造价之和} \tag{5-26}$$

某住宅设计提供了十几个方案，通过初步筛选，拟选用以下四个方案进行综合评价，见表 5-6。

表 5-6　住宅工程成本系数计算表

方案名称	主要特征	每平方米造价/(元/m²)	成本系数
A	7 层砖混结构，层高 3m，240 厚砖墙，钢筋混凝土灌注桩，外装饰较好，内装饰一般，卫生设施较好	534.00	0.2618
B	6 层砖混结构，层高 2.9m，240 厚砖墙，混凝土带形基础，外装饰一般，内装饰较好，卫生设施一般	505.50	0.2478
C	7 层砖混结构，层高 2.8m，240 厚砖墙，混凝土带形基础，外装饰较好，内装饰较好，卫生设施较好	553.50	0.2713
D	5 层砖混结构，层高 2.8m，240 厚砖墙，混凝土带形基础，外装饰一般，内装饰较好，卫生设施一般	447.00	0.2191
小计		2040.00	1.00

4. 计算功能评价系数

功能评价系数计算公式：

$$功能评价系数=\frac{某方案功能满足程度总分}{所有参加评选方案功能满足程度总分之和} \tag{5-27}$$

如上例中 A、B、C、D 四个方案的功能评价系数如表 5-7 所示。

表 5-7　住宅工程功能满足程度及功能评价系数计算表

评价因素		方案名称	A	B	C	D
功能因素 F	权重因素 K					
F_1	0.3625		10	10	8	9
F_2	0.1525		10	9	10	10
F_3	0.0275		8	9	10	8
F_4	0.0450		9	9	8	8
F_5	0.1960	方案满足程度分值 E	10	8	9	9
F_6	0.0415		10	10	9	10
F_7	0.0440		9	8	10	8
F_8	0.0420		9	9	10	8
F_9	0.0490		9	9	9	9
F_{10}	0.0400		8	10	8	9
方案满足功能程度总分		$M_j = \sum KN_j$	9.685	9.204	8.819	9.071
功能评价系数		$\dfrac{M_j}{\sum M_j}$	0.2633	0.2503	0.2398	0.2466

注：N_j 表示 j 方案对应某功能的得分值；M_j 表示 j 方案满足功能程度总分。

表 5-7 中数据根据下面思路计算，如 A 方案满足功能程度总分：

$M_A = 0.3625 \times 10 + 0.1525 \times 10 + 0.0275 \times 8 + 0.045 \times 9 + 0.196 \times 10 + 0.0415 \times 10 + 0.044 \times 9 + 0.042 \times 9 + 0.049 \times 9 + 0.04 \times 8 = 9.685$

其余类推，计算结果见表 5-7。

A 方案功能评价系数 $= \dfrac{M_A}{\sum M_j} = \dfrac{9.685}{9.685 + 9.204 + 8.819 + 9.071} = 0.2633$

其余类推，计算结果见表 5-7。

5. 最优设计方案评选

运用功能评价系数和成本系数计算价值系数，价值系数最大的那个方案为最优设计方案，如表 5-8 所示。

$$价值系数 = \frac{功能评价系数}{成本系数} \tag{5-28}$$

表 5-8　住宅工程价值系数计算表

方案名称	功能评价系数	成本系数	价值系数	最优方案
A	0.2633	0.2618	1.006	
B	0.2503	0.2478	1.010	
C	0.2398	0.2713	0.884	
D	0.2466	0.2191	1.126	此方案最优

（五）价值工程在设计阶段工程造价控制中的应用

价值工程在设计阶段工程造价控制中应用的程序如下。

（1）对象选择　在设计阶段应用价值工程控制工程造价，应将对控制造价影响较大的项目作为价值工程的研究对象。因此，可以应用 ABC 分析法，将设计方案的成本分解并分成 A、B、C 三类，A 类成本比重大，品种数量少，作为实施价值工程的重点。

（2）功能分析　分析研究对象具有哪些功能，各项功能之间的关系如何。

（3）功能评价　评价各项功能，确定功能评价系数，并计算实现各项功能的现实成本是多少，从而计算各项功能的价值系数。价值系数小于 1 的，应该在功能水平不变的条件下降低成本，或在成本不变的条件下，提高功能水平；价值系数大于 1 的，如果是重要的功能，应该提高成本，保证重要功能的实现。如果该项功能不重要，可以不做改变。

（4）分配目标成本　根据限额设计的要求，确定研究对象的目标成本，并以功能评价系数为基础，将目标成本分摊到各项功能上，与各项功能的现实成本进行对比，确定成本改进期望值，成本改进期望值大的，应首先重点改进。

（5）方案创新及评价　根据价值分析结果及目标成本分配结果的要求，提出各种方案，并用加权评分法选出最优方案，使设计方案更加合理。

四、推广标准化设计，优化设计方案

标准化设计又称定型设计、通用设计，是工程建设标准化的组成部分。各类工程建设的构件、配件、零部件、通用的建筑物、构筑物、公用设施等，只要有条件的都应该实施标准化设计。

① 广泛采用标准化设计，是改进设计质量，加快实现建筑工业化的客观要求。因为标准设计来源于工程建设实际经验和科技成果，是将大量成熟的、行之有效的实际经验和科技成果，按照统一简化、协调选优的原则，提炼上升为设计规范和标准设计。所以设计质量都比一般工程设计质量要高。另外，由于标准化设计采用的都是标准构、配件，建筑构、配件和工具式模板的制作过程可以从工地转移到专门的工厂中批量生产，使施工现场变成"装配车间"和机械化浇筑场所，把现场的工程量压缩到最低程度。

② 广泛采用标准化设计，可以提高劳动生产率，加快工程建设进度。设计过程中，采用标准构件，可以节省设计力量，加快设计图纸的提供速度，大大缩短设计时间。一般可以加快设计速度 1～2 倍，从而使施工准备工作和定制预制构件等生产准备工作提前，缩短整个建设周期。另外，由于生产工艺定型，生产均衡，统一配料，劳动效率提高，因而使标准配件的生产成本大幅度降低。

③ 广泛采用标准化设计，可以节约建筑材料，降低工程造价。由于标准构、配件是在场内大批量生产，便于预制厂统一安排，合理配置资源，发挥规模经济的作用，节约建筑材料。

标准设计是经过多次反复实践加以检验和补充完善的，所以能较好地贯彻国家技术经济政策，密切结合自然条件和技术发展水平，合理利用能源资源，充分考虑施工生产、使用维修的要求，既经济又优质。

五、限额设计

（一）限额设计的概念

设计阶段的投资控制，就是编制出满足设计任务书要求，造价又受控于投资限额的设计文件，限额设计就是根据这一要求提出的。

所谓限额设计，就是按照设计任务书批准的投资估算额进行初步设计，按照初步设计概算造价限额进行施工图设计，按施工图预算造价对施工图设计的各个专业设计文件作出决策，各专业在保证达到使用功能的前提下，按分配的投资限额控制设计，严格控制不合理变更，保证总投资限额不被突破。

限额设计是建设工程项目投资控制系统中的一个重要环节，或称为一项关键措施。在整个设计过程中，设计人员与经济管理人员密切配合，做到技术与经济的统一。设计人员在设计时考虑经济支出，作出方案比较，有利于强化设计人员的工程造价意识，进行优化设计；经济管理人员及时进行造价计算，为设计人员提供信息，使设计小组内部形成有机整体，克服相互脱节现象，达到动态控制投资的目的。

（二）限额设计的目标

1. 限额设计目标的确定

限额设计目标是在初步设计开始前，根据批准的可行性研究报告及其投资估算确定的。限额设计指标经项目经理或总设计师提出并审批下达，其总额度一般只下达直接工程费的90％，以使项目经理、总设计师和科室主任留有一定的调节指标，限额指标用完后，必须经批准才能调整。专业之间或专业内部节约下来的单项费用，未经批准，不能相互调用。

2. 采用优化设计，确保限额目标的实现

所谓优化设计，是以系统工程理论为基础，应用现代数学方法对工程设计方案、设备选型、参数匹配、效益分析等方面进行最优化的设计方法。

优化设计是控制投资的重要措施。在进行优化设计时，必须根据问题的性质，选择不同的优化方法。一般来说，对于一些确定性问题，如投资、资料消耗、时间等有关条件已确定的，可采用线性规划、非线性规划、动态规划等理论和方法进行优化；对于一些非确定性问题，可以采用排队论、对策论等方法进行优化；对于涉及流量的问题，可以采用网络理论进行优化。

优化设计通常是通过数学模型进行的。一般工作步骤是，首先，分析设计对象综合数据，建立设计目标；其次，根据设计对象的数据特征选择合适的优化方法，并建立模型；最后，用计算机对问题求解，并分析计算结果的可行性，对模型进行调整，直到得到满意结果为止。

优化设计不仅可选择最佳方案、提高设计质量，而且能有效控制投资。

（三）限额设计全过程

限额设计的全过程实际上就是建设工程项目投资目标管理的过程，即目标分解与计划、目标实施检查、信息反馈的控制循环过程。这个过程可用图5-4限额设计流程图来表示。

（四）限额设计的造价控制

限额设计控制工程造价通过两条途径实施：一条途径是按照限额设计过程从前往后依次进行控制，称为纵向控制；另外一条途径是对设计单位及其内部各专业、科室及设计人员进行考核，实施奖惩，进而保证质量的一种控制方法，称为横向控制。

1. 限额设计的纵向造价控制

（1）设计前准备阶段的投资分解 投资分解是实行限额设计的有效途径和主要方法。设

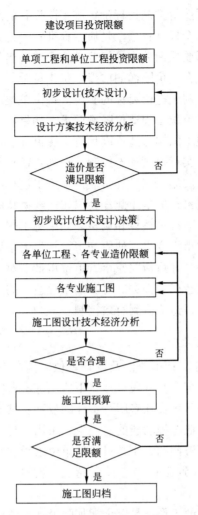

图 5-4　限额设计流程图

计任务书获得批准后，设计单位在设计之前，应在设计任务书的总框架内将投资先分解到各专业，然后再分解到各单项工程和单位工程，作为进行初步设计的造价控制目标。这种分配往往不是只凭设计任务书就能办到，而是要进行方案设计，在此基础上作出决策。

(2) 初步设计阶段的限额设计　初步设计应严格按分配的造价目标进行设计。在初步设计开始之前，项目总设计师应将设计任务书规定的设计原则、建设方针和投资限额向设计人员交底，将投资限额分专业下达到设计人员，发动设计人员认真研究实现投资限额的可能性，切实进行多方案比选，对各个技术经济方案的关键设备、工艺流程、总图方案、总图建筑和各项费用指标进行比较和分析，从中选出既能达到工程要求，又不超过投资限额的方案，作为初步设计方案。如果发现重大设计方案或某项费用指标超出任务书的投资限额，应及时反映，并提出解决问题的办法。不能等到设计概算编出后，才发觉投资超限额，再被迫压低造价，减项目、减设备。这样不但影响设计进度，而且造成设计上的不合理，给施工图设计超出限额埋下隐患。

(3) 施工图设计阶段的限额设计　已批准的初步设计及初步设计概算是施工图设计的依据，在施工图设计中，无论是建设工程项目总造价，还是单项工程造价，均不应该超过初步设计概算造价。设计单位按照造价控制目标确定施工图设计的结构，选用材料和设备。

进行施工图设计应把握两个标准：一个是质量标准；一个是造价标准。并应做到两者协调一致，相互制约，防止只顾质量而放松经济要求的倾向。当然也不能因为经济上的限制而消极地降低质量。因此，必须在造价限额的前提下优化设计。在设计过程中，要对设计结果进行技术经济分析，看是否有利于造价目标的实现。每个单位工程施工图设计完成后，要做出施工图预算，判别是否满足单位工程造价限额要求，如果不满足，应修改施工图设计，直到满足限额要求为止。只有施工图预算造价满足施工图设计造价限额时，施工图才能归档。

（4）加强设计变更管理，实行限额动态控制　在初步设计阶段由于外部条件的制约和人们主观认识的局限，往往会造成施工图设计阶段甚至施工过程中的局部修改和变更。这是使设计和建设更趋完善的正常现象，但是由此却会引起已经确认的概算造价的变化。这种变化在一定范围内是允许的，但必须经过核算和调整。如果施工图设计变化涉及建设规模、产品方案、工艺流程或设计方案的重大变更，使原初步设计失去指导施工图设计的意义时，必须重新编制或修改初步设计文件，并重新报原审查单位审批。对于非发生不可的设计变更，应尽量提前，以减少变更对工程造成的损失。对影响工程造价的重大设计变更，更要采取先算账后变更的办法解决，以使工程造价得到有效控制。

2. 限额设计的横向造价控制

横向控制首先必须明确各设计单位以及设计单位内部各专业科室对限额设计所负的责任，将工程投资按专业进行分配，并分段考核，下段指标不得突破上段指标。责任落实越接近于个人，效果就越明显，并赋予责任者履行责任的权利。其次，要建立健全奖惩制度。设计单位在保证工程安全和不降低工程功能的前提下，采用新材料、新工艺、新设备、新方案节约了投资的，应根据节约投资额的大小，对设计单位给予奖励；因设计单位设计错误、漏项或扩大规模和提高标准而导致工程静态投资超支，要视其超支比例扣减相应比例的设计费。

限额设计的横向控制的重要工作，是健全和加强设计单位对建设单位以及设计单位的内部经济责任制，而经济责任制的核心则是正确处理责、权、利三者之间的有机关系。为此，要建立设计总承包的责任体制，让设计部门对设计阶段实行全权控制。这样，既有利于设计方案的质量及其产生的时效性，又能使设计部门内部管理清晰，从而达到控制造价的目的。

加强限额设计的横向控制，应该建立设计部门各专业投资分配考核制度。在设计开始前按照设计过程估算、概算、预算的不同阶段，将工程投资按专业进行分配，并分段考核。为此，应赋予设计单位及设计单位内部各科室的设计人员，对所承担设计具有相应的决定权、责任权，并建立起限额设计的奖惩机制，从经济利益方面促进设计人员强化造价意识，了解新材料、新工艺，从各方面改进和完善设计，合理降低工程造价，将造价控制在限额目标以内。

（五）限额设计的缺陷与完善措施

1. 限额设计的缺陷

限额设计虽然能够有效地控制工程造价，但在应用中也有一些不足之处，主要有：

① 限额中的总额比较好把握，但其指标的分解有一定难度，操作也有一定困难。各专业设计人员在实际设计过程中如何按照分解的造价来控制设计，说起来容易做起来较难，这

也是我国多年推行限额设计而效果不是很理想的原因之一。限额设计的理论及其操作技术都有待进一步发展。

② 限额设计由于突出地强调了设计限额的重要性，而忽视了工程功能水平的要求及功能与成本的匹配性，可能会出现功能水平过低而增加工程运营维护成本的情况，或者在投资限额内没有达到最佳功能水平的现象。价值工程理论提出了五种提高价值的途径，其中之一是"成本稍有增加，但功能水平大幅度提高"，即允许在提高价值（大幅度提高功能水平）的前提下成本小幅度增加，那么在限额设计要求下，这种提高价值的途径不能很好地应用。这实际上是限制了提高价值的一种途径。

③ 限额设计中的限额包括投资估算、设计概算、施工图预算等，均是指建设工程项目的一次性投资，而对项目建成后的维护使用费、能源消耗费用、项目使用期满后的报废拆除费用则考虑较少，也就是较少考虑建设工程项目的生命周期成本，这样就可能出现限额设计效果较好，但项目的全寿命费用不一定很经济的现象。尤其是在强调节能、环保、可持续发展等新的建筑理念的背景下，仅仅以建造时期的造价作为限额指标可能有一些片面性。

2. 限额设计的完善措施

针对上述限额设计的不足之处，在推行过程中应该采取以下相应措施：

① 要正确、科学地分解限额指标。在设计单位内部制定一系列技术、经济措施，促使技术、经济专业人员相互配合，共同完成总体和分部、分专业的限额设计指标。

② 不能单纯地过分强调限额。在对不同结构、部位进行功能分析的基础上，如果适当地提高造价有助于功能的大幅度提高，就应该允许限额的突破，通过降低其他部位（在不影响使用功能的前提下）造价等方法，保证总体限额不被突破，这时限额设计的意义更多地体现在造价的科学、合理分配上。

③ 将可持续发展观、科学发展观贯彻到设计中去，按照国家倡导的"四节"（节能、节水、节地、节材）、环保、与周边环境协调等要求，从建设工程项目全寿命周期的角度对造价进行分析、评价，如果有利于工程使用费用、能耗等的降低，建造成本的适当提高也是应该允许的。

六、运用寿命周期成本理论优化设备选型

工程设计是规划如何实现建设项目使用功能的过程，对设计方案的评价一般也是在保证功能水平的前提下，尽可能节约工程建设成本，限额设计就是在设计阶段节约建设成本的主要措施之一。然而，建设成本低的方案未必是功能水平优的方案。建设项目具有一次性投资大、使用周期长的特点。在项目的长期运营过程中，每年支出的项目维持费与大额的建设投资相比，也许数量不多，但是，长期的积累也会产生巨额的支出。传统的设计方案评价对这部分费用重视不够。如果我们过分强调节约投资，往往会造成项目功能水平不合理而导致项目维持费迅速增加的情况。因此，应该从寿命周期成本的角度进行设计方案评价。

（一）在设计阶段应用寿命周期成本理论的意义

众所周知，建设项目的使用功能在决策和设计阶段就已基本确定，项目的寿命周期成本也已基本确定，因此，决策和设计阶段就成为寿命周期成本控制潜力最大的阶段，在决策和设计阶段进行寿命周期成本评价有着极其重要的意义。

1. 寿命周期成本评价能够真正实现技术与经济的有机结合

设计阶段控制成本的一个重要原则是技术与经济的有机结合。传统的成本控制方法是设计人员从技术角度进行方案设计，然后由经济人员计算相关费用，再从费用角度调整设计方案。或者先制定限额目标，设计人员在设计限额内进行方案设计。这种方法是技术和经济相互割裂的两个过程。而寿命周期成本评价将寿命周期成本作为一个设计参数，与其他功能设计参数一同考虑进行方案设计，真正实现了技术与经济的有机结合。

2. 寿命周期成本为确定项目合理的功能水平提供了依据

不同类型的建设项目，其功能水平用不同的指标来衡量。人们当然希望项目的功能水平越高越好，但是，较高的功能水平往往需要高额的建设成本，而节约建设成本又会导致项目功能水平降低。这是一种两难的选择，尤其是公共投资项目，由于市场的不完善性，无法通过市场确定其合理的功能水平，导致很多公共投资项目超标准建设。而寿命周期成本评价为设计阶段确定项目的合理功能水平提供了依据，即费用效率尽可能大、寿命周期成本尽可能小的功能水平是比较合理的功能水平。

3. 寿命周期成本评价有助于增强项目的抗风险能力

寿命周期成本评价在设计阶段即对未来的资源需求进行预测，并根据预测结果合理确定项目功能水平及设备选择，并且鉴别潜在的问题，使项目对未来的适应性增强，有助于提高项目的经济效益。

4. 寿命周期成本评价可以使设备选择更科学

在建设项目的运行过程中，还需要对项目的功能不断地进行更新，以适应技术进步和外界经济环境的变化。项目运营过程中功能的更新主要是通过设备更新来实现的。因此，在建设项目的设计阶段就综合考虑技术进步、项目寿命及设备投资等因素，可以使设备选择更科学。

（二）寿命周期成本理论在设计阶段设备选型中的应用

寿命周期成本评价是一种技术与经济有机结合的方案评价方法，它要考虑项目的功能水平与实现功能的寿命周期费用之间的关系。这种方法在设备选型中应用较为广泛，对于设备的功能水平的评价一般可用生产效率、使用寿命、技术寿命、能耗水平、可靠性、操作性、环保性和安全性等指标。在设备选型中应用寿命周期成本评价方法的步骤是：

① 提出各项备选方案，并确定系统效率评价指标。

② 明确费用构成项目，并预测各项费用水平。

③ 计算各方案的经济寿命，作为分析的计算期。

④ 计算各方案在经济寿命期内的寿命周期成本。

⑤ 计算各方案可以实现的系统效率水平，然后与寿命周期成本相除计算费用效率，费用效率较大的方案较优。

【例 5-6】 某集装箱码头需要购置一套装卸设备，有三个方案可供选择：设备 A 投资 1800 万元、设备 B 投资 1000 万元、设备 C 投资 600 万元。设备的年维持费包括能耗费、维修费和养护费。各设备的年维持费和年工作量见表 5-9，不考虑时间价值因素，进行方案比选。

表 5-9　装卸设备方案有关数据

年份	年维持费/万元			年工作量/万吨		
	A	B	C	A	B	C
1	180	100	80	29	20	8
2	200	120	100	29	20	8
3	220	140	120	38	25	7
4	240	160	140	32	28	12
5	260	180	160	33	30	13
6	300	200	180	52	40	9
7	340	240	220	45	48	10
8	380	280	240	48	45	11
9	420	320	280	50	53	8
10	480	380	340	52	55	9
11	540	440	400	54	50	14
12	600	500	460	55	46	10

【解】　首先计算各方案的经济寿命，根据公式：

$$AC_i = \frac{K_i}{n} + \frac{1}{n}\sum_{t=1}^{n} C_{it} \tag{5-29}$$

式中　AC_i——方案 i 的年折算费用；

$\frac{1}{n}\sum_{t=1}^{n} C_{it}$ ——设备使用 n 年的年均使用成本；

$\quad\quad K_i$——方案 i 的初始投资；

$\quad\quad C_{it}$——方案 i 第 t 年的维持费；

$\quad\quad n$——设备使用年限。

计算各方案的年折算费用，年折算费用最小时即为该方案的经济寿命。计算过程见表 5-10。

表 5-10　三个方案的经济寿命计算过程

年份	年维持费/万元			年均使用成本/万元			年折算费用/万元		
	A	B	C	A	B	C	A	B	C
1	180	100	80	180	100	80	1980	1100	680
2	200	120	100	190	110	90	1090	610	390
3	220	140	120	200	120	100	800	453.33	300
4	240	160	140	210	130	110	660	380	260
5	260	180	160	220	140	120	580	340	240
6	300	200	180	233.33	150	130	533.33	316.67	230
7	340	240	220	248.57	162.86	142.86	505.71	305.71	228.57
8	380	280	240	265	177.5	155	490	302.5	230
9	420	320	280	282.22	193.33	168.89	482.22	304.44	235.5556

续表

年份	年维持费/万元			年均使用成本/万元			年折算费用/万元		
	A	B	C	A	B	C	A	B	C
10	480	380	340	302	212	186	482	312	246
11	540	440	400	323.64	232.73	205.45	487.27	323.64	260
12	600	500	460	346.67	255	226.67	496.67	338.33	276.67

由表 5-10 可知，设备 A 的经济寿命为 10 年，设备 B 的经济寿命为 8 年，设备 C 的经济寿命为 7 年。则各方案的寿命周期成本为：

A：482×10＝4820(万元)

B：302.5×8＝2420(万元)

C：228.57×7＝1600(万元)

在经济寿命期内各方案的总工作量为：A408 万吨；B256 万吨；C67 万吨，则各方案的费用效率（CE）计算见表 5-11。

表 5-11　各方案费用效率计算过程

方案	A	B	C
寿命周期/年	10	8	7
寿命周期成本/万元	4820	2420	1600
工作量/万吨	408	256	67
费用效率(CE)	0.085	0.106	0.042

方案 B 的费用效率值最高，因此选购设备 B。

第四节　设计概算的编制与审查

一、设计概算的基本概念

（一）设计概算的含义

建设项目设计概算是初步设计文件的重要组成部分，是在投资估算的控制下由设计单位根据初步设计或扩大初步设计的图纸及说明，利用国家或地区颁发的概算指标、概算定额或综合指标预算定额、设备材料预算价格等资料，按照设计要求，概略地计算建筑物或构筑物造价的文件。其特点是编制工作较为简单，在精度上没有施工图预算准确。采用两阶段设计的建设项目，初步设计阶段必须编制设计概算；采用三阶段设计的，扩大初步设计（技术设计）阶段必须编制修正概算。

设计概算应包括编制期价格、费率、利率、汇率等确定的静态投资和编制期到竣工验收前的工程和价格变化等多种因素决定的动态投资两部分。静态投资作为考核工程设计和施工图预算的依据；动态投资作为筹措、供应和控制资金使用的限额。

（二）设计概算的作用

设计概算虽然也视为工程造价在设计阶段的表现形式，严格意义上讲，它不具备价格属性，因为设计概算不是在市场竞争中形成的，而是设计单位根据有关依据计算出来的工程建设的预期费用，用于衡量建设投资是否超过估算并控制下一阶段的费用支出，其主要作用在于控制以后阶段的投资，具体表现如下。

① 设计概算是编制建设项目投资计划，确定和控制建设项目投资的依据。国家规定，编制年度固定资产投资计划，确定计划投资总额及其构成数额，要以批准的初步设计概算为依据，没有批准的初步设计文件及其概算的建设工程不能列入年度固定资产投资计划。

设计概算一经批准，将作为控制建设项目投资的最高限额。竣工决算不能突破施工图预算，施工图预算不能突破设计概算。如果由于设计变更等原因建设费用超过概算，必须重新审查批准。

② 设计概算是签订建设工程合同和贷款合同的依据。在国家颁布的合同法中明确规定，建设工程合同价款是以设计概预算为依据，且总承包合同不得超过设计总概算的投资额。银行贷款或各单项工程的拨款累计总额不能超过设计概算，如果项目投资计划所列支投资额与贷款突破设计概算，必须查明原因，之后由建设单位报请上级主管部门调整或追加设计概算总投资，凡未批准之前，银行对其超支部分拒不拨付。

③ 设计概算是控制施工图设计和施工图预算的依据。设计单位必须按照批准的初步设计和总概算进行施工图设计，施工图预算不得突破设计概算，如确需突破设计概算时，应按规定程序报批。

④ 设计概算是衡量设计方案技术经济合理性和选择最佳设计方案的依据。设计部门在初步设计阶段要选择最佳设计方案，设计概算是从经济角度衡量设计方案经济合理性的重要依据。

⑤ 设计概算是工程造价管理及编制招标控制价（招标标底）和投标报价的依据。设计总概算一经批准，就作为工程造价管理的最高限额，并据以对工程造价进行严格的控制。以设计概算进行招、投标的工程，招标单位以设计概算作为编制招标控制价（标底）以及评标定标的依据。投标单位必须以设计概算为依据编制投标报价，以合适的投标报价在投标竞争中取胜。

⑥ 设计概算是考核建设项目投资效果的依据。通过设计概算与竣工决算对比，可以分析和考核投资效果的好坏，同时还可以验证设计概算的准确性，有利于加强设计概算管理和建设项目的造价管理工作。

（三）设计概算的内容

设计概算可分单位工程概算、单项工程综合概算和建设工程项目总概算三级。各级概算之间的相互关系如图 5-5 所示。

1. 单位工程概算

单位工程是指具有单独设计文件、能够独立组织施工的工程，是单项工程的组成部分，一个单项工程按其构成可以分为建筑工程和设备及安装工程。单位工程概算是确定各单位工程建设费用的文件，是编制单项工程综合概算的依据，是单项工程综合概算的组成部分。单位工程概算按其工程性质分为建筑工程概算和设备及安装工程概算两大类。建筑工程概算包

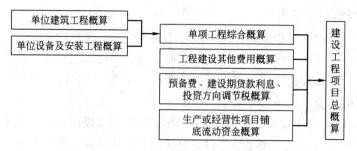

图 5-5　设计概算的三级概算关系图

括土建工程概算，给排水、采暖工程概算，通风、空调工程概算，电气照明工程概算，弱电工程概算，特殊构筑物工程概算等；设备及安装工程概算包括机械设备及安装工程概算，电气设备及安装工程概算，热力设备及安装工程概算，工具、器具及生产家具购置费概算等。

2. 单项工程综合概算

单项工程是指在一个建设项目中，具有独立的设计文件，建成后可以独立发挥生产能力或工程效益的项目。它是建设项目的组成部分，如生产车间、办公楼、食堂、图书馆、学生宿舍、住宅楼、一个配水厂等。单项工程是一个复杂的综合体，是具有独立存在意义的一个完整工程，如输水工程、净水厂工程、配水工程等。单项工程概算以设计文件为依据，在单位工程概算基础上汇总单项工程费用的成果文件，由单项工程中的各单位工程概算汇总编制而成，是建设项目总概算的组成部分。单项工程综合概算的组成内容如图 5-6 所示。

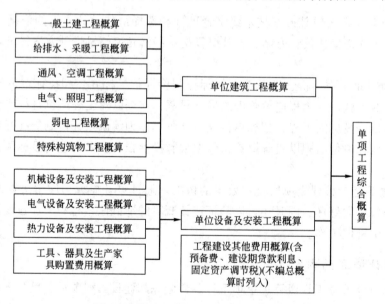

图 5-6　单项工程综合概算的组成内容

3. 建设工程项目总概算

建设工程项目总概算是确定整个建设项目从筹建到竣工验收所需全部费用的文件，是由各单项工程综合概算、工程建设其他费用概算、预备费、建设期贷款利息和固定资产投资方向调节税概算、生产或经营项目铺底流动资金概算汇总编制而成的，如图 5-7 所示。

若干个单位工程概算汇总后成为单项工程概算，若干个单项工程概算和其他工程费用、

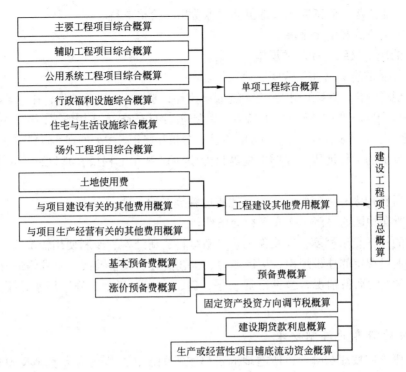

图 5-7　建设工程项目总概算的组成内容

预备费、建设期利息等概算文件汇总成为建设项目总概算。单项工程概算和建设项目总概算仅是一种归纳、汇总性文件，因此，最基本的计算文件是单位工程概算书。建设项目若为一个独立单项工程，则建设项目总概算书与单项工程综合概算书可合并编制。

二、设计概算的编制依据和要求

(一) 设计概算的编制依据

① 国家、行业和地方政府有关建设和造价管理的法律、法规、规章、规程、标准等。

② 相关文件和费用资料，包括：

a. 初步设计或扩大初步设计图纸、设计说明书、设备清单和材料表等。其中，土建工程包括建筑总平面图、建筑平面图、立面图、剖面图和初步设计文字说明 (应注明装修标准、门窗尺寸等)、结构平面布置图、构件尺寸、特殊构件的钢筋配置等。安装工程包括给水排水、电气、采暖通风、空气调节、动力等专业的平面布置图、系统图、文字说明和设备清单。室外工程包括平面布置图。总图专业提交建设场地的地形图和场地设计标高及道路、排水沟、挡土墙、围墙等构筑物的断面尺寸。

b. 批准的建设项目设计任务书 (或批准的可行性研究文件) 和主管部门的有关规定。

c. 国家或省、自治区、直辖市现行的建筑设计概算定额 (综合预算定额或概算指标)，现行的安装设计概算定额 (或概算指标)，类似工程概预算及技术经济指标。

d. 建设工程所在地区的人工工资标准、材料预算价格、施工机械台班预算价格，标准设备和非标准设备价格资料，现行的设备原价及运杂费率，各类造价信息和指数。

e. 国家或省、自治区、直辖市现行的建筑安装工程间接费定额和有关费用标准。工程所在地区的土地征购、房屋拆迁、青苗补偿等费用和价格资料。

f. 资金筹措方式或资金来源。

g. 正常的施工组织设计及常规施工方案。

h. 项目涉及的有关文件、合同、协议等。

③ 施工现场资料。概算编制人员应熟悉设计文件，掌握施工现场情况，充分了解设计意图，掌握工程全貌，明确工程的结构形式和特点。掌握施工组织与技术应用情况，深入施工现场了解建设地点的地形、地貌及作业环境，并加以核实、分析和修正。主要的现场资料包括：

a. 建设场地的工程地质、地形地貌等自然条件资料和工程所在地区的有关技术经济条件资料。

b. 项目所在地区有关气候、水文、地质地貌等自然条件。

c. 项目所在地区的经济、人文等社会条件。

d. 项目的技术复杂程度，以及新工艺、新材料、新结构、专利使用情况等。

e. 建设项目拟定的建设规模、生产能力、工艺流程、设备及技术要求等情况。

f. 项目建设的准备情况，包括三通一平，施工方式的确定，施工用水、用电的供应等诸多因素。

（二）设计概算的编制要求

① 设计概算应按编制时项目所在地的价格水平编制，总投资应完整地反映编制时建设项目实际投资。

② 设计概算应结合项目所在地设备和材料市场供应情况、建筑安装施工市场变化，还应按项目合理工期预测建设期价格水平，以及资产租赁和贷款的时间价值等动态因素对投资的影响。

③ 设计概算应考虑建设项目施工条件以及能够承担项目施工的工程公司情况等因素对投资的影响。

三、设计概算的编制方法

（一）单位工程概算的编制方法

1. 单位工程概算的内容

单位工程概算书是计算一个独立建筑物或构筑物（即单项工程）中每个专业工程所需工程费用的文件，分为以下两类：建筑工程概算书和设备及安装工程概算书。单位工程概算文件应包括建筑（安装）工程直接工程费计算表，建筑（安装）工程人工、材料、机械台班价差表，建筑（安装）工程费用构成表。

建筑工程概算的编制方法有概算定额法、概算指标法、类似工程预算法等；设备及安装工程概算的编制方法有预算单价法、扩大单价法、设备价值百分比法和综合吨位指标法等。单位工程概算投资由直接费、间接费、利润和税金组成。

2. 单位建筑工程概算的编制方法与实例

（1）概算定额法　概算定额法又叫扩大单价法或扩大结构定额法，是采用概算定额编制建筑工程概算的方法。根据初步设计图纸资料和概算定额的项目划分计算出工程量，然后套用概算定额单价（基价），计算汇总后，再计取有关费用，便可得出单位工程概算造价。

概算定额法要求初步设计达到一定深度，建筑结构比较明确，能按照初步设计的平面、立面、剖面图纸计算出楼地面、墙身、门窗和屋面等分部工程（或扩大结构件）项目的工程量时，才可采用。

概算定额法编制设计概算的步骤如下。

① 搜集基础资料、熟悉设计图纸和了解有关施工条件和施工方法。

② 按照概算定额分部分项顺序，列出单位工程中的分项工程或扩大分项工程项目名称并计算工程量。工程量计算应按概算定额中规定的工程量计算规则进行，计算时采用的原始数据必须以初步设计图纸所标的尺寸或初步设计图纸能读出的尺寸为准，并将计算所得各分项工程量按概算定额编号顺序，填入工程量概算表中。

③ 确定分部分项工程项目的概算定额单价。工程量计算完毕后，逐项套用相应概算定额单价和人工、材料消耗指标，然后分别将其填入工程概算表和工料分析表。

④ 计算单位工程人、材、机费。将已算出的各分部分项工程项目的工程量及在概算定额中已查出的相应定额单价和单位人工、主要材料消耗指标分别相乘，即可得出各分项工程的人、材、机费和人工、主要材料消耗量。再汇总各分项工程的人、材、机费及人工、主要材料消耗量，即可得到该单位工程的人、材、机费和工料总消耗量，必要时进行调整计算。

⑤ 计算企业管理费、利润、规费和税金。根据人、材、机费，结合其他各项取费标准，分别计算企业管理费、利润、规费和税金。

⑥ 计算单位工程概算造价。

⑦ 编写概算编制说明。

建筑工程概算表见表 5-12。

表 5-12 建筑工程概算表

单位工程概算编号：　　　　　　工程名称：　　　　　　共　页　第　页

序号	定额编号	工程项目或费用名称	单位	数量	单价				合价			
					定额基价	人工费	材料费	机械费	金额	人工费	材料费	机械费
一		土石方工程										
1	××	××××										
2	××	××××										
二		砌筑工程										
	××	××××										
	××	××××										
三		楼地面工程										
1	××	××××										
		小计										
		工程综合取费										
		单位工程概算费用合计										

【例 5-7】 某市拟建一座 7560m² 的教学楼，请按给出的扩大单价和工程量表 5-13 编制出该教学楼土建工程设计概算造价和平方米造价。各项费率如下：以定额人工费为基数的企业管理费费率为 50%，利润率为 30%，社会保险费和公积金费率为 25%，按标准缴纳的工程排污费为 50 万元，综合税率为 3.48%。

表 5-13　某教学楼土建工程量和扩大单价

分部工程名称	单位	工程量	扩大单价/元	其中:人工费/元
基础工程	10m³	160	3200	320
混凝土及钢筋混凝土	10m³	150	13280	660
砌筑工程	10m³	280	4878	960
地面工程	100m²	25	13000	1500
楼面工程	100m²	40	19000	2000
卷材屋面	100m²	40	14000	1500
门窗工程	100m²	35	55000	10000
脚手架	100m²	180	1000	200

【解】 根据已知条件和表 5-13 数据及扩大单价，求得该教学楼土建工程造价，如表 5-14 所列。

表 5-14　某教学楼土建工程概算造价计算表

序号	分部工程或费用名称	单位	工程量	单价/元	合价/元
1	基础工程	10m³	160	3200	512000
2	混凝土及钢筋混凝土	10m³	150	13280	1992000
3	砌筑工程	10m³	280	4878	1365840
4	地面工程	100m²	25	13000	325000
5	楼面工程	100m²	40	19000	760000
6	卷材屋面	100m²	40	14000	560000
7	门窗工程	100m²	35	55000	1925000
8	脚手架	100m²	180	1000	180000
A	直接工程费小计	以上 8 项之和			7619840
B	其中:人工费合计				982500
C	企业管理费	$B\times50\%$			491250
D	利润	$B\times30\%$			294750
E	规费	$B\times25\%+500000$			745625
F	税金	$(A+C+D+E)\times3.48\%$			318471
	概算造价	$A+C+D+E+F$			9469936
	平方米造价	9469936/7560			1253

（2）概算指标法　概算指标法是采用直接工程费指标，用拟建的厂房、住宅的建筑面积（或体积）乘以技术条件相同或基本相同工程的概算指标，得出直接工程费，然后按规定计算出措施费、间接费、利润和税金等，编制出单位工程概算的方法。

概算指标法的适用范围是当初步设计深度不够，不能准确地计算出工程量，但工程设计技术比较成熟而又有类似工程概算指标可以利用时，可采用此法。

由于拟建工程（设计对象）往往与类似工程的概算指标的技术条件不尽相同，而且概算指标编制年份的设备、材料、人工等价格与拟建工程当时当地的价格也不会一样。因此，必须对其进行调整。其调整方法如下。

① 设计对象的结构特征与概算指标有局部差异时的调整（结构不同）：

$$结构变化修正概算指标(元/m^2)=J+Q_1P_1-Q_2P_2 \tag{5-30}$$

式中　J——原概算指标；

Q_1——换入新结构的数量；

Q_2——换出旧结构的数量；

P_1——换入新结构的单价；

P_2——换出旧结构的单价。

或：　结构变化修正概算指标的工、料、机数量＝原概算指标的工、料、机数量＋

换入结构件工程量×相应定额工、料、机消耗量－换出结构件工程量×

相应定额工、料、机消耗量 (5-31)

以上两种方法，前者是直接修正结构件指标单价（单价法），后者是修正结构件指标工、料、机数量（实物法）。

② 设备、人工、材料、机械台班费用的调整（单价不同）：

设备、人工、材料、机械修正概算费用＝原概算指标的设备、人工、材料、机械费用＋

Σ（换入设备、人工、材料、机械数量×拟建地区相应单价）－Σ（换出设备、人工、材料、

机械数量×原概算指标设备、人工、材料、机械单价） (5-32)

【例 5-8】　某市一栋普通办公楼为框架结构 $2700m^2$，建筑工程直接工程费为 37.8 元/m^2，其中毛石基础为 39 元/m^2；现拟建一栋办公楼 $3000m^2$，采用钢筋混凝土结构，带形基础造价为 51 元/m^2，其他结构相同。求该拟建新办公楼建筑工程的直接工程费造价？

【解】　调整后的概算指标(元/平方米)＝378－39＋51＝390(元/m^2)

拟建新办公楼建筑工程直接工程费＝390 元/m^2×$3000m^2$＝1170000(元)

然后按与上述概算定额法同样的计算程序和方法，计算出措施费、间接费、利润和税金，便可求出新建办公楼的建筑工程造价。

(3) 类似工程预算法　类似工程预算法是利用技术条件与设计对象相类似的已完工程或在建工程的工程造价资料来编制拟建工程设计概算的方法。

类似工程预算法适合在拟建工程初步设计与已完工程或在建工程的设计相类似而又没有可用的概算指标时采用，但必须对建筑结构差异和价差进行调整。建筑结构差异的调整方法与概算指标法的调整方法相同。类似工程造价的价差调整有以下两种方法。

① 类似工程造价资料有具体的人工、材料、机械台班的用量时，可按类似工程预算造价资料中的主要材料用量、工日数量、机械台班用量乘以拟建工程所在地的主要材料预算价格、人工单价、机械台班单价，计算出直接工程费，再乘以当地的综合费率，即可得出所需的造价指标。

② 类似工程造价资料只有人工、材料、机械台班费用和措施费、间接费时，可按下面公式调整：

$$D=A×K \tag{5-33}$$

$$K = a\%K_1 + b\%K_2 + c\%K_3 + d\%K_4 + e\%K_5 \qquad\qquad (5\text{-}34)$$

式中　　　　　　　　　D——拟建工程单方概算造价；

　　　　　　　　　　　A——类似工程单方预算造价；

　　　　　　　　　　　K——综合调整系数；

$a\%$，$b\%$，$c\%$，$d\%$，$e\%$——类似工程预算的人工费、材料费、机械台班费、措施费、间接费占预算造价的比重，如：$a\% =$ 类似工程人工费(或工资标准)/类似工程预算造价$\times 100\%$，$b\%$、$c\%$、$d\%$、$e\%$ 类同；

　　　K_1，K_2，K_3，K_4，K_5——拟建工程地区与类似工程预算造价在人工费、材料费、机械台班费、措施费和间接费之间的差异系数，如：$K_1 =$ 拟建工程概算的人工费(或工资标准)/类似工程预算人工费(或地区工资标准)，K_2、K_3、K_4、K_5 类同。

【例 5-9】　某市 2014 年拟建住宅楼，建筑面积 6500m²，编制土建工程概算时采用 2012 年建成的 6000m² 某类似住宅工程预算造价资料，如表 5-15 所示。由于拟建住宅楼与已建成的类似住宅在结构上作了调整，拟建住宅每平方米建筑面积比类似住宅工程增加直接工程费 25 元。拟建新住宅工程所在地区的利润率为 7%，综合税率为 3.48%。试求：

（1）类似住宅工程成本造价和平方米成本造价是多少？

（2）用类似工程预算法编制拟建新住宅工程的概算造价和平方米造价是多少？

表 5-15　2012 年某住宅类似工程预算造价资料

序号	名称	单位	数量	2012 年单价/元	2014 年第一季度单价/元
1	人工	工日	37908	13.5	20.3
2	钢筋	t	245	3100	3500
3	型钢	t	147	3600	3800
4	木材	m³	220	580	630
5	水泥	t	1221	400	390
6	砂子	m³	2863	35	32
7	石子	m³	2778	60	65
8	红砖	千块	950	180	200
9	木门窗	m²	1171	120	150
10	其他材料	万元	18		调增系数 10%
11	机械台班费	万元	28		调增系数 7%
12	措施费占直接工程费比率			15%	17%
13	间接费率			16%	17%

【解】　（1）类似住宅工程成本造价和平方米成本造价如下：

类似住宅工程人工费：$37908 \times 13.5 = 511758$(元)

类似住宅工程材料费：$245 \times 3100 + 147 \times 3600 + 220 \times 580 + 1221 \times 400 + 2863 \times 35 + 2778 \times 60 + 950 \times 180 + 1171 \times 120 + 180000 = 2663105$(元)

类似住宅工程机械台班费 $= 280000$(元)

类似住宅直接工程费 ＝人工费＋材料费＋机械台班费 $= 511758 + 2663105 + 280000 =$

3454863(元)

措施费＝3454863×15％＝518229(元)

则：直接费＝3454863＋518229＝3973092(元)

间接费＝3973092×16％＝635694(元)

类似住宅工程的成本造价＝直接工程费＋间接费＝3973092＋635694＝4608786(元)

类似住宅工程平方米成本造价＝4608786/6000＝768.1(元/m²)

(2) 求拟建新住宅工程的概算造价和平方米造价　首先求出类似住宅工程人工、材料、机械台班费占其预算成本造价的百分比。然后，求出拟建新住宅工程的人工费、材料费、机械台班费、措施费、间接费与类似住宅工程之间的差异系数。进而求出综合调整系数 K 和拟建新住宅的概算造价。

① 求类似住宅工程各费用占其造价的百分比：

人工费占造价百分比＝511758/4608786×100％＝11.10％

材料费占造价百分比＝2663105/4608786×100％＝57.78％

机械台班费占造价百分比＝280000/4608786×100％＝6.08％

措施费占造价百分比＝518229/4608786×100％＝11.24％

间接费占造价百分比＝635694/4608786×100％＝13.79％

② 求拟建新住宅与类似住宅工程在各项费用上的差异系数：

人工费差异系数(K_1)＝20.3/13.5＝1.5

材料费差异系数(K_2)＝(245×3500＋147×3800＋220×630＋1221×390＋2863×32＋2778×65＋950×200＋1171×150＋180000×1.1)/2663105＝1.08

机械台班差异系数(K_3)＝1.07

措施费差异系数(K_4)＝17％/15％＝1.13

间接费差异系数(K_5)＝17％/16％＝1.06

③ 求综合调价系数 (K)：

K＝11.10％×1.5＋57.78％×1.08＋6.08％×1.07＋11.24％×1.13＋13.78％×1.06
＝1.129

④ 拟建新住宅平方米造价＝[768.1×1.129＋25×(1＋17％)(1＋17％)](1＋7％)(1＋3.413％)＝(867.18＋34.22)(1＋7％)(1＋3.48％)＝998.1(元/m²)

⑤ 拟建新住宅总造价＝998.1×6500＝6487650 元＝648.765(万元)

3. 设备及安装单位工程概算的编制方法

设备及安装工程概算包括设备购置费用概算和设备安装工程费用概算两大部分。

(1) 设备购置费概算　设备购置费是根据初步设计的设备清单计算出设备原价，并汇总求出设备总原价，然后按有关规定的设备运杂费率乘以设备总原价，两项相加即为设备购置费概算。

设备购置费概算＝∑(设备清单中的设备数量×设备原价)×(1＋运杂费率)　(5-35)

或：　设备购置费概算＝∑(设备清单中的设备数量×设备预算价格)　(5-36)

国产标准设备原价可根据设备型号、规格、性能、材质、数量及附带的配件，向制造厂家询价或向设备、材料信息部门查询或按主管部门规定的现行价格逐项计算。非主要标准设备和工器具、生产家具的原价可按主要标准设备原价的百分比计算，百分比指标按主管部门或地区有关规定执行。

(2) 设备安装工程费概算的编制方法　设备安装工程费概算的编制方法是根据初步设计深度和要求明确的程度来确定的，其主要编制方法如下。

① 预算单价法。当初步设计较深，有详细的设备清单时，可直接按安装工程预算定额单价编制安装工程概算，概算编制程序基本同于安装工程施工图预算。该法具有计算比较具体、精确性较高之优点。

② 扩大单价法。当初步设计深度不够，设备清单不完备，只有主体设备或仅有成套设备重量时，可采用主体设备、成套设备的综合扩大安装单价来编制概算。

上述两种方法的具体操作与建筑工程概算相类似。

③ 设备价值百分比法，又叫安装设备百分比法。当初步设计深度不够，只有设备出厂价而无详细规格、重量时，安装费可按占设备费的百分比计算。其百分比值（即安装费率）由主管部门制定或由设计单位根据已完类似工程确定。该法常用于价格波动不大的定型产品和通用设备产品，数学表达式为：

$$设备安装费＝设备原价×安装费率(\%) \tag{5-37}$$

④ 综合吨位指标法。当初步设计提供的设备清单有规格和设备重量时，可采用综合吨位指标编制概算，综合吨位指标由主管部门或由设计院根据已完类似工程资料确定。该法常用于设备价格波动较大的非标准设备和引进设备的安装工程概算，数学表达式为：

$$设备安装费(元/t)＝设备吨重×每吨设备安装费指标 \tag{5-38}$$

（二）单项工程综合概算的编制方法与实例

1. 单项工程综合概算的意义

单项工程综合概算是确定单项工程建设费用的综合性文件，它是由该单项工程各专业的单位工程概算汇总而成的，是建设工程项目总概算的组成部分。

2. 单项工程综合概算的内容

单项工程综合概算文件一般包括编制说明（不编制总概算时列入）和综合概算表（含其所附的单位工程概算表和建筑材料表）两大部分。当建设工程项目只有一个单项工程时，此时综合概算文件（实为总概算）除包括上述两大部分外，还应包括工程建设其他费用、建设期贷款利息、预备费和固定资产投资方向调节税的概算。

(1) 编制说明　应列在综合概算表的前面，其内容为：

① 编制依据。包括国家和有关部门的规定、设计文件、现行概算定额或概算指标、设备材料的预算价格和费用指标等。

② 编制方法。说明设计概算是采用概算定额法，还是采用概算指标法。

③ 主要设备、材料（钢材、木材、水泥）的数量。

④ 其他需要说明的有关问题。

(2) 综合概算表　根据单项工程所辖范围内的各单位工程概算等基础资料，按照国家或部委所规定的统一表格进行编制。工业建设工程项目综合概算表由建筑工程和设备安装工程两大部分组成；民用工程项目综合概算表就是建筑工程一项。

(3) 综合概算的费用组成　一般应包括建筑工程费、安装工程费、设备购置及工器具和生产家具购置费所组成。当不编制总概算时，还应包括工程建设其他费、建设期贷款利息、预备费和固定资产方向调节税等费用项目。

【例 5-10】 单项工程综合概算实例。

某地区铝厂电解车间工程项目综合概算，是按工程所在地现行概算定额价格编制的，如表 5-16 所示（单位工程概算表和建筑材料表从略）。

表 5-16　单项工程概算表

序号	工程或费用名称	概算价值/元					技术经济指标		
		建筑工程费	安装工程费	设备及工器具购置费	工程建设其他费	合计	单位	数量	单位价值/(元/m²)
(1)	(2)	(3)	(4)	(5)	(6)	(7)	(8)	(9)	(10)
1	建筑工程	4857914				4857914	m²	3600	1349.4
1.1	一般土建	3187475				3187475			
1.2	电解槽基础	203800				203800			
1.3	氧化铝	120000				120000			
1.4	工业炉窑	1286700				1286700			
1.5	工艺管道	25646				25646			
1.6	照明	34293				34293			
2	设备及安装工程		3843972	3188173		7032145	m²	3600	1953.4
2.1	机械设备及安装		2005995	3153609		5159604			
2.2	电解系列母线安装		1778550			1778550			
2.3	电力设备及安装		57337	30574		87911			
2.4	自控系统设备及安装		2090	3990		6080			
3	工器具和生产家具购置			47304		47304	m²	3600	13.1
4	合计	4857914	3843972	3235477		11937363			3315.9
5	占综合概算造价比例	40.7%	32.2%	27.1%		100%			

（三）建设项目总概算的编制方法

1. 总概算的含义

建设项目总概算是设计文件的重要组成部分，是确定整个建设项目从筹建到竣工交付使用所预计花费的全部费用的文件。它由各单项工程综合概算、工程建设其他费用、建设期贷款利息、预备费、固定资产投资方向调节税和经营性项目的铺底资金概算所组成，按照主管部门规定的统一表格进行编制而成。

2. 总概算的内容

设计总概算文件一般应包括编制说明、总概算表、各单项工程综合概算书、工程建设其他费用概算表、主要建筑安装材料汇总表。独立装订成册的总概算文件宜加封面、签署页（扉页）和目录。现将有关主要问题说明如下。

（1）编制说明　编制说明的内容与单项工程综合概算文件相同。

（2）总概算表　总概算表格式如表 5-17 所示。

表 5-17　总（综合）概（预算）算表

建设项目：　　　　　　　　（单项工程名称：　　　　　　）　　　　　　第　　页，共　　页

序号	概(预)算表编号	工程和费用名称	概(预)算价值/元						技术经济指标				占投资额/%
			建筑工程费	设备购置费	安装工程费	其他费用	合计	其中外汇/美元	计量指标	单位	数量	单位造价/元	

审定：　　审核：　　校对：　　编制：　　　　　　　　　　　编制日期：　年　月　日

注：表中"计量指标"视工程和费用种类而定，如建筑面积、外形体积、有效容积、管线长度、日供水量、供电容量、总耗热量、总制冷量、总机容量、设备重量、设备容量、扶梯数量等。

（3）工程建设其他费用概算表　工程建设其他费用概算按国家或地区或部委所规定的项目和标准确定，并按同一格式编制。

（4）主要建筑安装材料汇总表　针对每一个单项工程列出钢筋、型钢、水泥、木材等主要建筑安装材料的消耗量。

四、设计概算的审查

（一）审查设计概算的意义

① 利于合理分配投资资金，加强投资计划管理，有助于合理确定和有效控制工程造价。设计概算编制偏高或偏低，不仅影响工程造价的控制，也会影响投资计划的真实性，影响投资资金的合理分配。

② 利于促进概算编制单位严格执行国家有关概算的编制规定和费用标准，从而提高概算的编制质量。

③ 利于促进设计的技术先进性与经济合理性。概算中的技术经济指标，是概算的综合反映，与同类工程对比，便可看出它的先进与合理程度。

④ 利于核定建设项目的投资规模，可以使建设项目总投资力求做到准确、完整，防止任意扩大投资规模或出现漏项，从而减少投资缺口、缩小概算与预算之间的差距，避免故意

压低概算投资，搞钓鱼项目，最后导致实际造价大幅度地突破概算。

⑤ 利于为建设项目投资的落实提供可靠的依据。打足投资，不留缺口，有助于提高建设项目的投资效益。

（二）设计概算的审查内容

1．审查设计概算的编制依据

（1）审查编制依据的合法性　采用的各种编制依据必须经过国家和授权机关的批准，符合国家的编制规定，未经批准的不能采用。也不能强调情况特殊，擅自提高概算定额、指标或费用标准。

（2）审查编制依据的时效性　各种依据，如定额、指标、价格、取费标准等，都应根据国家有关部门的现行规定进行，注意有无调整和新的规定，如有，应按新的调整办法和规定执行。

（3）审查编制依据的适用范围　各种编制依据都有规定的适用范围，如各主管部门规定的各种专业定额及其取费标准，只适用于该部门的专业工程；各地区规定的各种定额及其取费标准，只适用于该地区范围内，特别是地区的材料预算价格区域性更强。

2．审查概算编制深度

（1）审查编制说明　审查编制说明可以检查概算的编制方法、深度和编制依据等重大原则问题，若编制说明有差错，具体概算必有差错。

（2）审查概算编制的完整性　一般大中型项目的设计概算，应有完整的编制说明和"三级概算"（即建设工程项目总概算表、单项工程综合概算表、单位工程概算表），并按有关规定的深度进行编制。审查是否有符合规定的"三级概算"，各级概算的编制、核对、审核是否按规定签署，有无随意简化，有无把"三级概算"简化为"二级概算"甚至"一级概算"。

（3）审查概算的编制范围　审查概算编制范围及具体内容是否与主管部门批准的建设项目范围及具体工程内容一致；审查分期建设项目的建筑范围及具体工程内容有无重复交叉，是否重复计算或漏算；审查其他费用应列的项目是否符合规定，静态投资、动态投资和经营性项目铺底流动资金是否分别列出等。

3．审查工程概算的内容

① 审查概算的编制是否符合党的方针、政策，是否根据工程所在地的自然条件进行编制。

② 审查建设规模（投资规模、生产能力等）、建设标准（用地指标、建筑标准等）、配套工程、设计定员等是否符合原批准的可行性研究报告或立项批文的标准。对总概算投资超过批准投资估算10%以上的，应查明原因，重新上报审批。

③ 审查编制方法、计价依据和程序是否符合现行规定，包括定额或指标的适用范围和调整方法是否正确。进行定额或指标的补充时，要求补充定额的项目划分、内容组成、编制原则等要与现行的定额精神相一致等。

④ 审查工程量是否正确。工程量的计算是否是根据初步设计图纸、概算定额、工程量计算规则和施工组织设计的要求进行的，有无多算、重算和漏算，尤其对工程量大、造价高的项目要重点审查。

⑤ 审查材料用量和价格。审查主要材料（钢材、木材、水泥、砖）的用量数据是否正

确，材料预算价格是否符合工程所在地的价格水平，材料价差调整是否符合现行规定及其计算是否正确等。

⑥ 审查设备规格、数量和配置是否符合设计要求，是否与设备清单相一致，设备预算价格是否真实，设备原价和运杂费的计算是否正确，非标准设备原价的计价方法是否符合规定，进口设备的各项费用组成及其计算程序、方法是否符合国家主管部门的规定。

⑦ 审查建筑安装工程各项费用的计取是否符合国家或地方有关部门的现行规定，计算程序和取费标准是否正确。

⑧ 审查综合概算、总概算的编制内容、方法是否符合现行规定和设计文件的要求，有无设计文件外项目，有无将非生产性项目以生产性项目列入。

⑨ 审查总概算文件的组成内容，是否完整地包括了建设项目从筹建到竣工投产为止的全部费用组成。

⑩ 审查工程建设其他各项费用。这部分费用内容多、弹性大，而它的投资约占项目总投资 25％以上，要按国家和地区规定逐项审查，不属于总概算范围的费用项目不能列入概算，具体费率或计取标准是否按国家、行业有关部门规定计算，有无随意列项，有无多列、交叉计列和漏项等。

⑪ 审查项目的"三废"治理。拟建项目必须同时安排"三废"（废水、废气、废渣）的治理方案和投资，对于未作安排或漏项或多算、重算的项目，要按国家有关规定核实投资，以满足"三废"排放达到国家标准。

⑫ 审查技术经济指标。技术经济指标计算方法和程序是否正确，综合指标和单项指标与同类型工程指标相比，是偏高还是偏低，其原因是什么并予以纠正。

⑬ 审查投资经济效果。设计概算是初步设计经济效果的反映，要按照生产规模、工艺流程、产品品种和质量，从企业的投资效益和投产后的运营效益全面分析，是否达到了先进可靠、经济合理的要求。

（三）审查设计概算的方法

采用适当方法审查设计概算，是确保审查质量、提高审查效率的关键。较常用的方法如下。

1. 对比分析法

对比分析法主要是通过建设规模、标准与立项批文对比；工程数量与设计图纸对比；综合范围、内容与编制方法、规定对比；各项取费与规定标准对比；材料、人工单价与统一信息对比；引进设备、技术投资与报价要求对比；技术经济指标与同类工程对比等，通过以上对比，容易发现设计概算存在的主要问题和偏差。

2. 查询核实法

查询核实法是对一些关键设备和设施、重要装置、引进工程图纸不全、难以核算的较大投资进行多方查询核对，逐项落实的方法。主要设备的市场价向设备供应部门或招标公司查询核实；重要生产装置、设施向同类企业（工程）查询了解；引进设备价格及有关税费向进出口公司调查落实；复杂的建安工程向同类工程的建设、承包、施工单位征求意见；深度不够或不清楚的问题直接向原概算编制人员、设计者询问清楚。

3. 联合会审法

联合会审前，可先采取多种形式分头审查，包括设计单位自审，主管、建设、承包单位初审，工程造价咨询公司评审，邀请同行专家预审，审批部门复审等，经层层审查把关后，由有关单位和专家进行联合会审。在会审大会上，由设计单位介绍概算编制情况及有关问题，各有关单位、专家汇报初审、预审意见。然后进行认真分析、讨论，结合对各专业技术方案的审查意见所产生的投资增减，逐一核实原概算出现的问题。经过充分协商，认真听取设计单位意见后，实事求是地处理、调整。

通过以上复审后，对审查中发现的问题和偏差，按照单项、单位工程的顺序，先按设备费、安装费、建筑费和工程建设其他费用分类整理。然后按照静态投资、动态投资和铺底流动资金三大类，汇总核增或核减的项目及其投资额。最后将具体审核数据，按照"原编概算"、"审核结果"、"增减投资"、"增减幅度"四栏列表，并按照原总概算表汇总顺序，将增减项目逐一列出，相应调整所属项目投资合计，再依次汇总审核后的总投资及增减投资额。对于差错较多、问题较大或不能满足要求的，责成按会审意见修改返工后，重新报批；对于无重大原则问题，深度基本满足要求，投资增减不多的，当场核定概算投资额，并提交审批部门复核后，正式下达审批概算。

（四）设计概算的批准

经审查合格后的设计概算提交审批部门复核，复核无误后就可以批准，一般以文件的形式正式下达审批概算。审批部门应具有相应的权限，按照国家、地方政府，或者是行业主管部门规定，不同的部门具有不同的审批权限。

五、设计概算的调整

设计概算批准后，一般不得调整。但由于下列三种原因引起的设计和投资变化可以调整概算，并要严格按照调整概算的有关程序执行。

① 超出原设计范围的重大变更。凡涉及建设规模、产品方案、总平面布置、主要工艺流程、主要设备型号规格、建筑面积、设计定员等方面的修改，必须由原批准立项单位认可，原设计审批单位复审，经复核批准后方可变更。

② 超出基本预备费规定范围，不可抗拒的重大自然灾害引起的工程变动或费用增加。

③ 超出工程造价调整预备费，属于国家重大政策性变动因素引起的调整。

由于上述原因需要调整概算时，应当由建设单位调查分析变更原因报主管部门审批同意后，由原设计单位核实编制调整概算，并按有关审批程序报批。

第五节　施工图预算的编制与审查

一、施工图预算的基本概念

（一）施工图预算的含义

施工图预算是施工图设计预算的简称，又叫设计预算。它是由设计单位在施工图设计完成后，根据施工图设计图纸、现行预算定额、费用定额以及地区设备、材料、人工、施工机械台班等预算价格编制和确定的建筑安装工程造价文件。

（二）施工图预算的作用

施工图预算的主要作用如下。

① 是设计阶段控制工程造价的重要环节，是控制施工图设计不突破设计概算的重要措施。

② 是编制或调整固定资产投资计划的依据。

③ 对于实行施工招标的工程，施工图预算是编制标底的依据，也是承包企业投标报价的基础。

④ 对于不宜实行招标而采用施工图预算加调整价结算的工程，施工图预算可作为确定合同价款的基础或作为审查施工企业提出的施工预算的依据。

（三）施工图预算的内容

施工图预算有单位工程预算、单项工程预算和建设工程项目总预算。根据施工图设计文件、现行预算定额、费用定额以及人工、材料、设备、机械台班等预算价格资料，以一定方法，编制单位工程的施工图预算；然后汇总所有各单位工程施工图预算，成为单项工程施工图预算；再汇总各所有单项工程施工图预算，便是一个建设工程项目的总预算。

单位工程预算包括建筑工程预算和设备安装工程预算。建筑工程预算按其工程性质分为一般土建工程预算、卫生工程预算（包括室内外给排水工程、采暖通风工程、煤气工程等）、电气照明工程预算、弱电工程预算、特殊构筑物（如炉窑、烟囱、水塔等）工程预算和工业管道工程预算等。设备安装工程预算可分为机械设备安装工程预算、电气设备安装工程预算和热力设备安装工程预算等。

二、施工图预算的编制依据

① 国家有关工程建设和造价管理的法律、法规和方针政策。

② 施工图设计项目一览表，各专业施工图设计的图纸和文字说明，工程地质勘察资料。

③ 主管部门颁布的现行建筑工程和安装工程预算定额，人工、机械台班、材料与构配件预算价格，工程费用定额和有关费用规定等文件。

④ 现行的有关设备原价及运杂费率。

⑤ 现行的其他费用定额、指标和价格。

⑥ 建设场地中的自然条件和施工条件；施工组织设计或施工方案。

三、施工图预算的编制方法

施工图预算由单位工程施工图预算、单项工程施工图预算和建设项目施工图预算三级逐级编制、综合汇总而成。由于施工图预算是以单位工程为单位编制的，按单项工程汇总而成，所以施工图预算编制的关键在于编制好单位工程施工图预算。其编制可以采用工料单价法和综合单价法两种计价方法，工料单价法是传统的定额计价模式下的施工图预算编制方法，而综合单价法是适应市场经济条件的工程量清单计价模式下的施工图预算编制方法。

（一）工料单价法

工料单价法是指分部分项工程的单价为人、材、机单价，以分部分项工程量乘以对应分部分项工程单价汇总后另加企业管理费、利润、税金生成施工图预算造价。

按照分部分项工程单价产生的方法不同，工料单价法又可以分为预算单价法和实物量法。

1. 预算单价法

它是根据建筑安装工程施工图和预算定额，按分部分项的顺序，先算出分项工程量，然后再乘以对应的定额基价，求出分项工程直接工程费。将分项工程直接工程费汇总为单位工程直接工程费，直接工程费汇总后加措施费、间接费、利润、税金生成施工图预算造价（图5-8）。

工料单价法编制施工图预算的计算公式为：

$$单位工程施工图预算直接费 = \sum(工程量 \times 预算定额单价) \qquad (5\text{-}39)$$

预算单价法又称定额单价法。预算单价法编制施工图预算的基本步骤如下。

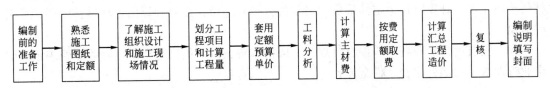

图 5-8 预算单价法编制施工图预算步骤

（1）编制前的准备工作　编制施工图预算的过程是具体确定建筑安装工程预算造价的过程。编制施工图预算，不仅要严格遵守国家计价法规、政策，严格按图纸计量，而且还要考虑施工现场条件因素，是一项复杂而细致的工作，也是一项政策性和技术性都很强的工作，因此必须事前做好充分准备。准备工作主要包括两大方面：一是组织准备，二是资料的收集和现场情况的调查。

（2）熟悉图纸和预算定额以及单位估价表　图纸是编制施工图预算的基本依据。熟悉图纸不但要弄清图纸的内容，而且要对图纸进行审核：图纸间相关尺寸是否有误，设备与材料表上的规格、数量是否与图示相符；详图、说明、尺寸和其他符号是否正确等，若发现错误应及时纠正。另外，还要熟悉标准图以及设计更改通知（或类似文件），这些都是图纸的组成部分，不可遗漏。通过对图纸的熟悉，要了解工程的性质、系统的组成，设备和材料的规格型号和品种，以及有无新材料、新工艺的采用。

预算定额和单位估价表是编制施工图预算的计价标准，对其适用范围、工程量计算规则及定额系数等都要充分了解，做到心中有数，这样才能使预算编制准确、迅速。

（3）了解施工组织设计和施工现场情况　编制施工图预算前，应了解施工组织设计中影响工程造价的有关内容。例如，各分部分项工程的施工方法，土方工程中余土外运使用的工具、运距，施工平面图上建筑材料、构件等堆放点到施工操作地点的距离等，以便能正确计算工程量和正确套用或确定某些分项工程的基价。这对于正确计算工程造价、提高施工图预算质量具有重要意义。

（4）划分工程项目和计算工程量

① 划分工程项目。划分的工程项目必须和定额规定的项目一致，这样才能正确地套用定额。不能重复列项计算，也不能漏项少算。

② 计算并整理工程量。必须按定额规定的工程量计算规则进行计算，该扣除部分要扣除，不该扣除的部分不能扣除。当按照工程项目将工程量全部计算完以后，要对工程项目和工程量进行整理，即合并同类项和按序排列，为套用定额，计算人工、材料、施工机具使用费和进行工料分析打下基础。

（5）套用定额预算单价，计算人、材、机费　核对工程量计算结构后，将定额子项中的基价填于预算表单价栏内，并将单价乘以工程量得出合价，将结果填入合价栏，汇总求出单位工程人工、材料、施工机具使用费。

（6）工料分析　工料分析即按分项工程项目，依据定额或单位估价表，计算人工和各种材料的实物耗量，并将主要材料汇总成表。工料分析的方法是：首先从定额项目表中分别将各分项工程消耗的每项材料和人工的定额消耗量查出，再分别乘以该工程项目的工程量，得到分项工程工料消耗量，最后将各分项工程工料消耗量加以汇总，得出单位工程人工、材料的消耗数量。

（7）计算主材费（未计价材料费）　因为许多定额项目基价为不完全价格，即未包括主材料费用在内。计算所在地定额基价费（基价合计）之后，还应计算出主材料，以便计算工程造价。

（8）按费用定额取费　即按有关规定计取措施费，以及按当地费用定额的取费规定计取企业管理费、利润、规费、税金等。

（9）计算汇总工程造价　将人工费、材料费、施工机具使用费、企业管理费、利润、规费和税金相加即为工程预算造价。

2．实物量法

用实物量法编制单位工程施工图预算，就是将根据施工图计算的各分项工程量分别乘以地区定额中人工、材料、施工机械台班的定额消耗量，分类汇总得出该单位工程所需的全部人工、材料、施工机械台班消耗数量，然后再乘以当时当地人工工日单价、各种材料单价、施工机械台班单价，求出相应的人工费、材料费、施工机具使用费。企业管理费、利润、规费及税金等费用计取方法与预算单价法相同。

$$人工费＝综合工日消耗量×综合工日单价 \tag{5-40}$$
$$材料费＝\Sigma（各种材料消耗量×相应材料单价） \tag{5-41}$$
$$施工机具使用费＝\Sigma（各种机械消耗量×相应机械台班单价） \tag{5-42}$$

实物量法的优点是能比较及时地将反映各种材料、人工、机械的当时当地市场单价计入预算价格，不需调价，反映当时当地的工程价格水平。

实物量法编制施工图预算的基本步骤见图5-9。

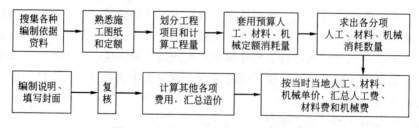

图 5-9　实物量法编制施工图预算步骤

（1）编制前的准备工作　具体工作内容同预算单价法相应步骤的内容。但此时要全面收集各种人工、材料、机械台班的当时当地市场价格，应包括不同品种、规格的材料预算单价；不同工种、等级的人工工日单价；不同种类、型号的施工机械台班单价等。要求获得的各种价格应全面、真实、可靠。

（2）熟悉图纸和预算定额　本步骤的内容同预算单价法相应步骤。

（3）了解施工组织设计和施工现场情况　本步骤的内容同预算单价法相应步骤。

（4）划分工程项目和计算工程量　本步骤的内容同预算单价法相应步骤。

（5）套用定额消耗量，计算人工、材料、机械台班消耗量　根据地区定额中人工、材料、施工机械台班的定额消耗量，乘以各分项工程的工程量，分别计算出各分项工程所需的各类人工工日数量、各类材料消耗数量和各类施工机械台班数量。

（6）计算并汇总单位工程的人工费、材料费和施工机具使用费　在计算出各分部分项工程的各类人工工日数量、材料消耗数量和施工机械台班数量后，先按类别相加汇总求出该单位工程所需的各种人工、材料、施工机械台班的消耗数量，再分别乘以当时当地相应人工、材料、施工机械台班的实际市场单价，即可求出单位工程的人工费、材料费、施工机具使用费。

（7）计算其他费用，汇总工程造价　对于企业管理费、利润、规费和税金等费用的计算，可以采用与预算单价法相似的计算程序，只是有关费率是根据当时当地建设市场的供求情况予以确定。将上述人工费、材料费、施工机具使用费、企业管理费、利润、规费和税金等汇总即为单位工程预算造价。

3. 预算单价法与实物量法的异同

预算单价法与实物量法首尾部分的步骤是相同的，所不同的主要是中间的两个步骤。

① 采用预算单价法计算工程量后，套用相应的人工、材料、施工机械台班预算定额消耗量，求出各分项工程人工、材料、施工机械台班消耗数量并汇总成单位工程所需各类人工工日、材料和施工机械台班的消耗量。

② 采用实物量法，采用的是当时当地的各类人工工日、材料和施工机械台班的实际单价，分别乘以相应的人工工日、材料和施工机械台班总的消耗量，汇总后得出单位工程的人工费、材料费和机械费。

在市场经济条件下，人工、材料和机械台班等施工资源的单价是随市场而变化的，而且它们是影响工程造价最活跃、最主要的因素。用实物量法编制施工图预算，能把"量"、"价"分开，计算出量后，不再去套用静态的定额基价，而是套用相应预算定额人工、材料、机械台班的定额单位消耗量，分别汇总得到人工、材料和机械台班的实物量，用这些实物量去乘以该地区当时的人工工日、材料、施工机械台班的实际单价，这样能比较真实地反映工程产品的实际价格水平，工程造价的准确性高。虽然有计算过程比单价法繁琐的问题，但采用相关计价软件进行计算可以得到解决。因此，实物量法是与市场经济体制相适应的预算编制方法。

（二）综合单价法

综合单价法是指分项工程单价综合了人、材、机及其以外的多项费用。按照单价综合的内容不同，综合单价可分为全费用综合单价和清单综合单价。

1. 全费用综合单价

全费用综合单价，即单价中综合了分项工程人工费、材料费、机械费、管理费、利润、规费以及有关文件规定的调价、税金以及一定范围的风险等全部费用。以各分项工程量乘以全费用单价的合价汇总后，再加上措施项目的完全价格，就生成了单位工程施工图预算造价。公式如下：

建筑安装工程预算造价＝(∑分项工程量×分项工程全费用单价)＋措施项目费用　　(5-43)

2. 清单综合单价

分部分项工程清单综合单价中综合了人工费、材料费、施工机械使用费、企业管理费、利润，并考虑了一定范围的风险费用，但并未包括措施费、规费和税金，因此它是一种不完全单价。以各分部分项工程量乘以该综合单价的合价汇总后，再加上措施项目费、规费和税金，就是单位工程的造价。公式如下：

建筑安装工程预算造价＝(∑分项工程量×分项工程不完全单价)＋

措施项目不完全价格＋规费＋税金　　(5-44)

四、施工图预算的文件组成

施工图预算文件应由封面、签署页及目录、编制说明、总预算表、其他费用计算表、单项工程综合预算表、单位工程预算表等组成。

编制说明应给审核者和竣工结（决）算提供补充依据，一般包括以下几个方面的内容。

（1）编制依据　包括本预算的设计图纸全称、设计单位，所依据的定额名称，在计算中所依据的其他文件名称和文号，施工方案主要内容等。

（2）图纸变更情况　包括施工图中的变更部位和名称，因某种原因变更处理的构（部）件名称，因设计图纸会审或施工现场需要说明的有关问题。

（3）执行定额的有关问题　包括按定额要求本预算已考虑和未考虑的有关问题；因定额缺项，本预算所作补充或借用定额情况说明；甲、乙双方协商的有关问题。

总预算表、其他费用计算表、单项工程综合预算表、单位工程预算表等组成格式可参见设计概算。

五、施工图预算的审查

（一）审查施工图预算的意义

施工图预算编完之后，需要认真进行审查。加强施工图预算的审查，对于提高预算的准确性，正确贯彻党和国家的有关方针政策，降低工程造价具有重要的现实意义。

① 利于控制工程造价，克服和防止预算超概算。

② 利于加强固定资产投资管理，节约建设资金。

③ 利于施工承包合同价的合理确定和控制。因为施工图预算，对于招标工程，它是编制标底的依据；对于不宜招标工程，它是合同价款结算的基础。

④ 利于积累和分析各项技术经济指标，不断提高设计水平。通过审查工程预算，核实了预算价值，为积累和分析技术经济指标提供了准确数据，进而通过有关指标的比较，找出设计中的薄弱环节，以便及时改进，不断提高设计水平。

（二）审查施工图预算的内容

审查施工图预算的重点，应该放在工程量计算、预算单价套用、设备材料预算价格取定是否正确，各项费用标准是否符合现行规定等方面。

1. 审查工程量

（1）土方工程

① 平整场地、挖地槽、挖地坑、挖土方工程量的计算是否符合现行定额计算规定和施工图纸标注尺寸，土壤类别是否与勘察资料一致，地槽与地坑放坡、挡土板是否符合设计要求，有无重算和漏算。

② 回填土工程量应注意地槽、地坑回填土的体积是否扣除了基础所占体积，地面和室内填土的厚度是否符合设计要求。

③ 运土方的审查除了注意运土距离外，还要注意运土数量是否扣除了就地回填的土方。

（2）打桩工程

① 注意审查各种不同桩料，必须分别计算，施工方法必须符合设计要求。

② 桩料长度必须符合设计要求，桩料长度如果超过一般桩料长度需要接桩时，注意审查接头数是否正确。

（3）砖石工程

① 墙基和墙身的划分是否符合规定。

② 按规定不同厚度的内、外墙是否分别计算，应扣除的门窗洞口及埋入墙体的各种钢筋混凝土梁、柱等是否已扣除。

③不同砂浆强度等级的墙和定额规定按立方米或平方米计算的墙，有无混淆、错算或漏算。

（4）混凝土及钢筋混凝土工程

① 现浇与预制构件是否分别计算，有无混淆。

② 现浇柱与梁，主梁与次梁及各种构件计算是否符合规定，有无重算或漏算。

③ 有筋与无筋构件是否按设计规定分别计算，有无混淆。

④ 钢筋混凝土的含钢量与预算定额的含钢量发生差异时，是否按规定予以增减调整。

（5）木结构工程

① 门窗是否分不同种类，按门、窗洞口面积计算。

② 木装修的工程量是否按规定分别以延长米或平方米计算。

（6）楼地面工程

① 楼梯抹面是否按踏步和休息平台部分的水平投影面积计算。

② 细石混凝土地面找平层的设计厚度与定额厚度不同时，是否按其厚度进行换算。

（7）屋面工程

① 卷材屋面工程是否与屋面找平层工程量相等。

② 屋面保温层的工程量是否按屋面层的建筑面积乘以保温层平均厚度计算，不做保温层的挑檐部分是否按规定不作计算。

（8）构筑物工程　当烟囱和水塔定额是以座编制时，地下部分已包括在定额内，按规定不能再另行计算。审查是否符合要求，有无重算。

（9）装饰工程　内墙抹灰的工程量是否按墙面的净高和净宽计算，有无重算或漏算。

（10）金属构件制作工程　金属构件制作工程量多数以吨为单位。在计算时，型钢按图示尺寸求出长度，再乘以每米的质量；钢板要求算出面积，再乘以每平方米的质量。审查是否符合规定。

(11) 水暖工程

① 室内外排水管道、暖气管道的划分是否符合规定。

② 各种管道的长度、口径是否按设计规定计算。

③ 室内给水管道不应扣除阀门、接头零件所占的长度，但应扣除卫生设备（浴盆、卫生盆、冲洗水箱、淋浴器等）本身所附带的管道长度，审查是否符合要求，有无重算。

④ 室内排水工程采用承插铸铁管，不应扣除异形管及检查口所占长度。审查是否符合要求。有无漏算。

⑤ 室外排水管道是否已扣除了检查井与连接井所占的长度。

⑥ 暖气片的数量是否与设计一致。

(12) 电气照明工程

① 灯具的种类、型号、数量是否与设计图一致。

② 线路的敷设方法、线材品种等是否达到设计标准，工程量计算是否正确。

(13) 设备及其安装工程

① 设备的种类、规格、数量是否与设计相符，工程量计算是否正确。

② 需要安装的设备和不需要安装的设备是否分清，有无把不需安装的设备作为安装的设备计算安装工程费用。

2. 审查设备、材料的预算价格

设备、材料预算价格是施工图预算造价中占比重最大、变化最大的内容，应当重点审查。

① 审查设备、材料的预算价格是否符合工程所占地的真实价格及价格水平。若是采用市场价，要核实其真实性、可靠性；若是采用权威部门公布的信息价，要注意信息价的时间、地点是否符合要求，是否要按规定调整。

② 设备、材料的原价确定方法是否正确。非标准设备的原价的计价依据、方法是否正确、合理。

③ 设备的运杂费率及其运杂费的计算是否正确，材料预算价格的各项费用的计算是否符合规定、正确。

3. 审查预算单价的套用

审查预算单价套用是否正确，是审查预算工作的主要内容之一。审查时应注意以下几个方面：

① 预算中所列各分项工程预算单价是否与现行预算定额的预算单价相符，其名称、规格、计量单位和所包括的工程内容是否与单位估价表一致。

② 审查换算的单价，首先要审查换算的分项工程是否是定额中允许换算的，其次要审查换算是否正确。

③ 审查补充定额和单位估价表的编制是否符合编制原则，单位估价表计算是否正确。

4. 审查有关费用项目及其计取

有关费用项目计取的审查，要注意以下几个方面：

① 措施费的计算是否符合有关的规定标准，间接费和利润的计取基础是否符合现行规

定，有无不能作为计费基础的费用列入计费的基础。

② 预算外调增的材料差价是否计取了间接费。直接工程费或人工费增减后，有关费用是否相应做了调整。

③ 有无巧立名目，乱计费、乱摊费用现象。

(三) 审查施工图预算的方法

审查施工图预算的方法较多，主要有全面审查法、标准预算审查法、分组计算审查法、对比审查法、筛选审查法、重点抽查法、利用手册审查法和分解对比审查法八种。

1. 全面审查法

全面审查又叫逐项审查法，就是按预算定额顺序或施工的先后顺序，逐一地全部进行审查的方法。其具体计算方法和审查过程与编制施工图预算基本相同。此方法的优点是全面、细致，经审查的工程预算差错比较少，质量比较高；缺点是工作量大。对于一些工程量比较小、工艺比较简单的工程，编制工程预算的技术力量又比较薄弱，可采用全面审查法。

2. 标准预算审查法

对于利用标准图纸或通用图纸施工的工程，先集中力量编制标准预算，以此为标准审查预算的方法。按标准图纸设计或通用图纸施工的工程一般上部结构和做法相同，可集中力量细审一份预算或编制一份预算，作为这种标准图纸的标准预算，或以这种标准图纸的工程量为标准，对照审查，对局部不同部分作单独审查即可。这种方法的优点是时间短、效果好、好定案；缺点是只适应按标准图纸设计的工程，适用范围小。

3. 分组计算审查法

分组计算审查法是一种加快审查工程量速度的方法，把预算中的项目划分为若干组，并把相邻且有一定内在联系的项目编为一组，审查或计算同一组中某个分项工程量，利用工程量间具有相同或相似计算基础的关系，判断同组中其他几个分项工程量计算的准确程度。一般土建工程可以分为以下几个组：

① 地槽挖土、基础砌体、基础垫层、槽坑回填土、运土。

② 底层建筑面积、地面面层、地面垫层、楼面面层、楼面找平层、楼板体积、天棚抹灰、天棚刷浆、屋面层。

③ 内墙外抹灰、外墙内抹灰、外墙内面刷浆、外墙上的门窗和圈过梁、外墙砌体。

例如在第①组中，先将挖地槽土方、基础砌体体积（室外地坪以下部分）、基础垫层计算出来，槽坑回填土、外运的体积按下式确定：

$$回填土量 = 挖土量 - (基础砌体 + 垫层体积) \tag{5-45}$$

$$余土外运量 = 基础砌体 + 垫层体积 \tag{5-46}$$

4. 对比审查法

是用已建成工程的预算或虽未建成但已审查修正的工程预算对比审查拟建的类似工程预算的一种方法。对比审查法一般有以下几种情况，应根据工程的不同条件区别对待。

① 两个工程采用同一个施工图，但基础部分和现场条件不同。其新建工程基础以上部分可采用对比审查法；不同部分可分别采用相应的审查方法进行审查。

② 两个工程设计相同，但建筑面积不同。根据两个工程建筑面积之比与两个工程分部

分项工程量之比基本一致的特点，可审查新建工程各分部分项工程的工程量。或者用两个工程每平方米建筑面积造价以及每平方米建筑面积的各分部分项工程量，进行对比审查，如果基本相同时，说明新建工程预算是正确的，反之，说明新建工程预算有问题，找出差错原因，加以更正。

③ 两个工程的面积相同，但设计图纸不完全相同时，可把相同的部分，如厂房中的柱子、房架、屋面、砖墙等，进行工程量的对比审查，不能对比的分部分项工程按图纸计算。

5. 筛选审查法

筛选法是统筹法的一种，也是一种对比方法。建筑工程虽然有建筑面积和高度的不同，但是它们的各个分部分项工程的工程量、造价、用工量在每个单位面积上的数值变化不大，把这些数据加以汇集、优选，归纳为工程量、造价（价值）、用工三个单方基本值表，并注明其适用的建筑标准。这些基本值犹如"筛子孔"，用来筛选各分部分项工程，筛下去的就不审查了，没有筛下去的就意味着此分部分项的单位建筑面积数值不在基本值范围之内，应对该分部分项工程详细审查。当所审查的预算的建筑面积标准与"基本值"所适用的标准不同，就要对其进行调整。

筛选法的优点是简单易懂，便于掌握，审查速度和发现问题快。但分析差错其原因需继续审查。因此，此法适用于住宅工程或不具备全面审查条件的工程。

6. 重点抽查法

是抓住工程预算中的重点进行审查的方法。审查的重点一般是工程量大或造价较高、工程结构复杂的工程，补充单位估价表，计取的各项费用（计费基础、取费标准等）。

重点抽查法的优点是重点突出，审查时间短、效果好。

7. 利用手册审查法

是把工程中常用的构件、配件，事先整理成预算手册，按手册对照审查的方法。如工程常用的预制构配件洗脸池、坐便器、检查井、化粪池、碗柜等，几乎每个工程都有，把这些按标准图集计算出工程量，套上单价，编制成预算手册使用，可大大简化预结算的编审工作。

8. 分解对比审查法

一个单位工程，按直接费与间接费进行分解，然后再把直接费按工种和分部工程进行分解，分别与审定的标准预算进行对比分析的方法，叫作分解对比审查法。

分解对比审查法一般包括三个步骤。

第一步，全面审查某种建筑的定型标准施工图或复用施工图的工程预算，经审定后作为审查其他类似工程预算的对比基础。而且将审定预算按直接费与应取费用分解成两部分，再把直接费分解为各工种工程和分部工程预算，分别计算出他们的每平方米预算价格。

第二步，把拟审的工程预算与同类型预算单方造价进行对比，若出入在 1%～3% 以内（根据本地区要求），再按分部分项工程进行分解，边分解边对比，对出入较大者进一步审查。

第三步，对比审查。其方法是：

① 经分析对比，如发现应取费用相差较大，应考虑建设项目的投资来源和工程类别及

其取费项目和取费标准是否符合现行规定；材料调价相差较大，则应进一步审查《材料调价统计表》，将各种调价材料的用量、单位差价及其调增数量等进行对比。

② 经过分解对比，如发现土建工程预算价格出入较大，首先审查其土方和基础工程，因为±0.00 以下的工程往往相差较大。再对比其余各个分部工程，发现某一分部工程预算价格相差较大时，再进一步对比各分项工程或工程细目。在对比时，先检查所列工程细目是否正确，预算价格是否一致。发现相差较大者，再进一步审查所套预算单价，最后审查该项工程细目的工程量。

(四) 审查施工图预算的步骤

1. 做好审查前的准备工作

(1) 熟悉施工图纸　施工图是编审预算分项数量的重要依据，必须全面熟悉了解，核对所有图纸，清点无误后，依次识读。

(2) 了解预算包括的范围　根据预算编制说明，了解预算包括的工程内容，例如配套设施、室外管线、道路以及会审图纸后的设计变更等。

(3) 弄清预算采用的单位估价表　任何单位估价表或预算定额都有一定的适用范围，应根据工程性质，搜集熟悉相应的单价、定额资料。

2. 选择合适的审查方法，按相应内容审查

由于工程规模、繁简程度不同，施工方法和施工企业情况不一样，所编工程预算和质量也不同，因此需选择适当的审查方法进行审查。

3. 调整预算

综合整理审查资料，并与编制单位交换意见，定案后编制调整预算。审查后，需要进行增加或核减的，经与编制单位协商，统一意见后，进行相应的修正。

(五) 施工图预算的批准

经审查合格后的施工图预算提交审批部门复核，复核无误后就可以批准，一般以文件的形式正式下达审批预算。与设计概算的审批不同，施工图预算的审批虽然要求审批部门应具有相应的权限，但其严格程度低一些。

案例分析 ▶▶

案例一　　　　　　　　　实物法编制施工图预算

根据某基础工程工程量和《全国统一建筑工程基础定额》消耗指标，进行工料分析计算得出各项资源消耗及该地区相应的市场价格，见表 5-18。

纳税人所在地为城市市区，按照建标［2013］44 号文件关于建安工程费用的组成和规定取费，各项费用的费率为：措施费率 8%，间接费率 10%，利润率 4.5%。该地区征收 2% 的地方教育附加税。

［问题］

1. 计算该工程应纳营业税、城市建设维护税和教育附加税的综合费率。

2．试用实物法编制该基础工程的施工图预算。

注：新发布的《建筑安装工程费用组成》（建标〔2013〕44 号）文件已于 2013 年 7 月 1 日起施行，原建标〔2003〕206 号文件同时废止，但按照旧建标执行的工料单价法取费方式已沿用多年，在今后的造价实践中仍有可能遇到，故在此案例中加以介绍，以供参考。

[分析]

问题 1：

在表 5-18 资源消耗量及预算价格表基础上直接计算出人工费、材料费、机械费，填入基础工程人、材、机费用计算表，见表 5-19。

表 5-18 资源消耗量及预算价格表

资源名称	单位	消耗量	单价/元	资源名称	单位	消耗量	单价/元
32.5 水泥	kg	1740.84	0.46	钢筋Φ10 以内	t	2.307	4600.00
42.5 水泥	kg	18101.65	0.48	钢筋Φ10 以上	t	5.526	4700.00
52.5 水泥	kg	20349.76	0.50	砂浆搅拌机	台班	16.24	42.84
净砂	m³	70.76	30.00	5t 载重汽车	台班	14.00	310.95
碎石	m³	40.23	41.20	木工圆锯	台班	0.36	171.28
钢模	kg	152.96	9.95	翻斗车	台班	16.26	101.59
木门窗料	m³	5.00	2480.00	挖土机	台班	1.00	1060.00
木模	m³	1.232	2200.00	混凝土搅拌机	台班	4.35	152.15
镀锌铁丝	kg	146.58	10.48	卷扬机	台班	20.59	72.57
灰土	m³	54.74	50.48	钢筋切断机	台班	2.79	161.47
水	m³	42.90	2.00	钢筋弯曲机	台班	6.67	152.22
电焊条	kg	12.98	6.67	插入式振动器	台班	32.37	11.82
草袋子	m³	24.30	0.94	平板式振动器	台班	4.18	13.57
黏土砖	千块	109.07	150.00	电动打夯机	台班	85.03	23.12
隔离剂	kg	20.22	2.00	综合工日	工日	850.00	50.00
铁钉	kg	61.57	5.70				

表 5-19 某基础工程人、材、机费用计算表

资源名称	单位	消耗量	单价/元	合价/元	资源名称	单位	消耗量	单价/元	合价/元
32.5 水泥	kg	1740.84	0.46	800.79	钢筋Φ10 以上	t	5.526	4700.00	25972.20
42.5 水泥	kg	18101.65	0.48	8688.79	材料费合计				97908.04
52.5 水泥	kg	20349.76	0.50	10174.48	砂浆搅拌机	台班	16.24	42.84	695.72
净砂	m³	70.76	30.00	2122.80	5t 载重汽车	台班	14.00	310.95	4348.26
碎石	m³	40.23	41.20	1657.48	木工圆锯	台班	0.36	171.28	61.66
钢模	kg	152.96	9.95	1521.95	翻斗车	台班	16.26	101.59	1651.85
木门窗料	m³	5.00	2480.00	12400.00	挖土机	台班	1.00	1060.00	1060.00
木模	m³	1.232	2200.00	2710.40	混凝土搅拌机	台班	4.35	152.15	661.85
镀锌铁丝	kg	146.58	10.48	1536.16	卷扬机	台班	20.59	72.57	1494.22
灰土	m³	54.74	50.48	2763.28	钢筋切断机	台班	2.79	161.47	450.50
水	m³	42.90	2.00	85.80	钢筋弯曲机	台班	6.67	152.22	1051.31
电焊条	kg	12.98	6.67	86.58	插入式振动器	台班	32.37	11.82	382.61
草袋子	m³	24.30	0.94	22.84	平板式振动器	台班	4.18	13.57	56.72
黏土砖	千块	109.07	150.00	16360.50	电动打夯机	台班	85.03	23.12	1965.89
隔离剂	kg	20.22	2.00	40.44	机械费合计				13844.59
铁钉	kg	61.57	5.70	350.95	综合工日	工日	850.00	50.00	42500.00
钢筋Φ10 以内	t	2.307	4600.00	10612.20	人工费合计				42500.00

2. 根据上表求得的人工费、材料费、机械费和背景材料给定的费率,计算该基础工程的施工图预算造价,见表 5-20。

表 5-20　某基础工程施工图预算费用计算表

序号	费用名称	费用计算表达式	金额/元	备注
1	直接工程费	人工费＋材料费＋机械费	154252.63	
2	措施费	(1)×8%	12340.21	
3	直接费	(1)+(2)	166592.84	
4	间接费	(3)×10%	16659.28	
5	利润	[(3)+(4)]×4.5%	8246.35	
6	税金	[(3)+(4)+(5)]×3.48%	6664.15	
7	基础工程预算造价	(3)+(4)+(5)+(6)	198162.62	

案例二　　　　　　　　　　确定概算造价

拟建砖混结构住宅工程 3420m²,结构形式与已建成的某工程相同,只有外墙保温贴面不同,其他部分均较为接近。类似工程外墙为珍珠岩板保温、水泥砂浆抹面,每平方米建筑面积消耗量分别为 0.044m³、0.842m²,珍珠岩板 253.10 元/m³、水泥砂浆 11.95 元/m²;拟建工程外墙为加气混凝土保温、外贴釉面砖,每平方米建筑面积消耗量分别为 0.08m³、0.95m²,加气混凝土现行价格为 285.48 元/m³,外贴釉面砖现行价格为 79.75 元/m²。类似工程单方造价 889.00 元/m²,其中,人工费、材料费、机械费、措施费和间接费等费用占单方造价的比例分别为:11%、62%、6%、9%、12%,拟建工程与类似工程预算造价在这几方面的差异系数分别为 2.50、1.25、2.10、1.15 和 1.05,拟建工程除去直接工程费以外的综合取费为 20%。

[问题]

1. 应用类似工程预算法确定拟建工程的土建单位工程概算造价。

2. 若类似工程预算中,每平方米建筑面积主要资源消耗如下。人工消耗 5.08 工日,钢材 23.8kg,水泥 205kg,原木 0.05m³,铝合金门窗 0.24m²,其他材料费为主材费 45%,机械费占直接工程费 8%。拟建工程主要资源的现行市场价分别为:人工 50 元/工日,钢材 4.7 元/kg,水泥 0.5 元/kg,原木 1800 元/m³,铝合金门窗平均 350 元/m²。试应用概算指标法确定拟建工程的土建单位工程概算造价。

3. 若类似工程预算中,其他专业单位工程预算造价占单项工程造价的比例见表 5-21,试用问题 2. 的结果计算该住宅工程的单项工程造价,编制单项工程综合预算书。

表 5-21　各专业单位工程预算造价占单项工程造价的比例

专业名称	土建	电气照明	给排水	采暖
比例/%	85	6	4	5

[分析]

问题 1:

首先,根据类似工程背景资料,计算拟建工程的土建单位工程概算指标。

(1) 综合差异系数 $k=11\%\times2.50+62\%\times1.25+6\%\times2.10+9\%\times1.15+12\%\times1.05=1.41$

(2) 拟建工程概算指标=类似工程单方造价×综合差异系数=889×1.41=1253.49（元/m²）

(3) 结构差异额=换入结构额－换出结构额

$$=[0.08\times285.48+0.95\times79.75-(0.044\times253.1+0.842\times11.95)]$$
$$=98.60-21.20=77.40（元/m^2）$$

(4) 修正概算指标=1253.49+77.40×(1+20%)=1346.37(元/m²)

(5) 拟建工程造假概算=1346.37×3420=4604585.40(元)=460.46(万元)

问题 2：

(1) 计算拟建工程一般土建工程单位建筑面积的人工费、材料费、机械费。

人工费=5.08×50=254.00(元)

材料费=(23.8×4.7+205×0.5+0.05×1800+0.24×350)×(1+45%)=563.12(元)

机械费=概算直接工程费×8%

概算直接工程费=254.00+563.12+概算直接工程费×8%

解上式得：一般土建工程概算直接工程费=(254.00+563.12)/(1-8%)=888.17

(2) 按照所给综合费率计算拟建工程一般土建工程概算指标、修订概算指标和概算造价。

概算指标=888.17×(1+20%)=1065.80(元/m²)

修正概算指标=1065.80+77.40×(1+20%)=1158.68(元/m²)

拟建工程一般土建工程概算造价=3420×1158.68=3962685.60(元)=396.27(万元)

问题 3：

(1)单项工程概算造价=396.27÷85%=466.20(万元)

电气照明单位工程概算造价=466.20×6%=27.97(万元)

给排水单位工程概算造价=466.20×4%=18.65(万元)

暖气单位工程概算造价=466.20×5%=23.31(万元)

(2) 编制该住宅单项工程综合概算书，见表5-22。

表5-22 某住宅综合概算书

序号	单位工程和费用名称	核算价值/万元				技术经济指标			占总投资比例/%
		建安工程费	设备购置费	工程建设其他费用	合计	单位	数量	单位造价/(元/m²)	
一	建筑工程	466.20			466.20	m²	3420	1363.16	
1	土建工程	396.27			386.27	m²	3420	1158.68	85
2	电器工程	27.97			27.97	m²	3420	81.79	6
3	给排水工程	18.65			18.65	m²	3420	54.53	4
4	暖气工程	23.31			23.31	m²	3420	68.16	5
二	设备及安装								
1	设备购置								
2	设备安装								
	合计	466.20			466.20	m²	3420	1363.16	
	占比例	100%			100%				

案例三 价值工程应用

某咨询公司受业主委托，对某设计院提出屋面工程的三个设计方案进行评价，相关信息见表 5-23。

表 5-23　设计方案信息表

序号	项目	方案一	方案二	方案三
1	防水层综合单价/(元/m²)	合计 260.00	90.00	80.00
2	保温层综合单价/(元/m²)		35.00	35.00
3	防水层寿命/年	30	15	10
4	保温层寿命/年		50	50
5	拆除费用/(元/m²)	按防水层、保温层费用的 10%计	按防水层费用的 20%计	按防水层费用的 20%计

拟建工业厂房的使用寿命为 50 年，不考虑 50 年后其拆除费用及残值，不考虑物价变动因素，基准折现率为 8%。

[问题]

1. 分别列式计算拟建工业厂房寿命期内屋面防水保温工程各方案的综合单价现值。用现值比较法确定屋面防水保温工程经济最优方案（计算结果保留两位小数）。

2. 为控制工程造价和降低费用，造价工程师对选定的方案，以 3 个功能层为对象进行价值工程分析。各功能项目得分及目前成本见表 5-24；计算各功能项目的价值指数，并确定各功能项目的改进顺序（计算结果保留三位小数）。

表 5-24　项目得分及目前成本表

功能项目	得分	目前成本/万元
找平层	14	16.8
保温层	20	14.5
防水层	40	37.4

[答案与解析]

1. 比较三个设计方案防水保温工程综合单价现值，把各种费用相加并且按社会折现率将计算期内费用折现到建设初期。

方案一综合单价：

$260×[1+(P/F,8\%,30)]+260×10\%×(P/F,8\%,30)=288.42(元/m^2)$

方案二综合单价：

$90×[1+(P/F,8\%,15)+(P/F,8\%,30)+(P/F,8\%,45)]+90×20\%×[(P/F,8\%,15)+(P/F,8\%,30)+(P/F,8\%,45)]+35=173.16(元/m^2)$

方案三综合单价：

$80×[1+(P/F,8\%,10)+(P/F,8\%,20)+(P/F,8\%,30)+(P/F,8\%,40)]+80×20\%×[(P/F,8\%,10)+(P/F,8\%,20)+(P/F,8\%,30)+(P/F,8\%,40)]+35=194.02(元/m^2)$

方案二为最优方案，因其综合单价现值最低。

2. 功能指数

(1) 14+20+40=74.000。

(2) 找平层：14/74.000=0.189；

保温层：20/74.000=0.270；

防水层：40/74.000=0.541。

成本指数：

(1) 16.8+14.5+37.4=68.700。

(2) 找平层：16.8/68.700=0.245；

保温层：14.5/68.700=0.211；

防水层：37.4/68.700=0.544。

价值指数：

(1) 找平层：0.189/0.245=0.771；

(2) 保温层：0.27/0.211=1.280；

(3) 防水层：0.541/0.544=0.994。

改进顺序：找平层→防水层→保温层。

本章小结 ▶▶

建设项目设计阶段是工程造价控制最有效的阶段，但也是最难驾驭的阶段，真正发挥设计在造价控制中的作用，亟须工程设计人员与造价技术人员的密切配合。

设计阶段影响工程造价的主要因素包括总平面设计、工艺设计、建筑设计；设计方案的评价与比较主要通过相关的评价指标来体现；技术经济评价方法包括多指标评价法、静态经济评价法、动态经济评价法，这些方法各有优缺点及适用范围。

限额设计和价值工程是两种主动、事先的工程造价控制形式，限额设计较为有效，但有时限制了功能的优化。价值工程不仅是设计阶段优化造价、合理匹配功能与成本的工具，也是有助于建设工程项目全寿命周期造价管理的方法，应该大力推广。

设计概算与施工图预算是建设工程费用的两个阶段的表现形式，它们的价格属性不是很强，但通过计算、分析、对比能够将造价控制在批准的投资估算以内。依据不同的情况，设计概算、施工图预算的编制、审查方法也不同，其编制、审查与调整要根据合法依据进行。

复习思考题 ▶▶

一、单项选择题

1. 在工业项目总平面设计中，能够反映总平面设计用地经济合理性的指标是（　　）。

A. 厂房展开面积；　　　　　　　B. 建筑系数；

C. 建筑周长与建筑面积比；　　　D. 建筑体积

2. 在工业项目总平面设计评价过程中，关于建筑系数的说法正确的是（　　）。

A. 建筑系数=厂区建筑总面积/厂区占地面积；

B. 是反映建筑布置与平面形状设计经济合理性的指标；

C. 建筑系数增大，可缩短管线距离，降低工程造价；

D. 影响建筑系数的主要因素是层数

3. 在民用建筑设计评价中，建筑体积指标是用来衡量（　　）技术经济合理性的指标。

　　A. 层高；　　　　　　B. 层数；　　　　　C. 功能分区；　　　　D. 空间布置

4. 关于多层民用住宅工程造价与其影响因素的关系，下列说法中正确的是（　　）。

　　A. 层数增加，单位造价降低；　　　　B. 层高增加，单位造价降低；

　　C. 建筑物周长系数越低，造价越低；　D. 宽度增加，单位造价上升

5. 某建设项目由若干单项工程构成，应包含在其中某单项工程综合概算中的费用项目是（　　）。

　　A. 工器具及生产家具购置费；　　　　B. 办公和生活用品购置费；

　　C. 研究试验费；　　　　　　　　　　D. 基本预备费

6. 某拟建工程初步设计已达到必要的深度，能够据此计算出扩大分项工程的工程量，则能较为准确地编制拟建工程概算的方法是（　　）。

　　A. 概算指标法；　　　　　　　　　　B. 类似工程预算法；

　　C. 概算定额法；　　　　　　　　　　D. 综合吨位指标法

7. 关于施工图预算的作用，下列说法中正确的是（　　）。

　　A. 施工图预算可以作为业主拨付工程进度款的基础；

　　B. 施工图预算是工程造价管理部门制定招标控制价的依据；

　　C. 施工图预算是业主方进行施工图预算与施工预算"两算"对比的依据；

　　D. 施工图预算是施工单位安排建设资金计划的依据

8. 定额单价法和实物量法是编制施工图预算的两种方法，关于这两种方法的编制步骤和特点，下列说法中正确的是（　　）。

　　A. 定额单价法在计算得到分项工程工程量后，先套用消耗量定额，再进行工料分析；

　　B. 实物量法在计算得到分项工程工程量后，先套用消耗量定额，再进行工料分析；

　　C. 定额单价法反映市场价格水平；

　　D. 实物量法编制速度快，但调价计算繁琐

9. 在编制施工图预算的下列各项工作步骤中，同时适用于定额单价法和实物量法的是（　　）。

　　A. 套人工、材料、机械台班定额消耗量；

　　B. 汇总各类人工、材料、机械台班消耗量；

　　C. 套当时当地人工、材料、机械台班单价；

　　D. 汇总人工、材料、机械台班总费用

10. 在用全费用综合单价法编制施工图预算时，单位工程建筑安装工程预算造价的计算公式是（　　）。

　　A. 建筑安装工程预算造价＝∑分项工程量×分项工程全费用单价；

　　B. 建筑安装工程预算造价＝(∑分项工程量×分项工程全费用单价)＋措施项目完全价格；

　　C. 建筑安装工程预算造价＝(∑分项工程量×分项工程全费用单价)＋措施项目不完全价格＋规费＋税金；

　　D. 建筑安装工程预算造价＝(∑分项工程量×分项工程全费用单价)＋规费＋税金

11. 首先对单位工程的直接费和间接费进行分解，再按工种和分部工程对直接费进行分

解，分别与审定的标准预算进行对比的施工图预算审查法称作（　　）。

　　A. 标准预算审查法；　　　　　　B. 分组计算审查法；

　　C. 对比审查法；　　　　　　　　D. 分解对比审查

　　12. 某地拟建一办公楼，与该工程技术条件基本相同的概算指标经地区价差调整后的建安工程价格为 20 万元/100m²，其中，直接工程费所占比例为 75%。拟建工程与概算指标相比，仅楼地面面层构造不同，概算指标中楼地面为地砖面层，拟建工程为花岗石面层。该地区地砖和花岗石面层的预算单价分别为 50 元/m² 和 300 元/m²，概算指标中每 100m² 建筑面积中楼地面面层工程量为 50m²。假定其他各项费用构成比例不变，则拟建工程概算单价为（　　）元/m²。

　　A. 1833.00；　　　B. 2031.25；　　　C. 2125.00；　　　D. 2166.67

　　13. 建设工程项目投资决策后，控制工程造价的关键在于（　　）。

　　A. 工程设计；　　　B. 工程施工；　　　C. 材料设备采购；　　　D. 施工招标

　　14. 下列内容中，属于施工图预算重点抽查法审查重点的是（　　）。

　　A. 单位面积用工；　　　　　　　　B. 有相同工程量计算基础的相关工程的数量；

　　C. 计费基础；　　　　　　　　　　D. 常用构配件工程量

　　15. 编制某工程施工图预算，套用预算定额后得到的人工、甲材料、乙材料、机械台班的消耗量分别为 15 工日、12m³、0.5m³、2 台班，预算单价与市场单价如表 5-25 所示。措施费为直接工程费的 7%。则用实物法计算的该工程的直接费为（　　）元。

表 5-25　单价表

项目	综合人工 （元/工日）	材料		机械台班/（元/台班）
		甲/（元/m³）	乙/（元/m³）	
预算单价	70	270	40	20
市场单价	100	300	50	30

　　A. 4654.50；　　　B. 5045.05；　　　C. 5157.40；　　　D. 5547.95

　　16. 下列有关民用建筑设计评价不正确的是（　　）。

　　A. 有效面积＝使用面积＋辅助面积；

　　B. 建筑密度＝建筑基底面积/占地面积；

　　C. 建筑周长指标＝建筑周长/单元建筑面积（m/m²）；

　　D. 建筑体积指标＝建筑体积/建筑占地面积

　　17. 在设计方案评价方法中，多指标综合评分法与多指标对比法相比，其优点是（　　）。

　　A. 指标全面、分析确切；

　　B. 可通过各种技术经济指标定性或定量直接反映方案技术经济性能的主要方面；

　　C. 在评价过程中比较客观，不存在主观臆断成分；

　　D. 避免了多指标对比法指标间可能发生相互矛盾的现象，评价结果是惟一的

　　18. 建设项目总概算中的工程监理费属于（　　）。

　　A. 单位工程概算；　　　　　　　　B. 预备费概算；

　　C. 工程建设其他费用概算；　　　　D. 单项工程综合概算

　　19. 设计概算是编制和确定建设项目（　　）。

A. 从筹建到竣工所需建筑安装工程全部费用的文件；

B. 从筹建到竣工交付使用所需全部费用的文件；

C. 从开工到竣工所需建筑安装工程全部费用的文件；

D. 从开工到竣工交付使用所需全部费用的文件

20. 在审查设计概算的编制依据时，主要审查内容是（　　）。

A. 合法性、时效性、适用范围；　　　B. 合法性、合理性、适用范围；

C. 合法性、合理性、经济性；　　　　D. 合法性、时效性、经济性

21. 设计概算可分为单位工程概算、（　　）和建设项目总概算三级。

A. 建设项目概算；　　　　　　　　　B. 单项工程综合概算；

C. 单项工程概算；　　　　　　　　　D. 单位工程预算

22. 在审查施工图预算时，可按预算定额顺序或施工的先后顺序逐一进行审查，这种审查方法被称为（　　）。

A. 筛选审查法；　　B. 分解审查法；　　C. 全面审查法；　　　　D. 重点审查法

23. 下列不属于材料预算价格的内容是（　　）。

A. 供销部门手续费；　　　　　　　　B. 材料采购及保管费；

C. 材料原价；　　　　　　　　　　　D. 材料二次搬运费

24. 某已建工程项目为框架结构，单方预算造价1200元/m^2，其中人工费占14%，材料费占65%，其他费用占21%。现拟建类似工程为框架剪力墙结构，与已建工程的人工、材料和其他费用的差异系数分别为1.3、1.1、0.7。则拟建工程的单方概算造价为（　　）元/m^2。

A. 1256.3；　　　　B. 1303.5；　　　　C. 1252.8；　　　　D. 1716.0

25. 经批准的建设项目（　　），是工程建设投资的最高限额。

A. 投资估算；　　B. 设计概算；　　C. 施工图预算；　　D. 竣工结算

26. 审查工程设计概算时，总概算投资超过批准投资估算（　　）以上的，需重新上报审批。

A. 5%；　　　　　B. 8%；　　　　　C. 10%；　　　　D. 15%

27. 审查施工图预算，应首先从审查（　　）开始。

A. 定额使用；　　　　　　　　　　　B. 工程量；

C. 设备材料价格；　　　　　　　　　D. 人工、机械使用价格

28. 编制设计概算的基本步骤包括：①收集原始资料；②建设项目总概算的编制；③各项费用计算；④单项工程综合概算书的编制；⑤单位工程概算书的编制；⑥确定有关数据。正确的顺序是（　　）。

A. ①③⑤⑥④②；　　　　　　　　　B. ①⑥③⑤④②；

C. ①③④⑥⑤②；　　　　　　　　　D. ⑥①③⑤④②

29. 限额设计方式中，采用综合费用法评价设计方案的不足是没有考虑（　　）。

A. 投资方案全寿命期费用；　　　　　B. 建设周期对投资效益的影响；

C. 投资方案投产后的使用费；　　　　D. 资金的时间价值

30. 限额设计是按照（　　）进行满足技术要求的设计。

A. 投资估算；　　　　　　　　　　　B. 设计概算；

C. 投资或造价的限额；　　　　　　　D. 施工图预算

31. 关于建筑设计对民用住宅项目工程造价的影响，下列说法中正确的是（　　）。

A. 加大住宅宽度，不利于降低单方造价；

B. 降低住宅层高，有利于降低单方造价；

C. 结构面积系数越大，越有利于降低单方造价；

D. 住宅层数越多，越有利于降低单方造价

32. 当建设项目为一个单项工程时，其设计概算应采用的编制形式是（　　）。

A. 单位工程概算、单项工程综合概算和建设项目总概算二级；

B. 单位工程概算和单项工程综合概算二级；

C. 单项工程综合概算和建设项目总概算二级；

D. 单位工程概算和建设项目总概算二级

33. 在建筑工程初步设计文件深度不够、不能准确计算出工程量的情况下，可采用的设计概算编制方法是（　　）。

A. 概算定额法；　　　　　　　　B. 概算指标法；

C. 预算单价法；　　　　　　　　D. 综合吨位指标法

二、多项选择题

1. 民用住宅建筑设计中影响工程造价的主要因素有（　　）。

A. 占地面积；　　　　　　　　　B. 建筑物平面形状和周长系数；

C. 住宅的层高和净高；　　　　　D. 住宅的层数；

E. 建筑群体的布置形式

2. 根据《房屋建筑和市政基础设施工程施工图设计文件审查管理办法》，施工图审查机构对施工图设计文件审查的内容有（　　）。

A. 是否按限额设计标准进行施工图设计；

B. 是否符合工程建设强制性标准；

C. 施工图预算是否超过批准的工程概算；

D. 地基基础和主体结构的安全性；

E. 危险性较大的工程是否有专项施工方案

3. 优化设计方案时，关于价值工程的正确说法有（　　）。

A. 价值工程以提高产品功能为中心；

B. 价值工程以降低产品成本为核心；

C. 价值工程以提高产品价值为中心；

D. 价值工程侧重于设计阶段开展工作；

E. 价值工程把功能分析作为独特的研究方法

4. 建设工程概算的编制方法主要有（　　）。

A. 设备价值百分比法；　　　　　B. 概算定额法；

C. 综合吨位指标法；　　　　　　D. 概算指标法；

E. 类似工程预算法

5. 设计概算编制方法中，设备安装工程概算的编制方法包括（　　）。

A. 概算定额法；　　　　　　　　B. 预算单价法；

C. 概算指标法；　　　　　　　　D. 综合吨位指标法；

E. 类似工程预算法

6. 下列选项中，属于建筑安装工程施工图预算编制依据的是（　　　）。

A. 工程地质勘察资料；　　　　　　B. 工料分析表；

C. 资金筹措方式与资金来源；　　　D. 工程量清单与招标文件；

E. 设备原价及运杂费率

7. 建设工程项目总概算是由（　　　）等汇总编制而成。

A. 各单项工程综合概算；　　　　　B. 工程建设其他费用概算；

C. 预算费用；　　　　　　　　　　D. 固定资产投资方向调节税；

E. 预备费

8. 施工图预算审查的具体内容包括（　　　）。

A. 审查预算文件组成；　　　　　　B. 审查编制手段；

C. 审查工程量；　　　　　　　　　D. 审查单价；

E. 审查其他有关费用

9. 直接套用概算指标编制单位建筑工程设计概算时，拟建工程应符合的条件包括
（　　　）。

A. 建设地点与概算指标中的工程建设地点相同；

B. 工程特征与概算指标中的工程特征基本相同；

C. 建筑面积与概算指标中的工程建筑面积相差不大；

D. 建造时间与概算指标中工程建造时间相近；

E. 物价水平与概算指标中工程的物价水平基本相同

10. 与实物量法相比，采用定额单价法编制单位工程施工图预算的优点有（　　　）。

A. 不需调整价差；

B. 计算简单，工作量较小和编制速度较快；

C. 能及时将各种人工、材料、机械的当时当地市场单价计入预算价格；

D. 便于工程造价管理部门集中统一管理；

E. 反映当时当地的工程价格水平

三、名词解释

工程设计；限额设计；标准化设计；寿命周期成本；设计概算；施工图预算

四、简答题

1. 民用建筑设计阶段影响工程造价的主要因素有哪些？
2. 设计方案评价的原则有哪些？
3. 设计方案优化的途径有哪些？
4. 设计概算的内容包括哪三级？
5. 设计概算的审查方法有哪些？
6. 施工图预算的编制方法有哪些？

五、案例分析与计算

某房地产公司对某写字楼项目的开发，征集到若干设计方案。经筛选后，对其中较为出色的四个设计方案作进一步的技术经济评价。有关专家决定从五个方面（分别以 $F_1 \sim F_5$ 表示）对不同方案的功能进行评价，并对各功能的重要程度比达成共识，即 $F_1 : F_2 : F_3 : F_4 : F_5 = 6 : 3 : 1 : 4 : 5$。此后，各专家对该四个方案的功能满足程度分别打分，其结果见表 5-26。据造价工程师估算，A、B、C、D 四个方案的单方造价分别为 1420 元/m^2、1230

元/m²、1150 元/m²、1136 元/m²。

表 5-26 方案功能得分表

功能	方案功能得分			
	A	B	C	D
F_1	9	10	9	8
F_2	10	10	8	9
F_3	9	9	10	9
F_4	8	8	8	7
F_5	9	7	9	5

分析与计算：1. 请用环比评分法计算各功能的权重。

2. 用价值指数法选择最佳设计方案。

（计算结果保留三位小数）

第六章

建设工程项目招投标阶段工程造价管理

学习目标 ▶▶

1. 了解建设工程项目招投标的概念、意义、法规及理论基础；了解建设项目招标的分类、方式及内容。

2. 熟悉建设项目施工招标的程序和招标文件的构成。

3. 熟悉建设项目施工投标的程序，熟悉投标策略和技巧。

4. 熟悉建设工程项目标底的编制方法，掌握工程量清单的编制及其投标报价编制方法。

5. 熟悉建设项目施工评标定标。

6. 掌握建设工程施工合同的类型与选择，主要条款及合同价款的确定。

7. 熟悉设备及材料采购招投标与合同价的确定。

8. 掌握合同价与签约价的关系。

关键术语 ▶▶

招投标；标底；招标报价；评标定标；工程合同价；设备与材料采购

第一节   建设工程项目招投标概述

一、招标投标的概念、理论基础及基本原则

（一）建设工程招标投标的概念

招标投标是商品经济中的一种竞争方式，通常适用于大宗交易，它的特点是由唯一的买主（或卖主）设定标的，招请若干个卖主（或买主）通过报价进行竞争，从中选择优胜者与之达成交易协议，随后按协议实现标的。

建设工程招标是指招标人在发包建设项目之前，依据法定程序，以公开招标或邀请招标方式，鼓励潜在的投标人依据招标文件参与竞争，通过评定以便从中择优选定中标人的一种经济活动。

建设工程投标是工程招标的对称概念，指具有合法资格和能力的投标人，根据招标条件，在指定期限内填写标书，提出报价，并等候开标，决定能否中标的经济活动。

建设工程项目招标是市场经济的产物，是期货交易的一种方式。推行工程招投标的目的，就是要在建筑市场中建立竞争机制。招标人通过招标活动来选择条件优越者，使其力争用最优的技术、最佳的质量、最低的报价、最短的工期完成工程项目任务；投标人通过这种方式选择项目和招标人，以使自己获得丰厚的利润。

（二）招标投标的性质

我国法学界一般认为，建设工程招标是要约邀请，而投标是要约，中标通知书是承诺。招标实际上是邀请投标人对招标人提出要约（即报价），属于要约邀请。投标则是一种要约，它符合要约的所有条件，如具有缔结合同的主观目的；一旦中标，投标人将受投标书的约束；投标书的内容具有足以使合同成立的主要条件等。招标人向中标的投标人发出的中标通知书，则是招标人同意接受中标的投标人的投标条件，即同意接受该投标人的要约的意思表示，应属于承诺。

（三）建设工程项目招投标的理论基础

建设工程项目招投标是运用于建筑项目交易的一种方式。它的特点是由固定买主设定包括以商品质量、价格、工期为主的标的，邀请若干卖主通过秘密报价竞标，由买主选择优胜者后，与其达成交易协议，签订工程承包合同，然后按合同实现标的竞争过程。

1. 竞争机制

竞争是商品经济的普遍规律。竞争的结果是优胜劣汰。竞争机制不断促进企业经济效益的提高，从而推动本行业乃至整个社会生产力的不断发展。

建设工程项目招投标制体现了商品供给者之间的竞争是建设市场承包商主体之间的竞争。为了争夺和占领有限的市场份额，在竞争中处于不败之地，这就促使投标者力图从质量、价格、交货期限等方面提高自己的竞争能力，尽可能地将其他投标者挤出市场。因而，这种竞争实质上是投标者之间的经营实力、科学技术、商品质量、服务质量、经营理念、合理价格、投标策略等方面的竞争。

2. 供求机制

供求机制是市场经济的主要经济规律。供求规律在提高经济效益和保障社会生产平衡发展方面起到了积极作用。实行建设工程招投标制是利用供求规律解决建筑商品供求问题的一种方式。利用这种方式，必须建立供略大于求的买方市场，使建筑商品招标者在市场中处于有利地位，对商品或商品生产者有较充裕的选择范围。其特点表现为：招标者需要什么，投标者就生产什么；需要多少就生产多少；需要何种质量，就按什么质量等级生产。

实行建设工程项目招投标制的买方市场，是招标者导向的市场。其主要表现为，商品的价格由市场价值决定。因而，投标者必须采用先进的技术、管理手段和管理方法，努力降低成本，以较低的报价中标，并能获得较好的经济效益。另外，在买方市场条件下，由于招标者对投标者有充分的选择余地，市场能为投标者提供广泛的需求信息，从而对投标者的经营活动起到导向作用。

3. 价格机制

实行招标投标的建设工程项目，同样受到价格机制的作用。其表现为：以本行业的社会必要劳动量为指导，制订合理的标底价格，能通过招标选择报价合理、社会信誉高的投标者为中标单位，完成商品交易活动。因此，由于价格竞争成为重要内容，生产同种建筑产品的投标者，为了提高中标率，必然会自觉运用价值规律，使报价低而合理并取胜。

（四）招标投标的基本原则

（1）公开原则　是指有关招投标的法律、政策、程序和招标投标活动都要公开，即招标前发布公告，公开发售招标文件，公开开标，中标后公开中标结果，使每个投标人拥有同样的信息、同等的竞争机会和获得中标的权利。

（2）公平原则　是指所有参加竞争的投标人机会均等，并受到同等待遇。

（3）公正原则　是指在招标投标的立法、管理和进行过程中，立法者应制定法律，司法者和管理者公正地执行法律和规则，对一切被监管者给予公正待遇。

（4）诚实信用原则　是指民事主体在从事民事活动时，应诚实守信，以善意的方式履行其义务，在招投标活动中体现为购买者、中标者在依法进行采购和招投标活动过程中要有良好的信用。

二、建设工程招标投标阶段与工程造价

（一）招投标阶段影响工程造价的因素

1. 工程招投标对工程造价管理的意义

建设工程招投标制是我国建筑市场走向规范化、完善化的重要举措之一。建设工程招标投标制的推行，使计划经济条件下建设任务的发包从以计划分配为主转变为以投标竞争为主，使我国承发包方式发生了质的变化。推行建设工程招标投标制，对降低工程造价，进而使工程造价得到合理控制具有非常重要的影响。

① 实行建设项目的招标投标基本形成了由市场定价的价格机制，使工程价格更加趋于合理。其最明显的表现是若干投标人之间出现激烈竞争（相互竞标），这种市场竞争最直接、最集中的表现就是在价格上的竞争。通过竞争确定出工程价格，使其趋于合理或下降，这将有利于节约投资、提高投资效益。

② 实行建设项目的招标投标能够不断降低社会平均劳动消耗水平，使工程价格得到有效控制。实行招标投标的项目一般总是那些个别劳动消耗水平最低或接近最低的投标者获胜，这样便实现了生产力资源的较优配置，也对不同投标者实行了优胜劣汰。面对激烈竞争的压力，为了自身的生存与发展，每个投标者都必须切实在降低自己个别劳动消耗水平上下工夫，这样将逐步而全面地降低社会平均劳动消耗水平，使工程价格更为合理。

③ 实行建设项目的招标投标便于供求双方更好地相互选择，使工程价格更加符合价值基础，进而更好地控制工程造价。由于供求双方各自出发点不同，存在利益矛盾，因而单纯采用"一对一"的选择方式，成功的可能性较小。采用招投标方式就为供求双方在较大范围内进行相互选择创造了条件，需求者对供给者选择（即建设单位、业主对勘察设计单位和施工单位的选择）的基本出发点是"择优选择"，即选择那些报价较低、工期较短、具有良好业绩和管理水平的供给者，这样就为合理控制工程造价奠定了基础。

④ 实行建设项目的招标投标有利于规范价格行为，使公开、公平、公正的原则得以贯彻。我国招投标活动有特定的机构进行管理，有严格的程序必须遵循，有高素质的专家支持系统、工程技术人员的群体评估与决策，能够避免盲目过度的竞争和营私舞弊现象的发生，

对建筑领域中的腐败现象也是强有力的遏制，使价格形成过程变得透明而较为规范。

⑤ 实行建设项目的招标投标能够减少交易费用，节省人力、物力、财力，进而使工程造价有所降低。我国目前从招标、投标、开标、评标直至定标，均在统一的建筑市场（工程招投标交易中心）中进行，并有较完善的法律、法规规定，已进入制度化操作。招投标过程中，若干投标人在同一时间、地点报价竞争，在专家支持系统的评估下，以群体决策方式确定中标者，必然减少交易过程的费用，对工程造价必然产生积极的影响。

2. 招投标阶段影响工程造价的因素

在招标投标阶段影响工程造价的因素是多方面的，识别、分析和评估该阶段影响工程造价的因素，对合理选择造价控制方法和策略有重要作用，这为有效控制工程造价提供了重要依据，招投标阶段影响工程造价的因素主要包括建筑市场的供需状况、建设单位的价值取向、招标工程项目的特点、投标人的策略等。

(1) 建筑市场的供需状况 建筑市场的供需状况是影响工程造价的重要因素之一，影响程度的大小取决于市场竞争的状况，当市场处于完全竞争时，其对工程造价的影响非常敏感。建筑市场的任何微小变化均会反映在工程造价的变化上，当市场处于不完全竞争时其影响程度相对减小。固定资产投资增长影响建筑市场的供需状况，也必然影响建筑市场的竞争程度，在一定程度上通过工程造价的高低反映出来。

(2) 建设单位的价值取向 建设单位的价值取向反映在对招标工程的质量、进度、造价、安全和技术等方面。质量好、进度快、造价低是建设单位所期望的，但是这并不理性，也不符合客观实际。质量、进度和造价等目标在一定意义上相互矛盾，任何商品的生产质量都有其质量标准，建筑产品也不例外，如果建设单位的质量目标超过国家标准，显然需要承包商投入更大的人力、物力、财力和时间，消耗增加，价格自然会提高。在某些情况下可能建设单位以最短的建设周期为目标，力图尽快组织生产占领市场，这样，由于承包商施工资源不合理配置导致生产效率低下、成本增加，为保证适当的利润水平而提高投标报价。因此，质量好、进度快都在一定程度上影响工程造价，在招标投标中必须结合实际情况做出合理选择。

(3) 招标工程项目的特点 招标工程项目的特点与工程造价关系密切，主要包括招标项目的技术含量、建设地点、建筑规模大小等。招标项目的技术含量指的是完成工程项目所需要的技术支撑，当项目采用新的结构、施工工艺和施工方法时，存在一定的技术风险和不确定性，要考虑一定的风险因素，工程造价可能会提高，另外技术复杂可能存在技术垄断，容易形成垄断价格。建设地点的环境既影响投标人的吸引力也影响建设成本，同时，增加了设备材料的进场、临时设置的费用等。建设规模的大小不同，各项费用的摊销也不同，大的规模可以带来成本的降低，这时，投标人会根据规模的大小实行不同的报价策略。

(4) 投标人的策略 投标人作为建设产品的生产者，其对建筑产品的定价与其投标的策略有密切关系。在报价过程中除要考虑自身实力和市场条件外，还要考虑企业的经营策略和竞争程度。

(二) 招投标阶段工程造价管理的内容

1. 发包人选择合理的招标方式

《中华人民共和国招标投标法》允许的招标方式有公开招标和邀请招标。邀请招标一般只适用于国家投资的特殊项目和非国有经济的项目，公开招标方式适用于国家投资或国家投资占多数的项目，是能够体现公开、公正、公平原则的最佳招标方式。选择合理的招标方式是合理确定工程合同价款的基础。

2. 发包人选择合理的承包模式

常见的承包模式包括总分包模式、平行承包模式、联合体承包模式和合作承包模式。不同的承包模式适用于不同类型的工程项目，对工程造价的控制也体现出不同的作用。

总分包模式的总包合同价可以较早确定，业主可以承担较少的风险，对总承包商而言，责任重，风险大，获得高额利润的潜力也比较大。

平行承包模式的总合同价不易短期确定，从而影响工程造价控制的实施。工程招标任务量大，需控制多项合同价格，从而增加了工程造价控制的难度。但对于大型复杂工程，如果分别招标，可参与竞争的投标人增多，业主就能够获得具有竞争性的商业报价。

联合体承包对业主而言，合同结构简单，有利于工程造价的控制，对联合体而言，可以集中各成员单位在资金、技术和管理等方面的优势，增强抗风险能力。

合作承包模式与联合体承包相比，业主的风险较大，合作各方之间信任度不够。

3. 发包人编制招标文件，确定合理的工程计量方法和投标报价方法，确定招标工程标底

建设工程项目的发包数量、合同类型和招标方式一经批准确定以后，即应编制为招标服务的有关文件。工程计量方法和报价方法的不同，会产生不同的合同价格，因此在招标前，应选择有利于降低工程造价和便于合同管理的工程计量方法和报价方法。编制标底是建设工程项目招标前的另一项重要工作，而且是较复杂和细致的工作。标底的编制应当实事求是，综合考虑和体现发包人和承包人的利益。没有合理的标底可能会导致工程招标的失误，达不到降低建设投资、缩短建设工期、保证工程质量、择优选用工程承包人的目的。

4. 承包人编制投标文件，合理确定投标报价

拟投标招标工程的承包人在通过资格审查后，根据获取的招标文件，编制投标文件并对其做出实质性响应。在核实工程量的基础上依据企业定额进行工程报价，然后在广泛了解潜在竞争者及工程情况和企业情况的基础上，运用投标技巧和正确的策略来确定最后报价。

5. 发包人选择合理的评标方式进行评标，在正式确定中标单位之前，对潜在中标单位进行询价

评标过程中使用的方法很多，不同的计价方式对应不同的评标方法，正确的评标方法有助于科学选择承包人。在正式确定中标单位之前，一般都对得分最高的1～2家潜在中标单位的标函进行质询，旨在对投标函中有意或无意的不明和笔误之处作进一步明确或纠正。尤其是当投标人对施工图计量的遗漏、对定额套用的错项、对工料机市场价格不熟悉而引起的失误，以及对其他规避招标文件有关要求的投机取巧行为进行剖析，以确保发包人和潜在中标人等各方的利益都不受损害。

6. 发包人通过评标定标，选择中标单位，签订承包合同

评标委员会根据评标规则，对投标人评分并排名，向业主推荐中标人，并以中标人的报价作为承包价。合同的形式应在招标文件中确定，并在投标函中做出响应。目前建筑工程合

同格式一般有三种：参考 FIDIC 合同格式订立的合同；按照国家工商部门和建设部推荐的《工程建设项目合同示范文本》格式订立的合同；由建设单位和施工单位协商订立的合同。不同的合同格式适用于不同类型的工程，正确选用合适的合同类型是保证合同顺利执行的基础。

三、建设项目招标的范围、分类及方式

（一）建设项目招标的范围

1.《招标投标法》的规定

我国《招标投标法》指出，凡在中华人民共和国境内进行下列工程建设项目，包括项目的勘察、设计、施工、监理以及与工程建设有关的重要设备、材料等的采购，必须进行招标：

① 大型基础设施、公用事业等关系社会公共利益、公众安全的项目。

② 全部或者部分使用国有资金投资或国家融资的项目。

③ 使用国际组织或者外国政府贷款、援助资金的项目。

2.《工程建设项目招标范围和规模标准规定》的规定

《工程建设项目招标范围和规模标准规定》对必须进行招标的工程进行了规定。

（1）关系社会公共利益、公众安全的基础设施项目　范围包括：

① 煤炭、石油、天然气、电力、新能源等能源项目；

② 铁路、公路、管道、水运、航空以及其他交通运输业等交通运输项目；

③ 邮政、电信枢纽、通信、信息网络等邮电通信项目；

④ 防洪、灌溉、排涝、引（供）水、滩涂治理、水土保持、水利枢纽等水利项目；

⑤ 道路、桥梁、地铁和轻轨交通、污水排放及处理、垃圾处理、地下管道、公共停车场等城市设施项目；

⑥ 生态环境保护项目；

⑦ 其他基础设施项目。

（2）关系社会公共利益、公众安全的公用事业项目　范围包括：

① 供水、供电、供气、供热等市政工程项目；

② 科技、教育、文化等项目；

③ 体育、旅游等项目；

④ 卫生、社会福利等项目；

⑤ 商品住宅，包括经济适用住房；

⑥ 其他公用事业项目。

（3）使用国有资金投资项目　范围包括：

① 使用各级财政预算资金的项目；

② 使用纳入财政管理的各种政府性专项建设基金的项目；

③ 使用国有企业事业单位自有资金，并且国有资产投资者实际拥有控制权的项目。

（4）国家融资项目　范围包括：

① 使用国家发行债券所筹资金的项目；

② 使用国家对外借款或者担保所筹资金的项目；

③ 使用国家政策性贷款的项目；

④ 国家授权投资主体融资的项目；

⑤ 国家特许的融资项目。

（5）使用国际组织或者外国政府资金的项目　范围包括：

① 使用世界银行、亚洲开发银行等国际组织贷款资金的项目；

② 使用外国政府及其机构贷款资金的项目；

③ 使用国际组织或者外国政府援助资金的项目。

（6）以上第（1）条至第（5）条规定范围内的各类工程建设项目，包括项目的勘察、设计、施工、监理以及与工程建设有关的重要设备、材料等的采购，达到下列标准之一的，必须进行招标：

① 施工单项合同估算价在 200 万元人民币以上的；

② 重要设备、材料等货物的采购，单项合同估算价在 100 万元人民币以上的；

③ 勘察、设计、监理等服务的采购，单项合同估算价在 50 万元人民币以上的；

④ 单项合同估算价低于第①、②、③项规定的标准，但项目总投资额在 3000 万元人民币以上的。

（7）建设项目的勘察、设计，采用特定专利或者专有技术的，或者其建筑艺术造型有特殊要求的，经项目主管部门批准，可以不进行招标。

（8）依法必须进行招标的项目，全部使用国有资金投资或者国有资金投资占控股或者主导地位的，应当公开招标。

3. 可以不招标项目的规定

我国《招标投标法》第 66 条规定涉及国家安全、国家秘密、抢险救灾或者属于利用扶贫资金实行以工代赈、需要使用农民工等特殊情况，不适宜进行招标的项目，按照国家有关规定可以不进行招标。

《中华人民共和国招标投标法实施条例》（国务院令 2011 第 613 号）第 9 条规定，有下列情形之一的，可以不进行招标：

① 需要采用不可替代的专利或者专有技术；

② 采购人依法能够自行建设、生产或者提供；

③ 已通过招标方式选定的特许经营项目投资人依法能够自行建设、生产或者提供；

④ 需要向原中标人采购工程、货物或者服务，否则将影响施工或者功能配套要求；

⑤ 国家规定的其他特殊情形。

（二）建设工程项目招标的分类

1. 建设工程项目总承包招标

建设工程项目总承包招标又叫建设项目全过程招标，在国外称之为"交钥匙"承包方式。它是指从项目建议书开始，包括可行性研究报告、勘察设计、设备材料询价与采购、工程施工、生产设备、投料试车，直到竣工投产、交付使用全面实行招标。工程总承包企业根据建设单位提出的工程使用要求，对项目建议书、可行性研究、勘察设计、设备询价与选购、材料订货、工程施工、职工培训、试生产、竣工投产等实行全面投标报价。

2. 建设工程勘察招标

建设工程勘察招标是指招标人就拟建工程的勘察任务发布通告，以法定方式吸引勘察单位参与竞争，经招标人审查获得投标资格的勘察单位按照招标文件的要求，在规定的时间内向招标人填报标书，招标人从中选择条件优越者完成勘察任务。

3. 建设工程设计招标

建设工程设计招标是指招标人就拟建工程的设计任务发布通告，以吸引设计单位参加竞争，经招标人审查获得投标资格的设计单位按照招标文件的要求，在规定的时间内向招标人填报标书，招标人从中择优确定中标单位来完成工程设计任务。设计招标主要是设计方案招标，工业项目可进行可行性研究方案招标。

4. 建设工程施工招标

建设工程施工招标，是指招标人就拟建的工程发布公告或者邀请，以法定方式吸引施工企业参加竞争，招标人从中选择条件优越者完成工程建设任务的法律行为。这是本书重点，将在本章第二节中详细探讨。

5. 建设工程监理招标

建设工程监理招标，是指招标人为了委托监理任务的完成，以法定方式吸引监理单位参加竞争，招标人从中选择条件优越者的法律行为。

6. 建设工程材料设备招标

建设工程材料设备招标，是指招标人就拟购买的材料设备发布公告或者邀请，以法定方式吸引建设工程材料设备供应商参加竞争，招标人从中选择条件优越者购买其材料设备的法律行为。

（三）建设工程项目招标的方式

1. 按竞争程度进行分类

可以分为公开招标和邀请招标。这是我国《招标投标法》所规定的一种主要分类。

（1）公开招标　是指招标人通过报刊、广播或电视等公共传播媒介介绍、发布招标公告或信息而进行招标，是一种无限制的竞争方式。公开招标的优点是招标人有较大的选择范围，可在众多的投标人中选定报价合理、工期较短、信誉良好的承包商，有助于打破垄断，实行公平竞争。缺点是：投标承包商多，招标工作量大，耗时、耗力较多。

（2）邀请招标　是指招标人以投标邀请书的方式邀请特定的法人或者其他组织投标。招标人采用邀请招标方式的，应当向三个以上具备承担招标项目的能力、资信良好的特定法人或者其他组织发出投标邀请书。邀请招标虽然也能够邀请到有经验和资信可靠的投标者投标，保证履行合同，且招标组织容易，工作量较小，但限制了竞争范围，可能会失去技术上和报价上有竞争力的投标者。因此，在我国建设市场中应大力推行公开招标。一般国际上把公开招标称为无限竞争性招标，把邀请招标称为有限竞争性招标。

2. 按招标的范围进行分类

可以分为国际招标和国内招标。原国家经贸委将国际招标界定为"是指符合招标文件规定的国内、国外法人或其他组织，单独或联合其他法人或者其他组织参加投标，并按招标文件规定的币种结算的招标活动"；国内招标则"是指符合招标文件规定的国内法人或其他组织，单独或联合其他国内法人或其他组织参加投标，并用人民币种结算的招标活动"。

第二节　建设工程项目施工招标

一、施工招标概述

施工招标是指招标人的施工任务发包，通过招标方式鼓励施工企业投标竞争，从中选出技术能力强、管理水平高、信誉可靠且报价合理的承建单位，并以签订合同的方式约束双方在施工过程中的行为的经济活动。施工招标的特点之一是发包工作内容明确具体，各投标人编制的投标书在评标中易于横向对比。虽然投标人是按招标文件的工程量表中既定的工作内容和工程量编标报价的，但投标实际上是各施工单位完成该项目任务的技术、经济、管理等综合能力的竞争。

（一）施工招标单位应具备的条件

根据我国《招标投标法》规定，招标人应是"提出招标项目，进行招标的法人或者其他组织"。"招标人应当有进行招标项目的相应资金或者资金来源已经落实，并应当在招标文件中如实载明"。按照《工程建设施工招标投标管理办法》（七部委［2013］30 号令）和《工程建设项目自行招标试行办法2013修订版》规定，依法必须进行施工招标的工程，招标人自行办理施工招标事宜的，应当具有编制招标文件和组织评标的能力。

招标人自行办理招标事宜，应当具有编制招标文件和组织评标的能力，具体包括：

① 具有项目法人资格（或者法人资格）；

② 具有与招标项目规模和复杂程度相适应的工程技术、概预算、财物和工程管理等方面的专业技术力量；

③ 有从事同类工程建设项目招标的经验；

④ 拥有 3 名以上取得招标职业资格的专职招标业务人员；

⑤ 熟悉和掌握招标投标法及有关法规规章。

招标人符合法律规定自行招标条件的，可以自行办理招标事宜，任何单位和个人不得强制其委托招标代理机构办理招标事宜。

不具备上述条件的，招标人应当委托具有相应资格的工程招标代理机构代理施工招标。

（二）招标代理机构应具备的条件

按照建设部令第 154 号《工程建设项目招标代理机构资格认定办法》规定，招标代理机构应具备的条件如下。

1. 申请工程招标代理资格的机构应当具备的条件

① 是依法设立的中介组织，具有独立的法人资格；

② 与行政机关和其他国家机关没有行政隶属关系或者其他利益关系；

③ 有固定的营业场所和开展工程招标代理业务所需设施及办公条件；

④ 有健全的组织机构和内部管理的规章制度；

⑤ 具备编制招标文件和组织评标的相应专业力量；

⑥ 具有可以作为评标委员会成员人选的技术、经济等方面的专家库；

⑦ 法律、行政法规规定的其他条件。

2. 工程招标代理机构的级别

工程招标代理机构资格分为甲级、乙级和暂定级。

甲级工程招标代理机构可以承担各类工程的招标代理业务。

乙级工程招标代理机构只能承担工程总投资 1 亿元人民币以下的工程招标代理业务。

暂定级工程招标代理机构，只能承担工程总投资 6000 万元人民币以下的工程招标代理业务。

(1) 申请甲级工程招标代理机构资格　除具备上述第 1. 条规定的条件外，还应当具备下列条件：

① 取得乙级工程招标代理资格满 3 年；

② 近 3 年内累计工程招标代理中标金额在 16 亿元人民币以上（以中标通知书为依据，下同）；

③ 具有中级以上职称的工程招标代理机构专职人员不少于 20 人，其中具有工程建设类注册执业资格人员不少于 10 人（其中注册造价工程师不少于 5 人），从事工程招标代理业务 3 年以上的人员不少于 10 人；

④ 技术经济负责人为本机构专职人员，具有 10 年以上从事工程管理的经验，具有高级技术经济职称和工程建设类注册执业资格；

⑤ 注册资本金不少于 200 万元。

(2) 申请乙级工程招标代理机构资格　除具备上述第 1. 条规定的条件外，还应当具备下列条件：

① 取得暂定级工程招标代理资格满 1 年；

② 近 3 年内累计工程招标代理中标金额在 8 亿元人民币以上；

③ 具有中级以上职称的工程招标代理机构专职人员不少于 12 人，其中具有工程建设类注册执业资格人员不少于 6 人（其中注册造价工程师不少于 3 人），从事工程招标代理业务 3 年以上的人员不少于 6 人；

④ 技术经济负责人为本机构专职人员，具有 8 年以上从事工程管理的经历，具有高级技术经济职称和工程建设类注册执业资格；

⑤ 注册资本金不少于 100 万元。

(3) 新设立的工程招标代理机构申请暂定级工程招标代理机构资格　除具备上述第 1. 条规定的条件外，还应当具备下列条件：

① 具有中级以上职称的工程招标代理机构专职人员不少于 12 人，其中具有工程建设类注册执业资格人员不少于 6 人（其中注册造价工程师不少于 3 人），从事工程招标代理业务 3 年以上的人员不少于 6 人；

② 技术经济负责人为本机构专职人员，具有 8 年以上从事工程管理的经历，具有高级技术经济职称和工程建设类注册执业资格；

③ 注册资本金不少于 100 万元。

（三）施工招标的工程建设项目应具备的条件

依法必须招标的工程建设项目，应当具备下列条件才能进行施工招标：

① 招标人已经依法成立；

② 初步设计及概算应当履行审批手续的，已经批准；

③ 有相应资金或资金来源已经落实；

④ 有招标所需的设计图纸及技术资料。

二、建设工程项目施工招标程序

施工招标分为公开招标和邀请招标，不同的招标方式具有不同的工作内容，其程序也不尽相同，如图 6-1 和图 6-2 所示。

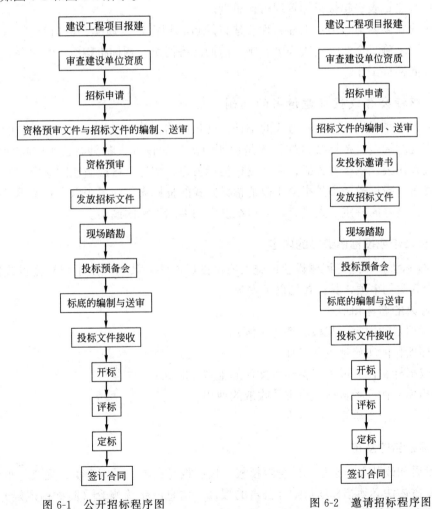

图 6-1　公开招标程序图　　　　　　图 6-2　邀请招标程序图

（一）招标活动的准备工作

项目招标前，招标人应当进行办理有关的审批手续、确定招标方式以及划分标段等工作。

1. 建设工程项目报建

根据《工程建设项目报建管理办法》的规定，凡在我国境内投资兴建的工程建设项目都必须实行报建制度，建设单位必须在工程立项批准后，工程发包前，向建设行政主管部门或其授权的部门办理报建登记手续，接受当地建设行政主管部门的监督管理。

2. 审查建设单位资质

审查建设单位资质指政府招标管理机构审查建设单位是否具备自行招标条件。对不具备自行招标条件的建设单位，必须委托具有相应资质的中介招标代理机构进行招标，建设单位与中介代理机构签订委托代理招标的协议并报招标管理机构备案。

3. 招标申请

招标单位填写"建设工程项目招标申请表"，并经上级主管部门批准后，连同工程建设项目报建审查登记表一起报招标管理机构审批。

申请表的主要内容包括：工程名称、建设地点、招标建设规模、机构类型、招标范围、招标方式、要求施工企业的资质等级、施工前期准备情况、招标机构组织情况等，得到认可后才可以开展招标工作。

（二）招标公告或投标邀请书的编制与发布

招标公告是指采用公开招标方式的招标人（包括招标代理机构）向所有潜在的投标人发出的一种广泛的通告。招标公告的目的是使所有潜在的投标人都具有公平的投标竞争的机会。招标人采用公开招标方式的，应当发布招标公告，招标公告应当在国家指定的报刊和信息网络上发布。投标邀请书是指采用邀请招标方式的招标人，向三个以上具备承担招标项目的能力、资信良好的特定法人或者其他组织发出的参加投标的邀请。

1. 招标公告或投标邀请书的内容

《招标投标法》和《工程建设项目施工招标投标办法》共同规定了招标公告或投标邀请书应当至少载明的事项，具体包括以下内容：

① 招标人的名称和地址；
② 招标项目的内容、规模、资金来源；
③ 招标项目的实施地点和工期；
④ 获取招标文件的或者资格预审文件的地点和时间；
⑤ 对招标文件或者资格预审文件收取的费用；
⑥ 对投标人的资质等级的要求。

2. 招标公告的发布

国家发展和改革委员会根据国务院授权，按照相对集中、适度竞争、受众分布合理的原则，指定发布依法必须招标项目招标公告的报纸、信息网络等媒介（简称指定媒介），并对招标公告发布活动进行监督。

依法必须招标项目的招标公告必须在指定媒介发布。招标公告的发布应当充分公开，任何单位和个人不得非法限制招标公告的发布地点和发布范围。招标人通过信息网络或者其他媒介发布的招标文件与书面招标文件具有同等法律效力，出现不一致时以书面招标文件为准，国家另有规定的除外。

（三）资格审查

招标人可以根据招标项目本身的特点和需要，要求潜在投标人或者投标人提供满足其资格要求的文件，对潜在投标人或者投标人进行资格审查。资格审查可以分为资格预审和资格后审。资格预审是指在投标前对潜在投标人的资质条件、业绩、信誉、技术、资金等多方面情况进行资格审查，而资格后审是指在开标后对投标人进行的资格审查。采取资格预审的，招标人应当在资格预审文件中载明资格预审的条件、标准和方法；采取资格后审的，招标人应当在招标文件中载明对投标人资格要求的条件、标准和方法。招标人不得改变载明的资格条件或者以没有载明的资格条件对潜在投标人或者投标人进行资格审查。除招标文件另有规定外，进行资格预审的，一般不再进行资格后审。因为资格预审和后审的内容与标准是相同的，因此此处主要介绍资格预审。

资格预审的目的是为了排除那些不合格的投标人，进而降低招标人的采购成本，提高招标工作的效率。资格预审的程序如下。

1. 发布资格预审公告

发布进行资格预审的，招标人可以发布资格预审公告。资格预审公告的发布方式和内容与招标公告相同。

2. 发出资格预审文件

发布招标公告或资格预审公告后，招标人向申请参加资格预审的申请人出售资格审查文件。资格预审的内容包括基本资格审查和专业资格审查两部分。基本资格审查是指对申请人的合法地位和信誉等进行的审查，专业资格审查是对已经具备基本资格的申请人履行拟定招标采购项目能力的审查。

3. 对潜在投标人资格的审查和评定

招标人在规定时间内，按照资格预审文件中规定的标准和方法，对提交资格预审申请书的潜在投标人资格进行审查。资格预审和后审的内容是相同的，主要审查潜在投标人或者投标人是否符合下列条件：

① 具有独立订立合同的能力；
② 具有履行合同的能力，包括专业、技术资格和能力，资金、设备和其他物质设施状况，管理能力，经验、信誉和相应的从业人员；
③ 没有处于被责令停业，投标资格被取消，财产被接管、冻结，破产状态；
④ 在最近三年内没有骗取中标和严重违约及重大工程质量问题；
⑤ 法律、行政法规规定的其他资格条件。

资格审查时，招标人不得以不合理的条件限制、排斥潜在投标人或者投标人，不得对潜在投标人或者投标人实行歧视待遇。任何单位和个人不得以行政手段或者其他不合理方式限制投标人数量。

4. 发出资格预审合格通知书

经资格预审后，招标人应当向资格预审合格的投标申请人发出资格预审合格通知书，告知获取招标文件的时间、地点和方法，并同时向资格预审不合格的投标申请人告知资格预审结果。

通过资格预审的申请人少于 3 个的，应当重新招标。

（四）编制和发售招标文件

1. 招标文件的编制

按照我国《招标投标法》的规定，招标文件应当包括招标项目的技术要求，对投标人资格审查的标准、投标报价要求和评标标准等所有实质性要求和条件以及拟签合同的主要条款。建设工程招标文件是由招标单位或其委托的咨询机构编制发布的，既是投标单位编制投标文件的依据，也是招标单位与将来中标单位签订工程承包合同的基础，招标文件中提出的各项要求，对整个招标工作乃至承发包双方都有约束力。建设工程招投标分为许多不同阶段，每个阶段招标文件编制内容及要求不尽相同。

（1）招标文件的内容　招标人应当根据施工招标项目的特点和需要，自行或者委托工程招标代理机构编制招标文件。招标文件一般包括下列内容：

① 招标公告或投标邀请书；

② 投标人须知，包括工程概况，招标范围，资格审查条件，工程资金来源或者落实情况（包括银行出具的资金证明），标段划分，工期要求，质量标准，现场踏勘和答疑安排，投标文件编制、提交、修改、撤回的要求，投标报价要求，投标有效期，开标的时间和地点，评标的方法和标准等；

③ 合同主要条款；

④ 投标文件格式；

⑤ 采用工程量清单招标的，应当提供工程量清单；

⑥ 技术条款；

⑦ 设计图纸；

⑧ 评标标准和方法；

⑨ 投标辅助材料。

招标人应当在招标文件中规定实质性要求和条件，并用醒目的方式表明。

（2）根据《招标投标法》和建设部有关规定，施工招标文件编制还应遵循如下规定：

① 招标文件应当明确规定评标时除价格以外的所有评标因素，以及如何将这些因素量化或者据以进行评估。在评标过程中，不得改变招标文件中规定的评标标准、方法和中标条件。

② 招标人可以要求投标人除提交符合招标文件规定要求的投标文件外，提交备选投标方案，但应当在招标文件中作出说明，并提出相应的评审和比较办法。

③ 施工招标项目工期较长的，招标文件中可以规定工程造价指数体系、价格调整因素和调整方法。

④ 招标文件规定的各项技术标准应符合国家强制性规定。招标文件中规定的各项技术标准均不得要求或标明某一特定的专利、商标、名称、设计、原产地或生产供应者，不得含有倾向或者排斥潜在投标人的其他内容。如果必须引用某一生产供应商的技术标准才能准确或清楚地说明拟招标项目的技术标准时，则应当在参照后面加上"或相当于"的字样。

⑤ 质量标准必须达到国家施工验收规范合格标准，对于要求质量超过合格标准的，应计取补偿费用，补偿费用的计算方法应按国家或地方有关文件规定执行，并在招标文件中

明确。

⑥ 施工招标项目需要划分标段、确定工期的，招标人应当合理划分标段、确定工期，并在招标文件中载明。对工程技术上紧密相连、不可分割的单位工程不得分割标段。招标文件中的建设工期应当参照国家或地方颁发的工期定额来确定，如果要求的工期比工期定额缩短 20％以上（含 20％）的，应计算赶工措施费。赶工措施费如何计取应在招标文件中明确。

⑦ 由于投标人原因造成不能按合同工期竣工时，计取赶工措施费的须扣除，同时还应赔偿由于误工给招标人带来的损失。其损失费用的计算方法或规定应在招标文件中明确。如果招标人要求按合同工期提前竣工交付使用，应考虑计取提前工期奖，提前工期奖的计算方法应在招标文件中明确。

⑧ 招标人应当确定投标人编制投标文件所需要的合理时间；依法必须进行招标的项目，自招标文件开始发出之日起至投标人提交投标文件截止之日止，最短不得少于 20 日。

⑨招标文件应当规定一个适当的投标有效期，以保证招标人有足够的时间完成评标和与中标人签订合同。投标有效期从投标人提交投标文件截止之日起计算。在原投标有效期结束前，出现特殊情况的，招标人可以书面形式要求所有投标人延长投标有效期。投标人同意延长的，不得要求或被允许修改其投标文件的实质性内容，但应当相应延长其投标保证金的有效期；投标人拒绝延长的，其投标失效，投标人有权收回其投标保证金。因延长投标有效期造成投标人损失的，招标人应当给予补偿，但因不可抗力需要延长投标有效期的除外。

⑩ 在招标文件中应明确投标保证金数额及支付方式。投标保证金除现金外，还可以是银行出具的银行保函、保兑支票、银行汇票或现金支票。投标保证金一般不得超过投标总价的 2％投标保证金有效期应当与投标有效期一致。

⑪ 中标单位应按规定向招标单位提交履约担保，履约担保可采用银行保函或履约担保书。履约担保比率为：银行出具的银行保函为合同价格的 5％；履约担保书为合同价格的 10％。

⑫ 材料或设备采购、运输、保管的责任应在招标文件中明确，如招标人提供材料或设备，应列明材料或设备名称、品种或型号、数量，及提供日期和交货地点等；还应在招标文件中明确招标人提供的材料或设备计价和结算退款的方法。

⑬ 招标人可根据项目特点决定是否编制标底。编制标底的，标底编制过程和标底必须保密。任何单位和个人不得强制招标人编制或报审标底，或干预其确定标底。招标项目可以不设标底，进行无标底招标。

⑭ 对于潜在投标人在阅读招标文件和现场踏勘过程中提出的疑问，招标人可以书面形式或召开投标预备会的方式解答，但需同时将解答以书面方式通知所有购买招标文件的潜在投标人。该解答的内容为招标文件的组成部分。

2. 招标文件的发售与修改

（1）招标文件的发售　招标文件一般发售给通过资格预审、获得投标资格的投标人。投标人在收到招标文件后，应认真核对，核对无误后应以书面形式予以确认。招标文件的价格一般等于编制、印刷这些招标文件的成本，招标活动中的其他费用（如发布招标公告等）不应计入该成本。投标人购买招标文件的费用，不论中标与否都不予退还。其中的设计文件，招标人可以酌收押金。对于开标后将设计文件退还的，招标人应当退还押金。

（2）招标文件的修改　招标人对已发出的招标文件进行必要的澄清或者修改的，应当在招标文件要求提交投标文件截止时间至少 15 日前，以书面形式通知所有招标文件收受人。该澄清或者修改的内容为招标文件的组成部分。

3. 招标文件中的工程量清单编制

有关工程量清单及其计价的基本原理已经在第三章进行了详细论述，采用工程量清单进行施工招标，是指由招标单位提供统一招标文件（包括工程量清单），投标单位以此为基础，根据招标文件中的工程量清单和有关要求、施工现场实际情况及拟定的施工组织设计，按企业定额或参照建设行政主管部门发布的现行消耗量定额以及造价管理机构发布的市场价格信息进行投标报价，招标单位择优选定中标人的过程。

工程量清单计价招标的主要程序如下：

① 在招标准备阶段，招标人首先编制或委托有相应资质的工程招标代理机构和造价咨询单位编制招标文件，包括工程量清单。在编制工程量清单时，若该工程"全部使用国有资金投资或以国有资金投资为主的大中型建设工程"应严格执行建设部颁发的《建设工程工程量清单计价规范》。

② 工程量清单编制完成后，作为招标文件的一部分，发给各投标单位。投标单位在接收到招标文件后，可对工程量清单进行简单的复核。如果没有大的错误，即可考虑各种因素进行工程报价；如果投标单位发现工程量清单中的工程量与有关图纸的差异较大，可要求招标单位进行澄清。但投标单位不得擅自变动工程量。

③ 投标报价完成后，投标单位在约定的时间内提交投标文件。

④ 评标委员会根据招标文件确定的评标标准和方法进行评标。

由于采用了工程量清单计价方法，所有的投标单位都站在同一起跑线上，因而竞争更为公平合理。

【例 6-1】 某多层砖混住宅基础土方工程，土壤类别为三类土。基础为砖大放脚带形基础，基础长 1000.00m，垫层宽度为 1.20m，挖土深度为 1.80m，弃土运距为 4km。其分部分项工程量清单如表 6-1 所示。

表 6-1　分部分项工程量清单

工程名称：某多层砖混住宅工程　　　　　　　　　　　　　　　　　　第　页，共　页

序号	项目编号	项目名称	计量单位	工程数量
1	010101003001	A.1 土（石）方工程 挖基础土方 土壤类别：三类土 基础类型：砖大放脚带形基础 垫层宽度：1.20m 挖土深度：1.80m 弃土运距：4km	m³	2160.00

投标单位只需对工程量清单中项目名称中的工作内容报出综合单价，用综合单价乘以工程数量，得到总价即可。

（五）踏勘现场与召开投标预备会

1. 踏勘现场

招标人根据招标项目的具体情况，可以组织潜在投标人踏勘项目现场，向其介绍工程场

地和相关环境的有关情况。潜在投标人依据招标人介绍情况作出的判断和决策，由投标人自行负责。招标人不得组织单个或者部分潜在投标人踏勘项目现场。

① 招标人组织投标人进行踏勘现场的目的在于了解工程场地和周围环境情况，以获取投标人认为有必要的信息。为便于投标人提出问题并得到解答，踏勘现场一般安排在投标预备会的前1～2天。

② 投标人在踏勘现场中如有疑问问题，应在投标预备会前以书面形式向招标人提出，但应给招标人留有解答时间。

③ 招标人应向投标人介绍有关现场的以下情况：施工现场是否达到招标文件规定的条件；施工现场的地理位置和地形、地貌；施工现场的地质、土质、地下水位、水文等情况；施工现场气候条件，如气温、湿度、风力、年雨雪量等；现场环境，如交通、饮水、污水排放、生活用电、通信等；工程在施工现场中的位置或布置；临时用地、临时设施搭建等。

2．召开投标预备会

投标人在领取招标文件、图纸和有关技术资料及踏勘现场后提出疑问，招标人在收到投标人提出的疑问后可通过以下方式进行解答。

① 以书面形式进行解答，并将解答同时送达所有获得招标文件的投标人。

② 通过投标预备会进行解答，并以会议记录形式同时送达所有获得招标文件的投标人。召开投标预备会一般应注意：

a. 投标预备会的目的在于澄清招标文件中的疑问，解答投标人对招标文件和勘察现场过程中所提出的疑问。投标预备会可安排在发出招标文件7日后28日以内举行；

b. 投标预备会在招标管理机构监督下，由招标单位组织并主持召开，在预备会上对招标文件和现场情况做介绍或解释，并解答投标单位提出的疑问，包括书面提出的和口头提出的询问；

c. 在投标预备会上还应对图纸进行交底和解释；

d. 投标预备会结束后，由招标人整理会议记录和解答内容，尽快以书面形式将问题及解答同时发送到所有获得招标文件的投标人；

e. 所有参加投标预备会的投标人应签到登记，以证明出席投标预备会；

f. 招标人向投标人所作的解释、澄清或投标人提出的问题，均应以书面形式予以确认。

（六）开标、评标和定标

1．开标

在投标截止的同一时间按招标文件规定时间、地点，在投标单位法定代表人或授权代理人在场的情况下举行开标会议，按规定的议程进行开标。

2．评标

由招标代理、建设单位上级主管部门协商，按照有关规定成立评标委员会，在招标管理机构监督下，依据科学的评标原则、评标方法，对投标单位的报价、工期、质量、施工方案或施工组织设计、以往业绩、社会声誉、优惠条件等方面进行综合评价，公正、合理地择优选择中标单位。

3．定标

中标单位选定后，由招标管理机构核准，获准后招标单位向中标单位发出中标通知书，招标人与中标人按规定签订中标合同。

在建设项目招投标中，开标、评标和定标是招标程序中极为重要的环节，只有作出客观、公正的评标、定标，才能最终选择最合适的承包人，从而顺利进入到建设项目的实施阶段。我国相关法规中，对于开标的时间和地点、出席开标会议的一系列规定、开标的顺序以及废标等，对于评标原则和评标委员会的组建、评标程序和方法，对于定标的条件与做法，均作出了明确而清晰的规定，后面会详细阐述。

三、招标标底与招标控制价的编制

（一）招标标底的编制

1. 标底的概念和作用

《招标投标法实施条例》规定，招标人可以自行决定是否编制标底，一个招标项目只能有一个标底，标底必须保密。标底是指招标人根据招标项目的具体情况编制的完成招标项目所需的全部费用，是根据国家规定的计价依据和计价办法计算出来的工程造价，是招标人对建设工程项目的期望价格。标底由成本、利润、税金等组成，一般应该控制在批准的总概算及投资包干限额内。

招标人可根据工程的实际情况决定是否编制标底。一般情况下，即使采用无标底方式招标，招标人也需对工程的建造费用事先进行估计，以便心中有数。

标底对招标人控制工程造价具有重要的作用：

① 标底能够使招标人预先明确自己在拟建工程中应承担的财务义务。

② 标底给上级主管部门提供核实建设规模的依据。

③ 标底是衡量投标人报价高低的准绳。只有确定了标底，才能正确判断出投标人所投标报价的合理性和可靠性。

④ 标底是评标的重要尺度。只有编制了科学合理的标底，才能在定标时做出正确的抉择，否则评标就是盲目的。因此招标工程必须以严肃认真的态度和科学的方法来编制标底。

2. 标底的编制原则

① 根据国家公布的统一工程项目划分、统一计量单位、统一计算规则以及施工图纸、招标文件，并参照国家、行业或地方批准发布的定额和国家、行业、地方规定的技术标准规范，以及要素市场价格编制标底。

② 标底作为建设单位的期望价格，应力求与市场的实际变化吻合，要有利于竞争和保证工程质量。

③ 标底应由直接费、间接费、利润、税金等组成，一般应控制在批准的总概算（或修正概算）及投资包干的限额内。

④ 标底应考虑人工、材料、设备、机械台班等价格变化因素，还应包括不可预见费（特殊情况）、预算包干费、措施费（赶工措施费、施工技术措施费）、现场因素费用、保险以及采用固定价格的工程的风险金等。工程要求优良的还应增加相应费用。

⑤ 一个工程只能编制一个标底。

⑥ 标底编制完成，直至开标时，所有接触过标底价格的人员均负有保密责任，不得泄露。

3．标底的编制依据

① 招标文件。

② 工程施工图纸、工程量计算规则。

③ 施工现场地质、水文、地上情况等有关资料。

④ 施工方案或施工组织设计。

⑤ 现行的工程预算定额、工期定额、工程项目计价类别及取费标准。

⑥ 国家或地方有关价格调整文件规定。

⑦ 招标时建筑安装材料及设备的市场价格。

4．标底的编制程序

当招标文件中的商务条款一经确定，即可进入标底编制阶段。工程标底的编制程序如下：

① 确定标底的编制单位。标底由招标单位自行编制或委托经建设行政主管部门批准具有编制标底资格和能力的中介机构代理编制。

② 收集编制资料。包括：全套施工图纸及现场地质、水文、地上情况的有关资料和招标文件。

③ 参加交底会及现场踏勘。标底编、审人员均应参加施工图交底、施工方案交底以及现场踏勘、投标预备会，便于标底的编、审工作。

④ 编制标底。编制人员应严格按照国家的有关政策、规定，科学公正地编制标底价格。

⑤ 审核标底价格。

5．标底文件的主要内容

① 标底的综合编制说明。

② 标底价格审定书、标底价格计算书、带有价格的工程量清单、现场因素、各种施工措施费的测算明细以及采用固定价格工程的风险系数测算明细等。

③ 主要人工、材料、机械设备用量表。

④ 标底附件：如各项交底纪要，各种材料及设备的价格来源，现场的地质、水文、地上情况的有关资料，编制标底价格所依据的施工方案或施工组织设计等。

⑤ 标底价格编制的有关表格。

6．标底价格的编制方法

目前我国建设工程施工招标标底主要采用定额计价法和工程量清单计价法来编制。

（1）定额计价法编制标底　定额计价法编制标底采用的是分部分项工程项目的直接工程费单价（或称为工料单价），该单价中仅仅包括了人工、材料、机械费用。

定额计价法编制标底的方法与概预算的编制方法基本相同，通常是根据施工图纸及技术说明，按照预算定额规定的分部分项子目，逐项计算出工程量，再套用定额单价（或单位估价表）确定直接工程费，然后按规定的费率标准估计出措施费，得到相应的直接费，再按规定的费用定额确定间接费、利润和税金，加上材料调价系数和适当的不可预见费，汇总后即为标底的基础。

① 单位估价法。单位估价法编制招标工程的标底大多是在工程概预算定额基础上做出的，但它不完全等同于工程概预算。编制一个合理、可靠的标底还必须在此基础上综合考虑

工期、质量、自然地理条件和招标工程范围等因素。

② 实物量法。用实物量法编制标底，主要先用计算出的各分项工程的实物工程量，分别套取工程定额中的人工、材料、机械消耗指标，并按类相加，求出单位工程所需的各种人工、材料、施工机械台班的总消耗量，然后分别乘以当时当地的人工、材料、施工机械台班市场单价，求出人工费、材料费、施工机械使用费，再汇总求和得到直接工程费。对于间接费、利润和税金等费用的计算则根据当时当地建筑市场的供求情况具体确定。

虽然以上两种方法在本质上没有大的区别，只是计价过程、组价方法不同，但由于标底具有力求与市场的实际变化相吻合的特点，所以标底应考虑人工、材料、设备、机械台班等价格变化因素，还应考虑不可预见费用（特殊情况）、预算包干费用、现场因素费用、保险以及采用固定价格合同的工程的风险费用。工程要求优良的还应增加相应费用。

（2）工程量清单计价法编制标底　工程量清单计价法编制标底时采用的单价主要是综合单价。用综合单价编制标底价格，要根据统一的项目划分，按照统一的工程量计算规则计算工程量，确定分部分项工程项目以及措施项目的工程量清单。然后分别计算其综合单价，该单价是根据具体项目分别计算的。综合单价确定以后，填入工程量清单中，再与工程量相乘得到合价，汇总之后最后考虑规费、税金即可得到标底价格。

工程量清单下的标底价必须严格按照规范进行编制，以工程量清单给出的工程数量和综合的工程内容，按市场价格计价。对工程量清单开列的工程数量和综合的工程内容不能随意更改、增减，必须保持与各投标单位计价口径的统一。

采用工程量清单计价法编制标底时应注意两点：一是若编制工程量清单与编制招标标底不是同一单位时，应注意发放招标文件中的工程量清单与编制标底的工程量清单在格式、内容、项目特征描述等各方面保持一致，避免由此造成的招标失败或评标的不公正。二是要仔细区分清单中分部分项工程清单费用、措施项目清单费用、其他项目清单费用和规费、税金等各项费用的组成，避免重复计算。

7. 标底价格的确定

（1）标底价格的计算方式　工程标底的编制，需要根据招标工程的具体情况，如设计文件和图纸的深度、工程的规模和复杂程度、招标人的特殊要求、招标文件对投标报价的规定等，选择合适的编制方法计算。

在工程招标时施工图设计已经完成的情况下，标底价格应按施工图纸进行编制；如果招标时只是完成了初步设计，标底价格只能按照初步设计图纸进行编制。如果招标时只有设计方案，标底价格可用每平方米造价指标或单位指标等进行编制。

标底价格的编制，除依据设计图纸进行费用的计算外，还需考虑图纸以外的费用，包括由合同条件、现场条件、主要施工方案、施工措施等所产生费用的取定，依据招标文件或合同条件规定的不同要求，选择不同的计价方式。根据我国现行工程造价的计算方式和习惯做法，在按工程量清单计算标底价格时，单价的计算可采用工料单价法和综合单价法。综合单价法针对分部分项工程内容，综合考虑其工、料、机成本和各类间接费及利税后报出单价，再根据各分项量价积之和组成工程总价；工料单价法则首先汇总各种工料机消耗量，乘以相应的工、料、机市场单价，得到直接工程费，再考虑措施费、间接费和利税得出总价。

（2）确定标底价格需考虑的其他因素

① 标底价格必须适应目标工期的要求。预算价格反映的是按定额工期完成合格产品的

价格水平。若招标工程的目标工期不属于正常工期，而需要缩短工期，则应按提前天数给出必要的赶工费和奖励，并列入标底价格。

② 标底价格必须反映招标人的质量要求。预算价格反映的是按照国家有关施工验收规范规定完成合格产品的价格水平。当招标人提出需达到高于国家验收规范的质量要求时，就意味着承包方要付出比完成合格水平的工程更高的费用。因此，标底价格应体现优质优价。

③ 标底价格计算时，必须合理确定措施费、间接费、利润等费用，费用的计取应反映企业和市场的现实情况，尤其是利润，一般应以行业平均水平为基础。

④ 标底价格应根据招标文件或合同条件的规定，按规定的工程发承包模式，确定相应的计价方式，考虑相应的风险费用。

⑤ 标底价格必须综合考虑招标工程所处的自然地理条件和招标工程的范围等因素。

⑥ 标底必须适应建筑材料采购渠道和市场价格的变化，考虑材料价差因素，并将差价列入标底。

8. 标底的审查

(1) 审查标底的目的　审查标底的目的是检查标底价格编制是否真实、准确。标底价格如有漏洞，应予以调整和修正。如果标底价超过概算，应按照有关规定进行处理，同时也不得以压低标底价格作为压低投资的手段。

(2) 标底审查的内容

① 审查标底的计价依据：承包范围、招标文件规定的计价方法等。

② 审查标底价格的组成内容：工程量清单及其单价组成，措施费费用组成，间接费、利润、规费、税金的计取，有关文件规定的调价因素等。

③ 审查标底价格相关费用：人工、材料、机械台班的市场价格，现场因素费用、不可预见费用，对于采用固定价格合同的还应审查在施工周期内价格的风险系数等。

(二) 招标控制价的编制

《招标投标法实施条例》规定，招标人设有最高投标限价的，应当在招标文件中明确最高投标限价或者最高投标限价的计算方法，招标人不得规定最低投标限价。

1. 招标控制价的概念

招标控制价（又叫拦标价、预算控制价及最高报价）是指根据国家或省级建设行政主管部门颁发的有关计价依据和办法，依据拟订的招标文件和招标工程量清单，结合工程具体情况发布的招标工程的最高投标限价。

2. 编制招标控制价的规定

① 国有资金投资的工程建设项目应实行工程量清单招标，招标人应编制招标控制价，并应当拒绝高于招标控制价的投标报价，即投标人的投标报价若超过公布的招标控制价，则其投标作为废标处理。

② 招标控制价应由具有编制能力的招标人或受其委托、具有相应资质的工程造价咨询人编制。工程造价咨询人不得同时接受招标人和投标人对同一工程的招标控制价和投标报价的编制。

③ 招标控制价应在招标文件中公布，对所编制的招标控制价不得进行上浮或下调。在

公布招标控制价时，除公布招标控制价的总价外，还应公布各单位工程的分部分项工程费、措施项目费、其他项目费、规费和税金。

④ 招标控制价超过批准的概算时，招标人应将其报原概算审批部门审核。这是由于我国对国有资金投资项目的投资控制实行的是设计概算审批制度，国有资金投资的工程原则上不能超过批准的设计概算。

⑤ 投标人经复核认为招标人公布的招标控制价未按照《建设工程工程量清单计价规范》(GB 50500—2013) 的规定进行编制的，应在招标控制价公布后 5 天内向招标投标监督机构和工程造价管理机构投诉。工程造价管理机构受理投诉后，应立即对招标控制价进行复查，组织投诉人、被投诉人或其委托的招标控制价编制人等单位人员对投诉问题逐一核对。当招标控制价复查结论与原公布的招标控制价误差大于 $\pm 3\%$ 时，应责成招标人改正。当重新公布招标控制价时，若重新公布之日起至原投标截止期不足 15 天的应延长投标截止期。

3. 招标控制价的编制依据

招标控制价的编制依据是指在编制招标控制价时需要进行工程量计量、价格确认、工程计价的有关参数、率值的确定等工作时所需的基础性资料，主要包括：

① 现行国家标准《建设工程工程量清单计价规范》(GB 50500—2013) 与专业工程计量规范。

② 国家或省级、行业建设主管部门颁发的计价定额和计价办法。

③ 建设工程设计文件及相关资料。

④ 拟定的招标文件及招标工程量清单。

⑤ 与建设项目相关的标准、规范、技术资料。

⑥ 施工现场情况、工程特点及常规施工方案。

⑦ 工程造价管理机构发布的工程造价信息；工程造价信息没有发布的，参照市场价。

⑧ 其他的相关资料。

4. 招标控制价的编制内容

招标控制价的编制内容包括分部分项工程费、措施项目费、其他项目费、规费和税金，各个部分有不同的计价要求：

(1) 分部分项工程费的编制要求

① 分部分项工程费应根据招标文件中的分部分项工程量清单及有关要求，按《建设工程工程量清单计价规范》(GB 50500—2013) 有关规定确定综合单价计价。

② 工程量依据招标文件中提供的分部分项工程量清单确定。

③ 招标文件提供了暂估单价的材料，应按暂估的单价计入综合单价。

④为使招标控制价与投标报价所包含的内容一致，综合单价中应包括招标文件中要求投标人所承担的风险内容及其范围（幅度）产生的风险费用。

(2) 措施项目费的编制要求

① 措施项目费中的安全文明施工费应当按照国家或省级、行业建设主管部门的规定标准计价，该部分不得作为竞争性费用。

② 措施项目应按招标文件中提供的措施项目清单确定，措施项目分为以"量"计算和以"项"计算两种。对于可精确计量的措施项目，以"量"为单位，即按其工程量用与分部

分项工程工程量清单单价相同的方式确定综合单价；对于不可精确计量的措施项目，则以"项"为单位，采用费率法按有关规定综合取定，采用费率法时需确定某项费用的计费基数及其费率，结果应是包括除规费、税金以外的全部费用。计算公式为：

以"项"为单位计算：措施项目清单费＝措施项目计费基数×费率　　　　　(6-1)

（3）其他项目费的编制要求

① 暂列金额。暂列金额可根据工程的复杂程度、设计深度、工程环境条件（包括地质、水文、气候条件等）进行估算，一般可以分部分项工程费的 10%～15% 为参考。

② 暂估价。暂估价中的材料单价应按照工程造价管理机构发布的工程造价信息中的材料单价计算，工程造价信息未发布的材料单价，其单价参考市场价格估算；暂估价中的专业工程暂估价应分不同专业，按有关计价规定估算。

③ 计日工。在编制招标控制价时，对计日工中的人工单价和施工机械台班单价应按省级、行业建设主管部门或其授权的工程造价管理机构公布的单价计算；材料应按工程造价管理机构发布的工程造价信息中的材料单价计算，工程造价信息未发布单价的材料，其价格应按市场调查确定的单价计算。

④ 总承包服务费。总承包服务费应按照省级或行业建设主管部门的规定计算，在计算时可参考以下标准：

a. 招标人仅要求对分包的专业工程进行总承包管理和协调时，按分包的专业工程估算造价的 1.5% 计算。

b. 招标人要求对分包的专业工程进行总承包管理和协调，并同时要求提供配合服务时，根据招标文件中列出的配合服务内容和提出的要求，按分包的专业工程估算造价的 3%～5% 计算。

c. 招标人自行供应材料的，按招标人供应材料价值的 1% 计算。

（4）规费和税金的编制要求　规费和税金必须按国家或省级、行业建设主管部门的规定计算。税金计算式如下：

$$税金＝(分部分项工程量清单费＋措施项目清单费＋$$
$$其他项目清单费＋规费)×综合税率 \qquad (6-2)$$

5. 招标控制价的计价与组价

（1）招标控制价计价程序　建设工程的招标控制价反映的是单位工程费用，各单位工程费用由分部分项工程费、措施项目费、其他项目费、规费和税金组成。单位工程招标控制价计价程序见表 6-2。

由于投标人（施工企业）投标报价计价程序与招标人（建设单位）招标控制价计价程序具有相同的表格，为便于对比分析，此处将两种表格合并列出，其中表格栏目中斜线后带括号的内容用于投标报价，其余为通用栏目。

表 6-2　建设单位工程招标控制价计价程序（施工企业投标报价计价程序）表

工程名称：　　　　　　　　　标段：　　　　　　　第　页　　共　页

序号	汇总内容	计算方法	金额/元
1	分部分项工程	按计价规定计算/（自主报价）	
1.1			

续表

序号	汇总内容	计算方法	金额/元
1.2			
2	措施项目	按计价规定计算/(自主报价)	
2.1	其中:安全文明施工费	按规定标准估算/(按规定标准计算)	
3	其他项目		
3.1	其中:暂列金额	按计价规定估算/(按招标文件提供金额计列)	
3.2	其中:专业工程暂估价	按计价规定估算/(按招标文件提供金额计列)	
3.3	其中:计日工	按计价规定估算/(自主报价)	
3.4	其中:总承包服务费	按计价规定估算/(自主报价)	
4	规费	按规定标准计算	
5	税金(扣除不列入计税范围的工程设备金额)	[(1)+(2)+(3)+(4)]×规定税率	
	招标控制价/(投标报价) 合计=(1)+(2)+(3)+(4)+(5)		

注:本表适用于单位工程招标控制价计算或投标报价计算,如无单位工程划分,单项工程也使用本表。

(2) 综合单价的组价　招标控制价的分部分项工程费应由各单位工程的招标工程量清单乘以其相应综合单价汇总而成。综合单价的组价,首先依据提供的工程量清单和施工图纸,按照工程所在地区颁发的计价定额的规定确定所组价的定额项目名称,并计算出相应的工程量;其次,依据工程造价政策规定或工程造价信息确定其人工、材料、机械台班单价;同时,在考虑风险因素确定管理费率和利润率的基础上,按规定程序计算出所组价定额项目的合价,见公式(6-3),然后将若干项所组价定额项目的合价相加,再除以工程量清单项目工程量,便得到工程量清单项目综合单价,见公式 (6-4),对于未计价材料费 (包括暂估单价的材料费) 应计入综合单价。

$$定额项目合价=定额项目工程量×[\sum(定额人工消耗量×人工单价)+$$
$$\sum(定额材料消耗量×材料单价)+\sum(定额机械台班消耗量×$$
$$机械台班单价)+价差(基价或人工、材料、机械费用)+$$
$$管理费和利润] \tag{6-3}$$

$$工程量清单综合单价=\frac{\sum(定额项目合价)+未计价材料}{工程量清单项目工程量} \tag{6-4}$$

(3) 确定综合单价应考虑的因素　编制招标控制价在确定其综合单价时,应考虑一定范围内的风险因素。在招标文件中应预留一定的风险费用,或明确说明风险所包括的范围及超出该范围的价格调整方法。对于招标文件中未作要求的可按以下原则确定:

① 对于技术难度较大和管理复杂的项目,可考虑一定的风险费用,并纳入到综合单价中。

② 对于工程设备、材料价格的市场风险,应依据招标文件的规定,工程所在地或行业工程造价管理机构的有关规定,以及市场价格趋势考虑一定率值的风险费用,纳入到综合单价中。

③ 税金、规费等法律、法规、规章和政策变化的风险和人工单价等风险费用不应纳入综合单价。

招标工程发布的分部分项工程量清单对应的综合单价，应按照招标人发布的分部分项工程量清单的项目名称、工程量、项目特征描述，依据工程所在地区颁发的计价定额和人工、材料、机械台班价格信息等进行组价确定，并应编制工程量清单综合单价分析表。

6. 编制招标控制价时应注意的问题

① 采用的材料价格应是工程造价管理机构通过工程造价信息发布的材料价格，工程造价信息未发布材料单价的材料，其材料价格应通过市场调查确定。另外，未采用工程造价管理机构发布的工程造价信息时，需在招标文件或答疑补充文件中对招标控制价采用的与造价信息不一致的市场价格予以说明，采用的市场价格则应通过调查、分析确定，有可靠的信息来源。

② 施工机械设备的选型直接关系到综合单价水平，应根据工程项目特点和施工条件，本着经济实用、先进高效的原则确定。

③ 应该正确、全面地使用行业和地方的计价定额与相关文件。

④ 不可竞争的措施项目和规费、税金等费用的计算均属于强制性的条款，编制招标控制价时应按国家有关规定计算。

⑤ 不同工程项目、不同施工单位会有不同的施工组织方法，所发生的措施费也会有所不同，因此，对于竞争性的措施费用的确定，招标人应首先编制常规的施工组织设计或施工方案，然后经专家论证确认后再合理确定措施项目与费用。

（三）招标标底与招标控制价的关系

根据住房城乡建设部颁布的《建筑工程施工发包与承包计价管理办法》（住建部令第16号）的规定，国有资金投资的建筑工程招标的，应当设有最高投标限价；非国有资金投资的建筑工程招标的，可以设有最高投标限价或者招标标底。

招标控制价是推行工程量清单计价过程中对传统标底概念的性质进行界定后所设置的专业术语，它使招标时评标定价的管理方式发生了很大的变化。设标底招标、无标底标以及招标控制价招标的利弊分析如下。

1. 设标底招标

① 设标底时易发生泄露标底及暗箱操作的现象，失去招标的公平公正性，容易诱发违法违规行为。

② 编制的标底价是预期价格，因较难考虑施工方案、技术措施对造价的影响，容易与市场造价水平脱节，不利于引导投标人理性竞争。

③ 标底在评标过程的特殊地位使标底价成为左右工程造价的杠杆，不合理的标底会使合理的投标报价在评标中显得不合理，有可能成为地方或行业保护的手段。

④ 将标底作为衡量投标人报价的基准，导致投标人尽力地去迎合标底，往往招标投标过程反映的不是投标人实力的竞争，而是投标人编制预算文件能力的竞争，或者各种合法或非法的"投标策略"的竞争。

2. 无标底招标

① 容易出现围标串标现象，各投标人哄抬价格，给招标人带来投资失控的风险。

② 容易出现低价中标后偷工减料，以牺牲工程质量来降低工程成本，或产生先低价中

标，后高额索赔等不良后果。

③ 评标时，招标人对投标人的报价没有参考依据和评判基准。

3. 招标控制价招标

（1）采用招标控制价招标的优点

① 可有效控制投资，防止恶性哄抬报价带来的投资风险。

② 提高了透明度，避免了暗箱操作、寻租等违法活动的产生。

③ 可使各投标人自主报价、公平竞争，符合市场规律。投标人自主报价，不受标底的左右。

④ 既设置了控制上限又尽量地减少了业主依赖评标基准价的影响。

（2）采用招标控制价招标也可能出现如下问题：

① 若"最高限价"大大高于市场平均价时，就预示中标后利润很丰厚，只要投标不超过公布的限额都是有效投标，从而可能诱导投标人串标围标。

② 若公布的最高限价远远低于市场平均价，就会影响招标效率。即可能出现只有1～2人投标或无人投标情况，因为按此限额投标将无利可图，超出此限额投标又成为无效投标，结果使招标人不得不修改招标控制价进行二次招标。

第三节　建设工程项目施工投标

一、施工投标概述

（一）建设工程项目施工投标

建设工程项目施工投标是工程招标的对称概念，指具有合法资格和能力的投标人根据招标条件，经过对招标文件的研究和估价，完成全部投标报价工作并在指定期限内呈递投标书的经济活动。

愿意承包的施工单位向招标单位报送其承包该项工程的价格、施工进度、施工方案等招标单位所要求的文件，供招标单位选择成交。

（二）施工投标单位应具备的基本条件

① 投标人应当具备与投标项目相适应的技术力量、机械设备、人员、资金等方面的能力，具有承担该招标项目能力。

② 具有招标条件要求的资质等级，并为独立的法人单位。

③ 承担过类似项目的相关工作，并有良好的工作业绩与履约记录。

④ 企业财产状况良好，没有处于财产被接管、破产或其他关、停、并、转状态。

⑤ 在最近3年没有骗取合同及其他经济方面的严重违法行为。

⑥ 近几年有较好的安全记录，投标当年没有发生重大质量和特大安全事故。

二、建设工程项目施工投标报价程序

任何一个施工项目的投标报价都是一项复杂的系统工程，需要周密思考、统筹安排并遵循一定的程序。

在取得招标信息后，投标人首先要决定是否参加投标，如果参加投标，即进行前期工作；准备资料，申请并参加资格预审；获取招标文件；组建投标报价班子；然后进入咨询与编制阶段，整个投标过程需遵循一定的程序，如图 6-3 所示。

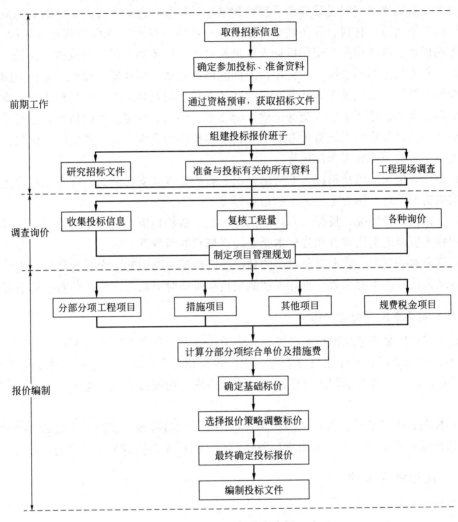

图 6-3 投标报价程序图

(一) 参与投标前的准备工作

1. 投标报价前期的调查研究, 收集信息资料

调查研究主要是对投标和中标后对履行合同有影响的各种客观因素、招标人和监理工程师的资信以及工程项目的具体情况等进行深入细致的了解和分析。具体包括以下内容。

(1) 政治和法律方面 投标人首先应当了解在招标投标活动中以及在合同履行过程中可能涉及的法律，也应当了解与项目有关的政治形势、国家经济政策走向等。

(2) 自然条件 自然条件包括工程所在地的地理位置和地形、地貌；气象状况，包括气温、湿度、主导风向、年降水量以及洪水、台风及其他自然灾害状况等。

(3) 市场情况 投标人调查市场情况是一项非常艰巨的工作，其内容也非常多，主要包括：建筑材料、施工机械设备、燃料、动力、水和生活用品的供应情况、价格水平，还包括过去几年批发物价和零售物价指数以及今后的变化趋势和预测；劳务市场情况，如工人技术水平、工资水平、有关劳动保护和福利待遇的规定等；金融市场情况，如银行贷款的难易程度以及银行贷款利率等。

对材料设备的市场情况尤需详细了解。包括原材料和设备的来源方式，购买的成本，来源国或厂家供货情况；材料、设备购买时的运输、税收、保险等方面的规定、手续、费用；施工设备的租赁、维修费用；使用投标人本地原材料、设备的可能性以及成本比较。

（4）工程项目方面的情况 工程项目方面的情况包括工作性质、规模、发包范围；工程的技术规模和对材料性能及工人技术水平的要求；总工期及分批竣工交付使用的要求；施工场地的地形、地质、地下水位、交通运输、给排水、供电、通信条件的情况；工程项目资金来源；对购买器材和雇佣工人有无限制条件；工程价款的支付方式、外汇所占比例；监理工程师的资历、职业道德和工作作风等。

（5）招标人情况 包括招标人的资信情况、履约态度、支付能力、在其他项目上有无拖欠工程款的情况、对实施的工程需求的迫切程度等。

（6）投标人自身情况 投标人对自己内部情况、资料也应当进行归纳管理。这类资料主要用于招标人要求的资格审查和分析本企业履行项目的可能性。

（7）竞争对手资料 掌握竞争对手的情况，是投标策略中的一个重要环节，也是投标人参加投标能否获胜的重要因素。投标人在制定投标策略时必须考虑到竞争对手的情况。

2. 作出是否参加投标的决策

投标人在作出是否参加投标的决策时，应考虑到以下几个方面的问题：

① 承包招标项目的可行性与可能性。如：本企业是否有能力（包括技术力量、设备机械等）承包该项目，能否抽调出管理力量、技术力量参加项目承包，竞争对手是否有明显的优势等。

② 招标项目的可靠性。如：项目的审批程序是否已经完成、资金是否已经落实等。

③ 招标项目的承包条件。如果承包条件苛刻，自己无力完成施工，则也应放弃投标。

（二）投标前期工作

1. 研究招标文件

投标人取得招标文件后，为保证工程量清单报价的合理性，应对投标人须知、合同条件、技术规范、图纸和工程量清单等重点内容进行分析，深刻而正确地理解招标文件和业主的意图。

（1）投标人须知 它反映了招标人对投标的要求，特别要注意项目的资金来源、投标书的编制和递交、投标保证金、更改或备选方案、评价方法等，重点在于防止废标。

（2）合同分析

① 合同背景分析。投标人有必要了解与自己承包的工程内容有关的合同背景，了解监理方式，了解合同的法律依据，为报价和合同实施及索赔提供依据。

② 合同形式分析。主要分析承包方式（如分项承包、施工承包、设计与施工总承包和管理承包等）、计价方式（如固定合同价格、可调合同价格和成本加酬金确定的合同价格等）。

③ 合同条款分析。主要包括：a. 承包商的任务、工作范围和责任。b. 工程变更及相应的合同价款调整。c. 付款方式、时间。应注意合同条款中关于工程预付款、材料预付款的规定。根据这些规定和预计的施工进度计划，计算出占用资金的数额和时间，从而计算出需要支付的利息数额并计入投标报价。d. 施工工期。合同条款中关于合同工期、竣工日期、部分工程分期交付工期等规定，是投标人制订施工进度计划的依据，也是报价的重要依据。要注意合同条款中有无工期奖罚的规定，尽可能做到在工期符合要求的前提下报价有竞争力，或在报价合理的前提下工期有竞争力。e. 业主责任。投标人所制订的施工进度计划和做出的报价，都是以业主履行责任为前提的，所以应注意合同条款中关于业主责任措辞的严密性，以及关于索赔的有关规定。

④ 技术标准和要求分析。工程技术标准是按工程类型来描述工程技术和工艺内容特点，对设备、材料、施工和安装方法等所规定的技术要求，有的是对工程质量进行检验、试验和验收所规定的方法和要求。它们与工程量清单中各子项工作密不可分，报价人员应在准确理解招标人要求的基础上对有关工程内容进行报价。任何忽视技术标准的报价都是不完整、不可靠的，有时可能导致工程承包重大失误和亏损。

⑤ 图纸分析。图纸是确定工程范围、内容和技术要求的重要文件，也是投标者确定施工方法等施工计划的主要依据。

图纸的详细程度取决于招标人提供的施工图设计所达到的深度和所采用的合同形式。详细的设计图纸可使投标人比较准确地估价，而不够详细的图纸则需要估价人员采用综合估价方法，其结果一般不很精确。

2. 调查工程现场

招标人在招标文件中一般会明确进行工程现场踏勘的时间和地点。投标人对一般区域调查重点注意以下几个方面。

(1) 自然条件调查　如气象资料，水文资料，地震、洪水及其他自然灾害情况，地质情况等。

(2) 施工条件调查　主要包括：工程现场的用地范围、地形、地貌、地物、高程，地上或地下障碍物，现场的三通一平情况；工程现场周围的道路、进出场条件、有无特殊交通限制；工程现场施工临时设施、大型施工机具、材料堆放场地安排的可能性，是否需要二次搬运；工程现场邻近建筑物与招标工程的间距、结构形式、基础埋深、新旧程度、高度；市政给水及污水、雨水排放管线位置、高程、管径、压力、废水、污水处理方式，市政、消防供水管道管径、压力、位置等；当地供电方式、方位、距离、电压等；当地煤气供应能力，管线位置、高程等；工程现场通信线路的连接和铺设；当地政府有关部门对施工现场管理的一般要求、特殊要求及规定，是否允许节假日和夜间施工等。

(3) 其他条件调查　主要包括各种构件、半成品及商品混凝土的供应能力和价格，以及现场附近的生活设施、治安情况等。

(三) 询价与工程量复核

1. 询价

投标报价之前，投标人必须通过各种渠道，采用各种手段对工程所需各种材料、设备等的价格、质量、供应时间、供应数量等进行系统全面的调查，同时还要了解分包项目的分包形式、分包范围、分包人报价、分包人履约能力及信誉等。询价是投标报价的基础，它为投标报价提供可靠的依据。询价时要特别注意两个问题：一是产品质量必须可靠，并满足招标文件的有关规定；二是供货方式、时间、地点，有无附加条件和费用。

（1）询价的渠道

① 直接与生产厂商联系。

② 了解生产厂商的代理人或从事该项业务的经纪人。

③ 了解经营该项产品的销售商。

④ 向咨询公司进行询价。通过咨询公司所得到的询价资料比较可靠，但需要支付一定的咨询费用，也可向同行了解。

⑤ 通过互联网查询。

⑥ 自行进行市场调查或信函询价。

（2）生产要素询价

① 材料询价。材料询价的内容包括调查对比材料价格、供应数量、运输方式、保险和有效期、不同买卖条件下的支付方式等。询价人员在施工方案初步确定后，立即发出材料询价单，并催促材料供应商及时报价。收到询价单后，询价人员应将从各种渠道所询得的材料报价及其他有关资料汇总整理。对同种材料从不同经销部门所得到的所有资料进行比较分析，选择合适、可靠的材料供应商的报价，提供给工程报价人员使用。

② 施工机械设备询价。在外地施工需用的机械设备，有时在当地租赁或采购可能更为有利。因此，事前有必要进行施工机械设备的询价。必须采购的机械设备，可向供应厂商询价。对于租赁的机械设备，可向专门从事租赁业务的机构询价，并应详细了解其计价方法。

③ 劳务询价。劳务询价主要有两种情况：一是成建制的劳务公司，相当于劳务分包，一般费用较高，但素质较可靠，工效较高，承包商的管理工作较轻；另一种是劳务市场招募零散劳动力，根据需要进行选择，这种方式虽然劳务价格低廉，但有时素质达不到要求或工效降低，且承包商的管理工作较繁重。投标人应在对劳务市场充分了解的基础上决定采用哪种方式，并以此为依据进行投标报价。

（3）分包询价　总承包商在确定了分包工作内容后，就将分包专业的工程施工图纸和技术说明送交预先选定的分包单位，请他们在约定的时间内报价，以便进行比较选择，最终选择合适的分包人。对分包人询价应注意以下几点：分包标函是否完整；分包工程单价所包含的内容；分包人的工程质量、信誉及可信赖程度；质量保证措施；分包报价。

2. 复核工程量

工程量清单作为招标文件的组成部分，是由招标人提供的。工程量的大小是投标报价最直接的依据。复核工程量的准确程度，将影响承包商的经营行为：一是根据复核后的工程量与招标文件提供的工程量之间的差距，考虑相应的投标策略，决定报价尺度；二是根据工程量的大小采取合适的施工方法，选择适用、经济的施工机具设备、投入使用相应的劳动力数量等。

复核工程量，要与招标文件中所给的工程量进行对比，注意以下几个方面。

① 投标人应认真根据招标说明、图纸、地质资料等招标文件资料，计算主要清单工程量，复核工程量清单。其中特别注意，应按一定顺序进行，避免漏算或重算；正确划分分部分项工程项目，与"清单计价规范"保持一致。

② 复核工程量的目的不是修改工程量清单，即使有误，投标人也不能修改工程量清单中的工程量，因为修改了清单就等于擅自修改了合同。对工程量清单存在的错误，可以向招标人提出，由招标人统一修改并把修改情况通知所有投标人。

③ 针对工程量清单中工程量的遗漏或错误，是否向招标人提出修改意见取决于投标策略。投标人可以运用一些报价的技巧提高报价的质量，争取在中标后能获得更大的收益。

④ 通过工程量计算复核还能准确地确定订货及采购物资的数量，防止由于超量或少购等带来的浪费、积压或停工待料。

在核算完全部工程量清单中的细目后，投标人应按大项分类汇总主要工程总量，以便获得对整个工程施工规模的整体概念，并据此研究采用合适的施工方法，选择适用的施工设备等。

3. 制订项目管理规划

项目管理规划是工程投标报价的重要依据，项目管理规划应分为项目管理规划大纲和项目管理实施规划。根据《建设工程项目管理规范》（GB/T 50326—2006），当承包商以编制施工组织设计代替项目管理规划时，施工组织设计应满足项目管理规划的要求。

（1）项目管理规划大纲 项目管理规划大纲是投标人管理层在投标之前编制的，旨在作为投标依据、满足招标文件要求及签订合同要求的文件。可包括下列内容（根据需要选定）：项目概况；项目范围管理规划；项目管理目标规划；项目管理组织规划；项目成本管理规划；项目进度管理规划；项目质量管理规划；项目职业健康安全与环境管理规划；项目采购与资源管理规划；项目信息管理规划；项目沟通管理规划；项目风险管理规划；项目收尾管理规划。

（2）项目管理实施规划 项目管理实施规划是指在开工之前由项目经理主持编制的，旨在指导施工项目实施阶段管理的文件。项目管理实施规划必须由项目经理组织项目经理部在工程开工之前编制完成。应包括下列内容：项目概况；总体工作计划；组织方案；技术方案；进度计划；质量计划；职业健康安全与环境管理计划；成本计划；资源需求计划；风险管理规划；信息管理计划；项目沟通管理计划；项目收尾管理计划；项目现场平面布置图；项目目标控制措施；技术经济指标。

（四）编制投标文件

投标文件必须是对招标文件的实质性要求和条件作出实质性的响应，任何对招标文件的实质性的偏离都视为废标。根据招标文件及有关计算工程造价的计价依据计算出投标报价，并在此基础上，研究投标策略，提出有竞争力的投标报价。

1. 投标文件编制的内容

投标人应当按照招标文件的要求编制投标文件，投标文件应当包括下列内容：

① 投标函及投标函附录；
② 法定代表人身份证明或附有法定代表人身份证明的授权委托书；
③ 联合体协议书（如工程允许采用联合体投标）；
④ 投标保证金；
⑤ 已标价工程量清单；
⑥ 施工组织设计；

⑦ 项目管理机构；

⑧ 拟分包项目情况表；

⑨ 资格审查资料；

⑩ 规定的其他材料。

2. 投标报价的计算过程

① 计算和复核工程量。

② 确定单价，计算合价。

③ 确定分包工程费。

④ 确定利润和风险费。

⑤ 确定投标报价。

3. 投标文件编制时应遵循的规定

① 投标文件应按"投标文件格式"进行编写，如有必要，可以增加附页，作为投标文件的组成部分。其中，投标函附录在满足招标文件实质性要求的基础上，可以提出比招标文件要求更能吸引招标人的承诺。

② 投标文件应当对招标文件有关工期、投标有效期、质量要求、技术标准和要求、招标范围等实质性内容作出响应。

③ 投标文件应有投标人的法定代表人或其委托代理人的签字和单位盖章。委托代理人签字的，投标文件应附法定代表人签署的授权委托书。投标文件应尽量避免涂改、行间插字或删除。如果出现上述情况，改动之处应加盖单位章或由投标人的法定代表人或其授权的代理人签字确认。

④ 投标文件正本一份，副本份数按招标文件有关规定。正本和副本的封面上应清楚地标记"正本"或"副本"的字样。投标文件的正本与副本应分别装订成册，并编制目录。当副本和正本不一致时，以正本为准。

⑤ 除招标文件另有规定外，投标人不得递交备选投标方案。允许投标人递交备选投标方案的，只有中标人所递交的备选投标方案可予以考虑。评标委员会认为中标人的备选投标方案优于其按照招标文件要求编制的投标方案的，招标人可以接受该备选投标方案。

4. 投标文件的递交

投标人应当在招标文件规定的提交投标文件的截止时间前，将投标文件密封送达投标地点。招标人收到招标文件后，应当向投标人出具标明签收人和签收时间的凭证，在开标前任何单位和个人不得开启投标文件。在招标文件要求提交投标文件的截止时间后送达或未送达指定地点的投标文件为无效的投标文件，招标人不予受理。有关投标文件的递交还应注意以下问题。

（1）投标保证金　投标人在递交投标文件的同时，应按规定的金额、担保形式和投标保证金格式递交投标保证金，并作为其投标文件的组成部分。联合体投标的，其投标保证金由牵头人递交，并应符合规定。投标保证金除现金外，可以是银行出具的银行保函、保兑支票、银行汇票或现金支票。投标保证金不得超过项目估算价的 2%，但最高不得超过 80 万元人民币。投标保证金有效期应当与投标有效期一致。依法必须进行招标的项目的境内投标单位，以现金或者支票形式提交的投标保证金应当从其基本账户转出。投标人不按要求提投标保证金的，其投标文件应被否决。出现下列情况的，投标保证金将不予返还：

① 投标人在规定的投标有效期内撤销或修改其投标文件；

② 中标人在收到中标通知书后，无正当理由拒签合同协议书或未按招标文件规定提交履约担保。

（2）投标有效期　投标有效期从投标截止时间起开始计算，主要用作组织评标委员会评标、招标人定标、发出中标通知书以及签订合同等工作，一般考虑以下因素：

① 组织评标委员会完成评标需要的时间；

② 确定中标人需要的时间；

③ 签订合同需要的时间。

一般项目投标有效期为 60～90 天，大型项目 120 天左右。投标保证金的有效期应与投标有效期保持一致。

出现特殊情况需要延长投标有效期的，招标人以书面形式通知所有投标人延长投标有效期。投标人同意延长的，应相应延长其投标保证金的有效期，但不得要求或被允许修改或撤销其投标文件；投标人拒绝延长的，其投标失效，但投标人有权收回其投标保证金。

（3）投标文件的密封和标识　投标文件的正本与副本应分开包装，加贴封条，并在封套上清楚标记"正本"或"副本"字样，于封口处加盖投标人单位章。

（4）投标文件的修改与撤回　在规定的投标截止时间前，投标人可以修改或撤回已递交的投标文件，但应以书面形式通知招标人。在招标文件规定的投标有效期内，投标人不得要求撤销或修改其投标文件。

（5）费用承担与保密责任　投标人准备和参加投标活动发生的费用自理。参与招标投标活动的各方应对招标文件和投标文件中的商业和技术等秘密保密，违者应对由此造成的后果承担法律责任。

5. 联合体投标

两个以上法人或者其他组织可以组成一个联合体，以一个投标人的身份共同投标。联合体投标需遵循以下规定。

① 联合体各方应按招标文件提供的格式签订联合体协议书，联合体各方应当指定牵头人，授权其代表所有联合体成员负责投标和合同实施阶段的主办、协调工作，并应当向招标人提交由所有联合体成员法定代表人签署的授权书。

② 联合体各方签订共同投标协议后，不得再以自己的名义单独投标，也不得组成新的联合体或参加其他联合体在同一项目中投标。联合体各方在同一招标项目中以自己的名义单独投标或者参加其他联合体投标的，相关投标均无效。

③ 招标人接受联合体投标并进行资格预审的，联合体应当在提交资格预审申请文件前组成。资格预审后联合体增减、更换成员的，其投标无效。

④ 由同一专业的单位组成的联合体，按照资质等级较低的单位确定资质等级。

⑤ 联合体投标的，应当以联合体各方或者联合体中牵头人的名义提交投标保证金。以联合体中牵头人名义提交的投标保证金，对联合体各成员具有约束力。

6. 串通投标

在投标过程有串通投标行为的，招标人或有关管理机构可以认定该行为无效。

（1）有下列情形之一的，属于投标人相互串通投标：

① 投标人之间协商投标报价等投标文件的实质性内容；

② 投标人之间约定中标人；

③ 投标人之间约定部分投标人放弃投标或者中标；

④ 属于同一集团、协会、商会等组织成员的投标人按照该组织要求协同投标；

⑤ 投标人之间为谋取中标或者排斥特定投标人而采取的其他联合行动。

（2）有下列情形之一的，视为投标人相互串通投标：

① 不同投标人的投标文件由同一单位或者个人编制；

② 不同投标人委托同一单位或者个人办理投标事宜；

③ 不同投标人的投标文件载明的项目管理成员为同一人；

④ 不同投标人的投标文件异常一致或者投标报价呈规律性差异；

⑤ 不同投标人的投标文件相互混装；

⑥ 不同投标人的投标保证金从同一单位或者个人的账户转出。

（3）有下列情形之一的，属于招标人与投标人串通投标：

① 招标人在开标前开启投标文件并将有关信息泄露给其他投标人；

② 招标人直接或者间接向投标人泄露标底、评标委员会成员等信息；

③ 招标人明示或者暗示投标人压低或者抬高投标报价；

④ 招标人授意投标人撤换、修改投标文件；

⑤ 招标人明示或者暗示投标人为特定投标人中标提供方便；

⑥ 招标人与投标人为谋求特定投标人中标而采取的其他串通行为。

（五）投标报价的编制

投标报价的编制主要是投标人对招标工程所要发生的各种费用的计算，在进行投标报价时，有必要根据招标文件进行工程量复核或计算。作为投标计算的必要条件，应预先确定施工方案和施工进度，此外，投标还必须与采用的合同形式相协调。报价是投标的关键性工作，报价是否合理直接关系到投标的成败。

1. 投标报价的原则

编制投标标价时通常遵循下面 5 个原则：

① 以招标文件中设定的发承包双方责任划分，作为考虑投标报价费用项目和费用计算的基础；根据工程发承包模式考虑投标报价的费用内容和计算深度。

② 以施工方案、技术措施等作为投标报价计算的基本条件。

③ 以反映企业技术和管理水平的企业定额作为计算人工、材料和机械台班消耗量的基本依据。

④ 充分利用现场考察、调研成果、市场价格信息和行情资料，编制基价，确定调价方法。

⑤ 报价计算方法要科学严谨，简明适用。

2. 投标报价的计算依据

①《建设工程工程量清单计价规范》（GB 50500—2013）。

② 国家或省级、行业建设主管部门颁发的计价办法。

③ 企业定额，国家或省级、行业建设主管部门颁发的计价定额。

④ 招标文件、工程量清单及其补充通知、答疑纪要。

⑤ 建设工程设计文件及相关资料。

⑥ 施工现场情况、工程特点及拟定的投标施工组织设计或施工方案。

⑦ 与建设项目相关的标准、规范等技术资料。

⑧ 市场价格信息或工程造价管理机构发布的工程造价信息。

⑨ 其他的相关资料。

3. 投标报价的编制方法

工程量清单计价模式进行投标报价时采用的是综合单价法。一般招标人或委托的其他具有资质的中介机构，将拟建招标工程全部项目和内容按相关的计算规则计算出工程量，列在清单上作为招标文件的组成部分，供投标人逐项填报单价，计算出总价，作为投标报价，然后通过评标竞争，最终确定合同价。工程量清单报价是由招标人给出工程量清单，投标人填报单价，单价应完全依据企业技术、管理水平等企业实力而定，以满足市场竞争的需要。

采取工程量清单综合单价计算投标报价时，投标人填入工程量清单中的单价是综合单价，应包括人工费、材料费、机械费、管理费、利润及风险金等全部费用，将工程量与该单价相乘得出合价，把全部合价汇总取费后即得出投标总报价。分部分项工程费、措施项目费和其他项目费用均采用综合单价计价。工程量清单计价的投标报价由分部分项工程费、措施项目费、其他项目费用和规费与税金项目构成。

① 分部分项工程和措施项目中的单价项目，应根据招标文件和招标工程量清单项目中的特征描述确定综合单价。清单项目的特征描述是确定综合单价的最重要依据之一。当出现招标工程量清单特征描述与设计图样不符时，投标人应以招标工程量清单的项目特征描述为准，确定投标报价的综合单价。当施工中施工图样或设计变更与招标工程量清单项目特征描述不一致时，发承包双方应按实际施工的项目特征依据合同约定重新确定综合单价。

对于招标工程量清单中提供了暂估单价的材料、工程设备，按暂估的单价计入综合单价。

对于招标文件中要求投标人承担的风险内容和范围，投标人应考虑到综合单价中。在施工过程中，当出现的风险内容及其范围（幅度）在招标文件规定的范围内时，合同价款不做调整。

② 措施项目中的总价项目金额应根据招标文件及投标时拟定的施工组织设计或施工方案，采用综合单价方式报价（包括除规费、税金外的全部费用）自主确定。其中安全文明施工费应按照国家或省级、行业建设主管部门的规定计算，不得作为竞争性费用。

由于各投标人拥有的施工装备、技术水平和采用的施工方法有所差异，招标人提出的措施项目清单是根据一般情况确定的，没有考虑不同投标人的"个性"，投标人投标时应根据自身编制的投标施工组织设计（或施工方案）确定措施项目。

③ 其他项目应该按下列规定报价：

a. 暂列金额应按招标工程量清单中列出的金额填写；

b. 材料、工程设备暂估价应按招标工程量清单中列出的单价计入综合单价；

c. 专业工程暂估价应按招标工程量清单中列出的金额填写；

d. 计日工应按照招标工程量清单中列出的项目和数量，自主确定综合单价并计算计日工金额；

e. 总承包服务费应根据招标工程量清单中列出的内容和提出的要求自主确定。

④ 规费和税金应按照国家或省级、行业建设主管部门的规定计算，不得作为竞争性费用。

⑤ 招标工程量清单与计价表中列明的所有需要填写单价和合价的项目，投标人均应填写且只允许有一个报价。未填写单价和合价的项目，视为此项费用已包含在已标价工程量清单其他项目的单价和合价之中。当竣工结算时，此项目不得重新组价予以调整。

⑥ 投标总价应当与组成已标价工程量清单的分部分项费、措施项目费、其他项目费和规费、税金的合计金额相一致。即投标人在进行工程量清单招标的投标时，不能进行投标总价优惠（或降价、让利），投标人对投标报价的任何优惠均应反映在相应清单项目的综合单价中。

工程量清单计价模式投标报价应根据投标文件中的工程量清单和有关要求、施工现场实施情况及拟订的施工方案或施工组织设计、企业定额和市场价格信息，并参照建设行政主管部门发布的消耗量定额进行编制。

工程量清单计价模式下投标总价的构成如图 6-4 所示。

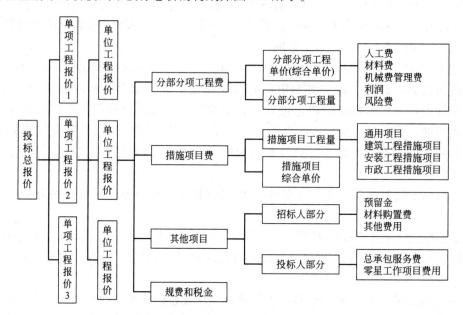

图 6-4 工程量清单计价模式下投标总报价的构成

采取工程量清单综合单价计算投标报价时，投标人填入工程量清单中的单价是综合单价，应包括人工费、材料费、机械费、管理费、利润以及风险金等全部费用，将工程量与该单价相乘得出合价，将全部合价汇总后再计取规费和税金即得出投标总报价。分部分项工程费、措施项目费和其他项目费用均采用综合单价计价。工程量清单计价的投标报价由分部分项工程费、措施项目费和其他项目费用构成。

【例 6-2】 以表 6-3 中所列出的分部分项工程量清单为例，相对应的分部分项工程量清单报价如表 6-3 所示。

表 6-3　分部分项工程量与单价措施项目费清单计价表

工程名称：某多层砖混住宅工程　　　　　　　　　　　　　　　　第 页 共 页

序号	项目编码	项目名称	计量单位	工程数量	金额/元	
					综合单价	合价
1	010101002001	A.1　土方工程 挖一般土方 土壤类别：三类土 挖土深度：1.80m 弃土运距：4km	m³	2160.00	41.54	89726.40

　　针对招标人提出的各个分部分项工程量清单，报综合单价时应重点注意以下的问题。

　　① 项目特征。应特别注意项目名称栏中所描述的项目规格、部位、类型等，这些项目特征将直接导致施工企业采用不同的施工方法，从而导致综合单价的不同。

　　② 工程内容。必须确保所报的综合单价已经涵盖了该项目所要求的所有工程内容，否则，投标人很可能在施工时由于单价不完整而遭受损失。

　　③ 拟采用的施工方法。在工程量清单计价模式下，招标人所提供的工程数量是施工完成后的净值，而施工中的各种损耗和需要增加的工程量包含在投标人的报价之中。采用不同的施工方法就会产生不同的损耗和工程量增加，从而导致综合单价的不同。

　　④ 投标人类似工程的经验数据。在工程量清单计价模式中，投标报价的形成是投标人自主决定的，反映投标人的自身实力，因此对类似工程经验数据的使用显得尤为重要，投标人必须事先对于从事的不同类型的工程历史数据进行加工和整理，使经验数据与"规范"的项目设置规则有良好的接口，以提高报价的速度和准确性。

　　⑤ 对各生产要素的询价。由于市场价格尤其是人、材、机等重要生产要素的市场价格总是在不断变化的，投标人必须能够充分把握现行的市场价格及其可能的发展趋势，主要的方法包括：向有长期业务联系的供应商或制造商询价；从咨询公司购买价格信息；自行进行市场调查或信函询价；利用有关政府部门公布的信息资料等。

　　⑥ 风险预测。在工程量清单计价模式中，投标人对其投标的价格承担风险责任，因此投标人有必要在投标时对可能存在的风险做出预测，估计其对投标价格可能带来的影响，从而确定合理的风险费用，形成投标价格。

　　4．投标报价的编制程序

　　不论采用何种投标报价体系，一般计算过程如下。

　　（1）复核或计算工程量　工程招标文件中若提供有工程量清单，投标价格计算之前，要对工程量进行复核。若招标文件中没有提供工程量清单，则必须根据图纸计算全部工程量。如招标文件对工程量的计算方法有规定，应按照规定的方法进行计算。

　　（2）确定单价，计算合价　在投标报价中，复核或计算各个分部分项工程的工程量以后，就需要确定每一个分部分项工程的单价，并按照招标文件中工程量表的格式填写报价，一般是按照分部分项工程量内容和项目名称填写单价与合价。一般来说，投标人应建立自己的标准价格数据库，并据此计算工程的投标价格。在应用单价数据库针对某一具体工程进行投标报价时，需要对选用的单价进行审核评价与调整，使之符合拟投标工程的实际情况，反映市场价格的变化。

（3）确定分包工程费　来自分包人的工程分包费用是投标价格的一个重要组成部分，有时总承包人投标价格中的相当部分来自于分包工程费。因此，在编制投标价格时需要有一个合适的价格来衡量分包人的价格，需要熟悉分包工程的范围，对分包人的能力进行评估。

（4）确定利润　利润指的是投标人的预期利润，确定利润取值的目标是考虑既可以获得最大的可能利润，又要保证投标价格具有一定的竞争性。投标报价时投标人应根据市场竞争情况确定该工程的利润率。

（5）确定风险费　风险费对投标人来说是一个未知数，如果预计的风险没有全部发生，则可能预计的风险费有剩余，这部分剩余和预期利润加在一起就是盈余；如果风险费估计不足，则由利润来补贴。在投标时应该根据该工程规模及工程所在地的实际情况，由有经验的专业人员对可能的风险因素进行逐项分析后确定一个比较合理的费用比率。

（6）确定投标价格　如前所述，将所有的分部分项工程的合价汇总、取费后计算得到工程的总价，但是这样计算的工程总价还不能作为投标价格，因为计算出来的价格可能重复也可能会漏算，也有可能某些费用的预估有偏差等，因而必须对计算出来的工程总价作某些必要的调整。调整投标价格应当建立在对工程盈亏分析的基础上，盈亏预测应采用多种方法从多角度进行，找出计算中的问题以及分析通过采取哪些措施降低成本、增加盈利，确定最后的投标报价。工程投标报价编制程序见图6-5。

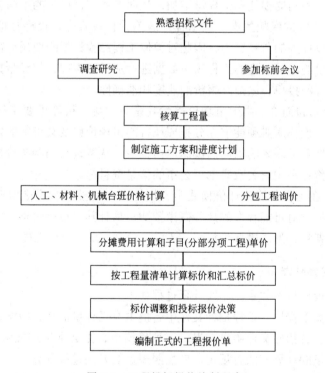

图6-5　工程投标报价编制程序

三、投标报价主要考虑因素

投标人要想在投标中获胜，首先就要考虑主客观制约条件，这是影响投标决策的重要因素。

（一）主观因素

从本企业的主观条件、各项业务能力和能否适应投标工程的要求进行衡量，主要考虑以下方面：

① 设计能力；

② 机械设备能力；

③ 工人和技术人员的操作技术水平；

④ 以往类似工程的经验；

⑤ 竞争的激烈程度；

⑥ 器材设备的交货条件；

⑦ 中标承包后对本企业的影响；

⑧ 对工程的熟悉程度和管理经验。

（二）客观因素

① 工程的全面情况。包括图纸和说明书，现场地上、地下条件，如地形、交通、水源、电源、土壤地质、水文气象等，这些都是拟订施工方案的依据和条件。

② 业主及其代理人（工程师）的基本情况，包括资历、业务水平、工作能力、个人的性格和作风等，这些都是有关今后施工承包结算能否顺利进行的主要因素。

③ 劳动力的来源情况。如当地能否招募到比较廉价的工人，以及当地工会对承包商在劳务问题上能否有合作的态度。

④ 建筑材料和机械设备等资源的供应来源、价格、供货条件以及市场预测等情况。

⑤ 专业分包。如空调、电气、电梯等专业安装力量情况。

⑥ 银行贷款利率、担保收费、保险费率等与投标报价有关的因素。

⑦ 当地各项法规，如企业法、合同法、劳动法、关税、外汇管理法、工程管理条例以及技术规范等。

⑧ 竞争对手的情况。包括对手企业的历史、信誉、经营能力、技术水平、设备能力、以往投标报价的情况和经常采用的投标策略等。

对以上这些客观情况的了解，除了有些可以从投标文件和业主对招标公司的介绍、勘察现场获得外，必须通过广泛的调查研究、询价、社交活动等多种渠道才能获得。

四、投标报价决策、策略和技巧

（一）投标报价决策

投标报价决策指投标决策人召集算标人、高级顾问人员共同研究，就上述标价计算结果和标价的静态、动态风险分析进行讨论，做出调整计算标价的最后决定。

一般说来，报价决策并不仅限于具体计算，而是应当由决策人、高级顾问与算标人员一起，对各种影响报价的因素进行恰当的分析，除了对算标时提出的各种方案、基价、费用摊入系数等予以审定和进行必要的修正外，更重要的是要综合考虑期望的利润和承担风险的能力。低报价是中标的重要因素，但不是唯一因素。

（二）投标报价的策略

投标报价策略指承包商在投标竞争中的系统工作部署及其参与投标竞争的方式和手段。

投标人的决策活动贯穿于投标全过程，是工程竞标的关键。投标的实质是竞争，竞争的焦点是技术、质量、价格、管理、经验和信誉等综合实力。因此必须随时掌握竞争对手的情况和招标业主的意图，及时制订正确的策略，争取主动。投标策略主要有投标目标策略、技术方案策略、投标方式策略、经济效益策略等。

1. 投标目标策略

投标目标策略指导投标人应该重点对哪些适宜的招标项目去投标。

2. 技术方案策略

技术方案和配套设备的档次（品牌、性能和质量）决定了整个工程项目的基础价格，投标前应根据业主投资的大小和意图进行技术方案决策，并指导报价。

3. 投标方式策略

投标方式策略指导投标人是否联合合作伙伴投标。中小型企业依靠大型企业的技术、产品和声誉的支持进行联合投标是提高其竞争力的一种良策。

4. 经济效益策略

经济效益策略直接指导投标报价。制订报价策略必须考虑投标者的数量、主要竞争对手的优势、竞争实力的强弱和支付条件等因素，根据不同情况可计算出高、中、低三套报价方案。

（1）常规价格策略　常规价格即中等水平的价格，根据系统设计方案，核定施工工作量，确定工程成本，经过风险分析，确定应得的预期利润后进行汇总。然后再结合竞争对手的情况及招标方的心理底价对不合理的费用和设备配套方案进行适当调整，确定最终投标价。

（2）保本微利策略　如果夺标的目的是为了在该地区打开局面、树立信誉、占领市场和建立样板工程，则可采取微利保本策略，甚至不排除承担风险，宁愿先亏后盈。此策略适用于以下情况：

① 投标对手多、竞争激烈、支付条件好、项目风险小。

② 技术难度小、工作量大、配套数量多、各家企业都乐意承揽的项目。

③ 为开拓市场，急于寻找客户或解决企业目前的生产困境。

（3）高价策略　符合下列情况的投标项目可采用高价策略：

① 专业技术要求高、技术密集型的项目。

② 支付条件不理想、风险大的项目。

③ 竞争对手少，各方面自己都占绝对优势的项目。

④ 交工期甚短，设备和劳力超常规的项目。

⑤ 特殊约定（如要求保密等）需要有特殊条件的项目。

（三）报价技巧

报价技巧是指在投标报价中采用一定的手法或技巧使业主可以接受，而中标后可能获得更多的利润，常采用的报价技巧如下。

1. 根据招标项目的不同特点采用不同报价

投标报价时，既要考虑自身的优势和劣势，也要分析招标项目的特点。按照工程项目的不同特点、类别、施工条件等来选择报价策略。

① 遇到如下情况报价可高一些：施工条件差的工程；专业要求高的技术密集型工程，而招标人在这方面又有专长，声望也较高；总价低的小工程，以及自己不愿做又不方便不投标的工程；特殊的工程，如港口码头、地下开挖工程等；工期要求急的工程；投标对手少的工程；支付条件不理想的工程。

② 遇到如下情况报价可低一些：施工条件好的工程；工作简单、工程量大而其他投标人都可以做的工程；招标人目前急于打入某一市场、某一地区，或在该地区面临工程结束，机械设备等无工地转移时；招标人在附近有工程，而本项目又可利用该工程的设备、劳务，或有条件短期内突击完成的工程；投标对手多，竞争激烈的工程；非急需工程；支付条件好的工程。

2. 不平衡报价法

这一方法是指一个工程项目总报价基本确定后，通过调整内部各个项目的报价，以期既不提高总报价、不影响中标，又能在结算时得到更理想的经济效益。一般可以考虑在以下几方面采用不平衡报价。

① 能够早日结账收款的项目（如临时设施费、基础工程、土方开挖、桩基等）可适当提高单价。

② 预计今后工程量会增加的项目，单价适当提高，这样在最终结算时可多盈利；将工程量可能减少的项目单价降低，工程结算时损失不大。

上述两种情况要统筹考虑，即对于工程量有错误的早期工程，如果实际工程量可能小于工程量表中的数量，则不能盲目抬高单价，要具体分析后再定。

③ 设计图纸不明确、估计修改后工程量要增加的，可以提高单价；而工程内容说明不清楚的，则可适当降低一些单价，待澄清后可再要求提价。

④ 暂定项目，又叫任意项目或选择项目，对这类项目要具体分析。因为这类项目要在开工后再由招标人研究决定是否实施，以及由哪家投标人实施。如果工程不分标，不会由另一家投标人施工，则其中肯定要做的单价可高些，不一定做的则应低些。如果工程分标，该暂定项目也可能由其他投标人施工时，则不宜报高价，以免抬高总报价。

采用不平衡报价一定要建立在对工程量表中的工程量仔细核对分析的基础上，特别是对报低单价的项目，如工程量执行时增多将造成投标人的重大损失；不平衡报价过多和过于明显，可能会引起招标人反对，甚至导致废标。

3. 零星用工（计日工）单价的报价

如果是单纯报零星用工单价，而且不计入总价中，可以报高些，以便在招标人额外用工或使用施工机械时可多盈利。但如果零星用工单价要计入总报价时，则需具体分析是否报高价，以免抬高总报价。总之，要分析招标人在开工后可能使用的零星用工数量，再来确定报价方针。

4. 可供选择的项目的报价

有些工程项目的分项工程，招标人可能要求按某一方案报价，而后再提供几种可供选择方案的比较报价。投标时，应对不同规格情况下的价格都进行调查，对于将来有可能被选择使用的规格应适当提高其报价；对于技术难度大或其他原因导致的难以实现的规格，可将价格有意抬高得更多一些，以阻挠招标人选用。但是，所谓"可供选择项目"并非由投标人任意选择，而是招标人才有权进行选择。因此，虽然适当提高了可供选择项目的报价，并不意味着肯定可以取得较好的利润，只是提供了一种可能性，一旦招标人今后选用，投标人即可得到额外加价的利益。

5. 暂定工程量的报价

暂定工程量有以下三种。

① 招标人规定了暂定工程量的分项内容和暂定总价款，并规定所有投标人都必须在总报价中加入这笔固定金额，但由于分项工程量不很准确，允许将来按投标人所报单价和实际完成的工程量付款。这种情况下，由于暂定总价款是固定的，对各投标人的总报价水平竞争力没有任何影响，因此，投标时应当对暂定工程量的单价适当提高。

② 招标人列出了暂定工程量的项目的数量，但并没有限制这些工程量的估价总价款，要求投标人既列出单价，也应按暂定项目的数量计算总价，当将来结算付款时可按实际完成的工程量和所报单价支付。这种情况下，投标人必须慎重考虑。如果单价定得高了，同其他工程量计价一样，将会增大总报价，影响投标报价的竞争力；如果单价定得低了，将来这类工程量增大，将会影响收益。一般来说，这类工程量可以采用正常价格。如果投标人估计今后实际工程量肯定会增大，则可适当提高单价，使将来可增加额外收益。

③ 只有暂定工程的一笔固定总金额，将来这笔金额做什么用，由招标人确定。这种情况对投标竞争没有实际意义，按招标文件要求将规定的暂定款列入总报价即可。

6. 多方案报价法

对于一些招标文件，如果发现工程范围不很明确，条款不清楚或很不公正，或技术规范要求过于苛刻时，则要在充分估计投标风险的基础上，按多方案报价法处理。即按原招标文件报一个价，然后再提出，如某某条款作某些变动，报价可降低多少，由此可报出一个较低的价。这样可以降低总价，吸引招标人。

7. 增加建议方案

有时招标文件中规定，可以提一个建议方案，即可以修改原设计方案，提出投标者的方案。投标人这时应抓住机会，组织一批有经验的设计和施工工程师对原招标文件的设计和施工方案仔细研究，提出更为合理的方案以吸引业主，促成自己的方案中标。这种新建议方案可以降低总造价或是缩短工期，或使工程运用更为合理。但要注意对原招标方案一定也要报价。建议方案不要写得太具体，要保留方案的技术关键，防止招标人将此方案交给其他投标人。同时要强调的是，建议方案一定要比较成熟，有很好的可操作性。

8. 分包商报价的采用

总承包商通常应在投标前先取得分包商的报价，并增加总承包商摊入的一定的管理费，而后作为自己投标总价的一个组成部分一并列入报价单中。应当注意，分包商在投标前可能同意接受总承包商压低其报价的要求，但等到总承包商得标后，他们常以种种理由要求提高分包价格，这将使总承包商处于十分被动的地位。解决的办法是，总承包商在投标前找2～3家分包商分别报价，而后选择其中一家信誉较好、实力较强而报价合理的分包商签订协议，同意该分包商作为本分包工程的唯一合作者，并将分包商的姓名列到投标文件中，但要求该分包商相应地提交投标保函。如果该分包商认为总承包商确实有可能得标，也许愿意接受这一条件。这种把分包商的利益同投标人捆在一起的做法，不但可以防止分包商事后反悔和涨价，还可能迫使分包商报出较合理的价格，以便共同争取得标。

9. 无利润报价

缺乏竞争优势的承包商，在不得已的情况下，只好在报价时根本不考虑利润而去夺标。这种办法一般是处于以下条件时采用：

① 有可能在得标后，将大部分工程分包给索价较低的一些分包商。

② 对于分期建设的项目，先以低价获得首期工程，而后赢得机会创造第二期工程中的竞争优势，并在以后的实施中盈利。

③ 较长时期内，投标人没有在建的工程项目，如果再不得标，就难以维持生存。因此，虽然本工程无利可图，但只要能有一定的管理费维持公司的日常运转，就可设法渡过暂时的困难，以图将来东山再起。

10. 突然降价法

投标报价中各竞争对手往往通过多种渠道和手段来刺探对手的情况，因而在报价时可以采取迷惑对手的方法。即先按一般情况报价或表现出自己对该工程兴趣不大，到快投标截止时再突然降价，为最后中标打下基础，采用这种方法时，一定要在准备投标报价的过程中考虑好降价的幅度，在临近投标截止日期前，根据情报信息与分析判断，再做最后决策。如果中标，因为开标只降总价，在签订合同后可采用不平衡报价的思想调整工程量表内的各项单价或价格，以取得更高效益。

第四节　建设工程项目开标、评标和定标

一、开标

(一) 开标的时间和地点

我国《招标投标法》规定，开标应当在招标文件确定的提交投标文件截止时间的同一时间公开进行，这样的规定是为了避免投标中的舞弊行为。在有些情况下可以暂缓或者推迟开标时间：

① 招标文件发售后对原招标文件做了变更或者补充。

② 开标前发现有影响招标公正性的不正当行为。

③ 出现突发事件等。

开标地点应当为招标文件中预先确定的地点。招标人应当在招标文件中对开标地点作出明确、具体的规定，以便投标人及有关方面按照招标文件规定的开标时间到达开标地点。

(二) 开标的形式

开标的形式主要有公开开标、有限开标和秘密开标3种。

(1) 公开开标　邀请所有投标人参加开标仪式，其他愿意参加者也不受限制，当众公开开标。

（2）有限开标　只邀请投标人和有关人员参加开标仪式，其他无关人员不得参加，当众公开开标。

（3）秘密开标　开标只有负责招标的成员参加，不允许投标人参加开标，一般做法是指定时间交投标文件，递交投标文件后招标人将开标的名次结果通知投标人，不公开标价，其目的是不暴露投标人的准确报价数字，这种方式多用于设备招标。

采用何种方式应由招标机构和评标小组决定。目前我国主要采用公开招标。

（三）开标的参会人员

开标由招标人或者招标代理人主持，邀请所有投标人参加。投标人单位的法定代表人或授权代表未参加开标会议的视为自动弃权。投标人少于 3 个的，不得开标，招标人应当重新招标。投标人对开标有异议的，应当在开标现场提出，招标人应当当场作出答复，并制作记录。

（四）开标的一般程序

1. 投标人签到

签到记录是投标人是否出席开标会议的证明。

2. 招标人主持开标会议

主持人介绍参加开标会议的单位、人员及工程项目的有关情况；宣布开标人员名单、招标文件规定的评标定标的办法和标底。开标主持人检查各投标单位法定代表人或其他指定代表人的证件、委托书，确认无误。

3. 开标

（1）检验各标书的密封情况　由投标人或其推选的代表检查各标书的密封情况，也可以由公证人员检查并公证。

（2）唱标　经检验确认各标书密封无异常情况后，按投递标书的先后顺序或逆顺序，当众拆封投标文件，宣读投标人名称、投标价格和标书的其他主要内容。投标截止时间前收到的所有投标文件应当众予以拆封和宣读。

（3）开标过程记录　开标过程应当做好记录，并存档备案。投标人也应做好记录，以收集竞争对手的信息资料。

（4）宣布无效的投标文件　开标时，发现有下列情况之一的投标文件时，其为无效投标文件，不得进入评标。如果发现无效标书，必须经有关人员当场确认，当场宣布，所有被宣布为废标的投标文件，招标机构应退回投标人。

① 投标文件未按照招标文件的要求予以密封或逾期送达的。

② 投标函未加盖投标人的公章及法定代表人印章或委托代理人印章的，或者法定代表人的委托代理人没有合法有效的委托书（原件）。

③ 投标文件的关键内容字迹模糊、无法辨认的。

④ 投标人递交两份或多份内容不同的投标文件，或在一份投标文件中对同一招标项目有两个或者多个报价，而未声明哪个有效（招标文件规定提交备选方案的除外）。

⑤ 投标人未按照招标文件的要求提供投标保证金或没有参加开标会议的。

⑥ 组成联合体投标，但投标文件未附联合体各方共同投标协议的。

⑦ 投标人名称或组织机构与资格预审时不一致的（无资格预审的除外）。

（5）开标记录记载事项　开标记录一般应记载下列事项，由主持人和专家签字确认（表6-4）。

① 有案号的记录其案号，如 15005（2015 年第 5 号文件）。

② 招标项目的名称及数量摘要。

③ 投标人的名称。

④ 投标报价。

⑤ 开标日期。

⑥ 其他必要的事项。

表 6-4　招标工程开标汇总表

建设项目名称：　　　　　　　　　　　　　　　　　　　　　　　建筑面积：m²

投标单位	报价/万元			工期			法定代表人签名
	总计	土建	安装	施工日历天	开工日期	竣工日期	

开标日期：　　　年　　月　　日

招标单位：　　　　　　　　开标主持人：　　　　　　　记录：

评标小组代表：

（五）招标人不予受理的投标

投标文件有下列情形之一的，招标人不予受理：

① 逾期送达的或者未送达指定地点的。

② 未按招标文件要求密封的。

二、评标

评标是招投标过程中的核心环节。我国《招标投标法实施条例》和《评标委员会和评标方法暂行规定》对评标做了相应的规定。

（一）评标原则及其保密性和独立性

评标活动应遵循公平、公正、科学、择优的原则，招标人应当采取必要的措施，保证评标在严格保密的情况下进行。评标是招标投标活动中一个十分重要的阶段，如果对评标过程不进行保密，则影响公正评标的不正当行为有可能发生。

评标委员会成员名单一般应于开标前确定，而且该名单在中标结果确定前应当保密。评标委员会在评标过程中是独立的，任何单位和个人都不得非法干预、影响评标过程和结果。

（二）评标委员会的组建与对评标委员会成员的要求

1. 评标委员会的组建

评标委员会由招标人负责依法组建，负责评标活动，向招标人推荐中标候选人或者根据招标人的授权直接确定中标人。

评标委员会由招标人或其委托的招标代理机构熟悉相关业务的代表，以及有关技术、经济等方面的专家组成，成员人数为五人以上的单数，其中技术、经济等方面的专家不得少于成员总数的三分之二。评标委员会设负责人的，负责人由评标委员会成员推举产生或者由招标人确定，评标委员会负责人与评标委员会的其他成员有同等的表决权。评标委员会的专家成员应当从依法组建的专家库内的相关专家名单中确定。确定评标专家可以采取随机抽取或者直接确定的方式。一般项目，可以采取随机抽取的方式；技术复杂、专业性强或者国家有特殊要求的招标项目，采取随机抽取方式确定的专家难以保证胜任的，可以由招标人直接确定。

2. 对评标委员会成员的要求

（1）评标委员会中的专家成员应符合下列条件：

① 从事相关专业领域工作满八年并具有高级职称或者同等专业水平。

② 熟悉有关招标投标的法律法规，并具有与招标项目相关的实践经验。

③ 能够认真、公正、诚实、廉洁地履行职责。

（2）有下列情形之一的，不得担任评标委员会成员：

① 投标人或者投标人主要负责人的近亲属。

② 项目主管部门或者行政监督部门的人员。

③ 与投标人有经济利益关系，可能影响对投标公正评审的。

④ 曾因在招标、评标以及其他与招标投标有关活动中从事违法行为而受过行政处罚或刑事处罚的。

评标委员会成员有上述情形之一的，应当主动提出回避。

评标委员会成员应当客观、公正地履行职责，遵守职业道德，对所提出的评审意见承担个人责任。评标委员会成员不得与任何投标人或者与招标结果有利害关系的人进行私下接触，不得收受投标人、中介人、其他利害关系人的财物或者其他好处，不得向招标人征询其确定中标人的意向，不得接受任何单位或者个人明示或者暗示提出的倾向或者排斥特定投标人的要求，不得有其他不客观、不公正履行职务的行为。

（三）评标工作的准备

评标委员会成员应当编制供评标使用的相应表格，认真研究招标文件，至少应了解和熟悉以下内容：

① 招标的目标；

② 招标项目的范围和性质；

③ 招标文件中规定的主要技术要求、标准和商务条款；

④ 招标文件规定的评标标准、评标方法和在评标过程中考虑的相关因素。

招标人或者其委托的招标代理机构应当向评标委员会提供评标所需的重要信息和数据。招标人设有标底的，标底应当保密，并在评标时作为参考，但不得作为评标的唯一依据。

评标委员会应当根据招标文件规定的评标标准和方法，对投标文件进行系统地评审和比较。招标文件中没有规定的标准和方法不得作为评标的依据。

(四) 初步评审及标准

初步评审即投标文件的响应性审查，分析投标文件是够实质上响应招标文件的所有条款、条件，无显著的差异或保留，《评标委员会和评标方法暂行规定》和《标准施工招标文件》中规定，我国目前评标中主要采用的方法包括经评审的最低投标价法和综合评估法，两种评标方法在初步评审阶段的内容和标准基本是一致的。

1. 初步评审标准

初步评审标准包括以下四个方面。

(1) 形式评审标准　包括投标人名称与营业执照、资质证书、安全生产许可证一致；投标函上有法定代表人或其委托代理人签字或加盖单位章；投标文件格式符合要求；联合体投标人已经提交联合体协议书，并明确联合体牵头人（如有）；报价唯一，即只能有一个有效报价等。

(2) 资格评审标准　如果是未进行资格预审的，应具备有效的营业执照，具备有效的安全生产许可证，并且资质等级、财务状况、类似项目业绩、信誉、项目经理、其他要求、联合体投标人等均符合规定。如果是已进行资格预审的，仍按前文所述资格审查办法中的详细审查标准来进行。

(3) 响应性评审标准　主要内容包括投标报价校核，审查全部报价数据计算的正确性，分析报价构成的合理性，并与招标控制价进行对比分析，还有工期、工程质量、投标有效期、投标保证金、权利义务、已标价工程量清单、技术标准和要求、分包计划等均应符合招标文件的有关要求。即投标文件应实质上响应招标文件的所有条款、条件，无显著的差异或保留。所谓显著的差异或保留包括以下情况：对工程的范围、质量及使用性能产生实质性影响；偏离了招标文件的要求，而对合同中规定的招标人的权利或者投标人的义务造成实质性的限制；纠正这种差异或者保留将会对提交了实质性响应要求的投标书的其他投标人的竞争地位产生不公正影响。

(4) 施工组织设计和项目管理机构评审标准　主要包括施工方案与技术设施、质量管理体系与措施、安全管理体系与措施、环境保护管理体系与措施、工程进度计划与措施、资源配备计划、技术负责人、其他主要人员、施工设备、试验和检测仪器设备等是否符合有关标准。

2. 投标文件的澄清和说明

对投标文件的相关内容作出澄清、说明或补正，其目的是有利于评标委员会对投标文件的审查、评审和比较，澄清、说明或补正包括文件中含义不明确、对同类问题表述不一致或者有明显文字和计算错误的内容。

投标文件不响应招标文件的实质性要求和条件的，招标人应当拒绝，并不允许投标人通过修正或撤销其不符合要求的差异或保留，使之成为具有响应性的投标。

评标委员会对投标人提交的澄清、说明或补正有疑问的，可以要求投标人进一步澄清、说明或补正，直至满足评标委员会的要求。

3. 报价有算术错误的修正

投标报价有算术错误的，评标委员会按以下原则对投标报价进行修正，修正的价格经投标人书面确认后具有约束力。投标人不接受修正价格的，其投标作废标处理。

① 投标文件中的大写金额与小写金额不一致的，以大写金额为准。

② 总价金额与依据单价计算出的结果不一致的，以单价金额为准修正总价，但单价金额小数点有明显错误的除外。

此外，如对不同文字文本投标文件的解释发生异议的，以中文文本为准。

4. 应当作为否决投标处理的情况

根据《招标投标法实施条例》和《评标委员会和评标方法暂行规定》的规定，投标文件有下列情形之一的，应当否决其投标人的投标：

① 投标文件未经投标单位盖章和单位负责人签字；

② 投标联合体没有提交共同投标协议；

③ 投标人不符合国家或者招标文件规定的资格条件；

④ 同一投标人提交两个以上不同的投标文件或者投标报价，但招标文件要求提交备选投标的除外；

⑤ 投标报价低于成本价或者高于招标文件设定的最高投标限价；

⑥ 投标文件没有对招标文件的实质性要求和条件作出响应，包括：没有按照招标文件要求提供投标担保或者所提供的投标担保有瑕疵；投标文件载明的招标项目完成期限超过招标文件规定的期限；明显不符合技术规格、技术标准的要求；投标文件载明的货物包装方式、检验标准和方法等不符合招标文件的要求；投标文件附有招标人不能接受的条件；不符合招标文件中规定的其他实质性要求。

（五）详细评审及其方法

经初步评审合格的投标文件，评标委员会应当根据招标文件确定的评标标准和方法，对其技术部分和商务部分做进一步的评审、比较。详细评审的方法包括经评审的最低投标价法和综合评估法的两种。

1. 经评审的最低投标价法

经评审的最低投标价法是指评标委员会对满足招标文件实质要求的投标文件，根据详细评审标准规定的量化因素及量化标准进行价格折算，按照经评审的投标价由低到高的顺序推荐中标候选人，或根据招标人授权直接确定中标人，但投标报价低于其成本的除外。经评审的投标价相等时，投标报价低的优先；投标报价也相等的，由招标人自行确定。

（1）经评审的最低投标价法的适用范围　按照《评标委员会和评标方法暂行规定》的规定，经评审的最低投标价法一般适用于具有通用技术、性能标准或者招标人对其技术、性能没有特殊要求的招标项目。

（2）详细评审标准及规定　采用经评审的最低投标价法的，评标委员会应当根据招标文件中规定的量化因素和标准进行价格折算，对所有投标人的投标报价以及投标文件的商务部分作必要的价格调整。根据《标准施工招标文件》的规定，主要的量化因素包括单价遗漏和付款条件等，招标人可以根据项目具体特点和实际需要，进一步删减、补充或细化、量化因素和标准。另外，如世界银行贷款项目采用此种评标方法时，通常考虑的量化因素和标准包括：一定条件下的优惠（借款国国内投标人有 7.5％的评标优惠），工期提前的效益对报价的修正，同时投多个标段的评标修正等。所有的这些修正因素都应当在招标文件中有明确的规定。对同时投多个标段的评标修正，一般的做法是，如果投标人的某一个标段已被确定为中标，则在其他标段的评标中按照招标文件规定的百分比（通常为 4％）乘以报价额后，在评标价中扣减此值。

根据经评审的最低投标价法完成详细评审后，评标委员会应当拟定一份"价格比较一览表"，连同书面评标报告提交招标人。"价格比较一览表"应当载明投标人的投标报价、对商务偏差的价格调整和说明以及已评审的最终投标价。

2. 综合评估法

不宜采用经评审的最低投标价法的招标项目，一般应当采取综合评估法进行评审。综合评估法是指评标委员会对满足招标文件实质性要求的投标文件，按照规定的评分标准进行打分，并按得分由高到低的顺序推荐中标候选人，或根据招标人授权直接确定中标人，但投标报价低于其成本的除外。综合评分相等时，以投标报价低的优先；投标报价也相等的，由招标人自行确定。

（1）详细评审中的分值构成与评分标准　综合评估法下评标分值构成分为四个方面，即施工组织设计、项目管理机构、投标报价、其他评分因素。总计分值为 100 分。各方面所占比例和具体分值由招标人自行确定，并在招标文件中明确载明。上述的四个方面标准具体评分因素举例见表 6-5。

表 6-5　综合评估法下的评分因素和评分标准表

分值构成	评分因素	评分标准
施工组织设计 评分标准 （25分）	内容完整性和编制水平	2 分
	施工方案与技术措施	12 分
	质量管理体系与措施	2 分
	安全管理体系与措施	3 分
	环境保护管理体系与措施	3 分
	工程进度计划与措施	2 分
	资源配备计划	1 分
项目管理机构 评分标准 （10分）	项目经理任职资格与业绩	3 分
	技术责任人任职资格与业绩	3 分
	其他主要人员	4 分
投标报价 评分标准 （60分）	偏差率	……
	……	……
其他因素 评分标准 （5分）	……	……

各评审因素的评分标准区间由招标人自行确定，如对施工组织设计中的施工方案与技术措施可规定如下的评分标准：施工方案及施工方法先进可行，技术措施针对工程质量、工期和施工安全生产有充分保障，11～12 分；施工方案先进，方法可行，技术措施针对工程质

量、工期和施工安全生产有保障，8～10分；施工方案及施工方法可行，技术措施针对工程质量、工期和施工安全生产基本有保障，6～7分；施工方案及施工方法基本可行，技术措施针对工程质量、工期和施工安全生产基本有保障，1～5分。

（2）在评标过程中，可以对各个投标文件按下式计算投标报价偏差率：

$$偏差率 = \frac{投标人报价 - 评标基准价}{评标基准价} \times 100\% \tag{6-5}$$

评标基准价的计算方法应在投标人须知前附表中予以明确。招标人可依据招标项目的特点、行业管理规定给出评标基准价的计算方法，确定时也可适当考虑投标人的投标报价。

（3）详细评审过程　评标委员会按分值构成与评分标准规定的量化因素和分值进行打分，并计算出各标书综合评估得分。

① 按规定的评审因素和标准对施工组织设计计算出得分 A；

② 按规定的评审因素和标准对项目管理机构计算出得分 B；

③ 按规定的评审因素和标准对投标报价计算出得分 C；

④ 按规定的评审因素和标准对其他部分计算出得分 D。

评分分值计算保留小数点后两位，小数点后第三位"四舍五入"。投标人得分计算公式是：投标人得分＝A＋B＋C＋D。由评委对各投标人的标书进行评分后加以比较，最后以总得分最高的投标人为中标候选人。

根据综合评估法完成评标后，评标委员会应当拟定一份"综合评估比较表"，连同书面评标报告提交招标人。"综合评估比较表"应当载明投标人的投标报价、所作的任何修正、对商务偏差的调整、对技术偏差的调整、对各评审因素的评估以及对每一投标的最终评审结果。

三、定标

（一）中标候选人的确定

除招标文件中特别规定了授权评标委员会直接确定中标人外，招标人应根据评标委员会推荐的中标候选人确定中标人。评标委员会推荐的中标候选人应当限定在1～3人，并标明排列顺序。

中标人的投标应当符合下列条件之一：

① 能够最大限度满足招标文件中规定的各项综合评价标准。

② 能够满足招标文件的实质性要求，并且经评审的投标价格最低；但是投标价格低于成本的除外。

国有资金占控股或者主导地位的项目，招标人应当确定排名第一的中标候选人为中标人。排名第一的中标候选人放弃中标、因不可抗力提出不能履行合同，或者招标文件规定应当提交履约保证金而在规定的期限内未能提交，或者被查实存在影响中标结果的违法行为等情形，不符合中标条件的，招标人可以按照评标委员会提出的中标候选人名单排序依次确定其他中标候选人为中标人。依次确定其他中标候选人与招标人预期差距较大，或者对招标人明显不利的，招标人可以重新招标。

招标人可以授权评标委员会直接确定中标人。

招标人不得向中标人提出压低报价、增加工作量、缩短工期或其他违背中标人意愿的要求，以此作为发出中标通知书和签订合同的条件。

（二）评标报告的内容及提交

评标委员会完成评标后，应当向招标人提交书面评标报告，并抄送有关行政监督部门。评标报告应当如实记载以下内容：

① 基本情况和数据表；
② 评标委员会成员名单；
③ 开标记录；
④ 符合要求的投标一览表；
⑤ 废标情况说明；
⑥ 评标标准、评标方法或评标因素一览表；
⑦ 经评审的价格或评分比较一览表；
⑧ 经评审的投标人排序；
⑨ 推荐的中标候选人名单与签订合同前要处理的事宜；
⑩ 澄清、说明、补充事项纪要。

评标报告有评标委员会全体成员签字。对评标结果有不同意见的评标委员会成员应当以书面方式阐述其不同意见和理由，评标报告应当注明该不同意见。评标委员会成员拒绝在评标报告上签字且不陈述其不同意见和理由的，视为同意评标结论，评标委员会应当对此做出书面说明并记录在案。

（三）公示中标候选人

为维护公开、公平、公正的市场环境，鼓励各招标投标当事人积极参与监督，按照《招标投标法实施条例》规定，依法必须进行招标的项目，招标人应当自收到评标报告之日起 3 日内公示中标候选人，公示期不得少于 3 日。

投标人或者其他利害关系人对依法必须进行招标的项目的评标结果有异议的，应当在中标候选人公示期间提出。招标人应当自收到异议之日起 3 日内作出答复；作出答复前，应当暂停招标投标活动。

对中标候选人的公示需明确以下 5 个方面：

（1）公示范围　公示的项目范围是依法必须进行招标的项目，其他招标项目是否公示中标候选人由招标人自行决定。公示的对象是全部中标候选人。

（2）公示媒体　招标人在确定中标人之前，应当将中标候选人在交易场所和指定媒体上公示。

（3）公示时间即公示期　公示由招标人统一委托当地招标投标中心在开标当天发布。公示期从公示的第二天开始算起，在公示期满后招标人才可以签发中标通知书。

（4）公示内容　对中标候选人全部名单及排名进行公示，而不是只公示排名第一的中标候选人。同时，对有业绩信誉条件的项目，在投标报名或开标时提供的作为资格条件的业绩信誉情况应一并进行公示，但不含投标人的各评分要素的得分情况。

（5）异议处理　公示期间，投标人及其利害关系人应当先向招标人提出异议，经核查后发现在招标投标过程中确有违反法律法规且影响评标结果公正性的，招标人应该重新组织评标或招标。

（四）发出中标通知书并订立书面合同

（1）中标通知　中标人确定后，招标人应当向中标人发出中标通知书，并同时将中标结果通知所有未中标的投标人。中标通知书对招标人和中标人具有法律效力。中标通知书发出后，招标人改变中标结果，或者中标人放弃中标项目的，应当依法承担法律责任。

（2）履约担保　招标人和中标人及联合体的中标人应按招标文件有关规定的金额、担保形式和招标文件规定的履约担保格式，向招标人提交履约担保。履约担保有现金、支票、履约担保书和银行保函等形式，可以选择其中的一种作为招标项目的履约担保，一般采用银行保函和履约担保书。履约担保金额一般为中标价的10%，中标人不能按要求提交履约担保的，视为放弃中标，其投标保证金不予退还，给招标人造成的损失超过投标保证金数额的，中标人还应当对超过部分予以赔偿。中标后的承包人应保证其履约担保的发包人颁发工程接收证书前一直有效。发包人应在工程接受证书颁发后28天内把履约担保退还给承包人。

（3）签订合同　招标人和中标人在投标有效期内以及中标通知书发出之日起30日之内按照招标文件和中标人的投标文件订立书面合同。合同的标的、价款、质量、履行期限等主要条款应当与招标文件和中标人的投标文件的内容一致，招标人和中标人不得再行订立背离合同实质性内容的其他协议。

（4）退还保证金　招标人与中标人签订合同后5个工作日内，应当向中标人和未中标的投标人退还投标保证金。

（5）履行合同　中标人应当按照合同约定履行义务，完成中标项目。中标人不得向他人转让中标项目，也不得将中标项目肢解后分别向他人转让。中标人按照合同约定或者经招标人同意，可以将中标项目的部分非主体、非关键性工程分包给他人完成。接受分包的人应当具备相应的资格条件，并不能再次分包。中标人应当就分包项目向招标人负责，接受分包的人就分包项目承担连带责任。招标人发现中标人转包或违法分包的，应当要求中标人改正；拒不改正的，可终止合同，并报请有关行政监督部门查处。

（6）提交招投标情况的书面报告　依法必须进行施工招标的工程，招标人应当自发出中标通知书之日起15日内，向有关行政监督部门提交施工招标投标情况的书面报告。书面报告中至少应包括下列内容：

① 招标范围；

② 招标方式和发布招标公告的媒介；

③ 招标文件中投标人须知、技术条款、评标标准和方法、合同主要条款等内容；

④ 评标委员会的组成和评标报告；

⑤ 中标结果。

（五）重新招标和不再招标

1. 重新招标

有下列情形之一的，招标人将重新招标：

① 至投标截止时间，投标人少于3个的；

② 经评标委员会评审后否决所有投标的。

2. 不再招标

《标准施工招标文件》规定，重新招标后投标人仍少于3个或者所有投标被否决的，属于必须审批或核准的工程建设项目，经原审批或核准部门批准后不再进行招标。

（六）招投标参与方的纪律要求和监督

1. 对招标人的纪律要求

招标人不得泄露招标投标活动中应当保密的情况和资料，不得与投标人串通损害国家利益、社会公共利益或者他人合法权益。

2. 对投标人的纪律要求

投标人不得相互串通投标或者与招标人串通投标，不得向招标人或者评标委员会成员行贿谋取中标，不得以他人名义投标或者以其他方式弄虚作假骗取中标；投标人不得以任何方式干扰、影响评标工作。

3. 对评标委员会成员的纪律要求

评标委员会成员不得收受他人的财物或者其他好处，不得向他人透露对投标文件的评审和比较、中标候选人的推荐情况，以及与评标有关的其他情况。在评标活动中，评标委员会成员不得擅离职守，影响评标程序正常进行，不得使用招标文件评标办法中没有规定的评审因素和标准进行评标。

4. 对与评标活动有关的工作人员的纪律要求

与评标活动有关的工作人员不得收受他人的财物或者其他好处，不得向他人透露对投标文件的评审和比较、中标候选人的推荐情况及与评标有关的其他情况。在评标活动中，与评标活动有关的工作人员不得擅离职守，影响评标程序正常进行。

5. 投诉

投标人和其他利害关系人认为本次招标活动违反法律、法规和规章规定的，有权向有关行政监督部门投诉。

第五节　建设工程合同价的确定与施工合同的签订

一、建设工程施工合同类型

建设工程项目施工合同是发包人与承包人就完成特定工程项目的建筑施工、设备安装、工程保修等工作内容，确定双方权利和义务的协议。建设工程施工合同是建设工程的主要合同之一，是工程建设质量控制、进度控制、投资控制的主要依据。发包人或建设单位可以通过选择适宜的合同类型和特定合同条款合理分担工程项目风险，同时最大限度地减少自己的风险。

（一）施工合同价格类型

建设工程施工合同根据合同计价方式的不同，一般可以划分为单价合同、总价合同和成本加酬金合同三种类型。

1. 单价合同

单价合同是指发承包双方约定以工程量清单及其综合单价进行合同价格计算、调整和确认的建设工程施工合同，在约定的范围内合同单价不作调整。合同当事人应在专用合同条款中约定综合单价包含的风险范围和风险费用的计算方法，并约定风险范围以外的合同价格的调整方法。

2. 总价合同

总价合同是指发承包双方约定以施工图、已标价工程量清单或预算书及有关条件进行合同价格计算、调整和确认的建设工程施工合同，在约定的范围内合同总价不作调整。合同当事人应在专用合同条款中约定总价包含的风险范围和风险费用的计算方法，并约定风险范围以外的合同价格的调整方法。

3. 成本加酬金合同

发承包双方约定以施工工程成本再加合同约定酬金进行合同价款计算、调整和确认的建设工程施工合同。成本加酬金合同使承包人不承担任何价格变化和工程量变化的风险，不利于发包人对工程造价的控制。

按照酬金的计算方式不同，成本加酬金合同又分为以下几种形式。

（1）成本加固定百分比酬金确定的合同价 采用这种合同计价方式，承包方的实际成本实报实销，同时按照实际成本的固定百分比付给承包方一笔酬金。工程的合同总价表达式为：

$$C = C_d + C_d \times P \tag{6-6}$$

式中　C——合同价；

C_d——实际发生的成本；

P——双方事先商定的酬金固定百分比。

这种合同计价方式，工程总价及付给承包方的酬金随工程成本而水涨船高，这不利于鼓励承包方降低成本。正是由于这种弊病存在，使得这种合同计价方式很少被采用。

（2）成本加固定金额酬金确定的合同价 采用这种合同计价方式与成本加固定百分比酬金合同相似。其不同之处仅在于在成本上所增加的费用是一笔固定金额的酬金。酬金一般是按估算工程成本的一定百分比确定，数额是固定不变的。计算表达式为：

$$C = C_d + F \tag{6-7}$$

式中　F——双方约定的酬金具体数额。

这种计价方式的合同虽然也不能鼓励承包商关心和降低成本，但从尽快获得全部酬金减少管理投入出发，会有利于缩短工期。

采用上述两种合同计价方式时，为了避免承包方企图获得更多的酬金而对工程成本不加控制，往往在承包合同中规定一些补充条款，以鼓励承包方节约工程费用的开支，降低成本。

（3）成本加奖罚确定的合同价 采用成本加奖罚合同，是在签订合同时双方事先约定该工程的预期成本（或称目标成本）和固定酬金，以及实际发生的成本与预期成本比较后的奖罚计算办法。在合同实施后，根据工程实际成本的发生情况，确定奖罚的额度，当实际成本低于预期成本时，承包方除可获得实际成本补偿和酬金外，还可根据成本降低额得到一笔奖金；当实际成本大于预期成本时，承包方仅可得到实际成本补偿和酬金，并视实际成本高出预期成本的情况，被处以一笔罚金。成本加奖罚合同的计算表达式为：

$$C = C_d + F \qquad (C_d = C_0) \tag{6-8}$$

$$C = C_d + F + \Delta F \quad (C_d < C_0) \tag{6-9}$$

$$C = C_d + F + \Delta F \quad (C_d > C_0) \tag{6-10}$$

式中　C_0——签订合同时双方约定的预期成本；

　　ΔF——奖罚金额（可以是百分数，也可以是绝对数，而且奖与罚可以是不同计算标准）。

这种合同计价方式可以促使承包方关心和降低成本，缩短工期，而且目标成本可以随着设计的进展而加以调整，所以承发包双方都不会承担太大的风险，故这种合同计价方式应用较多。

（4）最高限额成本加固定最大酬金　在这种计价方式的合同中，首先要确定最高限额成本、报价成本和最低成本。当实际成本没有超过最低成本时，承包方花费的成本费用及应得酬金等都可得到发包方的支付，并与发包方分享节约额；如果实际工程成本在最低成本和报价成本之间，承包方只有成本和酬金可以得到支付；如果实际工程成本在报价成本与最高限额成本之间，则只有全部成本可以得到支付；实际工程成本超过最高限额成本，则超过部分发包方不予支付。

这种合同计价方式有利于控制工程投资，并能鼓励承包方最大限度地降低工程成本。

弄清各种合同的计价方式、优缺点和适用范围，选择正确、适宜的合同形式，对于保证项目目标的顺利实现，对于成本计划与控制具有重要意义。发包人在决定采用什么合同价格类型时，应主要根据设计图纸深度、工期长短、工程规模和复杂程度来综合考虑。

（二）工程量清单计价条件下合同类型的选择

建设工程发承包，必须在招标文件、合同中明确计价中的风险内容及其范围，不得采用无限风险、所有风险或类似语句规定计价中的风险内容及范围。《工程量清单计价规范》对合同计价方式做了如下规定：

（1）单价合同　实行工程量清单计价的工程，应采用单价合同。即合同中的工程量清单项目综合单价在合同约定的条件内固定不变，超过合同约定条件时，依据合同约定进行调整；工程量清单项目及工程量依据承包人实际完成且应予计量的工程量确定。

（2）总价合同　对于建设规模小，技术难度低，工期较短，且施工图设计已审查批准的建设工程可采用总价合同。总价合同是以施工图纸、规范为基础，在工程任务内容明确、发包人的要求条件清楚、计价依据和要求确定的条件下，发承包双方依据承包人编制的施工图预算商谈确定合同价款。当合同约定工程施工内容和有关条件不发生变化时，发包人付给承包人的工程价款总额就不会发生变化。当工程施工内容和有关条件发生变化时，发承包双方根据变化情况和合同约定调整工程价款，但对工程量变化引起的合同价款调整应遵循以下原则：

① 当合同价款是依据承包人根据施工图自行计算的工程量确定时，除工程变更造成的工程量变化外，合同约定的工程量是承包人完成的最终工程量，发承包双方不能以工程量变化作为合同价款调整的依据。

② 当合同价款是依据发包人提供的工程量清单确定时，发承包双方应依据承包人最终

实际完成的工程量（包括工程变更，工程量清单错、漏）调整确定工程合同价款。

（3）成本加酬金合同　适用的情况有：

① 工程特别复杂，工程技术、结构方案不能预先确定，或者尽管可以确定工程技术和结构方案，但不可能进行竞争性的招标活动并以总价合同或单价合同的形式确定承包人。

② 时间特别紧迫，来不及进行详细的计划和商谈，如抢险、救灾工程可采用成本加酬金合同。

工程合同价款是发包人和承包人在协议中约定，发包人用以支付承包人按照合同约定完成承包范围内全部工程并承担质量保修责任的价款，是工程合同中双方当事人最关心的核心条款，是由发包人、承包人依据中标通知书中的中标价格在协议书内的约定。合同价款在协议书内约定后，任何一方不能擅自更改。

二、影响合同类型选择的影响因素

合同类型的选择，这里仅指以付款方式划分的合同类型的选择，合同的内容视为不可选择。选择合同类型应考虑以下因素：

（1）项目规模和工期长短　如果项目的规模较小，工期较短，则合同类型的选择余地较大，总价合同、单价合同及成本加酬金合同都可选择。由于选择总价合同发包人可以不承担风险，发包人较愿意选用；对这类项目，承包人同意采用总价合同的可能性较大，因为这类项目风险小，不可预测因素少。

如果项目规模大、工期长，则项目的风险也大，合同履行中的不可预测因素也多。这类项目不宜采用总价合同。

（2）项目的竞争情况　如果在某一时期和某一地点，愿意承包某一项目的承包人较多，则发包人拥有较多的主动权，可按照总价合同、单价合同、成本加酬金合同的顺序进行选择。如果愿意承包项目的承包人较少，则承包人拥有的主动权较多，可以尽量选择承包人愿意采用的合同类型。

（3）项目的复杂程度　如果项目的复杂程度较高，则意味着：①对承包人的技术水平要求高；②项目的风险较大。因此，承包人对合同的选择有较大的主动权，总价合同被选用的可能性较小。如果项目的复杂程度低，则发包人对合同类型的选择握有较大的主动权。

（4）项目的单项工程的明确程度　如果单项工程的类别和工程量都已十分明确，则可选用的合同类型较多，总价合同、单价合同、成本加酬金合同都可以选择。如果单项工程的分类已详细而明确，但实际工程量与预计的工程量可能有较大出入时，则应优先选择单价合同，此时单价合同为最合理的合同类型。如果单项工程的分类和工程量都不甚明确，则无法采用单价合同。

（5）项目准备时间的长短　项目的准备包括发包人的准备工作和承包人的准备工作。对于不同的合同类型他们分别需要不同的准备时间和准备费用。总价合同需要的准备时间和准备费用最高，成本加酬金合同需要的准备时间和准备费用最低。对于一些非常紧急的项目如抢险救灾等项目，给予发包人和承包人的准备时间都非常短，因此，只能采用成本加酬金的合同形式。反之，则可采用单价或总价合同形式。

（6）项目的外部环境因素　项目的外部环境因素包括：项目所在地区的政治局势是否稳定、经济局势因素（如通货膨胀、经济发展速度等）、劳动力素质（当地）、交通、生活条件等。如果项目的外部环境恶劣则意味着项目的成本高、风险大、不可预测的因素多，承包人很难接受总价合同方式，而较适合采用成本加酬金合同。

总之，在选择合同类型时，一般情况下是发包人占有主动权。但发包人不能单纯考虑自己的利益，应当综合考虑项目的各种因素、考虑承包人的承受能力，确定双方都能认可的合同类型。

三、施工合同格式文本的选择

建设工程施工合同是承包人进行工程建设和发包人支付工程价款的依据，是约束双方义务和权力的具有法律效力的文书。合同内容能够使合同双方在合同履行过程中有章可循、有法可依，对于规范市场主体的交易行为、促进建筑市场的健康稳定发展具有积极的意义。

（一）合同文本的选择

合同文本要对应建设工程发承包模式和招标文件编制时参照的行业标准。

① 对于设计施工一体化的总承包项目，可以采用《标准设计施工总承包招标文件》合同条款文本、《建设项目工程总承包合同示范文本》（GF-2011-0216）。

② 对于设计施工分别发包的一定规模以上，且设计和施工不是由同一承包人承担的房屋建筑和市政工程施工合同，可以采用《房屋建筑和市政工程标准施工招标文件》（2010年版）合同条款文本。

③ 对于工期不超过12个月、技术相对简单，且设计和施工不是由同一承包人承担的小型建设工程项目，可以采用《简明标准施工招标文件》合同条款文本。

④ 一般的，房屋建筑工程、土木工程、线路管道和设备安装工程、装修工程等建设工程的施工承发包活动，可以采用《建筑工程施工合同（示范文本)》（GF-2013-0201）。

（二）合同文本简介

下面对《建筑工程施工合同（示范文本)》、《标准施工招标文件》（2007年版）合同条款、《房屋建筑和市政工程标准施工招标文件》（2010年版）合同条款进行简单介绍。

1.《建筑工程施工合同（ 示范文本 ）》

为了指导建设工程施工合同当事人的签约行为，维护合同当事人的合法权益，住房城乡建设部、国家工商行政管理总局对《建筑工程施工合同（示范文本)》（GF-1999-0201）进行了修订，制定了《建筑工程施工合同（示范文本)》（GF-2013-0201）（以下简称《示范文本》）。《示范文本》由合同协议书、通用合同条款和专用合同条款三部分组成。

《示范文本》为非强制性使用文本，适用于房屋建筑工程、土木工程、线路管道和设备安装工程、装修工程等建设工程的施工发承包活动，合同当事人可以结合建设工程具体情况，根据《示范文本》订立合同，并按照法律法规规定和合同约定，承担相应的法律责任及合同权利义务。

《示范文本》具有如下特点：

① 施工合同结构体系更趋完善，建立了以监理人为施工管理和文件传递核心的合同体系，使合同权利、义务分配更加具体明确，提高了施工管理的合理性和科学性。

② 合同价格类型适应工程计价模式发展和工程管理实践需要，增加了暂估价、暂列金额的专门规定，明确了暂估价、暂列金额项目的操作程序。

③ 根据建设市场实际，增加了双向担保、合理调价、缺陷责任期、工程系列保险、商

定与确定、索赔期限、双倍索赔、争议评审解决八项新的合同管理制度。

④ 注重对发包人及承包人市场行为的引导、规范和权益平衡，使施工合同民事行为更趋公平、公正。

⑤ 强化与现行法律和其他文本的衔接，保证了合同的适用性。

2.《标准施工招标文件》(2007 年版) 合同条款

2007 年，国务院九部委 56 号令发布《标准施工招标文件》，适用于一定规模以上，且设计和施工不是由同一承包人承担的土木建筑工程的施工招标。在招标阶段，招标人和招标代理机构要根据招标项目所在地和具体工程情况，采用各部委规定的标准合同条款作为招标项目的通用合同条款和专用合同条款，并以此作为投标人投标报价的商务条件；在合同实施阶段它是合同双方的行为准则，是双方履行各自义务和责任，监理人依此对合同进行管理以及支付项目价款，承包人依此承建工程项目并获得合理报酬的依据。

其通用合同条款主要阐述了合同双方的权利、义务、责任和风险，以及监理人遇到合同问题时，处理合同问题的原则。该条件应全文纳入招标文件（合同文件）中，并适用于所有的土木建筑工程。专用合同条款是指结合工程所在地、工程本身的特点和实际需要，对通用合同条款进行补充、细化或进行修改，但不得违反法律、行政法规的强制性规定和平等、自愿、公平和诚实信用原则。这两部分条件组成为一个适合某一特定地区和特定工程的完整的施工合同条款。

《标准施工招标文件》(2007 年版) 合同条款可以使合同双方的权利、义务、责任和风险达到总体平衡；便于承包人实现反复分析和运用标准合同条款，较准确地评估风险和可能获得的利益，使其报价更趋合理；可吸引有实力和有能力的投标人参与投标。

3.《房屋建筑和市政工程标准施工招标文件》(2010 年版) 合同条款

《房屋建筑和市政工程标准施工招标文件》(2010 年版) 是《标准施工招标文件》的配套文件，适用于一定规模以上，且设计和施工不是由同一承包人承担的房屋建筑和市政工程的施工招标。《行业标准施工招标文件》第四章第一节"通用合同条款"和第二节"专用合同条款"（除以空格表示的由招标人填空的内容和选择性内容外）内容，对于房屋建筑和市政工程来说，比《标准施工招标文件》更有针对性，均应不加修改地直接引用。填空内容由招标人根据国家和地方有关法律法规的规定以及招标项目具体情况确定。

（三）编制合同条款应注意的问题

① 明智发包人对分摊风险的原则是，"一个有经验的承包人不可预见的或没有合理的手段防范的风险，应由发包人承担"。

② 编制一个可操作性的合同条款，即招标阶段投标人有一个明确的投标报价条件。

四、合同价款的约定

合同价款是合同文件的核心要素，建设项目不论是招标发包还是直接发包，合同价款的具体数额均在"合同协议书"中载明。

（一）签约合同价与中标价的关系

签约合同价是指合同双方签订合同时在协议书中列明的合同价格，对于以单价合同形式招标的项目，工程量清单中各种价格的总计即为合同价。合同价就是中标价，因为中标价是指评标时经过算术修正的、并在中标通知书中申明招标人接受的投标价格。法理上，经公示后招标人向投标人所发出的中标通知书（投标人向招标人回复确认中标通知书已收到），中标的中标价就受到法律保护，招标人不得以任何理由反悔。这是因为合同价格属于招标投标活动的核心内容，根据《招标投标法》第四十六条有关"招标人和中标人应当……按照招标文件和中标人的投标文件订立书面合同，招标人和中标人不得再行订立背离合同实质性内容的其他协议"之规定，发包人应根据中标通知书确定的价格签订合同。

（二）合同价款约定的规定和内容

1. 合同签订的时间及规定

招标人和中标人应当在投标有效期内并在自中标通知书发出之日起 30 日内，按照招标文件和中标人的投标文件订立书面合同。中标人无正当理由拒签合同的，招标人取消其中标资格，其投标保证金不予退还；给招标人造成的损失超过投标保证金数额的，中标人还应当对超过部分予以赔偿。发出中标通知书后，招标人无正当理由拒签合同的，招标人向中标人退还投标保证金；给中标人造成损失的，还应当赔偿损失。招标人最迟应当在与中标人签订合同后 5 日内，向中标人和未中标的投标人退还投标保证金及银行同期存款利息。

2. 合同价款类型的选择

实行招标的工程合同价款应由发承包双方依据招标文件和中标人的投标文件在书面合同中约定。合同约定不得违背招、投标文件中关于工期、造价、质量等方面的实质性内容。招标文件与中标人投标文件不一致的地方，以投标文件为准。

不实行招标的工程合同价款，在发承包双方认可的合同价款基础上，由发承包双方在合同中约定。

3. 合同价款约定的内容

合同价款的有关事项由发承包双方约定，一般包括合同价款约定方式，预付工程款、工程进度款、工程竣工价款的支付和结算方式，以及合同价款的调整情形等。发承包双方应当在合同中约定，发生下列情形时合同价款的调整方法：

① 法律、法规、规章或者国家有关政策变化影响合同价款的；
② 工程造价管理机构发布价格调整信息的；
③ 经批准变更设计的；
④ 发包人更改经审定批准的施工组织设计造成费用增加的；
⑤ 双方约定的其他因素。

4. 施工合同签订过程中的注意事项

（1）关于合同文件部分　招投标过程中形成的补遗、修改、书面答疑、各种协议等均应作为合同文件的组成部分。特别应注意作为付款和结算依据的工程量和价格清单，应根据评标阶段做出的修正稿重新整理、审定，并且应标明按完成的工程量测算付款和按总价付款的内容。

（2）关于合同条款的约定　在编制合同条款时，应注重有关风险和责任的约定，将项目管理的理念融入合同条款中，尽量将风险量化，明确责任，公正地维护双方的利益。其中主要重视以下几类条款。

① 程序性条款。目的在于规范工程价款结算依据的形成，预防不必要的纠纷。程序性条款贯穿于合同行为的始终，包括信息往来程序、计量程序、工程变更程序、索赔处理程序、价款支付程序、争议处理程序等。编写时注意明确具体步骤，约定时间期限。

② 有关工程计量的条款。注重计算方法的约定，应严格确定计量内容（一般按净值计量），加强隐蔽工程计量的约定。计量方法一般按工程部位和工程特性确定，以便于核定工程量及便于计算工程价款为原则。

③ 有关工程计价的条款。应特别注意价格调整条款，如对未标明价格或无单独标价的工程，是采用重新报价方法，还是采用定额及取费方法，或者协商解决，在合同中应约定相应的计价方法。对于工程量变化的价格调整，应约定费用调整公式；对工程延期的价格调整、材料价格上涨等因素造成的价格调整，应在合同中约定是采用补偿方式，还是变更合同价。

④ 有关双方职责的条款。为进一步划清双方责任，量化风险，应对双方的职责进行恰当的描述。对那些未来很可能发生并影响工作、增加合同价款及延误工期的事件和情况加以明确，防止索赔、争议的发生。

⑤ 工程变更的条款。适当规定工程变更和增减总量的限额及时间期限。如在 FIDIC 合同条款中规定，单位工程的增减量超过原工程量 15％时应相应调整该项的综合单价。

⑥ 索赔条款。明确索赔程序、索赔的支付、争端解决方式等。

案例分析 ▶▶

案例一

背景：某市财政资金建设的安置房工程，招标人委托本市一招标代理机构代理招标，并委托有资质的工程造价咨询企业编制招标工程量清单及招标控制价。

事件 1：招标控制价总价 3000 万元随招标文件一起予以公布。以该招标控制价去掉管理费及利润后下浮 10％作为下限拦标价。下限拦标价及计算方法予以保密。

事件 2：在资格预审公告中规定，具有房建施工总承包特级资质且获得过鲁班奖 5 次以上的大型央企或国企，才有资格提交本工程的资格预审申请。

事件 3：报名通过资格预审的单位都是外地企业，数量只有三家，为了加大竞争程度，招标人遂降低资质要求，邀请本市两家具有房建施工总承包一级资质的企业参与竞争。

事件 4：招标人在招标文件中更改资质要求为具有房建施工总承包一级资质及以上企业可以参与投标。要求工期比按工期定额计算的工期缩短 2 个月。要求质量达到国家相应验收标准且必须能被评为本市优良工程，否则结算时扣罚总造价的 3％。报价时要求按照《工程量清单计价规范》及省级建设主管部门颁发的计价定额和计价办法、工程造价管理机构发布的工程造价信息编制，不得上浮且不得超过招标控制价，不得低于工程成本价。评标方法为最低价中标法。

事件 5：投标有效期从发售招标文件起计算为 90 天，投标保证金为 70 万元，与投标文件同时递交，投标保证金有效期比投标有效期长 10 天。

事件 6：在踏勘现场时，仅组织通过资格审查的三家单位参加，而两家本市单位可以自由踏勘现场。

事件7：招标代理机构组建的评标委员会在评标时认为本市其中一家单位的报价中有2项工程量清单没有填报价格，认为不按照招标文件的规定报价，属于不响应招标文件的实质性要求，被认定为废标。另一家本市单位的报价低于下限拦标价被直接认定为废标。

事件8：评标结束后，外地某参与投标的企业接到了中标通知书，再与业主签订合同时提出：该工程的工期紧，比按常规施工方法（工期定额）缩短2个月，需要业主另外增加赶工措施费，另外原报价没有包含优良工程申报、评审的费用，因此需要追加费用。在上级主管部门的某位领导打来电话要求给予关照的情况下，业主与中标人签订了施工承包合同，比原报价超出100万元。

事件9：签订合同10天后，中标人在递交了履约保函后退还了其投标保证金，同时退还了其他未中标人的投标保证金。

[问题]

1. 请指出上述事件中的不妥之处，必要时说明理由。

2. 集中指出招标人在投标活动中的不妥之处。

[解析]

问题1：

事件1中设置下限拦标价不妥。根据《中华人民共和国招标投标法实施条例》（以下简称《实施条例》）第二十七条规定：招标人设有最高投标限价的，应当在招标文件中明确最高投标限价或者最高投标限价的计算方法。招标人不得规定最低投标限价。

事件2中设置的资格条件不妥，违反了《实施条例》第三十二条规定：招标人不得以不合理的条件限制、排斥潜在投标人或者投标人。招标人有下列行为之一的，属于以不合理条件限制、排斥潜在投标人或者投标人：

① 就同一招标项目向潜在投标人或者投标人提供有差别的项目信息；

② 设定的资格、技术、商务条件与招标项目的具体特点和实际需要不相适应或者与合同履行无关；

③ 依法必须进行招标的项目以特定行政区域或者特定行业的业绩、奖项作为加分条件或者中标条件；

④ 对潜在投标人或者投标人采取不同的资格审查或者评标标准；

⑤ 限定或者指定特定的专利、商标、品牌、原产地或者供应商；

⑥ 依法必须进行招标的项目非法限定潜在投标人或者投标人的所有制形式或者组织形式；

⑦ 以其他不合理条件限制、排斥潜在投标人或者投标人。

安置房工程属于一般项目，事件2中符合上述第②、③、⑥款规定的限制、排斥潜在投标人或者投标人。

事件3中招标人的行为不妥，本工程不符合邀请招标的条件，不能将公开招标变成邀请招标。

根据《实施条例》第八条，邀请招标需要符合下列规定：①技术复杂、有特殊要求或者受自然环境限制，只有少量潜在投标人可供选择；②采用公开招标方式的费用占项目合同金额的比例过大。同时违反了《实施条例》第十九条规定：未通过资格预审的申请人不具有投标资格。

　　事件 4 中投标人的报价按照招标文件的要求不得上浮不妥,《工程量清单计价规范》第 6.2.1 条规定,投标报价应根据施工现场情况、工程特点及投标时拟定的施工组织设计或施工方案编制,也可以根据企业定额编制。第 6.2.2 条规定,综合单价中应包括投标文件中划分的应由投标人承担的风险范围及其费用,招标文件中没有明确的,应提请招标人明确。事件 4 中:①要求工期比按工期定额计算的工期缩短 2 个月;②施工质量达到国家相应验收标准且必须能被评为本市优良工程,否则结算时扣罚总造价的 3%。这样的风险投标人必须予以考虑。

　　事件 4 中评标方法为最低价中标法不妥,根据《标准施工招标文件》的规定,评标方法有综合评估法和经评审的最低投标价法两种,最低价中标法不是经评审的最低投标价法。

　　事件 5 中投标有效期计算方法不妥,《实施条例》第二十五条规定:招标人应当在招标文件中载明投标有效期。投标有效期从提交投标文件的截止之日起算。事件 5 中投标保证金数量、投标保证金有效期不妥,《实施条例》第二十六条规定:招标人在招标文件中要求投标人提交投标保证金的,投标保证金不得超过招标项目估算价的 2%,招标控制价为 3000 万元,投标保证金不能高于 60 万元。投标保证金有效期应当与投标有效期一致。

　　事件 6 从两家本市单位不具有投标资格条件的角度来说妥当;从邀请招标的角度来说不妥,《实施条例》第二十八条规定,招标人不得组织单个或者部分潜在投标人踏勘项目现场。

　　事件 7,从公开招标的角度来说,两家本市企业没有通过资格预审,不具有投标资格,其投标应予拒绝。从邀请招标的角度来说,评标委员会对第一家废标不妥。《工程量清单计价规范》第 6.2.7 款:招标工程量清单与计价表中列明的所有需要填写单价和合价的项目,投标人均应填写且只允许有一个报价。未填写单价和合价的项目,可视为此项费用已包含在已标价工程量清单中其他项目的单价和合价之中。另根据《实施条例》第四十九条规定:评标委员会成员应当依照《招标投标法》和《实施条例》的规定,按照招标文件规定的评标标准和方法,客观、公正地对投标文件提出评审意见。招标文件没有规定的评标标准和方法不得作为评标的依据。

　　评标委员会直接认定第二家单位废标不妥,根据《评标委员会和评标方法暂行规定》(国家发展计划委员会等七部委第 12 号令)第二十一条规定,"在评标过程中,评标委员会发现投标人的报价明显低于其他投标报价或者在设有标底时明显低于标底的,使得其投标报价可能低于其个别成本的,应当要求该投标人作出书面说明并提供相关证明材料。投标人不能合理说明或者不能提供相关证明材料的,由评标委员会认定该投标人以低于成本报价竞标,其投标应作废标处理。"

　　事件 8 中投标人与招标人的行为都不妥,《实施条例》第五十七条规定:招标人和中标人应当依照《招标投标法》和《实施条例》的规定签订书面合同,合同的标的、价款、质量、履行期限等主要条款应当与招标文件和中标人的投标文件的内容一致。招标人和中标人不得再行订立背离合同实质性内容的其他协议。

　　招标文件已经载明了工期及质量要求,投标人参加投标,在报价时应该充分考虑到应由投标人承担的风险范围以及费用,否则造成的损失自己承担。

　　另外,上级主管部门的某位领导违反了《实施条例》第六条规定:禁止国家工作人员以任何方式非法干涉招投标活动。招标人也不应因受到干扰而不坚持原则。

　　事件 9 中招标人的行为不妥,招标人应在中标人递交履约保函后才能与其签订合同,根据《实施条例》第五十七条规定:招标人最迟应当在书面合同签订 5 日内,向中标人和未中标的投标人退还投标保证金及银行同期存款利息。

问题 2：

招标人在招投标活动中的不妥之处：

① 以不合理条件限制、排斥潜在投标人或者投标人，违反了在招投标活动中应遵循的公平原则。

② 招标人不得规定最低投标限价。

③ 依法应当公开招标的不应改为采用邀请招标。

④ 不应接受未通过资格预审的单位参加投标。

⑤ 应该拒收未通过资格预审的申请人提交的投标文件。

⑥ 招标人和中标人应当依照《招标投标法》和《实施条例》的规定签订书面合同，合同的标的、价款、质量、履行期限等主要条款，应当与招标文件和中标人的投标文件的内容一致。招标人不应该与中标人再行订立背离合同实质性内容的其他协议。

⑦ 招标人应在中标人递交履约保函后才能与其签订合同。

⑧ 招标人最迟应当在书面合同签订后 5 日内，向中标人和未中标的投标人退还投标保证金及银行同期存款利息。

⑨ 招标人在招投标活动中不应因受到干扰而违反规定及纪律和原则。

⑩ 招标人在招投标活动中违反了《招标投标法》及《实施条例》的若干规定。

案例二

某土建工程项目立项批准后，经批准公开招标，6 家单位通过资格预审，并按规定时间报送了投标文件，招标方按规定组成了评标委员会，并制定了评标办法，具体规定如下：

招标标底为 4000 万元，以招标标底与投标报价的算术平均数的加权值为复合标底，以复合标底为评定报价得分的依据，规定：复合标底值＝招标标底值×0.6＋投标单位报价算术平均数×0.4。

以复合标底值为依据，计算投标报价偏差度 x，x＝(投标报价－复合标底)÷复合标底。

按照投标报价偏差度确定各单位投标报价得分，具体标准见表 6-6。

表 6-6　数据表

x	$x<-5\%$	$-5\%\leqslant x<-3\%$	$-3\%\leqslant x<-1\%$	$-1\%\leqslant x\leqslant1\%$	$1\%<x\leqslant3\%$	$3\%<x\leqslant5\%$	$x>5\%$
得分	底标	55	65	70	60	50	废标

投标方案中商务标部分满分为 100 分，其中投标报价满分为 70 分，其他内容满分为 30 分。投标报价得分按照报价偏差确定得分，其他内容得分按各单位投标报价构成合理性和计算正确性确定得分。技术方案得分为 100 分，其中施工工期得分占 20 分（规定工期为 20 个月，若投标单位所报工期超过 20 个月为废标），若工期提前则规定每提前 1 个月增加 1 分。其他方面得分包括：施工方案 25 分；施工技术准备 20 分；施工质量保证体系 10 分；技术创新 10 分；企业信誉业绩及项目经理能力 15 分（得分已由评标委员会评出，见表 6-7）。

表 6-7　评分数据表

投标单位	A	B	C	D	E	F	单位
投标报价	3840	3900	3600	4080		4240	万元

投标单位	A	B	C	D	E	F	单位
投标报价	3840	3900	3600	4080		4240	万元
施工工期	17	17	18	16	18	18	月
技术准备	10	14	13	10	12	11	分
质保体系	8	7	6	6	9	9	分
技术创新	7	9	6	6	9	9	分
施工方案	18	16	15	14	19	17	分
企业业绩	8	9	9	8	8	7	分
报价构成	24	23	25	27	26	28	分

采取综合评分法，综合得分最高者为中标人。

综合得分＝投标报价得分×60％＋技术性评分×40％

E单位在投标截止时间2小时前向招标方递交投标补充文件，补充文件中提出E单位报价中的直接工程费由3200万元降至3000万元，并提出措施费费率为9％，间接费率（含其他）为8％，利润率为6％，税率为3.5％，E单位据此为最终报价。

[问题]

1. 投标文件应包括哪些内容？确定中标人的原则是什么？

2. E单位的最终报价为多少？

3. 采取综合评标法确定中标人。

[解析]

问题1：

投标文件主要包括：投标函，施工组织设计或施工方案与投标报价（技术标、商务标报价），招标文件要求提供的其他资料。

确定中标人的原则是：中标人能够满足招标文件中规定的各项综合评价标准，能够满足招标文件的实质性要求。

问题2：

E单位的最终报价计算见表6-8。

表6-8　计算关系与数据表　　　　单位：万元

序号	1	2	3	4	5	6	7
费用名称	直接工程费	措施费	直接费	间接费	利润	税金	投标报价
计算方法		(1)×9％	(1)+(2)	(3)×8％	(3)+(4)×6％	(3)+(4)+(5)×3.5％	(3)+(4)+(5)+(6)
费用	3000	270	3270	261.6	211.90	131.02	3874.52

经过计算，E单位的最终报价为3874.52万元。

问题3：

计算复合招标控制价值。

投标报价平均值＝(3840＋3900＋3600＋4080＋3874.52＋4240)/6＝3922.42(万元)

复合招标控制价值＝(4000×0.6＋3922.42×0.4)＝3968.97(万元)

表6-9、表6-10分别为投标报价评分表、综合评分表。

表 6-9 投标报价评分表

投标单位	投标报价/万元	报价偏离值/万元	报价偏离度	报价得分
A	3840	−128.97	−3.25%	55
B	3900	−68.97	−1.74%	65
C	3600	−368.97	−9.3%	废标
D	4080	110.03	2.77%	60
E	3874.52	−94.45	−2.38%	65
F	4240	271.03	6.83%	废标

表 6-10 综合评分表

投标单位		A	B	D	E	权数
技术标得分	工期	23	23	24	22	
	其他	75	78	73	81	
	合计	98	101	97	103	0.4
商务标得分	报价	55	65	60	65	
	其他	30	30	30	30	
	合计	85	95	90	95	0.6
综合得分		90.2	97.4	92.8	98.2	

经上述评分计算过程，评标委员会认定 E 单位，报送有关部门审批后为中标人。

本章小结 ▶▶

本章主要讲述建设工程项目招投标概述，建设工程项目施工招标，建设工程项目施工投标，建设工程项目开标、评标与定标，建设工程合同价的确定与施工合同的选择。

招标工作一定要按规定的程序进行。在招标文件编写过程中进行造价控制的主要工作在于选定合理的工程计量和计价方法。根据招标工程的具体情况，确定是否编制工程标底，编制工程标底时选择合适的编制方法，目前有定额计价法和工程量清单计价法两种。标底价格的编制，除依据设计图纸进行费用的计算外，还要考虑图纸以外的费用（如质量、工期、材料价格、工程风险等）。招标控制价是根据国家或省级建设行政主管部门颁发的有关计价依据和办法，依据拟订的招标文件和招标工程量清单，结合工程具体情况发布的招标工程的最高投标限价，其编制内容包括分部分项工程费、措施项目费、其他项目费、规费和税金。

投标企业要根据具体工程项目、自身的竞争力和当时当地的建筑市场环境对某一项工程的投标进行决策，选择适当的投标报价策略和技巧。

根据工程的具体情况选择适当的合同价款方式：单价合同、总价合同和成本加酬金合同。施工合同格式的选择可参考 FIDIC 合同格式订立的合同、《建设工程项目施工合同示范文本》或自由格式合同。施工合同签订过程中应注意：关于合同文件部分的内容、关于合同条款的约定。

复习思考题 ▶▶

一、单项选择题

1. 《中华人民共和国招标投标法》规定，邀请招标是指招标人以投标邀请书的方式邀请（　　）投标。

A. 不特定的法人；　　　　　　　　　B. 特定的法人或者其他组织；

C. 特定的法人、自然人或者其他组织；　D. 不特定的其他组织

2. 《中华人民共和国招标投标法》规定，依法必须招标的项目，投标人少于（　　）个的，招标人应当重新招标。

A. 3；　　　　　　B. 4；　　　　　　C. 5；　　　　　　D. 6

3. 关于公开招标方式的特点，叙述错误的是（　　）。

A. 招标人可以在较广的范围内选择承包商，投标竞争激烈，择优率更高；

B. 招标时间短、费用低；

C. 准备招标、对投标申请者进行资格预审和评标的工作量大；

D. 参加竞争的投标者越多，中标的机会就越小

4. 根据《工程建设项目招标范围和规模标准规定》，以下关系社会公共利益、公共安全的基础设施项目的有（　　）。

A. 生态环境保护项目；　　　　　　　B. 卫生、社会福利等项目；

C. 商品住宅，包括经济适用住房；　　D. 供水、供电、供气、供热等市政工程项目

5. 根据《工程建设项目招标范围和规模标准规定》，以下属于必须招标的标准有（　　）。

A. 施工单项合同估算价在 100 万元人民币以上的；

B. 重要设备、材料等货物的采购，单项合同估算价在 150 万元人民币以上的；

C. 勘察、设计、监理等服务的采购，单项合同估算价在 50 万元人民币以上的；

D. 单项合同估算价低于规定的标准，但项目总投资额在 2000 万元人民币以上的

6. 在工程量清单中，最能体现分部分项工程项目自身价值的本质是（　　）。

A. 项目特征；　　B. 项目编码；　　C. 项目名称；　　D. 计量单位

7. 根据《建设工程工程量清单计价规范》（GB 50500—2013）规定，下列属于规费项目清单的是（　　）。

A. 安全文明施工费；　　　　　　　　B. 城市维护建设费；

C. 生育保险费；　　　　　　　　　　D. 地方教育附加

8. 招标控制价是（　　）投标限价。

A. 最低；　　　　B. 最高；　　　　C. 平均；　　　　D. 基础

9. 关于标底与招标控制价的编制，下列说法正确的是（　　）。

A. 招标人不得自行决定是否编制标底；

B. 招标人不得规定最低投标限价；

C. 编制标底时必须同时设有最高投标限价；

D. 招标人不编制标底时应规定最低投标限价

10. 关于无标底招标的表述，错误的是（　　）。

A. 产生先低价中标，后高额索赔等不良后果；

B. 评标时，招标人对投标人的报价没有参考依据和判别基准；

C. 容易与市场造价水平脱节，不利于引导投标人理性竞争；

D. 容易出现低价中标后偷工减料，以牺牲工程质量来降低工程成本

11. 根据《建设工程工程量清单计价规范》（GB 50500—2013）规定，投标企业可以根据拟建工程的具体施工方案进行列项的清单是（　　）。

A. 分部分项工程量清单；　　　　　　　B. 措施项目清单；

C. 其他项目清单；　　　　　　　　　　D. 规费项目清单

12. 根据《招标投标法实施条例》，投标人撤回已提交的投标文件，应当在（　　）前，书面通知招标人。

A. 投标文件的截止时间；　　　　　　　B. 评标委员会开始评标；

C. 评标委员会结束评标；　　　　　　　D. 招标人发出中标通知书

13. 《招标投标法》规定，招标文件自发放之日起，至投标截止时间的期限，最短不得少于（　　）天。

A. 15；　　　　　B. 20；　　　　　C. 30；　　　　　D. 45

14. 招标人对已发出的招标文件进行的必要修改，应当在投标截止时间（　　）天内发出。

A. 7；　　　　　B. 10；　　　　　C. 14；　　　　　D. 15

15. 建设工程招标投标活动中，招标文件应当规定一个适当的投标有效期。投标有效期的开始计算之日为（　　）。

A. 开始发放招标文件之日；　　　　　　B. 投标人提交投标文件之日；

C. 投标人提交投标文件截止之日；　　　D. 停止发放招标文件之日

16. 某中标单位提交履约担保，合同价格为 200 万元，则履约担保为（　　）万元。

A. 10；　　　　　B. 20；　　　　　C. 15；　　　　　D. 30

17. 经评审的最低投标价法主要适用于（　　）。

A. 项目工程内容及技术经济指标未确定的项目；

B. 招标人对其技术、性能没有特殊要求的项目；

C. 后续费用较高的项目；

D. 风险较大的项目

18. 工程量清单计价模式下进行投标报价时，确定综合单价的工作包括：①分析各清单项目的工程内容；②确定计算基础；③计算人工、材料、机械费用；④计算工程内容的工程量与清单单位含量；⑤计算综合单价。对上述工作先后顺序的排列正确的是（　　）。

A. ①②④⑤③；　　B. ②①④③⑤；　　C. ①②④③⑤；　　D. ②①④⑤③

19. （　　）是指评标委员会对满足招标文件实质性要求的投标文件，按照规定的评分标准进行打分，并按得分由高到低的顺序推荐中标候选人，或根据招标人授权直接确定中标人，但投标报价低于其成本的除外。

A. 综合因素法；　　　　　　　　　　　B. 综合评估法；

C. 经评审的最低投标价法；　　　　　　D. 最高投标价法

20. 招标人和中标人应当在投标有效期内并在自中标通知书发出之日起（　　）日内，按照招标文件和中标人的投标文件订立书面合同。

A. 14；　　　　　B. 28；　　　　　C. 15；　　　　　D. 30

21. 合同约定不得违背招投标文件中有关工期、造价、质量等方面的实质性内容，招标文件与中标人投标文件不一致的地方，以（　　）为准。

A. 招标文件；　　　　　　　　B. 投标文件；

C. 双方协商后的协议；　　　　D. 工程造价咨询机构确定的内容

22. 根据《建设工程工程量清单计价规范》（GB 50500—2013），建设工程施工合同可以采用的合同类型为（　　）。

A. 只能是单价合同或总价合同；　　B. 只能是单价合同；

C. 实行工程量清单计价的工程，必须采用单价合同；

D. 根据工程的具体情况，可采用单价合同、总价合同或成本加酬金合同

23. 下列合同计价方式中，建设单位最容易控制造价的是（　　）。

A. 成本加浮动酬金合同；　　　　B. 单价合同；

C. 成本加百分比酬金合同；　　　D. 总价合同

24. 实际工程量与统计工程量可能有较大出入时，建设单位应采用的合同计价方式是（　　）。

A. 单价合同；　　　　　　　　B. 成本加固定酬金合同；

C. 总价合同；　　　　　　　　D. 成本加浮动酬金合同

25. 对施工承包单位而言，承担风险大的合同计价方式是（　　）方式。

A. 总价合同；　　　　　　　　B. 单价合同；

C. 成本加百分比酬金合同；　　　D. 成本加固定酬金合同

26. 根据《招标投标法实施条例》，投标保证金不得超过（　　）。

A. 招标项目估算价的 2%；　　　B. 招标项目估算价的 3%；

C. 投标报价的 2%；　　　　　　D. 投标报价的 3%

27. 下列选项中，（　　）不是关于投标的禁止性规定。

A. 投标人之间串通投标；　　　　B. 投标人与招标人之间的串通投标；

C. 招标者向投标者泄露标底；　　D. 投标人以高于成本的报价竞标

28. 根据《招标投标法》的有关规定，评标委员会由招标人的代表和有关技术、经济等方面的专家组成，成员人数为（　　）以上单数，其中技术、经济等方面的专家不得少于成员总数的 2/3。

A. 3 人；　　　　B. 5 人；　　　　C. 7 人；　　　　D. 9 人

29. 关于联合体投标的说法，正确的是（　　）。

A. 联合体投标是指投标人相互约定在招标项目中分别以高、中、低价位报价的投标；

B. 由同一专业的单位组成的联合体，按照资质等级较高的单位确定资质等级；

C. 通过资格预审的联合体，各方组成结构、职责及财务能力等条件不得改变；

D. 联合体中牵头人提交的投标保证金对其他成员不具有约束力

30. 根据《建设工程工程量清单计价规范》（GB 50500—2013）规定，工程量清单、招标控制价、投标报价等工程造价文件的编制与核对应由具有专业资格的（　　）人员承担，并对工程造价文件的质量负责。

A. 工程造价；　　B. 工程监理；　　C. 工程鉴定；　　D. 工程审计

二、多项选择题

1. 根据《招标投标法》规定，凡在我国境内进行的下列工程建设项目，必须进行招标

的是（　　）。

A. 大型基础设施、公用事业等关系社会公共利益、公众安全的项目；

B. 技术复杂、专业性强或其他特殊要求的项目；

C. 全部或者部分使用国有资金投资或国家融资的项目；

D. 使用国际组织或者外国政府贷款、援助资金的项目；

E. 采用特定专利或专有技术的项目

2. 根据《招标投标法实施条例》，视为投标人相互串通投标的情形有（　　）。

A. 投标人之间协商投标报价；

B. 不同投标人委托同一单位办理投标事宜；

C. 不同投标人的投标保证金从同一单位的账户转出；

D. 不同投标人的投标文件载明的项目管理成员为同一人；

E. 投标人之间约定中标人

3. 招标控制价招标的优点有（　　）。

A. 防止恶性哄抬报价带来的投资风险；

B. 避免了暗箱操作、寻租等违法活动的发生；

C. 预示中标后利润很丰厚；

D. 尽量减少了业主依赖评标基准价的影响；

E. 可使投标人自主报价、公平竞争，符合市场规律

4. 招标控制价的编制内容有（　　）。

A. 分部分项工程费；　　　　　　　　　　B. 措施项目费；

C. 规费；　　　　　　　　　　　　　　　D. 税金；

E. 材料费

5. 根据《招标投标法实施条例》，评标委员会应当否决投标的情形有（　　）。

A. 投标报价高于工程成本；　　　　　　　B. 投标文件未经投标单位负责人签字；

C. 投标报价低于招标控制价；　　　　　　D. 投标联合体没有提交共同投标协议；

E. 投标人不符合招标文件规定的资格条件

6. 投标报价时，确定分部分项工程量清单项目综合单价的依据有（　　）。

A. 招标文件；　　　　　　　　　　　　　B. 设计图纸；

C. 企业定额；　　　　　　　　　　　　　D.《建设工程工程量清单计价规范》；

E. 常规的施工组织设计及施工方案

7. 投标人在投标报价前研究招标文件，进行合同分析的内容包括（　　）。

A. 投标人须知；　　　　　　　　　　　　B. 合同形式分析；

C. 合同条款分析；　　　　　　　　　　　D. 图纸分析；

E. 技术标准和要求分析

8. 在投标报价时，不得作为竞争性费用的是（　　）。

A. 材料暂估价；　　　　　　　　　　　　B. 安全文明施工费；

C. 规费；　　　　　　　　　　　　　　　D. 总承包服务费；

E. 税金

9. 在评标过程中，初步评审标准包括（　　）。

A. 技术方案评审标准；　　　　　　　　　B. 资格评审标准；

C. 响应性评审标准；　　　　　　　　　D. 施工组织设计和项目管理机构评审标准；

E. 形式评审标准

10. 下列属于初步评审响应性评审标准的是 （　　　）。

A. 工程质量应符合招标文件的要求；

B. 质量管理体系与措施符合有关标准；

C. 投标保证金应符合招标文件的有关要求；

D. 投标有效期应符合招标文件的有关要求；

E. 工程进度计划与措施符合有关标准

11. 评标委员会所编制的评标报告，其主要内容包括 （　　　）。

A. 评标委员会成员名单；　　　　　　　B. 评标报告的撰写人；

C. 中标人名单；　　　　　　　　　　　D. 废标情况说明；

E. 开标记录

12. 关于联合体投标，下列说法中正确的是 （　　　）。

A. 联合体各方应当指定牵头人；

B. 各方签订共同投标协议后，不得再以自己的名义在同一项目单独投标；

C. 联合体投标应当向招标人提交由所有联合体成员法定代表人签署的授权书；

D. 同一专业的单位组成联合体，资质等级就低不就高；

E. 提交投标保证金必须由牵头人实施

三、名词解释

建设工程项目招标；建设工程项目投标；经评审的最低投标价法；综合评估法；招标控制价；标底；突然降价法

四、简答题

1. 招标投标的基本原则有哪些？

2. 简述建设工程项目强制招标的范围及规模标准。

3. 招投标阶段影响工程造价的因素有哪些？

4. 招投标阶段工程造价管理的内容是什么？

5. 标底对招标人控制工程造价哪些作用？

6. 简述招标标底与招标控制价的关系。

7. 简述公开招标的程序。

8. 简述投标报价的程序。

9. 简述评标的原则及评标委员会的组建要求。

10. 投标人的投标报价策略及技巧有哪些？

11. 简述招标人与投标人串通投标的情形。

12. 建设工程施工合同根据合同计价方式的不同分为哪三种？

第七章

建设工程项目施工阶段工程造价管理

学习目标 ▶▶

1. 了解建设工程项目施工阶段与工程造价的关系，施工阶段工程造价管理的工作内容及工作程序，施工阶段工程造价控制的措施。

2. 熟悉工程施工计量程序、依据及方法。

3. 熟悉施工组织设计优化方法及途径。

4. 掌握工程变更和合同价款的调整。

5. 掌握工程索赔的处理原则和计算。

6. 掌握我国施工合同条件下工程价款的结算与管理。

7. 熟悉项目资金计划的编制，掌握投资偏差分析方法及纠正措施。

8. 了解 FIDIC 合同条件下工程价款的结算。

关键术语 ▶▶

工程变更；工程索赔；工程价款结算；投资偏差分析；施工组织优化；施工合同条件

第一节　概　　述

一、建设工程项目施工阶段与工程造价的关系

建设工程项目施工阶段是按照设计文件、图纸等要求，具体组织施工建造的阶段，即把设计蓝图付诸实践的过程。在实践中，往往把施工阶段作为工程造价管理的重要阶段和主要阶段。承包商通过施工生产活动完成建设工程项目产品的实物形态，建设工程项目投资的绝大部分支出花费都在这个阶段。由于建设工程项目施工是一个动态系统的过程，涉及环节多、难度大、多式多样；另外设计图纸、施工条件、市场价格等因素的变化都会直接影响工程的实际价格；加上建设单位、施工单位、监理单位、设备材料供应商等在施工阶段各处于不同的利益主体，他们之间的相互交叉、相互影响、相互制约必然加大工程造价管理的难度。所以，这一阶段的工程造价管理最为复杂，是工程造价确定与控制理论和方法的重点和难点所在。

建设工程项目施工阶段工程造价控制的目标，就是把工程造价控制在承包合同价或施工图预算内，并力求在规定的工期内生产出质量好、造价低的建设（或建筑）产品。

二、建设工程项目施工阶段影响工程造价的因素

工程建设是一个开放的系统，与外界保持密切深入的联系。社会的、经济的、自然的等因素会不断地作用于工程建设这个系统，其表现之一在于对工程造价的全面影响。施工阶段影响工程造价的外在和内在因素主要包括以下三个方面。

（一）社会经济因素

社会经济因素是不可控制的因素，但对工程造价的影响却是直接的，社会经济因素是工程造价控制的重要内容。

（1）宏观经济政策 在施工阶段，国家宏观的财政政策、税收政策、利率、汇率、费率的调整和变化直接影响着工程造价。在通常情况下，财政和税收政策的变化和调整，在签订施工合同时，均不在承包人应承担的风险范围内，即一旦发生政策的变化应对工程造价进行调整。利率的调整将会直接影响建设期内贷款利息的支出，从而影响工程造价，对承包商而言，可能影响到流动资金获取、贷款利息的变化和成本的变动。对于利用外汇的建设项目，汇率的变化也会直接影响工程造价。建筑工程费率的变化也影响工程造价的变动。这些因素往往成为合同价格调整、风险识别与分担计算的直接依据。

（2）物价因素 在施工阶段前，关于物价上涨的影响通常都要进行预测与估算，而在施工实施阶段则成为一个现实的问题，也是合同双方利益的焦点。物价因素对工程造价的影响是非常敏感的，尤其是建设周期长的工程，物价因素对建设单位的影响主要体现在可调合同中，一般对物价上涨的影响明确了具体的调价办法。对固定价合同，虽然在形式上在施工阶段对物价上涨的波动不予调整，即不影响工程造价，但是物价上涨的风险费用已包含在合同之中，而且对施工单位成本的影响是非常大的。

（二）人为因素

人的认知是有限的，因此人的行为也会出现偏差。例如在施工阶段，对事情的主观判断失误、错误的指令、不合理的变更、认知的局限性、管理的不当行为等都可能导致工程造价的增加。人为因素对工程造价的影响包括：业主的行为因素、承包商的行为因素、工程师的行为因素和设计方的行为因素。

（1）业主的行为因素 主要包括：①业主原因造成的工期延误、暂停施工；②业主要求的赶工；③业主要求的不合理变更引起的费用增加；④业主合理分包造成的费用增加；⑤工程延误支付，承包人要求的利息索赔费用；⑥业主的错误指令等其他行为导致的费用增加或引起的索赔。

（2）承包商的行为因素 主要包括：①施工方案不合理和施工组织不力导致工效降低；②由于承包人原因引起的赶工措施项目费用；③由于承包人违约导致的分包商和业主的索赔；④由于承包人的工作失误导致的损失费用；⑤由于成本管理的不善造成成本增加。

承包商行为的影响通常不会造成工程交易价格的增加，但会使承包商的建筑成本增加，减少了承包利润，甚至因此有亏损的风险。因而施工成本的控制也应该是施工阶段造价管理

的重要内容。

（3）工程师的行为因素   主要包括：①工程师的错误指令导致的承包商赔偿；②工程师未按照规定的时间到场进行工程计量，可能导致的损失；③工程师其他行为导致的工程造价增加，如虚假、不规范的签证等。

（4）设计方的行为因素   主要包括：①不合理的设计变更导致的工程造价增加；②设计失误导致的损失；③设计的行为失误造成的损失。如提供图样不及时导致的承包人的损失而引起的索赔。

（三）自然因素

建设工程项目由于规模大、不可移动性、建设周期长导致了受自然因素影响比较大。自然因素分为两类，第一类是不可抗力的自然灾害，如洪水、台风、地震、滑坡、泥石流等。在施工阶段遇到不可抗力的自然灾害对工程造价的影响将是巨大的，这类风险的规避一般采用工程保险转嫁风险。但是保险费用也是工程造价的组成部分，客观上增加了工程造价。第二类是自然条件，如地质、地貌、气象、气温等。不利的工程地质条件和水文地质条件的变化是施工中常常遇到的问题，其往往导致设计的变更和施工难度的增加，而设计变更和施工方案的改变会引起工程造价的增加。为应对自然条件的恶劣影响，需要采取措施改变施工条件，也会在一定程度上增加工程造价。

三、施工阶段工程造价管理的主要内容

施工阶段工程造价管理的主要内容包括以下内容：
① 施工方案的技术经济分析；
② 投资目标的分解与资金使用计划的编制；
③ 工程计量与合同价款管理；
④ 工程变更的控制；
⑤ 工程索赔的控制；
⑥ 投资偏差分析；
⑦ 竣工结算的审核。

四、施工阶段工程造价管理的工作程序

建设工程项目施工阶段的涉及面很广，涉及的人员很多，与造价控制有关的工作也很多，现对实际情况加以适当简化，列出施工阶段的造价控制工作流程图，如图 7-1 所示。

五、施工阶段工程造价管理的措施

众所周知，建设工程项目的投资主要发生在施工阶段，在这一阶段需要投入大量的人力、物力、资金等，是建设工程项目费用消耗最多的时期，浪费投资的可能性比较大。因此，精心地组织施工，挖掘各方面的潜力，节约资源消耗，可以收到节约投资的明显效果。对施工阶段的投资应给予足够的重视，仅仅靠控制工程款的支付是不够的，应从组织、经济、技术、合同等多方面采取措施，控制投资。

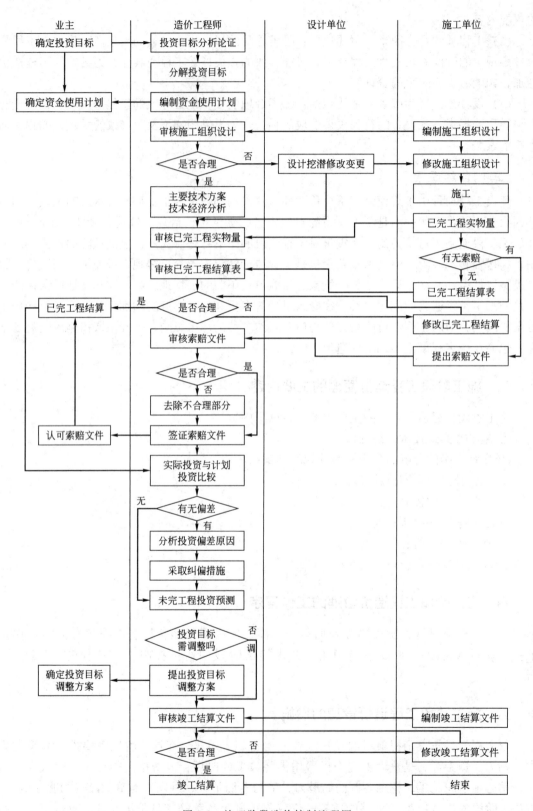

图 7-1　施工阶段造价控制流程图

（一）组织措施

① 建立合理的项目组织结构，明确组织分工，落实各个组织、人员的任务分工和职能分工等。

② 编制本阶段投资控制工作计划和建立主要管理工作的详细工作流程图。如资金支付的程序、采购的程序、设计变更的程序、索赔的程序等。

③ 委托或聘请有关咨询机构或工程经济专家做好施工阶段必要的技术经济分析与论证。

（二）经济措施

① 编制资金使用计划，确定、分解投资控制目标。对工程项目造价目标进行风险分析，并制订防范性对策。

② 按照相关规定进行工程计量，复核工程付款账单，签发付款证书。

③ 在施工过程中进行投资跟踪控制，定期地进行投资实际支出值与计划目标值的比较，发现偏差，分析产生偏差的原因，采取纠偏措施。

④ 协商确定工程变更价款，审核竣工结算。

⑤ 对工程施工过程中的投资支出做好分析与预测，经常或定期向建设单位提交项目投资控制及其存在问题的报告。

⑥ 对节约工程造价的合理化建议进行奖励。

（三）技术措施

① 对设计变更进行技术经济比较，严格控制设计变更。

② 继续寻找通过设计挖潜节约投资的可能性。

③ 审核承包商编制的施工组织设计，对主要施工方案进行技术经济分析。

（四）合同措施

① 做好工程施工记录，保存各种文件图纸，特别是注有实际施工变更情况的图纸，注意积累素材，为正确处理可能发生的索赔提供依据，参与处理索赔事宜。

② 参与合同修改、补充工作，着重考虑它对投资控制的影响。

③ 参与并按一定程度及时处理索赔事宜。

第二节　工　程　计　量

一、工程计量的重要性

（一）工程计量是控制工程造价的关键环节

工程计量是指根据设计文件及承包合同中关于工程量计量的规定，项目管理机构对承包商申报的已完成工程的工程量进行的核验。合同条件中明确规定工程量表中开列的工程量是该工程的估算工程量，不能作为承包商应予完成的实际和确切的工程量。因为工程量表中的工程量是在编制招标文件时，在图纸和规范的基础上估算的工程量，不能作为结算工程价款的依据，而必须通过项目管理机构对已完成的工程进行计量。经过项目管理机构计量所确定的数量才是向承包商支付任何款项的凭证。

（二）计量是约束承包商履行合同义务的手段

计量不仅是控制投资费用支出的关键环节，同时也是约束承包商履行合同义务、强化承包商合同意识的手段。FIDIC 合同条件规定，业主对承包商的付款，是以工程师批准的付款证书为凭据的，工程师对计量支付有充分的批准权和否决权。对于不合格的工作和工程，工程师可以拒绝计量。同时，工程师通过按时计量，可以及时掌握承包商工作的进展情况和工程进度。当工程师发现工程进度严重偏离计划目标时，可要求承包商及时分析原因、采取措施、加快进度。因此，在施工过程中，项目管理机构可以通过计量支付手段，控制工程按合同约定进行。

二、工程计量的程序

（一）《建设工程施工合同（示范文本）》（GF-2013-0201）约定的程序

1. 计量原则

工程量计量按照合同约定的工程量计算规则、设计图及变更指示等进行。工程量计算规则应以相关的国家标准、行业标准等为依据，由合同当事人在专用合同条款中约定。

2. 计量周期

除专用合同条款另有约定外，工程量的计量按月进行。

3. 单价合同的计量

除专用合同条款另有约定外，单价合同的计量按照本项约定执行。

① 承包人应于每月 25 日向监理人报送上月 20 日至当月 19 日已完成的工程量报告，并附具进度付款申请单、已完成工程量报表和有关资料。

② 监理人应在收到承包人提交的工程量报告后 7 天内完成对承包人提交的工程量报表的审核，并报送发包人，以确定当月实际完成的工程量。监理人对工程量有异议的，有权要求承包人进行共同复核或抽样复测。承包人应协助监理人进行复核或抽样复测，并按监理人要求提供补充计量资料。承包人未按监理人要求参加复核或复测的，监理人复核或修正的工程量视为承包人实际完成的工程量。

③ 监理人未在收到承包人提交的工程量报表后的 7 天内完成审核的，承包人报送的工程量报告中的工程量视为承包人实际完成的工程量，据此计算工程价款。

4. 总价合同的计量

除专用合同条款另有约定外，按月计量支付的总价合同，按照本项约定执行：

① 承包人应于每月 25 日向监理人报送上月 20 日至当月 19 日已完成的工程量报告，并附具进度付款申请单、已完成工程量报表和有关资料。

② 监理人应在收到承包人提交的工程量报告后 7 天内完成对承包人提交的工程量报表的审核，并报送发包人，以确定当月实际完成的工程量。监理人对工程量有异议的，有权要求承包人进行共同复核或抽样复测。承包人应协助监理人进行复核或抽样复测，并按监理人要求提供补充计量资料。承包人未按监理人要求参加复核或抽样复测的，监理人审核或修正

的工程量视为承包人实际完成的工程量。

③ 监理人未在收到承包人提交的工程量报表后的 7 天内完成复核的，承包人提交的工程量报告中的工程量视为承包人实际完成的工程量。

5. 总价合同采用支付分解表计量支付

可以按照总价合同的计量约定进行计量，但合同价款按照支付分解表进行支付。

6. 其他价格形式合同的计量

合同当事人可在专用合同条款中约定其他价格形式合同的计量方式和程序。

（二）FIDIC 施工合同约定的程序

按照 FIDIC 施工合同约定，当工程师要求测量工程的任何部分时，应向承包商代表发出合理通知，承包商代表应：

① 及时亲自或另派合格代表，协助工程师进行测量。

② 提供工程师要求的任何具体材料。

如果承包商未能到场或派代表到场，工程师（或其代表）所做测量应作为准确测量，予以认可。

除合同另有规定外，凡需根据记录进行测量的任何永久工程，此类记录应由工程师准备。承包商应根据记录或被提出要求时，到场与工程师对记录进行检查和协商，达成一致后，应在记录上签字。如果承包商未到场，应认为该记录准确，予以认可。

如果承包商检查后不同意该记录，应向工程师发出通知，说明认为该记录不准确的部分。工程师收到通知后，应审查该记录，进行确认或更改。如果承包商被要求检查记录后 14 天内没有发出此类通知，该记录应作为准确记录予以认可。

三、工程计量的依据

计量依据一般有质量合格证书、工程量清单计价规范、技术规范中的"计量支付"条款和设计图纸。也就是说，计量时必须以这些资料为依据。

（一）质量合格证书

对于承包商已完成的工程，并不是全部进行计量，而只是质量达到合同标准的已完成的工程才予以计量。所以工程计量必须与质量管理紧密配合，经过专业工程师检验，工程质量达到合同规定的标准后，由专业工程师签署报验申请表（质量合格证书），只有质量合格的工程才予以计量。所以说，质量管理是计量管理的基础，计量又是质量管理的保障。应当通过计量支付，强化承包商的质量意识。

（二）工程量清单计价规范和技术规范

工程量清单计价规范和技术规范是确定计量方法的依据，因为工程量清单计价规范和技术规范的"计量支付"条款规定了清单中每一项工程的计量方法，同时还规定了按规定的计量方法确定的单价所包括的工作内容和范围。

某高速公路技术规范计量支付条款规定：所有道路工程、隧道工程和桥梁工程中的路面工程按各种结构类型及各层不同厚度分别汇总，并且以图纸所示或工程师指示为依据，根据工程师验收的实际完成数量，以"m²"为单位分别计量。计量方法是根据路面中心线的长度乘以图纸所表明的平均宽度，再加上单独测量的岔道、加宽路面、喇叭口和道路交叉处的面积，以"m²"为单位计量。除工程师书面批准外，凡超过图纸所规定的任何宽度、长度、面积或体积均不予计量。

（三）设计图纸

单价合同以实际完成的工程量进行结算，凡是被工程师计量的工程数量，并不一定是承包商实际施工的数量。计量的几何尺寸要以设计图纸为依据，工程师对承包商超出设计图纸要求增加的工程量和自身原因造成返工的工程量不予计量。

例如，在京津塘高速公路施工管理中，灌注桩的计量支付条款中规定按设计图纸以"m"计量，其单价包括所有材料及施工的各项费用。根据这个规定，如果承包商做了 35m 的灌注桩，而桩的设计长度为 30m，则只计量 30m，业主按 30m 付款。承包商多做的 5m 灌注桩所消耗的钢筋及混凝土材料，业主不予补偿。

四、工程计量的方法

工程师一般只对以下三个方面的工程项目进行计量：

① 工程量清单中的全部项目；
② 合同文件中规定的项目；
③ 工程变更项目。

（一）《建设工程施工合同（示范文本）》（GF-2013-0201）的工程计量方法

1. 单价合同计量

单价合同工程量必须以承包人完成合同工程应予计量的工程量确定，是按照现行《计量规范》规定的工程量计算规则计算得到的。施工中工程计量时，若发现招标工程量清单中出现缺项、工程量偏差，或因工程变更引起工程量增减，应按承包人在履行合同义务中完成的工程量计量。具体的计量方法如下：

① 承包人应当按照合同约定的计量周期和时间，向发包人提交当期已完工程量报告。发包人应在收到报告后 7 天内核实，并将核实计量结果通知承包人。发包人未在约定时间内进行核实的，则承包人提交的计量报告中所列的工程量应视为承包人实际完成的工程量。

② 发包人认为需要进行现场计量核实时，应在计量前 24 小时通知承包人，承包人应为计量提供便利条件并派人参加。当双方均同意核实结果时，双方应在上述记录上签字确认。承包人收到通知后不派人参加计量，视为认可发包人的计量核实结果。发包人不按照约定时间通知承包人，致使承包人未能派人参加计量，计量核实结果无效。

③ 当承包人认为发包人核实后的计量结果有误时，应在收到计量结果通知后的 7 天内向发包人提出书面意见，并附上其认为正确的计量结果和详细的计算资料。发包人收到书面意见后，应在 7 天内对承包人的计量结果进行复核后通知承包人。承包人对复核计量结果仍有异议的，按照合同约定的争议解决办法处理。

④ 承包人完成已标价工程量清单中每个项目的工程量后，发包人应要求承包人派人共同对每个项目的历次计量报表进行汇总，以核实最终结算工程量。发承包双方应在汇总表上签字确认。

2. 总价合同计量

用经审定批准的施工图纸及其预算方式发包形成的总价合同，除按照工程变更规定引起的工程量增减外，总价合同各项目的工程量是承包人用于结算的最终工程量。总价合同的项目计量应以合同工程经审定批准的施工图纸为依据，发承包双方应在合同中约定工程计量的形象目标或时间节点进行计量。具体的计量方法如下：

① 承包人应在合同约定的每个计量周期内对已完成的工程进行计量，并向发包人提交达到工程形象目标完成的工程量和有关计量资料的报告。

② 发包人应在收到报告后 7 天内对承包人提交的上述资料进行复核，以确定实际完成的工程量和工程形象目标。对其有异议的，应通知承包人进行共同复核。

（二）FIDIC 合同条件的工程计量方法

根据 FIDIC 合同条件的规定，一般可按照以下方法进行计量。

1. 均摊法

所谓均摊法，就是对清单中某些项目的合同价款，按合同工期平均计量。

例如，为造价管理者提供宿舍、保养测量设备、保养气象记录设备、维护工地清洁和整洁等。这些项目都有一个共同的特点，即每月均有发生，所以可以采用均摊法进行计量支付。如保养气象记录设备，每月发生的费用是相同的，如果本项合同款为 2000 元，合同工期为 20 个月，则每月计量、支付的款额为 2000 元/20 月＝100 元/月。

2. 凭据法

所谓凭据法，就是按照承包商提供的凭据进行计量支付。例如，建筑工程险保险费、第三方责任险保险费、履约保证金等项目，一般按凭据法进行计量支付。

3. 估价法

所谓估价法，就是按合同文件的规定，根据工程师估算的已完成的工程价值支付。例如，为工程师提供办公设施和生活设施，为工程师提供用车，为工程师提供测量设备、天气记录设备、通信设备等项目。这类清单项目往往要购买几种仪器设备，当承包商对于某一项清单项目中规定购买的仪器设备不能一次性购进时，则需采用估价法进行计量支付。其计量过程如下：

① 按照市场的物价情况，对清单中规定购置的仪器设备分别进行估价；

② 按下式计量支付金额。

$$F = A \times B / D \tag{7-1}$$

式中　　F——计算支付的金额；

　　　　A——清单所列该项的合同金额；

　　　　B——该项实际完成的金额；

　　　　D——该项全部仪器设备的总估算价格。

从式(7-1) 可知：

① 该项实际完成金额 B 必须按估算各种设备的价格计算，它与承包商购进的价格无关。

② 估算的总价与合同工程量清单的款额无关。

显然，估价的款额与最终支付的款额无关，最终支付的款额总是合同清单中的款额。

4.断面法

断面法主要用于取土坑或填筑路堤土方的计量。对于填筑土方工程，一般规定计量的体积为原地面线与设计断面所构成的体积。采用这种方法计量，在开工前承包商需测绘出原地形的断面，并需经工程师检查，作为计量的依据。

5.图纸法

在工程量清单中，许多项目采取按照设计图纸所示的尺寸进行计量。例如：混凝土构筑物的体积、钻孔桩的桩长等。

6.分解计量法

所谓分解计量法，就是将一个项目，根据工序或部位分解为若干子项。对完成的各子项进行计量支付。这种计量方法主要是为了解决一些包干项目或较大的工程项目的支付时间过长，影响承包商的资金流动等问题。

第三节　施工组织设计的优化

一、施工组织设计对工程造价的影响

施工组织设计是由施工单位编制的，用以指导施工准备和组织施工的技术经济文件，是施工企业管理现场施工的内部法规。它的任务是：在充分研究工程客观条件和施工特点的基础上，结合本企业的技术力量、装备与管理水平，对人力、资金、材料、机械和施工方法等五个基本要素，进行统筹规划、合理安排、全面组织；充分利用有限的空间和时间，采用先进的施工技术，选择经济合理的施工方案；建立正常的生产秩序和有效的管理方法，力求用最少的资源和财力取得质量高、成本低、工期短、效益好和用户满意的建设（或建筑）产品。

施工组织设计和工程造价的关系是密不可分的，施工组织设计决定着工程造价的水平，而工程造价又对施工组织设计起着完善、促进的作用。要建成一项工程项目，可能会有多种施工方案，但每种方案所花费的人力、物力、财力是不同的，即材料价额的确定，施工机械的选用，人工工日、机械台班与材料消耗量，施工组织平面布置，施工年度投资计划等。要选择一种既切实可行又节约投资的施工方案，就要用工程造价来考核其经济合理性，决定取舍。

在施工阶段，工程估算（施工图预算，或投标报价，或合同价）的每个工程量清单子目都是根据一定的施工条件制订的，而施工条件有相当一部分是由施工组织设计确定的。因此，施工组织设计决定着工程造价的编制，并决定着工程结算的编制与确定，而工程造价又是反映和衡量施工组织设计是否切实可行、经济、合理的依据。因此，施工组织设计的优化是控制工程造价的有效渠道，施工组织设计是技术与经济相结合的文件，最终目的是提高经济效益，节约工程总造价。

二、施工组织设计优化方法

优化施工组织设计，就是通过科学的方法，对多方案的施工组织设计进行技术经济分析、比较，从中择优确定最佳的方案。优化施工组织设计的方法有定性分析法、多指标定量分析法和价值工程分析法等。

（一）定性分析法

定性分析法，就是根据过去积累的经验对施工方案、施工进度计划和施工平面布置的优劣进行分析。如施工平面设计是否合理，主要看场地是否合理利用、临时设施费用是否适当；施工进度计划中各主要工程的工期是否恰当，一般可按经验数据和工期定额进行分析。定性分析法较为简便，但不精确，要求设计者、造价工程师必须有丰富的施工经验和较高的管理水平。

（二）多指标定量分析法

多指标定量分析法是目前经常采用的方法，它是通过一系列技术经济指标的计算、对比分析，然后根据指标的高低分析判断优劣的方法。

1. 施工进度计划指标

施工进度计划是施工组织的中心，通过施工进度计划可以把施工中的各项工作有机地联系起来，确保施工任务的顺利完成。因此，施工进度计划是否合理，对整个施工影响很大。施工进度是否合理，常用工期、均衡性和竣工率三个指标来衡量。

（1）工期　施工工期是指从正式开工到竣工验收结束为止所经历的时间。工期是否合理应以在满足计划（或合同）规定的前提下费用最低为标准。按工程造价的构成，工程成本由直接费和间接费两部分组成。一般是在合理组织和正常施工条件下完成时，直接费最低。如果在此标准下要赶工或延工，则直接费将随之相应增加。而间接费是随着工期缩短而减少，它们之间的关系如图 7-2 所示。直接费与间接费曲线叠加起来可得到总成本曲线。与总成本曲线的最低点对应的施工时间，即为最佳的工期。所以，我们在确定工期时，应尽可能接近最佳工期。

（2）施工的均衡性　这是衡量施工进度计划合理性的又一重要指标。施工不均衡，就必

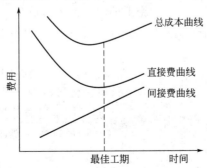

图 7-2　施工工期与费用的关系图

然会出现时紧时松，人力和物资不能充分利用，造成资金周转缓慢、物资供应困难、生产秩序混乱，必然影响劳动生产率、工程质量和安全生产。

$$工程量(材料)均衡系数 = \frac{某分项工程施工期内工程量(材料)最高需用量}{某分项工程施工期内工程量(材料)平均需用量} \quad (7\text{-}2)$$

$$用工人数均衡系数 = \frac{施工前期内最高用工数}{施工期内平均用工数} \quad (7\text{-}3)$$

$$工程量均衡系数 = \frac{施工期内完成最高工作量}{施工期内平均完成工作量} \quad (7\text{-}4)$$

以上各指标越趋近于1，则其均衡性越好。这些指标常用于对整个工程项目均衡性的对比，对某一单位工程意义不大。

（3）竣工率 它是反映建筑工程竣工投产情况的主要指标，分为房屋建筑面积竣工率（多用于民用建筑）和单项或单位工程竣工率（常用于工业建筑）。

$$房屋建筑面积竣工率(\%) = \frac{本期房屋建筑竣工面积}{本期房屋建筑施工面积} \times 100\% \quad (7\text{-}5)$$

$$单项（单位）工程竣工率（\%） = \frac{本期单项（单位）工程竣工个数}{本期单项（单位）工程施工个数} \times 100\% \quad (7\text{-}6)$$

2. 施工机械化程度指标

施工过程中施工机械化程度高低对加快施工进度、保证施工质量、提高劳动生产率、降低工程成本具有十分重要的意义。

（1）施工机械化程度指标

$$工程机械化程度(\%) = \frac{某工种工程利用机械完成实物量}{某工种工程全部实物量} \times 100\% \quad (7\text{-}7)$$

$$\frac{综合机械化}{程度(\%)} = \frac{\Sigma(各工种工程利用机械完成实物量 \times 各相应工种工程的人工定额工日)}{\Sigma(各工种工程全部实物量 \times 各相应工种工程的人工定额工日)}$$

$$(7\text{-}8)$$

（2）机械效率指标

$$机械效率(\%) = \frac{施工期内机械计划完成产量}{施工期内机械平均总能力} \times 100\% \quad (7\text{-}9)$$

或

$$机械效率(\%) = \frac{施工期内机械计划工作台班数}{施工期内机械总台班数} \times 100\% \quad (7\text{-}10)$$

（3）机械能力利用率指标 这是衡量施工方案中安排的施工机械能力是否能够得到充分利用的指标。

$$机械能力利用率(\%) = \frac{施工期某机械平均台班计划产量}{该机械台班定额产量} \times 100\% \quad (7\text{-}11)$$

$$式中，施工期某机械平均台班计划产量 = \frac{施工期某机械计划完成的工程量}{该机械计划作业台班数} \quad (7\text{-}12)$$

3. 工程成本指标

工程成本是指施工企业完成单位建筑安装工程所支出的全部费用总和，它是评价和优化施工组织设计的重要指标。

$$成本降低率(\%)=\frac{预算成本-计划成本}{预算成本}\times100\%=\frac{工程成本降低额}{预算成本}\times100\% \quad (7\text{-}13)$$

式中：预算成本是指施工工程按预算价格计算的成本；计划成本是指施工工程计划支出的成本总额。

$$平方米造价降低率(\%)=\frac{预算每平方米建筑面积造价-计划每平方米建筑面积造价}{预算每平方米建筑面积造价}\times100\%$$
$$(7\text{-}14)$$

$$劳动生产率提高率(\%)=\frac{本工程劳动生产率-历史最高劳动生产率}{历史最高劳动生产率}\times100\% \quad (7\text{-}15)$$

$$用工节约率(\%)=\frac{预算用工-计划用工}{预算用工}\times100\% \quad (7\text{-}16)$$

$$材料节约率(\%)=\frac{某材料预算用量-该材料计划用量}{某材料预算用量}\times100\% \quad (7\text{-}17)$$

4. 工程质量指标

工程质量评价只能在竣工验收后，根据工程质量指标评定。但在施工组织设计中应确定计划质量目标，以便为此目标努力。工程质量指标常用合格品率、优良品率和返工损失费率三个指标。

$$合格品率(\%)=\frac{合格单位工程个数(或建筑面积)}{验收鉴定的单位工程个数(或建筑面积)}\times100\% \quad (7\text{-}18)$$

$$优良品率(\%)=\frac{优良的单位工程个数(或建筑面积)}{验收鉴定的单位工程个数(或建筑面积)}\times100\% \quad (7\text{-}19)$$

$$返工损失费率(\%)=\frac{全年(或工期内)累计返工损失金额}{全年(或工期内)累计完成投资总额}\times100\% \quad (7\text{-}20)$$

5. 施工安全指标

施工安全评价只能在事后进行，但在施工方案中必须有相应的安全措施计划及其指标。施工安全指标常用负伤率和事故严重程度两个。

$$负伤率(\%)=\frac{本期事故负伤次数}{本期职工平均人数}\times100\% \quad (7\text{-}21)$$

$$事故严重程度(\%)=\frac{本期内事故负伤歇工次数}{本期事故负伤人数}\times100\% \quad (7\text{-}22)$$

（三）价值工程分析法

运用价值工程的基本原理来优化施工方案，同样可以达到优化施工组织设计，节约工程总造价的目的。

【例 7-1】 某单位工程，在进行了技术经济分析和专家调查的基础上，提出了 A、B、C 三个施工方案。其中 A：480 元/m²；B：560 元/m²；C：450 元/m²。经有关专家讨论，决定从质量 F1、安全 F2、进度 F3、费用 F4 四个技术经济指标对该三个方案进行评价，并采用 0～1 评分法对各技术经济指标的重要程度进行评分，其结果见表 7-1。三个方案各技术经济指标的得分见表 7-2。

表 7-1 0~1 评分法表

指标	F1	F2	F3	F4
F1	×	0	1	1
F2		×	1	1
F3			×	0
F4				×

表 7-2 技术经济指标得分

得分　方案　指标	A	B	C
F1	10	10	10
F2	10	10	10
F3	10	10	10
F4	10	10	10

问题：

1. 试确定各技术经济指标的权重。

2. 确定最优施工方案。

【解】 本工程技术经济指标得分和权重计算表见表 7-3。

表 7-3 技术经济指标得分和权重计算表

指标	F1	F2	F3	F4	得分	修正得分	权重
F1	×	0	1	1	2	3	3/10=0.3
F2	1	×	1	1	3	4	4/10=0.4
F3	0	0	×	0	0	1	1/10=0.1
F4	0	0	0	×	1	2	2/10=0.2
合计					6	10	1.000

（1）计算方案的功能指标，见表 7-4。

表 7-4 功能指数计算表

技术经济指标	权重	A	B	C
F1	0.3	10×0.3=3	8×0.3=2.4	9×0.3=2.7
F2	0.4	8×0.4=3.2	10×0.4=4	7×0.4=2.8
F3	0.1	8×0.1=0.8	10×0.1=1	10×0.1=1
F4	0.2	10×0.2=2	7×0.2=1.4	8×0.2=1.6
合计	1.0	9.00	8.8	8.1
功能指数		9/(9+8.8+8.1)=0.3475	8.8/25.9=0.3398	8.1/25.9=0.3127

（2）计算各方案的成本指数：

方案 A 成本指数：480/(480+560+450)=480/1490=0.3221

方案 B 成本指数：560/1490＝0.3758

方案 C 成本指数：450/1490＝0.3020

（3）计算各方案的价值指数：

方案 A 价值指数：0.3475/0.3221＝1.0789

方案 B 价值指数：0.3398/0.3758＝0.9042

方案 C 价值指数：0.3127/0.3020＝1.0354

因为，方案 A 价值指数大于方案 B、C，所以选择方案 A 进行施工最佳。

总之，经上述定性与定量分析方法，从而优选出最佳施工组织设计方案（含施工方案、施工进度计划方案和施工平面布置方案），为顺利进行施工，生产出合格产品和控制工程造价奠定了良好的基础。

三、施工组织设计优化途径

施工组织设计的优化实际上是一个决策的过程。一方面，施工单位要在充分研究工程项目客观情况和施工特点的基础上，对可能要采取的多个施工和管理方案进行技术经济分析和比较，选择投入资源少、质量高、成本低、工期短、效益好的最佳方案；另一方面，造价工程师应根据所建工程项目的实际情况及其所处的地质和气候条件、经济环境和施工单位的能力，深入分析施工单位提交的施工组织设计，进一步寻求多个改进方案，选择其中的最优方案，并力促施工单位能够接受最优方案，使工程项目造价控制在所确定的目标之内。施工组织设计的优化应充分考虑全局，抓住主要矛盾，预见薄弱环节，实事求是地做好施工全过程的合理安排。

（一）重视并充分做好施工准备工作

在编制投标文件过程中，要充分熟悉设计图纸、招标文件，要重视现场踏勘，编制出一份科学合理的施工组织设计文件。为了响应招标要求和中标，要对施工组织设计进行优化，确保工程中标，并有一个合理的、预期的利润水平。

工程中标后，承包人要着手编制详尽的施工组织设计。在选择施工方案、确定进度计划和技术组织措施之前，必须熟悉以下内容：

① 设计文件；

② 工程性质、规模和施工现场情况；

③ 工期、质量和造价要求；

④ 水文、地质和气候条件；

⑤ 物资运输条件；

⑥ 人、机、物的需用量及本地材料市场价格等具体的技术经济条件等，为优化"施工组织设计"提供科学合理的依据。

（二）施工进度安排要均匀

在工程施工中，根据施工进度算出人工、材料、机械设备的使用计划，避免人工、机械、材料的大进大出，浪费资源。图 7-3 反映的是工期与工程造价的关系：在合理工期 $t_合$ 内，工程造价最低为 $C_合$；实际工期比合理工期 $t_合$ 提前 t_1 或拖后 t_2，都意味着造价的提高（$C_1 > C_合$，$C_2 > C_合$）。在确保工期的前提下，保证施工按进度计划有节奏地进行，实现合

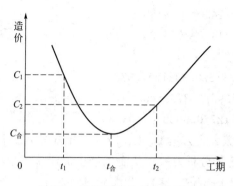

图 7-3　工期与造价关系曲线图

同约定的质量目标和预期的利润水平，提高综合效益。

（三）组建精干的项目管理机构，组织专业队伍流水作业

施工现场项目管理机构和施工队伍要精干，减少计划外用工，降低计划外人工费支出，充分调动职工的积极性和创造性，提高工作效率。施工技术与管理人员要掌握施工进度计划和施工方案，能够在施工中组织专业队伍连续交叉作业，尽可能组织流水施工，使工序衔接合理紧密，避免窝工。这样，既能提高工程质量，保证施工安全，又可以降低工程成本。

（四）提高机械的利用率，降低机械使用费

机械设备在选型和搭配上要合理，充分考虑施工作业面、施工强度和施工工序。在不影响总进度的前提下，对局部进度计划做适当的调整，做到一机多用，充分发挥机械的作用，提高机械的利用率，达到降低机械使用费从而降低工程成本的目的。

例如在土石方工程施工中，反铲挖掘机可以用于如开挖土石方、挖沟、削坡、清理基础、撬石、安装直径 1m 以内的管道、混凝土运输、拆除建筑物等多项工程的施工，但行走距离不能太远。

（五）以提高经济效益为主导，选用施工技术和施工方案

在满足合同质量要求的前提下，采用新材料、新工艺、新技术，减少主要材料的浪费损耗，杜绝返工、返修，合理降低工程造价。对新材料、新工艺、新技术的采用要进行技术经济分析比较，要经过充分的市场调查和询价，选用质优价廉的材料；在保证机械完好率的条件下，用最小的机械消耗和人工消耗，最大限度地发挥机械的利用率，尽量减少人工作业，以达到缩短工序作业时间的目的，所以优选成本低的施工方案和施工工艺对提高经济效益具有重要意义。

（六）确保施工质量，降低工程质量成本

1. 工程质量成本

工程质量成本，又称工程质量造价，是指为使竣工工程达到合同约定的质量目标所发生的一切费用，包括以下两部分内容。

（1）质量保障和检验成本　即保证工程达到合同质量目标要求所支付的费用，包括工程质量检测与鉴定成本和工程质量预防成本。

工程质量检测与鉴定成本是工程施工中正常检测、实验和验收所需的费用和用以证实产

品质量的仪器费用的总和，包括：材料抽样委外检测费；常规检测、试验费；仪器的购买和使用费；仪器本身的检测费；质量报表费用等。

工程质量预防成本是施工中为预防工程所购材料不合格所需要的费用总和，包括：质量管理体系的建立费用；质量管理培训费用（质量管理人员业务培训）；质量管理办公费；收集和分析质量数据费用；改进质量控制费用（引进先进合理的质量检测仪器，如核子密度仪、面波仪、探伤仪等）；新材料、新工艺、新技术的评审费用；施工规范、试验规程、质量评定标准等有效版本技术文件的购买费用；工程技术咨询费用等。

（2）质量失败补救成本　即完工工程未达到合同的质量标准要求（返工和返修等）所造成的损失及处置工程质量缺陷所发生的费用，包括工程质量问题成本和工程质量缺陷成本。

工程质量问题成本是在工程施工中由于工程本身不合格而进行处置的费用总和，包括：返工费用；返修费用；重新检验费用；质量检测与鉴定费用；停工费；成本损失费用等。

工程质量缺陷成本是工程交工后在保修期（缺陷通知期）内，因施工质量原因造成的工程不合格而进行处置的费用总和，包括：质量检测与鉴定费用；返修费用；返工费用；设备更换费用；损失赔偿费等。

2. 工程质量成本控制

控制好工程质量成本，必须消灭工程质量问题成本和缺陷成本，同时要提高质量检测的工作效率，减少预防成本支出。为此，要把握好材料进场质量关，控制好施工过程的质量，改进质量控制方法。这样就可能消灭工程质量问题成本和缺陷成本，从而降低部分工程质量预防成本，使工程质量成本降到最低水平，即只发生工程质量鉴定成本和部分工程质量预防成本。因此，工程质量成本是完全可以控制的。

综上所述，通过对施工组织设计的优化，能够使其在工程施工过程中真正发挥作用，不仅能够满足合同工期和工程质量要求，而且能大大降低工程成本，降低工程造价，提高综合效益。

第四节　工程变更及其价款确定

一、工程变更概述

（一）工程变更的概念

工程变更是指合同工程实施过程中，由发包人提出或由承包人提出，经发包人批准的合同工程任何一项工作的增、减、取消或施工工艺、顺序、时间的改变，设计图纸的修改，施工条件的改变，招标工程量清单的错、漏，从而出现了与签订合同时的预计条件不一致的情况，引起合同条件的改变或工程量的增减变化。

（二）工程变更产生的原因

在工程项目实施过程中，由于建设周期长，涉及的经济关系和法律关系复杂，受自然条件和客观因素的影响大，导致项目的实际情况与项目招投标时的情况相比，会发生一些变化。如：发包人修改项目计划对项目有了新的要求；因设计错误而对图纸的修改；施工变化发生了不可预见的事故；政府对建设工程项目有了新的要求等。

工程变更常常会导致工程量变化、施工进度变化等情况，这些都有可能使项目的实际造价超出原来的预算造价，因此，必须严格控制、密切注意其对工程造价的影响。

（三）工程变更的内容

工程变更包括设计变更、进度计划变更、施工条件变更、工程量清单中未包括的"新增工程"等。大部分的变更往往需经设计单位发出相应图纸和说明后方可变更，即最终表现为设计变更。因此，变更可分为设计变更和其他变更两大类。

1. 设计变更

设计变更常常包括更改工程有关部分的高程、基线、位置、尺寸；增减合同中约定的工程量；改变有关工程的施工时间和顺序；其他有关工程变更需要的附加工作。在施工中如果发生设计变更，将对施工进度产生很大影响，容易造成投资失控，因此应尽量减少设计变更。对必须变更的，应先做工程量和造价的分析。国家严禁通过设计变更扩大建设规模，增加建设内容，提高建设标准。变更超过原设计标准建设规模时，发包人应经规划管理部门和其他有关部门重新审查批准，并由原设计单位提供变更的相应图纸和说明后，方可发出变更通知。

2. 其他变更

合同履行中除设计变更外，其他能够导致合同内容变更的都属于其他变更。如：发包人要求变更工程质量标准、双方对工期要求的变化、施工条件和环境的变化导致施工机械和材料的变化等。

二、《建设工程施工合同（示范文本）》（GF-2013-0201）的工程变更

（一）工程变更的范围与变更权

1. 工程变更的范围和内容

履行合同中发生以下情形之一的，经发包人同意，监理人可按合同约定的变更程序向承包人发出变更指标：

① 增加或减少合同中任何工作，或追加额外的工作；
② 取消合同中任何工作，但转由他人实施的工作除外；
③ 改变合同中任何工作的质量标准或其他特性；
④ 改变工程的基线、标高、位置和尺寸；
⑤ 改变工程的时间安排或实施顺序。

2. 工程变更权

发包人和监理人均可以提出变更。由于工程变更会带来工程造价和工期的变化，为了有效控制工程造价，无论任何一方提出工程变更，变更指示均通过监理人发出，监理人发出变更指示前应征得发包人同意。承包人收到经发包人签认的变更指示后，方可实施变更。未经许可，承包人不得擅自对工程的任何部分进行变更。涉及设计变更的，应由设计人提供变更

后的图样和说明。如变更超过原设计标准或批准的建设规模时，发包人应及时办理规划、设计变更等审批手续。

当工程变更发生时，要求工程师及时处理并确认变更的合理性，其确认工程变更的一般步骤是：①提出工程变更；②分析提出的工程变更对项目目标的影响；③分析有关的合同条款、会议、通信记录；④向业主提交变更评估报告（确定处理变更所需要的费用、时间范围和质量要求）；⑤确认工程变更。

（二）工程变更程序

（1）发包人提出变更。发包人提出变更的，应通过监理人向承包人发出变更指示，变更指示应说明计划变更的工程范围和变更的内容。

（2）监理人提出变更建议。监理人提出变更建议的，需要向发包人以书面形式提出变更计划，说明计划变更工程范围和变更的内容、理由，以及实施该变更对合同价格和工期的影响。发包人同意变更的，由监理人向承包人发出变更指示。发包人不同意变更的，监理人无权擅自发出变更指示。

（3）变更执行。承包人收到监理人下达的变更指示后，认为不能执行，应立即提出不能执行该变更指示的理由。承包人认为可以执行变更的，应当书面说明实施该变更指示对合同价格和工期的影响，且双方约定确定工程变更估价。

2012版《简明标准施工招标文件》规定，承包人应在收到变更指示14天内，向监理人提交变更报价书。监理人应审查，并在收到承包人提交的变更报价书后14天内，与发包人和承包人共同商定此估价。在未达成协议的情况下，监理人应确定该估价。

（三）工程变更估价

1. 工程变更估价程序

承包人应在收到变更指示后14天内，向监理人提交变更估价申请。报价内容应根据变更估价原则，详细开列变更工作的价格组成及其依据，并附必要的施工方法说明和有关图样。变更工作影响工期的，承包人应提出调整工期的具体细节。监理人应在收到承包人提交的变更估价申请后7天内审查完毕并报送发包人，监理人对变更估价申请有异议，通知承包人修改后重新提交。发包人应在承包人提交变更估价申请后14天内审批完毕。发包人逾期未完成审批或未提出异议的，视为认可承包人提交的变更估价申请。

因变更引起的价格调整应计入最近一期的进度款中支付。

2. 工程变更估价的确定原则

《建设工程施工合同（示范文本）》（GF-2013-0201）约定了工程变更估价的确定原则，其内容如下：

① 已标价工程量清单或预算书有相同项目的，按照相同项目单价认定。

② 已标价工程量清单或预算书无相同项目，但有类似项目的，参照类似项目的单价认定。

③ 变更导致实际完成的变更工程量与已标价工程量清单或预算书中列明的该项目工程量相比变化幅度超过15%的，或已标价工程量清单或预算书中无相同项目及类似项目单价的，按照合理的成本与利润构成的原则，由合同当事人按照商定或确定的方式确定变更工作的单价。

合同当事人进行商定或确定时，总监理工程师应当会同合同当事人尽量通过协商达成一致，不能达成一致的，由总监理工程师按照合同约定审慎做出公正的确定。总监理工程师应将确定结果以书面形式通知发包人和承包人，并附详细依据。合同当事人对总监理工程师的确定没有异议的，按照总监理工程师的确定执行。任何一方合同当事人有异议，按照"争议解决"约定处理。争议解决前，合同当事人暂按总监理工程师的确定执行；争议解决后，争议解决的结果与总监理工程师的确定不一致的，按照争议解决的结果执行，由此造成的损失由责任人承担。

（四）承包人的合理化建议

承包人提出合理化建议的，应向监理人提交合理化建议说明，说明建议的内容和理由，以及实施该建议对合同价格和工期的影响。除专用合同条款另有约定外，监理人应在收到承包人提交的合理化建议后7天内审查完毕并报送发包人，发现其中存在技术上的缺陷，应通知承包人修改。发包人应在收到监理人报送的合理化建议后7天内审批完毕。合理化建议经发包人批准的，监理人应及时发出变更指示，由此引起的合同价格调整按照变更估价约定执行。发包人不同意变更的，监理人应书面通知承包人。

合理化建议降低了合同价格或者提高了工程经济效益的，发包人可对承包人给予奖励，奖励的方法和金额在专用合同条款中约定。

（五）工程变更引起的工期调整

因变更引起工期变化的，合同当事人均可要求调整合同工期，由合同当事人按照"商定或确定"的方式，并参考工程所在地的工期定额标准确定增减工期天数。

（六）暂列金额与计日工

暂列金额应按照发包人的要求使用，发包人的要求应通过监理人发出。尽管暂列金额列入合同价格，但并不属于承包人所有，也不必然发生。只有按照合同约定实际发生后，才成为承包人的应得金额，纳入合同结算款中。

需要采用计日工方式的，经发包人同意后，由监理人通知承包人以计日工计价方式实施相应的工作，其价款按列入已标价工程量清单或预算书中的计日工计价项目及其单价进行计算。已标价工程量清单或预算书中无相应的计日工单价的，按照合理的成本与利润构成的原则，由合同当事人按照商定确定变更工作的单价。

采用计日工计价的任何一项工作，承包人应在该项工作实施过程中，每天提交一下报表和有关凭证报送监理人审查：①工作名称、内容和数量；②投入该工作的所有人员的姓名、专业、工种、级别和耗用工时；③投入该工作的材料类别和数量；④投入该工作的施工设备型号、台数和耗用台时；⑤其他有关资料和凭证。

计日工由承包人汇总后，列入最近一期进度付款申请单，由监理人审查并经发包人批准后列入进度付款。

（七）暂估价

在工程招标阶段已经确定的材料、工程设备或专业工程项目，但无法在当时确定准确价格，而可能影响招标效果的，可由发包人在工程量清单中给定一个暂估价。暂估价专业分包工程、服务、材料和工程设备的明细由合同当事人在专用合同条款中约定。

1. 依法必须招标的暂估价项目

对于依法必须招标的暂估价项目，采用以下第 1 种方式确定。合同当事人也可以在专用合同条款中选择其他招标方式。

第 1 种方式：对于依法必须招标的暂估价项目，由承包人招标，对该暂估价项目的确认和批准按照以下约定执行：

① 承包人应当根据施工进度计划，在招标工作启动前 14 天将招标方案通过监理人报送发包人审查，发包人应当在收到承包人报送的招标方案后 7 天内批准或提出修改意见。承包人应当按照经发包人批准的招标方案开展招标工作。

② 承包人应当根据施工进度计划，提前 14 天将招标文件通过监理人报送发包人审批，发包人应当在收到承包人报送的相关文件后 7 天内完成审批或提出修改意见；发包人有权确定招标控制价并按照法律规定参加评标。

③ 承包人与供应商、分包人在签订暂估价合同前，应当提前 7 天将确定的中标候选供应商或中标候选分包人的资料报送发包人，发包人应在收到资料后 3 天内与承包人共同确定中标人；承包人应当在签订合同后 7 天内，将暂估价合同副本报送发包人留存。

第 2 种方式：对于依法必须招标的暂估价项目，由发包人和承包人共同招标确定暂估价供应商或分包人的，承包人应按照施工进度计划，在招标工作启动前 14 天通知发包人，并提交暂估价招标方案和工作分工。发包人应在收到后 7 天内确认。确定中标人后，由发包人、承包人与中标人共同签订暂估价合同。

2. 不属于依法必须招标的暂估价项目

对于不属于依法必须招标的暂估价项目，采取以下第 1 种方式确定。

第 1 种方式：对于不属于依法必须招标的暂估价项目，按以下约定确认和批准。

① 承包人应根据施工进度计划，在签订暂估价项目的采购合同、分包合同前 28 天向监理人提出书面申请。监理人应当在收到申请后 3 天内报送发包人，发包人应当在收到申请后 14 天内给予批准或提出修改意见，发包人逾期未予批准或提出修改意见的，视为该书面申请已获得同意。

② 发包人认为承包人确定的供应商、分包人无法满足工程质量或合同要求的，发包人可以要求承包人重新确定暂估价项目的供应商、分包人。

③ 承包人应当在签订暂估价合同后 7 天内，将暂估价合同副本报送发包人留存。

第 2 种方式：承包人按照"依法必须招标的暂估价项目"约定的第 1 种方式确定暂估价项目。

第 3 种方式：承包人直接实施的暂估价项目。

承包人具备实施暂估价项目的资格和条件的，经发包人和承包人协商一致后，可由承包人自行实施暂估价项目，合同当事人可以在专用合同条款中约定具体事项。

【例 7-2】 某工程基础底板的设计厚度为 1m，承包商根据以往的施工经验，认为设计有问题，未报监理工程师，即按 1.2m 施工，多完成的工程量在计量时监理工程师（ 　　 ）。

A. 不予计量　　　　　　　　B. 计量一半

C. 予以计量　　　　　　　　D. 由业主与施工单位协商处理

分析：因施工方不得对工程设计进行变更，未经工程师同意擅自更改，发生的费用和由此导致发包人的直接损失，由承包人承担，故答案为 A。

工程变更处理流程图见图 7-4。

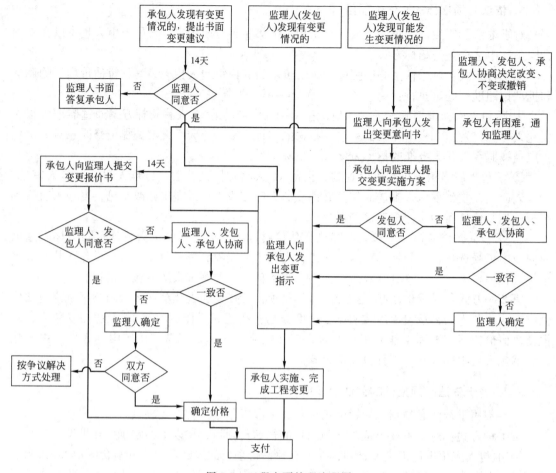

图 7-4 工程变更处理流程图

三、FIDIC 合同条件下的工程变更

（一）工程变更

根据 FIDIC 施工合同条件规定，在颁发工程接收证书前的任何时间，工程师可通过发布指示或要求承包商提交建议书的方式，提出变更。

承包商应遵守并执行每项变更，除非承包商立即向工程师发出通知，说明（附详细根据）承包商难以取得变更所需的货物。工程师接到此类通知后，应取消、确认或改变原指示。

（二）变更范围

① 改变合同中任何工作的工程量。合同实施过程中出现实际工程量与招标文件提供的"工程量清单"不符，工程量按实际计量的结果，单价在双方合同专用条款内约定。

② 任何工作质量或其他特性的变更。如提高或降低质量标准。

③ 工程任何部分高程、位置和尺寸的改变。

④ 删减任何合同约定的工作内容。取消的工作应是不再需要的工作，不允许用变更指令的方式将承包范围内的工作变更给其他承包商实施。

⑤ 改变原定的施工顺序或时间安排。

⑥ 进行永久工程所必需的任何附加工作、永久设备、材料供应或其他服务，包括任何联合竣工检验以及勘察工作。

⑦ 新增工程按单独合同对待，除非承包人同意此项按变更对待，一般应将新增工程按一个单独合同来对待。

（三）变更程序

① 工程师将计划变更事项通知承包商，并要求承包商提出实施变更建议书。

② 承包商应尽快做出书面回应，或提出不能照办的理由（如果情况如此），或提交依据工程师的指示递交实施变更的说明，包括对实施工作的计划以及说明、对进度计划做出修改的建议、对变更估价的建议、提出变更费用的要求。若承包商由于非自身原因无法执行此项变更，承包商立刻通知工程师。

③ 工程师收到此类建议书后，应尽快给予批准、不批准或提出意见的回复。

④ 承包商在等待答复期间，不应延误任何工作，应由工程师向承包商发出执行每项变更并附做好各项记录的任何要求的指示，承包商应确认收到该指示。

（四）变更估价

各项工作内容的适宜费率或价格，应为合同对此类工作内容规定的费率或价格。如合同中无某项内容，应取类似工作的费率或价格。但在以下情况下，宜对有关工作内容采取新的费率或价格。

① 该项工作测出的数量变化超过工程量表或其他资料表中所列数量的10％以上。

② 此数量变化与该项工作上述规定的费率或单价的乘积，超过中标合同金额的0.01％。

③ 由数量变化直接导致该项工作的单位工程费用变动超过1％。

④ 合同中没有规定该项工作为"固定费率项目"。

【例7-3】 某项工作发包方提出的估计工程量为1500m³，合同中规定工程单价为16元/m³，实际工程量超过10％时，调整单价，单价为15元/m³，结束时实际完成工程量1800m³，则该项工作工程款为多少元？

【解】 $1500 \times (1+10\%) = 1650(m^3)$

$1650 \times 16 + (1800-1650) \times 15 = 28650(元)$

（五）承包商申请的变更

承包商根据工程施工的具体情况，可以向工程师提出对合同内任何一个项目或工作的详细变更请求报告。未经工程师批准，承包商不得擅自变更。若工程师同意，则按发布变更指令的程序执行。

承包商可随时向工程师提交书面建议，提出其认为建议采纳后将加快竣工，降低雇主的工程施工、维护或运行的费用，提高雇主的竣工工程的效率或价值，或给雇主带来其他利益的建议。

四、工程变更类引起的合同价款调整

合同履行过程中，工程变更、项目特征不符、工程量清单缺项、工程量偏差、计日工引起的合同价款调整都属于工程变更类引起的合同价款调整，对工程变更类引起的合同价款调整做出规定的主要有《建设工程施工合同（示范文本)》（GF-2013-0201）和《建设工程工程量清单计价规范》（GB 50500—2013）等，具体如下。

（一）工程变更引起的合同价款调整

1. 已标价工程量清单项目或其工程数量发生变化的情形

因工程变更引起已标价工程量清单项目或其工程数量发生变化时，应按照下列规定调整。

① 已标价工程量清单中有适用于变更工程项目的，采用该项目的单价；但当工程变更导致该清单项目的工程数量增加 15% 以上时，增加部分的工程量的综合单价应予调低；当工程量减少 15% 以上时，减少后剩余部分的工程量的综合单价应予调高。且该变化引起相关措施项目相应发生变化时，按系数或单一总价方式计价的，工程量增加的措施项目费调增，工程量减少的措施项目费调减。

② 已标价工程量清单中没有适用但有类似于变更工程项目的，可在合理范围内参照类似项目的单价。

③ 已标价工程量清单中没有适用也没有类似于变更工程项目的，应由承包人根据变更工程资料、计量规则和计价办法、工程造价管理机构发布的信息价格（信息价格缺价的，应由承包人通过市场调查等取得有合法依据的市场价格）和承包人报价浮动率，提出变更工程项目的单价，并应报发包人确认后调整，承包人报价浮动率可按下列公式计算：

$$招标工程：承包人报价浮动率 L=(1-中标价/招标控制价)\times100\% \tag{7-23}$$
$$非招标工程：承包人报价浮动率 L=(1-报价/施工图预算)\times100\% \tag{7-24}$$

某工程招标控制价为 8413935 元，中标人的投标报价为 7972289 元，承包人报价浮动率可以用公式求出：

$$L=(1-中标价/招标控制价)\times100\%=(1-7972289/8413935)\times100\%=5.25\%$$

2. 施工方案改变并引起措施费发生变化的情形

因工程变更引起施工方案改变并使措施项目发生变化时，承包人提出调整措施项目费的，应事先将拟实施的方案提交发包人确认，并应详细说明与原方案措施项目相比的变化情况。拟实施的方案经发承包双方确认后执行，并按照下列规定调整措施项目费。

① 安全文明施工费应按照实际发生变化的措施项目，按国家或省级、行业建设主管部门的规定计算。

② 采用单价计算的措施项目费，应按照实际发生变化的措施项目，按上述①的规定确定单价。

③ 按总价（或系数）计算的措施项目费，按照实际发生变化的措施项目调整，但应考虑承包人的报价浮动因素，即调整金额按照实际调整金额乘以上述承包人报价浮动率计算。

如果承包人未事先将拟实施的方案提交给发包人确认，则应视为工程变更不引起措施项目费的调整或承包人放弃调整措施项目费的权利。

3. 删减合同中的任何一项工作的情形

当发包人提出的工程变更因非承包人原因删减了合同中的某项原定工作或工程，致使承包人发生的费用或（和）得到的收益不能被包括在其他已支付或应支付的项目中，也未被包含在任何替代的工作或工程中，则承包人有权提出并得到合理的利润补偿。

(二) 项目特征不符

发包人在招标工程量清单中对项目特征的描述，应被认为是准确的和全面的，并且与实际施工要求相符合。承包人应按照发包人提供的工程量清单，根据其项目特征描述的内容及有关要求实施合同工程，直到其被改变为止。

承包人应按照发包人提供的设计图纸实施合同工程，若在合同履行期间出现设计图纸（含设计变更）与招标工程量清单任一项目的特征描述不符，且该变化引起该项目的工程造价增减变化的，应按照实际施工的项目特征，按上述工程变更的规定重新确定相应工程量清单项目的综合单价，并调整合同价款。

(三) 工程量清单缺项

① 合同履行期间，由于招标工程量清单中缺项，新增分部分项工程清单项目的，应按照上面工程变更第1.①条的规定确定单价，并调整合同价款。

② 新增分部分项工程量清单项目后，引起措施项目发生变化的，应按照上面工程变更第1.②条的规定，在承包人提交的实施方案被发包人批准后调整合同价款。

③ 由于招标工程量清单中措施项目缺项，承包人应将新增措施项目实施方案提交发包人批准后，按照上面工程变更第①、②条的规定调整合同价款。

(四) 工程量偏差

工程量偏差是指承包人按照合同工程的图纸（含经发包人批准由承包人提供的图纸）实施，按照现行国家计量规范规定的工程量计算规则，计算得到的完成合同工程项目应予计量的工程量，与相应的招标工程量清单项目列出的工程量之间出现的量差。合同履行期间，当应予计算的实际工程量与招标工程量清单出现偏差，且符合下列规定时，发承包双方应调整合同价款。

① 对于任一招标工程量清单项目，如果因工程量偏差和工程变更等原因导致工程量偏差超过15％时，可进行调整。当工程量增加15％以上时，增加部分的工程量的综合单价应予调低；当工程量减少15％以上时，减少后剩余部分的工程量的综合单价应予调高。

② 当工程量出现上述变化，且该变化引起相关措施项目相应发生变化时，按系数或单一总价方式计价的，工程量增加的措施项目费调增，工程量减少的措施项目费调减。

(五) 计日工

计日工是指在施工过程中，承包人完成发包人提出的工程合同范围以外的零星项目或工作，按合同中约定的单价计价的一种方式。发包人通知承包人以计日工方式实施的零星工作，承包人应予执行。

① 采用计日工计价的任何一项变更工作，在该变更的实施过程中，承包人按合同约定，提交下列报表和有关凭证送发包人复核：

a. 工作名称、内容和数量；

b. 投入该工作所有人员的姓名、工种、级别和耗用工时；

c. 投入该工作的材料名称、类别和数量；

d. 投入该工作的施工设备型号、台数和耗用台时；

e. 发包人要求提交的其他资料和凭证。

② 任一计日工项目持续进行时，承包人应在该项工作实施结束后的24小时内，向发

包人提交有计日工记录汇总的现场签证报告，一式三份。发包人在收到承包人提交现场签证报告后的 2 天内，予以确认并将其中一份返还给承包人，作为计日工计价和支付的依据。发包人逾期未确认也未提出修改意见的，应视为承包人提交的现场签证报告已被发包人认可。

③ 任一计日工项目实施结束后，承包人应按照确认的计日工现场签证报告核实该类项目的工程数量，并根据核实的工程数量和承包人已标价工程量清单中的计日工单价计算，提出应付价款；已标价工程量清单中没有该类计日工单价的，由发承包双方按照《工程量清单计价规范》的工程变更规定商定计日工的单价计算。

④ 每个支付期末，承包人应按照《工程量清单计价规范》的进度款规定，向发包人提交本期间所有计日工记录的签证汇总表，并应说明本期间自己认为有权得到的计日工金额，调整合同价款，列入进度款支付。

第五节 工 程 索 赔

一、工程索赔概述

（一）工程索赔的概念

索赔是在工程承包合同履行中，当事人一方因对方不履行或不完全履行合同所规定的义务或出现了应当由对方承担的风险而遭受损失时，向另一方提出赔偿要求的行为。在实际工作中，索赔是"双向"的，既包括承包商向发包人提出的索赔，也包括发包人向承包商提出的索赔。但在工程实践中，发包人索赔数量较小，而且处理方便，可以通过冲账、扣拨工程款、扣保修金等方式来实现对承包人的索赔；而承包商对发包人的索赔则比较困难一些。通常情况之下，索赔是指在合同实施过程中，承包人（施工单位）对非自身原因造成的损失而要求发包人给予补偿的一种权利要求。而发包人对承包商提出的索赔则通常被称为反索赔。

（二）工程索赔成立的条件

索赔的性质属于经济补偿行为，而不是惩罚。索赔成立须具备以下三个条件：

① 索赔事件发生是非承包商的原因。由于发包人违约，发生应由发包人承担责任的特殊风险或遇到不利的自然灾害等情况。

② 索赔事件的发生确实使承包商蒙受了损失。

③ 索赔事件发生后，承包商在规定的时间范围内，按照索赔的程序，提交了索赔意向书及索赔报告。

（三）索赔与变更的关系

有的变更会带来索赔，但并不是所有的变更都必然会带来索赔，二者之间既有联系又有区别。

（1）联系　由于索赔与变更的处理都是由于施工单位完成了工程量表中没有规定的额外工作，或者是在施工过程中发生了意外事件，由发包人（建设单位）或者监理工程师按照合同规定给予承包商一定的费用补偿或者工期延长。

（2）区别　变更是发包人（建设单位）或者监理工程师提出变更要求（指令）后，主动与承包商协商确定一个补偿额；而索赔则是承包商根据法律和合同的规定，对他认为有权得到的权益主动向发包人（建设单位）提出的费用、工期补偿要求。

（四）工程索赔产生原因

1. 当事人违约

当事人没有按照合同约定履行自己的义务。当事人违约分为发包人违约、承包人违约和第三人违约。

（1）发包人违约　根据我国《建设工程施工合同（示范文本）》（GF-2013-0201）规定，在合同履行过程中发生的下列情形，属于发包人违约：

① 因发包人原因未能在计划开工日期前 7 天内下达开工通知的；

② 因发包人原因未能按合同约定支付合同价款的；

③ 发包人取消合同中任何工作，自行实施被取消的工作或转由他人实施的；

④ 发包人提供的材料、工程设备的规格、数量或质量不符合合同约定，或因发包人原因导致交货日期延误或交货地点变更等情况的；

⑤ 因发包人违反合同约定造成暂停施工的；

⑥ 发包人无正当理由没有在约定期限内发出复工指示，导致承包人无法复工的；

⑦ 发包人明确表示或者以其行为表明不履行合同主要义务的；

⑧ 发包人未能按照合同约定履行其他义务的。

【例 7-4】　发包人违约导致的索赔。

某工程项目，合同规定发包人为承包人提供三级路面标准的现场公路。由于发包人选定的工程局在修路中存在问题，现场交通道路在相当一段时间内未达到合同标准。承包人的车辆只能在路面块石垫层上行使，造成轮胎严重超常磨损，承包人提出索赔。工程师批准了对 208 条轮胎及其他零配件的费用补偿，共计 1900 万日元。

（2）承包人违约　根据我国《建设工程施工合同（示范文本）》（GF-2013-0201）规定，在合同履行过程中发生的下列情形，属于承包人违约：

① 承包人违反合同约定进行转包或违法分包的；

② 承包人违反合同约定采购和使用不合格的材料和工程设备的；

③ 因承包人原因导致工程质量不符合合同要求的；

④ 承包人违反材料与设备专用要求的约定，未经批准，私自将已按照合同约定进入施工现场的材料或设备撤离施工现场的；

⑤ 承包人未能按施工进度计划及时完成合同约定的工作，造成工期延误的；

⑥ 承包人在缺陷责任期及保修期内，未能在合理期限对工程缺陷进行修复，或拒绝按发包人要求进行修复的；

⑦ 承包人明确表示或者以其行为表明不履行合同主要义务的；

⑧ 承包人未能按照合同约定履行其他义务的。

（3）第三人造成的违约　在履行合同过程中，一方当事人因第三人的原因造成违约的，应当向对方当事人承担违约责任。一方当事人和第三人之间的纠纷，依照法律规定或者按照约定解决。

2. 工程师不当行为

① 工程师发出的指令有误。

② 工程师未按合同规定及时向承包商提供指令、批准、图纸或未履行其他义务。

③ 工程师对承包商的施工组织进行不合理的干预，对施工造成影响。

从施工合同的角度，工程师的不当行为给承包商造成的损失由业主承担。

3. 不可抗力事件

指当事人在订立合同时不能预见、对其发生和后果不能避免也不能克服的事件。建设工程项目施工中的不可抗力包括战争、动乱、空中飞行物坠落或其他非发包人责任造成的爆炸、火灾以及专用条款约定程度的风、雪、洪水、地震等自然灾害。

【例 7-5】 不利自然条件导致的索赔。

某港口工程在施工过程中，承包人在某一部位遇到了比合同标明的更多、更加坚硬的岩石，开挖工作变得更加困难，工期拖延了 4 个月。这种情况就是承包人遇到了与原合同规定不同的、无法预料的不利自然条件，工程师应给予证明，发包人应当给予工期延长及相应的额外费用补偿。

4. 合同缺陷

合同缺陷指合同文件规定不严谨或有矛盾，合同中有遗漏或错误。

合同文件应能相互解释，互为说明。当合同文件内容不相一致时，除专用条款另有约定外，合同的文件的优先解释顺序为：

① 合同协议书；

② 合同专用条款；

③ 中标通知书；

④ 投标书及其附件；

⑤ 合同通用条款；

⑥ 标准、规范及有关技术文件；

⑦ 图纸；

⑧ 工程量清单；

⑨ 工程报价单或预算书。

当合同文件内容含糊不清时，在不影响工程正常进行的情况下，由承发包双方协商解决，双方也可以提请工程师做出解释。双方协商不成或不同意工程师解释时，按争议约定处理。

由于合同文件缺陷导致承包商费用增加和工期延长，发包人给予补偿。

5. 合同变更

合同变更的表现形式有设计变更、追加或取消某些工作、施工方法变更、合同规定的其他变更等。

6. 其他第三方原因

在施工合同履行中，需要有多方面的协助和协调，与工程有关的第三方的问题会给工程带来不利的影响。

（五）工程索赔分类

1. 按索赔涉及当事人分类

① 承包商与业主之间的索赔。

② 承包商与分包商之间的索赔。

③ 承包商与供货商之间的索赔。

2. 按索赔依据分类

（1）合同规定明示的索赔　索赔涉及的内容在合同中能找到依据，如工程变更、暂停施工造成的索赔。

（2）非合同规定默示的索赔　索赔内容和权利虽然难以在合同中直接找到，但可以根据合同的某些条款的含义，推论出承包人有索赔权。

3. 按索赔目的分类

（1）工期索赔　由于非承包人责任的原因而导致施工进度延误，要求批准顺延合同工期的索赔。

（2）费用索赔　由于发包人的原因或发包人应承担的风险，导致承包人增加开支而给予的费用补偿。

4. 按索赔事件的性质分类

按索赔事件的性质可以将工程索赔分为工程延误索赔、工程变更索赔、合同被迫终止索赔、工程加速索赔、意外风险和不可预见因素索赔和其他索赔。

（1）工程延误索赔　因发包人未按合同要求提供施工条件，如未及时交付设计图纸、施工现场、道路等，或因发包人指令工程暂停或不可抗力事件等原因造成工期拖延的，承包人对此提出索赔。这是工程中常见的一类索赔。

（2）工程变更索赔　由于发包人或监理工程师指令增加或减少工程量或增加附加工程、修改设计、变更工程顺序等，造成工期延长和费用增加，承包人对此提出索赔。

（3）合同被迫终止索赔　由于发包人或承包人违约以及不可抗力事件等原因造成合同非正常终止，无责任的受害方因其蒙受经济损失而向对方提出索赔。

（4）工程加速索赔　由于发包人或工程师指令承包人加快施工速度、缩短工期，引起承包人人、财、物的额外开支而提出的索赔。

（5）意外风险和不可预见因素索赔　在工程实施过程中，因人力不可抗拒的自然灾害、特殊风险以及一个有经验的承包人通常不能合理预见的不利施工条件或外界障碍，如地下水、地质断层、溶洞、地下障碍物等引起的索赔。

（6）其他索赔　如因货币贬值、汇率变化、物价、工资上涨、政策法令变化等原因引起的索赔。

二、工程索赔处理原则及程序

（一）工程索赔处理原则

1. 以合同为依据

不论索赔事件来自于何种原因，在索赔处理中，都必须在合同中找到相应的依据。在不同的合同条件下，这些依据很可能是不同的。如不可抗力导致的索赔，国内《施工合同文本》与 FIDIC 合同条件下，由承包商还是业主承担风险的规定是不同的。工程师必须详细了解合同条件、协议条款等，以合同为依据来评价处理合同双方的利益纠纷。

合同文件包括合同协议、图纸、合同条件、工程量清单、双方有关工程的洽商、变更、来往函件等。

2．及时合理地处理索赔

索赔事件发生后，索赔的提出应当及时，索赔的处理也应当及时。索赔处理得不及时，对双方都会产生不利的影响。如承包人的索赔长期得不到合理解决，可能会影响承包商的资金周转，从而影响施工进度。处理索赔还必须坚持合理性，既维护业主利益，又要照顾承包方实际情况。如由于业主的原因造成工程停工，承包方提出索赔，机械停工损失按机械台班计算、人工窝工按人工单价计算，显然是不合理的。机械停工由于不发生运行费用，应按折旧费补偿，对于人工窝工，承包方可以考虑将工人调到别的工作岗位，实际补偿的应是工人由于更换工作地点及工种造成的工作效率降低而发生的费用。

3．加强主动控制，减少工程索赔

在工程实施过程中，应对可能引起的索赔进行预测，尽量采取一些预防措施，避免索赔发生。

（二）工程索赔的处理程序

1．《建设工程项目施工合同示范文本》（GF-2013-0201）中有关索赔的规定及程序

① 承包人应在知道或应当知道索赔事件发生后 28 天内，向监理人递交索赔意向通知书，并说明发生索赔事件的事由；承包人未在前述 28 天内发出索赔意向通知书的，丧失要求追加付款和（或）延长工期的权利。

② 承包人应在发出索赔意向通知书后 28 天内，向监理人正式递交索赔报告；索赔报告应详细说明索赔理由以及要求追加的付款金额和（或）延长的工期，并附必要的记录和证明材料。

③ 索赔事件具有持续影响的，承包人应按合理时间间隔继续递交延续索赔通知，说明持续影响的实际情况和记录，列出累计的追加付款金额和（或）工期延长天数。

④ 在索赔事件影响结束后 28 天内，承包人应向监理人递交最终索赔报告，说明最终要求索赔的追加付款金额和（或）延长的工期，并附必要的记录和证明材料。

2．FIDIC 合同条件规定的工程索赔程序

（1）承包商发出索赔通知　承包商在察觉或应当察觉事件或情况后 28 天内，向工程师发出。

（2）承包商递交详细的索赔报告　承包商在察觉或应当察觉事件或情况后 42 天内，向工程师递交详细的索赔报告。若引起索赔的事件连续影响，承包商每月递交中间索赔报告，说明累计索赔延误时间和金额，在索赔事件产生影响结束后 28 天内，递交最终索赔报告。

（3）工程师答复　工程师在收到索赔报告或对过去索赔的任何进一步证明资料后 42 天内，做出答复。

工程索赔提出程序见图 7-5。

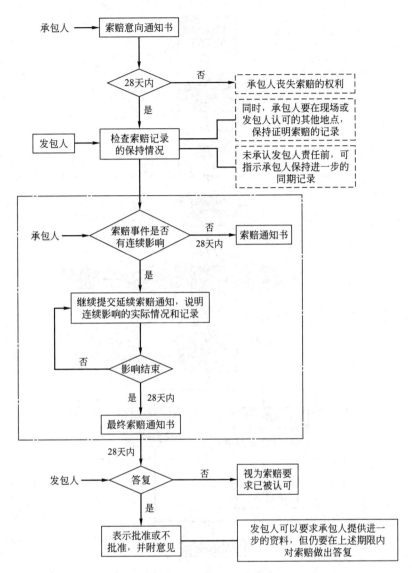

图 7-5 工程索赔提出程序

3. 发包人对承包人索赔的处理程序

对承包人索赔的处理如下:

① 监理人应在收到索赔报告后 14 天内完成审查并报送发包人。监理人对索赔报告存在异议的,有权要求承包人提交全部原始记录副本。

② 发包人应在监理人收到索赔报告或有关索赔的进一步证明材料后的 28 天内,由监理人向承包人出具经发包人签认的索赔处理结果。发包人逾期答复的,则视为认可承包人的索赔要求。

③ 承包人接受索赔处理结果的,索赔款项在当期进度款中进行支付;承包人不接受索赔处理结果的,按照合同约定的争议解决方式办理。

索赔事件发生后,在造成费用损失时,往往会造成工期的变动。当承包人的费用索赔与工期索赔要求相关联时,发包人在做出费用索赔的批准决定时,应结合工程延期综合做出费

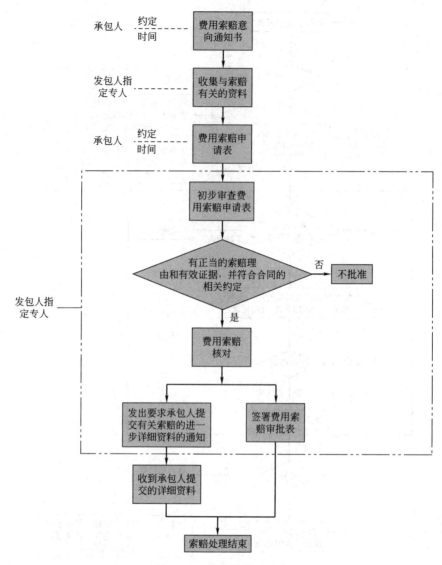

图 7-6　工程索赔处理程序

用赔偿和工期延期的决定。发包人认为由于承包人的原因造成发包人损失的，应参照承包人索赔的程序进行索赔。工程索赔处理程序见图 7-6。

三、索赔证据与文件

（一）索赔证据

① 招标文件、施工合同文件及附件、经认可的施工组织设计、工程图纸、技术规范等。

② 双方的往来信件及各种会议纪要。

③ 施工进度计划和具体的施工进度安排。

④ 施工现场的有关文件。如施工记录、施工备忘录、施工日记等。

⑤ 工程检查验收报告和各种技术鉴定报告。

⑥ 建筑材料的采购、订货、运输、进场时间等方面的凭据。

⑦ 工程中电、水、道路开通和封闭的记录与证明。

⑧ 国家有关法律、法令、政策文件，政府公布的物价指数、工资指数等。

（二）索赔文件

（1）索赔通知（索赔信）　索赔信是一封承包商致业主的简短信函，它主要说明索赔事件、索赔理由等。

（2）索赔报告　索赔报告是索赔材料的正文，包括报告的标题、事实与理由、损失计算与要求赔偿金额及工期。

（3）附件　包括详细计算书、索赔报告中列举事件的证明文件和证据。

四、常见施工索赔的处理

（一）不利的自然条件与人为障碍引起的索赔

不利的自然条件引起的索赔是指施工中遭遇到实际自然条件比招标文件中所描述的更为困难，增加了施工的难度，使承包商必须花费更多的时间和费用，在这种情况下，承包商可以提出索赔，要求延长工期和补偿费用。如业主在招标文件中会提供有关该工程的勘察所取得的水文及地表以下的资料，但有时这类资料会严重失实，导致承包商损失。但在实践中，这类索赔会引起争议。在签署的合同条件中，往往写明承包商在提交投标书之前，已对现场和周围环境及与之有关的可用资料进行了考察和检查，包括地表以下条件及水文和气候条件，承包商自己应对上述资料负责。但在合同条件中还有一条，即：在工程施工过程中，承包商如果遇到了现场气候条件以外的外界障碍条件，在他看来这些障碍和条件是一个有经验的承包商无法预料到的，则承包商有要求补偿费用和延长工期的权利。

以上并存的合同文件，往往引起承包商和业主及工程师争议。

【例7-6】　某承包商投标获得一项铺设管道的工程。工程开工后，当挖掘深7.5m的坑时，遇到了严重的地下渗水，不得不安装抽水系统，并启动达75天，承包商认为这是地质资料不实造成的，为此要求对不可预见的额外成本进行赔偿。但工程师认为，地质资料是确实的，钻探是在5月中旬，意味着是在旱季季尾，而承包商是在雨季中期进行。因此，承包商应预先考虑到会有一较高的水位，这种风险不是不可预见的，因而拒绝索赔。

2. 人为障碍引起的索赔

在施工过程中，如果承包商遇到了地下构筑物或文物，只要图纸并未说明，而且与工程师共同确定的处理方案导致了工程费用的增加，承包商可提出索赔，延长工期和补偿相应费用。

【例7-7】　项目在基础开挖过程中发现古墓，承包商及时报告了监理工程师，由于进行考古挖掘，承包商提出了以下索赔：

① 由于挖掘古墓，承包商停工15天，要求业主顺延工程15天。

② 由于停工，使在现场的一台挖掘机闲置，要求业主赔偿的费用为：

$$1000 元/台班 \times 15 台班 = 1.5 万元$$

③ 由于停工，造成人员窝工损失为：

$$60 元/工日 \times 15 日 \times 30 工 = 2.7 万元$$

问题：如何处理承包商各项索赔？

【答】 认可工期顺延 15 天，同意补偿部分机械闲置费用。机械闲置台班单价按租赁台班费或机械折旧费计算，不应按台班费 1000 元/台班计算，具体单价在合同中约定。

同意补偿部分人工窝工损失，不应按工日单价计算，具体窝工人工单价按合同约定计算。

（二）工程延误造成的索赔

工程延误造成的索赔指的是发包人未按合同要求提供施工条件，如未及时提供设计图纸、施工现场、道路、合同中约定业主供应的材料不到位等原因造成工程拖延的索赔。如果承包商能提出证据说明其延误造成的损失，则有权获得延长工期和补偿费用的赔偿。

工程延误若属于承包商的原因，不能得到费用补偿、工期不能顺延。

工程延误若由于不可抗力原因，工期可延长，但费用得不到补偿。

（三）工程变更造成的索赔

由于发包人或监理工程师指令，增加或减少工程量、增加附加工程、修改设计、变更工程顺序等，造成工期延长或费用增加，则应延长工期和补偿费用。

（四）不可抗力造成的索赔

建设工程项目施工中的不可抗力包括战争、动乱、空中飞行物坠落或其他非发包人责任造成的爆炸、火灾以及专用条款约定程度的风、雪、洪水、地震等自然灾害。因不可抗力事件导致延误的工期顺延，费用由双方按以下原则承担。

① 工程本身的损害、因工程损害导致第三方人员伤亡和财产损失以及运至施工场地用于施工的材料和待安装的设备的损害，由发包人承担。

② 发包人、承包人人员伤亡由其所在单位负责，并承担相应费用。

③ 承包人机械设备损坏及停工损失，由承包人承担。

④ 停工期间，承包人应工程师要求留在施工场地的必要管理人员及保卫人员的费用由发包人承担。

⑤ 工程所需清理、修复费用，由发包人承担。

【例 7-8】 某工程项目，业主与承包人按《建设工程项目施工合同》示范文本签订了工程施工合同，甲乙双方分别办理了人身及财产保险。工程施工过程中发生了几十年未遇的强台风，造成了工期及经济损失，承包商向工程师提出如下索赔要求：

① 由于台风，造成承包方多人受伤，承包方支出医疗及休养补偿费用 1.32 万元，要求业主给予赔偿。

② 由于施工现场施工机械损坏，用去修理费 0.89 万元，要求业主给予赔偿。

③ 由于现场停工，造成设备租赁费用及人工窝工损失 2.041 万元，要求业主给予赔偿。

④ 由于台风，造成部分已建且已验收的分部分项工程损失，用去修复处理费用 4.75 万元，要求业主给予赔偿。

⑤ 由于清理灾后现场工作，需要费用 1.3 万元，要求业主给予赔偿。

⑥ 造成现场停工 5 天，要求业主顺延工期 5 天。

问题：如何处理以上各项承包商提出的索赔要求？

【答】 以上索赔要求的处理办法是：

① 承包方人员受伤费用不予认可，由承包商承担。

② 机械损坏的修理费用索赔不予认可。

③ 停工期间的设备租赁费及人员窝工费不予认可。

④ 已建工程损坏的修复费用应由业主给予赔偿。

⑤ 灾后清理现场的工作费用应由业主承担。

⑥ 停工 5 天，相应顺延。

（五）业主不正当终止合同引起的索赔

业主不正当终止工程，承包商有权要求补偿损失，其数额是承包商在被终止工程上的人工、材料、机械设备的全部支出，以及各项管理费用、贷款利息等，并有权要求赔偿其盈利损失。

（六）工程加速引起的索赔

由于非承包商的原因，工程项目施工进度受到干扰，导致项目不能按时竣工，业主的经济利益受到影响时，有时业主和工程师会发布加速施工的指令，要求承包商投入更多的资源，加班加点来完成工程项目。这会导致承包商成本增加，引起索赔。

（七）业主拖延工程款支付引起的索赔

发包人超过约定的支付时间不支付工程款，双方又未能达成延期付款协议，导致施工无法进行，承包人可停止施工，并有权获得工期的补偿和额外费用补偿。

（八）其他索赔

政策、法规变化、货币汇率变化、物价上涨等原因引起的索赔，属于业主风险，承包商有权要求补偿。

综合以上几种情况，常见的几种施工索赔处理见表 7-5。

表 7-5　索赔原因与处理

索赔原因	责任者	处理原则	索赔结果
工程变更	业主、工程师	工期顺延、补偿费用	工期＋费用
业主拖延工程款	业主	工期顺延、补偿费用	工期＋费用
施工中遇到文物、构筑物	业主	工期顺延、补偿费用	工期＋费用
工期延误	业主	工期顺延、补偿费用	工期＋费用
异常恶劣气候、天灾等不可抗力	客观原因	工期顺延、费用不补偿	工期
业主不正当终止合同	业主	补偿损失	费用

五、工程索赔计算

（一）工期索赔计算

1. 工期索赔中应当注意的问题

（1）划清施工进度拖延的责任　因承包人的原因造成施工进度滞后，属于不可原谅的延期；只有承包人不应承担任何责任的延误，才是可原谅的延期。有时工程延期的原因中可能包含有双方责任，此时工程师应进行详细分析，分清责任比例，只有可原谅延期部分才能批准顺延合同工期。可原谅延期，又可细分为可原谅并给予补偿费用的延期和可原谅但不给予补偿费用的延期；后者是指非承包人责任的影响并未导致施工成本的额外支出，大多属于发包人应承担风险责任事件的影响，如异常恶劣的气候条件影响的停工等。

（2）被延误的工作应是处于施工进度计划关键线路上的施工内容　只有位于关键线路上的工作内容的滞后，才会影响到竣工日期。但有时也应注意，既要看被延误的工作是否在批准进度计划的关键线路上，又要详细分析这一延误对后续工作的可能影响。因为若对非关键路线工作的影响时间较长，超过了该工作可用于自由支配的时间，也会导致进度计划中非关键路线转化为关键路线，其滞后将导致总工期的拖延。此时，应充分考虑该工作的自由时间，给予相应的工期顺延，并要求承包人修改施工进度计划。

2. 工期索赔计算方法

无论上述何种原因引起的索赔事件，都必须是非承包商的原因引起的并确实给承包商造成了工期的延误。工期索赔计算方法有网络分析法、比例计算法。

（1）网络分析法　网络分析法是利用进度计划的网络图，分析计算索赔事件对工期影响的一种方法。这种方法是一种科学、合理的分析方法，适用于许多索赔事件的计算。

运用网络计划计算工期索赔时，要特别注意索赔事件成立所造成的工期延误是否发生在关键线路上。若发生在施工进度的关键线路上，由于关键工序的持续时间决定了整个施工工期，发生在其上的工期延误会造成整个工期的延误，应给予承包商相应的工期补偿。若工期延误不在关键线路上，其延误不一定会造成总工期的延误。根据网络计划原理，如果延误时间在总时差内，则网络进度计划的关键线路并未改变，总工期没有变化，即并没有给承包商造成工期延误，此时索赔就不成立。

【例 7-9】 已知网络计划见图 7-7。

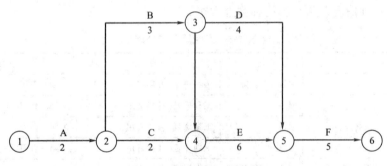

图 7-7 某工程施工网络图

计算网络图，总工期 16 天，关键工作为 A、B、E、F。

若由于业主原因造成 B 延误 2 天，由于 B 为关键工作，对总工期将造成延误 2 天，故向业主索赔 2 天。

若由于业主原因造成 C 延误 1 天，承包商工期是否可以向业主提出 1 天的工期补偿？

工作 C 总时差为 1 天，有 1 天的机动时间，业主原因造成的 1 天延误对总工期不会有影响。实际上，将 1 天的延误代入原网络图，即 C 工作变为 3 天，计算结果工期仍为 16 天。

若由于业主原因造成工作 C 延误 3 天，由于 C 本身有 1 天的机动时间，对总工期造成延误为 3－1＝2（天），故向业主索赔 2 天。或将工作 C 延误的 3 天代入网络图中，即 C 为 2＋3＝5（天），计算可以发现网络图关键线路发生了变化，工作 C 由非关键工作变成了关键工作，总工期为 18 天，索赔 18－16＝2(天)。

一般地，根据网络进度计划计算工期延误时，若工程完成后一次性解决工期延长这样的问题，通常的做法是：在原进度计划的工作持续时间的基础上，加上由于非承包商原因造成的工作延误的时间，代入网络图，计算得出延误后的总工期，减去原计划的工期，进而得到可批准的索赔工期。

(2) 比例计算法　在实际工程中，干扰时间常常影响某些单项工程、单位工程或分部分项工程工期，要分析它们对总工期的影响，可以采用简单的比例计算。

对于已知部分工程的延期时间：

$$工期索赔额度＝\frac{受干扰部分工程的合同价}{原合同总价}×该受干扰部分工程拖延时间 \qquad (7\text{-}25)$$

对于已知额外增加的工程量的价格：

$$工期索赔额度＝\frac{额外增加工程量的价格}{原合同价格}×原合同总工期 \qquad (7\text{-}26)$$

【例 7-10】　某项工程，基础为整体底板，混凝土量为 840m³，计划浇注底板混凝土，24 小时连续施工需要 4 天，在土方开挖时发现地基与地质资料不符，业主与设计单位洽商后修改设计，确定局部基础深度加深，混凝土工程量增加 70m³，问补偿工期为多少天？

【解】　原计划浇注底板时间为 24/8×4＝12 天

由于基础工程量增加而增加的工期为 $\frac{70}{840}×12＝1$ 天，即补偿工期为 1 天。

(二) 费用索赔计算

1. 索赔费用组成

索赔费用的主要组成部分与建设工程项目施工承包合同价的组成部分相似。

对于不同原因引起的索赔，承包人可索赔的具体费用内容是不完全一样的。从原则上说，凡是承包商有索赔权的工程成本的增加，都可列入索赔的费用，归纳起来索赔费用的要素与工程造价的构成基本类似，索赔的费用一般包括人工费、材料费、施工机械使用费、分包费、施工管理费、利息、利润、保险费等。

(1) 人工费　人工费的索赔包括：由于完成合同之外的额外工作所花费的人工费用，超过法定工作时间的加班劳动，法定人工费增长，非因承包商原因导致工效降低所增加的人工费用，非因承包商原因导致工程停工的人员窝工费和工资上涨费等。

(2) 材料费　材料费的索赔包括：由于索赔事件的发生造成材料实际用量超过计划用量而增加的材料费，由于发包人原因导致工程延期期间的材料价格上涨和超期储存费用。材料费中应包括运输费、仓储费以及合理的损耗费用。如果由于承包商管理不善，造成材料损坏、失效，则不能列入索赔款项内。

(3) 施工机械使用费　施工机械使用费的索赔包括：由于完成合同之外的额外工作所增加的机械使用费，非因承包人原因导致工效降低所增加的机械使用费，由于发包人或工程师指令错误或延迟导致机械停工的台班停滞费。

(4) 现场管理费　现场管理费的索赔包括承包人完成合同之外的额外工作以及由于发包人原因导致工期延期期间的现场管理费，包括管理人员工资、办公费、通信费、交通费等。

(5) 总部 (企业) 管理费　总部管理费的索赔主要指的是由于发包人原因导致工程延期

期间所增加的承包人向公司总部提交的管理费，包括总部职工工资、办公大楼折旧、办公用品、财务管理、通信设施以及总部领导人员赴工地检查指导工作等开支。

（6）保险费 因发包人原因导致工程延期时，承包人必须办理工程保险、施工人员意外伤害保险等各项保险的延期手续，对于由此而增加的费用，承包人可以提出索赔。

（7）保函手续费 因发包人原因导致工程延期时，承包人必须办理相关履约保函的延期手续，对于由此而增加的手续费，承包人可以提出索赔。

（8）利息 利息的索赔包括：发包人拖延支付工程款利息，发包人延迟退还工程质量保证金的利息，承包人垫资施工的垫资利息，发包人错误扣款的利息等。

（9）利润 一般来说，由于工程范围的变更、发包人提供的文件有缺陷或错误、发包人未能提供施工场地以及因发包人违约导致的合同终止等事件引起的索赔，承包人都可以列入利润。另外，对于因发包人原因暂停施工导致的工期延误，承包人也有权要求发包人支付合理的利润。

（10）分包费用 由于发包人的原因导致分包工程费用增加时，分包人只能向总承包人提出索赔，但分包人的索赔款项应当列入总承包人对发包人的索赔款项中。分包费用指的是分包人的索赔费用，一般也包括与上述费用类似的内容索赔。

2. 索赔费用计算

索赔费用的计算应以赔偿实际损失为原则，包括直接损失和间接损失。索赔费用的计算方法通常有三种，即实际费用法、总费用法和修正的总费用法。

（1）实际费用法 实际费用法又称分项法，即根据索赔事件所造成的损失或成本增加，按费用项目逐项进行分析、计算索赔金额的方法。这种方法比较复杂，但能客观地反映施工单位的实际损失，比较合理，易于被当事人接受，在国际工程中被广泛采用，是工程索赔计算中最常用的一种方法。

由于索赔费用组成的多样化，不同原因引起的索赔，承包人可索赔的具体费用内容有所不同，必须具体问题具体分析。由于实际费用法所依据的是实际发生的成本记录或单据，所以，在施工过程中，系统而准确地积累记录资料是非常重要的。

【**例 7-11**】 某建设工程项目，业主与施工单位签订施工合同。合同规定，在施工中，如因业主原因造成的窝工，则人工窝工费和机械的停工费按工日费和台班费的 60% 结算支付，在计划执行中，出现了以下情况（同一工作由不同原因引起的停工时间，都不在同一时间）：

① 因业主不能及时供应材料使工作 A 延误 3 天，B 延误 2 天，C 延误 3 天；

② 因机械发生故障检修使工作 A 延误 2 天，B 延误 2 天；

③ 因业主要求设计变更使工作 D 延误 3 天；

④ 因公网停电使工作 D 延误 1 天，E 延误 1 天。

已知吊车台班单价为 240 元/台班，小型机械的台班单价为 55 元/台班，混凝土搅拌机的台班单价为 70 元/台班，人工工日单价为 28 元/工日。试计算费用索赔量。

分析：业主不能及时供应材料是业主违约，承包商可以得到工期和费用补偿；机械故障是承包商自身的原因造成的，不予补偿；业主要求设计变更可以补偿相应工期和费用；公网停电是业主应承担的风险，可以补偿承包商工期和费用。本案例只要求计算费用补偿。

【**解**】 经济损失索赔：

A 工作赔偿损失 3 天，B 工作赔偿 2 天，C 工作赔偿 3 天，D 工作赔偿 4 天，E 工作赔偿 1 天。

由于 A 工序使用吊车：	3 天×240 元/台班×0.6＝432(元)
由于 B 工序使用小型机械：	2 天×55 元/台班×0.6＝66(元)
由于 C 工序使用混凝土搅拌机：	3 天×70 元/台班×0.6＝126(元)
由于 D 工序使用混凝土搅拌机：	4 天×70 元/台班×0.6＝168(元)
A 工序人工索赔：	3 天×30 人×28 元/工日×0.6＝1512(元)
B 工序人工索赔：	2 天×15 人×28 元/工日×0.6＝504(元)
C 工序人工索赔：	3 天×35 人×28 元/工日×0.6＝1764(元)
D 工序人工索赔：	4 天×35 人×28 元/工日×0.6＝2352(元)
E 工序人工索赔：	1 天×20 人×28 元/工日×0.6＝336(元)

合计经济补偿：7260(元)

(2) 总费用法　当发生多次赔偿事件以后，重新计算该工程的实际总费用，再从这个实际总费用中减去投标报价时估算的总费用，即：

$$索赔金额＝实际总费用－投标报价总费用 \tag{7-27}$$

在总费用法的计算方法中，没有考虑实际总费用中可能包括由于承包商的原因（如施工组织不善）而增加的费用，投标报价估算总费用也可能由于承包人为谋取中标而导致过低的报价，因此，总费用法并不十分科学。只有在难以精确地确定某些索赔事件导致的各项费用增加额时，总费用法才得以采用。

(3) 修正的总费用法　修正的总费用法是对总费用法的改进，即在总费用计算的原则上，去掉一些不合理的因素，使其更为合理。修正的内容如下：

① 将计算索赔款的时段局限于受到索赔事件影响的时间，而不是整个施工期。

② 只计算受到索赔事件影响时段内的某项工作所受影响的损失，而不是计算该时段内所有施工工作所受的损失。

③ 与该项工作无关的费用不列入总费用中。

④ 对投标报价费用重新进行核算，即按受影响时段内该项工作的实际单价进行核算，乘以实际完成的该项工作的工程量，得出调整后的报价费用。

按修正后的总费用计算索赔金额的公式如下：

$$索赔金额＝调整后实际总金额－投标报价估算总费用 \tag{7-28}$$

修正的总费用法与总费用法相比，有了实质性的改进，它的准确程度已接近于实际费用法。

【例 7-12】　某施工单位与建设单位签订施工合同，合同工期为 38 天。合同中约定，工期每提前（拖后）1 天奖（罚）5000 元。乙方得到工程师同意的施工网络计划如图 7-8 所示。

实际施工中发生了如下事件：

① 在房屋基槽开挖后，发现局部有软弱下卧层，按甲方代表指示，乙方配合地质复查，配合用工 10 工日。地质复查后，根据经甲方代表批准的地基处理方案增加工程费用 4 万元，因地基复查和处理使房屋基础施工延长 3 天，人工窝工 15 工日。

② 在发射塔基础施工时，因发射塔坐落位置的设计尺寸不当，甲方代表要求修改设计，拆除已施工的基础、重新定位施工。由此造成工程费用增加 1.5 万元，发射塔基础施工延长

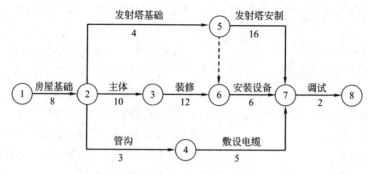

图 7-8 某工程施工网络图

2 天。

③ 在房屋主体施工中，因施工机械故障，造成工人窝工 8 工日，房屋主体施工延长 2 天。

④ 在敷设电缆时，因乙方购买的电缆质量不合格，甲方代表令乙方重新购买合格电缆，由此造成敷设电缆施工延长 4 天，材料损失费 1.2 万元。

⑤ 鉴于该工程工期较紧，乙方在房屋装修过程中采取了加快施工技术措施，使房屋装修施工缩短 3 天，该项技术措施费为 0.9 万元。

其余各项工作持续时间和费用与原计划相符。假设工程所在地人工费标准 30 元/工日，应由甲方给予补偿的窝工人工补偿标准为 18 元/工日，间接费、利润等均不予补偿。

问：

① 在上述事件中，乙方可以就哪些事件向甲方提出工期补偿和费用补偿？

② 该工程实际工期为多少？

③ 在该工程中，乙方可得到的合理费用补偿为多少？

【解】 （1）各事件处理如图 7-9 所示。

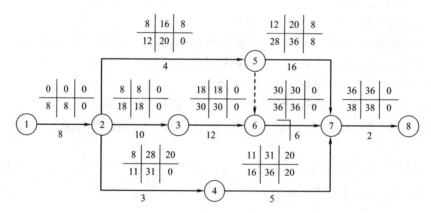

图 7-9 事件处理图

事件 1：可以提出工期索赔和费用索赔。因为地质条件的变化属于有经验的承包商无法合理预见的，且该工作位于关键线路上。

事件 2：可提出费用补偿要求，不能提出工期补偿。因为设计变更属于甲方应承担的责任，甲方应给予经济补偿，但该工序为非关键工序且延误时间 2 天未超过其总时差，故没有工期补偿。

事件 3：不能提出工期和费用补偿。施工机械故障属于施工方自身应承担的责任。

事件 4：不能提出费用和工期补偿。乙方购买的电缆质量问题是乙方自己的责任。

事件 5：不能提出费用和工期补偿。因为双方在合同中约定采用奖励方法解决乙方加速施工的费用补偿，故赶工措施费由乙方自行承担。

按原网络进度计划计算得工期 38 天。

（2）实际施工进度如图 7-10 所示。

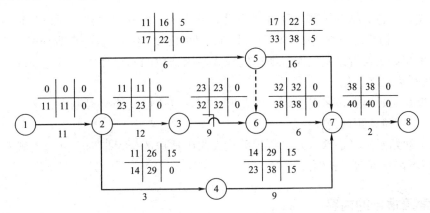

图 7-10　实际施工进度图

按实际情况计算工期为 40 天。由于业主原因导致的进度计划如图 7-11 所示。

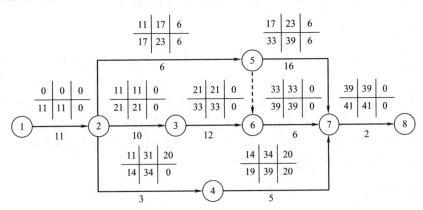

图 7-11　由业主原因导致的进度计划

经计算，工期为 41 天，与原合同工期相比应延长 3 天。即实际合同工期应为 41 天，而实际工期为 40 天，与合同工期 41 天相比提前了 1 天，按照合同应给予奖励。

（3）费用补偿：

事件 1

增加人工费：$10 \times 30 = 300$(元)

窝工费：$15 \times 18 = 270$(元)

增加工程费用：40000(元)

事件 2

增加工程费：15000(元)

提前工期奖励：$1 \times 5000 = 5000$(元)

合计补偿：300＋270＋40000＋15000＋5000＝60507(元)

六、共同延误的处理

在实际施工过程中，工期拖期很少是只由一方造成的，往往是两三种原因同时发生（或相互作用）而造成的，故称为"共同延误"。在这种情况下，要具体分析哪一种情况延误是有效的，应依据以下原则：

① 首先判断造成拖期的哪一种原因是最先发生的，即确定"初始延误"者，它应对工程拖期负责。在初始延误发生作用期间，其他并发的延误者不承担拖期责任。

② 如果初始延误者是发包人，则在发包人原因造成的延误期内，承包人既可得到工期延长，又可得到经济补偿。

③ 如果初始延误者是客观原因，则在客观因素发生影响的延误期内，承包人可以得到工期延长，但很难得到费用补偿。

④ 如果初始延误者是承包人，则在承包人原因造成的延误期内，承包人既不能得到工期补偿，也不能得到费用补偿。

七、索赔报告的内容

索赔报告的具体内容，随该索赔事件的性质和特点而有所不同。但从报告的必要内容与文字结构方面而论，一个完整的索赔报告应包括以下四个部分。

（一）总论部分

一般包括以下内容：序言；索赔事项概述；具体索赔要求；索赔报告编写及审核人员名单。

文中首先应概要地论述索赔事件的发生日期与过程；施工单位为该索赔事件所付出的努力和附加开支；施工单位的具体索赔要求。在总论部分最后，附上索赔报告编写组主要人员及审核人员的名单，注明有关人员的职称、职务及施工经验，以表示该索赔报告的严肃性和权威性。总论部分的阐述要简明扼要，说明问题。

（二）根据部分

本部分主要是说明自己具有的索赔权利，这是索赔能否成立的关键。根据部分的内容主要来自该工程项目的合同文件，并参照有关法律规定。该部分中施工单位应引用合同中的具体条款，说明自己理应获得经济补偿或工期延长。

根据部分的篇幅可能很大，其具体内容随各个索赔事件的特点而不同。一般地说，根据部分应包括以下内容：索赔事件的发生情况；已递交索赔意向书的情况；索赔事件的处理过程；索赔要求的合同根据；所附的证据资料。

在写法结构上，按照索赔事件发生、发展、处理和最终解决的过程编写，并明确全文引用的有关合同条款，使建设单位和监理工程师能历史地、逻辑地了解索赔事件的始末，并充分认识该项索赔的合理性和合法性。

（三）计算部分

索赔计算的目的，是以具体的计算方法和计算过程，说明自己应得经济补偿的款额或延长时间。如果说根据部分的任务是解决索赔能否成立，则计算部分的任务就是决定应得到多少索赔款额和工期。前者是定性的，后者是定量的。

在款额计算部分，施工单位必须阐明下列问题：索赔款的要求总额；各项索赔款的计算，如额外开支的人工费、材料费、管理费和损失利润；指明各项开支的计算依据及证据资料，施工单位应注意采用合适的计价方法。至于采用哪一种计价法，应根据索赔事件的特点及自己所掌握的证据资料等因素来确定。其次，应注意每项开支款的合理性，并指出相应的证据资料的名称及编号。切忌采用笼统的计价方法和不实的开支款额。

（四）证据部分

证据部分包括该索赔事件所涉及的一切证据资料以及对这些证据的说明，证据是索赔报告的重要组成部分，没有详实可靠的证据，索赔是不能成功的。在引用证据时，要注意该证据的效力或可信程度。为此，对重要的证据资料最好附以文字证明或确认件。例如，对一个重要的电话内容，仅附上自己的记录本是不够的，最好附上经过双方签字确认的电话记录，或附上发给对方要求确认该电话记录的函件，即使对方未给复函，亦可说明责任在对方，因为对方未复函确认或修改，按惯例应理解为他已默认。

八、业主反索赔

业主反索赔是指业主向承包商所提出的索赔，由于承包商不履行或不完全履行约定的义务，或是由于承包商的行为使业主受到损失时，业主为了维护自己的利益，向承包商提出的索赔。常见的业主反索赔有以下几方面。

（一）工期延误反索赔

在工程项目的施工过程中，因承包商方面的原因不能按照协议书约定竣工日期或工程师同意顺延的工期竣工，承包商应承担违约责任，赔偿因其违约给发包方造成的损失，双方在专用条款内约定承包方赔偿损失的计算方法或承包商应当支付违约金的数额和计算方法，由承包商支付延期竣工违约金。业主在确定违约金的费率时，一般要考虑以下因素：

① 业主盈利损失。
② 由于工期延长而引起的贷款利息增加。
③ 因工程拖期带来的附加监理费。
④ 由于本工程拖期竣工不能使用，租用其他建筑物时的租赁费。

违约金的计算方法在每个合同文件中均有具体规定，一般按每延误一天赔偿一定的款额计算，累计赔偿额一般不超过合同总额的10%。

（二）施工缺陷反索赔

承包商施工质量不符合施工技术规程的要求，或在保修期未满以前未完成应该负责修补的工程时，业主有权向承包商追究责任。如果承包商未在规定的时限内完成修补工作，业主有权雇佣他人来完成，发生的费用由承包商负担。

（三）承包商不履行的保险费用索赔

如果承包商未能按合同条款指定项目投保并保证保险有效，业主可以投保并保证保险有效，业主所支付的必要保险费可在应付给承包商的款项中扣回。

（四）对超额利润的索赔

在实行单价合同的情况下，如果实际工程量比估计工程量增加很多（限额合同约定），使承包商预期收入增大，而工程量的增加并不增加固定成本，双方协议，发包方收回部分超额利润。

（五）业主合理终止合同或承包商不正当地放弃工程的索赔

如果业主合理地终止承包商的承包，或者承包商不合理地放弃工程，业主有权从承包商手中收回由新的承包商完成工程所需的工程款与原合同未付部分的差额。

第六节　工程价款结算管理

工程价款结算是指承包商在工程实施过程中，依据承包合同中有关付款条款的规定和已经完成的工程量，并按照规定的程序向业主收取工程款的一项经济活动。

一、工程价款结算依据和方式

（一）工程价款结算依据

工程价款结算应按合同约定办理，合同未作约定或约定不明的，发、承包双方应依照下列规定与文件协商处理：

① 国家有关法律、法规和规章制度。

② 国务院建设行政主管部门、省（自治区、直辖市）或有关部门发布的工程造价计价标准、计价办法等规定。

③ 建设工程项目的合同、补充协议、变更签证和现场签证，以及经发、承包人认可的其他有效文件。

④ 其他可依据的材料。

（二）工程价款结算方式

我国现行工程价款结算根据不同情况，可采取多种方式。

（1）按月结算　实行旬末或月中预支，月终结算，竣工后清算。

（2）竣工后一次结算　建设工程项目或单项工程全部建筑安装工程建设期在 12 个月以内，或工程承包合同价在 100 万元以下的，可实行工程价款每月月中预支、竣工后一次结算。即合同完成后承包人与发包人进行合同价款结算，确认的工程价款为承发包双方结算的合同价款总额。

（3）分段结算　开工当年不能竣工的单项工程或单位工程，按照工程形象进度，划分不同阶段进行结算。分段标准由各部门、省（自治区、直辖市）规定。

（4）目标结算方式　在工程合同中，将承包工程的内容分解成不同控制面（验收单元），当承包商完成单元工程内容并经工程师验收合格后，业主支付单元工程内容的工程价款。对于控制面的设定，合同中应有明确的描述。

目标结算方式下，承包商要想获得工程款，必须按照合同约定的质量标准完成控制面工程内容，要想尽快获得工程款，承包商必须充分发挥自己的组织实施能力，在保证质量的前提下加快施工进度。

(5) 双方约定的其他结算方式。

二、工程价款约定的内容

《建设工程价款结算暂行办法》规定，发包人、承包人应当在合同条款中对涉及工程价款结算的下列事项进行约定：

① 预付工程款的数额、支付时限及抵扣方式。

② 工程进度款的支付方式、数额及时限。

③ 工程施工中发生变更时，工程价款的调整方法、索赔方式、时限要求及金额支付方式。

④ 发生工程价款纠纷的解决方法。

⑤ 约定承担风险的范围及幅度以及超出约定范围和幅度的调整方法。

⑥ 工程竣工价款的结算与支付方式、数额及时限。

⑦ 工程质量保证（保修）金的数额、预扣方式及时限。

⑧ 安全措施和意外伤害保险费用。

⑨ 工期及工期提前或延后的奖惩办法。

⑩ 与履行合同、支付价款相关的担保事项。

三、工程预付款（预付备料款）结算

施工企业承包工程，一般实行包工包料，这就需要有一定数量的备料周转金。在工程承包合同条款中，规定在开工前，发包方拨付给承包单位一定限额的工程预付备料款。

（一）工程预付款

工程预付款指建设工程施工合同订立后，由发包人按照合同约定，在正式开工前预先支付给承包人的工程款，它是施工准备和所需要材料、结构件等流动资金的主要来源，国际上习惯又称为预付备料款。

（二）预付款的限额

根据《建设工程工程量清单计价规范》（GB 50500—2013）和《建设工程价款结算暂行办法》[财建（2004）369号] 规定：包工包料工程的预付款比例不得低于签约合同价（扣除暂列金额）的10%，不宜高于签约合同价（扣除暂列金额）的30%。

预付款的额度各地区、各部门的规定也不完全相同，一般是根据影响工程预付款数额的因素主要材料占工程造价比重、建安工程量、材料储备期、施工工期等经测算来确定。

1. 施工单位常年应备的预付款限额

$$预付款限额 = \frac{年度承包工程总值 \times 主要材料所占比重}{年度施工日历天数} \times 材料储备天数 \qquad (7\text{-}29)$$

【例7-13】 某工程合同总额350万元，主要材料、构件所占比重为60%，年度施工天数为200天，材料储备天数为80天，则：

$$预付备料款 = \frac{350 \times 60\%}{200} \times 80 = 84(万元)$$

2. 预付款数额

$$备料款数额=年度建筑安装工程合同价×预付备料款比例额度 \tag{7-30}$$

备料款的比例额度根据工程类型、合同工期、承包方式、供应体制等不同而定。一般建筑工程不应超过当年建筑工作量（包括水、电、暖）的30%，安装工程按年安装工作量的10%计算，材料占比重较大的安装工程按年计划产值的15%左右拨付。对于包定额工日的工程项目，可以不付备料款。

（三）预付款的支付时间

《建设工程价款结算暂行办法》规定在具备施工条件的前提下，发包人应在双方签订合同后的一个月内或不迟于约定的开工日期前的7天内预付工程款，发包人不按约定预付，承包人应在预付时间到期后10天内向发包人发出要求预付的通知，发包人收到通知后仍不按要求预付，承包人可在发出通知14天后停止施工，发包人应从约定应付之日起向承包人支付应付款的利息（利率按同期银行贷款利率计），并承担违约责任。

《建设工程工程量清单计价规范》（GB 50500—2013）对于预付款支付的程序如下：

① 承包人应在签订合同或向发包人提供与预付款等额的预付款保函后向发包人提交预付款支付申请。

② 发包人应在收到支付申请的7天内进行核实后向承包人发出预付款支付证书，并在签发支付证书后的7天内向承包人支付预付款。

③ 发包人没有按合同约定按时支付预付款的，承包人可催告发包人支付；发包人在预付款期满后的7天内仍未支付的，承包人可在付款期满后的第8天起暂停施工。发包人应承担由此增加的费用和（或）延误的工期，并向承包人支付合理利润。

（四）预付款的扣回

发包人拨付给承包商的备料款属于预支的性质，工程实施后，随着工程所需材料储备的逐步减少，应以抵充工程款的方式陆续扣回，即在承包商应得的工程进度款中扣回。扣回的时间称为起扣点，起扣点计算方法有以下两种。

(1) 按公式计算　这种方法原则上是以未完工程所需材料的价值等于预付备料款时起扣。从每次结算的工程款中按材料比重抵扣工程价款，竣工前全部扣清。

$$未完工程材料款=预付备料款 \tag{7-31}$$

$$\begin{aligned} 未完工程材料款&=未完工程价值×主材比重\\ &=(合同总价值-已完工程价值)×主材比重 \end{aligned} \tag{7-32}$$

$$预付备料款=(合同总价值-已完工程价值)×主材比重 \tag{7-33}$$

$$已完工程价值(起扣点)=合同总价值-\frac{预付备料款}{主材比重} \tag{7-34}$$

【例 7-14】 某工程合同价款总额为 200 万元，工程预付款 24 万元，主要材料、构件所占比例为 60%，则起扣点为：

$$200-\frac{24}{60\%}=160(万元)$$

(2) 按约定或规定　在承包方完成金额累计达到合同总价一定比例（双方合同约定）后，由发包方从每次应付给承包方的工程款中扣回工程预付款，在合同规定的完工期前将预付款还清。

建设部《招标文件范本》中规定，在承包人完成金额累计达到合同总价的 10% 后，由承包人开始向发包人还款，发包人从每次应付给承包人的金额中扣回工程预付款，发包人至少在合同规定的完工期前三个月将工程预付款的总计金额按逐次分摊的办法扣回。当发包人一次付给承包人的余额少于规定扣回的金额时，其差额应转入下一次支付中作为债务结转。

在实际经济活动中，情况比较复杂，有些工程工期较短，就无需分期扣回。有些工程工期较长，如跨年度施工，工程预付款可以不扣或少扣，并于次年按应付工程预付款调整，多退少补。具体地说，跨年度工程，预计次年承包工程价值大于或相当于当年承包工程价值时，可以不扣回当年的工程预付款，如小于当年承包工程价值时，应按实际承包工程价值进行调整，在当年扣回部分工程预付款，并将未扣回部分转入次年，直到竣工年度，再按上述办法扣回。

（五）预付款的担保

（1）预付款担保的概念及作用　预付款担保是指承包人与发包人签订合同后领取预付款前，承包人正确、合理地使用发包人支付的预付款而提供的担保。其主要作用是保证承包人能够按合同规定的目的使用并及时偿还发包人已支付的全部预付金额。如果承包人中途毁约，中止工程，使发包人不能在规定期限内从应付工程款扣除全部预付款，则发包人有权从该项担保金额中获得补偿。

（2）预付款担保的形式　预付款担保的主要形式为银行保函。预付款担保的担保金额通常与发包人的预付款是等值的。预付款一般逐月从工程款中扣除，预付款担保的担保金额也相应逐月减少。承包人在施工期间，应当定期从发包人处取得同意此保函减值的文件并送交银行确认。承包人还清全部预付款后，发包人应退还预付款担保，承包人将其退回银行注销，解除担保责任。

预付款担保也可以采用发承包双方约定的其他形式，如由担保公司提供担保，或采取抵押等担保形式。承包人的预付款保函的担保金额根据预付款扣回的数额相应递减，但在预付款全部扣回之前一直保持有效。发包人应在预付款扣完后的 14 天内将预付款保函退还给承包人。

（六）安全文明施工费

发包人应在工程开工过后的 28 天内预付不低于当年施工进度计划的安全文明施工费总额的 60%，其余部分按照提前安排的原则进行分解，与进度款同期支付。

发包人没有按时支付安全文明施工费的，承包人可催告发包人支付；发包人在付款期满后的 7 天内仍未支付的，若发生安全事故，发包人应承担连带责任。

四、工程进度款结算（中间结算）

施工企业在施工过程中，根据合同所约定的结算方式，按月或形象进度或控制界面，按已经完成的工程量计算各项费用，向业主办理工程款结算的过程，叫工程进度款结算，也叫中间结算。

以按月结算为例，业主在月中向施工企业预支半月工程款，月末施工企业根据实际完成工程量，向业主提供已完工程月报表和工程价款结算账单，经业主和工程师确认，收取当月工程价款，并通过银行结算。即：承包商提交已完工程量报告→工程师确认→业主审批认可→支付工程进度款。

在工程进度款支付过程中，应遵循如下原则。

（一）工程量的确认

① 承包人应当按照合同约定的方法和时间，向发包人提交已完工程量的报告。发包人在接到报告后 14 天内核实已完工程量，并在核实前 1 天通知承包人，承包人应提供条件并派人参加核实，承包人收到通知后不参加核实，以发包人核实的工程量作为工程价款支付的依据。发包人不按约定时间通知承包人，致使承包人未能参加核实，核实结果无效。

② 发包人收到承包人报告后 14 天内未核实完工程量，从第 15 天起，承包人报告的工程量即视为被确认，作为工程价款支付的依据。双方合同另有约定的，按合同执行。

③ 对承包人超出设计图纸（含设计变更）范围和因承包人原因造成返工的工程量，发包人不予计量。

（二）工程进度款的计算

工程进度款在计算时，应当按照计价方法不同区分为单价项目与总价项目两种。

（1）单价项目的价款计算　对于已标价工程量清单中的单价项目，按工程计量确认的工程量与综合单价计算；综合单价发生调整的，以发承包双方确认调整的综合单价计算进度款。也就是说，工程量以发承包双方确认的计量结果为依据；综合单价以已标价工程量清单中的综合单价为依据，若发承包双方确认调整了单价，以调整后的综合单价为依据。

（2）总价项目的价款计算　已标价工程量清单中的总价项目和采用经审定批准的施工图及其预算方式发包形成的总价合同，承包人应按合同中约定的进度款支付分解，分别列入进度款支付申请中的安全文明施工费和本周期应支付的总价项目的金额中。具体来说，是由承包人根据施工进度计划和总价构成、费用性质、计划发生时间和相应的工程量等因素，按计量周期进行分解，形成进度款支付分解表，在投标时提交，非招标工程在合同洽商时提交。在施工过程中，由于进度计划的调整，发承包双方应对支付分解进行调整。

（三）工程进度款审核与支付

发包人应在收到承包人的工程进度款支付申请后 14 天内核对完毕，否则，从第 15 天起承包人递交的工程进度款支付申请视为被批准。我国《建设工程施工合同（示范文本）》、《建设工程价款结算暂行办法》和《建设工程工程量清单计价规范》（GB 50500—2013）对工程进度款支付做了详细的规定，主要包括：

① 发包人在收到承包人进度款支付申请后的 14 天内，根据计量结果和合同约定对申请内容予以核实，确认后向承包人出具进度款支付证书。若发承包双方对部分清单项目的计量结果出现争议，发包人应对无争议部分的工程计量结果向承包人出具进度款支付证书。

② 发包人应在签发进度款支付证书后的 14 天内，按照支付证书列明的金额向承包人支付进度款。

③ 发包人逾期未签发进度款支付证书，则视为承包人提交的进度款支付申请已被发包人认可，承包人可向发包人发出催告付款的通知。发包人在收到通知后的 14 天内，按照承包人支付申请的金额向承包人支付进度款。

④ 发包人未按规定支付进度款的，承包人可以催告发包人支付，并有权获得延迟支付的利息；发包人在付款期满后的 7 天内仍未支付的，承包人可在付款期满后的第 8 天起暂停

施工。发包人应承担由此增加的费用和延误的工期，向承包人支付合理利润，并承担违约责任。

⑤ 发现已签发的任何支付证书有错、漏或重复的数额，发包人有权予以修正，承包人也有权提出修正申请。经发承包双方复核同意修正的，应在本次到期的进度款中支付或扣除。

五、工程保修金（质量保证金或尾留款）结算

（一）保修金的概念

按照《建设工程质量保证金管理暂行办法》的规定，建设工程项目质量保证金（保修金）是指发包人与承包人在建设工程项目承包合同中约定，从应付的工程款中预留，用以保证承包人在保修期内对建设工程项目出现的缺陷进行维修的资金。缺陷是指建设工程项目质量不符合工程建设强制性标准、设计文件以及承包合同的约定。

（二）保修金扣除

全部或者部分使用政府投资的建设工程项目，按工程价款结算总额 5% 左右的比例预留保修金，待工程项目保修期结束后拨付。保修金扣除有以下两种方法：

① 当工程进度款拨付累计额达到该建筑安装工程造价的一定比例时，停止支付。预留的一定比例的剩余尾款作为保修金。

② 保修金的扣除也可以从发包方向承包方第一次支付工程进度款开始，在每次承包商应得到的工程款中扣留投标书中规定的金额作为保修金，直至保修金总额达到投标书中规定的限额为止。如某项目合同约定，保修金每月按进度款的 5% 扣留。若第一月完成产值 100 万元，则扣留 5% 的保修金后，实际支付：$100-100\times5\%=95$（万元）。

六、工程竣工结算

工程竣工结算是指施工企业按照合同规定的内容全部完成所承包的工程，经验收质量合格，并符合合同要求之后，同发包单位进行的最终工程价款结算。双方应按照合同价款及合同价款调整内容以及索赔事项进行工程竣工结算。

（一）工程竣工结算方式

工程竣工结算分为单位工程竣工结算、单项工程竣工结算和建设工程项目竣工总结算。

（二）工程竣工结算编审

① 单位工程竣工结算由承包人编制，发包人审查；实行总承包的工程，由具体承包人编制，在总包人审查的基础上，发包人审查。

② 单项工程竣工结算或建设工程项目竣工总结算由总（承）包人编制，发包人可直接进行审查，也可以委托具有相应资质的工程造价咨询机构进行审查。政府投资项目，由同级财政部门审查。单项工程竣工结算或建设工程项目竣工总结算经发、承包人签字盖章后有效。

承包人应在合同约定期限内完成项目竣工结算编制工作，未在规定限期内完成的并且提出不正当理由延期的，责任自负。

（三）工程竣工价款结算程序

《建设工程施工合同（示范文本）》（2013）中关于竣工结算的程序如下。

① 承包人应在工程竣工验收合格后 28 天内向发包人和监理人提交竣工结算申请单，并提交完整的结算资料，有关竣工结算申请单的资料清单和份数等要求由合同当事人在专用合同条款中约定。

② 监理人应在收到竣工结算申请单后 14 天内完成核查并报送发包人。发包人应在收到监理人提交的经审核的竣工结算申请单后 14 天内完成审批，并由监理人向承包人签发经发包人签认的竣工付款证书。监理人或发包人对竣工结算申请单有异议的，有权要求承包人进行修正和提供补充资料，承包人应提交修正后的竣工结算申请单。

发包人在收到承包人提交竣工结算申请书后 28 天内未完成审批且未提出异议的，视为发包人认可承包人提交的竣工结算申请单，并自发包人收到承包人提交的竣工结算申请单后第 29 天起视为已签发竣工付款证书。

③ 发包人应在签发竣工付款证书后的 14 天内，完成对承包人的竣工付款。发包人逾期支付的，按照中国人民银行发布的同期同类贷款基准利率支付违约金；逾期支付超过 56 天的，按照中国人民银行发布的同期同类贷款基准利率的两倍支付违约金。

④ 承包人对发包人签认的竣工付款证书有异议的，对于有异议部分应在收到发包人签认的竣工付款证书后 7 天内提出异议，并由合同当事人按照专用合同条款约定的方式和程序进行复核，或按照争议解决约定处理。对于无异议部分，发包人应签发临时竣工付款证书，并按规定完成付款。承包人逾期未提出异议的，视为认可发包人的审批结果。

（四）工程竣工价款结算争议处理

① 工程造价咨询机构接受发包人或承包人委托，编审工程竣工结算，应按合同约定和实际履约事项认真办理，出具的竣工结算报告经发、承包双方签字后生效。当事人一方对报告有异议的，可对工程结算中有异议部分，向有关部门申请咨询后协商处理。若不能达成一致的，双方可按合同约定的争议或纠纷解决程序办理。

② 发包人对工程质量有异议时，已竣工验收或已竣工未验收但实际投入使用的工程，其质量争议按该工程保修合同执行；已竣工未验收且未实际投入使用的工程以及停工、停建工程的质量争议，应当就有争议部分的竣工结算暂缓办理，双方可就有争议的工程委托有资质的检测鉴定机构进行检测，根据检测结果确定解决方案，或按工程质量监督机构的处理决定执行，其余部分的竣工结算依照约定办理。

③ 当事人对工程造价发生合同纠纷时，可通过下列办法解决：

a. 双方协商确定。

b. 按合同条款约定的办法提请调解。

c. 向有关仲裁机构申请仲裁或向人民法院起诉。

（五）工程竣工价款结算管理

① 工程竣工后，发、承包双方应及时办清工程竣工结算。否则，工程不得交付使用，有关部门不予办理权属登记。

② 发包人与中标的承包人不按照招标文件和承包人的投标文件订立合同的，或者发包人、中标的承包人背离合同实质性内容另行订立协议，造成工程价款结算纠纷的，另行订立的协议无效，由建设行政主管部门责令改正，并按《中华人民共和国招标投标法》第五十九条进行处罚。

③ 接受委托承接有关工程结算咨询业务的工程造价咨询机构应具有工程造价咨询单位

资质，其出具的办理拨付工程价款和工程结算的文件，应当由造价工程师签字，并应加盖执业专用章和单位公章。

（六）工程竣工价款结算的基本公式

$$竣工结算工程价款＝预算或合同价款＋施工过程中预算或合同价款调整数额$$
$$－预付及已结算工程价款－保修金 \qquad (7\text{-}35)$$

【例 7-15】 某工程合同价款总额为 300 万元，施工合同规定预付备料款为合同价款的 25％，主要材料为工程价款的 62.5％，在每月工程款中扣留 5％保修金，每月实际完成工作量如表 7-6 所列，求预付备料款，每月结算工程款。

表 7-6 某工程每月实际完成工作量   单位：万元

月份	1 月	2 月	3 月	4 月	5 月	6 月
完成工作量	20	50	70	75	60	25

【解】 预付备料款＝300×25％＝75(万元)

起扣点＝300－75/62.5％＝180(万元)

1 月份：累计完成 20 万元，结算工程款 20－20×5％＝19(万元)

2 月份：累计完成 70 万元，结算工程款 50－50×5％＝47.5(万元)

3 月份：累计完成 140 万元，结算工程款 70×(1－5％)＝66.5(万元)

4 月份：累计完成 215 万元，超过起扣点(180 万元)

结算工程款＝75－(215－180)×62.5％－75×5％＝49.375(万元)

5 月份：累计完成 275 万元

结算工程款 60－60×62.5％－75×5％＝19.5(万元)

6 月份：累计完成 300 万元

结算工程款＝25×(1－62.5％)－25×5％＝8.125(万元)

【例 7-16】 某项工程业主与承包商签订了施工合同，合同中含有两个子项工程，估算工程量 A 项为 2300m³，B 项为 3200m³，经协商合同价 A 项为 180 元/m³，B 项为 160 元/m³。承包合同规定：

开工前业主应向承包商支付合同价 20％的预付款；

业主自第一个月起，从承包商的工程款中按 5％的比例扣留保修金；

当子项工程实际工程量超过估算工程量的 10％时，可进行调价，调整系数为 0.9；

根据市场情况规定价格调整系数平均按 1.2 计算；

工程师签发月度付款最低金额为 25 万元；

预付款在最后两个月扣除，每月扣 50％。

承包商每月实际完成并经工程师签证确认的工程量如表 7-7 所示。

表 7-7 某工程每月实际完成并经工程师签证确认的工程量   单位：m³

月份	1 月	2 月	3 月	4 月
A 项	500	800	800	600
B 项	700	900	800	600

第一个月，工程量价款为：(500×180＋700×160)÷10000＝20.2(万元)

应签证的工程款为：$20.2 \times 1.2 \times (1-5\%) = 23.028$（万元）

由于合同规定工程师签发的最低金额为 25 万元，故本月工程师不予签发付款凭证。

求预付款、从第二个月起每月工程量价款、工程师应签证的工程款、实际签发的付款凭证金额各是多少？

【解】 (1) 预付款金额为：$(2300 \times 180 + 3200 \times 160) \times 20\% \div 10000 = 18.52$（万元）

(2) 第二个月，工程量价为：$800 \times 180 + 900 \times 160 \div 10000 = 28.8$（万元）

应签证的工程款为：$28.8 \times 1.2 \times 0.95 = 32.832$（万元）

本月工程师实际签发的付款凭证金额为：$23.028 + 32.832 = 55.86$（万元）

(3) 第三个月，工程量价为：$800 \times 180 + 800 \times 160 \div 10000 = 27.2$（万元）

应签证的工程款为：$27.2 \times 1.2 \times 0.95 = 31.008$（万元）

应扣预付款为：$18.52 \times 50\% = 9.26$（万元）

应付款为：$31.008 - 9.26 = 21.748$（万元）

因本月应付款金额小于 25 万元，故工程师不予签发付款凭证。

(4) 第四个月，A 项工程累计完成工程量为 2700m³，比原估算工程量 2300m³ 超出 400m³，已超过估算工程量的 10%，超出部分其单价应进行调整。则：

超过估算工程量 10% 的工程量为：$2700 - 2300 \times (1+10\%) = 170$（m³）

这部分工程量单价应调整为：$180 \times 0.9 = 162$（元/m³）

A 项工程工程量价款为：$[(600-170) \times 180 + 170 \times 162] \div 10000 = 10.494$（万元）

B 项工程累计完成工程量为 3000m³，比原估算工程量 3200m³ 减少 200m³，不超过估算工程量，其单价不予进行调整。

B 项工程工程量价款为：$600 \times 160 \div 10000 = 9.6$（万元）

本月完成 A、B 两项工程量价款合计为：$10.494 + 9.6 = 20.094$（万元）

应签证的工程款为：$20.094 \times 1.2 \times 0.95 = 22.907$（万元）

本月工程师实际签发的付款凭证金额为：$21.748 + 22.907 - 18.52 \times 50\% = 35.395$（万元）。

七、工程价款动态结算和价差调整

工程建设工程项目周期长，在整个建设期内会受到物价浮动等多种因素的影响，其中主要是人工、材料、施工机械等动态影响。因此，在工程价款结算时要充分考虑动态因素，把多种因素纳入结算过程，使工程价款结算能反映工程项目的实际消耗费用。动态调整的主要方法有以下几种。

（一）实际价格结算法

这种方法也称"票据法"，即施工企业可凭发票按实报销。这种方法承包商对降低成本兴趣不大。所以，一般由地方主管部门定期公布最高结算限价，同时在合同文件中规定建设单位或监理单位有权要求承包商选择更廉价的资源采购渠道。

（二）工程造价指数调整法

这种方法是采取当时的预算或概算单价计算出承包合同价，待竣工时根据合理的工期及当地工程造价管理部门所公布的该月度（或季度）的工程造价指数，对原承包合同价予以调整。

【例 7-17】 某建筑公司承建职工宿舍工程项目，工程合同价款 800 万元，2008 年 10 月签订合同并开工，2009 年 6 月竣工，2008 年 10 月的造价指数为 100.04，2009 年 6 月的造价指数为 100.16。

调整后的合同价为：$\dfrac{100.16}{100.04} \times 800 = 800.96$（万元）

价差调整额：$800.96 - 800 = 0.96$（万元）

（三）调价文件计算法

这种方法是按当时预算价格承包，在合同期间，按造价管理部门的规定或定期发布的主要材料供应价格和管理价格进行补差。

$$调差值 = \sum 各项材料用量 \times (结算期预算指导价 - 原预算价格) \tag{7-36}$$

（四）调值公式法

根据国际惯例，对建筑工程项目价款结算经常采用这种方法。大部分国际工程项目中在签订合同时就明确列出调值公式，以此作为价差调整的依据。

建筑安装工程调值公式包括人工、材料、固定部分。

$$P = P_0\left(a_0 + a_1 \times \frac{A}{A_0} + a_2 \times \frac{B}{B_0} + a_3 \times \frac{C}{C_0} + a_4 \times \frac{D}{D_0} + \cdots\right) \tag{7-37}$$

式中　　　　P——调值后的合同价或工程实际结算价款；

　　　　　　P_0——合同价款中的工程预算进度款；

　　　　　　a_0——合同固定部分、不能调整的部分占合同价的比例；

a_1, a_2, a_3, a_4——调价部分（人工费用、钢材、水泥、运输等各项费用）在合同总价中所占的比例；

A_0, B_0, C_0, D_0——基准日期对应的各项费用的基准价格指数或价格；

A, B, C, D——调整日期对应各项费用的现行价格指数或价格。

【例 7-18】 某工程采用 FIDIC 合同条件，合同金额 500 万元，根据承包合同采用调值公式调值，调价因素为 A、B、C 三项，其在合同中的比例为 20%、10%、25%，这三种因素基期的价格指数分别为 105%、102%、110%，结算期的价格指数为 107%、106%、115%，则调值后的合同价款为：

$$500 \times \left(45\% + 20\% \times \frac{107}{105} + 10\% \times \frac{106}{102} + 25\% \times \frac{115}{110}\right) = 509.54（万元）$$

经调整实际结算价格为 509.54 万元，比原合同多 9.54 万元。

使用调值公式时应注意以下问题。

① 固定部分比例尽可能小，通常取值范围为 0.15~0.35。

② 调值公式中的各项费用，一般选择用量大、价格高且具有代表性的一些典型人工费和材料费，通常是大宗水泥、砂石、钢材、木材、沥青等，并用它们的价格指数变化综合代表材料费的价格变化。

③ 各部分成本的比重系数，在许多招标文件中要求承包方在投标中提出，并在价格分析中予以论证。也有的是由发包方在招标文件中规定一个允许范围，由投标人在此范围内选定。

④ 调整有关各项费用要与合同条款的规定相一致。例如签订合同时，双方一般商定调整的有关费用和因素，以及物价波动到何种程度才进行调整。在国际工程中，一般在 5％以上才进行调整。如有的合同规定，在应调整金额不超过合同原始价 5％时，由承包方自己承担；在 5％～20％之间时，承包方负担 10％，发包方负担 90％；超过 20％时，则必须另行签订附加条款。

⑤ 调整有关各项费用应注意地点与时间点。地点一般指工程所在地或指定的某地市场价格。时间点指的是某月某日的市场价格。

⑥ 变动要素系数之和加上固定要素系数应该等于 1。

【例 7-19】 2005 年 3 月实际完成的某土方工程，按 2008 年签约的价格计算工程款为 10 万元，该工程固定系数为 0.2，各参加调值的因素除人工费的价格指数增长了 10％外，其他都未发生变化，人工占调值部分的 50％，按调值公式计算完成该土方工程的工程款为：

$$100000 \times (0.2 + 0.4 \times \frac{110}{100} + 0.4 \times \frac{100}{100}) = 104000 (元)$$

注：调值部分为 0.8，其中人工为 50％，即 0.4。

【例 7-20】 某土建工程，合同规定结算款 100 万元，合同原始报价日期为 2008 年 3 月，工程于 2009 年 5 月建成交付使用，工程人工费、材料费构成比例以及有关造价指数见表 7-8，计算实际结算款。

表 7-8 某土建工程人工费、材料费构成比例以及有关造价指数

项目	人工费	钢材	水泥	集料	红砖	砂	木材	不调值费用
比例/％	45	11	11	5	6	3	4	15
2008 年 3 月指数	100	100.8	102.0	93.6	100.2	95.4	93.4	
2009 年 5 月指数	110.1	98.0	112.9	95.9	98.9	91.1	117.9	

【解】 实际结算款 $= 100 \times (0.15 + 0.45 \times \frac{110.1}{100} + 0.11 \times \frac{98}{100.8} + 0.11 \times \frac{112.9}{102.0} + 0.05 \times \frac{95.9}{93.6} + 0.06 \times \frac{98.9}{100.2} + 0.03 \times \frac{91.1}{95.4} + 0.04 \times \frac{117.9}{93.4}) = 100 \times 1.064 = 106.4 (万元)$

八、最终清算

最终结清，是指合同约定的缺陷责任期终止后，承包人已按合同规定完成全部剩余工作且质量合格的，发包人与承包人结清全部剩余款项的活动。

（一）最终结清申请单

缺陷责任期终止后，承包人已按合同规定完成全部剩余工作且质量合格的，发包人签发缺陷责任期终止证书，承包人可按合同约定的份数和期限向发包人提交最终结清申请单，并提供相关证明材料，详细说明承包人根据合同规定已完成的全部工程价款金额以及承包人认为根据合同规定应进一步支付给他的其他款项。发包人对最终结清申请内容有异议的，有权要求承包人进行修正和提供补充资料，由承包人向发包人提交修正后的最终结清申请单。

（二）最终支付证书

发包人收到承包人提交的最终结清申请单后的 14 天内予以核实，向承包人签发最终支付证书。发包人未在约定时间内核实，又未提出具体意见的，视为承包人提交的最终结清申

请单已被发包人认可。

发包人应在收到最终结清申请后的 14 天内予以核实，向承包人签发最终结清支付证书。若发包人未在约定的时间内核实，又未提出具体意见的，视为承包人提交的最终结清支付申请已被发包人认可。

（三）最终结清付款

发包人应在签发最终结清支付证书后的 14 天内，按照最终结清支付证书列明的金额向承包人支付最终结清款。最终结清付款后，承包人在合同内享有的索赔权利也自行终止。发包人未按期支付的，承包人可催告发包人在合理的期限内支付，并有权获得延迟支付的利息。

最终结清时，如果承包人被扣留的质量保证金不足以抵减发包人工程缺陷修复费用的，承包人应承担不足部分的补偿责任。

最终结清付款涉及政府投资资金的，按照国库集中支付等国家相关规定和专用合同条款的约定办理。

承包人对发包人支付的最终结清款有异议的，按照合同约定的争议解决方式处理。

第七节 资金使用计划的编制与投资偏差分析

一、施工阶段资金使用计划的作用与编制方法

施工阶段资金使用计划的编制与控制在整个工程造价管理中处于重要而独特的地位，它对工程造价的重要影响表现在以下几方面。

① 通过编制资金使用计划，合理确定工程造价施工阶段目标值，使工程造价的控制有所依据，并为资金的筹集与协调打下基础；如果没有明确的造价控制目标，就无法把工程项目的实际支出额与之进行比较，也就不能找出偏差，从而使控制措施缺乏针对性。

② 通过资金使用计划的科学编制，可以对未来工程项目的资金使用和进度控制有所预测，消除不必要的资金浪费和进度失控，也能够避免在今后工程项目中由于缺乏依据而进行轻率判断所造成的损失，减少了盲目性，使现有资金充分发挥作用。

③ 在建设项目的进行过程中，通过资金使用计划的严格执行，可以有效地控制工程造价上升，最大限度地节约投资，提高投资效益。

对脱离实际的工程造价目标值和资金使用计划，应在科学评估的前提下，允许修订和修改，使工程造价更加趋于合理水平，从而保障发包人和承包人各自的合法利益。

施工阶段资金使用计划的编制方法主要有以下几种。

（一）按不同子项目编制资金使用计划

一个建设项目往往由多个单项工程组成，每个单项工程还可能由多个单位工程组成，而单位工程总是由若干个分部分项工程组成。按不同子项目划分资金的使用，进而做到合理分配，首先必须对工程项目进行合理划分，划分的粗细程度根据实际需要而定。

例如：某学校建设项目的分解过程，就是该项目施工阶段资金使用计划的编制依据。为了满足建设项目分解管理的需要，建设项目可分解为单项工程、单位工程、分部工程和分项工程，以一个学校建设项目为例，其分解可参照图 7-12。

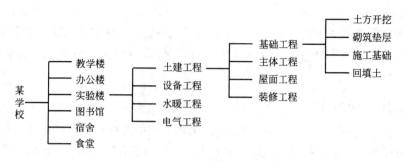

图 7-12 工程项目分解图

(二) 按时间进度编制资金使用计划

建设项目的投资总是分阶段、分期支出的，资金应用是否合理与资金时间安排有密切关系。为了编制资金使用计划，并据此筹措资金，尽可能减少资金占用和利息支付，有必要将总投资目标按使用时间进行分解，确定分目标值。

按时间进度编制的资金使用计划，通常可利用项目进度网络图进一步扩充后得到。利用网络图控制时间的投资，即要求在拟定工程项目的执行计划时，一方面确定完成某项施工活动所需的时间，另一方面也要确定完成这一工作的合适的支出预算。资金使用计划通常可以采用 S 形曲线与香蕉图的形式，或者也可以用横道图和时标网络图表示。其对应数据的产生依据是施工计划网络图中时间参数（工序最早开工时间，工序最早完工时间，工序最迟开工时间，工序最迟完工时间，关键工序，关键路线，计划总工期）的计算结果与对应阶段资金使用要求。

利用确定的网络计划便可计算各项活动的最早及最迟开工时间，获得项目进度计划的横道图。在横道图的基础上便可编制按时间进度划分的投资支出预算，进而绘制时间-投资累计曲线（S 形图线）。时间-投资累计曲线的绘制步骤如下。

① 确定工程进度计划，编制进度计划的横道图，见表 7-9。

表 7-9 某工程进度计划横道图 单位：万元

分项工程	计划进度/月											
	1	2	3	4	5	6	7	8	9	10	11	12
A	100	100	100	100	100	100	100					
B		100	100	100	100	100	100	100				
C			100	100	100	100	100	100	100	100		
D				200	200	200	200	200	200			
E					100	100	100	100	100	100	100	
F						200	200	200	200	200	200	200

② 根据每单位时间内完成的实物工程量或投入的人力、物力和财力，计算单位时间（月或旬）的投资，如表 7-10 所示。

表 7-10　按月编制的资金使用计划表

时间/月	1	2	3	4	5	6	7	8	9	10	11	12
投资/万元	100	200	300	500	600	800	800	700	600	400	300	200

③ 计算规定时间 t 内计划累计完成的投资额，其计算方法为：各单位时间计划完成的投资额累加求和，可按下式计算：

$$Q_t = \sum_{n=1}^{t} q_n \tag{7-38}$$

式中　Q_t——某时间 t 计划累计完成投资额；

　　　q_n——单位时间 n 的计划完成投资额；

　　　t——规定的计划时间。

④ 按各规定时间的 Q_t 值，绘制 S 形曲线，如图 7-13 所示。

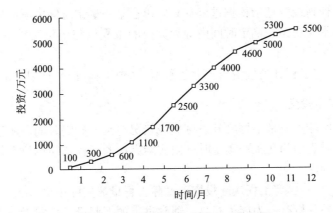

图 7-13　时间-投资累计曲线（S 形曲线）

每一条 S 形曲线都对应某一特定的工程进度计划。进度计划的非关键路线中存在许多有时差的工序或工作，因而 S 形曲线（投资计划值曲线）必然包括在由全部活动都按最早开工时间开始和全部活动都按最迟开工时间开始的曲线所组成的"香蕉图"内，见图7-14。建设单位可根据编制的投资支出预算来合理安排资金，同时建设单位也可以根据筹措的建设资金来调整 S 形曲线，即通过调整非关键路线上工序项目的开工时间，力争将实际的投资支出控制在预算的范围内。

一般而言，所有活动都按最迟时间开始，对节约建设资金贷款利息是有利的，但同时也降低了项目按期竣工的保证率，因此必须合理地确定投资支出预算，达到既节约投资支出，又控制项目工期的目的。

二、施工阶段投资偏差分析

由于施工过程随机因素与风险因素的影响形成了实际投资与计划投资、实际工程进度与计划工程进度的差异称为投资偏差与进度偏差，这些偏差即是施工阶段工程造价计算与控制的对象。

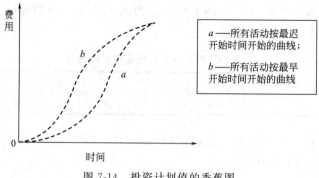

图 7-14　投资计划值的香蕉图

（一）实际投资与计划投资

由于时间-投资累计曲线中既包含了投资计划，也包含了进度计划，因此有关实际投资与计划投资的变量包括了拟完工程计划投资、已完工程实际投资和已完工程计划投资。

1. 拟完工程计划投资

所谓拟完工程计划投资是指根据进度计划安排在某一确定时间内所应完成的工程内容的计划投资。可以表示为在某一确定时间内计划完成的工程量与单位工程量计划单价的乘积，如式（7-39）所示：

$$拟完工程计划投资＝拟完工程量(计划工程量)×计划单价 \qquad (7-39)$$

2. 已完工程实际投资

所谓已完工程实际投资是根据实际进度完成状况在某一确定时间内所已经完成的工程内容的实际投资。可以表示为在某一确定时间内实际完成的工程量与单位工程量实际单价的乘积，如式（7-40）所示：

$$已完工程实际投资＝实际工程量×实际单价 \qquad (7-40)$$

在进行有关偏差分析时，为简化起见，通常进行如下假设：拟完工程计划投资中的拟完工程量与已完工程实际投资中的实际工程量在总额上是相等的，两者之间的差异只在于完成的时间进度不同。

3. 已完工程计划投资

从公式（7-39）和公式（7-40）中可以看出，拟完工程计划投资和已完工程实际投资之间既存在投资偏差，也存在进度偏差。已完工程计划投资正是为了更好地辨析这两种偏差而引入的变量，是指根据实际进度完成状况在某一确定时间内所已经完成的工程所对应的计划投资额。可以表示为在某一确定时间内实际完成的工程量与单位工程量计划单价的乘积，如式（7-41）所示：

$$已完工程计划投资＝实际工程量×计划单价 \qquad (7-41)$$

通俗地讲，拟完工程计划投资是指"计划进度下的计划投资"，已完工程计划投资是指"实际进度下的计划投资"，已完工程实际投资是指"实际进度下的实际投资"。

（二）投资偏差和进度偏差

1. 投资偏差

投资偏差指投资计划值与投资实际值之间存在的差异，当计算投资偏差时，应剔除进度原因对投资额产生的影响，因此其公式为：

$$投资偏差＝已完工程实际投资－已完工程计划投资$$
$$＝实际工程量×(实际单价－计划单价) \qquad (7\text{-}42)$$

上式中结果为正表示投资增加，结果为负表示投资节约。

2. 进度偏差

与投资偏差密切相关的是进度偏差，如果不加考虑就不能正确反映投资偏差的实际情况。所以，有必要引入进度偏差的概念：

$$进度偏差＝已完工程实际时间－已完工程计划时间 \qquad (7\text{-}43)$$

为了与投资偏差联系起来，进度偏差也可表示为：

$$进度偏差＝拟完工程计划投资－已完工程计划投资$$
$$＝(拟完工程量或计划工程量－实际工程量)×计划单价 \qquad (7\text{-}44)$$

进度偏差为正值时，表示工期拖延；结果为负值时，表示工期提前。

3. 有关投资偏差的其他概念

(1) 局部偏差和累计偏差 局部偏差有两层含义：一是相对于总项目的投资而言，指各单项工程、单位工程和分部分项工程的偏差；二是相对于项目实施的时间而言，指每一控制周期所发生的投资偏差。累计偏差，则是在项目已经实施的时间内累计发生的偏差。偏差的工程内容及其原因一般都比较明确，分析结果也就比较可靠，而累计偏差所涉及的工程内容较多、范围较大，且原因也较复杂，因而累计偏差分析必须以局部偏差分析的结果进行综合分析，其结果更能显示规律性，对投资控制工作在较大范围内具有指导作用。

(2) 绝对偏差和相对偏差 所谓绝对偏差，是指投资计划值与实际值比较所得的差额。相对偏差，则是指投资偏差的相对数或比例数，通常是用绝对偏差与投资计划值的比值来表示，即：

$$相对偏差＝\frac{绝对偏差}{投资计划值}＝\frac{投资实际值－投资计划值}{投资计划值} \qquad (7\text{-}45)$$

绝对偏差和相对偏差的数值均可正可负，且两者符号相同，正值表示投资增加，负值表示投资节约。在进行投资偏差分析时，对绝对偏差和相对偏差都要进行计算。绝对偏差的结果比较直观，其作用主要是了解项目投资偏差的绝对数额，指导调整资金支出计划和资金筹措计划。由于项目规模、性质、内容不同，其投资总额会有很大差异，因此，绝对偏差就显得有一定的局限性。而相对偏差能较客观地反映投资偏差的严重程度或合理程度，从对投资控制工作的要求来看，相对偏差比绝对偏差更有意义，应当给予更高的重视。

(3) 偏差程度 偏差程度是指投资实际值对计划值的偏离程度，其表达式为：

$$投资偏差程度＝\frac{投资实际值}{投资计划值} \qquad (7\text{-}46)$$

偏差程度可参照局部偏差和累计偏差分为局部偏差程度和累计偏差程度。注意，累计偏差程度并不等于局部偏差程度的简单相加。以月为一个控制周期，则两者计算公式为：

$$投资局部偏差程度＝\frac{当月投资实际值}{当月投资计划值} \qquad (7\text{-}47)$$

$$投资累计偏差程度 = \frac{累计投资实际值}{累计投资计划值} \tag{7-48}$$

将偏差程度与进度结合起来，引入进度偏差程度的概念，其表达式为：

$$进度偏差程度 = \frac{拟定工程计划时间}{已完工程计划时间} \tag{7-49}$$

或

$$进度偏差程度 = \frac{拟定工程计划投资}{已完工程计划投资} \tag{7-50}$$

上述各组偏差和偏差程度变量都是投资比较的基本内容和主要参数。投资比较的程度越深，为下一步偏差分析提供的支持就越有力。

（三）常用的偏差分析方法

常用的偏差分析方法有横道图法、时标网络图法、表格法和 S 曲线法。

1. 横道图法

用横道图法进行投资偏差分析，是用不同的横道标识已完工程计划投资、拟完工程计划投资和已完工程实际投资。横道的长度与其金额成正比例，如图 7-15 所示。

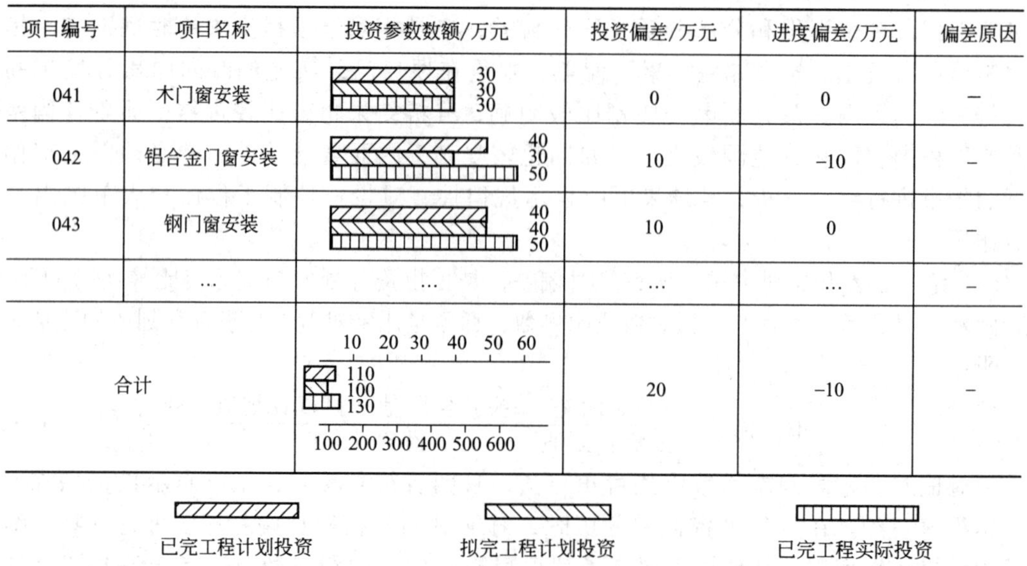

项目编号	项目名称	投资参数数额/万元	投资偏差/万元	进度偏差/万元	偏差原因
041	木门窗安装	30 / 30 / 30	0	0	—
042	铝合金门窗安装	40 / 30 / 50	10	−10	—
043	钢门窗安装	40 / 40 / 50	10	0	—
...	...	...	...	...	...
合计		110 / 100 / 130	20	−10	—

已完工程计划投资　　　　拟完工程计划投资　　　　已完工程实际投资

图 7-15　用横道图法表示的投资偏差分析

横道图法具有形象、直观、一目了然等优点，它能够准确表达投资的绝对偏差，而且能一眼感受到偏差的严重性。但是这种方法反映的信息量少，应用有一定的局限性，一般在项目的较高管理层应用。

在实际工程中有时需要根据拟完工程计划投资和已完工程实际投资确定已完工程计划投资后，再确定投资偏差、进度偏差。

根据拟完工程计划投资与已完工程实际投资确定已完工程计划投资的方法是：

① 已完工程计划投资与已完工程实际投资的横道位置相同。

② 已完工程计划投资与拟完工程计划投资的各子项工程的投资总值相同。

【例 7-21】　假设某项目共含有两个子项工程，A 子项和 B 子项，各自的拟完工程计划投资、已完工程实际投资和已完工程计划投资如表 7-11 所示。

表 7-11　某工程计划与实际进度横道图　　　　　　　　　　单位：万元

分项工程	计划进度/周					
	1	2	3	4	5	6
A	8	8	8			
		6	6	6	6	
		5	5	6	7	
B		9	9	9	9	
			9	9	9	9
			11	10	8	8

注：表中：────表示拟完工程计划投资；----------表示已完工程计划投资；－ － － －表示已完工程实际投资。

根据表 7-11 中的数据，按照每周各子项工程拟完工程计划投资、已完工程计划投资、已完工程实际投资的累计值进行统计，可以得到表 7-12 的数据。

表 7-12　投资数据表　　　　　　　　　　单位：万元

项目	投资数据					
	1	2	3	4	5	6
每周拟完工程计划投资	8	17	17	9	9	
拟完工程计划投资累计	8	25	42	51	60	
每周已完工程计划投资		6	15	15	15	9
已完工程计划投资累计		6	21	36	51	60
每周已完工程实际投资		5	16	16	15	8
已完工程实际投资累计		5	21	37	52	60

根据表 7-12 中数据可以求得相应的投资偏差和进度偏差，例如：

第 4 周末投资偏差＝已完工程实际投资－已完工程计划投资＝37－36＝1(万元)

即投资增加 1 万元。

第 4 周末进度偏差＝拟完工程计划投资－已完工程计划投资＝51－36＝15(万元)

即进度拖后 15 万元。

2. 时标网络图法

时标网络图是在确定施工计划网络图的基础上，将施工的实施进度与日历工期相结合而形成的网络图。根据时标网络图可以得到每一时间段的拟完工程计划投资，已完工程实际投资可以根据实际工作完成情况测得，在时标网络图上考虑实际进度前锋线就可以得到每一时间段的已完工程计划投资。实际进度前锋线表示整个项目目前实际完成的工作面情况，将某一确定时点下时标网络图中各个工序的实际进度点相连就可以得到实际进度前锋线。

【例 7-22】 假设某工程的时标网络图如图 7-16 所示。

图中第 5 月末用▼标示的虚节线即为实际进度前锋线，其与各工序的交点即为各工序的实际完成进度，因此：

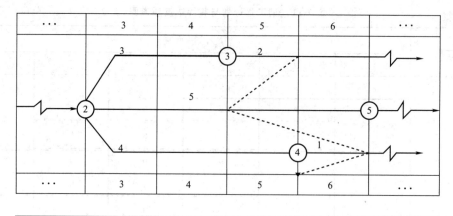

图 7-16　某工程时标网络图（投资数据单位：万元）
注：1. 图中每根箭头线上方数值为该工作每月计划投资。
2. 图下方表内（1）栏数值为该工程拟完工程计划投资累计值；
（3）栏数值为该工程已完工程实际投资累计值

月份	...	3	4	5	6	...
(1)	...	25	37	48	56	...
(2)	...	24	39	45	54	...

5 月末的已完工程计划投资累计值＝48－5＋1＝44(万元)

则可以计算出投资偏差和进度偏差

5 月末的投资偏差＝已完工程实际投资－已完工程计划投资＝45－44＝1(万元)

即增加投资 1 万元。

5 月末的进度偏差＝拟完工程计划投资－已完工程计划投资＝48－44＝4(万元)

即进度拖延 4 万元。

时标网络图法具有简单、直观的特点，主要用来反映累计偏差和局部偏差，但实际进度前锋线的绘制有时会遇到一定的困难。

3. 表格法

表格法是进行偏差分析最常用的一种方法。可以根据项目的具体情况、数据来源、投资控制工作的要求等条件来设计表格，因而适用性较强，表格法的信息量大，可以反映各种偏差变量和指标，对全面深入地了解项目投资的实际情况非常有益；另外，表格法还便于用计算机辅助管理，提高投资控制工作的效率，见表 7-13。

4. S 曲线法

S 曲线法是用投资时间曲线进行偏差分析的一种方法。在用 S 曲线法进行偏差分析时，通常有三条投资曲线，即已完工程实际投资曲线 a、已完工程计划投资曲线 b 和拟完工程计划投资曲线 p，如图 7-17 所示，图中曲线 a 和 b 的竖向距离表示投资偏差，曲线 p 和 b 的水平距离表示进度偏差。图中所反映的是累计偏差，而且主要是绝对偏差。用曲线法进行偏差分析，具有形象直观的优点，但不能直接用于定量分析，如果能与表格法结合起来，则会取得较好的效果。

表 7-13 投资偏差分析表

项目编码	(1)	011	012	013
项目名称	(2)	土方工程	打桩工程	基础工程
单位	(3)	m³	m	m²
计划单价	(4)	5	6	8
拟完工程量	(5)	10	11	10
拟完工程计划投资	(6)＝(4)×(5)	50	66	80
已完工程量	(7)	12	16.67	7.5
已完工程计划投资	(8)＝(4)×(7)	60	100	60
实际单价	(9)	5.83	4.8	10.67
其他项款	(10)			
已完工程实际投资	(11)＝(7)×(9)＋(10)	70	80	80
投资局部绝对偏差	(12)＝(11)－(8)	10	－20	20
投资局部相对偏差	(13)＝(11)÷(8)	1.17	0.8	1.33
投资累计绝对偏差	(14)＝∑(12)			
投资累计相对偏差	(15)＝∑(11)÷∑(8)			
进度局部绝对偏差	(16)＝(6)－(8)	－10	－34	20
进度局部相对偏差	(16)＝(6)÷(8)	0.83	0.66	1.33
进度累计绝对偏差	(18)＝∑(16)			
进度累计相对偏差	(19)＝∑(6)÷∑(8)			

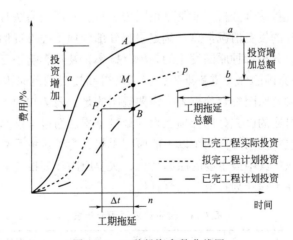

图 7-17 三种投资参数曲线图

三、偏差形成原因的分类及纠正方法

(一) 偏差原因

一般来讲，引起投资偏差的原因主要有四个方面，即客观原因、业主原因、设计原因和施工原因，见图 7-18。

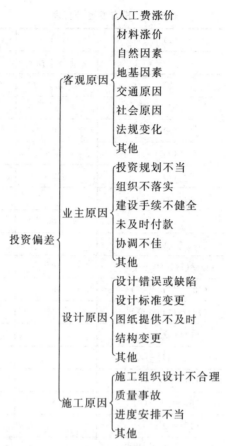

图 7-18 投资偏差分析

为了对偏差原因进行综合分析，通常采用图表工具。在用表格法时，首先要将每期所完成的全部分部分项工程的投资情况汇总，确定引起分部分项工程投资偏差的具体原因；然后通过适当的数据处理，分析每种原因发生的频率（概率）及其影响程度（平均绝对偏差或相对偏差）；最后按偏差原因的分类重新排列，就可以得到投资偏差原因综合分析表，利用虚拟数字可以编成投资偏差原因综合分析表。需要说明的是，表 7-14 中"已完工程计划投资"由各"偏差原因"所对应的已完分部分项工程计划投资累加而得。这里要特别注意，某一分部分项工程的投资偏差可能同时由两个以上的原因引起，为了避免重复计算，在计算"已完工程计划投资"时，只按其中最主要的原因考虑，次要原因计划投资的重复部分在表中以括号标出，不计入"已完工程计划投资"的合计值。

表 7-14 投资偏差原因分析表

偏差原因	次数	频率	已完工程计划投资/万元	绝对偏差/万元	平均绝对偏差/万元	相对偏差/%
1—1	3	0.12	500	24	8	4.8
1—2	1	0.04	(100)	3.5	3.5	3.5
……						
1—9	3	0.12	50	3	1	6.0
2—1	1	0.04	20	1	1	5.0

续表

偏差原因	次数	频率	已完工程计划投资 /万元	绝对偏差 /万元	平均绝对偏差 /万元	相对偏差 /%
2—2	1	0.04	20	1	1	5.0
……						
2—9	4	0.16	30	4	1	13.3
3—1	5	0.20	150	20	4	13.3
3—2	2	0.08	(150)	4	2	2.7
……						
3—9	1	0.04	50	1	1	2.0
4—1	1	0.04	20	1	1	5.0
4—2	2	0.08	30	4	2	13.3
……						
4—9	1	0.04	(30)	0.5	0.5	1.7
合计	25	1.00	870	68	2.72	7.82

对投资偏差原因的发生频率和影响程度进行综合分析，还可以采用图 7-19 的形式。图 7-19 把偏差原因的发生频率和影响各分为三个阶段，形成 9 个区域，将表 7-14 中的投资偏差特征值分别填入对应的区域内即可，其中影响程度可用相对偏差和平均绝对偏差两种形式表达。图中阶段数目和界值的确定，应视项目实施的具体情况和对偏差分析的要求而定。

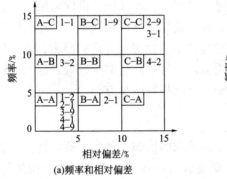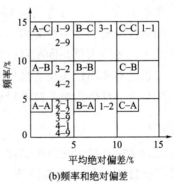

图 7-19　投资偏差原因的发生频率和影响程度

在数量分析的基础上，可以将偏差的类型分为四种形式，如图 7-20 所示。

① 投资增加且工期拖延。这种类型是纠正偏差的主要对象，必须引起高度重视。

② 投资增加但工期提前。这种情况下要适当考虑工期提前带来的效益。从资金使用的角度如果增加的资金值超过增加的效益时要采取纠偏措施。

③ 工期拖延但投资节约。这种情况下是否采取纠偏措施要根据实际需要。

④ 工期提前且投资节约。这种情况是最理想的，不需要采取纠偏措施。

从偏差原因的角度分析，由于客观原因是无法避免的，施工原因造成的损失由施工单位自己负责，因此，纠偏的主要对象是由于业主原因和设计原因造成的投资偏差。

从偏差原因发生频率和影响程度明确纠偏的主要对象，在图 7-19 中要把 C-C、B-C、

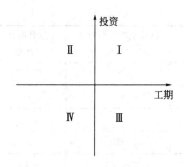

图 7-20　偏差类型示意图

C-B三个区域内的偏差原因作为纠偏的主要对象，尤其对同时出现在（a）和（b）中的C-C、B-C、C-B 三个区域内的偏差原因予以特别重视，这些原因发生的频率大，相对偏差大，平均绝对偏差也大，必须采取必要的措施，减少或避免其发生后的经济损失。

（二）偏差的纠正与控制

施工阶段工程造价偏差的纠正与控制要注意采用动态控制、系统控制、信息反馈控制、弹性控制、循环控制和网络技术控制的原理，注意目标手段分析方法的应用。目标手段分析方法要结合施工现场实际情况，依靠有丰富实践经验的技术人员和工作人员通过各方面的共同努力实现纠偏。由于偏差的不断出现，从管理学的角度纠偏是一个计划制定、实施工作、检查进度与效果、纠正与处理偏差的滚动的 PDCA 循环过程。因此纠偏就是对系统实际运行状态偏离标准状态的纠正，以便使运行状态恢复或保持住标准状态。

从施工管理的角度来说，合同管理、施工成本管理、施工进度管理、施工质量管理是几个重要环节。在纠正施工阶段资金使用偏差的过程中，要按照经济性原则、全面性与全过程原则、责权利相结合原则、政策性原则、开源节流相结合原则在项目经理的负责下，在费用控制预测的基础上，各类人员共同配合，通过科学、合理、可行的措施，通过分项工程、分部工程、单位工程、整体项目纠正资金使用偏差，实现工程造价有效控制的目标。通常把纠偏措施分为组织措施、经济措施、技术措施、合同措施四个方面。

1. 组织措施

组织措施是指从投资控制的组织管理方面采取的措施。例如，落实投资控制的组织机构和人员，明确各级投资控制人员的任务、职能分工、权利和责任，改善投资控制工作流程等。组织措施往往被人忽视，其实它是其他措施的前提和保障，而且一般无需增加什么费用，运用得当时可以收到良好的效果。

2. 经济措施

经济措施最易为人们接受，但运用中要特别注意不可把经济措施简单理解为审核工程量及相应的支付价款。应从全局出发来考虑问题，如检查投资目标分解的合理性，资金使用计划的保障性，施工进度计划的协调性。另外，通过偏差分析和未完工程预测还可以发现潜在的问题，及时采取预防措施，从而取得造价控制的主动权。

3. 技术措施

从造价控制的要求来看，技术措施并不都是因为发生了技术问题才加以考虑的，也可能因为出现了较大的投资偏差而加以运用。不同的技术措施往往会有不同的经济效果，因此运用技术措施纠偏时，要对不同的技术方案进行技术经济分析综合评价后加以选择。

4. 合同措施

合同措施在纠偏方面主要指索赔管理。在施工过程中，索赔事件的发生是难免的，造价工程师在发生索赔事件后，要认真审查有关索赔依据是否符合合同规定，索赔计算是否合理等，从主动控制的角度出发，加强日常的合同管理，落实合同规定的责任。

案例分析 ▶▶

案例一： **工程价款结算**

背景：某建设工程，发包人与承包人签订了工程量清单计价模式下的单价合同，合同内容包含 A、B、C、D、E、F 六项工作，其分部分项工程的招标工程量、综合单价以及对应的单价措施费和计划作业时间见表 7-15。该工程的管理费以分部分项工程的人工费、材料费、施工机械使用费之和为计算基数，费率为 12%，利润与风险费以分部分项工程的人工费、措施项目费、其他项目费之和为计算基数，费率为 6%，税金率为 3.8%。合同工期为 28 周，工期提前（或拖延）一天奖励（或惩罚）1000 元。

表 7-15 各分部分项工程的工程量、费用、对应的单价措施费和计划作业时间表

分部分项工程	A	B	C	D	E	F	合计
清单工程量/m³	260	200	380	200	300	280	—
综合单价/(元/m³)	80	300	240	400	240	150	—
分部分项工程费用/万元	2.08	6.00	9.12	8.00	7.20	4.20	36.60
对应的单价措施费/万元	—	0.60	1.60	—	1.20	—	3.40
计划作业时间(起止周)	1~8	1~12	5~20	9~16	13~20	21~28	—

该工程的安全文明施工费为 4 万元，其他总价措施费为 6 万元，暂列金额为 3 万元，计日工数量 20 个，计日工单价为 100 元/工日。

合同约定的其他事项如下。

每四周（28 天）时间作为一个计量与支付周期（假设计量与支付之间的时间间隔为零，即忽略计量与支付之间的间隔时间，计量完毕即可支付）。开工前 7 天，发包人向承包人支付分部分项工程费用（含规费和税金）的 20% 作为预付款，在最后两个计量周期内平均扣回。

安全文明施工费于第一个支付周期支付 70%，第 2~4 个支付周期，每周期支付 10%。其他总价措施费在前 4 个支付周期内平均支付，单价措施费按项目进展随进度款支付。

当发包人的责任导致工程变更等情况造成工程量偏差超过 15% 时，合同价款可进行调整。当工程量增加 15% 以上时，增加部分的工程量的综合单价调低为原单价的 90%；当工程量减少 15% 以上时，减少后剩余部分的工程量的综合单价调高为原单价的 110%。

发包人按每个计量与支付周期支付已完成工程款的 90%（包括安全文明施工费，其他总价措施费，经确认的变更价款、索赔金额、计日工金额、实际发生的暂列金额等与进度款同期支付）。最后一个支付期内进行竣工结算，质量保证金为总造价的5%，竣工结算时一次扣留。

施工期间，遇到人工成本信息或人工费变化时，按照有关行政部门发布的规定进行调整。承包人承担5%以内的材料价格风险，10%以内的施工机械使用费风险，超过者予以调整。

机械闲置补偿费为台班单价的50%，人员窝工补偿费为60元/工日。工作A和D共用一台施工机械M，只能顺序施工，不能同时进行，机械台班单价为800元/台班，每天按一个台班计算。工作E和工作F共用一台施工机械N，只能顺序施工，不能同时进行，机械台班单价为600元/台班，每天按一个台班计算。

在工程施工期间，经发包人核实的有关事项如下：

① 第7～8周发包人确认计日工28工日，9～10周发包人确认计日工20工日。

② 因发包人提供的图纸延误致使工作D推迟4个周，造成人员窝工140工日；由于设计变更导致工作D的实际工程量比招标工程量增加了100m³，工作D的持续时间比计划延长了4周。

③ 第18周，施工机械N发生故障，2天后修复，造成人员窝工10个工日，为了不耽误工期，承包人采取赶工措施，发生费用为2000元。

④ 第19周新增加一项工作，发包人确认的人工费、材料费、施工机械使用费为6000元，单价措施费为1200元。

⑤ 施工进行到第25周的时候，根据有关行政部门的规定，人工单价由72元/工日调整到80元/工日，工作F的综合单价中人工费占的比重为30%。

⑥ 其余工作内容及时间没有变化，假设每项工作在施工期间匀速施工，费用均摊。

[问题]：

1. 该建设工程的签约合同价为多少万元？发包人在开工前应支付给承包人的预付款为多少万元？完成表7-16、表7-17。

2. 分别计算第1～7个支付周期已完成的合同价款，发包人应支付给承包人的工程进度款分别是多少万元？完成表7-18。

3. 该工程竣工结算合同价款总额、合同价调整额分别为多少万元？扣除质量保证金后，发包人总计应支付给承包人的工程款为多少万元？完成表7-19（列出具体的计算过程，计算结果保留三位小数，最终结果见表7-20～表7-23）。

表7-16　预付款支付申请表

序号	名称	金额/万元	备注
1	已签约合同价款金额		
2	其中:安全文明施工费		
3	应支付的预付款		
4	应支付的安全文明施工费		
5	合计应支付的预付款		

表 7-17　总价项目进度款支付分解表　　　　　　　单位：万元

序号	项目名称	总价金额	首次支付	二次支付	三次支付	四次支付
1	安全文明施工费					
2	其他总价措施费					
3	合计					

表 7-18　进度款支付申请表（第 3 次支付周期）

序号	名称	金额/万元	备注
1	累计已完成的合同价款		
2	累计已实际支付的合同价款		
3	本周期合计完成的合同价款		
3.1	本周期已完成单价项目的金额		
3.2	本周期应支付的总价项目的金额		
3.3	本周期已完成的计日工价款		
3.4	本周期应支付的安全文明施工费		
3.5	本周期应增加的合同价款		
4	本周期合计应扣减的金额		
4.1	本周期应抵扣的预付款		
4.2	本周期应扣减的金额		
5	本周期应支付的合同价款		

表 7-19　竣工结算支付申请表

序号	名称	金额/万元	备注
1	竣工结算合同价款总额		
2	累计已实际支付的合同价款		
3	应预留的质量保证金		
4	应支付的竣工结算款金额		

［分析］：

问题 1：

签约合同价＝分部分项工程费＋措施项目费＋其他项目费＋规费＋税金
　　　　　＝(36.6＋3.4＋4＋6＋3＋20×100/10000)×1.06×1.0348
　　　　　＝58.354（万元）

预付款＝36.6×1.06×1.0348×20％＝8.029（万元）

表 7-20 预付款支付申请表

序号	名称	金额/万元	备注
1	已签约合同价款金额	58.354	
2	其中:安全文明施工费	4.388	
3	应支付的预付款	8.029	
4	应支付的安全文明施工费	0.000	
5	合计应支付的预付款	8.029	

表 7-21 总价项目进度款支付分解表 单位：万元

序号	项目名称	总价金额	首次支付	二次支付	三次支付	四次支付
1	安全文明施工费	4.388	3.071	0.439	0.439	0.439
2	其他总价措施费	6.581	1.645	1.645	1.645	1.646
3	合计	10.969	4.716	2.084	2.084	2.085

问题 2：(建议首先画出进度计划横道图，可以帮助理解题意)

① 首次支付

本期已完成的合同价款=$(2.08/2+6.00/3+0.6/3+4×0.7+6/4)×1.06×1.0348=$ 8.271(万元)

发包人应支付的进度款=$8.271×90\%=7.443$(万元)

② 第二次支付

本期已完成的合同价款=$(2.08/2+6.00/3+9.12/4+0.6/3+1.6/4+4×0.1+6/4+28×100/10000)×1.06×1.0348=8.885$(万元)

发包人应支付的进度款=$8.885×90\%=7.997$(万元)

③ 第三次支付

本期已完成的合同价款=$[6.00/3+9.12/4+0.6/3+1.6/4+4×0.1+6/4+(20×100+140×60+28×800×50\%)/10000]×1.06×1.0348=9.806$(万元)

发包人应支付的进度款=$9.806×90\%=8.825$(万元)

④ 第四次支付

本期已完成的合同价款=$[9.12/4+(230×400+70×400×0.9)/3/10000+7.2/2+1.6/4+1.2/2+4×0.1+6/4]×1.06×1.0348=13.916$(万元)

发包人应支付的进度款=$13.916×90\%=12.524$(万元)

⑤ 第五次支付

本期已完成的合同价款=$[9.12/4+(230×400+70×400×0.9)/3/10000+7.2/2+1.6/4+1.2/2+(6000×1.12×1.07+1200)/10000]×1.06×1.0348=12.752$(万元)

发包人应支付的进度款=$12.752×90\%=11.477$(万元)

⑥ 第六次支付

本期已完成的合同价款=$[(230×400+70×400×0.9)/3/10000+4.2/2]×1.06×1.0348=6.589$(万元)

发包人应支付的进度款=$6.589×90\%-8.029/2=1.916$(万元)

⑦ 第七次支付

本期已完成的合同价款＝4.2/2×(1+30%×80/72)×1.06×1.0348＝3.071(万元)

累计已完成的合同价款＝8.271+8.885+9.806+13.916+12.752+6.589+3.071＝63.290(万元)

累计已支付完成的合同价款＝7.443+7.997+8.825+12.524+11.477+1.916＝50.182(万元)

本次发包人应支付的工程款＝63.290×(1-5%)-50.182-8.029＝1.914(万元)

问题3：

竣工结算合同价格＝63.29(万元)

合同价调整额＝{[(28×100+20×100+140×60+28×100)+(6000×1.12×1.07+1200)+(30×400+70×400×0.9)]/10000+4.2/2×30%×80/72-3-20×100/10000}×1.06×1.0348＝4.935(万元)

发包人总计应支付给承包人的工程款＝63.29×95%＝60.126(万元)

表 7-22　进度款支付申请表（第 3 次支付周期）

序号	名称	金额/万元	备注
1	累计已完成的合同价款	26.962	
2	累计已实际支付的合同价款	24.265	
3	本周期合计完成的合同价款	9.806	
3.1	本周期已完成单价项目的金额	5.353	
3.2	本周期应支付的总价项目的金额	1.645	
3.3	本周期已完成的计日工价款	0.219	
3.4	本周期应支付的安全文明施工费	0.439	
3.5	本周期应增加的合同价款	2.150	
4	本周期合计应扣减的金额	0.981	
4.1	本周期应抵扣的预付款	0.000	
4.2	本周期应扣减的金额	0.981	
5	本周期应支付的合同价款	8.825	

表 7-23　竣工结算支付申请表

序号	名称	金额/万元	备注
1	竣工结算合同价款总额	63.290	
2	累计已实际支付的合同价款	50.182	
3	应预留的质量保证金	3.165	
4	应支付的竣工结算款金额	1.914	

案例二： **工程价款结算**

某工程项目发包人与承包人签订了施工合同，工期4个月。工程内容包括A、B两项分项工程，综合单价分别为360.00元/m³、220.00元/m³；管理费和利润为人材机费用之和的16%，规费和税金为人材机费用、管理费和利润之和的10%。各分项工程每月计划和实际完成工程量及单价措施项目费用见表7-24。

表 7-24 分项工程工程量及单价措施项目费用数据表

工程量和费用名称		月份				合计
		1	2	3	4	
A 分项工程/m³	计划工程量	200	300	300	200	1000
	实际工程量	200	320	360	300	1180
B 分项工程/m³	计划工程量	180	200	200	120	700
	实际工程量	180	210	220	90	700
单价措施费项目费用/万元		2	2	2	1	7

总价措施项目费用 6 万元（其中安全文明施工费 3.6 万元）；暂列金额 15 万元。合同中有关工程价款结算与支付的约定如下：

① 开工日 10 天前，发包人应向承包人支付合同价款（扣除暂列金额和安全文明施工费）的 20% 作为工程预付款，工程预付款在第 2、3 个月的工程价款中平均扣回；

② 开工后 10 日内，发包人应向承包人支付安全文明施工费的 60%，剩余部分和其他总价措施项目费用在第 2、3 个月平均支付；

③ 发包人按每月承包人应得工程进度款的 90% 支付；

④ 当分项工程工程量增加（或减少）幅度超过 15% 时，应调整综合单价，调整系数为 0.9（或 1.1）；措施项目费按无变化考虑；

⑤ B 分项工程所用的两种材料采用动态结算方法结算，该两种材料在 B 分项工程费用中所占比例分别为 12% 和 10%，基期价格指数为 100。

施工期间，经监理工程师核实及发包人确认的有关事项如下：

① 第 2 个月发生现场计日工的人材机费用 6.8 万元。

② 第 4 个月 B 分项工程动态结算的两种材料价格指数分别为 110 和 120。

[问题]

1. 该工程合同价为多少万元？工程预付款为多少万元？

2. 第 2 个月发包人应支付给承包人的工程价款为多少元？

3. 到第 3 个月末 B 分项工程的进度偏差为多少万元？

4. 第 4 个月 A、B 两项分项工程的工程价款各为多少万元？发包人在该月应支付给承包人的工程价款为多少万元？

（计算结果保留三位小数）

[答案]

问题 1：

合同价 $= [(360.00 \times 1000 + 220.00 \times 700)/10000 + 7 + 6 + 15] \times (1 + 10\%) = 87.340$（万元）

预付款 $= [(360.00 \times 1000 + 220.00 \times 700)/10000 + 7 + 6 - 3.6] \times (1 + 10\%) \times 20\% = 13.376$（万元）

问题 2：

第 2 个月应支付总价措施项目费 $= (6 - 3.6 \times 60\%)/2 = 1.920$（万元）

第 2 个月发包人应付给承包人的工程价款 $= [(360.00 \times 320 + 220.00 \times 210)/10000 + 2 + 1.920 + 6.8 \times (1 + 16\%)] \times (1 + 10\%) \times 90\% - 13.376/2 = 20.981$（万元）

问题 3：

B 分项工程第 3 个月末已完工程计划费用＝(180＋210＋220)×220.00×(1＋10％)/10000＝14.762(万元)

B 分项工程第 3 个月末拟完工程计划费用＝(180＋200＋200)×220.00×(1＋10％)/10000＝14.036(万元)

B 分项工程第 3 个月末进度偏差＝已完工程计划费用－拟完工程计划费用＝14.762－14.036＝0.726(万元)，该进度偏差大于 0，表明进度超前。

问题 4：

A 分项工程：(1180－1000)/1000×100％＝18％＞15％，需要调价。超过 15％部分工程量＝1180－1000×(1＋15％)＝30(m^3)

第 4 个月 A 分项工程价款＝[(300－30)×360.00＋360.00＋360.00×0.9]×(1＋10％)/1000＝11.761(万元)

第 4 个月 B 分项工程价款＝90×220.00×(1＋10％)×(1－12％－10％＋12％×110/100＋10％×120/100)/10000＝2.248(万元)

第 4 个月应支付给承包人的工程价款＝[11.761＋2.248＋1×(1＋10％)]×90％＝13.598(万元)

本章小结 ▶▶

施工阶段工程造价控制的主要任务是通过工程付款控制、工程变更费用控制、预防并处理好费用索赔、挖掘节约工程造价的潜力来实现实际发生的费用不超过计划投资。

工程计量是控制工程造价的关键环节，在施工阶段工程计量必须按照规定的程序、依据，采用适当的方法进行。

施工组织设计优化，就是通过科学的方法，对多方案的施工组织设计进行技术经济分析、比较，从中择优确定最佳方案。因此进行施工组织设计优化是控制工程造价的有效渠道，其最终目的是提高经济效益，节约工程总造价。

工程变更包括设计变更、进度计划变更、施工条件变更及原招标文件和工程量清单中未包括的"新增工程"。按照我国现行规定，无论任何一方提出工程变更，均需由工程师确认并签发工程变更指令，并应根据不同的提出方采取不同的处理程序和相应的工程变更价款确定方法。

索赔有许多种分类方法，也有许多导致索赔发生的因素。索赔处理应按一定的原则和程序进行。不管是时间索赔还是费用索赔，要根据不同情况采用适当的索赔计算方法。

工程价款结算按照工程具体情况有不同的结算方式。工程价款结算的方式、内容和一般程序应符合《工程价款结算办法》及《建设工程施工合同（示范文本）》的相关规定，以及FIDIC 合同条件下对工程价款的支付作出的不同规定。

根据造价控制的目标和要求不同，资金使用计划可按不同方式进行编制。投资偏差分析可采用横道图法、时标网络图法、表格法和曲线法。

复习思考题 ▶▶

一、单项选择题

1. 根据《建设项目工程总承包合同（示范文本）》，发包人应在收到承包人递交的每月付款申请报告之日起的（　　）以内审查并支付。

　　A. 30；　　　　　　　B. 25；　　　　　　　C. 15；　　　　　　　D. 10

　　2. 核算施工成本，施工项目管理部应建立和健全以（　　）为对象的成本核算财务体系。

　　A. 单位工程；　　　　B. 单项工程；　　　　C. 分部工程；　　　　D. 分项工程

　　3. 根据《建设工程价款结算暂行办法》，对于施工承包单位递交的金额为 6000 万元的工程竣工结算报告，建设单位的审查时限是（　　）天。

　　A. 30；　　　　　　　B. 45；　　　　　　　C. 60；　　　　　　　D. 90

　　4. 下列可导致承包商索赔的原因中，属于业主方违约的是（　　）。

　　A. 业主指令增加工程量；　　　　　　　B. 业主要求提高设计标准；

　　C. 监理人不按时组织验收；　　　　　　D. 材料价格大幅度上涨

　　5. 根据《建设工程价款结算暂行办法》，在具备施工条件的前提下，发包人支付预付款的期限应是（　　）。

　　A. 不迟于约定的开工日期前的 7 日内；　　B. 不迟于约定的开工日期后的 7 日内；

　　C. 不迟于约定的开工日期前的 14 日内；　　D. 不迟于约定的开工日期后的 14 日内

　　6. 根据《建设工程工程量清单计价规范》（GB 50500—2013），关于工程预付款的支付和扣回，下列说法中正确的是（　　）。

　　A. 预付款的比例原则上不低于合同金额的 10%，不高于合同金额的 20%；

　　B. 承发包双方签订合同后，发包人最晚应在开工日期前 14 天内支付预付款；

　　C. 在发出要求预付通知的 14 天后，承包人仍未收到预付款时，可以停止施工；

　　D. 发包人应在预付款扣完后 14 天内一次将全额预付款保函退还给承包人

　　7. 关于工程计量的方法，下列说法正确的是（　　）。

　　A. 按照合同文件中规定的工程量予以计量；

　　B. 不符合合同文件要求的工程量不予计量；

　　C. 单价合同工程量必须按现行定额规定的工程量计算规则计量；

　　D. 总价合同各项目的工程量是予以计量的最终工程量

　　8. 某独立土方工程，招标文件中估计工程量为 23 万立方米。合同中规定，土方工程单价为 11.5 元/m³；当实际工程量超过估计工程量 15% 时，调整单价为 9.5 元/m³，工程结束时实际完成土方工程量为 36 万立方米，则土方工程款为（　　）万元。

　　A. 394.900；　　　　B. 426.835；　　　　C. 415.900；　　　　D. 343.055

　　9. 关于工程变更的说法中，正确的是（　　）。

　　A. 除了受自然条件的影响外，一般不得发生变更；

　　B. 尽管变更的起因有多种，但必须一事一变更；

　　C. 如果出现了必须变更的情况，则应抢在变更指令发出前尽快落实变更；

　　D. 若承包人不能全面落实变更指令，则扩大的损失应当由承包人承担

　　10. 因不可抗力造成的损失，应由承包人承担的情形是（　　）。

　　A. 因工程损害导致第三方财产损失；　　　B. 运至施工场地用于施工的材料的损害；

　　C. 承包人的停工损失；　　　　　　　　　D. 工程所需清理费用

　　11. 工程变更引起分部分项工程项目发生变化的，对于已标价工程量清单中有适用于变更工程项目的，且工程变更导致的该清单项目的工程数量变化不足（　　）时，采用该项目

的单价。

  A. 10%；   B. 15%；   C. 20%；   D. 25%

  12. 因不可抗力造成的损失，应由承包人承担的情形是（ ）。

  A. 因工程损害导致第三方财产损失； B. 运至施工场地用于施工的材料的损害；

  C. 承包人的停工损失；   D. 工程所需清理费用

  13. 关于共同延误的处理原则，下列说法正确的是（ ）。

  A. 初始延误者负主要责任，并发延误者负次要责任；

  B. 初始延误者属发包人原因的，承包人可得工期补偿，但无经济补偿；

  C. 初始延误者属客观原因的，承包人可得工期补偿，但很难得到费用补偿；

  D. 初始延误者属发包人原因的，承包人可获得工期和费用补偿，但无利润补偿

  14. 关于承包商提出的延误索赔，正确的说法是（ ）。

  A. 属于业主原因的，只能延长工期，但不能给予费用补偿；

  B. 属于工程师原因的，只能给予费用补偿，但不能延长工期；

  C. 由于特殊反常的天气，只能延长工期，但不能给予费用补偿；

  D. 由于工人罢工，只能给予费用补偿，但不能延长工期

  15. 由于工期延误而引起的索赔，其索赔费用一般不包括（ ）。

  A. 利润；   B. 人工费；   C. 材料费；   D. 现场管理费

  16. 关于工程索赔的说法正确的是（ ）。

  A. 承包人可以向发包人索赔，发包人不可以向承包人索赔；

  B. 承包人可以向发包人索赔，发包人也可以向承包人索赔；

  C. 由于非分包人的原因导致工期拖延，分包人可以向发包人提出索赔；

  D. 承包人根据工程师指示指令分包人加快施工进度，分包人可以向分包人提出索赔

  17. 按照索赔事件的性质，因货币贬值、汇率变化、物价上涨、政策法令变化等原因引起的索赔属于（ ）。

  A. 不可预见的不利条件索赔； B. 不可抗力事件的索赔；

  C. 工程变更索赔；   D. 其他索赔

  18. 某施工现场有塔式起重机1台，由施工企业租得，台班单价5000元/台班，租赁费为2000元/台班。人工工资为80元/工日，窝工补贴25元/工日，以人工费和机械费合计为计算基础的综合费率为30%，在施工过程中发生了如下事件：监理人对已经覆盖的隐蔽工程要求重新检查且检查结果合格，配合用工10工日，塔吊1台班，为此，施工企业可向业主索赔的费用为（ ）元。

  A. 2250；   B. 2925；   C. 5800；   D. 7540

  19. 根据《建设工程价款结算暂行办法》规定，预付款的比例原则上按合同金额的（ ）比例区间预付。

  A. 5%～25%； B. 10%～25%； C. 5%～30%； D. 10%～30%

  20. 某工程合同总额为300万元，工程预付款为合同总额的20%，主要材料、构件占合同总额的50%，则工程预付款的起扣点为（ ）万元。

  A. 180；   B. 200；   C. 150；   D. 140

  21. 某工程合同总价为5000万元，合同工期为180天，材料费占合同总价的60%，材料储备定额天数为25天，材料供应在途天数为5天，用公式计算法得该工程的预付款为

（　　）万元。

    A. 417；   B. 500；   C. 694；   D. 833

22. 施工过程中，发包单位付给承包单位的备料款，应随着工程所需主要材料储备的逐步减少，以（　　）方式扣回。

    A. 抵充工程款；   B. 变更合同价；   C. 索赔；   D. 保修金

23. 根据《建设工程价款结算暂行办法》规定，业主应该在合同约定的时间拨付约定金额的预付款。如果业主不按约定预付，承包商向业主发出要求预付的通知应在预付时间到期后的（　　）天内发出。

    A. 7；   B. 10；   C. 14；   D. 28

24. 发包人应当开始支付不低于当年施工进度计划的安全文明施工费总额 60% 的期限是工程开工后的（　　）天内。

    A. 7；   B. 14；   C. 21；   D. 28

25. 发包人没有按时支付安全文明施工费的，承包人可催告发包人支付。发包人在付款期满后的 7 天内仍未支付的，若发生安全事故，则（　　）。

    A. 责任由发包人全部承担；   B. 责任由承包人全部承担；

    C. 发包人与承包人连带责任；   D. 根据合同约定承担相应责任

26. 某进度款支付申请报告包含了下列内容：①本期已完成单价和总价项目的金额；②累计已完成的合同价款；③累计已完成实际支付的合同价款；④本周期已完成的计日工价款；⑤应扣减的质量保证金。据此，发包人本期应支付的工程价款是（　　）。

    A. ②+①+③-④-⑤；   B. ②-③+①+④-⑤；

    C. ③+①-②+④-⑤；   D. ①+②+③+④-⑤

27. 进度款的支付比例按照合同约定，按期中计算价款总额计，可支付的区间是（　　）。

    A. 30%～60%；   B. 60%～90%；   C. 10%～90%；   D. 30%～90%

28. 竣工结算的方式不包括（　　）。

    A. 单位工程竣工结算；   B. 单项工程竣工结算；

    C. 建设项目竣工总结算；   D. 分部分项工程竣工结算

29. 关于竣工结算的编制与审查的说法中错误的是（　　）。

    A. 单项工程竣工结算由总承包人编制，发包人审查；

    B. 建设项目竣工总结算经发、承包人签字盖章后有效；

    C. 竣工结算的编制依据包括经批准的开、竣工报告或停、复工报告；

    D. 结算中的暂列金额应减去工程价款调整与索赔、现场签证金额，若有余款归发包人

30. 建设项目竣工总结算由（　　）编制。

    A. 业主；   B. 承包商；   C. 总承包商；   D. 监理咨询机构

31. 发包人应在收到承包人提交竣工结算款支付申请后的（　　）天内予以核实，并向承包人签发竣工结算支付证书。

    A. 7；   B. 10；   C. 14；   D. 28

32. 关于最终结清，下列说法中正确的是（　　）。

    A. 最终结清是在工程保修期满后对剩余质量保证金的最终结清；

    B. 最终结清支付证书一经签发，承包人对合同内享有的索赔权利即自行终止；

C. 质量保证金不足以抵减发包人工程缺陷修复费用的，应按合同约定的争议解决方式处理；

D. 最终结清付款涉及政府投资的，应按国家集中支付相关规定和专用合同条款约定办理

33. 发包人应在收到承包人提交竣工结算款支付申请后 7 天内予以核实，向承包人签发（　　）。

A. 竣工结算支付证书；　　　　　　B. 缺陷责任期终止证书；

C. 最终结清支付申请；　　　　　　D. 最终结清支付证书

34. 下列工程造价中，由承包单位编制，发包单位或其委托的工程造价咨询机构审查的是（　　）。

A. 工程概算价；　　B. 工程预算价；　　C. 工程结算价；　　D. 工程决算价

35. 某工程合同价为 100 万元，合同约定：采用价格指数调整价格差额，其中固定要素的比重为 0.3，调价要素 A、B、C 分别占合同价的比重为 0.15、0.25、0.3，结算时价格指数分别增长了 20%、15%、25%，则该工程实际结算款差额为（　　）万元。

A. 19.75；　　　　B. 28.75；　　　　C. 14.25；　　　　D. 27.25

二、多项选择题

1. 为保证工程顺利进行，工程师同意承包人的合理化变更建议，承包人（　　）。

A. 应承担由此发生的所有费用；　　B. 可能分担由此发生的费用；

C. 不能获得可能的收益；　　　　　D. 可能分享可能的收益；

E. 延误的工期不予顺延

2. 根据《标准施工招标文件》（2007 年版）中的通用合同条款，工程变更的范围和内容包括（　　）。

A. 取消合同中任何一项工作，但被取消的工作不能转由发包人或其他人实施；

B. 改变合同中任何一项工作的质量或其他特性；

C. 改变合同外工程的基线、标高、位置或尺寸；

D. 改变合同中任何一项工作的施工时间或改变已批准的施工工艺或顺序；

E. 为完成工程需要追加的额外工作

3. 采用工程量清单计价的工程，在办理建设工程结算时，工程量计算的原则和方法有（　　）。

A. 不符合质量要求的工程不予计量；

B. 应按工程量清单计算规范的要求进行计量；

C. 无论何种原因，超出合同工程范围的工程均不予计量；

D. 因承包人原因造成的返工工程不予计量；

E. 应按合同的约定对承包人完成合同工程的数量进行计算和确认

4. 关于进度款支付程序，下列说法中正确的有（　　）。

A. 承包人应在每个计量周期到期后 14 天内向发包人提交已完工程进度款支付申请；

B. 发包人应在收到承包人进度款支付申请后的 14 天内审核并签发进度款支付证书；

C. 发包人应在签发进度款支付证书后的 14 天内向承包人支付进度款；

D. 双方对部分清单计量结果有争议，发包人应待争议解决后再向承包人支付进度款；

E. 发包人在收到催告付款通告后的 14 天内，按承包人支付申请的金额向承包人支付进

度款

5. 按施工索赔的目的可分为（　　）。

A. 地质变化索赔；　　B. 加速施工索赔；　　C. 费用索赔；

D. 道义索赔；　　　　E. 工期索赔

6. 下列情形中，承包人可以得到费用和利润补偿而不能得到工期补偿的事件有（　　）。

A. 法律变化引起的价格调整；　　　　　　B. 发包人的原因导致试运行失败；

C. 工程移交后因发包人原因出现新的缺陷和损坏的修复；

D. 承包人遇到不利物质条件；　　　　　　E. 不可抗力

7. 人工费的索赔主要包括（　　）。

A. 由于完成合同之外的额外工作所花费的人工费用；

B. 超过法定工作时间加班劳动；

C. 承包人应监理人要求对材料、工程设备和工程重新检验且检验结果合格；

D. 发包人在工程竣工前提前占用工程；

E. 承包人遇到异常恶劣的气候条件

8. 材料费的索赔主要包括（　　）。

A. 由于索赔事项材料实际用量超过计划用量而增加的材料费；

B. 承包商试用不合格材料引起的损失费用；

C. 由于承包商管理不善，造成材料损失失效；

D. 由于客观原因材料大幅度上涨；

E. 由于非承包商责任工程延期导致材料价格上涨和超期储存费用

9. 下列关于进度款支付说法正确的是（　　）。

A. 由发包人提供的材料、工程设备金额，应按照发包人签约提供的单价和数量从进度款支付中扣除，列入本周期应扣减的金额中；

B. 进度款的支付比例按照合同约定，按期中结算价款总额计，不低于60%，不高于90%；

C. 承包人应在每个计量周期到期后向发包人提交已完成工程进度款支付申请一式三份，详细说明此周期认为有权得到的款额，但不包括分包人已完工程的价款；

D. 发包人应在收到承包人进度款支付申请后，根据计量结果和合同约定对申请内容予以核实，确认后向承包人出具进度款支付证书；

E. 若发、承包双方对有的清单项目的计量结果出现争议，应等争议问题全部解决后由发包人向承包人出具进度款支付证书

10. 竣工结算包括（　　）。

A. 单位工程竣工结算；　　　　　　　　B. 单项工程竣工结算；

C. 建设项目竣工总结算；　　　　　　　D. 分项工程竣工结算；

E. 分部工程竣工结算

11. 竣工结算编制的依据包括（　　）。

A. 全套竣工图纸；

B. 材料价格或材料、设备购物凭证；

C. 双方共同签署的共同合同有关条款；

D. 业主提出的设计变更通知单；

E. 承包商单方面提出的索赔报告

三、名词解释

工程计量；施工组织设计优化；工程变更；工程索赔；工程预付款；工程保修金；最终结清；投资偏差

四、简答题

1. 施工阶段影响工程造价的因素有哪些？

2. 施工阶段工程造价管理的内容有哪些？

3. 施工阶段工程造价管理的措施有哪些？

4. 工程预付款的计算办法有哪些？

5. FIDIC 合同条件的工程计量方法有哪些？

6. 施工组织设计优化方法中多指标定量分析法常用的指标有哪些？

7. 施工组织设计优化途径有哪些？

8. 简述工程变更的范围。

9. 工程索赔产生的原因有哪些？

10. 简述 FIDIC 合同条件规定的工程索赔程序。

11. 常用的偏差分析方法有哪些？

12. 引起投资偏差的原因有哪些？

五、案例分析与计算

1. 某工程项目业主采用《建设工程工程量清单计价规范》（GB 50500—2013）规定的计价方法，通过公开招标，确定了中标人。招投标文件中有关资料如下。

① 分部分项工程量清单中含有甲、乙两个分项，其工程量分别为 $4500\mathrm{m^3}$ 和 $3200\mathrm{m^3}$。清单报价中，甲项综合单价为 1240 元/$\mathrm{m^3}$，乙项综合单价为 985 元/$\mathrm{m^3}$。

② 措施项目清单中环境保护、文明施工、安全施工、临时设施四项费用以分部分项工程量清单计价合计为基数，费率为 3.8%。

③ 其他项目清单中包含零星工作费一项，暂定费用 3 万元。

④ 规费以分部分项工程量清单计价合计、措施项目清单计价合计和其他项目清单计价合计之和为基数，规费费率为 4%，税金率为 3.41%。

在中标通知书发出以后，业主和中标人按规定及时签订了合同，有关条款如下：

① 施工工期自 2015 年 3 月 1 日开始，工期 4 个月。

② 材料预付款按分部分项工程量清单计价合计的 20% 计，于开工前 7 天支付，在最后两个月平均扣回。

③ 措施费（含规费和税金）在开工前 7 天支付 50%，其余部分在各月工程款支付时平均支付。

④ 零星工作费于最后一个月按实结算。

⑤ 当某一分项工程实际工程量比清单工程量增加 10% 以上时，超出部分的工程量单价调价系数为 0.9；当实际工程量比清单工程量减少 10% 以上时，全部工程量的单价调价系数为 1.08。

⑥ 质量保证金从承包商每月的工程款中按 5% 比例扣留。

承包商各月实际完成（经业主确认）的工程量见下表。

单位：m³

承包商＼月份	3 月	4 月	5 月	6 月
甲	900	1200	1100	850
乙	700	1000	1100	1000

施工过程中发生了以下事件：

①5月份由于不可抗力影响，现场材料（乙方供应）损失1万元；施工机械被损坏，损失1.5万元。

②实际发生零星工作费用3.5万元。

[问题]：

①计算材料预付款。

②计算措施项目清单计价合计和预付措施费金额。

③列式计算5月份应支付承包商的工程款。

④列式计算6月份承包商实际完成工程的工程款。

⑤承包商在6月份结算前致函发包方，指出施工期间水泥、砂石价格持续上涨，要求调整。

2. 某企业承包的建筑工程合同造价为780万元。双方签订的合同规定工程工期为5个月；工程预付备料款额度为工程合同造价的20%；工程进度款逐月结算；经测算其主要材料费所占比重为60%；工程保留金为工程合同造价的5%。各月实际完成的产值见表7-25。

表 7-25　各月实际完成的产值　　　　单位：万元

月份	3	4	5	6	7	合计
完成产值	95	130	175	210	170	780

[问题]：

①求工程预付款的起扣点。

②求该工程如何按月结算工程款。

第八章

建设工程项目竣工验收及后评估阶段工程造价管理

学习目标 ▶▶

1. 了解建设工程项目竣工验收的范围、依据、标准和工作程序。
2. 熟悉竣工结算、竣工决算的内容和编制。
3. 掌握新增固定资产价值的确定方法。
4. 熟悉保修费用的处理方法。
5. 了解建设工程项目后评估方法及指标计算。

关键术语 ▶▶

竣工验收；竣工决算；竣工结算；保修费用；项目后评估

第一节 竣 工 验 收

一、建设项目竣工验收概述

（一）建设项目竣工验收的概念

建设项目竣工验收是指由建设单位、施工单位和项目验收委员会，以项目批准的设计任务书和设计文件，以及国家或部门颁发的施工验收规范和质量检验标准为依据，按照一定的程序和手续，在项目建成并试生产合格后（工业生产性项目），对工程项目的总体进行检验和认证、综合评价和鉴定的活动。竣工验收是建设工程的最后阶段，是建设项目施工阶段和保修阶段的中间过程，是全面检验建设项目是否符合设计要求和工程质量检验标准的重要环节。只有经过竣工验收，建设项目才能实现由承包人管理向发包人管理的过渡，它标志着建设投资成果投入生产或使用，对促进建设项目及时投产或交付使用、发挥投资效果、总结建设经验有着重要的作用。

工业生产项目，须经试生产（投料试车）合格，形成生产能力，能正常生产出产品后，才能进行验收。非工业生产项目，应能正常使用，才能进行验收。

建设项目竣工验收，按被验收的对象划分，可分为单位工程验收（也称"中间验收"）、单项工程验收（也称"交工验收"）及工程整体验收（称为"动用验收"）。通常所说的建设项目竣工验收，指的是"动用验收"，是指发包人在建设项目按批准的设计文件所规定的内容全部建成后，向使用单位（国有资金建设的工程向国家）交工的过程。其验收程序是：整个建设项目按设计要求全部建成，经过第一阶段的交工验收，符合设计要求，并具备竣工图、竣工结算、竣工决算等必要的文件资料后，由建设项目主管部门或发包人按照国家有关部门关于《建设项目竣工验收办法》的规定，及时向负责验收的单位提出竣工验收申请报告，按现行验收组织规定，接受由银行、物资、环保、劳动、统计、消防及其他有关部门组成的验收委员会或验收组的验收，办理固定资产移交手续。验收委员会或验收组，听取有关单位的工作报告，审阅工程技术档案资料，并实地查验建筑工程和设备安装情况，对工程设计、施工和设备质量等方面提出全面的评价。

（二）建设项目竣工验收的作用

① 全面考核建设成果，检查设计、工程质量是否符合要求，确保建设项目按设计要求的各项技术经济指标正常使用。

② 通过竣工验收办理固定资产使用手续，可以总结工程建设经验，为提高建设项目的经济效益和管理水平提供重要依据。

③ 建设项目竣工验收是项目施工阶段的最后一个程序，是建设成果转入生产使用的标志，是审查投资使用是否合理的重要环节。

④ 建设项目建成投产交付使用后，能否取得良好的宏观效益，需要经过国家权威管理部门按照技术规范、技术标准组织验收确认。通过建设项目验收，国家可以全面考核项目的建设成果，检验建设项目决策、设计、设备制造和管理水平，以及总结建设经验。因此，竣工验收是建设项目转入投产使用的必要环节。

（三）建设项目竣工验收的任务

建设项目通过竣工验收后，由承包人移交发包人使用，并办理各种移交手续，这时标志着建设项目全部结束，即建设资金转化为使用价值。建设项目竣工验收的主要任务有：

① 发包人、勘察和设计单位、承包人分别对建设项目的决策和论证、勘察和设计以及施工的全过程进行最后的评价，对各自在建设项目进展过程中的经验和教训进行客观的评价，以保证建设项目按设计要求的各项技术经济指标正常使用。

② 办理建设项目的验收和移交手续，并办理建设项目竣工结算和竣工决算，以及建设项目档案资料的移交和保修手续等，总结建设经验，提高建设项目的经济效益和管理水平。

③ 承包人通过竣工验收应采取措施将该项目的收尾工作和包括市场需求、"三废"治理、交通运输等问题在内的遗留问题尽快处理好，确保建设项目尽快发挥效益。

二、建设项目竣工验收的条件、标准、范围及依据

（一）竣工验收的条件

根据国务院 2000 年 1 月发布的第 279 号令《建设工程质量管理条例》规定，建设工程竣工验收应当具备以下条件。

（1）完成建设工程设计和合同约定的各项内容，并满足使用要求，具体包括：

① 民用建筑工程完工后，承包人按照施工及验收规范和质量检验标准进行自验，不合格品已自行返修或整改，达到验收标准。水、电、暖、设备、智能化、电梯经过试验，符合使用要求。

② 生产性工程、辅助设施及生活设施，按合同约定全部施工完毕，室内工程和室外工程全部完成，建筑物、构筑物周围2m以内的场地平整，障碍物已清除，给排水、动力、照明、通信畅通，达到竣工条件。

③ 工业项目的各种管道设备、电气、空调、仪表、通信等专业施工内容已全部安装结束，已做完清洁、试压、油漆、保温等，经过试运转，全部符合工业设备安装施工及验收规范和质量标准的要求。

④ 其他专业工程按照合同规定和施工图规定的工程内容全部施工完毕，已达到相关专业技术标准，质量验收合格，达到了交工的条件。

（2）有完整的技术档案和施工管理资料。

（3）有工程使用的主要建筑材料、建筑构配件和设备的进场试验报告。

（4）有勘察、设计、施工、工程监理等单位分别签署的质量合格文件。

（5）发包人已按合同约定支付工程款。

（6）有承包人签署的工程质量保修书。

（7）在建设行政主管部门及工程质量监督站等有关部门的历次抽查中，责令整改的问题全部整改完毕。

（8）工程项目前期审批手续齐全。

（二）竣工验收的标准

1. 工业建设项目竣工验收标准

根据国家规定，工业建设项目竣工验收、交付生产使用，必须满足以下要求：

① 生产性项目和辅助性公用设施，已按设计要求完成，能满足生产使用要求。

② 主要工艺设备、动力设备均已安装配套，经无负荷联动试车和有负荷联动试车合格，并已形成生产能力，能够生产出设计文件所规定的产品。

③ 必要的生产设施，已按设计要求建成。

④ 生产准备工作能适应投产的需要，其中包括生产指挥系统的建立，经过培训的生产人员已能上岗操作，生产所需的原材料、燃料和备品备件的储备，经验收检查能够满足连续生产要求。

⑤ 环境保护设施、劳动安全卫生设施、消防设施已按设计要求与主体工程同时建成使用。

⑥ 生产性投资项目如工业项目的土建工程、安装工程、人防工程、管道工程、通信工程等工程的施工和竣工验收，必须按照国家批准的《中华人民共和国国家标准××工程施工及验收规范》和主管部门批准的《中华人民共和国行业标准××工程施工及验收规范》执行。

2. 民用建设项目竣工验收标准

① 建设项目各单位工程和单项工程，均已符合项目竣工验收标准。

② 建设项目配套工程和附属工程，均已施工结束，达到设计规定的相应质量要求，并

具备正常使用条件。

（三）竣工验收的范围

国家颁布的建设法规规定，凡新建、扩建、改建的基本建设项目和技术改造项目（所有列入固定资产投资计划的建设项目或单项工程），已按国家批准的设计文件所规定的内容建成，符合验收标准，即：工业投资项目经负荷试车考核，试生产期间能够正常生产出合格产品，形成生产能力的；非工业投资项目符合设计要求，能够正常使用的，不论是属于哪种建设性质，都应及时组织验收，办理固定资产移交手续。有的工期较长、建设设备装置较多的大型工程，为了及时发挥其经济效益，对其能够独立生产的单项工程，也可以根据建成时间的先后顺序，分期分批地组织竣工验收；对能生产中间产品的一些单项工程，不能提前投料试车，可按生产要求与生产最终产品的工程同步建成竣工后，再进行全部验收。此外对于某些特殊情况，工程施工虽未全部按设计要求完成，也应进行验收，这些特殊情况主要有：

① 因少数非主要设备或某些特殊材料短期内不能解决，虽然工程内容尚未全部完成，但已可以投产或使用的工程项目。

② 规定要求的内容已完成，但因外部条件的制约，如流动资金不足、生产所需原材料不能满足等，而使已建工程不能投入使用的项目。

③ 有些建设项目或单项工程，已形成部分生产能力，但近期内不能按原设计规模续建。应从实际情况出发，经主管部门批准后，可缩小规模对已完成的工程和设备组织竣工验收，移交固定资产。

（四）竣工验收的依据

建设项目竣工验收的主要依据包括：
① 上级主管部门对该项目批准的各种文件；
② 可行性研究报告；
③ 施工图设计文件及设计变更洽商记录；
④ 国家颁布的各种标准和现行的施工验收规范；
⑤ 工程承包合同文件；
⑥ 技术设备说明书；
⑦ 建筑安装工程统计规定及主管部门关于工程竣工的规定。

从国外引进的新技术和成套设备的项目，以及中外合资建设项目，要按照签订的合同和进口国提供的设计文件等进行验收。

利用世界银行等国际金融机构贷款的建设项目，应按世界银行规定，按时编制《项目完成报告》。

三、建设项目竣工验收的内容

建设项目竣工验收的内容依据建设项目的不同而不同，一般包括以下两部分。

（一）工程资料验收

包括工程技术资料、工程综合资料和工程财务资料验收。

1. 工程技术资料验收内容

① 工程地质、水文、气象、地形、地貌、建筑物、构筑物及重要设备安装位置、勘察

报告、记录。

② 初步设计、技术设计或扩大初步设计、关键的技术试验、总体规划设计。

③ 土质试验报告、基础处理。

④ 建筑工程施工记录、单位工程质量检验记录、管线强度、密封性试验报告、设备及管线安装施工记录及质量检查、仪表安装施工记录。

⑤ 设备试车、验收运转、维修记录。

⑥ 产品的技术参数、性能、图纸、工艺说明、工艺规程、技术总结、产品检验、包装、工艺图。

⑦ 设备的图纸、说明书。

⑧ 涉外合同、谈判协议、意向书。

⑨ 各单项工程及全部管网竣工图等资料。

2. 工程综合资料验收内容

① 项目建议书及批件，可行性研究报告及批件，项目评估报告，环境影响评估报告书，设计任务书。

② 土地征用申报及批准的文件，承包合同，招投标及合同文件，施工执照，项目竣工验收报告，验收鉴定书。

3. 工程财务资料验收内容

① 历年建设资金供应（拨、贷）情况和应用情况。

② 历年批准的年度财务决算。

③ 历年年度投资计划、财务收支计划。

④ 建设成本资料。

⑤ 支付使用的财务资料。

⑥ 设计概算、预算资料。

⑦ 竣工决算资料。

（二）工程内容验收

工程内容验收包括建筑工程验收和安装工程验收。

1. 建筑工程验收内容

建筑工程验收主要是运用有关资料进行审查验收，主要包括：

① 建筑物的位置、标高、轴线是否符合设计要求。

② 对基础工程中的土石方工程、垫层工程、砌筑工程等资料的审查验收。

③ 对结构工程中的砖木结构、砖混结构、内浇外砌结构、钢筋混凝土结构的审查验收。

④ 对屋面工程的屋面瓦、保温层、防水层等的审查验收。

⑤ 对门窗工程的审查验收。

⑥ 对装饰工程的审查验收（抹灰、油漆等工程）。

2. 安装工程验收内容

安装工程验收分为建筑设备安装工程、工艺设备安装工程和动力设备安装工程验收，主要包括以下内容：

① 建筑设备安装工程（指民用建筑物中的上下水管道、暖气、天然气或煤气、通风、电气照明等安装工程）验收时应检查这些设备的规格、型号、数量、质量是否符合设计要求，检查安装时的材料、材质、材种，检查试压、闭水试验、照明。

② 工艺设备安装工程包括生产、起重、传动、实验等设备的安装，以及附属管线铺设和油漆、保温等。验收时应检查设备的规格、型号、数量、质量，设备安装的位置、标高，机座尺寸、质量，单机试车、无负荷联动试车、有负荷联动试车是否符合设计要求，检查管道的焊接质量、洗清、吹扫、试压、试漏、油漆、保温等及各种阀门。

③ 动力设备安装工程验收是指有自备电厂的项目的验收，或变配电室（所）、动力配电线路的验收。

四、建设项目竣工验收的方式、程序与管理

（一）建设项目竣工验收的方式

建设项目竣工验收可分为单位工程竣工验收、单项工程竣工验收和全部工程竣工验收三种方式，见表 8-1。

表 8-1　不同阶段的工程验收

类型	验收条件	验收组织
单位工程验收（中间验收）	① 按照施工承包合同的约定，施工完成到某一阶段后要进行中间验收； ② 主要的工程部位施工已完成了隐蔽前的准备工作，该工程部位将置于无法查看的状态	由监理单位组织，业主和承包商派人参加。该部位的验收资料将作为最终验收的依据
单项工程验收（交工验收）	①建设工程项目中的某个合同工程已全部完成； ②合同内约定有分部分项移交的工程已达到竣工标准，可移交给业主投入试运行	由业主组织，会同施工单位、监理单位、设计单位及使用单位等有关部门共同进行
全部工程竣工验收（动用验收）	①建设工程项目按设计规定全部建成，达到竣工验收条件； ②初验结果全部合格； ③竣工验收所需资料已准备齐全	大中型和限额以上项目由国家计委或由其委托项目主管部门或地方政府部门组织验收。小型和限额以下项目由项目主管部门组织验收。业主、监理单位、施工单位、设计单位和使用单位参加验收工作

1. 单位工程竣工验收（又称中间验收）

单位工程验收是承包人以单位工程或某专业工程为对象，独立签定建设工程施工合同，达到竣工条件后，承包人可单独进行交工，发包人根据竣工验收的依据和标准，按施工合同约定的工程内容组织竣工验收，此阶段工作由监理单位组织，发包人和承包人派人参加验收工作，单位工程验收资料是最终验收的依据。

2. 单项工程竣工验收（又称交工验收）

单项工程竣工验收是在一个总体建设项目中，一个单项工程已完成设计图纸规定的工程内容，能满足生产要求或具备使用条件，承包人向监理单位提交"工程竣工报告"和"工程竣工报验单"，经确认后向发包人发出"交付竣工验收通知书"，说明工程完工情况、竣工验收准备情况、设备无负荷单机试车情况，具体约定单项工程竣工验收的有关工作。此阶段工作由发包人组织，会同承包人、监理单位、设计单位和使用单位等有关部门完成。

3. 全部工程竣工验收（又称动用验收）

全部工程的竣工验收是建设项目已按设计规定全部建成，达到竣工验收条件，由发包人组织设计、施工、监理等单位和档案部门进行全部工程的竣工验收。

（二）建设项目竣工验收的程序

建设项目全部建成，经过各单项工程的验收符合设计的要求，并具备竣工图表、竣工决算、工程总结等必要的文件资料，由建设项目主管部门或发包人向负责验收的单位提出竣工验收申请报告，按程序验收。工程验收报告应经项目经理和承包人有关负责人审核签字。竣工验收的一般程序如图 8-1 所示。

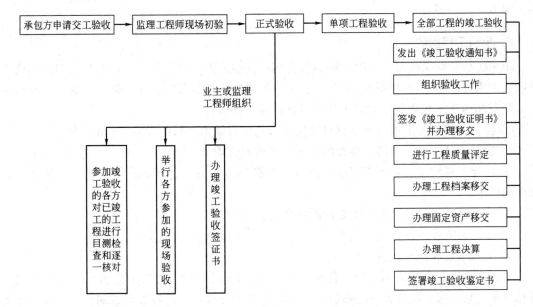

图 8-1　竣工验收程序

1. 承包人申请交工验收

承包人在完成了合同工程或按合同约定可分部移交工程的，可申请交工验收，交工验收一般为单项工程，但在某些特殊情况下也可以是单位工程的施工内容，诸如特殊基础处理工程、发电站单机机组完成后的移交等。承包人施工的工程达到竣工条件后，应先进行预检验，对不符合要求的部位和项目，确定修补措施和标准，修补有缺陷的工程部位；对于设备安装工程，要与发包人和监理工程师共同进行无负荷的单机和联动试车。承包人在完成了上述工作和准备好竣工资料后，即可向发包人提交"工程竣工报验单"。

2. 监理工程师现场初步验收

监理工程师收到"工程竣工报验单"后，应由监理工程师组成验收组，对竣工的工程项目的竣工资料和各专业工程的质量进行初验，在初验中发现的质量问题，要及时书面通知承包人，令其修理甚至返工。经整改合格后监理工程师签署"工程竣工报验单"，并向发包人提出质量评估报告，至此现场初步验收工作结束。

3. 正式验收

正式验收是由业主或监理工程师组织，由业主、监理单位、设计单位、施工单位、工程质量监督站等单位参加的正式验收，工作程序如下。

① 参加工程项目竣工验收的各方对已竣工的工程进行目测检查，逐一核对工程资料所列内容是否齐备和完整。

② 举行各方参加的现场验收会议，由项目经理对工程施工情况、自验情况和竣工情况进行介绍，并出示竣工资料，包括竣工图和各种原始资料及记录，由项目总监理工程师通报工程监理中的主要内容，发表竣工验收的监理意见；然后暂时休会，由质检部门会同业主及监理工程师讨论正式验收是否合格；最后复会，由业主或总监理工程师宣布验收结果，质检站人员宣布工程质量等级。

4. 单项工程验收

单项工程验收又称交工验收，即验收合格后发包人方可投入使用。由发包人组织的交工验收，由监理单位、设计单位、承包人、工程质量监督站等参加，主要依据国家颁布的有关技术规范和施工承包合同，对以下几方面进行检查或检验。

① 检查、核实竣工项目准备移交给发包人的所有技术资料的完整性、准确性。

② 按照设计文件和合同，检查已完工程是否有漏项。

③ 检查工程质量、隐蔽工程验收资料、关键部位的施工记录等，考察施工质量是否达到合同要求。

④ 检查试车记录及试车中所发现的问题是否得到改正。

⑤ 在交工验收中发现需要返工、修补的工程，明确规定完成期限。

⑥ 其他涉及的有关问题。

验收合格后，发包人和承包人共同签署"交工验收证书"。然后由发包人将有关技术资料和试车记录、试车报告及交工验收报告一并上报主管部门，经批准后该部分工程即可投入使用。验收合格的单项工程，在全部工程验收时，原则上不再办理验收手续。

5. 全部工程的竣工验收

全部施工过程完成后，由国家主管部门组织的竣工验收又称为动用验收。全部工程的竣工验收分为验收准备、预验收和正式验收三个阶段。

（1）验收准备　发包人、承包人和其他有关单位均应进行验收准备，验收准备的主要工作内容有：

① 收集、整理各类技术资料，分类装订成册。

② 核实建筑安装工程的完成情况，列出已交工工程和未完工工程一览表，包括单位工程名称、工程量、预算估价以及预计完成时间等内容。

③ 提交财务决算分析。

④ 检查工程质量，查明须返工或补修的工程并提出具体的时间安排，预申报工程质量等级的评定，做好相关材料的准备工作。

⑤ 整理汇总项目档案资料，绘制工程竣工图。

⑥ 登载固定资产，编制固定资产构成分析表。

⑦ 落实生产准备各项工作，提出试车检查的情况报告，总结试车考评情况。

⑧ 编写竣工结算分析报告和竣工验收报告。

（2）预验收 建设项目竣工验收准备工作结束后，由发包人或上级主管部门会同监理单位、设计单位、承包人及有关单位或部门组成预验收组进行预验收。预验收的主要工作包括：

① 核实竣工验收准备工作内容，确认竣工项目所有档案资料的完整性和准确性。

② 检查项目建设标准、评定质量，对竣工验收准备过程中有争议的问题和有隐患及遗留问题提出处理意见。

③ 检查财务账表是否齐全并验证数据的真实性。

④ 检查试车情况和生产准备情况。

⑤ 编写竣工预验收报告和移交生产准备情况报告，在竣工预验收报告中应说明项目的概况、对验收过程进行阐述、对工程质量做出总体评价。

（3）正式验收 建设项目的正式竣工验收是由国家、地方政府、建设项目投资商或开发商以及有关单位领导和专家参加的最终整体验收。大中型和限额以上的建设项目的正式验收，由国家投资主管部门或其委托的项目主管部门或地方政府组织，一般由竣工验收委员会（或验收小组）主任（或组长）主持，具体工作可由总监理工程师组织实施。国家重点工程的大型建设项目，由国家有关部委邀请有关方面参加，组成工程验收委员会进行验收。小型和限额以下的建设项目由项目主管部门组织。发包人、监理单位、承包人、设计单位和使用单位共同参加验收工作。

① 发包人、勘查设计单位分别汇报工程合同履约情况以及在工程建设各环节执行法律、法规与工程建设强制性标准的情况。

② 听取承包人汇报建设项目的施工情况、自验情况和竣工情况。

③ 听取监理单位汇报建设项目监理内容和监理情况及对项目竣工的意见。

④ 组织竣工验收小组全体人员进行现场检查，了解项目现状、查验项目质量，及时发现存在和遗留的问题。

⑤ 审查竣工项目移交生产使用的各种档案资料。

⑥ 评审项目质量，对主要工程部位的施工质量进行复验、鉴定，对工程设计的先进性、合理性和经济性进行复验和鉴定，按设计要求和建筑安装工程施工的验收规范和质量标准进行质量评定验收。在确认工程符合竣工标准和合同条款规定后，签发竣工验收合格证书。

⑦ 审查试车规程，检查投产试车情况，核定收尾工程项目，对遗留问题提出处理意见。

⑧ 签署竣工验收鉴定书，对整个项目做出总的验收鉴定。竣工验收鉴定书是表示建设项目已经竣工并交付使用的重要文件，是全部固定资产交付使用和建设项目正式动用的依据。竣工验收签证书的格式见表8-2。

表 8-2 建设项目竣工验收签证书

工程名称		工程地点	
工程范围	按合同要求定	建筑面积	
工程造价			
开工日期	年 月 日	竣工日期	年 月 日
日历工作天		实际工作天	
验收意见			
发包人验收人			

整个建设项目进行竣工验收后，发包人应及时办理固定资产交付使用手续。在进行竣工验收时，已验收过的单项工程可以不再办理验收手续，但应将单项工程交工验收证书作为最终验收的附件而加以说明。发包人在竣工验收过程中，如发现工程不符合竣工条件应责令承包人进行返修，并重新组织竣工验收，直到通过验收。

（三）建设项目竣工验收的管理

1. 竣工验收报告

建设工程项目竣工验收合格后，建设单位应当及时提出工程竣工验收报告。工程竣工验收报告主要包括工程概况，建设单位执行基本建设程序情况，对工程勘察、设计、施工、监理等方面的评价，工程竣工验收时间、程序、内容和组织形式，工程竣工验收意见等内容。

工程竣工验收报告还应附有下列文件：

① 施工许可证；

② 施工图设计文件审查意见；

③ 验收组人员签署的工程竣工验收意见；

④ 市政基础设施工程应附有质量检测和功能性试验资料；

⑤ 施工单位签署的工程质量保修书；

⑥ 法规、规章规定的其他有关文件。

2. 竣工验收的管理

① 国务院建设行政主管部门负责全国工程竣工验收的监督管理工作。

② 县级以上地方人民政府建设行政主管部门负责本行政区域内工程竣工验收的监督管理工作。

③ 工程竣工验收工作，由建设单位负责组织实施。

④ 县级以上地方人民政府建设行政主管部门应当委托工程质量监督机构对工程竣工验收实施监督。

⑤ 负责监督该工程的工程质量监督机构应当对工程竣工验收的组织形式、验收程序、执行验收标准等情况进行现场监督，发现有违反建设工程项目质量管理规定行为的，责令改正，并将对工程竣工验收的监督情况作为工程质量监督报告的重要内容。

3. 竣工验收的备案

① 国务院建设行政主管部门负责全国房屋建筑工程和市政基础设施工程的竣工验收备案管理工作。县级以上地方人民政府建设行政主管部门负责本行政区域内工程的竣工验收备案管理工作。

② 建设单位应当自工程竣工验收合格之日起 15 日内，依照《房屋建筑工程和市政基础设施工程竣工验收备案管理暂行办法》的规定，向工程所在地的县级以上地方人民政府建设行政主管部门备案。

③ 建设单位办理工程竣工验收备案应当提交下列文件：

a. 工程竣工验收备案表；

b. 工程竣工验收报告；

c. 法律、行政法规规定应当由规划、公安消防、环保等部门出具的认可文件或者准许使用文件；

d. 施工单位签署的工程质量保修书，商品住宅还应当提交《住宅质量保证书》和《住宅使用说明书》；

e. 法规、规章规定必须提供的其他文件。

④ 备案机关收到建设单位报送的竣工验收备案文件，验证文件齐全后，应当在工程竣工验收备案表上签署文件收讫。工程竣工验收备案表一式二份，一份由建设单位保存，一份留备案机关存档。

⑤ 工程质量监督机构应当在工程竣工验收之日起 5 日内，向备案机关提交工程质量监督报告。

五、建设工程项目竣工验收、后评估阶段与工程造价的关系

建设工程项目造价全过程控制是工程造价管理的主要表现形式和核心内容，也是提高项目投资效益的关键所在。它贯穿于决策阶段、设计阶段、工程招投标阶段、施工实施阶段和竣工验收阶段的项目全过程中，围绕追求工程项目建设投资控制目标，以使所建的工程项目以最少的投入获得最佳的经济效益和社会效益。竣工阶段的竣工验收、竣工结算和决算不仅直接关系到建设单位与施工单位之间的利益关系，也关系到建设工程项目工程造价的实际结果。

工程竣工验收阶段的工程造价管理是工程造价全过程管理的内容之一，该阶段的主要工作是确定建设工程项目最终的实际造价。即竣工结算价格和竣工决算价格，编制竣工决算文件，办理项目的资产移交。通过竣工验收阶段的工程竣工结算，最终实现建筑安装工程产品的"销售"，它是确定单项工程最终造价、考核施工企业经济效益以及编制竣工决算的依据。

竣工结算反映工程项目的实际价格，最终体现工程造价系统控制的效果。要有效控制工程项目竣工结算价，必须严把审核关。首先要核对合同条款：一是检查竣工工程内容是否符合合同条件要求、竣工验收是否合格；二是检查结算价款是否符合合同的结算方式。其次要检查隐蔽验收记录：所有隐蔽工程是否经监理工程师的签证确认。第三要落实设计变更签证：按合同的规定，检查设计变更签证是否有效。第四要核实工程数据：依据竣工图、设计变更单及现场签证等进行核算。第五要防止各种计算误差。实践经验证明，通过对工程项目结算的审查，一般情况下，经审查的工程结算较施工单位编制的工程结算的工程造价资金相差率在 10% 左右，有的高达 20%，从而对控制投入、节约资金产生很重要的作用。

竣工决算是建设单位反映建设工程项目实际造价、投资效果和正确核定新增固定资产价值的文件，是竣工验收报告的重要组成部分。同时，竣工决算价格由竣工结算价格与实际发生的工程建设其他费用等汇总而成，是计算交付使用财产价值的依据。竣工决算可反映出固定资产计划完成情况以及节约或超支原因，从而控制工程造价。

竣工决算是基本建设成果和财务的综合反映，它包括项目从筹建到建成投产或使用的全部费用。除了采用货币形式表示基本建设的实际成本和有关指标外，同时包括建设工期、工程量和资产的实物量以及技术经济指标，并综合了工程的年度财务决算，全面反映了基本建设的主要情况。根据国家基本建设投资的规定，在批准基本建设工程项目计划任务书时，可依据投资估算来估计基本建设计划投资额。在确定基本建设工程项目设计方案时，可依据设计概算决定建设工程项目计划总投资最高数额。在施工图设计时，可编制施工图预算，用以确定单项工程或单位工程的计划价格，同时规定其不得超过相应的设计概算。因此，竣工决算可反映出固定资产计划完成情况以及节约或超支原因，从而控制工程造价。

建设工程项目后评估是指建设工程项目在竣工投产、生产运营一段时间后，对项目的立项决策、设计施工、竣工投产、生产运营等全过程进行系统评价的一种经济活动，它是工程造价管理的一项重要内容。通过建设工程项目后评估，可以达到肯定成绩、总结经验、研究问题、吸取教训、提出建议、改进工作、不断提高项目决策水平和投资效果的目的。

六、建设工程项目竣工验收、后评估阶段的工程造价管理内容

竣工验收、后评估阶段工程造价管理的内容包括：竣工结算的编制与审查；竣工决算的编制；保修费用的处理；建设工程项目后评估等。

第二节 竣工结算与竣工决算

一、竣工结算

（一）竣工结算的概念

竣工结算是由施工企业按照合同规定的内容全部完成所承包的工程，经建设单位及相关单位验收质量合格，并符合合同要求之后，在交付生产或使用前，由施工单位根据合同价格和实际发生的费用增减变化（变更、签证、洽商等）情况进行编制，并经发包方或委托方签字确认的，正确反映该项工程最终实际造价，并作为向发包单位进行最终结算工程款的经济文件。

竣工结算一般由施工单位编制，建设单位审核同意后，按合同规定签字盖章，通过相关银行办理工程价款的最后结算。

（二）竣工结算的内容

竣工结算的内容与施工图预算的内容基本相同。由直接费、间接费、计划利润和税金四部分组成。竣工结算以竣工结算书形式表现，包括单位工程竣工结算书、单项工程竣工结算书及竣工结算说明书等。

竣工结算书中主要应体现"量差"和"价差"的基本内容。

"量差"是指原计价文件所列工程量与实际完成的工程量不符而产生的差别。

"价差"是指签订合同时的计价或取费标准与实际情况不符而产生的差别。

（三）竣工结算的编制原则与依据

1. 竣工结算的编制原则

工程项目竣工结算既要正确贯彻执行国家和地方基建部门的政策和规定，又要准确反映施工企业完成的工程价值。在进行工程结算时，要遵循以下原则。

① 必须具备竣工结算的条件，要有工程验收报告，对于未完工程、质量不合格的工程，不能结算；需要返工重做的，应返工修补合格后才能结算。

② 严格执行国家和地区的各项有关规定。

③ 实事求是，认真履行合同条款。

④ 编制依据充分，审核和审定手续完备。

⑤ 竣工结算要本着对国家、建设单位、施工单位认真负责的精神，做到既合理又合法。

2. 竣工结算的编制依据

① 工程竣工报告、工程竣工验收证明、图纸会审记录、设计变更通知单及竣工图。

② 经审批的施工图预算、购料凭证、材料代用价差、施工合同。

③ 本地区现行预算定额、费用定额、材料预算价格及各种收费标准、双方有关工程计价的协定。

④ 各种技术资料（技术核定单、隐蔽工程记录、停复工报告等）及现场签证记录。

⑤ 不可抗力、不可预见费用的记录以及其他有关文件规定。

(四) 竣工结算的编制方法

1. 合同价格包干法

在考虑了工程造价动态变化的因素后，合同价格一次包死，项目的合同价就是竣工结算造价，即：

$$竣工结算造价＝经发包方审定后确定的施工图预算×(1＋包干系数) \qquad (8\text{-}1)$$

2. 合同价增减法

在签订合同时商定合同价格，但没有包死，结算时以合同价为基础，按实际情况进行增减结算。

3. 预算签证法

按双方审定的施工图预算签订合同，凡在施工过程中经双方签字同意的凭证都作为结算的依据，结算时以预算价为基础按所签凭证内容调整。

4. 竣工图计算法

结算时根据竣工图、竣工技术资料、预算定额，按照施工图预算编制方法，全部重新计算，得出结算工程造价。

5. 平方米造价包干法

双方根据一定的工程资料，事先协商好每平方米造价指标，结算时以平方米造价指标乘以建筑面积确定应付的工程价款，即：

$$结算工程造价＝建筑面积×每平方米造价指标 \qquad (8\text{-}2)$$

6. 工程量清单计价法

以业主与承包方之间的工程量清单报价为依据，进行工程结算。

办理工程价款竣工结算的一般公式为：

$$竣工结算工程价款＝预算(或概算)或合同价款＋施工过程中预算或合同价款调整数$$
$$－预付及已结算的工程价款－保修金 \qquad (8\text{-}3)$$

(五) 竣工结算编制的程序和方法

1. 承包方进行竣工结算的程序和方法

① 收集分析影响工程量差、价差和费用变化的原始凭证。

② 根据工程实际对施工图预算的主要内容进行检查、核对。

③ 根据收集的资料和预算对结算进行分类汇总，计算量差、价差，进行费用调整。

④ 根据检查核对结果和各种结算依据，分别归类汇总，填写竣工工程结算单，编制单位工程结算。

⑤ 编写竣工结算说明书。

⑥ 编制单项工程结算。目前国家没有统一规定工程竣工结算书的格式，各地区可结合当地情况和需要自行设计计算表格，供结算使用。

单位工程结算费用计算程序见表 8-3、表 8-4，竣工工程结算单见表 8-5。

表 8-3　土建工程结算费用计算程序表

序号	费用项目	计算公式	金额/元
1	原概(预)算直接费		
2	历次增减变更直接费		
3	调价金额	$[(1)+(2)]\times$调价系数	
4	直接费	$(1)+(2)+(3)$	
5	间接费	$(4)\times$相应工程类别费率	
6	利润	$[(4)+(5)]\times$相应工程类别利润率	
7	税金	$[(4)+(5)+(6)+(7)]\times$相应税率	
8	工程造价	$(4)+(5)+(6)+(7)$	

注：税金计算的基数中包含税金本身在内。

表 8-4　水、暖、电工程结算费用计算程序表

序号	费用项目	计算公式	金额/元
1	原概(预)算直接费		
2	历次增减变更直接费		
3	其中:定额人工费	(1)、(2)两项所含	
4	其中:设备费	(1)、(2)两项所含	
5	措施费	$(3)\times$费率	
6	调价金额	$[(1)+(2)+(5)]\times$调价系数	
7	直接费	$(1)+(2)+(5)+(6)$	
8	间接费	$(3)\times$相应工程类别费率	
9	利润	$(3)\times$相应工程类别利润率	
10	税金	$[(7)+(8)+(9)+(10)]\times$相应税率	
11	设备费价差(±)	$[$实际供应价$-$原设备费$(4)]\times(1+$税率$)$	
12	工程造价	$(7)+(8)+(9)+(10)+(11)$	

注：税金计算的基数中包含税金本身在内。

2. 业主进行竣工结算的管理程序

① 业主接到承包商提交的竣工结算书后，应以单位工程为基础，对承包合同内规定的施工内容，包括工程项目、工程量、单价取费和计算结果等进行检查与核对。

表 8-5 竣工工程结算单

建设单位：　　　　　　　　　　　　　　　　　　　　　　　　　　　单位：元

1. 原预算造价			
2. 调整预算	增加部分	(1)补充预算	
		(2)	
		(3)	
		...	
		合计	
	减少部分	(1)	
		(2)	
		(3)	
		...	
		合计	
3. 竣工结算总造价			
4. 财务结算	已收工程款		
	报产值的甲供材料设备价值		
	实际结算工程款		
说明			

建设单位：
经办人：
　　　　　　　　　年　月　日

施工单位：
经办人：
　　　　　　　　　年　月　日

② 核查合同工程的竣工结算，竣工结算应包括以下几方面：开工前准备工作的费用是否准确；土石方工程与基础处理有无漏算或多算；钢筋混凝土工程中的钢筋含量是否按规定进行了调整；加工订货的项目、规格、数量、单价等与实际安装的规格、数量、单价是否相符；特殊工程中使用的特殊材料的单价有无变化；工程施工变更记录与合同价格的调整是否相符；实际施工中有无与施工图要求不符的项目；单项工程综合结算书与单位工程结算书是否相符。

③ 对核查过程中发现的不符合合同规定情况，如多算、漏算或计算错误等，均应予以调整。

④ 将批准的工程竣工结算书送交有关部门审查。

⑤ 工程竣工结算书经过确认后，办理工程价款的最终结算拨款手续。

（六）竣工结算的审查

（1）自审　竣工结算初稿编定后，施工单位内部先组织审查、校核。

（2）建设单位审查　施工单位自审后编印成正式结算书送交建设单位审查，建设单位也可委托有关部门批准的工程造价咨询单位审查。

（3）造价管理部门审查　甲乙双方有争议且协商无效时，可以提请造价管理部门裁决。

各方对竣工结算进行审查的具体内容包括：核对合同条款；检查隐蔽工程验收记录；落实设计变更签证；按图核实工程数量；严格按合同约定计价；注意各项费用计取；防止各种计算误差。

二、竣工决算

（一）建设项目竣工决算的概念及作用

1. 建设项目竣工决算的概念

建设项目竣工决算是指所有建设工程项目竣工后，按照国家有关规定，由建设单位报告项目建设成果和财务状况的总结性文件，是考核其投资效果的依据，也是办理交付、动用、验收的依据。

竣工决算是以实物数量和货币指标为计量单位，综合反映竣工项目从筹建开始到项目竣工交付使用为止的全部建设费用、建设成果和财务情况的总结性文件，是竣工验收报告的重要组成部分，竣工决算是正确核定新增固定资产价值，考核分析投资效果，建立健全经济责任制的依据，是反映建设项目实际造价和投资效果的文件。

2. 建设项目竣工决算的作用

① 建设项目竣工决算是综合全面地反映竣工项目建设成果及财务情况的总结性文件，它采用货币指标、实物数量、建设工期和各种技术经济指标，综合、全面地反映建设项目自开始建设到竣工为止的全部建设成果和财务状况。

② 建设项目竣工决算是办理交付使用资产的依据，也是竣工验收报告的重要组成部分。建设单位与使用单位在办理交付资产的验收交接手续时，通过竣工决算反映了交付使用资产的全部价值，包括固定资产、流动资产、无形资产和其他资产的价值。同时，它还详细提供了交付使用资产的名称、规格、数量、型号和价值等明细资料，是使用单位确定各项新增资产价值并登记入账的依据。

③ 建设项目竣工决算是分析和检查设计概算的执行情况，考核投资效果的依据。竣工决算反映了竣工项目计划、实际的建设规模、建设工期以及设计和实际的生产能力，反映了概算总投资和实际的建设成本，同时还反映了所达到的主要技术经济指标。通过对这些指标的计划数、概算数与实际数进行对比分析，不仅可以全面掌握建设项目计划和概算执行情况，而且可以考核建设项目投资效果，为今后制订基建计划、降低建设成本、提高投资效果提供必要的资料。

（二）竣工结算与竣工决算的关系

建设工程项目竣工决算是以工程竣工结算为基础进行编制的，是在整个建设工程项目各单项工程竣工结算的基础上，加上从筹建开始到工程全部竣工有关基本建设的其他工程费用支出，而构成了建设工程项目竣工决算的主体。它们的主要区别见表 8-6。

表 8-6　竣工结算与竣工决算的比较一览表

项目	竣工结算	竣工决算
含义	竣工结算是由施工单位根据合同价格和实际发生的费用的增减变化情况进行编制，并经发包方或委托方签字确认的，正确反映该项工程最终实际造价，并作为向发包单位进行最终结算工程款的经济文件	建设工程项目竣工决算是指所有建设工程项目竣工后，建设单位按照国家有关规定，由建设单位报告项目建设成果和财务状况的总结性文件
特点	属于工程款结算，因此是一项经济活动	反映竣工项目从筹建开始到项目竣工交付使用为止的全部建设费用、建设成果和财务情况的总结性文件
编制单位	施工单位	建设单位
编制范围	单位或单项工程竣工结算	整个建设工程项目全部竣工决算

（三）竣工决算的内容

建设项目竣工决算应包括从筹集到竣工投产全过程的全部实际费用，即包括建筑工程费、安装工程费、设备工器具购置费及预备费和投资方向调节税等费用。按照财政部、国家发改委和建设部的有关文件规定，竣工决算由竣工财务决算说明书、竣工财务决算报表、工程竣工图和工程竣工造价对比分析四部分组成。前两部分又称建设项目竣工财务决算，是竣工决算的核心内容。

1. 竣工决算报告情况说明书

竣工决算报告情况说明书主要反映竣工工程建设成果和经验，是对竣工决算报表进行分析和补充说明的文件，是全面考核分析工程投资与造价的书面总结，主要包括以下内容。

① 建设项目概况，对工程总的评价。一般从进度、质量、安全和造价施工方面进行分析说明。进度方面主要说明开工和竣工时间，对照合同工期和要求工期分析是提前还是延期；质量方面主要依据竣工验收委员会或相当一级的质量监督部门的验收评定等级、合格率和优良品率；安全方面主要根据劳动工资和施工部门的记录，对有无设备和人身事故进行说明；造价方面主要对照概算造价，说明节约还是超支，用金额和百分率进行分析说明。

② 资金来源及运用等财务分析。主要包括工程价款结算、会计账务的处理、财产物资情况及债权债务的清偿情况。

③ 基本建设收入、投资包干结余、竣工结余资金的上交分配情况。通过对基本建设投资包干情况的分析，说明投资包干数、实际支用数和节约额，投资包干节余的有机构成和包干节余的分配情况。

④ 各项经济技术指标的分析。概算执行情况分析，根据实际投资完成额与概算进行对比分析；新增生产能力的效益分析，说明支付使用财产占总投资额的比例、占支付使用财产的比例，不增加固定资产的造价占投资总额的比例，分析有机构成和成果。

⑤ 工程建设的经验及项目管理和财务管理工作以及竣工财务决算中有待解决的问题。

⑥ 需要说明的其他事项。

2. 竣工财务决算报表

建设项目竣工财务决算报表根据大、中型建设项目和小型建设项目分别制定。大、中型建设项目竣工决算报表包括：建设项目竣工财务决算审批表；大、中型建设项目概况表；大、中型建设项目竣工财务决算表；大、中型建设项目交付使用资产总表。小型建设项目竣工财务决算报表包括建设项目竣工财务决算审批表、竣工财务决算总表、建设项目交付使用资产明细表。

(1) 建设项目竣工财务决算审批表（表 8-7）　该表作为竣工决算上报有关部门审批时使用，其格式是按照中央级小型项目审批要求设计的，地方级项目可按审批要求作适当修改，大、中、小型项目均要按照下列要求填报此表。

表中"建设性质"按照新建、改建、扩建、迁建和恢复建设项目等分类填列。

表中"主管部门"是指建设单位的主管部门。

所有建设项目均须经过开户银行签署意见后，按照有关要求进行报批：中央级小型项目由主管部门签署审批意见；中央级大、中型建设项目报所在地财政监察专员办事机构签署意见后，再由主管部门签署意见报财政部审批；地方级项目由同级财政部门签署审批意见。

已具备竣工验收条件的项目，3 个月内应及时填报审批表，如 3 个月内不办理竣工验收和固定资产移交手续的视同项目已正式投产，其费用不得从基本建设投资中支付，所实现的收入作为经营收入，不再作为基本建设收入管理。

表 8-7　建设项目竣工财务决算审批表

建设项目法人(建设单位)		建设性质	
建设项目名称		主管部门	

开户银行意见:

（盖章）

年　月　日

专员办审批意见:

（盖章）

年　月　日

主管部门或地方财政部门审批意见:

（盖章）

年　月　日

（2）大、中型建设项目概况表（表 8-8）　该表综合反映了大、中型项目的基本概况，内容包括该项目总投资、建设起止时间、新增生产能力、主要材料消耗、建设成本、完成主要工程量和主要技术经济指标，为全面考核和分析投资效果提供依据，可按下列要求填写。

表 8-8　大、中型建设项目概况表

建设项目(单项工程)名称			建设地址				项目	概算/元	实际/元	备注
主要设计单位			主要施工企业			基本建设支出	建筑安装工程投资			
							设备、工具、器具			
占地面积	设计	实际	总投资/万元	设计	实际		待摊投资			
							其中:建设单位管理费			
新增生产能力	能力(效益)名称			设计	实际		其他投资			
							待核销基建支出			
建设起止时间	设计	从　年　月开工至　年　月竣工					非经营项目转出投资			
	实际	从　年　月开工至　年　月竣工					合计			
设计概算批准文号										
完成主要工程量	建设规模				设备/台(套、吨)					
	设计		实际		设计		实际			
收尾工程	工程项目、内容		已完成投资额		尚需投资额		完成时间			

建设项目名称、建设地址、主要设计单位和主要施工企业，要按全称填列。

表中各项目的设计、概算、计划等指标，根据批准的设计文件和概算、计划等确定的数字填列。

表中所列新增生产能力、完成主要工程量、主要材料消耗的实际数据，根据建设单位统计资料和承包人提供的有关成本核算资料填列。

　　表中基本建设支出是指建设项目从开工起至竣工为止发生的全部基本建设支出，包括形成资产价值的交付使用资产，如固定资产、流动资产、无形资产、其他资产支出，还包括不形成资产价值按照规定应核销的非经营项目的待核销基建支出和转出投资。上述支出，应根据财政部门历年批准的"基建投资表"中的有关数据填列。

　　表中设计概算批准文号，按最后经批准的日期和文件号填列。

　　表中收尾工程是指全部工程项目验收后尚遗留的少量收尾工程，在表中应明确填写收尾工程内容、完成时间、这部分工程的实际成本，可根据实际情况进行估算并加以说明，完工后不再编制竣工决算。

　　(3) 大、中型建设项目竣工财务决算表 (表 8-9)　大、中型建设项目竣工财务决算表用来反映建设项目的全部资金来源和资金占用情况，是考核和分析投资效果的依据。

表 8-9　大、中型建设项目竣工财务决算表　　　　　　单位：元

资金来源	金额	资金占用	金额
一、基建拨款		一、基本建设支出	
1. 预算拨款		1. 交付使用资产	
2. 基建基金拨款		2. 在建工程	
其中:国债专项资金拨款		3. 待核销基建支出	
3. 专项建设基金拨款		4. 非经营性项目转出投资	
4. 进口设备转账拨款		二、应收生产单位投资借款	
5. 器材转账拨款		三、拨付所属投资借款	
6. 煤代油专用基金拨款		四、器材	
7. 自筹资金拨款		其中:待处理器材损失	
8. 其他拨款		五、货币资金	
二、项目资本金		六、预付及应收款	
1. 国家资本		七、有价证券	
2. 法人资本		八、固定资产	
3. 个人资本		固定资产原价	
4. 外商资本		减:累计折旧	
三、项目资本公积金		固定资产净值	
四、基建投资借款		固定资产清理	
其中:国债转贷		待处理固定资产损失	
五、上级拨入投资借款			
六、企业债券资金			
七、待冲基建支出			
八、应付款			
九、未交款			
1. 未交税金			
2. 其他未交款			
十、上级拨入资金			
十一、留成收入			
合　　计		合　　计	

　　补充资料：基建投资借款期末余额；

　　　　　　　应收生产单位投资借款期末数；

　　　　　　　基建结余资金。

该表反映竣工的大、中型建设项目从开工到竣工为止全部资金来源和资金运用的情况，它是考核和分析投资效果，落实节余资金，并作为报告上级核销基本建设支出和基本建设拨款的依据。在编制该表前，应先编制出项目竣工年度财务决算，根据编制出的竣工年度财务决算和历年财务决算编制项目的竣工财务决算。此表采用平衡表形式，即资金来源合计等于资金支出合计。具体编制方法如下。

资金来源包括基建拨款、项目资本金、项目资本公积金、基建借款、上级拨入投资借款、企业债券资金、待冲基建支出、应付款和未交款以及上级拨入资金和企业留成收入等。

项目资本金是指经营性项目投资者按国家有关项目资本金的规定，筹集并投入项目的非负债资金，在项目竣工后，相应转为生产经营企业的国家资本金、法人资本金、个人资本金和外商资本金。

项目资本公积金是指经营性项目对投资者实际缴付的出资额超过其资金的差额（包括发行股票的溢价净收入）、资产评估确认价值或者合同协议约定价值与原账面净值的差额、接收捐赠的财产、资本汇率折算差额，在项目建设期间作为资本公积金，项目建成交付使用并办理竣工决算后，转为生产经营企业的资本公积金。

表中"交付使用资产"、"预算拨款"、"自筹资金拨款"、"其他拨款"、"项目资本金"、"基建投资借款"等项目，是指自开工建设至竣工的累计数，上述有关指标应根据历年批复的年度基本建设财务决算和竣工年度的基本建设财务决算中资金平衡表相应项目的数字进行汇总填写。

表中其余项目费用办理竣工验收时的结余数，根据竣工年度财务决算中资金平衡表的有关项目期末数填写。

资金支出反映建设项目从开工准备到竣工全过程资金支出的情况，内容包括基本建设支出、应收生产单位投资借款、库存器材、货币资金、有价证券、预付及应收款、拨付所属投资借款和库存固定资产等，资金支出总额应等于资金来源总额。

基建结余资金可以按下列公式计算：

基建结余资金＝基建拨款＋项目资本金＋项目资本公积金＋基建投资借款＋企业债券资金
＋待冲基建支出－基本建设支出－应收生产单位投资借款　　　(8-4)

（4）大、中型建设项目交付使用资产总表（表8-10）　该表反映建设项目建成后新增固定资产、流动资产、无形资产和其他资产价值的情况和价值，作为财产交接、检查投资计划完成情况和分析投资效果的依据。小型项目不编制"交付使用资产总表"，直接编制"交付使用资产明细表"，大、中型项目在编制"交付使用资产总表"的同时，还需编制"交付使用资产明细表"。大、中型建设项目交付使用资产总表具体编制方法是：表中各栏目数据根据"交付使用明细表"的固定资产、流动资产、无形资产、其他资产的各相应项目的汇总数分别填写，表中总计栏的总计数应与竣工财务决算表中的交付使用资产的金额一致。

表中第3栏、第4栏、第8～第10栏的合计数，应分别与竣工财务决算表交付使用的固定资产、流动资产、无形资产、其他资产的数据相符。

（5）建设项目交付使用资产明细表（表8-11）　该表反映交付使用的固定资产、流动资产、无形资产和其他资产及其价值的明细情况，是办理资产交接和接收单位登记资产账目的依据，是使用单位建立资产明细账目和登记新增资产价值的依据。大、中型和小型建设项目均

表 8-10　大、中型建设项目交付使用资产总表　　　　　单位：元

序号	单项工程项目名称	总计	固定资产				流动资产	无形资产	其他资产
			合计	建安工程	设备	其他			

交付单位：　　　　　负责人：　　　　　接受单位：　　　　　负责人：
盖　　章　　　　　年 月 日　　　　　　年 月 日　　　　　　年 月 日

表 8-11　建设项目交付使用资产明细表

单项工程名称	建筑工程			设备、工具、器具、家具						流动资产		无形资产		其他资产	
	结构	面积/m²	价值/元	名称	规格型号	单位	数量	价值/元	设备安装费/元	名称	价值/元	名称	价值/元	名称	价值/元

需编制此表。编制时要做到齐全完整、数字准确，各栏目价值应与会计账目中相应科目的数据保持一致。建设项目交付使用资产明细表具体编制方法是：表中建筑工程项目应按单项工程名称填列其结构、面积和价值。其中结构是指按钢结构、钢筋混凝土结构、混合结构等结构形式填写；面积则按各项目实际完成面积填列；价值按交付使用资产的实际价值填写。

表中固定资产部分要在逐项盘点后，根据盘点实际情况填写，工具、器具和家具等低值易耗品可分类填写。

表中流动资产、无形资产、其他资产项目应根据建设单位实际交付的名称和价值分别填列。

(6) 小型建设项目竣工财务决算总表（表 8-12）　由于小型建设项目内容比较简单，因此可将工程概况与财务情况合并编制一张"竣工财务决算总表"，该表主要反映小型建设项目的全部工程和财务情况。具体编制时可参照大、中型建设项目概况表指标和大、中型建设项目竣工财务决算表相应指标内容填写。

3. 建设工程竣工图

建设工程竣工图是真实地记录各种地上、地下建筑物、构筑物等情况的技术文件，是工程进行交工验收、维护改建和扩建的依据，是国家的重要技术档案。国家规定，各项新建、扩建、改建的基本建设工程，特别是基础、地下建筑、管线、结构、井巷、桥梁、隧道、港

表 8-12　小型建设项目竣工财务决算总表

建设项目名称			建设地址			资金来源		资金运用	
初步设计概算批准文号						项目	金额/元	项目	金额/元
占地面积						一、基建拨款 其中:预算拨款		一、交付使用资产	
	计划	实际	计划		实际			二、待核销基建支出	
			总投资/万元	固定资产	流动资金	固定资产	流动资金	二、项目资本	
								三、非经营项目转出投资	
						三、项目资本公积金			
新增生产能力	能力(效益)名称		设计		实际	四、基建借款		四、应收生产单位投资借款	
						五、上级拨入借款			
建设起止时间	计划		从　年　月开工 至　年　月竣工			六、企业债券资金		五、拨付所属投资借款	
	实际		从　年　月开工 至　年　月竣工			七、待冲基建支出		六、器材	
基建支出	项目		概算/元		实际/元	八、应付款		七、货币资金	
	建筑安装工程					九、未付款 其中: 未交基建收入 未交包干收入		八、预付及应收款	
	设备　工具　器具							九、有价证券	
	待摊投资 其中:建设单位管理费							十、原有固定资产	
	其他投资					十、上级拨入资金			
	待核销基建支出					十一、留成收入			
	非经营性项目转出投资								
	合计					合计		合计	

口、水坝以及设备安装等隐蔽部位,都要编制竣工图。为确保竣工图质量,必须在施工过程中(不能在竣工后)及时做好隐蔽工程检查记录,整理好设计变更文件。其具体要求如下。

① 凡按图竣工没有变动的,由承包人(包括总包和分包承包人,下同)在原施工图上加盖"竣工图"标志后,即作为竣工图。

② 凡在施工过程中,虽有一般性设计变更,但能将原施工图加以修改补充作为竣工图的,可不重新绘制,由承包人负责在原施工图(必须是新蓝图)上注明修改的部分,并附以设计变更通知单和施工说明,加盖"竣工图"标志后,作为竣工图。

③ 凡结构形式改变、施工工艺改变、平面布置改变、项目改变以及有其他重大改变,不宜再在原施工图上修改、补充时,应重新绘制改变后的竣工图。由原设计原因造成的,由设计单位负责重新绘制;由施工原因造成的,由承包人负责重新绘图;由其他原因造成的,由建设单位自行绘制或委托设计单位绘制。承包人负责在新图上加盖"竣工图"标志,并附以有关记录和说明,作为竣工图。

④ 为了满足竣工验收和竣工决算需要，还应绘制反映竣工工程全部内容的工程设计平面示意图。

4. 工程造价比较分析

对控制工程造价所采取的措施、效果及其动态的变化需要进行认真地对比，总结经验教训。批准的概算是考核建设工程造价的依据。在分析时，可先对比整个项目的总概算，然后将建筑安装工程费、设备工器具费和其他工程费用逐一与竣工决算表中所提供的实际数据和相关资料及批准的概算、预算指标、实际的工程造价进行对比分析，以确定竣工项目总造价是节约还是超支，并在对比的基础上，总结先进经验，找出节约和超支的内容和原因，提出改进措施。在实际工作中，应主要分析以下内容。

① 主要实物工程量。对于实物工程量出入比较大的情况，必须查明原因。

② 主要材料消耗量。考核主要材料消耗量，要按照竣工决算表中所列明的三大材料实际超概算的消耗量，查明是在工程的哪个环节超出量最大，再进一步查明超耗的原因。

③ 考核建设单位管理费、措施费和间接费的取费标准。建设单位管理费、措施费和间接费的取费标准要按照国家和各地的有关规定，根据竣工决算报表中所列的建设单位管理费与概预算所列的建设单位管理费数额进行比较，依据规定查明多列或少列的费用项目，确定其节约或超支的数额，并查明原因。

（四）竣工决算的编制

1. 竣工决算的编制依据

① 经批准的可行性研究报告、投资估算书、初步设计或扩大初步设计、修正总概算及其批复文件。

② 经批准的施工图设计及其施工图预算书。

③ 设计交底或图纸会审会议纪要。

④ 设计变更记录、施工记录或施工签证单及其他施工发生的费用记录。

⑤ 标底造价、承包合同、工程结算等有关资料。

⑥ 历年基建计划、历年财务决算及批复文件。

⑦ 设备、材料调价文件和调价记录。

⑧ 有关财务核算制度、办法和其他有关资料。

2. 竣工决算的编制要求

为了严格执行建设项目竣工验收制度，正确核定新增固定资产价值，考核分析投资效果，建立健全经济责任制，所有新建、扩建和改建等建设项目竣工后，都应及时、完整、正确地编制好竣工决算。建设单位要做好以下工作。

① 按照规定组织竣工验收，保证竣工决算的及时性。对建设工程进行全面考核，所有的建设项目（或单项工程）按照批准的设计文件所规定的内容建成后，具备了投产和使用条件的，都要及时组织验收。对于竣工验收中发现的问题，应及时查明原因，采取措施加以解决，以保证建设项目按时交付使用和及时编制竣工决算。

② 积累、整理竣工项目资料，保证竣工决算的完整性。积累、整理竣工项目资料是编制竣工决算的基础工作，它关系到竣工决算的完整性和质量的好坏。因此，在建设过

程中，建设单位必须随时收集项目建设的各种资料，并在竣工验收前，对各种资料进行系统整理，分类立卷，为编制竣工决算提供完整的数据资料，为投产后加强固定资产管理提供依据。在工程竣工时，建设单位应将各种基础资料与竣工决算一起移交给生产单位或使用单位。

③清理、核对各项账目，保证竣工决算的正确性。工程竣工后，建设单位要认真核实各项交付使用资产的建设成本；做好各项账务、物资以及债权的清理结余工作，应偿还的及时偿还，该收回的应及时收回，对各种结余的材料、设备、施工机械工具等，要逐项清点核实，妥善保管，按照国家有关规定进行处理，不得任意侵占；对竣工后的结余资金，要按规定上交财政部门或上级主管部门。做完上述工作，在核实各项数字的基础上，正确编制从年初起到竣工月份止的竣工年度财务决算，以便根据历年的财务决算和竣工年度财务决算进行整理汇总，编制建设项目决算。

按照规定竣工决算应在竣工项目办理验收交付手续后一个月内编好，并上报主管部门，有关财务成本部分，还应送经办行审查签证。主管部门和财政部门对报送的竣工决算审批后，建设单位即可办理决算调整和结束有关工作。

3. 竣工决算的编制步骤

(1) 收集、整理和分析有关依据资料　在编制竣工决算文件之前，应系统地整理所有的技术资料、工料结算的经济文件、施工图纸和各种变更与签证资料，并分析它们的准确性。完整、齐全的资料，是准确而迅速编制竣工决算的必要条件。

(2) 清理各项财务、债务和结余物资　在收集、整理和分析有关资料过程中，要特别注意建设工程从筹建到竣工投产或使用的全部费用的各项账务、债权和债务的清理，做到工程完毕账目清晰，既要核对账目，又要查点库有实物的数量，做到账与物相等，账与账相符，对结余的各种材料、工器具和设备，要逐项清点核实，妥善管理，并按规定及时处理，收回资金。对各种往来款项要及时进行全面清理，为编制竣工决算提供准确的数据和结果。

(3) 核实工程变动情况　重新核实各单位工程、单项工程造价，将竣工资料与原设计图纸进行查对、核实，确认实际变更情况。根据经审定的承包人竣工结算等原始资料，按照有关规定对原预算进行增减调整，重新核定建设项目实际造价。

(4) 编制建设工程竣工决算说明　按照建设工程竣工决算说明的内容要求，根据编制依据材料填写在报表中的结果，编写文字说明。

(5) 填写竣工决算报表　按照建设工程决算表格中的内容，根据编制依据中的有关资料进行统计或计算各个项目和数量，并将其结果填到相应表格的栏目内，完成所有报表的填写。

(6) 做好工程造价对比分析。

(7) 清理、装订好竣工图。

(8) 上报主管部门审查　上述编写的文字说明和填写的表格经核对无误，装订成册，即为建设工程竣工决算文件。将其上报主管部门审查，并把其中的财务成本部分送交开户银行签证。竣工决算在上报主管部门的同时，抄送有关设计单位。大、中型建设项目的竣工决算还应抄送财政部、建设银行总行、省（自治区、直辖市）的财政局和建设银行分行各一份。建设工程竣工决算的文件，由建设单位负责组织人员编写，在竣工建设项目办理验收使用一个月之内完成。

4．竣工决算的编制实例

【例 8-1】 某一大、中型建设项目 2002 年开工建设，2004 年年底有关财务核算资料如下：

（1）已经完成部分单项工程，经验收合格后，已经交付使用的资产包括：①固定资产价值 75540 万元；②为生产准备的使用期限在一年以内的备品备件、工具、器具等流动资产价值 30000 万元，期限在一年以上、单位价值在 1500 元以上的工具 60 万元；③建造期间购置的专利权、非专利技术等无形资产 2000 万元，摊销期 5 年。

（2）基本建设支出的未完成项目包括：

① 建筑安装工程支出 16000 万元；

② 设备工器具投资 44000 万元；

③ 建设单位管理费、勘察设计费等待摊投资 2400 万元；

④ 通过出让方式购置的土地使用权形成的其他投资 110 万元。

（3）非经营项目发生待核销基建支出 50 万元。

（4）应收生产单位投资借款 1400 万元。

（5）购置需要安装的器材 50 万元，其中待处理器材 16 万元。

（6）货币资金 470 万元。

（7）预付工程款及应收有偿调出器材款 18 万元。

（8）建设单位自用的固定资产原值 60550 万元，累计折旧 10022 万元。

反映在"资金平衡表"上的各类资金来源的期末余额是：

（1）预算拨款 52000 万元；

（2）自筹资金拨款 58000 万元；

（3）其他拨款 440 万元；

（4）建设单位向商业银行借入的借款 110000 万元；

（5）建设单位当年完成交付生产单位使用的资产价值中，200 万元属于利用投资借款形成的待冲基建支出；

（6）应付器材销售商 40 万元贷款和尚未支付的应付工程款 1916 万元；

（7）未交税金 30 万元。

根据上述有关资料编制该项目竣工财务决算表（表 8-13）。

（五）新增资产价值确定

竣工决算是办理交付使用财产价值的依据，正确核定资产的价值，不但有利于建设工程项目交付使用后的财产管理，而且还可作为建设工程项目经济后评估的依据。

1．新增资产的分类

按照新的财务制度和企业会计准则，新增资产按资产性质可分为固定资产、流动资产、无形资产、递延资产和其他资产五大类。

（1）固定资产 指使用期限超过一年，单位价值在规定标准以上（如 1000 元、1500 元或 2000 元），并且在使用过程中保持原有实物形态的资产，如房屋、建筑物、机械、运输工具等。

表 8-13 大、中型建设项目竣工财务决算表

建设项目名称：××建设项目　　　　　　　　　　　　　　　　　　　单位：万元

资金来源	金额	资金占用	金额
一、基建拨款	110520	一、基本建设支出	170160
1.预算拨款	52000	1.交付使用资产	107600
2.基建基金拨款		2.在建工程	62510
其中:国债专项资金拨款		3.待核销基建支出	50
3.专项建设基金拨款		4.非经营性项目转出投资	
4.进口设备转账拨款		二、应收生产单位、投资借款	1400
5.器材转账拨款		三、拨付所属投资借款	
6.煤代油专用基金拨款		四、器材	50
7.自筹资金拨款	58000	其中:待处理器材损失	16
8.其他拨款	440	五、货币资金	470
二、项目资本金		六、预付及应收款	18
1.国家资本		七、有价证券	
2.法人资本		八、固定资产	50528
3.个人资本		固定资产原价	60550
4.外商资本		减:累计折旧	10022
三、项目资本公积金		固定资产净值	50528
四、基建借款	110000	固定资产清理	
其中:国债转贷		待处理固定资产损失	
五、上级拨入投资借款			
六、企业债券资金			
七、待冲基建支出	200		
八、应付款	1956		
九、未交款	30		
1.未交税金	30		
2.其他未交款			
十、上级拨入资金			
十一、留成收入			
合计	222626	合计	222626

补充资料：基建投资借款期末余额；

应收生产单位投资借款期末数；

基建结余资金。

不同时具备以上两个条件的资产为低值易耗品，应列入流动资产范围内，如企业自身使用的工具、器具、家具等。

固定资产主要包括：已交付使用的建安工程造价；达到固定资产标准的设备、工器具购置费；其他费用（如建设单位管理费、征地费、勘察设计费等）。

（2）流动资产 指可以在一年或者超过一年的营业周期内变现或者耗用的资产。它是企业资产的重要组成部分。流动资产按资产的占用形态可分为现金、存货（指企业的库存材

料、在产品、产成品、商品等)、银行存款、短期投资、应收账款及预付账款。

(3)无形资产 指特定主体所控制的,不具有实物形态,对生产经营长期发挥作用且能带来经济利益的资源。如专利权、非专利技术、商标权、商誉等。

(4)递延资产 指不能全部计入当年损益,应当在以后年度分期摊销的各种费用。如开办费、租入固定资产改良支出等。

(5)其他资产 指具有专门用途,但不参加生产经营的经国家批准的特种物资,银行冻结存款和冻结物资、涉及诉讼的财产等。

2.新增资产价值的确定方法

(1)新增固定资产价值的确定 新增固定资产价值是建设项目竣工投产后所增加的固定资产的价值,它是以价值形态表示的固定资产投资最终成果的综合性指标,新增固定资产价值的计算是以独立发挥生产能力的单项工程为对象的。单项工程建成经有关部门验收鉴定合格,正式移交生产或使用,即应计算新增固定资产价值。一次交付生产或使用的工程,一次计算新增固定资产价值,分期分批交付生产或使用的工程,应分期分批计算新增固定资产价值。在计算时应注意以下几种情况。

对于为了提高产品质量、改善劳动条件、节约材料消耗、保护环境而建设的附属设施、辅助工程,只要全部建成,正式验收交付使用后就要计入新增固定资产价值。

对于单项工程中不构成生产系统,但能独立发挥效益的非生产性项目,如住宅、食堂、医务所、托儿所、生活服务网点等,在建成并交付使用后,也要计算新增固定资产价值。

凡购置达到固定资产标准不需安装的设备、工器具,应在交付使用后计入新增固定资产价值。

属于新增固定资产价值的其他投资,应随同受益工程交付使用的同时一并计入。

交付使用财产的成本,应按下列内容计算。

房屋、建筑物、管道、线路等固定资产的成本包括建筑工程成果和应分摊的待摊投资。

动力设备和生产设备等固定资产的成本包括需要安装设备的采购成本,安装工程成本,设备基础支柱等建筑工程成本或砌筑锅炉及各种特殊炉的建筑工程成本,应分摊的待摊投资。

运输设备及其他不需要安装的设备、工具、器具、家具等固定资产一般仅计算采购成本,不计分摊的"待摊投资"。

共同费用的分摊方法如下。新增固定资产的其他费用,如果是属于整个建设项目或两个以上单项工程的,在计算新增固定资产价值时,应在各单项工程中按比例分摊。一般情况下,建设单位管理费按建筑工程、安装工程、需安装设备价值总额作比例分摊,而土地征用费、勘察设计费等费用则按建筑工程造价分摊。

【例 8-2】 某工业建设项目及其总装车间的建筑工程费、安装工程费、需安装设备费以及应摊入费用见表 8-14,计算总装车间新增固定资产价值。

表 8-14 分摊费用计算表 单位:万元

项目名称	建筑工程	安装工程	需安装设备	建设单位管理费	土地征用费	勘察设计费
建设单位竣工决算	2000	400	800	60	70	50
总装车间竣工决算	500	180	320			

【解】 计算如下：

$$应分摊的建设单位管理费 = \frac{500+180+320}{2000+400+800} \times 60 = 18.75(万元)$$

$$应分摊的土地征用费 = \frac{500}{2000} \times 70 = 17.5(万元)$$

$$应分摊的勘察设计费 = \frac{500}{2000} \times 50 = 12.5(万元)$$

$$总装车间新增固定资产价值 = (500+180+320)+(18.75+17.5+12.5)$$
$$= 1000+48.75 = 1048.75(万元)$$

（2）新增流动资产价值的确定 流动资产是指可以在一年内或者超过一年的一个营业周期内变现或者运用的资产，包括现金及各种存款以及其他货币资金、短期投资、存货、应收及预付款项以及其他流动资产等。

① 货币性资金。货币性资金是指现金、各种银行存款及其他货币资金，其中现金是指企业的库存现金，包括企业内部各部门用于周转使用的备用金；各种存款是指企业的各种不同类型的银行存款；其他货币资金是指除现金和银行存款以外的其他货币资金，根据实际入账价值核定。

② 应收及预付款项。应收账款是指企业因销售商品、提供劳务等应向购货单位或受益单位收取的款项；预付款项是指企业按照购货合同预付给供货单位的购货定金或部分货款。应收及预付款项包括应收票据、应收款项、其他应收款、预付货款和待摊费用。一般情况下，应收及预付款项按企业销售商品、产品或提供劳务时的实际成交金额入账核算。

③ 短期投资。包括股票、债券、基金。股票和债券根据是否可以上市流通分别采用市场法和收益法确定其价值。

④ 存货。存货是指企业的库存材料、在产品、产成品等。各种存货应当按照取得时的实际成本计价。存货的形成，主要有外购和自制两个途径。外购的存货，按照买价加运输费、装卸费、保险费、途中合理损耗、入库前加工、整理及挑选费用以及缴纳的税金等计价；自制的存货，按照制造过程中的各项实际支出计价。

（3）新增无形资产价值的确定 根据我国2001年颁布的《资产评估准则——无形资产》规定，我国作为评估对象的无形资产通常包括专利权、非专利技术、生产许可证、特许经营权、租赁权、土地使用权、矿产资源勘探权和采矿权、商标权、版权、计算机软件及商誉等。

① 无形资产的计价原则。投资者按无形资产作为资本金或者合作条件投入时，按评估确认或合同协议约定的金额计价。

购入的无形资产，按照实际支付的价款计价。

企业自创并依法申请取得的，按开发过程中的实际支出计价。

企业接受捐赠的无形资产，按照发票账单所载金额或者同类无形资产市场价作价。

无形资产计价入账后，应在其有效使用期内分期摊销，即企业为无形资产支出的费用应在无形资产的有效期内得到及时补偿。

② 无形资产的计价方法

a. 专利权的计价。专利权分为自创和外购两类。自创专利权的价值为开发过程中的实际支出，主要包括专利的研制成本和交易成本。研制成本包括直接成本和间接成本，直接成本是指研制过程中直接投入发生的费用（主要包括材料费用、工资费用、专用设备费、资料费、咨询鉴定费、协作费、培训费和差旅费等）；间接成本是指与研制开发有关的费用（主要包括管理费、非专用设备折旧费、应分摊的公共费用及能源费用）。交易成本是指在交易过程中的费用支出（主要包括技术服务费、交易过程中的差旅费及管理费、手续费、税金）。由于专利权是具有独占性并能带来超额利润的生产要素，因此，专利权转让价格不按成本估价，而是按照其所能带来的超额收益计价。

b. 非专利技术的计价。非专利技术具有使用价值和价值，使用价值是非专利技术本身所具有的，非专利技术的价值在于非专利技术的使用所能产生的超额获利能力，应在研究分析其直接和间接的获利能力的基础上，准确计算出其价值。如果非专利技术是自创的，一般不作为无形资产入账，自创过程中发生的费用，按当期费用处理。对于外购非专利技术，应由法定评估机构确认后再进行估价，其方法往往通过能产生的收益采用收益法进行估价。

c. 商标权的计价。如果商标权是自创的，一般不作为无形资产入账，而将商标设计、制作、注册、广告宣传等发生的费用直接作为销售费用计入当期损益。只有当企业购入或转让商标时，才需要对商标权计价。商标权的计价一般根据被许可方新增的收益确定。

d. 土地使用权的计价。根据取得土地使用权的方式不同，土地使用权可有以下几种计价方式：当建设单位向土地管理部门申请土地使用权并为之支付一笔出让金时，土地使用权作为无形资产核算；如建设单位获得土地使用权是通过行政划拨的，这时土地使用权就不能作为无形资产核算；在将土地使用权有偿转让、出租、抵押、作价入股和投资，按规定补交土地出让价款时，才作为无形资产核算。

(4) 递延资产和其他资产价值的确定　递延资产中的开办费是指筹建期间发生的不能计入固定资产或无形资产价值的费用，主要包括筹建期间人员工资、办公费、员工培训费、差旅费、注册登记费以及不计入固定资产和无形资产购建成本的汇兑损益、利息支出等。根据现行财务制度规定，企业筹建期间发生的费用，应于开始生产经营起一次计入开始生产经营当期的损益。企业筹建期间开办费的价值可按其账面价值确定。

递延资产中以经营租赁方式租入的固定资产改良工程支出的计价，应在租赁有限期内摊入制造费用或管理费用。

其他资产，包括特种储备物资等，按实际入账价值核算。

第三节　保修费用的处理

一、建设项目保修

（一）建设项目保修及其意义

1. 保修的含义

2000 年 1 月国务院发布的第 279 号令《建设工程质量管理条例》中规定，建设工程实行保修制度。建设工程承包人在向发包人提交工程竣工验收报告时，应当向发包人出具质量保修书。质量保修书应当明确建设工程的保修范围、保修期限和责任等。建设项目在保险期内和保修范围内发生的质量问题，承包人应履行保修义务，并对造成的损失承担赔偿转让。《中华人民共和国建筑法》第六十二条规定："建筑工程实行质量保修制度。"《中华人民共和国合同法》规定："建设工程的施工合同内容包括对工程质量保修的范围和保证期。"

建设工程质量保修制度是国家确定的重要法律制度，它是指建设工程在办理交工验收手续后，在规定的保修期限内（按合同有关保修期的规定），因勘察设计、施工、材料等原因造成的质量缺陷，应由责任单位负责维修。项目保修是项目竣工验收交付使用后，在一定期限内由承包人到发包人或用户进行回访，对于工程发生的确实是由于承包人施工责任造成的建筑物使用功能不良或无法使用的问题，由承包人负责修理，直到达到正常使用的标准。保修回访制度属于建筑工程竣工后的管理范畴。

2. 保修的意义

工程质量保修是一种售后服务方式，是《建筑法》和《建设工程质量管理条例》规定的承包人的质量责任，建设工程质量保修制度是国家所确定的重要法律制度，建设工程保修制度对于完善建设工程保修制度，促进承包人加强质量管理、改进工程质量，保护用户及消费者的合法权益能够起到重要的作用。

（二）保修的范围和最低保修期限

1. 保修的范围

在正常使用条件下，建筑工程的保修范围应包括地基基础工程、主体结构工程、屋面防水工程和其他土建工程，以及电气管线、上下水管线的安装工程、供热、供冷系统工程等项目。一般包括以下问题：

① 屋面、地下室、外墙阳台、卫生间、厨房等处的渗水、漏水问题。

② 各种通水管道（如自来水、热水、污水、雨水等）的漏水问题，各种气体管道的漏气问题，通气孔和烟道的堵塞问题。

③ 水泥地面有较大面积空鼓、裂缝或起砂问题。

④ 内墙抹灰有较大面积起泡、脱落或墙面浆活起碱脱皮问题，外墙粉刷自动脱落问题。

⑤ 暖气管线安装不妥，出现局部不热、管线接口处漏水等问题。

⑥ 影响工程使用的地基基础、主体结构等存在质量问题。

⑦ 其他由于施工不良而造成的无法使用或不能正常发挥使用功能的工程部位。

由于用户使用不当而造成建筑功能不良或损坏者，不属于保修范围。

2. 保修的期限

保修的期限应当按照保证建筑物在合理寿命内正常使用，维护使用者合法权益的原则确定。具体的保修范围和最低保修期限由国务院规定。按照国务院《建设工程质量管理条例》第四十条规定：

① 基础设施工程、房屋建筑的地基基础工程和主体结构工程，为设计文件规定的该工程的合理使用年限。

② 屋面防水工程、有防水要求的卫生间、房间和外墙面的防渗漏为 5 年。

③ 供热与供冷系统为 2 个采暖期和供热期。

④ 电气管线、给排水管道、设备安装和装修工程为 2 年。

⑤ 其他项目的保修期限由承发包双方在合同中规定。建设工程的保修期，自竣工验收合格之日算起。

（三）保修的经济责任

① 由承包人未按施工质量验收规范、设计文件要求和施工合同约定组织施工而造成的质量缺陷所产生的工程质量保修，应当由承包人负责修理并承担经济责任；由承包人采购的建筑材料、建筑构配件、设备等不符合质量要求，或承包人应进行而没有进行试验或检验，进入现场使用造成质量问题的，应由承包人负责修理并承担经济责任。

② 由设计人造成的质量缺陷应由设计人承担经济责任。当由承包人进行修理时，费用数额应按合同约定，通过发包人向设计人索赔，不足部分由发包人补偿。

③ 由于发包人供应的材料、构配件或设备不合格造成的质量缺陷，或发包人竣工验收后未经许可自行改建造成的质量问题，应由发包人或使用人自行承担经济责任；由发包人指定的分包人或不能肢解而肢解发包的工程，致使施工接口不好造成质量缺陷的，或发包人或使用人竣工验收后使用不当造成的损坏，应由发包人或使用人自行承担经济责任。

④ 建设部第 60 号令《房屋建筑工程质量保修办法》规定，不可抗力造成的质量缺陷不属于规定的保修范围。所以由于地震、洪水、台风等不可抗力原因造成损坏，或非施工原因造成的事故，承包人不承担经济责任；当使用人需要责任以外的修理、维护服务时，承包人应提供相应的服务，但应签订协议，约定服务的内容和质量要求。所发生的费用，应由使用人按协议约定的方式支付。

⑤ 有的项目经发包人和承包人协商，根据工程的合理使用年限，采用保修保险方式。这种方式不需扣保留金，保险费由发包人支付，承包人应按约定的保修承诺，履行其保修职责和义务。

建设工程在保修范围和保修期限内发生质量问题的，承包人应当履行保修义务，并对造成的损失承担赔偿责任。凡是由于用户使用不当而造成建筑功能不良或损坏，不属于保修范围；凡属工业产品项目发生问题，也不属保修范围。以上两种情况应由发包人自行组织修理。

（四）保修的操作方法

1. 发送保修证书（房屋保修卡）

在工程竣工验收的同时（最迟不应超过 3 天到 1 周），由承包人向发包人发送《建筑安装工程保修证书》。保修证书一般的主要内容包括：

① 工程简况、房屋使用管理要求。

② 保修范围和内容。

③ 保修时间。

④ 保修说明。

⑤ 保修情况记录。

⑥ 保修单位（即承包人）的名称、详细地址等。

2．填写工程质量修理通知书

在保险期内，工程项目出现质量问题影响使用，使用人应填写"工程质量修理通知书"告知承包人，注明质量问题及部位、联系维修方式，要求承包人指派人前往检查修理。修理通知书发出日期为约定起始日期，承包人应在 7 天内派出人员执行保修任务。

3．实施保修服务

承包人接到"工程质量修理通知书"后，必须尽快地派人检查，并会同发包人共同做出鉴定，提出修理方案，明确经济责任，尽快组织人力物力进行修理，履行工程质量保修的承诺。房屋建筑工程在保修期间出现质量缺陷，发包人或房屋建筑所有人应当向承包人发出保修通知，承包人接到保修通知后，应到现场检查情况，在保修书约定的时间内予以保修，发生涉及结构安全或者严重影响使用功能的紧急抢修事故，承包人接到保修通知后，应当立即到达现场抢修。发生涉及结构安全的质量缺陷，发包人或者房屋建筑产权人应当立即向当地建设主管部门报告，采取安全防范措施；由原设计单位或者具有相应资质等级的设计单位提出保修方案；承包人实施保修，原工程质量监督机构负责监督。

4．验收

在发生问题的部位或项目修理完毕后，要在保修证书的"保修记录"栏内做好记录并经发包人验收签认，此时修理工作完毕。

二、保修费用及其处理

（一）保修费用的含义

保修费用是指对保修期间和保修范围内所发生的维修、返工等各项费用支出。保修费用应按合同和有关规定合理确定和控制。保修费用一般可参照建筑安装工程造价的确定程序和方法计算，也可以按照建筑安装工程造价或承包工程合同价的一定比例计算（目前取 5%）。

（二）保修费用的处理

根据《中华人民共和国建筑法》的规定，在保修费用的处理问题上，必须根据修理项目的性质、内容以及检查修理等多种因素的实际情况，区别保修责任的承担问题，对于保修的经济责任的确定，应当由有关责任方承担，由发包人和承包人共同商定经济处理办法。

根据《中华人民共和国建筑法》第七十五条的规定，建筑施工企业违反该法规定，不履行保修义务的，责令改正，可处以罚款。在保修期间对于屋顶、墙面渗漏、开裂等质量缺陷，有关责任企业应当依据实际损失给予实物或价值补偿。因勘察设计原因、监理原因或者建筑材料、建筑构配件和设备等原因造成的质量缺陷，根据民法规定，施工企业可以在保修和赔偿损失之后，向有关责任者追偿。因建设工程质量不合格而造成损害的，受损害人有权向责任者要求赔偿。因发包人或者勘察设计的原因、施工的原因、监理的原因产生的建设质量问题，造成他人损失的，以上单位应当承担相应的赔偿责任。受损害人可以向任何一方要求赔偿，也可以向以上各方提出共同赔偿要求。有关各方之间在赔偿后，可以在查明原因后向真正的责任人追偿。

涉外工程的保修问题，除参照有关经济责任的划分进行处理外，还应依照原合同条款的有关规定执行。

第四节　建设工程项目后评估阶段工程造价管理

一、项目后评估的概念

（一）项目后评估的含义

国内外理论与实践工作者对建设工程项目后评估的理解有多种。本书所指项目后评估为：在项目建成投产并达到设计生产能力后，通过对项目准备、决策、设计、实施、试生产直至达产后的全过程进行再评估，衡量和分析其实际情况与预计情况的偏离程度及产生的原因，全面总结项目投资管理经验，为今后项目准备、决策、管理、监督等工作的改进创造条件，并为提高项目投资效益提出切实可行的对策措施。

（二）项目后评估与其他评估的区别

项目后评估有别于项目可行性研究、项目前评估、项目中间评估、竣工验收、项目审计检查和项目监理。

1. 与项目可行性研究、项目前评估（项目评价）的区别

项目前评价与项目后评估既相互联系又相互区别，是同一对象的不同过程。它们在评价内要前后呼应，互相兼顾，但在其作用、评估时间的选择及使用方法等方面又有明显的区别。

（1）评估目的和在投资决策中的作用不同　项目可行性研究和前评估的目的在于评估项目技术上的先进性和经济上的可行性，重点分析项目本身的条件对项目未来和长远效益的作用和影响，其作用是为项目投资决策提供依据，直接作用于项目投资决策。项目后评估侧重于项目的影响和可持续性分析，目的是总结经验教训，改进投资决策质量，间接作用于投资决策。

（2）所处阶段不同　项目可行性研究和前评估属于项目前期工作，决定着项目是否可以上马，项目后评估是项目竣工投产并达到设计生产能力后对项目进行的再评估，是项目管理的延伸，在项目周期中处于"承前启后"的位置。

（3）比较参照的标准不同　项目可行性研究和前评估依据的是国家、部门颁布的定额标准、参数。后评估虽然也参照有关定额标准和参数，但主要是采用实际发生的数据和后评估时点以后的预测数据，直接与项目前评估的预测情况或其他国内外同类项目的有关情况进行对比，同时参照进行后评估时颁布的各种参数，检测差距，分析原因，提出改进措施。

（4）评估的内容不同　项目可行性研究和前评估主要分析研究项目建设条件、工程设计方案、项目的实施计划和项目的经济社会效益等，侧重对项目建设必要性和可能性的评估及未来经济效益的预测。后评估的主要内容除了针对前评估上述内容进行再评估外，还包括对项目决策、项目实施效率、项目实际运营状况、影响效果、可持续性等进行深入分析。

（5）组织实施上不同　项目可行性研究和前评估由投资主体或投资计划部门组织实施，后评估以投资运行的监督管理机构为主，组织主管部门会同其他相关部门进行或者由单设的独立后评估机构进行。

（6）评估的性质不同　项目前评估是以数量指标和质量指标为依据，以定量评估为主的侧重经济评估的行为，而项目后评估是以事实为依据，以法律为准绳，包括行政、经济法律内容的综合性评估。但近年来，部分发达国家的项目前评估内容中也逐渐包括了环境和社会影响预测评估的综合性内容。

2. 与项目中评估的区别

（1）目的和作用不同　项目中评估的目的在于检测项目实施状况与预测目标的偏离程度，分析其原因，并将信息反馈到项目管理机构，以改进项目管理。项目中评估是一个连续过程，它能及时向管理者提出反馈意见以使合理措施得以贯彻实施。后评估的目的在于分析研究项目前期工作、项目实施、项目运营全过程中项目实际情况与预测目标的偏差程度及其原因，并提出改进措施，将信息反馈到计划、银行等投资决策部门，为投资计划、政策的制定和改进项目管理提供依据。项目后评估已无法挽回项目实施产生的损失，只能改进今后的投资决策和管理效益。

（2）所处的阶段不同　项目中评估是在项目实施过程中的评估，也就是在项目开工后至项目竣工投产之前对项目进行的再评估；而项目后评估在项目实施过程完毕后，即在项目运营阶段进行。

（3）选用的数据参数不同　中期评估数据收集较为简单，仅限于项目内部，并以日常管理的信息系统的资料为评估依据；而后评估除以中期评估所用信息数据作为重要基础外，还要利用前期评估及生产组织经营情况等作为重要的信息来源。

（4）组织实施不同　项目中评估不需要一个相对独立的机构来组织实施，其组织管理机构可以设在项目管理机构内，人员也可以由项目管理人员承担。而后评估的组织和实施则必须保持相对独立性，一般不能由本项目管理人员承担。

（5）评估的内容不同　项目中评估的内容范围限定在项目实施阶段，其重点在于诊断和解决项目进行中发生的问题或争端，推动和保证项目的有效进行。而后评估内容范围较广泛，且重点放在项目运营阶段、项目影响及可持续性再评估上。

（6）评估结果的使用范围不同　中期评估的建议仅限于具体项目本身，对其他项目意义不大；而后评估则要在项目运营一段时间后对项目立项、实施的全过程进行检查，不仅可以提高本项目在运营阶段的管理水平，更重要的是为今后同类其他项目的投资决策和管理提供建议。

3. 与项目竣工验收、审计检查及项目监理的区别

① 竣工验收以项目设计文件为龙头，注重移交工程是否依据其要求按质、按量、按标准完成，在功能上是否形成生产能力，产出合格产品，它仅仅是后评估内容中对建设实施阶段进行评估的环节之一。项目经过竣工验收，对固定资产投资效果进行了考核和评估，完成了后评估的前期工作，主要由相关的政府监督管理部门进行。

② 审计检查是以项目投资活动为主线，注重于违法违纪、损失浪费和经济财务方面的审查工作。经过审计检查的项目，其财务数据更为真实可靠。重大损失浪费的暴露，将为后评估工作提供重要的分析线索。如果对基本建设工程项目的事后审计能扩展到项目决策审

计，设计、采购和竣工管理审计，以及项目效益审计的领域，那么后评估工作和审计工作将可能合作进行。世界银行业务评估局对完成项目的后评估就是以项目审计评议的方式进行的。

③ 监理与后评估的目的和时间均不同。其主要目的是在项目从开工到竣工投产的整个实施过程中，控制项目资源的使用和进程及其实施的质量，为项目管理者及时提供工程进度和工程中出现的问题的信息。它跨越从工程开工到竣工投产的整个实施阶段，期间连续不断地按照工程进度表和设计要求对施工和项目投入进行监测和评估。一般来说，监理的数据是后评估的重要基础资料。

二、项目后评估的种类

从不同的角度出发，项目后评估可分为不同的种类。

（一）根据评估的时点划分

（1）项目跟踪评估　有的也称为"中间评估"或"过程评估"（On-Going Evaluation）。是指在项目开工以后到项目竣工验收之前任何一个时点所进行的评估。其目的或是检查项目前评价和设计的质量，或是评估项目在建设过程中的重大变更（如项目产出品市场发生变化、概算调整、重大方案变化、主要政策变化等）及其对项目效益的作用和影响，或是诊断项目发生的重大困难和问题，寻求对策和出路等。这类评估往往侧重于项目层次上的问题，如建设必要性评估、勘测设计评估和施工评估等。

（2）项目实施效果评估　世界银行和亚洲开发银行称之为 PPAR（Project Performance Audit Report），是指在项目竣工以后一段时间之内（一般生产性行业在竣工以后 1～2 年，基础设施行业在竣工以后 5 年左右，社会基础设施行业可能更长一些）所进行的评估。其主要目的是检查确定投资项目或活动达到理想效果的程度，总结经验教训，为完善已建项目、调整在建项目和指导待建项目服务。一般意义上的项目后评估即为此类评估。这类评估要对项目层次和决策管理层次的问题加以分析和总结。

（3）项目效益监督评估　是指在项目实施效果评估完成一段时间以后，在项目实施效果评估的基础上，通过调查项目的经营状况，分析项目发展趋势及其对社会、经济和环境的影响，总结决策等宏观方面的经验教训。

（二）根据评估的内容划分

（1）目标评估　一方面有些项目原定的目标不明确，或不符合实际情况，项目实施过程中可能会发生重大变化，如政策性变化或市场变化等，所以项目后评估要对项目立项时原定决策目标的正确性、合理性和实践性进行重新分析和评估；另一方面，项目后评估要对照原定目标完成的主要指标，检查项目实际实现的情况和变化，并分析变化原因，以判断目的和目标的实现程度，也是项目后评估所需要完成的主要任务之一。判别项目目标的指标应在项目立项时就确定了。

（2）项目前期工作和实施阶段评估　主要通过评估项目前期工作和实施过程中的工作实绩，分析和总结项目前期工作的经验教训，为今后加强项目前期工作和实施管理积累经验。

（3）项目运营评估　通过项目投产后的有关实际数据资料或重新预测的数据，研究建设工程项目实际投资效益与预测情况或其他同类项目投资效益的偏离程度及其原因，系统地总结项目投资的经验教训，并为进一步提高项目投资效益提出切实可行的建议。

（4）项目影响评估 分析评估项目对所在地区、所属行业和国家产生的经济、环境、社会等方面的影响。

（5）项目持续性评估 指对项目的既定目标是否能按期实现，项目是否可以持续保持较好的效益，接受投资的项目业主是否愿意并可以依靠自己的能力继续实现既定的目标，项目是否具有可重复性等方面做出评估。

（三）根据评估的范围和深度划分

① 大型项目或项目群的后评估。

② 对重点项目中关键工程运行过程的追踪评估。

③ 对同类项目运行结果的对比分析，即进行"比较研究"的实际评估。

④ 行业性的后评估，即对不同行业的投资收益性差别进行实际评估。

（四）根据评估的主体划分

（1）项目自评估 由项目业主会同执行管理机构，按照国家有关部门的要求，编写项目的自我评估报告，报行业主管部门、其他管理部门或银行。

（2）行业或地方项目后评估 由行业或省级主管部门对项目自评估报告进行审查分析，并提出意见，撰写报告。

（3）独立后评估 由相对独立的后评估机构组织专家对项目进行后评估，通过资料收集、现场调查和分析讨论，提出项目后评估报告。通常情况下，项目后评估均属于这类评估。

三、建设工程项目后评估的组织与实施

（一）项目后评估的组织

1. 项目后评估组织机构的基本要求

根据项目后评估的职能，我国项目后评估的组织机构应符合以下两方面的基本要求：

（1）满足客观性、公正性要求 这要求后评估组织机构排除人为的干扰，独立地对项目实施及其结果做出评论。

（2）具有反馈检查功能 即要求后评价组织机构与计划决策部门具有通畅的反馈回路，以使后评估有关信息能迅速地反馈到决策部门，达到后评估的最终目的。

2. 项目后评价机构设置

根据上述要求，我国项目后评估的组织机构不应该是项目原可行性研究单位和前评估单位，也不应该是项目实施过程中的项目管理机构，可以是以下一些单位。

① 国家计划部门项目后评估机构负责组织国家计划内投资项目的后评估工作，尤其是对国民经济有重大影响的项目。其组织机构的设置应独立于现行负责计划工作的各司局。对有些重大项目，还应向全国人民代表大会提交项目后评估报告。

② 国务院各主管部门项目后评估机构负责组织本部门投资项目的后评估工作，其组织机构的设置应独立于部门内各司局，直接向部长或副部长负责。

③ 地方政府项目后评估机构负责组织本省（自治区、直辖市）的投资项目后评估工作，

可以设立在各省（自治区、直辖市）负责计划工作的部门之内，直接向当地负责计划工作的部门领导人负责，甚至直接向省长、副省长负责。

④ 银行项目后评估机构负责组织本行投资贷款项目后评估工作，其机构设置应独立于各业务部门，直接向董事会或行长、副行长负责。

⑤ 其他投资主体的项目后评估机构。其他投资主体是指一些自负盈亏的从事投资活动的金融公司、信托投资公司等。其项目后评估组织机构主要负责本单位投资项目的后评估工作，它应独立于各业务部门，而直接由董事会或总经理负责。

总的来讲，国外项目后评估组织机构设置的基本特点是：组织机构相对独立，并且每个组织机构只负责自己投资项目的后评估组织工作。这对我国相应机构的设立具有借鉴意义。

（二）项目后评估的实施

1. 项目后评估的资源要求

项目后评估投入的资源主要包括后评估人员、一定的经费和时间。

（1）项目后评估人员　项目后评估对评估人员素质要求较高。原则上讲，项目后评估人员要既懂投资，又懂经营；既懂技术，又懂经济。当然这样的全面人才在现实中不多见。这个问题通常可以通过组建具有上述各方面知识结构的后评估小组来解决。项目后评估小组一般应由以下人员组成：经济学家、技术人员、项目管理人员、经营管理人员、市场预测人员、财务与统计分析人员、社会学家。

我国目前项目后评估人员数量与其需求量相比存在明显的不足。为了全面推广项目后评估，应当也必须着手进行项目后评估人员的培养工作，可以由国家有关机构组织短期培训，也可以通过大专院校等进行长期培养。

（2）项目后评估经费　项目后评估投入经费的数量视项目规模大小而不同。根据国外项目后评估的经验和我国的具体情况，我国项目后评估的取费标准为：大、中型项目0.2%～1.5%；小型项目1.5%～3.0%。

项目后评估不像项目可行性研究或前评估那样，其经费可以纳入固定资产投资总额，因此要解决好由谁来支付这笔经费的问题。显然由国家额外提供全部项目后评估经费是不可能的，只能是由项目单位或企业来承担。

（3）项目后评估的时间安排　根据项目后评估的内容要求，要全面评估项目投资的实绩、系统地总结项目管理经验，项目后评估需要经历一个较长的时期。对于每一个具体项目，由于项目规模大小、复杂程度、投入人力的多少、组织机构对后评估内容的具体要求等的不同，后评估的时间要求也不完全一致。就一般工业项目而言，从项目后评估课题的提出到提交项目后评估报告大约需要3个月时间。各阶段时间应当合理安排，以保证后评估工作进度。

2. 项目后评估对象的选择

从理论上讲，对所有竣工投产的投资项目都要进行后评估，项目后评估应纳入项目管理程序之中。但是，由于我国现阶段客观条件不成熟，不可能对所有投资项目都及时地进行后评估。这样，我国项目后评估应分两阶段实施：第一阶段，可选择一部分对国民经济有重大影响的国家投资的大、中型项目进行后评估，以把握项目投资效益的总体状态；第二阶段，待条件成熟后，全面开展对所有投资项目的后评估工作。

现阶段，我国选择项目后评估对象时应优先考虑以下类型项目：

① 项目投产后本身经济效益明显不好的项目。

② 国家急需发展的短线产业部门的投资项目，其中主要是国家重点投资项目，如能源、通信、交通运输、农业等项目。

③ 国家限制发展的长线产业部门的投资项目。

④ 一些投资额巨大、对国计民生有重大影响的项目。这类项目后评估报告应提交全国人民代表大会，审查结果应向全国人民公布。

⑤ 一些特殊项目，如国家重点投资的新技术开发项目、技术引进项目等。

3. 项目后评估时机的选择

由于对项目后评估认识不同和经济体制的不同，世界各国项目后评估时机的选择也不同。根据项目后评估的概念和作用以及我国的实际情况，我国一般生产性行业项目后评估通常选择在竣工项目达到设计生产能力后的 1～2 年内进行，基础设施行业在竣工以后 5 年左右，社会基础设施行业可能更长一些。主要考虑到项目达产后，企业供、产、销基本上步入正轨，建设、生产中各方面的问题也能得到充分体现，可以对项目实际产出影响进行综合评价，进而对经营管理现状进行诊断，并提出改进意见等。当然项目后评估时机的选择也不能千篇一律。

4. 项目后评估的程序

尽管随着建设工程项目的规模大小、复杂程度的不同，每个项目后评估的具体工作程序也存在一定的差异，但总的看来，一般项目的后评估都遵守一个客观的、循序渐进的基本程序，具体如下所述。

（1）提出问题　明确项目后评估的具体对象、评估目的及具体要求。

（2）筹划准备　问题提出后，项目后评估的提出单位或者委托其他单位进行后评估，或者自己组织实施。筹划准备阶段的主要任务是组建一个评估领导小组，并按委托单位的要求制订一个周详的项目后评估计划。

（3）搜集资料　本阶段的主要任务是制订详细的调查提纲，确定调查对象和调查方法并开展实际调查工作，收集后评估所需要的各种资料和数据。

（4）分析研究　围绕项目后评估内容，采用定量分析和定性分析方法，发现问题，提出改进措施。

（5）编制项目后评估报告　将分析研究的成果汇总，编制出项目后评估报告，并提交委托单位和被评价单位。

四、项目后评估方法

项目后评估方法有统计预测法、对比法、因素分析法等，在具体项目后评估中要结合运用这几种方法，做到定量分析方法与定性分析方法相结合。定量分析是通过一系列的定量计算方法和指标对所考察的对象进行分析评价；定性分析是指对无法定量的考察对象用定性描述的方法进行分析评价。在项目后评估中，应尽可能用定量数据来说明问题，采用定量的分析方法，以便进行前后或有无的对比。但对无法取得定量数据的评价对象或对项目的总体评价，应结合使用定性分析的方法。

（一）统计预测法

项目后评估包括对项目已经发生事实的总结和对项目未来发展的预测。后评估时点前的统计数据是评价对比的基础，后评估时点的数据是评价对比的对象，后评估时点后的数据是预测分析的依据。

1. 统计调查

统计调查是根据研究的目的和要求，采用科学的调查方法，有策划、有组织地收集被研究对象的原始资料的工作过程。统计调查是统计工作的基础，是统计整理和统计分析的前提。

统计调查是一项复杂、严肃和技术性较强的工作。每一项统计调查都应事先制订一个指导调查全过程的调查方案，包括：确定调查目的，确定调查对象和调查单位，确定调查项目，拟定调查表格，确定调查时间，制订调查的组织实施计划等。

统计调查的常用方法有直接观察法、报告法、采访法和被调查者自填法等。

2. 统计资料整理

统计资料整理是根据研究的任务，对统计调查所获得的大量原始资料进行加工总汇，使其系统化、条理化、科学化，以得出反映事物总体综合特征的工作过程。

统计资料整理，分为分组、汇总和编制统计表3个步骤。分组是资料整理的前提，汇总是资料整理的中心，编制科学的统计表是资料整理的结果。

3. 统计分析

统计分析是根据研究的目的和要求，采用各种分析方法，对研究的对象进行解剖、对比、分析和综合研究，以揭示事物内在联系和发展变化的规律性。

统计分析的方法有分组法、综合指标法、动态数列法、指数法、抽样和回归分析法、投入生产法等。

4. 预测

预测是对尚未发生或目前还不明确的事物进行预先估计和推测，是在现时对事物将要发生的结果进行探索和研究。

项目后评估中的预测主要有两种用途：一是对无项目条件下可能产生的效果进行假定的估测，以便进行有无对比；二是对今后效益的预测。

（二）对比法

1. 前后对比法

前后对比法是指将项目实施前与项目实施后的情况加以对比，以确定项目效益的一种方法。在项目后评估中，它是一种纵向的对比，即将项目前期的可行性研究和项目评估的预测结论与项目的实际运行结果比较，以发现差异，分析原因。这种对比用于揭示计划、决策和实施的质量，是项目过程评估应遵循的原则。

2. 有无对比法

有无对比法是指将项目实际发生的情况与若无项目可能发生的情况进行对比，以度量项目的真实效应、影响和作用。这种对比是一种横向对比，主要用于项目的效益评价和影响评价。有无对比的目的是要分清项目作用的影响与项目以外作用的影响。

（三）因素分析法

项目投资效果的各种指标，往往都是由多种因素决定的。只有把综合性指标分解成原始因素，才能确定指标完成好坏的具体原因和症结所在。这种把综合指标分解成各个因素的方法，称为因素分析法。运用因素分析法，首先要确定分析指标的因素组成，其次是确定各个因素与指标的关系，最后确定各个因素对指标影响的份额。

五、项目后评估指标的计算

一般来说，项目后评估主要是通过一些指标的计算和对比，来分析项目实施中的偏差，衡量项目实际建设效果，并寻求解决问题的方案。

（一）项目前期和实施阶段后评估指标

1. 实际项目决策（设计）周期变化率

实际项目决策（设计）周期变化率表示实际项目决策（设计）周期与预计项目决策（设计）周期相比的变化程度，计算公式为：

$$\frac{项目决策(设计)}{周期变化率}=\frac{实际项目决策(设计)周期(月数)-预计项目决策(设计)周期(月数)}{预计项目决策(设计)周期(月数)}\times100\%$$

(8-5)

2. 竣工项目定额工期率

竣工项目定额工期率反映项目实际建设工期与国家统一制定的定额工期或确定的、计划安排的计划工期的偏离程度，计算公式为：

$$竣工项目定额工期率=\frac{竣工项目实际工期}{竣工项目定额(计划)工期}\times100\%$$ (8-6)

3. 实际建设成本变化率

实际建设成本变化率反映项目建设成本与批准的（概）预算所规定的建设成本的偏离程度，计算公式为：

$$实际建设成本变化率=\frac{实际建设成本-预计建设成本}{预计建设成本}\times100\%$$ (8-7)

4. 实际工程合格（优良）品率

实际工程合格（优良）品率反映建设工程项目的工程质量，计算公式为：

$$实际工程合格(优良)品率=\frac{实际单位工程合格(优良)品数量}{验收签订的单位工程总数}\times100\%$$ (8-8)

5. 实际投资总额变化率

实际投资总额变化率反映实际投资总额与项目前评估中预计的投资总额偏差的大小，包括静态投资总额变化率和动态投资总额变化率，计算公式为：

$$静态(动态)投资总额变化率=\frac{静态(动态)实际投资总额-预计静态(动态)投资总额}{静态(动态)投资总额}\times100\%$$

(8-9)

(二) 项目营运阶段后评估指标

1. 实际单位生产能力投资

实际单位生产能力投资反映竣工项目的实际投资效果，计算公式为：

$$实际单位生产能力投资=\frac{竣工验收项目(或单项工程)实际投资总额}{竣工验收项目(或单项工程)实际形成的生产能力}$$

(8-10)

2. 实际达产年限变化率

实际达产年限变化率反映实际达产年限与设计达产年限的偏离程度，计算公式为：

$$实际达产年限变化率=\frac{实际达产年限-设计达产年限}{设计达产年限}\times100\%$$

(8-11)

3. 主要产品价格（成本）变化率

主要产品价格（成本）变化率衡量前评价中产品价格（成本）的预测水平，可以部分地解释实际投资效益与预期效益偏差的原因，也是重新预测项目生命周期内产品价格（成本）变化情况的依据。指标计算可分以下三步进行。

（1）计算主要产品价格（成本）年变化率：

$$主要产品价格(成本)年变化率=\frac{实际产品价格(成本)-预测产品价格(成本)}{预测产品价格(成本)}\times100\%$$

(8-12)

（2）运用加权法计算各年主要产品平均价格（成本）变化率：

$$主要产品平均价格(成本)年变化率=\sum 产品价格(成本)年变化率\times该产品产值(成本)$$
$$占总产值（总成本）的比例\times100\%$$

(8-13)

（3）计算考核期实际产品价格（成本）变化率：

$$实际产品价格(成本)年变化率=\frac{各年产品价格(成本)年平均变化率之和}{考核期年限}\times100\%$$

(8-14)

4. 实际销售利润变化率

实际销售利润变化率反映项目实际投资效益，并且衡量项目实际投资效益与预期投资效益的偏差，分为以下两步计算。

（1）计算考核期内各年实际销售利润变化率：

$$各年实际销售利润变化率=\frac{该年实际销售利润-预测年销售利润}{预测年销售利润}\times100\%$$ (8-15)

（2）计算实际销售利润变化率：

$$实际销售利润变化率=\frac{各年实际销售利润率}{预考核年限}\times100\%$$

(8-16)

5. 实际投资利润（利税）率

实际投资利润（利税）率指项目达到实际生产后的年实际利润（利税）总额与项目实际

投资的比率，也是反映建设工程项目投资效果的一个重要指标。

$$实际投资利润(利税)率=\frac{年实际利润(利税)或年平均实际利润(利税)}{实际投资额}\times100\%$$

(8-17)

6. 实际投资利润（利税）变化率

实际投资利润（利税）变化率反映项目实际投资利润（利税）率与预测投资利润（利税）率或国内外其他同类项目实际投资利润（利税）率的偏差。

$$\frac{实际投资利润}{(利税)变化率}=\frac{实际投资利润(利税)率-预测(其他项目)投资利润(利税)率}{预测(其他项目)投资利润(利税)率}\times100\%$$

(8-18)

7. 实际净现值

实际净现值是反映项目生命周期内获利能力的动态评价指标，它的计算是依据项目投产后的年实际净现金流量或根据情况重新预测的项目生命期内各年的净现金流量，并按重新选定的折现率，将各年现金流量折现到建设期的现值之和。

$$RNPV=\sum_{t=1}^{n}\frac{RCI-RCO}{(1+i_K)^t}$$

(8-19)

式中　RNPV——实际净现值；

　　RCI——项目实际的或根据实际情况重新预测的年现金流入量；

　　RCO——项目实际的或根据实际情况重新预测的年现金流出量；

　　i_K——根据实际情况重新选定的一个折现率；

　　n——项目生命期；

　　t——考核期的某一具体年份，$t=1,2,\cdots,n$。

8. 实际内部收益率

实际内部收益率（RIRR）是根据实际发生的年净现金流量和重新预测的项目生命周期计算的各年净现金流量现值为零的折现率。

$$\sum_{t=1}^{n}\frac{RCI-RCO}{(1+i_{RIRR})^t}=0$$

(8-20)

式中　i_{RIRR}——以实际内部收益率为折现率。

9. 实际投资回收期

实际投资回收期是以项目实际产生的净收益或根据实际情况重新预测的项目净收益，抵偿实际投资的总回收期。它分为实际静态投资回收期和实际动态投资回收期。

（1）实际静态投资回收期（P_{Rt}）：

$$\sum_{t=1}^{P_{Rt}}RCI-RCO=0$$

(8-21)

（2）实际动态投资回收期（P'_{Rt}）：

$$\sum_{t=1}^{P'_{Rt}}\frac{RCI-RCO}{(1+i_{RIRR})^t}=0$$

(8-22)

10. 实际借款偿还期

实际借款偿还期是衡量项目实际清偿能力的一个指标，它是指项目投产后实际的或重新预测的可作还款的利润、折旧和其他收益额偿还固定资产实际借款本息所需要的时间。

$$I_{Rd} = \sum_{t=1}^{P_{Rd}} (R_{RP} + D'_R + R_{RO} - R_{Rt}) \tag{8-23}$$

式中　I_{Rd}——固定资产投资借款实际本息之和；

P_{Rd}——实际借款偿还期；

R_{RP}——实际或重新预测的年利润的总额；

D'_R——实际可用于还款的折旧；

R_{RO}——年实际可用于还款的其他收益；

R_{Rt}——还款期的年实际企业留利。

在计算实际净现值、实际内部收益率、实际投资回收期、实际借款偿还期后，还可以计算其变化率以分析它们与预计指标的偏差，具体计算方法与其他指标相同。关于国民经济后评估中的实际经济净现值即实际经济内部收益率等指标的计算方法与实际净现值及实际内部收益率的计算方法相同。

在实际的项目后评估中，还可以视不同的具体项目和后评估要求的需要，设置其他一些评价指标。通过这些指标的计算和对比，可以找出项目实际运行情况与预计情况的偏差和偏离程度。在对这些偏差分析基础上，可以对产生偏差的各种因素采用具有针对性的解决方案，保证项目的正常运营。

案例分析 ▶▶

案例一：

某建设项目为一所学校，其竣工决算的各项费用见表 8-15，试核定该建设项目中 A 实验楼的固定资产价值。

表 8-15　某建设项目竣工决算的各项费用　　　　　　　　单位：万元

项目名称	建筑工程	设备及安装工程	建设单位管理费	土地征用费	勘察设计费	合计
建设项目竣工决算	1405	695	48	36.9	72	2256.9
其中：A实验楼	268	105				

[解析]：

应分摊建设单位管理费＝[(268＋105)/(1405＋695)]×48＝8.5(万元)

应分摊土地征用费＝268/1405×36.9＝7(万元)

应分摊勘察设计费＝268/1405×72＝13.7(万元)

则 A 实验楼固定资产价值＝(268＋105)＋(8.5＋7＋13.7)＝402.2(万元)

案例二:

背景:为贯彻实施国家西部大开发的伟大战略,某投资集团决定在西部某地建设一项大型特色生产项目,该工程项目从 2004 年初开始实施。2005 年年底的财务核算资料如下。

(1) 已经完成部分单项工程,经验收合格后交付使用的资产有:

固定资产 74739 万元。

为生产准备的使用期限在一年以内的随机备件、工具、器具 29361 万元。期限在一年以上、单件价值 2000 元以上的工具 61 万元。

建造期内购置的专利权与非专利技术 1700 万元,摊销期为 5 年。

筹建期间发生的开办费 79 万元。

(2) 基本建设支出的项目有:

① 建筑工程与安装工程支出 15800 万元。

② 设备工器具投资 43800 万元。

③ 建设单位管理费、勘察设计费等待摊投资 2392 万元。

④ 通过出让方式购置的土地使用权形成的其他投资 108 万元。

(3) 非经营项目发生的待核销基本建设支出 40 万元。

(4) 应收生产单位投资借款 1500 万元。

(5) 购置需要安装的器材 49 万元,其中待处理器材损失 15 万元。

(6) 货币资金 480 万元。

(7) 预付工程款及应收有偿调出器材款 20 万元。

(8) 建设单位自用的固定资产原价 60220 万元,累计折旧 10066 万元。

(9) 反映在资金平衡表上的各类资金来源的期末余额为:

① 预算拨款 48000 万元。

② 自筹资金 60508 万元。

③ 其他拨款 300 万元。

④ 建设单位向银行借入的资金 109287 万元。

⑤ 建设单位当年完成的交付生产单位使用的资产价值中,有 160 万元属于利用投资借款形成的待冲基本建设支出。

⑥ 应付器材销售商 37 万元货款和应付工程款 1963 万元尚未支付。

⑦ 未交税金 28 万元。

[问题]

1. 填写资金平衡表(表 8-16)中的有关数据。

表 8-16 资金平衡表　　　　　　　　　　　　　　　　单位:万元

资金项目	金额	资金项目	金额
(一)交付使用资产		(二)在建工程	
1. 固定资产		1. 建筑安装工程投资	
2. 流动资产		2. 设备投资	
3. 无形资产		3. 待摊投资	
4. 递延资产		4. 其他投资	

2. 编制大、中型建设项目竣工财务决算表。

3. 计算基本建设结余资金。

[解析]

问题1：

填写资金平衡表中的有关数据，是为了了解建设期的在建工程的核算，主要在"建筑安装工程投资""设备投资""待摊投资""其他投资"四个会计科目中反映。当年已经完工、交付生产使用的核算主要在"交付使用资产"科目中反映，并分别以"固定资产""流动资产""无形资产""递延资产"等明细科目反映。

在填写资金平衡表（表8-17）的过程中，要注意各资金项目的归类，即哪些资金应归入到哪些项目中去。

表 8-17　资金平衡表　　　　　　　　　　　　　　单位：万元

资金项目	金额	资金项目	金额
（一）交付使用资产	105940	（二）在建工程	62100
1. 固定资产	74800	1. 建筑安装工程投资	15800
2. 流动资产	29361	2. 设备投资	43800
3. 无形资产	1700	3. 待摊投资	2392
4. 递延资产	79	4. 其他投资	108

① 固定资产指使用期限超过一年，单位价值在规定标准以上（一般不超过2000元），并在使用过程中保持原有物质形态的资产。从背景资料中可知，满足这两个条件的有：固定资产74739万元；期限在一年以上，单件价值2000元以上的工具61万元。因此资金平衡表中的固定资产为：（74739+61）万元=74800万元。

② 流动资产是指可以在一年内或超过一年的一个营业周期内变现或运用的资产。对于不同时具备固定资产两个条件的低值易耗品也计入流动资产范围。所以资金平衡表中的流动资产为：为生产准备的使用期限在一年以内的随机备件、工具、器具29361万元。

③ 无形资产是指企业长期使用，但没有实物形态的资产，如专利权、著作权、非专利技术、商誉等。资金平衡表中的无形资产为：建筑期内购置的专利与非专利技术1700万元。

④ 递延资产是指不能全部计入当年损益，应在以后年度摊销的费用，如开办费、租入固定资产的改良工程支出等。资金平衡表中的递延资产为：筹建期间发生的开办费79万元。

⑤ 建筑工程安装投资、设备投资、待摊投资、其他投资四项可直接在背景资料中找到。

问题2

竣工决算是指建设项目或单项工程竣工后，建设单位编制的总结性文件。竣工决算由竣工决算报表、竣工财务决策说明书、工程竣工图和工程造价分析四部分组成。大、中型建设项目竣工财务决算表是竣工决算报表体系中的一份报表。通过编制大、中型建设项目竣工财务决算表（表8-18），熟悉该表的整体结构及各组成部分的内容。

表 8-18　大、中型建设项目竣工财务决算表　　　　单位：万元

资金来源	金额	资金占用	金额	补充资料
一、基建拨款	108808	一、基本建设支出	168080	1. 基建投资借款期末余额
1. 预算拨款	48000	1. 交付使用资产	105940	
2. 基建基金拨款		2. 在建工程	62100	2. 应收生产单位投资借款期末余额
3. 进口设备转账拨款		3. 待核销基建支出	40	
4. 器材转账		4. 非经营项目转出投资		
5. 煤代油专用基金拨款		二、应收生产单位投资借款	1500	
6. 自筹资金拨款	60508	三、拨款所属投资借款		
7. 其他拨款	300	四、器材	49	
二、项目资本金		其中:待处理器材损失	15	
1. 国家资本		五、货币资金	480	
2. 法人资本		六、预付及应收款	20	
3. 个人资本		七、有价证券		
三、项目资本公积金		八、固定资产	50154	
四、基建借款		固定资产原值	60220	
五、上级拨入投资借款		减:累计折旧	10066	
六、企业债券资金		固定资产净值	50154	
七、待冲基建支出	160	固定资产清理		
八、应付款	2000	待处理固定资产损失		
九、未交款	28			
1. 未交税金	28			
2. 未交基建收入				
3. 未交基建包干节余				
4. 其他未交款				
十、上级拨入资金				
十一、留成收入				
合计	220283	合计	220283	

问题 3：

基建结余资金＝基建拨款＋项目资本金＋项目资本公积金＋基建借款＋企业债券资金＋待冲基建支出－基建支出－应收生产单位投资借款＝（108808＋109287＋160－168080－1500）万元＝48675 万元。

本章小结 ▶▶

竣工验收、后评估阶段工程造价管理的内容包括竣工结算和竣工决算的编制与审查，保修费用的处理以及建设项目后评估等。

竣工结算和竣工决算的编制要按一定的原则、依据、方法和步骤进行，竣工结算与竣工决算既有区别又有联系。保修费用应按相关法规和合同要求合理确定和控制。

　　建设项目后评估是指建设项目在竣工投产、生产运营一段时间后，对项目的立项决策、设计施工、竣工投产、生产运营等全过程进行系统评价的一种技术经济活动，其与项目可行性研究、项目前评估、项目中间评估、竣工验收、项目审计检查和项目监理既有区别又有联系。后评估的种类包括项目目标评估、项目实施过程评估、项目效益评估、项目影响评估和项目持续性评估。项目后评估的方法有统计预测法、对比法和因素分析法。后评估的指标有项目前期和实施阶段后评估指标、项目营运阶段后评估指标等。

复习思考题 ▶▶

一、单项选择题

1. 建设项目竣工验收时，负责组织项目验收委员会的是（　　）。

A. 建设单位；　　　　B. 监理单位；　　　　C. 施工单位；　　　　D. 项目主管部门

2. 工程完工后，提交竣工验收申请报告，申请竣工验收的单位是（　　）。

A. 建设单位；　　　　B. 设计单位；　　　　C. 施工单位；　　　　D. 监理单位

3. 建设项目竣工验收方式中，又称为交工验收、动用验收的是（　　）。

A. 分部工程验收；　　B. 单位工程验收；　　C. 单项工程验收；　　D. 工程整体验收

4. 可以进行竣工验收的工程最小单位是（　　）。

A. 分部分项工程；　　B. 单位工程；　　　　C. 单项工程；　　　　D. 工程项目

5. 通常所说的建设项目竣工验收，是指（　　）。

A. 工程整体验收；　　B. 单项工程验收；　　C. 单位工程验收；　　D. 分部工程验收

6. 竣工决算的计量单位是（　　）。

A. 实物数量和货币指标；　　　　　　　　　B. 建设费用和建设成果；

C. 固定资产价值、流动资产价值、无形资产价值、递延和其他资产价值；

D. 建设工期和各种技术经济指标

7. 单项工程验收的组织方是（　　）。

A. 业主；　　　　　　B. 施工单位；　　　　C. 监理工程师；　　　D. 质检部门

8. 保修费用一般按照建筑安装工程造价和承包工程合同价的一定比例提取，该提取比例是（　　）。

A. 10%；　　　　　　B. 5%；　　　　　　　C. 15%；　　　　　　D. 20%

9. 土地征用费和勘察设计费等费用应按（　　）比例分摊。

A. 建筑工程造价；　　　　　　　　　　　　B. 安装工程造价；

C. 需安装设备价值；　　　　　　　　　　　D. 建设单位其他新增固定资产价值

10. 下列关于保修责任的承担问题说法不正确的是（　　）。

A. 由于设计方面原因造成质量缺陷，由设计单位承担经济责任；

B. 由于建筑材料等原因造成缺陷的，由承包商承担责任；

C. 因使用不当造成损害的，由使用单位负责；

D. 因不可抗力造成损失的，由建设单位负责

11. 完整的竣工决算所包含的内容是（　　）。

A. 竣工财务决算说明书、竣工财务决算报表、工程竣工图、工程竣工造价对比分析；

B. 竣工财务决算报表、竣工决算、工程竣工图、工程竣工造价对比分析；

C. 竣工财务决算说明书、竣工决算、竣工验收报告、工程竣工造价对比分析;

D. 竣工财务决算报表、工程竣工图、工程竣工造价对比分析

12. 缺陷责任期的开始起算日期为（ ）。

A. 工程完工之日; B. 提交竣工验收申请之日;

C. 通过竣工验收之日; D. 通过竣工验收后 30 天

13. 因建筑材料、建筑构配件和设备质量不合格引起的质量缺陷,属于承包单位采购的,承担经济责任的是（ ）。

A. 承包单位; B. 验收单位;

C. 供应单位; D. 设计单位

14. 根据《建设工程质量管理条例》规定,下列有关建设工程的最低保修期限的规定正确的是（ ）。

A. 地基基础工程为 30 年; B. 屋面防水工程的防渗漏为 3 年;

C. 供热与供冷系统为 2 个采暖和供热期; D. 设备安装和装修工程为 1 年

15. 根据《建设工程质量管理条例》规定,下列工程内容保修期为 5 年的是（ ）。

A. 主体结构工程; B. 外墙面的防渗漏;

C. 供热与供冷系统; D. 装修工程

16. 按照《建设工程质量管理条例》规定,对于有防水要求的卫生间的防渗漏保修期限为（ ）年。

A. 2; B. 3; C. 5; D. 10

17. 全部或者部分使用政府投资的建设项目,预留保证金的比例一般为工程价款结算总额的（ ）。

A. 3%; B. 5%; C. 7%; D. 10%

18. 工程建设单位组织验收合格后投入使用,2 年后外墙出现裂缝,经查是由于设计缺陷造成的,则下列说法正确的是（ ）。

A. 施工单位维修,建设单位直接承担费用;

B. 建设单位维修并承担费用;

C. 施工单位维修并承担费用;

D. 施工单位维修,设计单位直接承担费用

19. 关于竣工验收的说法中正确的是（ ）。

A. 凡新建、扩建、改建项目,建成后都必须及时组织验收,但政府投资项目可不办理固定资产移交手续;

B. 通常所说的"动用验收"是指单项工程验收;

C. 能够发挥独立生产能力的单项工程,可根据建成顺序,分期分批组织竣工验收;

D. 竣工验收后若有剩余的零星工程和少数尾工应按保修项目处理

20. 由发包人组织,会同监理人、设计单位、承包人、使用单位参加工程验收,验收后发包人可投入使用的工程验收是指（ ）。

A. 分段验收; B. 中间验收;

C. 交工验收; D. 竣工验收

21. 下面说法错误的是（ ）。

A. 竣工验收是考核建设成果,检查设计、工程质量是否符合要求;

B. 通过竣工验收办理固定资产使用手续，可以总结工程建设经验，为提高建设项目的经济效益和管理水平提供重要依据；

C. 建设项目竣工验收是项目管理阶段的最后一个环节；

D. 竣工验收是建设项目转入投产使用的必要环节

22. 竣工验收委员会（验收组）出具的竣工验收报告的内容应不包括（　　）。

A. 工程质量评定；　　　　　　　　B. 工程总投资；

C. 可行性研究报告；　　　　　　　D. 项目名称

23. 作为竣工验收报告的重要组成部分，在所有工程项目竣工后，由建设单位按照国家有关规定在工程项目竣工验收阶段编制的反映建设项目实际造价和投资效果的文件是（　　）。

A. 施工预算；　　　　　　　　　　B. 施工图预算；

C. 竣工结算；　　　　　　　　　　D. 竣工决算

24. 建设项目竣工决算应包括（　　）的全部实际费用。

A. 从设计到竣工投产；　　　　　　B. 从筹集到竣工投产；

C. 从立项到竣工验收；　　　　　　D. 从开工到竣工验收

25. 根据财政部《基本建设财务管理规定》（财建［2002］394号）规定，经营性项目投资额在（　　）元的为大中型项目。

A. ＞3000万；　　B. ≥3000万；　　C. ＞5000万；　　D.≥5000万

26. 反映竣工工程建设成果和经验，对竣工决算报表进行分析和补充说明的文件是（　　），它是全面考核分析工程投资与造价的书面总结，是竣工决算报告的重要组成部分。

A. 竣工财务决算说明书；　　　　　B. 竣工财务决算报表；

C. 工程竣工图；　　　　　　　　　D. 工程竣工造价对比分析

27. 关于建设工程竣工图的说法中正确的是（　　）。

A. 工程竣工图是构成竣工结算的重要组成内容之一；

B. 改、扩建项目涉及原有工程项目变更的，应在原项目施工图上注明修改部分，并加盖"竣工图"标志后作为竣工图；

C. 凡按图竣工没有变动的，由承包人在原施工图上加盖"竣工图"标志后，即作为竣工图；

D. 当项目有重大改变需要重新绘制时，不论何方原因造成，一律由承包人负责重绘新图

28. 凡是结构形式改变、施工工艺改变、平面布置改变、项目改变以及有其他重大改变不宜再在原施工图上改变、补充时，应重新绘制改变后的竣工图，由设计原因造成的，负责在施工图上加盖"竣工图"专用章的单位是（　　）。

A. 设计单位；　　B. 建设单位；　　　C. 施工单位；　　　D. 监理单位

29. 下列有关共同费用分摊应计入新增固定资产价值的表述正确的是（　　）。

A. 建设单位管理费按建筑、安装工程造价总额作比例分摊；

B. 勘察设计费按建筑、安装工程及需要工程造价总额作比例分摊；

C. 土地征用费按建筑工程造价比例分摊；

D. 土地使用权出让金按建筑、安装工程造价总额作比例分摊

30. 某建设项目及其主要生产车间的有关费用见下表（单位：万元）。

项目名称	建设工程费	设备安装费	需安装设备价值	土地征用费
建设项目竣工决算	1000	450	600	50
生产车间竣工决算	250	100	280	

则该生产车间新增固定资产价值为（   ）万元。

A. 645.37；　　　　　B. 830.00；　　　　　C. 642.50；　　　　　D. 792.70

二、多项选择题

1. 竣工决算由（   ）等部分组成。

A. 竣工财务决算说明书；　　　　　B. 竣工财务决算报表；

C. 工程竣工图；　　　　　D. 工程竣工造价对比分析；

E. 竣工验收报告

2. 关于无形资产的计价，以下说法中正确的是（   ）。

A. 购入的无形资产，按实际支付的价款计价；

B. 自创的专利权的价值为开发过程中的实际支出；

C. 自创商标权价值，按照其设计、制作等费用作为无形资产价值；

D. 外购非专利技术可通过收益法进行估价；

E. 无偿划拨的土地使用权通常不能作为无形资产入账

3. 根据《建设工程质量管理条例》规定，关于保修期的确认，下列说法正确的是(   )。

A. 基础设施工程为 50 年；

B. 屋面防水工程，有防水要求的卫生间、房间和外墙面的防渗漏为 5 年；

C. 供热与供冷系统为 2 个采暖期和供热期；

D. 电气管线、给排水管道、设备安装和安装工程为 2 年；

E. 建设工程的保修期，自工程开工日算起

4. 当用户（   ）以及对因自然灾害等不可抗力造成的质量损害，不属于保修范围。

A. 使用不当或自行装饰装修；　　　　　B. 改动结构；

C. 擅自添置设施或设备而造成建筑功能不良或损害；

D. 施工时偷工减料而造成质量损害；　　　　　E. 未按设计图纸施工造成质量问题

5. 项目竣工验收的条件应满足下面（   ）条件。

A. 有施工单位签署的工程质量保证书；

B. 有完善的技术档案和施工管理资料；

C. 完成建设工程设计和合同约定的各项内容；

D. 有工程使用的主要材料、建筑构件和设备的进场实验报告；

E. 有勘察、设计、施工、工程监理等单位分别签署的质量合格文件

6. 竣工验收的依据有（   ）。

A. 可行性研究报告；　　　　　B. 工程承包合同文件；

C. 施工图设计文件及设计变更洽商记录；　D. 施工图结算审核报告；

E. 技术设备质量报告

7. 根据《建设工程质量管理条例》规定，建设工程竣工验收时，需有下列各单位依据工程设计文件及承包合同所要求的质量标准，对竣工工程进行检测和评定，符合规定的，签署质量合格文件，这些单位包括（   ）单位。

A. 勘察；　　　　　B. 设计；　　　　　C. 施工；

D. 审价；　　　　　E. 监理

8. 全部工程完成后，由业主参与动用验收，验收分为（　　）阶段。

A. 施工单位自验；　　B. 验收准备；　　　　C. 预验收；

D. 正式验收；　　　　E. 阶段验收

9. 关于竣工决算正确的是（　　）。

A. 竣工决算是竣工验收报告的重要组成部分；

B. 竣工决算是核定新增固定资产价值的依据；

C. 竣工决算是反映建设工程项目实际造价和投资效果的文件；

D. 竣工决算在竣工验收之前进行；

E. 竣工决算是考核分析投资效果的依据

10. 竣工决算的内容包括（　　）。

A. 竣工决算报表；　　　　　　　　B. 竣工决算报告情况说明书；

C. 竣工工程概况表；　　　　　　　D. 竣工财务决算表；

E. 交付使用的财产总表

11. 因变更需要重新绘制竣工图，下面关于重新绘制竣工图的说法中，正确的是（　　）。

A. 由原设计原因造成的，由设计单位负责重新绘制；

B. 由施工原因造成的，由施工单位负责重新绘制；

C. 由其他原因造成的，由设计单位负责重新绘制；

D. 由其他原因造成的，由建设单位或建设单位委托设计单位负责重新绘制；

E. 由其他原因造成的，由施工单位负责重新绘制

12. 工程造价比较分析的内容包括（　　）。

A. 主要实物工程量；　　　　　　　B. 主要材料消耗量；

C. 考核间接费的取费标准；　　　　D. 建筑和安装工程其他直接费取费标准；

E. 考核建设单位现场经费取费标准

三、名词解释

竣工验收；竣工结算；竣工决算；项目后评估

四、简答题

1. 建设项目竣工验收的条件是什么？

2. 竣工验收包括哪些内容？竣工验收的方式有哪些？

3. 什么是竣工决算？竣工决算包括哪些内容？

4. 竣工结算的编制方法有哪些？

5. 新增资产按资产性质分有哪五类？

6. 工程保修的范围及最低保修期限的规定有哪些？

7. 什么是项目后评估？有哪些评估方法和评估指标？

8. 项目后评估与项目前评估有什么区别？

9. 项目后评估与项目中评估有什么区别？

五、案例分析与计算

某工程项目及其第一车间的建筑工程费、安装工程费、需安装设备费以及应分摊费用如下表所示（单位：万元），计算第一车间新增固定资产价值。

竣工决算	建筑工程	安装工程	需安装设备	建设单位管理费	土地征用费	勘察设计费
某工程项目	3000	500	1500	60	120	60
第一车间	500	200	500			

第九章

建设工程造价信息化管理技术

学习目标 ▶▶

1. 熟悉工程造价信息的概念和主要内容，熟悉工程造价资料的积累、分析与运用。
2. 熟悉工程造价指数的概念、内容与编制。
3. 熟悉工程造价信息管理。
4. 了解工程造价管理信息技术应用。
5. 熟悉常见的工程造价管理软件的特点、功能、操作使用方法。
6. 了解工程造价数字化信息资源。

关键术语 ▶▶

工程造价信息管理；造价管理软件；工程造价数字化信息资源

第一节 工程造价信息管理

一、工程造价信息的概念和主要内容

（一）工程造价信息的概念、特点和分类

信息是现代社会使用最多、最广、最频繁的一个词汇，不仅在人类社会生活的各个方面和各个领域被广泛使用，而且在自然界的生命现象与非生命现象研究中也被广泛采用。按狭义理解，信息是一种消息、信号、数据或资料；按广义理解，信息被认为是物质的一种属性，是物质存在方式和运动规律与特点的表现形式。进入现代社会以后，信息逐渐被人们认识，其内涵越来越丰富，外延越来越广阔。在工程造价管理领域，信息也有它自己的定义。

1. 工程造价信息

工程造价信息是一切有关工程造价的特征、状态及其变动的消息的组合。在工程承包市场和工程建设过程中，工程造价总是在不停地运动着、变化着，并呈现出种种不同特征。人们对工程承发包市场和工程建设过程中工程造价运动的变化，是通过工程造价信息来认识和

掌握的。

在工程承发包市场和工程建设中，工程造价是最灵敏的调节器和指示器，无论是政府工程造价主管部门还是工程承发包者，都要通过接收工程造价信息来了解工程建设市场动态，预测工程造价发展，决定政府的工程造价政策和工程承发包价。因此，工程造价主管部门和工程承发包者都要接收、加工、传递和利用工程造价信息，工程造价信息作为一种社会资源在工程建设中的地位日趋明显，特别是随着我国逐步开始推行工程量清单计价制度，工程价格从政府计划的指令性价格向市场定价转化，而在市场定价的过程中，信息起着举足轻重的作用。因此工程造价信息资源开发的意义更为重要。

2．工程造价信息的特点

（1）区域性　建筑材料大多重量大、体积大、产地远离消费地点，因而运输量大，费用也较高。尤其不少建筑材料本身的价值或生产价格并不高，但所需要的运输费用却很高。这都在客观上要求尽可能就近使用建筑材料。因此，这类建筑信息的交换和流通往往限制在一定的区域内。

（2）多样性　我国社会主义市场经济体制正处在探索发展阶段，各种市场均未达到规范化要求，要使工程造价管理的信息资料满足这一发展阶段的需求，在信息的内容和形式上应具有多样化的特点。

（3）专业性　工程造价信息的专业性集中反映在建设工程的专业化上，例如水利、电力、铁道、邮电、建安工程等，所需的信息有其专业特殊性。

（4）系统性　工程造价信息是若干具有特定内容和同类性质的、在一定时间和空间内形成的一连串信息。一切工程造价的管理活动和变化总是在一定条件下受各种因素的制约和影响。工程造价管理工作也同样是多种因素相互作用的结果，并且从多方面被反映出来，因而从工程造价信息源发出来的信息都不是孤立、紊乱的，而是大量的、系统性的。

（5）动态性　工程造价信息也和其他信息一样要保持新鲜度。为此，需要经常不断地收集和补充新的工程造价信息，进行信息更新，真实反映工程造价的动态变化。

（6）季节性　由于建筑生产受自然条件影响大，施工内容的安排必须充分考虑季节因素，使得工程造价的信息也不能完全避免季节性的影响。

3．工程造价信息的分类

为便于对信息的管理，有必要将各种信息按一定的原则和方法进行区分和归集，并建立起一定的分类系统和排列顺序。因此在工程造价管理领域，也应该按照不同的标准对信息进行分类。

（1）工程造价信息分类的原则　对工程造价信息进行分类必须遵循以下基本原则。

① 稳定性。应选择分类对象最稳定的本质属性或特征作为信息分类的基础和标准。信息分类体系应建立在对基本概念和划分对象的透彻理解基础上。

② 兼容性。信息分类体系必须考虑到项目各参与方所应用的编码体系的情况，项目信息的分类体系应能满足不同项目参与方高效信息交换的需要。同时，与有关国际、国内标准的一致性也是兼容性应考虑的内容。

③ 可扩展性。信息分类体系应具备较强的灵活性，可以在使用过程中进行方便的扩展，以保证增加新的信息类型时，不至于打乱已建立的分类体系，同时一个通用的信息分类体系

还应为具体环境中信息分类体系的拓展和细化创造条件。

④ 综合实用性。信息分类应从系统工程的角度出发，放在具体的应用环境中进行整体考虑。这体现在信息分类的标准与方法的选择上，应综合考虑项目的实施环境和信息技术工具。

（2）工程造价信息的具体分类。

① 从管理组织的角度来分，可以分为系统化信息和非系统化信息。

② 从形式来分，可以分为文件式信息和非文件式信息。

③ 按传递方向来划分，可以分为横向传递的信息和纵向传递的信息。

④ 按反映面来分，分为宏观信息和微观信息。

⑤ 从时态上来划分，可分为过去的信息、现在的信息和未来的信息。

⑥ 按稳定程度来划分，可以分为固定信息和流动信息。

（二）工程造价信息包括的主要内容

1. 信息资源的基本内容

信息作为一种资源，通常包括下述几个部分：

① 人类社会经济活动中经过加工处理有序化并大量积累后的有用信息的集合。

② 为某种目的而生产有用信息的信息生产者的集合。

③ 加工、处理和传递有用信息的信息技术的集合。

④ 其他信息活动要素（如信息设备、信息活动经费等）的集合。

2. 工程造价信息的主要内容

从广义上说，所有对工程造价的确定和控制过程起作用的资料都可以称为工程造价信息，例如各种定额资料、标准规范、政策文件等。但最能体现信息动态性变化特征，并且在工程价格的市场机制中起重要作用的工程造价信息主要包括以下三类。

（1）价格信息　包括各种建筑材料、装修材料、安装材料、人工工资、施工机械等的最新市场价格。这些信息是比较初级的，一般没有经过系统的加工处理，也可以称其为数据。具体表现形式可参见表 9-1 和表 9-2。

表 9-1　××市建筑市场人工工资参考价（2009 年 12 月）

工程类别	项目	工种	计量单位	工资单价/元
土石方工程	人工运土及回填土	力工	m³	15.36
			工日	42.78
	挖沟槽土方	力工	m³	20.16
			工日	44.27
脚手架工程	安拆脚手架	架子工	m³	8.92
			工日	64.17
…	…	…	…	…

表 9-2　××市 2009 年 12 月即时商品混凝土参考价

序号	名称	规格型号	单位	零售价/元	发布日期	供货城市	公司名称
1	商品混凝土	5～25mmC30 坍落度(120±30)mm	m³	￥290.00	2009-12-6 16:08:57	××市 市辖区	××建工 物资公司
2	商品混凝土	5～25mmC25 坍落度(120±30)mm	m³	￥280.00	2009-12-6 17:08:30	××市 市辖区	××建工 物资公司
3	商品混凝土	5～25mmC60 坍落度(120±30)mm	m³	￥370.00	2009-12-6 16:07:52	××市 市辖区	××建工 物资公司
4	商品混凝土	5～25mmC50 坍落度(120±30)mm	m³	￥340.00	2009-12-6 16:07:24	××市 市辖区	××建工 物资公司
5	商品混凝土	5～25mmC45 坍落度(120±30)mm	m³	￥315.00	2009-12-6 16:06:48	××市 市辖区	××建工 物资公司

(2) 指数　主要指根据原始价格信息加工整理得到的各种工程造价指数，该内容将在下面的部分重点讲述。

(3) 已完工程信息　已完或在建工程的各种造价信息，可以为拟建工程或在建工程造价提供依据。这种信息也可称为工程造价资料。具体表现形式见表 9-3～表 9-5。

表 9-3　××市公司集资住宅工程概况

定额标准	××市 99 定额	建设日期	2003 年 5 月	材料价格		市场价
建筑特征		结构特征		安装特征		
建筑面积	22193m²	结构设计标准	六度抗震国家现行规范	照明	主干线	有
地下层数、层高	1 层,层高 5.4m	结构类型	框架-剪力墙结构		分支线	有
标准层层高	3m	基础类型	人工挖孔桩		照明电器	有
其他层高	—	基础深度	6m	弱电	电话	只计主干线
层数	31	预制桩	—			
总高度	96.75m	外墙	M5 混合砂浆加气混凝土墙		电视天线	只计主干线
开间	—	内墙	M5 混合砂浆加气混凝土墙			
门窗	进户防盗门,塑钢窗	隔墙	M5 混合砂浆加气混凝土墙	给排水	给排水	PP-R 塑料给水管,PVC 塑料排水管
楼地面	水泥砂浆,厨、厕、公共走道为地砖	柱			卫生间	蹲式大便器、地漏
屋面	SBS 防水并铺地砖	梁		煤气		无
外墙装饰	面砖	楼板		通风		玻璃钢风管
内墙装饰	混合砂浆,公共部分刷 803 涂料	屋顶构筑物	混凝土构架	消防		室外水泵接合器镀锌钢管
天棚	混合砂浆,公共部分刷 803 涂料	楼梯		设备		水泵、柴油发电机组、风机、报警联动控制器
其他	—	其他		采暖		无

表 9-4　××市公司集资住宅工程造价指标分析表（土建）

	费用名称	单位	金额	单方指标	占总价比例/%	备注	费用名称	单位	金额	单方指标	占总价比例/%	备注
费用分析	工程造价	元	20783668	963.50	100		劳动保险费	元	488642	22.02	2.35	4.25%
	人工费	元	2334500	105.19	11.23	定额基价	利润	元	1425302	64.22	6.86	按规定
	材料费	元	7931419	357.38	38.16	定额基价	按实计算费用	元	1892324	85.27	9.10	按规定
	机械费	元	1189105	53.58	5.72	定额基价	材料价差	元	2318459	104.47	11.16	
	综合费	元	2461395	110.91	11.84	按规定	定额管理费、税金	元	742522	33.46	3.57	按规定

	材料名称	单位	数量	单方指标	结算价格	备注	材料名称	单位	数量	单方指标	结算价格	备注
主要材料指标	土建人工	工日	129091.71	5.82	18.22		特细砂	t	7425.04	0.33	25.00	
	土石方人工	工日	729.26	0.03	15.18		碎石	t	12997.8	0.59	30.80	
	钢材	kg	1452622	65.45	3300.00	各规格综合	塑钢门	m²	1990.8	0.09	200.00	各规格综合
	木材（原木）	m³	211.5905	0.01	831.60		塑钢窗	m²	3144.12	0.14	180.00	
	水泥	kg	6352958	286.26	425＃340 525＃380 625＃440	各规格综合	SBS防水卷材	m²	1760.62	0.08	30.64	
	标准砖	块	525720	23.69	0.21		外墙面砖	m²	20295.68	0.91	30	
	加气混凝土块	m³	3588.01	0.16	165.00							

二、工程造价资料积累、分析和运用

（一）工程造价资料及其分类

工程造价资料是指已竣工和在建的有关工程可行性研究、估算、概算、施工预算、招投标价格、工程竣工结算、竣工决算、单位工程施工成本以及新材料、新结构、新设备、新施工工艺等建筑安装工程分部分项的单价分析等资料。

工程造价资料可以分为以下几种类别：

① 工程造价资料按照其不同工程类型如厂房、铁路、住宅、公建、市政工程等进行划分。

② 工程造价资料按照其不同阶段，一般分为项目可行性研究、投资估算、初步设计概算、施工图预算、工程量清单和报价、竣工结算、竣工决算等。

③ 工程造价资料按照其组成特点，一般分为建设项目、单项工程和单位工程造价资料，同时也包括有关新材料、新工艺、新设备、新技术的分部分项工程造价资料。

（二）工程造价资料积累的内容

工程造价资料积累的内容应包括"量"（如主要工程量、材料量、设备量等）和"价"，还要包括对造价确定有重要影响的技术经济条件，如工程的概况、建设条件等。

表 9-5　××市公司集资住宅工程造价指标分析表（安装）

	费用名称	单位	金额	单方指标	占总价比例/%	备注	费用名称	单位	金额	单方指标	占总价比例/%	备注
费用分析	工程造价	元	670467	30.21	100.00		劳动保险费	元	13290	0.60	1.98	19.98%
	人工费	元	66517	3.00	9.92	定额基价	利润	元	34696	1.56	5.17	按规定
	材料费	元	61675	2.78	9.20	定额基价	未计价材料费	元	382902	17.25	57.11	按规定
	机械费	元	2285	0.10	0.34	定额基价	定额管理费、税金	元	23953	1.08	3.57	按规定
	综合费	元	85149	3.84	12.70	按规定						

	材料名称	单位	数量	单方指标	结算价格	备注	材料名称	单位	数量	单方指标	结算价格	备注
主要材料指标	安装人工	工日	2569.36	0.12	22.08		管件 DN50	m	807.47	0.04	1.26	
	热镀锌钢管 DN200	m	4.49	0.00	178.72		塑料给水管 DN75	m	1392.98	0.06	13.51	
	热镀锌钢管 DN150	m	5.92	0.00	86.97		管件 DN75	m	1556.43	0.07	2.92	
	热镀锌钢管 DN100	m	77.11	0.00	50.11		塑料给水管 DN40	m	771.8	0.03	30.10	PP-R管
	热镀锌钢管 DN80	m	130.46	0.01	38.52		瓷蹲式大便器	套	179.78	0.01	60	
	热镀锌钢管 DN50	m	1852.67	0.08	24.60		地漏 DN50	个	1271	0.06	10.43	
	管件 DN100	个	2474.58	0.11	9.01		螺纹水表 DN20	个	180	0.01	100	
	塑料排水管 DN50	m	865.66	0.04	9.15							

（1）建设项目和单项工程造价资料　主要包括以下内容。

① 对造价有主要影响的技术经济条件。如项目建设标准、建设工期、建设地点等。

② 主要的工程量、主要的材料量和主要设备的名称、型号、规格、数量等。

③ 投资估算、概算、预算、竣工决算及造价指数等。

（2）单位工程造价资料　单位工程造价资料包括工程的内容、建筑结构特征、主要工程量、主要材料的用量和单价、人工工日和人工费以及相应的造价。

（3）其他　主要包括有关新材料、新工艺、新设备、新技术分部分项工程的人工工日主要材料用量、机械台班用量。

（三）工程造价资料的管理

1. 建立造价资料积累制度

1991 年 11 月，建设部印发了关于《建立工程造价资料积累制度的几点意见》的文件，标志着我国的工程造价资料积累制度正式建立起来，工程造价资料积累工作正式开展。建立工程造价资料积累制度是工程造价计价依据极其重要的基础性工作。据了解，国外不同阶段的投资估算，以及编制标底、投标报价的主要依据是单位和个人所经常积累的工程造价资料。全面系统地积累和利用工程造价资料，建立稳定的造价资料积累制度，对于我国加强工程造价管理，合理确定和有效控制工程造价具有十分重要的意义。

工程造价资料积累的工作量非常大，牵涉面也非常广，应当依靠各级政府有关部门和行业组织进行组织管理。

2. 资料数据库的建立和网络化管理

积极推广使用计算机建立工程造价资料的资料数据库，开发通用的工程造价资料管理程序，可以提高工程造价资料的适用性和可靠性。要建立造价资料数据库，首要的问题是工程的分类与编码。由于不同的工程在技术参数和工程造价组成方面有较大的差异，必须把同类型工程合并在一个数据库文件中，而把另一类型工程合并到另一数据库文件中去。为了便于进行数据的统一管理和信息交流，必须设计出一套科学系统的编码体系。

有了统一的工程分类与相应的编码之后，就可进行数据的搜集、整理和输入工作，从而得到不同层次的造价资料数据库。工程造价资料数据库的建立，必须严格遵守统一的标准和规范。

（四）工程造价资料的运用

1. 作为编制固定资产投资计划的参考，用作建设成本分析

由于基建支出不是一次性投入，一般是分年逐次投入，由此可以采用下面的公式把各年发生的建设成本折合为现值：

$$Z = \sum_{k=1}^{n} T_k (1+i)^{-k} \tag{9-1}$$

式中　Z——建设成本现值；

T_k——建设期间第 k 年投入的建设成本；

n——实际建设工期年限；

i——社会折现率。

在这个基础上，还可以用以下公式计算出建设成本节约额和建设成本降低率（当两者为负数时，表明的是成本超支的情况）：

$$建设成本节约额 = 批准概算现值 - 建设成本现值 \tag{9-2}$$

$$建设成本降低率 = \frac{建设成本的节约额}{批准的概算现值} \times 100\% \tag{9-3}$$

还可以按建设成本构成把实际数与概算数加以对比。对建筑安装工程投资，要分别从实物工程量定额和价格两方面对实际数与概算数进行对比。对设备工器具投资，则要从设备规格数量、设备实际价格等方面与概算进行对比。各种比较的结果综合在一起，可以比较全面地描述项目投入实施的情况。

2. 进行单位生产能力投资分析

单位生产能力投资的计算公式是：

$$单位生产能力投资 = \frac{全部投资完成额(现值)}{全部新增生产能力(使用能力)} \tag{9-4}$$

在其他条件相同的情况下，单位生产能力投资越小则投资效益越好。计算的结果可与类似的工程进行比较，从而评价该建设工程的效益。

3. 用作编制投资估算的重要依据

设计单位的设计人员在编制估算时一般采用类比的方法，因此需要选择若干个类似的典型工程加以分解、换算和合并，并考虑到当前的设备与材料价格情况，最后得出工程的投资估算额。有了工程造价资料数据库，设计人员就可以从中挑选出所需要的典型工程，运用计算机进行适当的分解与换算，加上设计人员的经验和判断，最后得出较为可靠的工程投资估算额。

4. 用作编制初步设计概算和审查施工图预算的重要依据

在编制初步设计概算时，有时要用类比的方式进行编制。这种类比法比估算要细致深入，可以具体到单位工程甚至分部工程的水平上。在限额设计和优化设计方案的过程中，设计人员可能要反复修改设计方案，每次修改都希望能得到相应的概算。具有较多的典型工程资料是十分有益的。多种工程组合的比较不仅有助于设计人员探索造价分配的合理方式，还为设计人员指出修改设计方案的可行途径。

施工图预算编制完成之后，需要有经验的造价管理人员来审查，以确定其正确性，可以通过造价资料的运用来得到帮助。可从造价资料中选取类似资料，将其造价与施工图预算进行比较，从中发现施工图预算是否有偏差和遗漏。由于设计变更、材料调价等因素所带来的造价变化，在施工图预算阶段往往无法事先估计到，此时参考以往类似工程的数据，有助于预见到这些因素发生的可能性。

5. 用作确定标底和投标报价的参考资料

在为建设单位制定标底或施工单位投标报价的工作中，无论是用工程量清单计价还是用定额计价法，工程造价资料都可以发挥重要作用。它可以向甲、乙双方指明类似工程的实际造价及其变化规律，使得甲、乙双方都可以对未来将发生的造价进行预测和准备，从而避免标底和报价的盲目性。尤其是在工程量清单计价方式下，投标人自主报价，没有统一的参考标准，除了根据有关政府机构颁布的人工、材料、机械价格指数外，更大程度上依赖于企业已完工程的历史经验。这对于工程造价资料的积累分析就提出了很高的要求，不仅需要总造价及专业工程的造价分析资料，还需要更加具体的，能够与工程量清单计价规范相适应的各分项工程的综合单价资料，并且根据企业历年来完成的类似工程的综合单价的发展趋势还可以得到企业的技术能力和发展能力水平变化的信息。

6. 用作技术经济分析的基础资料

由于不断地搜集和积累工程在建期间的造价资料，所以到结算和决算时能简单容易地得出结果。由于造价信息的及时反馈，使得建设单位和施工单位都可以尽早地发现问题并及时予以解决。这也正是使对造价的控制由静态转入动态的关键所在。

7. 用作编制各类定额的基础资料

通过分析不同种类分部分项工程造价，了解各分部分项工程中各类实物量消耗，掌握各分部分项工程预算和结算的对比结果，定额管理部门就可以发现原有定额是否符合实际情况，从而提出修改的方案。对于新工艺和新材料，也可以从积累的资料中获得编制新增定额的有用信息。概算定额和估算指标的编制与修订，也可以从造价资料中得到参考依据。

8. 用以测定调价系数，编制造价指数

为了计算各种工程造价指数（如材料费价格指数、人工费指数、直接工程费价格指数、建筑安装工程价格指数、设备及工器具价格指数、工程造价指数、投资总量指数等），必须选取若干个典型工程的数据进行分析与综合，在此过程中，已经积累起来的造价资料可以充分发挥作用。

9. 用以研究同类工程造价的变化规律

定额管理部门可以在拥有较多的同类工程造价资料的基础上，研究出各类工程造价的变化规律。

三、工程造价指数的编制

（一）指数的概念和种类

1. 指数的概念

指数是用来统计研究社会经济现象数量变化幅度和趋势的一种特有的分析方法和手段。指数有广义和狭义之分。广义的指数指反映社会经济现象变动与差异程度的相对数，如产值指数、产量指数、出口额指数等。而从狭义上说，统计指数是用来综合反映社会经济现象复杂总体数量变动状况的相对数。所谓复杂总体，是指数量上不能直接加总的总体，例如不同的产品和商品，有不同的使用价值和计量单位，不同商品的价格也以不同的使用价值和计量单位为基础，都是不同度量的事物，是不能直接相加的。但通过狭义的统计指数就可以反映出不同度量的事物所构成的特殊总体变动或差异程度，例如物价总指数、成本总指数等。

2. 指数的种类

① 指数按其所反映的现象的范围不同，分为个体指数、总指数。个体指数是反映个别现象变动情况的指数，如个别产品的产量指数、个别商品的价格指数等。总指数是综合反映不能同时度量的现象动态变化的指数，如工业总产量指数、社会商品零售价格总指数等。

② 指数按其所反映的现象的性质不同，分为数量指标指数和质量指标指数。数量指标指数是综合反映现象总的规模和水平变动情况的指数，如商品销售量指数、工业产品产量指数、职工人数指数等。质量指标指数是综合反映现象相对水平或平均水平变动情况的指数，如产品成本指数、价格指数、平均工资水平指数等。

③ 指数按照采用的基期不同，可分为定基指数和环比指数。当对一个时间数列进行分析时，计算动态分析指标通常用不同时间的指标值作对比。在动态对比时作为对比基础时期的水平，叫基期水平；所要分析的时期（与基期相比较的时期）的水平，叫报告期水平或计算期水平。定基指数是指各个时期指数都是采用同一固定时期为基期计算的，表明社会经济现象对某一固定基期的综合变动程度的指数。环比指数是以前一时期为基期计算的指数，表明社会经济现象对上一期或前一期的综合变动的指数。定基指数或环比指数可以连续将许多时间的指数按时间顺序加以排列，形成指数数列。

④ 指数按其所编制的方法不同，分为综合指数和平均数指数。综合指数是通过确定同度量因素，把不能同度量的现象过渡为可以同度量的现象，采用科学方法计算出两个时期的总量指标并进行对比而形成的指数。平均数指数是从个体指数出发，通过对个体指数加权平

均计算而形成的指数。

① 综合指数是总指数的基本形式。计算总指数的目的，在于综合测定由不同度量单位的许多商品或产品所组成的复杂现象总体数量方面的总动态。综合指数的编制方法是先综合后对比。因此，综合指数主要解决不同度量单位的问题，使不能直接加总的不同使用价值的各种商品或产品的总体，改变成为能够进行对比的两个时期的现象的总体。综合指数可以把各种不能直接相加的现象还原为价值形态，先综合（相加），然后再进行对比（相除），从而反映观测对象的变化趋势。

② 平均数指数是综合指数的变形。综合指数虽然能最完整地反映所研究现象的经济内容，但其编制时需要全面资料，即对应的两个时期的数量指标和质量指标的资料。但在实践中，要取得这样全面的资料往往是困难的。因此，实践中可用平均数指数的形式来编制总指数。所谓平均数指数，是以个体指数为基础，通过对个体指数计算加权平均数编制的总指数。

（二）工程造价指数及其特性分析

1. 工程造价指数的概念及其编制的意义

随着我国经济体制改革，特别是价格体制改革的不断深化，设备、材料价格和人工费的变化对工程造价的影响日益增大。在建筑市场供求和价格水平发生经常性波动的情况下，建设工程造价及其各组成部分也处于不断变化之中，这不仅使不同时期的工程在"量"与"价"两方面都失去可比性，也给合理确定和有效控制造价造成了困难。根据工程建设的特点，编制工程造价指数是解决这些问题的最佳途径。以合理方法编制的工程造价指数，不仅能够较好地反映工程造价的变动趋势和变化幅度，而且可用以去除价格水平变化对造价的影响，正确反映建筑市场的供求关系和生产力发展水平。

工程造价指数是反映一定时期价格变化对工程造价影响程度的一种指标，它是调整工程造价价差的依据。工程造价指数反映了报告期与基期相比的价格变动趋势，利用它来研究实际工作中的下列问题很有意义。

① 可以利用工程造价指数分析价格变动趋势及其原因。

② 可以利用工程造价指数估计工程造价变化对宏观经济的影响。

③ 工程造价指数是工程承发包双方进行工程估价和结算的重要依据。

2. 工程造价指数包括的内容及其特性分析

工程造价指数的内容应该包括以下几种。

（1）各种单项价格指数　这其中包括了反映各类工程的人工费、材料费、施工机械使用费报告期价格对基期价格的变化程度的指标，可利用它研究主要单项价格变化的情况及其发展变化的趋势，其计算过程可以简单表示为报告期价格与基期价格之比。依此类推，可以把各种费率指数也归于其中，例如措施费指数、间接费指数甚至工程建设其他费用指数等。这些费率指数的编制可以直接用报告期费率与基期费率之比求得。很明显，这些单项价格指数都属于个体指数，其编制过程相对比较简单。

（2）设备、工器具价格指数　设备、工器具的种类、品种和规格很多。设备、工器具费用的变动通常是由两个因素引起的，即设备、工器具单件采购价格的变化和采购数量的变化，并且工程所采购的设备、工器具是由不同规格、不同品种组成的，因此，设备、工器具价格指数属于总指数。由于采购价格与采购数量的数据无论是基期还是报告期都比较容易获得，因此设备、工器具价格指数可以用综合指数的形式来表示。

（3）建筑安装工程造价指数　建筑安装工程造价指数也是一种综合指数，其中包括了人工费指数、材料费指数、施工机械使用费指数以及措施费、间接费等各项个体指数的综合影响。由于建筑安装工程造价指数相对比较复杂，涉及的方面较广，利用综合指数来进行计算分析难度较大。因此可以通过对各项个体指数的加权平均，用平均数指数的形式来表示。

（4）建设项目或单项工程造价指数　该指数是由设备、工器具指数、建筑安装工程造价指数、工程建设其他费用指数综合得到的。它也属于总指数，并且与建筑安装工程造价指数类似，一般也用平均数指数的形式来表示。

当然，根据造价资料的期限长短来分类，也可以把工程造价指数分为时点造价指数、月指数、季指数和年指数等。

（三）工程造价指数的编制

1. 各种单项价格指数的编制

（1）人工费、材料费、施工机械使用费等价格指数的编制　这种价格指数的编制可以直接用报告期价格与基期价格相比后得到，其计算公式如下：

$$人工费（材料费、施工机械使用费）价格指数 = P_n/P_0 \tag{9-5}$$

式中　P_0——基期人工日工资单价（材料价格、机械台班单价）；

P_n——报告期人工日工资单价（材料价格、机械台班单价）。

（2）措施费、间接费及工程建设其他费等费率指数的编制　其计算公式如下：

$$措施费（间接费、工程建设其他费）费率指数 = P_n/P_0 \tag{9-6}$$

式中　P_0——基期措施费（间接费、工程建设其他费）费率；

P_n——报告期其他直接费（现场经费、间接费、工程建设其他费）费率。

2. 设备、工器具价格指数的编制

如前所述，设备工器具价格指数是用综合指数形式表示的总指数。运用综合指数计算总指数时，一般要涉及两个因素：一个是指数所要研究的对象，叫指数化因素；另一个是将不能同度量现象过渡为可以同度量现象的因素，叫同度量因素。当指数化因素是数量指标时，这时计算的指数称为数量指标指数，当指数化因素是质量指标时，这时的指数称为质量指标指数。很明显，在设备、工器具价格指数中，指数化因素是设备、工器具的采购价格，同度量因素是设备、工器具的采购数量。因此设备、工器具价格指数是一种质量指标指数。

（1）同度量因素的选择　既然已经明确了设备、工器具价格指数是一种质量指标指数，那么同度量因素应该是数量指标，即设备、工器具的采购数量。那么就会面临一个新的问题，就是应该选择基期计划采购数量为同度量因素，还是选择报告期实际采购数量为同度量因素。根据统计学的一般原理，此处可分为拉斯贝尔体系和派许体系。

① 拉斯贝尔体系。按照拉斯贝尔的主张，以基期销售量为同度量因素，此时计算公式可以表示为：

$$K_p = \frac{\sum q_0 p_1}{\sum q_0 p_0} \tag{9-7}$$

式中　K_p——综合指数；

p_0，p_1——基期与报告期价格；

q_0——基期数量。

② 派许体系。按照派许的主张，以报告期的销售量为同度量因素，此时计算公式可以表示为：

$$K_p = \frac{\sum q_1 p_1}{\sum q_1 p_0} \tag{9-8}$$

式中　K_p——综合指数；

p_0，p_1——基期与报告期价格；

q_1——报告期的数量。

就质量指标指数而言，拉斯贝尔公式（简称拉氏公式）将同度量因素固定在基期，其结果说明，按过去的采购量计算设备、工器具价格的变动程度。公式子项与母项的差额，说明由于价格的变动，按过去的采购量购买设备、工器具，将多支出或少支出的金额，显然是没有现实意义的。而派许公式（简称派氏公式）以报告期数量指标为同度量因素，使价格变动与现实的采购数量相联系，而不是与物价变动前的采购数量相联系。由此可见，用派氏公式计算价格总指数，比较符合价格指数的经济意义。

实际上，这一原则可以表述为，确定同度量因素的一般原则是，质量指标指数应当以报告期的数量指标作为同度量因素，即使用派氏公式，而数量指标指数则应以基期的质量指标作为同度量因素，即使用拉氏公式。

（2）设备、工器具价格指数的编制　考虑到设备、工器具的采购品种很多，为简化起见，计算价格指数时可选择其中用量大、价格高、变动多的主要设备、工器具的购置数量和单价进行计算，按照派氏公式进行计算如下：

$$设备、工器具价格指数 = \frac{\sum(报告期设备、工器具单价 \times 报告期购置数量)}{\sum(基期设备、工器具单价 \times 报告期购置数量)} \tag{9-9}$$

3. 建筑安装工程价格指数

与设备、工器具价格指数类似，建筑安装工程价格指数也属于质量指标指数，所以也应用派氏公式计算。但考虑到建筑安装工程价格指数的特点，用综合指数的变形即平均数指数的形式表示。

（1）平均数指数　从理论上说，综合指数是计算总指数的比较理想的形式，因为它不仅可以反映事物变动的方向与程度，而且可以用分子与分母的差额直接反映事物变动的实际经济效果。然而，在利用派氏公式计算质量指标指数时，需要掌握 $\sum p_0 q_1$（基期价格乘以报告期数量之积的和），这是比较困难的。而相比而言，基期和报告期的费用总值（$\sum p_0 q_0$，$\sum p_1 q_1$）却是比较容易获得的资料。因此，我们就可以在不违反综合指数的一般原则的前提下，改变公式的形式而不改变公式的实质，利用容易掌握的资料来推算不容易掌握的资料，进而再计算指数，在这种背景下所计算的指数即为平均数指数。利用派氏综合指数进行变形后计算得出的平均数指数称为加权调和平均数指数。其计算过程如下：

设 $K_p = p_1/p_2$ 表示个体价格指数，则派氏综合指数可以表示为：

$$派氏综合指数 = \frac{\sum q_1 p_1}{\sum q_1 p_0} = \frac{\sum q_1 p_1}{\sum \frac{1}{K_p} q_1 p_1} \tag{9-10}$$

其中，$\dfrac{\sum q_1 p_1}{\sum \dfrac{1}{K_p} q_1 p_1}$ 即为派氏综合指数变形后的加权调和平均数指数。

（2）建筑安装工程造价指数的编制　根据加权调和平均数指数的推导公式，可得建筑安装工程造价指数的编制如下（由于利润率和税率通常不会变化，可以认为其个体价格指数为1）：

$$建筑安装工程造价指数 = 报告期建筑安装费 / (\dfrac{报告期人工费}{人工费指数} + \dfrac{报告期材料费}{材料费指数} +$$

$$\dfrac{报告期施工机械使用费}{施工机械使用费指数} + \dfrac{报告期措施费}{措施费指数} + \dfrac{报告期间接费}{间接费指数} + 利润 + 税金)$$

$$(9\text{-}11)$$

4. 建设项目或单项工程造价指数的编制

建设项目或单项工程造价指数是由建筑安装工程造价指数，设备、工器具价格指数和工程建设其他费用指数综合而成的。与建筑安装工程造价指数相类似，其计算也应采用加权调和平均数指数的推导公式，具体的计算过程如下：

$$\dfrac{建筑项目或}{单项工程指数} = \dfrac{报告期建设项目或单项工程造价}{\dfrac{报告期建筑安装工程费}{建筑安装工程造价指数} + \dfrac{报告期设备工器具费用}{设备、工器具价格指数} + \dfrac{报告期工程建设其他费}{工程建设其他费用指数}}$$

$$(9\text{-}12)$$

编制完成的工程造价指数有很多用途，比如作为政府对建设市场宏观调控的依据，也可以作为工程估算以及概预算的基本依据。当然，其最重要的作用是在建设市场的交易过程中，为承包商提出合理的投标报价提供依据，此时的工程造价指数也可称为投标价格指数，具体的表现形式见表9-6。

表 9-6　××市建设工程造价指数表

日期	1999 年 7 月	2003 年 1~3 月	2003 年 4~6 月	2003 年 7~9 月
多层住宅	100	103.79	104.29	104.31
高层住宅	100	102.987	103.86	103.87
标准厂房	100	106.16	107.130	107.14
桥梁工程	100	106.16	107.43	107.48
道路工程	100	104.985	105.11	105.13
隧道工程	100	100.9243	101.01	101.10

四、工程造价信息的管理

（一）我国目前工程造价信息管理的现状

1. 工程造价信息管理的基本原则

工程造价的信息管理是指对信息的收集、加工整理、储存、传递与应用等一系列工作的总称，其目的就是通过有组织的信息流通，使决策者能及时、准确地获得相应的信息。为了达到工程造价信息管理的目的，在工程造价信息管理中应遵循以下基本原则。

（1）标准化原则　要求在项目的实施过程中对有关信息的分类进行统一，对信息流程进行规范，力求做到格式化和标准化，从组织上保证信息生产过程的效率。

（2）有效性原则　工程造价信息应针对不同层次管理者的要求进行适当加工，针对不同管理层提供不同要求和浓缩程度的信息。这一原则是为了保证信息产品对于决策支持的有效性。

（3）定量化原则　工程造价信息不应是项目实施过程中产生数据的简单记录，而应该是经过信息处理人员的比较与分析。采用定量工具对有关数据进行分析和比较是十分必要的。

（4）时效性原则　考虑到工程造价计价与控制过程的时效性，工程造价信息也应具有相应的时效性，以保证信息产品能够及时服务于决策。

（5）高效处理原则　通过采用高性能的信息处理工具（如工程造价信息管理系统），尽量缩短信息在处理过程中的延迟。

2. 我国工程造价信息管理的现状

在市场经济中，由于市场机制的作用和多方面的影响，工程造价的运动变化更快、更复杂。在这种情况下，工程承发包者单独、分散地进行工程造价信息的收集、加工，不但工作困难，而且成本很高。工程造价信息是一种具有共享性的社会资源。因此，政府工程造价主管部门利用自己信息系统的优势，对工程造价提供信息服务，其社会和经济效益是显而易见的。我国目前的工程造价信息管理主要以国家和地方政府主管部门为主，通过各种渠道进行工程造价信息的搜集、处理和发布。随着我国的建设市场越来越成熟，企业规模不断扩大，一些工程咨询公司和工程造价软件公司也加入了工程造价信息管理的行列。

① 全国工程造价信息系统的逐步建立和完善。实行工程造价体制改革后，国家对工程造价的管理逐渐由直接管理转变为间接管理。国家制定统一的工程量计算规则，编制全国统一的工程项目编码和定期公布人工、材料、机械等价格的信息。随着计算机网络技术及 Internet 的广泛应用，国家也开始建立工程造价信息网，定期发布价格信息及其产业政策，为各地方主管部门、各咨询机构、其他造价编制和审定等单位提供基础数据。同时，通过工程造价信息网，采集各地、各企业的工程实际数据和价格信息。主管部门及时依据实际情况，制定新的政策法规，颁布新的价格指数等。各企业、地方主管部门可以通过该造价信息网，及时获得相关的信息。

② 地区工程造价信息系统的建立和完善　由于各个地区的生产力发展水平不一致，经济发展不平衡，各地价格差异较大。因此，各地区造价管理部门通过建立地区性造价信息系统，定期发布反映市场价格水平的价格信息和调整指数；依据本地区的经济、行业发展情况制定相应的政策措施。通过造价信息系统，地区主管部门可以及时发布价格信息、政策规定等。同时，通过选择本地区多个具有代表性的固定信息采集点或通过吸收各企业作为基本信息网成员，收集本地区的价格信息、实际工程信息，作为本地区造价政策制定的依据，使地区主管部门发布的信息更具有实用性、市场性、指导性。目前，全国有很多地区建立了造价价格信息网。

③ 随着工程量清单计价方式的应用，施工企业迫切需要建立自己的造价资料数据库，但由于大多数施工企业在规模和能力上都达不到这一要求，因此这些工作在很大程度上委托给工程造价咨询公司或工程造价软件公司去完成，这是我国《建设工程工程量清单计价规范》颁布实施后工程造价信息管理出现的新趋势。

（二）工程造价信息管理目前存在的问题

① 对信息的采集、加工和传播缺乏统一规划、统一编码，系统分类、信息系统开发与资源拥有之间处于相互封闭、各自为战状态，其结果是无法达到信息资源共享的优势，更多的管理者满足于目前的表面信息，忽略信息深加工。

② 信息网建设有待完善。现有工程造价网多为定额站或咨询公司所建，网站内容主要为定额颁布、价格信息、相关文件转发、招投标信息发布、企业或公司介绍等，网站只是将已有的造价信息在网站上显示出来，缺乏对这些信息的整理与分析。

③ 信息资料的积累和整理还没有完全实现和工程量清单计价模式的接轨。由于信息的采集、加工处理具有很大的随意性，没有统一的模式和标准，造成了在投标报价时较难直接使用，还需要根据要求进行不断调整，很显然不能满足新形势下市场定价的要求。

（三）工程造价信息化的发展趋势

① 适应建设市场的新形势，着眼于为建设市场服务，为工程造价管理服务。工程建设在国民经济中占有较大的份额，但存在着科技水平不高、现代化管理滞后、竞争能力弱的问题。我国加入世界贸易组织后，建设管理部门、建设企业都面临着与国际市场接轨的问题，参与国际竞争的严峻挑战。信息技术的运用，可以促进管理部门依法行政，管理工作的公开、公平、公正和透明度，可以促进企业提高产品质量、服务水平和企业效率，达到提高企业自身竞争能力的目的。针对我国目前正在大力推广的工程量清单计价制度，工程造价信息化应该围绕为工程建设市场服务、为工程造价管理改革服务这条主线组织技术攻关，开展信息化建设。

② 我国有关工程造价方面的软件和网络发展很快，为加大信息化建设的力度，全国工程造价信息网正在与各省信息网联网，这样全国造价信息网联成一体，用户可以很容易地查阅到全国、各省、各市的数据，从而大大提高各地造价信息网的使用效率。同时把与工程造价信息化有关的企业组织起来，加强交流、协作，避免低层次、低水平的重复开发，鼓励技术创新，淘汰落后，不断提高信息化技术在工程造价中的应用水平。

③ 发展工程造价信息化，要建立有关的规章制度，促进工程技术健康有序地向前发展。为了加强建设信息标准化、规范化，建设系统信息标准体系正在建立，制定信息标准和专用标准，建立建设信息安全保障技术规范和网络设计技术规范。加强全国建设工程造价信息系统的信息标准化工作，包括组织编制建设工程人工、材料、机械、设备的分类及标准代码，工程项目分类标准代码，各类信息采集及传输标准格式等，将为全国工程造价信息化的发展提供基础。

五、发达国家及地区的工程造价信息的管理

世界发达国家和地区市场经济体制比较健全和成熟，工程价格通常由市场双方自行确定，在这种情况下，为保障工程造价的科学性，都有自己的工程造价信息发布和使用方面的管理。

（一）中国香港地区的工程造价信息管理

工程造价信息的发布往往采取指数的形式。按照指数内涵，香港地区发布的主要工程造价指数可分为两类，即成本指数和价格指数，分别是依据建造成本和建造价格的变化趋势而

编制的。建造成本主要包括工料等费用支出，它们占总成本的80％以上，其余的支出包括经常性开支（overheads）以及使用资本财产（capital goods）等费用；建造价格中除包括建造成本之外，还有承包商赚取的利润，一般以投标价格指数来反映其发展趋势。

1. 成本指数的编制

在香港，最有影响的成本指数要数由建筑署发布的劳工指数、建材价格指数和建筑材料综合成本指数（图9-1），它们均以1970年为基期编制。

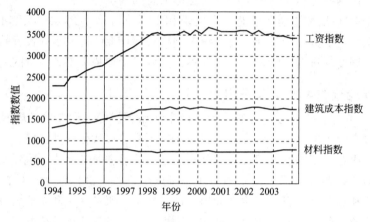

图 9-1　三种建造成本指数

① 劳工指数和大部分政府指数一样，是根据一系列不同工种的建筑劳工（如木工、混凝土工、竹棚工等）的平均日薪，以不同的权重结合而成。各类建筑工人的每月平均日薪由统计署和建造商会提供，其计算方法是以建筑商每类建筑劳工的总开支（包括工资及额外的福利开支）除以该类工人的工作日数，计算所用原始资料均以问卷调查方式得到。

② 建筑署制定的建材价格指数同样为固定比重加权指数，其指数成分多达60种以上。这些比重反映建材真正平均比重的程度很难测定，但由于指数成分较多，故只要所用的比重与真实水平相差不是很远，由此引起的指数误差便不会很大。

③ 建筑工料综合成本指数实际上是劳工指数和建筑材料指数的加权平均数，比重分别定为45％和55％。由于建筑物的设计具有独特性，不同工程会有不同的建材和劳工组合，因此工料综合成本指数不一定能够反映个别承建商的成本变化，但却反映了大部分香港承建商（或整个建造行业）的平均成本变化。

2. 投标价格指数的编制

投标价格指数（图9-2）的编制依据主要是中标的承包商在报价时所列出的主要项目单价。目前香港最权威的投标价格指数有三种，分别由建筑署及两家最具规模的工料测量行（即利比测量师事务所和威宁谢有限公司）编制，它们分别反映了公营部门和私营部门的投标价格变化。两所测量行的投标指数均以一份自行编制的"概念报价单"为基础，同属固定比重加权指数。而建筑署投标价格指数则是抽取编制期内中标合约中分量较重的项目，各项目权重以合约内的实际比重为准，因此属于活比重形式。两种民间部门的投标指数在过去20年间的变化趋势一直不谋而合，而由于两种指数是各自独立编制的，这就大大加强了指数的可靠性。而政府部门投标指数的增长速度相对较低，这是由于政府工程和私人工程不同

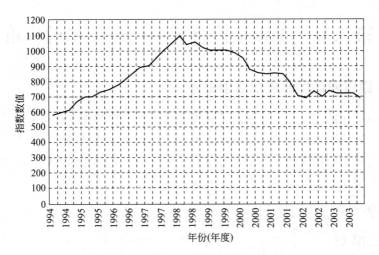

图 9-2　建筑工程投标价格指数

的合约性质所致。

（二）美国和日本的工程造价信息管理

美国的政府部门发布建设成本指南、最低工资标准等综合造价信息；而民间组织（像 S-T、ENR 等许多咨询公司）负责发布工料价格、建设造价指数、房屋造价指数等方面的造价信息；另外有专业咨询公司收集、处理、存储大量已完工项目的造价统计信息，以供造价工程师在确定工程造价和审计工程造价时借鉴和使用。

日本建设省每半年报表调查一次工程造价变动情况，每三年修订一次现场经费和综合管理费，每五年修订一次工程概预算定额。隶属于日本官方机构的"经济调查会"和"建设物价调查会"专门负责调查各种相关经济数据和指标。与工程造价有关的有："建设物价"杂志、"积算资料"（月刊）、"土木施工单价"（季刊）、"建筑施工单价"（季刊）、"物价版"（周刊）及"积算资料袖珍版"等定期刊行资料，另外还在因特网上提供一套"物价版"（周刊）登载的资料。调查会还受托对政府使用的"积算基准"进行调查，即调查有关土木、建筑、电气、设备工程等的定额及各种经费的实际情况，报告市场各种建筑材料的工程价、材料价、印刷费、运输费和劳务费，按都道府排列。价格的资料来源是各地商社、建材店、货物或工地实地调查所得。每种材料都标明由工厂运至工地，或由库房、商店运至工地的差别，并标明各月的升降情况。利用这种方法编制的工程预算比较符合实际，体现了"市场定价"的原则，而且不同地区不同价，有利于在同等条件下投标报价。同时一些民间组织（像建设物价调查会和经济调查会等）定期发布建设物价和积算资料（工程量计算），变动较快的信息每个月发布一次。

可以看出，美国、日本和中国的香港地区都是通过政府和民间两种渠道发布工程造价信息的。其中政府主要发布总体性、全局性的各种造价指数信息，民间组织主要发布相关资源的市场行情信息。这种分工既能使政府摆脱许多繁琐的商务性的工作，也可以使他们不承担误导市场甚至是操纵市场的责任。同时可以发挥民间部门造价信息发布速度快，造价信息发布能够坚持公开、公平和公正的基本原则等优势。而我国的工程造价信息都是通过政府的工程造价管理部门发布的。因此，开创和拓宽民间工程造价信息的发布渠道，是我国今后工程造价管理体制改革的重要内容之一。

第二节 工程造价管理中信息技术的应用

一、工程造价管理信息技术应用概述

随着计算机应用技术和信息技术的飞速发展，工程造价管理工作也发生了质的飞跃。人们从借助纸笔、计算器和定额编制预算转变为借助预算软件及网络平台来完成询价、报价等工程造价管理工作。要深入理解以工程造价管理信息系统为核心的工程造价管理信息技术的发展及现状，必须了解工程造价管理信息系统的含义。

（一）工程造价管理信息系统

1. 管理信息系统

管理信息系统（Management Information System，MIS）是一个由人、计算机等组成的能进行信息收集、传递、存储、加工、维护和使用的系统，它是一门综合了经济管理理论、运筹学、统计学、计算机科学的系统边缘学科。

一般来说，一个管理信息系统由信息源、信息处理器、信息用户和信息管理者4大部件组成，如图9-3所示。

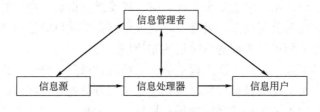

图 9-3 管理信息系统的组成

2. 工程造价管理信息系统

工程造价管理信息系统（Construction Cost Management Information System，CCMIS）是管理信息系统在工程造价管理方面的具体应用。它是指由人和计算机组成的，能对工程造价管理的有关信息进行较全面地收集、传输、加工、维护和使用的系统，它能充分积累和分析工程造价管理资料，并能有效利用过去的数据来预测未来的造价变化和发展趋势，以期达到对工程造价实现合理确定与有效控制的目的。

我国推行工程量清单计价体系后，对工程造价管理信息技术提出了十分迫切的要求。从计算机在建筑工程管理中的应用发展来看，国际上已经经历了单项应用、综合应用和系统应用3个阶段，软件也从单一功能发展到集成化功能。目前许多国家已经进入第二、第三阶段，而我国还处于第一阶段。

（二）工程造价管理信息技术应用的发展及现状

1. 工程造价管理信息技术应用的发展历程

多年从事造价管理工作的预算员均深有体会，早期在编制工程预算时，完全靠纸笔、定额册。编制一个工程的预算，单单从工程量计算入手，套定额、工料分析、调价差、计算费用到完成预算书的编制，必须花费好几天的时间。计算过程繁琐枯燥，工作量大，且预算结果较为固定。

信息技术在我国工程造价管理领域的使用最早可以追溯到 1973 年。当时著名的数学家华罗庚在沈阳就曾试过使用计算机编制工程概预算。随后，全国各地的定额管理机关及教学单位、大型建筑公司也都尝试过开发概预算软件，而且也取得了一定的成果，但多数软件的作用就是完成简单的数学运算和表格打印，故没能形成大规模推广应用。

进入 20 世纪 80 年代后期，随着计算机应用范围的扩大，国内已有不少功能全面的工程造价管理软件。当时计算机价格仍比较昂贵，计算速度慢，操作仍不够方便，有条件使用计算机的企业很少，尚不能得到普及应用，但该技术已显露出其在工程造价管理领域广阔的发展前景。到 20 世纪 90 年代，信息技术的发展使硬件价格迅速下降，企业甚至个人拥有一台自己的计算机已不是很困难的事。计算机的运算速度也比以前有了突飞猛进的提高，操作更方便、直观，而且可供选择的软件种类增多了，功能和人机界面得到了很大的改善。现在国内大中城市乃至一些边远地区的造价员都能熟练地使用计算机进行工程造价管理工作，从计算工程量到完成造价文件这个过程的工作缩短到 1～2h 就能完成，大大提高了劳动生产率，而且预算结果的表现形式多种多样，可从不同的角度进行造价的分析和组合，也可以从不同角度反映该工程造价的结果，信息技术的进步对造价行业的影响由此可见一斑。在这个时期，我国工程造价管理的信息技术应用进入了快速发展期，主要表现在以下几个方面。

① 以计算工程造价为核心目的的软件飞速发展起来，并迅速在全国范围获得推广和深入应用。推广和应用最广泛的就是辅助计算工程量和辅助计算造价的工具软件。

② 软件的计算机技术含量不断提高，语言从最早的 FOXPRO 等比较初级的语言，到现在的 DELPHI、C＋＋、BUILDER 等，软件结构也从单机版逐步过渡到局域网网络版（C/S 结构、客户端/服务器结构），近年更向 Internet 网络应用逐步发展（B/S 结构、浏览器/服务器结构）。

③ 近期，随着互联网技术的不断发展，我国也出现了为工程造价及其相关管理活动提供信息和服务的网站。同时，随着用户业务需求的扩展，我国部分地区也出现了为行业用户提供的整体解决方案系列的产品，但这些都还处在初级阶段。

2. 工程造价管理信息技术应用现状

目前，就整个工程造价行业而言，我国还处于从计划经济向市场经济转轨的过渡期，有关工程造价管理的许多方面还需一系列的理论研究和实践探索。目前许多软件公司开发的预算软件在解决图形算量方面都存在一定问题。多数软件采用系统输图法，即通过键盘加鼠标输图，这种方法在图纸较为复杂时，输图工作也较为复杂。也有部分软件采用与 CAD 接口输入图形，虽然大大节省了画图的时间，但却因绘图软件的版本不统一，标准不统一，从而使造价软件未能与之很好地接口。

总之，我国虽然在工程造价管理信息技术方面取得了长足进展，但从造价专业的应用深度来看，信息技术应用的进展不大，关联性不强，解决问题较单一，对于网络技术的应用也显得较为表面，对各种信息的网络收集、分析、发布还不全面，对信息处理的准确性也缺乏专业的依据和衡量标准，从而导致信息的可信度大大降低。同美国、英国等一些信息技术比较发达的国家相比，我国的工程造价管理的信息技术应用还有一定的差距。这些信息化应用水平比较高的国家的统一特点如下。

① 面向应用者的实际情况,实现了不同工具软件之间的关联应用,行业用户对工程造价管理的信息技术应用已经上升到解决方案级。并且,利用网络技术可以实现远程应用,从而实现了对有效数据的动态分析和多次利用,极大地提升了应用者的效率和竞争力。

② 充分利用互联网技术的便利条件,实现了行业相关信息的发布、获取、收集、分析的网络化,可以为行业用户提供深入的核心应用以及频繁的电子商务活动。

从以上两点看出,我国工程造价管理的信息技术应用虽然已经获得了长足的进步,但与国外先进同行来比,还有一定的差距,这也正是我国工程造价管理信息技术应用需要快速提升的地方。

(三) 工程量清单计价模式下的工程造价管理信息系统和网络应用

1. 工程量清单计价实施后给企业造价管理带来的影响

《建设工程工程量清单计价规范》已于 2003 年 7 月 1 日起实施,这就意味着工程造价的计价由定额模式向清单模式的过渡。这是国家在工程量计价模式上的一次重大变革,是从计划经济向市场经济过渡中提出的"控制量、指导价、竞争费"向清单计价模式下的"政府宏观调控、企业自由组价、市场竞争形成价格"的体系的变化。这次国家把《建设项目清单计价规范》作为国家强制性标准,并把部分条款作为强制性条款,说明该规范完全以"法"的形式体现,必须强制执行。企业必须要有应对策略和方法。

《建设工程工程量清单计价规范》实施后,企业出现的问题就是在投标报价时如何体现个别成本。该规范规定企业必须根据自己的施工工艺方案、技术水平、企业定额,以体现企业个别成本的价格进行自由组价,没有企业定额的可以参照政府反映社会平均水平的消耗量定额。企业要适应清单下的计价必须要对本企业的基础数据进行积累,形成反映企业施工工艺水平,用以快速报价的企业定额库、材料预算价格库,对每次报价能很好地进行判断分析,并能快速测算出企业的零利润成本。也就是说,在最短的时间内能测算出本企业对于某一工程项目以多少造价施工才不会发生亏损(不包括风险因素的亏损),必须在投标阶段很好地控制工程项目的可控预算成本,即在不考虑风险的情况下,利润为零的成本。每个企业如何知道自己的个别成本,是所有企业在实行清单计价后的一大难点。

2. 清单计价后计算机应用给企业带来的机遇

在实行工程量清单计价后,企业如果不形成反映自身施工工艺水平的企业定额,不进行人工、材料、机械台班含量及价格信息的积累,完全依靠政府定额是无法取得竞争胜利的。一提到积累,在建筑工程中需要积累的项目太多了,如解决方案、企业报价、历史结算资料的积累、企业真实成本消耗资料积累、价格信息及合格供应商信息的积累、竞争对手资料的积累等。对于造价从业人员要积累经历过的丰富的工程经验数据、应对多种报价方式的技能、企业定额和行业指标库等数据信息、灵通的市场信息和充分利用现代软件工具及通晓多种能够快速准确地估价、报价的市场渠道——环境关系、厂家联络及网站信息等。这一切为计算机在工程造价中的应用提供了很好的环境及机遇。21 世纪,是科技信息的时代,计算机的发展日新月异,信息化已经进入到企业的管理层面。只有靠计算机的强大储存、自动处理和信息传递功能,才能提高企业的管理水平。企业只有选择满足要求的管理软件和管理人才,才能在激烈的竞争中立于不败之地。

3. 工程量清单计价模式下软件和网络的应用

全新的工程量清单计价方式已经来临，新的计价形势要求造价行业的从业人员和广大企业要迅速地适应新环境所带来的变革，适应新环境下的竞争，并能够快速地在清单计价模式下建立自己的优势。国内一些工程造价软件公司适时推出的面向清单的工程量清单整体解决方案，就是目前国内工程造价软件中具有代表性的一类。该类软件针对清单下的招标文件的编制提供了招标助手工具包，主要包括图形自动算量软件、钢筋抽样软件、工程量清单生成软件、招标文件快速生成软件等。清单计价模式与定额计价模式的最大不同就是计算工程量的主体发生了变化。招标人的最终目的是形成包括工程量清单在内的招标文件。必须把几个工具性软件进行整体应用才能完成以上工作。

无论传统的定额计价模式，还是现在的工程量清单计价模式，"量"是核心，各方在招投标结算过程中，往往围绕"量"做文章。国内造价人员的核心能力和竞争能力也更多地体现在"量"的计算上，而"量"的计算是最为枯燥、繁琐的。这些公司开发的自动算量软件及钢筋抽样软件内置了系统工程量清单计算规则，通过计算机对图形自动处理，实现建筑工程工程量自动计算，实现量价分离，对于招标人可以直接按计算规则计算出 12 位编码的工程量，全面、准确地描述清单项目。该工程量清单计价软件可以根据计价规范中的相关要求提供详细描述工程量清单项目的功能，能与图形自动算量软件中的清单项目无缝衔接，对图形起一个辅助计算及完善清单的作用，还可以对项目名称及项目特征进行自由编辑及自动选择生成，并对图形代码做到二次计算。能按自由组合的工程量清单名称进行工程量分解，达到详细精确地描述清单项目及计算工程量的目的。这样不仅符合计价规范的要求，而且体现了工程量清单计价理念。

措施项目是为完成工程项目施工，发生于该工程施工前和施工过程中技术、方案、环境、安全等方面的非工程实体项目。其他项目清单是指除分部分项工程和措施项目以外，为完成该工程项目施工可能发生的其他费用清单。这类软件可以自动按规范格式列出规范中《措施项目一览表》的列项。软件除了自动提供《措施项目一览表》所列的全部项目，还可以任意修改、增加、删除，使《措施项目一览表》既符合计价规范的规定，又能满足拟建工程项目具体情况的需要。

在工程量清单编制完成后，软件既可以打印，也可以生成导出"电子招标文件"。招标文件包括工程量清单、招标须知、合同条款及评标办法。招标文件以电子文件的形式发放给投标单位，使投标单位编制投标文件时不需要重新编制工程量清单，节省了大量的时间，防止投标单位编制投标文件时可能不符合招标文件的格式要求等而造成不必要的损失。

二、造价管理信息技术在工程量清单整体解决方案中的应用

(一) 工程计价软件概述

无论是定额计价模式，还是工程量清单计价模式，在进行工程造价的计算和管理时，都要进行大量而繁杂的计算工作。手工计算的效率非常低，而且容易出错。为了提高工作效率、降低劳动强度、提高管理质量，工程计价的电算化、网络化是工程计价及工程造价管理的必然趋势。

近年来，随着我国计算机技术和网络信息技术的飞速发展，相继出现了一大批工程计价方面的软件。计价软件的功能逐渐由地区性、单一性发展为综合性、网络化，形成适用于不

同地区、不同专业的建设工程项目计价系统。表 9-7 中所列为经过建设部标准定额研究所或省（自治区、直辖市）工程造价管理部门审查并认证的工程计价软件。

表 9-7 常见的建设工程项目计价软件

序号	软件名称	软件开发单位
1	北京市建设工程项目工程量清单计价管理软件	北京市建设工程项目造价管理处 成都鹏业软件有限责任公司
2	纵横 2003 建设工程项目计价暨工程量清单计价软件	保定市纵横软件开发有限公司 河北建业科技发展有限公司
3	PKPM 工程量清单计价软件	中国建筑科学研究院建筑工程软件研究所
4	《清单计价 2003》软件	深圳市清华斯维尔软件科技有限公司
5	《工程量清单报价管理软件》	成都鹏业软件有限责任公司
6	"清单大师"建设工程项目工程量清单计价软件	广州市易达建信科技开发有限公司
7	广联达清单计价系统 GBQ	北京广联达慧中软件技术有限公司
8	神机妙算清单软件	北京中建神机信息技术有限公司

目前，工程计价软件基本上分为定额计价软件和工程量清单计价软件两大类。定额计价软件一般采用数据库管理技术，主要由数据库管理软件平台、定额数据库、材料价格数据库、费用计算数据库等部分组成。在软件平台上选择不同的定额数据和材价数据，即可完成相应专业的定额预算编制工作。

工程量清单计价软件在定额计价软件的基础上，整合了清单引用规则，即根据计价规范的规定，把某一清单项目所包含的所有工作内容及其对应的定额子目整合在一起，使用时根据工程实际发生的工作内容进行选择即可。工程量清单计价软件对所引用的定额子目数据能方便地进行修改，并能随时把修改后的定额子目补充到定额数据库，形成企业内部定额。

工程计价软件具有如下特点。

1. 适用范围广

工程计价软件采用数据库管理技术，可以使用各专业、各地区、各行业的定额数据库编制预算。在同一份预算文件中，可以调用不同定额数据库的数据，便于编制综合性的工程预算。

2. 操作方便，计算准确

使用工程计价软件编制预算时，只要输入定额号、工程数量、主材价格，并作一些简单的设置，把所需要的报表打印出来即可完成一份预算文件的编制工作。所有的数据计算处理均由软件瞬间自动完成，省时高效，不必担心计算过程发生错误。随着计算机技术的发展，工程计价软件正朝着智能算量的方向发展，即根据工程设计图纸自动计算统计工程数量，大大提高了工程量计算的准确度，使工程预算更加精确快捷。

3. 网络化管理

使用工程计价软件可对大型工程项目进行异地综合管理，也可随时从相应网站下载最新的材价信息，更新工程预算造价。比如广联达的数字建筑网站，拥有丰富的人、材、机市场价格，为投标企业把握市场先机、提高竞争能力提供了方便。

各种工程计价软件都有其自身的特点，但软件的操作使用方法均大同小异。广联达工程量清单整体解决方案是目前国内工程造价软件中具有代表性的一类。该方案包含以下模块：

① 清单算量软件 GCL 7.0；
② 钢筋抽样软件 GGJ 8.2；
③ 清单计价软件 GBQ 3.0；
④ 供应链 www.bitaec.com；
⑤ 企业定额生成器 GBK 2.0。

（二）清单算量软件 GCL7.0

在工程量清单模式下，计算工程量的工作比定额模式下更加迫切，甲方必须自行或委托咨询部门在施工之前的有限时间内把所有涉及的工程量全部准确无误地计算完毕，以此作为支付的依据。乙方更需要算量，目的之一是要审核招标方提供的工程量，以便研究报价策略和技巧。其二是由于企业要考虑施工方案和施工方法等，计算出的工程量和甲方提供的量是不同的，企业在报价时必须把增量分摊进去，或者根据变化量调整自己的策略。造价改革的新时期，行业及个体竞争的加剧要求更高的效率，工程量清单模式要求造价人员计算工程量快速、精确，结果清晰易懂，修改灵活方便，以便有充裕的时间运用技巧组织报价。这一切都对造价工作者提出了更高的要求。

清单算量软件 GCL7.0 是为目前传统定额模式向清单环境过渡时期量身定做的算量工具，适用于定额模式和清单模式下不同的算量需求。它融合绘图和 CAD 识图功能于一体，内置由专家解释的计算规则，只需要按照图纸提供的信息定义好构件的属性，就能由软件按照设置好的计算规则，自动扣减构件，计算出精确的工程量结果，使枯燥复杂的手工劳动变得轻松并富有趣味。对于招标方，可以选套清单项，选配相应的工程项目名细特征，并直接打印工程量清单报表，帮助招标方形成招标文件中规范的工程量清单，亦可参考套用相应定额，形成标底。对于投标方，也可通过画图，在复核招标方提供的清单工程量的同时，根据招标方提供的工程量清单计算相应的施工方案工程量，并套取相应的定额子目。该软件的优势主要体现在以下方面。

① 各种计算规则全部内置，不用记忆规则，软件自动按规则扣减。
② 一图两算，清单规则和定额规则平行扣减，画一次图同时得出两种结果。
③ 软件直接导入清单工程量，同时提供多种方案量代码，在复核招标方提供的清单量时计算投标方自己的施工方案量。
④ 提供一图多算功能，只需画一次图，软件就能算出一个构件的多种工程量。如：墙体可同时提供体积和面积，土方可同时提供放坡量和不放坡量。用户可以在最短的时间内，根据不同的施工方案，算出不同的工程量，大大加快了投标报价的速度，为决胜中标节省了宝贵的时间。
⑤ 软件提供单体构件长度、面积、体积的计算公式和异型构件的编辑功能。
⑥ 将房间作为一个构件，轻轻点一下鼠标，房间装修自动完成。
⑦ 每个构件或者整个建筑物画完以后，即能看到相应的三维立体图形，并提供详细的计算公式，方便检查漏项或者重项的工作失误。
⑧ 提供各种构件的复制、镜像功能，关联构件批量布置、批量修改的功能，构件单元、楼层之间的复制功能等，加快绘图速度。

⑨ 如果一不小心将某一构件画错，可以通过撤销、删除、重画、修改构件信息等功能对所画构件信息进行修改，软件会重新按修改后的信息进行汇总。

⑩ 其合法性检查功能随时对错误信息进行检测，最大限度地降低出错率，保证结果的准确性。

⑪ 分层汇总功能。可以根据实际工作的需要快速计算出各层的工程量，满足不同施工阶段的需要。

⑫ 手工对比实现人机对话，为工程量的核对带来方便，计算的准确性得到保证。

⑬ 导图功能。完全导入设计院图纸，不用画图，直接出量，让算量更轻松。

使用广联达 GCL7.0 清单算量软件将传统的手工算量模式变成应用计算机工作模式。首先，它使清单环境下繁琐多变的算量变得比较简单，使造价工作者快速适应清单环境下的算量要求。其次，它将传统复杂的手工算量工作变成轻松愉快的事情，大大提高了工作效率。另外通过优秀的计算机技术降低潜在的人为错误率，根据施工方案算量，帮助强化自己的报价策略。

（三）钢筋抽样软件 GGJ8.2

工程量清单模式下，要求钢筋工程量计算更快、更准、更清晰，更容易校对。2002 年，建设部颁布一系列新规范，包括设计规范 GB 50010—2002 等。同时，钢筋平法标注的深入推广，使手工计算钢筋工程量对识图及空间理解能力要求更高。但是，手工计算钢筋工程量过程中，绘制钢筋示意图、单根长度计算、根数计算、单根总量计算、构件总量计算、楼层总量计算、工程总量计算等工作繁琐、枯燥，计算结果不但容易发生人为错误，还十分不利于核对。

GGJ8.2 钢筋抽样软件适应新规范对钢筋计算的要求，解决了平法的钢筋抽样问题；钢筋号中文显示，清晰直观；计算结果按判断过程显示，梁、柱箍筋、拉筋、板、剪力墙分布筋、负筋等钢筋根数智能计算，内置报表和各种打印模式，能满足造价工作者对钢筋统计数据的需要。该软件的优势主要体现在如下几个方面：

① GGJ8.2 钢筋抽样软件能进行平法的钢筋抽样。

② 采用钢筋号中文显示，清晰直观，便于查看历史工程，便于甲方、乙方、中介机构等相关单位进行交流。

③ 计算结果按判断过程显示，可清晰了解每一根钢筋的计算过程，使得各方之间的核对轻松自如。

④ 板中钢筋可以采用多种布置方式，方便双方工程量的核对，可以识别梁并可以扣减梁的宽度，保证了板中各种钢筋的精确计算。

⑤ 以建模的方式处理剪力墙结构工程，解决墙身、暗梁、暗柱、连续梁中的钢筋计算问题，并能考虑相互之间的扣减关系。

⑥ 内置报表和各种打印模式，满足对钢筋统计数据的需要，自由报表设计可进行报表的个性化定制。

（四）清单计价软件 GBQ 3.0

清单计价是一种全新的计价方式，在这种新的计价方式下，工程造价的合理确定与有效控制也需要新的管理工具来进行相关辅助工作。清单计价软件 GBQ 3.0 全面适应清单计价需要，从专业和易用的角度考虑，让用户快速适应清单报价和定额报价的差别，从发展角度为用户预留接口。软件与"企业定额系统"、"数字建筑网站"紧密结合，可以逐步帮助企业实现自己的"企业定额"。该软件的优势主要体现在如下几个方面。

1. 完善的资源共享

通过使用 www.bitaec.com（数字建筑网）、GCL 7.0、GBK（企业定额）、GXB（评标平台），提高工程造价计价过程中的效率与协作。

① 工、料、机价格网络询价，从 www.bitaec.com 数字建筑网直接得到所查材料包含全国各地区材料供应商提供的详细价格，并可同时查看价格变化数据曲线和材料价格变化趋势分析，尽量规避价格风险。同时提供网上软件升级、问题咨询和清单知识等各项服务，通过网络将大量信息与同行共享。

② 图形软件计算出工程量后，可将数据导入工程量计价软件，直接进行组价。

③ 通过 GBK（企业定额）可以创建反映企业实际业务水平、具备市场竞争实力的企业定额数据，并通过与 GBQ 3.0 的数据安装集成应用，实现在 GBQ 3.0 中由企业定额数据直接计价过程。

2. 快捷的报价调整

① 支持多种方式的调价，快速得出符合投标企业意愿的报价结果。

② 可对分部分项工程的人工、材料、机械费按工料单价调整或工料含量调整两种方法进行费用调整，并可立即查看调价结果值。

③ 可直接修改综合单价，系统自动计算调整后的人、材、机含量，保证清单项目综合单价分析的准确。

3. 实用的报表输出

① 可使用报表方案对不同专业、不同格式的系列报表分类管理，便于查找调用和快速打印输出。

② 强大的 WORD 编辑器便于对报表文字的输入与排版，快速编辑或直接导入、链接如封面、工程概况说明等文字类报表。

③ 自定义融合表头与各类表体设计，提供对报表表头与表体项目自由结合与排列的设计功能，提高投标方响应招标文件要求的能力。

4. 科学的数据积累

① 使用 GBQ 3.0 可进行数据积累。通过工程计价过程中对可利用数据的持续积累，提高数据的重复利用率和快速报价效率。

② 计价过程中对可重复利用的定额项目数据、工料资源数据、综合单价组成进行修改、调整并保存至数据库，在未来的类似工程中通过数据调用实现工作效率的提高与数据利用。

③ 清单项目保存可将同一项目按不同施工方案计算出的不同计价结果进行保存与分析判断，当使用者再次对类似项目进行报价时，可事先分析已经保存的清单项目单价是否符合当前项目的要求，确定之后可将其计价过程快速调用到当前项目下，缩短用户计价过程时间。

④ 操作与分析计价业务数据。GBQ 3.0 提供维护项目对计价过程中的积累数据进行集中维护，用户可在此对积累的数据再次进行操作、分析、调整，甚至可以对定额换算、清单

项目指引、项目特征值进行二次维护，提高数据的准确与实用。

5. 强大的数据计算

① 帮助用户快速计算。安装专业工程可使用安装费用设置与安装费用调整，可按安装专业不同分册、不同安装费用一次计算。

② 提高用户计算能力。通过对建筑工程檐高或层高范围的数据设定，自动计算出超高降效费用项目。

③ 满足不同计算要求。可使用自定义单价取费计算的三种方式，对清单综合单价的计算取定过程施加控制，可以选择合适的取费方式，使综合单价取费满足招标要求。

（五）数字建筑造价网站（www.bitaec.com）

从 20 世纪 80 年代初恢复定额以来，随着经济的发展，我国各地区都推出了若干套预算和概算定额，但无论是预算还是概算定额，都是体现了计划经济时代量价合一的计价特点。随着市场经济改革的深化，过去那种单一的、僵化的计价方式已不适应时代的需要，因此国家推出了量价分离、市场形成价格的"工程量清单"计价方法。清单的推行，给造价工作带来了巨大的挑战，其中"人材机的市场价从哪里来"是需要克服的重要问题。数字建筑网是为建筑行业企业单位提供信息及应用服务的综合网络平台。主要功能包括为造价人员提供材料价格、造价信息、软件服务和专业学习等信息和应用平台；为采购部门提供价格信息、材料管理和采购招标管理平台；为材料供应商提供企业宣传、材料报价和网上竞标的销售平台等。其特点主要体现在如下几个方面。

① 材料价格与清单计价软件 GBQ 3.0 有机链接，在使用软件时可调出网上相关联的市场价格，进行自由组价；同时提供百余条主要材料的时间走势曲线、异地比较分析，从而方便企业实现成本控制、规避价格风险；另外网上提供了全国上万条政府信息价，用户可以下载使用。

② 造价指标帮助企业进行投资估算分析，查询类似工程参考并审核本企业预算；帮助企业决策预算中的利润额度，快速编制概预算等。

③ 招标信息让用户了解各地最新工程概况和材料采购信息，把握市场，赢得商机。政策法规是造价人员了解行业最新的政策方向和法规文件的窗口。业内动态全面展示建材行业最新信息和动态，及时了解行业发展方向。

（六）企业定额生成器 GBK2.0

在实行工程量清单计价模式后，施工企业应逐步根据本企业技术、管理水平及机械设备状况制订供本企业使用的分项工程计量单位的人工、材料和机械台班消耗量标准，即企业定额。使用企业定额生成软件，可以制订和维护企业定额。企业定额生成方法有以下几种。

① 以现有政府定额为基础，利用复制、拖动等功能快速生成企业定额库。在以后投标报价时，可以选择任何消耗量定额库或企业定额，作为投标报价的依据。

② 按分包价测定定额水平，用水平系数维护企业定额，并能做到分包判比，对分包价按一定的规则测定定额水平，并能分摊到人为确定的定额含量上。

③ 企业可以自行测算并调整企业定额水平，这项工作在企业应用清单组价软件的过程中由计算机自动积累生成。

④ 企业定额生成器中可以把材料厂家的供应价、数字建筑网站的材料信息价、材料管

理软件中企业制造成本的材料采购价、入库价及出库价等综合计算，得到企业用于投标报价的综合材料预算价格库，并能自动对该库进行增、删、改、替等维护。

⑤ 在使用清单组价软件的过程中，不但能多方案地组价，还可以不断积累每个清单项组价过程中的定额消耗量数据及组价数据，并能对每次的数据进行分析判比。计算机可以自动对企业定额进行维护。当用户再次对该清单项目进行组价时，只需要调用企业定额内的工艺包，就可以把过去输入的组价数据及定额含量全部读入。

该功能可以极大地提高用户组价的工作效率，也是实行工程量清单计价规范以后企业快速准确组价的主要手段。

企业定额生成器采用量价分离原则，这样便于企业维护，在维护定额含量时，不影响价格，在编制材料价时不影响定额含量。企业定额作为企业的造价资源，为了资源的保密性，做到了按权限管理的功能。每个使用者按自己的权限进行工作。对定额的构架按树状目录进行分类，把所有的专业融为一个定额库，结构体系层次清楚、关系明晰，操作简便快捷，并能对确定最优方案的结果自动进行人工、材料、机械含量的分摊。

综上所述，随着工程量清单报价方式和合理低价中标的逐步推广，如何在激烈的市场竞争中体现企业的竞争力，是一个很大的问题。企业定额生成系统为企业自动生成企业定额，可以让企业快速地投标报价，帮助企业通过多种方法在投标报价的工作过程中逐步形成自己的企业定额，帮助企业在未来的竞争中显露优势。

三、工程造价数字化信息资源

由于互联网的普及，工程造价领域也广泛地使用了 Internet，通过网络快捷、方便地发布信息和采集数据。互联网上存在着大量的工程造价数字化信息资源，本节对其加以介绍。

（一）工程造价信息网

目前，互联网上有较多的工程造价信息网，其主要功能包括：

① 发布材料价格。提供不同类别、不同规格、不同品牌、不同产地的材料价格。

② 价格指数的发布。造价管理部门通过网络及时发布各种造价指数，方便用户查询。

③ 快速报价。用户可以从网站上下载工程量清单的标准形式，填写各个工程项目所需的工程量，然后将填好数据的文件上传到造价信息网站，同时确定类似工程。网站中相应程序会根据用户提供的数据快速计算出各个工程项目的造价和工程总造价，并且可以让用户下载计算结果。

主要的工程造价信息网如下。

1. 中国建设工程项目造价信息网（http://www.ccost.com）

中国建设工程项目造价信息网是按照建设部关于全国工程造价信息网络建设规划，在中国工程建设信息网的基础上建立的工程造价专业网站，是全国建设系统"三网一库"信息化枢纽框架的重要组成部分。中国建设工程项目造价信息网由建设部标准定额司、中国建设工程项目造价管理协会委托建设部信息中心主办，依托政府系统共建共享的电子信息资源库，面向全国工程建设市场和各级工程造价管理单位提供权威、全面和标准化的信息服务与技术支持；实时公布国家、部门、地方造价管理法律、法规，指引和规范建设工程项目造价业务与管理工作；承担全国造价咨询行业从业单位、从业人员网上资质申请与审检及其资质、信用公示，并为造价从业人员提供资质认证培训和继续教育；提供全国和地方各专业建设工程项目造价现行计价依据、实时价格信息及造价指数指标，结合标准造价软件，为建设工程项目业主、承包商、工程造价咨询单位及其他专业人员创建面向全国统一建筑市场的概预算编制、投标报价的专业工具平台。

2. 中国价格信息网（http://www.cpic.gov.cn）

中国价格信息网是由国家发展与改革委员会价格监测中心主办，由北京中价网数据技术有限公司具体实施的价格专业网站。该网站已连通全国31个省（自治区、直辖市）及32个省会城市、自治区首府城市、计划单列市及各地方价格监测机构的网站，构成了覆盖全国的价格监测网络系统。并依托国家发展与改革委员会的价格监测报告制度的实施工作，以分布在全国各地的5000多个价格监测点采集上报的2000余类商品及服务价格数据和市场分析预测信息为基础，经分析处理后形成丰富的信息产品，通过互联网向各级政府部门、社会用户及消费者提供价格信息及相关信息服务。

3. 中国采购与招标网（http://www.chinabidding.com.cn）

中国采购与招标网是为配合中国政府实施《中华人民共和国招标投标法》和规范公共采购市场，于1998年在中国北京注册成立，并由国家发展和改革委员会主管。中国采购与招标网为各类项目业主、咨询评估机构、施工建设单位、工程设计单位、材料和设备供应商、采购商、招标代理机构以及与之相关的海内外企业提供项目招标和采购信息服务、采购和招标代理服务、相关法律和实务培训咨询服务以及企业信息化技术支持服务。中国采购与招标网作为为用户提供完善、高效、规范、安全、实用的实现全程在线招投标、采购询价、竞价、拍卖等多种交易模式的大型网络交易平台，是当今中国公共采购和招标领域内最具权威的电子商务网站，其影响力与日俱增。2000年7月1日国家发展和改革委员会根据国务院授权，指定中国采购与招标网为发布招标公告的唯一网络媒体。同时中国采购与招标网是北京市发改委、湖南省发改委、河南省发改委、2008年北京奥运会组委、中央国家机关政府采购中心等指定的发布采购和招标信息的网络媒体。中国采购与招标网建立了满足政府管理部门、金融机构、评估与咨询机构、设计单位、招标代理机构等组织业务管理需求的信息采集系统，可及时提供权威的具有极大使用价值的信息资源。

4. 中国工程建设信息网（www.cecain.com）

中国工程建设信息网是由中华人民共和国建设部主办的专业性政府网站。网站承担着发布全行业政策法规、工程信息、企业及人员信息、统计信息和其他各类信息的职能，同时通过网络开展施工、监理及招标代理机构的资质申报和评审以及网上招投标等业务，逐步实现对工程及企业基本情况的动态管理，并向所有建设系统主管部门和企事业单位提供包括信息服务、电子商务、网站建设、软件开发等在内的全方位服务。

中国工程建设信息网是以省（自治区、直辖市）建设行政主管部门和319个地级以上城市（包括地、州、盟）建设工程项目交易中心为基本站点，覆盖全国的专业化信息网络，是建设部为工程建设各方主体提供信息服务，推动建立公开、公平、公正竞争的建筑市场秩序，提高工程建设管理水平采取的一项重要举措。

作为政府网站，中国工程建设信息网发布各类政务信息，为主管部门决策提供参考依据，是政府部门行使管理职能的全新方式和有效手段。同时，网站还将目光投向最广大的企业用户。在保证专业性政府网站全面发展的前提下，致力于成为建筑行业信息发布中心、产品交易中心和建筑类软件的研发中心，在履行政府部门指导、监督、服务职能的同时，满足业内人士的专业需要。

（二）工程估价相关的组织与机构

1. 政府主管部门

① 中华人民共和国建设部（http://www.cin.gov.cn）。
② 国务院发展改革委员会（http://www.sdpc.gov.cn）。
③ 国务院财政部（http://www.Mof.gov.cn）。

2. 建设部标准定额研究所（http://www.rlsn.org.cn）

建设部标准定额研究所主要承担建设部所管工程建设行业标准、工程项目建设标准与用地指标、建筑工业与城镇建设产品标准、全国统一经济定额、建设工程项目可行性研究评价方法与参数的研究、组织编制与管理以及产品质量认证工作，建设部所属18个专业标准归口单位、4个标准化技术委员会和建设领域国际标准化组织（ISO）国内的归口管理工作，以及标准定额的信息化和出版发行管理等工作，为保证建设工程项目质量和公众利益提供标准定额服务，为工程项目决策与宏观调控、工程建设实施与监督提供依据。

3. 相关协会

① 中国建设工程项目造价管理协会（http://www.ceca.org.cn）。
② 中国建筑业协会（http://www.chinacon.com.cn/xiehuijie/jzyxhl.htm）。
③ 中国房地产协会（http://www.estate-china.com）。
④ 中国勘察设计协会（http://www.chinaeda.org）。
⑤ 中国建设监理协会（http://www.zgjsl.org）。
⑥ 中国建筑金属结构协会（http://www.ccmsa.com.cn）。
⑦ 中国安装协会（http://www.anzhuang.org）。
⑧ 中国城市规划协会（http://www.cacp.org.cn）。
⑨ 中国市政工程协会（http://www.zgsz.org.cn）。
⑩ 中国工程建设标准化协会（http://www.crcs.org.cn）。
⑪ 中国建筑装饰协会（http://www.ccd.com.cn）。
⑫ 中国城镇供热协会（http://www.chiba-heating.org.cn）。
⑬ 中国城市环境卫生协会（http://www.cin.gov.cn/main/org/b0222.htm）。
⑭ 中国建设教育协会（http://www.ccen.com.cn）。
⑮ 中国建设文化艺术协会（http://www.chinacon.com.cn）。
⑯ 中国电梯协会（http://www.chinaelevator.org）。
⑰ 中国物业管理协会（http://www.pmabc.com）。
⑱ 中国城镇供水协会（http://www.waternet.net.cn）。
⑲ 中国工程建设焊接协会（http://www.cin.gov.cn/main/org/b0231.htm）。
⑳ 中国市长协会（http://www.citieschiba.org）。
㉑ 中国风景名胜区协会（http://www.fjms.net）。
㉒ 中国城市煤气协会（http://www.cin.gov.cn/main/org/b0214.htm）。

4. 相关学会

① 中国建筑学学会 (http://www.chinaasc.org)。

② 中国土木工程学会 (http://www.cces.net.cn)。

③ 中国城市规划学会 (http://www.china-up.com)。

④ 中国风景园林学会 (http://www.cin.gov.cn/main/org/b0104.htm)。

⑤ 中国房地产估价师与房地产经纪人学会 (http://www.cirea.org.cn)。

⑥ 中国建设劳动学会 (http://www.cin.gov.cn/main/org/b0105.htm)。

⑦ 中国建设会计学会 (http://www.cin.gov.cn/main/org/b0106.htm)。

⑧ 中国香港测量师学会 (http://www.hkis.org.hk)。

5. 国外相关组织

① 英国皇家特许测量师学会 (http://www.rics.org)。

② 英国皇家特许建造师学会 (http://www.ciob.org.uk)。

③ 亚太区测量师协会 (http://www.paqs.net)。

④ 国际造价工程师联合会 (http://www.icoste.org)。

⑤ 美国土木工程协会 (http://www.pubs.asce.org)。

⑥ 美国总承包商联合会 (http://www.agc.org/index.ww)。

⑦ 建筑标准协会 (http://www.agc.org/index.ww)。

⑧ 美国建筑师协会 (http://www.aia.org)。

⑨ 加拿大皇家建筑师学会 (http://www.raic.org)。

⑩ 英国皇家建筑师学会 (http://www.corpex.com)。

⑪ 荷兰建筑师学会 (http://www.nai.nl)。

6. 其他

国际工程管理学术研究网 (http://www.interconstruction.org)。

四、信息技术在工程造价管理中的应用展望

随着信息技术和工程造价行业的不断发展，将来的工程造价行业信息技术应用，将不断向着网络化、全过程、全方位的方向快速展开。

(一) 利用信息技术的网络化管理

1. 行业信息的有效收集、分析、发布、获取全部网络化

工程造价信息具体指的是与工程造价相关的法律、法规、价格调动文件、造价报表、指标等影响工程造价的信息。网络化信息供应商将在整个工程造价行业中扮演至关重要的角色。例如通过网络搜集全国以至全球的建筑市场各类信息，予以整理和发布，为行业用户提供最准确、及时的商机。还有，网站可以分析各地的造价指标，为建筑市场的行情提供走势预测，为所有的行业用户提供工程造价的参考。搜集各地的材料价格行情，为用户提供参考。建立起统一的工程造价信息网，不但有利于使用者查询、分析和决策，更有利于国家主管部门实行统一的管理和协调，使得工程造价管理统一化、规模化、有序化。

2. 建筑市场交易的网络化

随着网络的快速发展，网络的相关应用将无所不在，而且例如身份认证、网上支付等技术都已经成熟。所以，电子商务将得到全面的应用。届时，招投标工作将全部转移到网络平台，软件系统将会自动监测网上的信息，并及时告知用户网上的商机，供用户迅速把握机会。同时网络化的电子招投标环境将有助于工程造价行业形成公平的竞争舞台，行业用户的交易成本将大幅降低。建筑材料的采购和交易也将全部实现电子商务平台。届时，所有企业都将体会到电子商务的高效。

3. 资源有效利用的网络化

工程造价的每个过程中，用户都可以充分地发掘和利用网络资源。网络的特点就是不受地区限制，可以让用户在全球的范围选择最低的成本和最佳的合作伙伴。例如面向全球的建筑设计方案招标，就可以充分利用网络资源进行全球范围选择，提供最优的设计方案。在工程造价的计算过程中，可以利用网络寻找合适的专业人士，进行远程的服务和协同工作，创造出更好的结果。

4. 信息网和软件的相互整合

(1) 信息网与造价软件　当前市场上的造价软件中所需的材料价格大多采用人工录入价格的形式。有的是整体地引入，有的则是一个个输入，大大影响了快速报价的进程，同时也不能及时与市场接轨，无形中削弱了企业的竞争力。信息网和造价软件的整合将消除这一矛盾，在造价软件中直接点击相应引入按钮，输入要引入信息所在地点的详细资料，即可随时得到相应材料的价格。若所引入的材料价格有所变动，软件中的预警系统将自动提醒操作者更新价格。这不但缩短了录入材料价格的时间，还达到了随时更新的目的。

(2) 信息网与进度控制软件　工程控制的一个重要目标是成本控制，而成本控制在无形中又影响着进度和质量的控制，同时市场的变动将直接影响着投入的成本和资源的分配，而这必将导致工程进度的变动。所以，工程项目现场的进度控制也应通过成本控制时刻反映市场的变动。信息网与进度控制的整合也将成为必然。软件与信息网的整合比起信息网的建立有更大的难度，但这确是建筑业发展的必然趋势，同时也必将带来广阔的市场前景。

(二) 利用信息技术动态的全过程造价管理

随着竞争的日益激烈，工程造价行业内部的相关企业都必须提升自己的竞争能力。其中，如何提高一个企业的成本控制能力是关键因素。提高成本控制能力要求企业对工程造价的全过程进行控制和管理，而信息技术的发展则给全过程动态造价管理的实现带来了可能。

全过程造价管理是指在造价工作的全过程中对建筑工程造价信息进行收集和有目的的分析整理，将分析得出的数据用于形成使用者自己的企业个体的实际消耗量标准，或者叫做企业的真实成本指标，并在后续的商业活动中（报价、成本管理、造价控制等多方面）发挥重要的参考作用。

面向将来，全过程造价管理的信息技术应用，强调的关键是动态管理，只有充分收集各方面的相关信息，把握全过程造价的各个关键环节，并且能不断利用"数据挖掘、分析技术"对历史数据和新的工程数据进行动态提取和分析，形成经验性的积累，从而形成一个不断循环积累的平台性全过程造价管理软件，这样的应用才能从根本上帮助用户实行有效的成本控制和管理，从而获得持久的竞争力。

（三）利用信息技术的全方位管理

随着网络化和全过程的信息技术在工程造价行业的深入应用，信息技术的应用不会只集中在某个具体的工作环节或某一类具体的企业或单位身上，随着信息技术的快速发展，整个工程造价行业都将在以互联网为基础的信息平台上工作，不论是行业协会，还是甲方、乙方、中介等相关企业和单位，都将在信息技术的帮助下，重建自己的工作模式，以适应未来社会的竞争。从工作内容上，行业信息发布、收集、获取，企业商务交易模式，工程造价计算及分析以及各个企业的全面内部管理都将全面借助信息技术。

在将来的造价工作过程中，造价行业中甲方、乙方和中介公司所面临的问题，是如何通过不断提升个体竞争能力，在全球化的市场经济竞争中求生存、谋发展。而信息技术的深入应用则是将来提升整个行业竞争力的关键。相信在不久的将来，造价行业必将迎来网络化、全过程、全方位的信息化应用时代！

本章小结 ▶▶

工程造价信息管理是指对造价信息的收集、加工整理、储存、传递与应用等一系列工作的总称。本章首先介绍了工程造价信息的概念、特点、分类及主要内容；介绍了工程造价资料的积累、分析和运用；论述了工程造价指数的内容及其编制方法；对国内外工程造价信息管理现状与作法进行了对比分析。

然后概括地介绍了计算机应用技术和信息技术在工程造价管理领域的应用；对国内常见的工程造价管理信息系统软件作了比较分析；列举了国内外主要工程造价数字化信息资源；对未来信息技术在工程造价管理中的应用进行了展望。

复习思考题 ▶▶

一、单项选择题

1. 人们对工程承发包市场和工程建设过程中工程造价运动的变化，是通过（   ）来认识和掌握的。

A. 工程造价信息；　　　　　　　　B. 投标文件；

C. 承发包双方所签订的合同；　　　　D. 招标文件

2. 以下不是按照不同阶段对工程造价资料进行分类的是（   ）。

A. 投资估算；　　B. 单项工程；　　C. 施工图预算；　　D. 竣工结算

3. 相关新材料、新工艺、新设备、新技术分部分项工程的人工工日、主要材料用量、机械台班用量属于工程造价资料积累内容中的（   ）。

A. 建设项目工程造价资料；　　　　B. 单项工程造价资料；

C. 单位工程造价资料；　　　　　　D. 其他

4. 下列不属于单位工程造价资料的是（   ）。

A. 项目建设标准、建设工期；　　　B. 主要的工程量和主要的材料量；

C. 建筑结构特征；　　　　　　　　D. 工程的内容

5. 建立工程造价资料数据库，首要的问题是（   ）。

A. 网络化管理；　　　　　　　　　B. 工程分类与编码；

C. 数据收集与整理；　　　　　　　D. 数据分析与录入

6. 反映一定时期的工程造价相对于某一固定时期或上一时期工程造价的变化方向、趋势和程度的比值或比率称为（　　　）。

A. 工程造价指数；
B. 单位工程造价指数；
C. 单项工程造价指数；
D. 建筑项目工程造价指数

7. 下列工程造价指数不属于按照使用范围和对象不同分类的是（　　　）。

A. 人工造价指数信息；
B. 综合价格指数信息；
C. 设备、工器具价格指数信息；
D. 施工机械使用费指数信息

8. 下列工程造价指数中，可以用综合指数的形式来表示的是（　　　）。

A. 建设项目造价指数；
B. 单项工程造价指数；
C. 设备、工器具造价指数；
D. 各种单项造价指数

9. 下列工程造价指数中，属于总指数的是（　　　）。

A. 人工费造价指数；
B. 材料费造价指数；
C. 设备、工器具造价指数；
D. 施工机械使用费造价指数

10. 下列工程造价指数中，属于个体指数的是（　　　）。

A. 建设项目造价指数；
B. 各种单项价格指数；
C. 设备、工器具价格指数；
D. 建筑安装工程价格指数

11. 在众多的工程造价指数中，属于单项价格指数的是（　　　）。

A. 建设项目造价指数；
B. 建筑安装工程价格指数；
C. 材料费价格指数；
D. 设备、工器具价格指数

二、多项选择题

1. 工程造价资料积累的内容应包括（　　　）。

A. 主要工程量；
B. 主要材料和设备数量；
C. "价"；
D. 对造价确定有重要影响的技术经济条件；
E. 施工企业内部的成本核算表

2. 建设项目和单项工程造价资料积累的内容有（　　　）。

A. 主要设备的名称、型号、规格、数量；
B. 承包商的名称、企业资质、财务情况；
C. 项目建设标准、建设工期、建设地点；
D. 投资估算、概预算、竣工决算及造价指数；
E. 建设项目的产品市场分析及项目决策的依据

3. 工程造价资料的积累主要包括（　　　）造价资料。

A. 建设项目工程；
B. 单项工程；
C. 单位工程；
D. 分部工程；
E. 其他

4. 工程造价指数按照构成不同分为（　　　）。

A. 单项价格指数信息；
B. 综合价格指数信息；
C. 建设项目工程造价指数信息；
D. 单项工程造价指数信息；
E. 月指数

5. 下列对我国工程造价信息管理目前存在的问题表述正确的有（　　　）。

A. 信息维护更新速度慢，不能满足信息市场的需要；

B. 地区或行业主管部门发布的信息更具有实用性、市场性、指导性；

C. 对信息的采集、加工和传播缺乏统一规划、统一编码；

D. 定额计价方法下积累的信息资料与清单计价方法标准不符；

E. 系统分类、信息系统开发与资源拥有处于集中状态

6. 下列属于工程造价信息化建设的有（　　）。

A. 发展工程造价信息化，推进造价信息的个性化工作；

B. 建立不同层次的造价信息动态管理体系；

C. 制定工程造价信息化管理发展规划；

D. 加快有关工程造价软件和网络的发展；

E. 加快培养工程造价管理信息化人才

三、名词解释

工程造价信息；工程造价指数；工程造价管理信息系统

四、简答题

1. 工程造价信息的主要内容有哪些？

2. 工程造价资料积累的内容有哪些？

3. 简述我国工程造价管理信息的技术特点。

4. 常用的工程造价信息网有哪些？

参 考 文 献

[1] 王建波，荀志远. 建设工程造价管理. 北京：经济科学出版社，2010.

[2] 徐蓉. 工程造价管理. 第三版. 上海：同济大学出版社，2014.

[3] 袁建新. 工程造价管理. 第三版. 北京：高等教育出版社，2015.

[4] 马楠，马永军，张国兴. 工程造价管理. 第二版. 北京：机械工业出版社，2015.

[5] 武育秦. 建设工程造价管理. 武汉：武汉理工大学出版社，2014.

[6] 申琪玉，张海燕. 建设工程造价管理. 广州：华南理工大学出版社，2014.

[7] 张友全，陈起俊. 工程造价管理. 第二版. 北京：中国电力出版社，2015.

[8] 丰艳萍，邹坦，冯羽生. 工程造价管理. 第二版. 北京：机械工业出版社，2015.

[9] 袁建新. 袖珍建筑工程造价计算手册. 第三版. 北京：中国建筑工业出版社，2015.

[10] 王凯. 建设工程造价案例分析. 北京：清华大学出版社，2015.

[11] 郭树荣. 工程造价管理. 第二版. 北京：科学出版社，2015.

[12] 黄伟典. 建设工程计量与计价. 第三版. 北京：中国电力出版社，2015.

[13] 黄伟典. 建设工程工程量清单计价实务（建筑工程部分）. 第二版. 北京：中国建筑工业出版社，2013.

[14] 黄伟典. 建设项目全寿命周期造价管理. 北京：中国电力出版社，2014.

[15] 李建峰. 建设工程定额原理与实务. 北京：机械工业出版社，2013.

[16] 李建峰等. 工程计价与造价管理. 第二版. 北京：中国电力出版社，2012.

[17] 甄凤. 工程造价案例分析. 北京：北京大学出版社，2013.

[18] 中华人民共和国住房和城乡建设部，中华人民共和国国家质量监督检验检疫总局.《建设工程工程量清单计价规范》（GB 50500—2013）. 北京：中国计划出版社，2013.

[19] 中华人民共和国住房和城乡建设部，中华人民共和国国家质量监督检验检疫总局.《房屋建筑与装饰工程工程量计算规费》（GB 50584—2013）. 北京：中国计划出版社，2013.

[20] 中华人民共和国住房和城乡建设部，中华人民共和国国家质量监督检验检疫总局.《工程造价属于标准》（GB/T 50875—2013）. 北京：中国计划出版社，2013.

[21] 中华人民共和国住房和城乡建设部，中华人民共和国国家质量监督检验检疫总局.《建设工程造价咨询规费》（GB/T 51095—2015）. 北京：中国计划出版社，2015.

[22] 规范编写组编. 2013 建设工程计价计量规范辅导. 北京：中国计划出版社，2013.

[23] 中国建设工程造价管理协会. 建设工程造价管理基础知识. 第三版. 北京：中国计划出版社，2014.

[24] 全国造价工程师执业资格考试命题研究中心. 建设工程造价管理历年真题、模拟试卷、答案解析. 北京：中国石化出版社，2015.

[25] 全国造价工程师执业资格考试命题研究中心. 建设工程计价历年真题、模拟试卷、答案解析. 北京：中国石化出版社，2015.

[26] 全国造价工程师执业资格考试用书编写组. 建设工程计价案例分析. 成都：四川大学出版社，2015.

[27] 建设工程教育网. 全国造价工程师执业资格考试经典题解：建设工程计价. 北京：中国计划出版社，2015.

[28] 建设工程教育网. 全国造价工程师执业资格考试经典题解：建设工程造价管理. 北京：中国计划出版社，2015.

[29] 建设工程教育网. 全国造价工程师执业资格考试经典题解：建设工程造价案例分析. 北京：中国计划出版社，2015.

[30] 全国建设工程造价员资格考试命题研究组. 建设工程造价管理基础知识习题集. 第二版，北京：北京大学出版社，2015.

[31] 刘允延. 建设工程造价管理. 北京：机械工业出版社，2011.

[32] 刘元芳. 工程造价管理. 北京：机械工业出版社，2012.

[33] 周和生，尹贻林. 以工程造价为核心的项目管理——基于价值，成本及风险的多视角. 天津：天津大学出版

社，2015.

[34]　尹贻林. 2013 年版全国造价工程师执业资格考试应试指南：建设工程造价管理. 北京：中国计划出版社，2013.

[35]　张建平，吴贤国. 工程估价. 第 2 版. 北京：科学出版社，2011.

[36]　严玲，尹贻林. 工程估价学. 北京：人民交通出版社，2007.

[37]　周述发. 建设工程造价管理. 武汉：武汉理工大学出版社，2010.

[38]　成虎著. 建设工程合同管理与索赔. 第 4 版. 南京：东南大学出版社，2008.